Blaum / v. Marnitz

Die Schwimmbagger

Erster Band

Bodentechnische Grundlagen

Saugbagger

Bearbeitet von

Dipl.-Ing. Friedmut v. Marnitz

Marinebaurat a. D., Frankfurt a. M.

Mit 339 Abbildungen und 20 Tabellen

Springer-Verlag Berlin Heidelberg GmbH

Dieses Buch ist die Neubearbeitung von

PAULMANN / BLAUM

Die Naßbagger
und die dazugehörenden Hilfsgeräte
Zweite Auflage / 1923

ISBN 978-3-642-92853-6   ISBN 978-3-642-92852-9 (eBook)
DOI 10. 1007/978-3-642-92852-9

Vorwort

Das Buch Paulmann-Blaum: Die Bagger und die Baggereihilfsgeräte, I Naßbagger, wurde im Jahre 1912 abgefaßt und erschien 1923 in zweiter Auflage. In den Jahrzehnten, die seitdem vergangen sind, haben sich die Schiffskörper und die den Boden unter Wasser angreifenden Werkzeuge der Schwimmbagger nicht erheblich verändert, wohl aber die Maschinenanlagen durch Einführung anderer Antriebsarten gegenüber der damals noch allgemeinüblichen Dampfmaschine. Vor allen Dingen kam aber die Erkenntnis, daß die Bodenmechanik in einer für das Baggern im Bereich des Wassers besonders zugeschnittenen Form von ausschlaggebender Bedeutung ist.

Die Vorarbeiten für die vorliegende Neufassung wurden bald nach dem letzten Krieg zunächst unabhängig voneinander durch R. Blaum und den Verfasser begonnen und in Zusammenarbeit fortgesetzt bis zum Ableben von R. Blaum im Jahre 1955. Das von ihm hinterlassene Material an Zeichnungen und Unterlagen war dem Verfasser für seine Weiterarbeit sehr wertvoll. Er unternahm dann, einem Wunsche des Springer-Verlages entsprechend, eine Studienreise nach den USA, um den neuesten Stand des dortigen Baggerwesens kennenzulernen. Durch die dabei erworbenen Kenntnisse und die persönliche Fühlungnahme mit Fachgenossen, die sich dann in vielen anderen Ländern, wie insbesondere Holland, Frankreich, Österreich, Portugal und der Türkei, fortsetzte, war es möglich, eine universelle Grundlage für das Buch zu schaffen, die eine internationale Bedeutung erhoffen läßt. Die oft bessere Ausdrucksweise in fremden Sprachen wurde mitunter zum Anlaß genommen, neue Ausdrücke zu gebrauchen und beispielsweise „Naßbaggergeräte" möglichst zu vermeiden, den Begriff der Leistung besser zu bestimmen u. a. m., was in dem einleitenden Kapitel näher ausgeführt wird.

Wegen des größeren Stoffumfangs und der besonderen Bedeutung, welche inzwischen die Saugbaggerei erlangt hat, wurde eine Aufteilung in zwei Bände vorgenommen, von denen der erste die Allgemeine Einführung, die bodenmechanischen Grundlagen und die Pumpenbagger aller Art behandelt. Im zweiten Band folgen Ausführungen über Schiffskörper und Maschinenanlagen von Schwimmbaggern, mechanisch wirkende Bagger, Schuten, Schlepper und Verschiedenes.

Dabei werden im Anhalt an ausländische und auch ältere deutsche Werke bei den einzelnen Gerätearten zunächst allgemeine Ausführungen sowie Konstruktionsrichtlinien gebracht und danach Ausführungsbeispiele beschrieben. Deren Hauptdaten werden meist in Zahlentabellen zusammengefaßt und außerdem noch durch vollständige, rechnerisch entstandene Tabellen ergänzt, ähnlich denen, die der Verfasser in der „Baugeräteliste" bringt. Hierdurch soll insbesondere Auftraggebern für Schwimmbagger ein Anhalt und eine Übersicht gegeben werden in Ergänzung der Daten der ausgeführten Geräte, bei denen manches zufällig und für andere Verhältnisse nicht begründet ist.

Das Buch soll bei der Planung und dem Bau von Schwimmbaggern, die immer Einzelausführungen sind, dem Auftraggeber und seinen Ingenieuren, welche weitgehend dabei mitzuwirken haben, die erforderlichen Unterlagen geben. Es wendet sich ferner an Bauingenieure des Wasserbaus, für welche die Kenntnis des Naßbaggerwesens und der bodenmechanischen Grundlagen sowie der Eigenschaften von schwimmenden Geräten wichtig ist. Auf Werften, die Schwimmbagger bauen, soll es insbesondere Nachwuchskräften und anderen Personen die Möglichkeit einer Unterrichtung geben, die bei dem eigenen Archivmaterial nicht so leicht möglich ist.

Dank sei an dieser Stelle allen Förderern des Buches ausgedrückt, insbesondere der Vereinigung der Deutschen Naßbaggerunternehmungen und deren Mitgliedern für finanzielle Beihilfe bei der Bearbeitung.

Für die Überlassung von Material danke ich deutschen und holländischen Werften und Freunden in den USA, welche sich besonders bereitwillig gezeigt haben.

Schließlich danke ich noch Herrn Dr. Julius Springer und dem Verlag, der geduldig die mühevolle und sich über Jahre hinziehende Fertigstellung des Buches abgewartet und die Ausstattung in der bekannten und bewährten Weise durchgeführt hat, wie sie dem früheren Buch seine Weltgeltung verschafft hat.

Frankfurt/M., im Herbst 1963   **F. v. Marnitz**

Inhaltsverzeichnis

Umrechnungstafel für wichtige im Baggerwesen häufig vorkommende Maßeinheiten

A. Längenmaße

1 in. (inch = Zoll) = 25,4 mm
1 ft. (foot = Fuß) = 0,305 m
1 yd (Yard) = 3 Fuß = 0,914 m
1 statute mile (Landmeile) = 1,609 km
1 nautical mile (Seemeile) = 1,853 km

B. Flächenmaße

1 sq. in. (square inch) = 6,45 cm²
1 sq. ft. (square foot) = 9,3 dm²
1 sq. yd. (square yard) = 0,836 m²

C. Raummaße

1 cu. ft. (Kubikfuß)   = 28,32 dm³
1 cu. yd. (Kubikyard)   = 0,765 m³
1 englische Gallone   = 4,546 dm³
1 amerikanische Gallone = 3,785 dm³

D. Gewichte

1 pound = 1 engl. Pfund (lb) = 0,454 kg
1 long ton = 1,016 t
1 short ton = 0,907 t

E. Geschwindigkeiten

1 Knoten = 1 Seemeile/h = 1,8532 km/h
$= \dfrac{1,8532}{3600} = 0,515$ m/sek

F. Drücke

1 kg/cm² = 14,22 psi = 29 Zoll Quecksilbersäule
100 psi (1 lb/sq. i.)   = 7,03 kg/cm²

G. Leistungen

1 PS = 0,736 kW = 0,986 HP (Horsepower)
1 HP = 1,014 PS

H. Temperatur

x Grad Fahrenheit   = (x — 32)/1,8 Grad Celsius
200 Grad Fahrenheit = (200 — 32)/1,8 ∼
∼ 93 Grad Celsius

Häufig vorkommende Abkürzungen

LMG: Orenstein-Koppel und Lübecker Maschinenbau A. G. Lübeck

IHC Holland: Industrieele Handels-Combinatie Holland, Den Haag. Vereinigung von 6 Holländischen Bagger bauenden Werften.

C. of E.: Corps of Engineers. Wasserstraßenverwaltung in den Vereinigten Staaten von Amerika.

A. Einführung und Erklärung der Begriffe, Aufgaben für Schwimmbagger und Regeln für ihren Bau

1. Baggern im Bereich des Wassers.
Naßbagger und Trockenbagger. Antriebsleistung und Ertragsleistung

Unter *Baggern* hat man ursprünglich Hafenräumung verstanden, also ohne weiteren Zusatz das Baggern im Bereich des Wassers, was jetzt *Naßbaggern* genannt wird. Diese Bezeichnung wurde erst eingeführt, als in der Mitte des vorigen Jahrhunderts die Trockenbagger aufkamen. Vorher hatte man den Bodenabtrag im Trockenen von Hand mit Schaufeln u. dgl. ausgeführt und auch für die Förderung des Bodens einfachste Werkzeuge verwandt. In Ländern, in denen menschliche Arbeitskraft in genügendem Umfang und billig zur Verfügung steht, wird auch heute noch so gearbeitet.

Baggern im Bereich des Wassers ist von jeher eine Begleiterscheinung der Schiffahrt gewesen, also so alt wie diese. Dabei hat man im Altertum, soweit aus den spärlichen Berichten zu entnehmen ist, meist einfach Sklaven eingesetzt, die unmittelbar im Wasser arbeiten mußten. Manchmal schütteten diese auch Fangedämme, schöpften das Wasser ab und gruben dann Schlick, Schlamm und sonstige Ablagerungen ab, bis die erforderliche Tiefe erreicht war. Später verwandte man Kratzer, Eggen u. a. m., die mit Menschenkraft oder Pferdekraft bewegt wurden und kam schließlich zu schwimmenden Geräten, bei denen die Grabwerkzeuge unter Wasser arbeiteten, während die Einrichtung für den Antrieb auf die Schwimmkörper aufgebaut war, so daß dann ein Naßbagger auch ein Schwimmbagger war. Als Kraftquelle kamen zu der erwähnten Menschen- oder Pferdekraft noch Windräder, Wasserräder u. dgl. hinzu.

In anderen Sprachen ist diese historische Entwicklung deutlicher erkennbar. So bedeutet im Holländischen ,,Baggern" ohne weiteren Zusatz Naßbaggern im Bereich des Wassers, also Hafenräumen mit einem schwimmenden Fahrzeug. In England verwendet man die Ausdrücke ,,Dredger u. dredgers", in den Vereinigten Staaten ,,dredge u. dredges", ohne daß der Zusatz ,,floating" erforderlich ist und hat auch im Französischen, Spanischen usw. Ausdrücke, die ohne weiteres den Naßbagger bezeichnen. Was man bei uns Trockenbagger oder Universalbagger nennt, wird in anderen Sprachen, seiner Entstehung entsprechend, eher als Kran, Maschinenschaufel, Greifer u. dgl. bezeichnet. Da der auf Land arbeitende Eimerkettenbagger in vielen Ländern, darunter in den Vereinigten Staaten, kaum verwendet wird, ist bei dieser Gattung eine Unterscheidung gar nicht nötig.

Eine Baggerung umfaßt nicht nur die Bodenentnahme, sondern auch die Förderung des Baggerbodens und dessen Ablagerung. Man hat früher versucht, den im Bereich des Wassers ausgehobenen Boden einfach durch die Strömung forttragen zu lassen, dies aber fast durchweg aufgegeben und lagert ihn jetzt meist auf dem Land ab. Andererseits hebt ein schwimmender Bagger nicht nur Boden aus, der unter Wasser ansteht, sondern muß beim Anlegen von Hafenbecken und Kanälen auch den über den Wasserspiegel hinausragenden Boden abbaggern und sich seine eigene Schwimmfläche schaffen. Allerdings ist der Schwimmbagger dafür nicht immer geeignet, so daß man für diesen Teil des Bodenabtrags einen auf Land fahrenden Bagger, und zwar heute meist einen Eimerseilbagger mit großer Ausladung (dragline), verwendet. Man kann auch den durch einen Trockenbagger ausgehobenen Boden nach Zusatz von Wasser in Rohrleitungen fördern, wenn die Förderung mit rollenden Geräten oder Bandketten nicht zweckmäßig ist.

Dann wendet man den Ausdruck Naßbaggerung nicht an, sondern spricht von hydraulischer Bodenförderung, und wenn dabei der Bodenabtrag durch Aufspritzen von Hochdruckwasser vorgenommen wird, von Hydroerdbau.

In diesem Buche soll die Bezeichnung „Schwimmbagger" bevorzugt werden, welche diese Geräte als schwimmend und die Bodenbewegung im Bereich des Wassers ausführend kennzeichnet. Dabei werden auch die Ausdrücke Bagger, Baggergerät, Baggerschiffe und Schwimmgeräte gebraucht, ferner Baggerung, Baggerwesen und Baggerei. Die Bezeichnungen Naßbagger und Naßbaggergeräte sollen verwendet werden, wenn es zur Unterscheidung gegenüber den auf Land fahrenden Trockenbaggern notwendig ist, die in diesem Buche nicht behandelt, sondern nur gelegentlich erwähnt werden.

Die Baggerung in Schiffahrtsrinnen hatte vor dem Aufkommen der Kraftmaschinen keinen großen Umfang, denn es bestand ursprünglich eine Abstimmung zwischen dem Tiefgang der windgetriebenen Segelschiffe und der natürlichen Tiefe der Häfen, Fahrrinnen und Flußläufe. Man konnte Hafenstädte weit in das Landinnere verlegen, ohne daß Baggerarbeiten erforderlich waren.

Schon im Mittelalter hatten aber beispielsweise die holländischen Häfen, die im Bereich des Flußdeltas lagen, gegen Ablagerungen zu kämpfen, die sowohl von Land durch die Flüsse wie auch von See durch Gezeitenströmungen entstanden und mußten zeitweise den Tiefgang der Handelsschiffe und Kriegsschiffe beschränken.

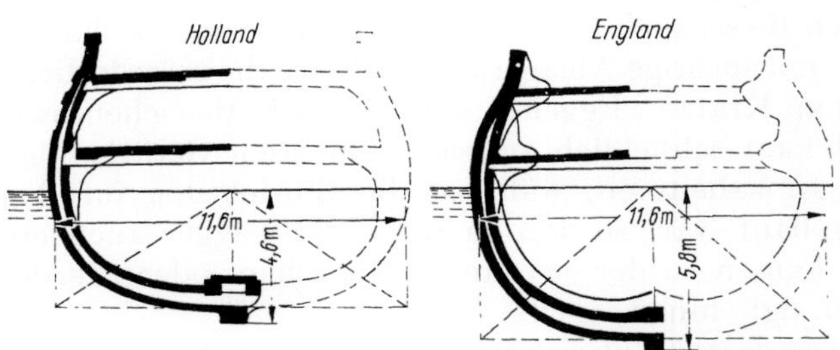

Abb. 1. Hauptspanten von Seeschiffen um 1750. In Holland Tiefgangsbeschränkung auf 4,6 m gegen 5,8 m in England

Abb. 1 zeigt Hauptspanten von Schiffen aus dem Jahre 1750, wobei die rechts gezeichneten englischen einen Tiefgang von 19 Fuß $\sim$ 5,8 m hatten, während die links gezeichneten holländischen Schiffe sich auf 15 Fuß $\sim$ 4,6 m beschränken mußten. Auf die Dauer ist dies aber unmöglich, weil Häfen, die derartige Beschränkungen verlangen, den Anschluß an den Weltverkehr und damit ihre Lebensgrundlage verlieren. Deswegen waren in Holland bereits damals umfangreiche Baggerungen im Gange und haben diesem Land eine ganz besondere Bedeutung auf dem Gebiet des Baggerwesens gegeben.

Als zu Beginn des 19. Jahrhunderts die Dampfmaschine aufkam, erhielten die Schiffe Schraubenantrieb und damit größeren Tiefgang. Man mußte infolgedessen die Baggergeräte leistungsfähiger machen, was ebenfalls durch Einbau von Dampfmaschinen erreicht wurde. Der Wettlauf zwischen Schiffstiefgängen und Fahrwassertiefen dauert seitdem an und ist gerade in neuester Zeit in ein akutes Stadium getreten. Jede Steigerung der Fahrwassertiefe gegenüber der von Natur gegebenen, bedingt weiterhin laufende Unterhaltungsarbeiten, die um so umfangreicher werden, je tiefer der Eingriff in die natürlichen Verhältnisse war.

Am Schluß dieses Abschnitts muß noch der Begriff der *Leistung* bei Baggergeräten geklärt werden, da eine Unterscheidung zwischen der Leistung der Maschinen und der Bagger notwendig ist. Für die Maschinen, die zum Antrieb verwendet werden, gilt die Definition der Mechanik, wonach Leistung Arbeit in der Zeiteinheit, also das Produkt aus Kraft und Geschwindigkeit oder aus Drehmoment und Winkelgeschwindigkeit ist. Sie wird gewöhnlich in Pferdestärken oder bei elektrischen Maschinen in kW angegeben, wobei 1 kW das 1,36fache von 1 PS und 1 PS = 0,736 kW ist.

Meist ist es richtiger, von der *Leistungsfähigkeit* einer Maschine zu sprechen als von der Leistung. Bei einem Dieselmotor wird auf dem Prüfstand bei Zusammenfallen des günstigsten Drehmoments und der günstigsten Drehzahl eine Leistung erreicht, die man zweckmäßigerweise als *Nennleistung* bezeichnet. Sie ist ein Leistungsvermögen der Maschine, dem die im Betrieb wirklich entwickelte Leistung vielfach nicht gleich ist,

weil z. B. der Kreisel einer Baggerpumpe oder ein Propeller entweder bei vollem Drehmoment und herabgesetzter Drehzahl oder aber bei voller Drehzahl mit herabgesetz-
tem Drehmoment arbeitet. Beim Graben der Eimer eines Eimerkettenbaggers oder der
Schneidkopfmesser eines Saugbaggers ist das Drehmoment der antreibenden Maschine
durch die Eindringtiefe und die Bodenhärte veränderlich, und die Nennleistung kommt
nur selten zur Wirkung.

Es ist weiterhin ungünstig und bringt Unklarheiten mit sich, wenn der Ausdruck
Leistung auch auf das angewandt wird, was die Geräte selbst erbringen, wobei hier
Kubikmeter pro Stunde, also m³/h das Maß bilden. In anderen Sprachen werden beim
Leistungsbegriff Unterschiede gemacht, und man verwendet im Holländischen die Worte
„vermoegen" einerseits und „opbrengst" andererseits, im Englischen „power" und
„output" oder „production" und im Französischen „puissance" und „rendement".

In diesem Buche soll die notwendige Unterscheidung durch ein Vorsatzwort herbeigeführt werden. Wenn von Maschinen die Rede ist, werden die Bezeichnungen *Antriebsleistung* und *Nennleistung* verwandt, mitunter auch Kraft und Kraftbedarf, wenn auch
diese Ausdrücke nicht ganz richtig sind. Dagegen soll das, was die Baggergeräte an
Boden erbringen, als *Ertragsleistung* oder auch als *Ertrag* bezeichnet werden. Vielfach
werden die Worte „Vermögen" oder „Fähigkeit" hinzugesetzt, um klarzumachen, daß
die Maschine die Fähigkeit hat, eine bestimmte Antriebsleistung hervorzubringen, oder
ein Bagger das Vermögen hat, eine bestimmte Ertragsleistung zu erreichen, ohne daß
es jeweils wirklich dazu kommt.

2. Aufgaben für Schwimmbagger und ihre Tätigkeit in verschiedenen Ländern

Folgendes sind ungefähr die Aufgaben der Schwimmbagger:

Fahrrinnen für Schiffe, Anlegen, Vertiefen und Erweitern von Fahrrinnen in Flüssen,
Buchten und Seen, Bau von Deichen.

Häfen, Herstellen von neuen Hafenbecken, Vergrößern und Vertiefen von solchen,
Beseitigen von Ablagerungen in vorhandenen Becken, Hinterfüllen von Ufermauern.

Flüsse, Begradigen und Kanalisieren von Flüssen, Durchstiche zur Begradigung und
Beseitigung von Schleifen, Wegräumen von Sandbarren und Schlammablagerungen,
Mitwirkung beim Bau von Buhnen, Deichen und Dämmen für Uferbefestigung und
Hochwasserschutz, von Staustufen, Schleusen und Kraftwerken.

Kanäle und Gräben für Schiffahrt, Entwässerung und Bewässerung, Neuherstellung,
Erweiterung, Vertiefung und Ausräumung.

Staubecken und Staudämme, Ausbaggern und Beseitigen von Ablagerungen in
Staubecken.

Landgewinnung, Auffüllen und Aufhöhen von Niederungen, Sumpf- und Moor-
flächen, Eindeichen von Niederungsgebieten zwecks Wasserabschluß und Auflandung.

Gewinnung von Boden und Bodeninhalt zur Verwertung, Kies für Betonherstellung
und Sand für Bauzwecke, ferner Ton und Mergel für Ziegelei- und Töpfereizwecke,
Phosphat für künstlichen Dünger, Gewinnung von Metallen, wie Zinn, Platin, Gold, Uran
u. a. m. aus Bodenmaterial, das im Wasser liegt.

Nicht alle diese Aufgaben werden ausschließlich in Naßbaggerung durchgeführt,
sondern, soweit sich das Wasser fernhalten läßt, auch trocken oder in Verbindung mit
Trockenbaggern; aber vielfach ist der Boden aus dem Grund von Gewässern zu gewinnen,
und die Arbeit ist nur mit schwimmenden Geräten, also Schwimmbaggern möglich.

Man kann erkennen, daß entweder die Bodenentnahme das Wesentliche ist und den
Ort der Baggerung bestimmt, wie z. B. bei der Hafenvertiefung, oder aber die Bodenablagerung wie bei der Landgewinnung. Meistens verbindet man beides miteinander und
erreicht, daß sowohl die Bodenentnahme wie auch die Bodenablagerung einen besonderen
Zweck erfüllt, wobei jedoch die Förderentfernung nicht zu groß werden darf. Immer sind

bei der Planung alle 3 Teile — also Bodenentnahme, Bodenförderung und Bodenablagerung — zu beachten, und es sollte nicht ein Teil unter Vernachlässigung der anderen bevorzugt werden.

Die beiden Kriege der letzten Jahrzehnte haben wohl den Weltverkehr zeitweise fast zum Erliegen gebracht, aber er ist danach immer angestiegen, die vernichteten Handelsschiffe sind durch neue ersetzt worden und weitere dazugekommen. Die Bevölkerung der Erde wächst ständig, der Warenaustausch zwischen den Ländern wird immer reger und neue Güter kommen für den Austausch hinzu. Hier ist neben Kohlen und Erzen insbesondere das Erdöl mit seinen Produkten zu nennen, das an bestimmten Fundstellen gewonnen und in alle Welt verfrachtet wird. Die Größe der Tanker und der Massengutfrachter wächst ständig und damit auch ihr Tiefgang, der wiederum die Vergrößerung der Tiefen für die Häfen und deren Zufahrten erfordert. Der Wettlauf zwischen Tiefgang und Tiefe, der schon in der Vergangenheit die Naßbaggerung ins Leben gerufen hat, wird sie auch in der Zukunft am Leben halten. Dabei werden die Arbeiten mit wachsender Tiefe immer schwieriger und umfangreicher.

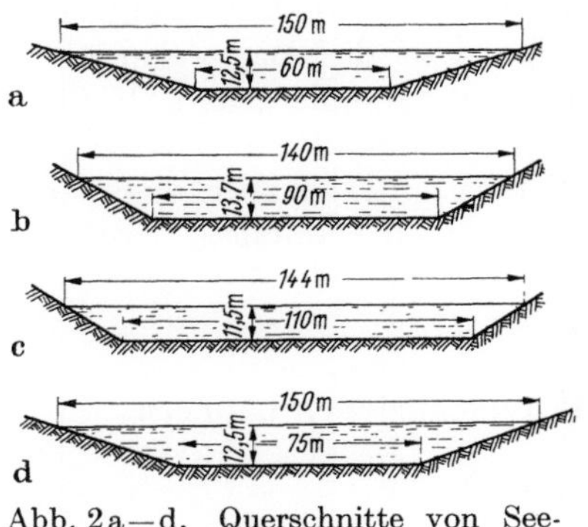

Abb. 2a—d. Querschnitte von Seeschiffskanälen

a Suez-Kanal; b Panama-Kanal; c Nord-Ostsee-Kanal; d Nordzee-Kanal

Die Industrialisierung vieler Länder, die bisher noch nicht in dieser Richtung entwickelt waren, erfordert das Anlegen von neuen Häfen und Schiffahrtsstraßen. Auch im Binnenland wird der Verkehr auf dem Wasser immer reger und die Größe der Binnenschiffe steigt ebenfalls an, so daß Vertiefungsarbeiten, Flußregulierungen und Kanalbauten erforderlich werden. Die Errichtung von Staustufen und Staubecken bringt die Aufgabe mit sich, für die Beseitigung der Ablagerungen zu sorgen, was z. T. durch bauliche Maßnahmen erreicht werden kann. Aber in Zukunft wird es notwendig sein, hier die Baggerung von vornherein einzuplanen, so daß diese auch im Binnenland zunehmen dürfte.

Abb. 2 zeigt den Querschnitt von vier großen künstlichen Wasserstraßen, dem Suezkanal, Panamakanal, Nord-Ostsee-Kanal und Nordzeekanal bei Amsterdam. Wie man sieht, sind die Tiefen 12,5, 13,7, 11,5 und 12,5 m und die Querschnitte 1315, 1570, 1460 und 1410 m². Durch Multiplikation mit der Länge ergeben sich die Wasserinhalte von 210, 125, 145 und 35 Millionen m³; diese sind nicht ohne weiteres ein Maß für die Größe der dabei geleisteten Naßbaggerarbeiten, da die Kanäle z. T. durch vorhandene Gewässer führen, andererseits im Einschnitt von Bodenerhebungen liegen und der Boden beim ursprünglichen Bau z. T. trocken ausgehoben wurde. Erweiterungen aber, die erforderlich sind, müssen mit Schwimmbaggern vorgenommen werden, und die Größe der durchzuführenden Naßbaggerarbeiten steht dann in einem Verhältnis zum Wasserinhalt. So werden, um ein Beispiel zu nennen, nach Übernahme des Suezkanals in ägyptische Verwaltung hier jährlich 5 Millionen m³ für Unterhaltung, Vertiefung und Erweiterung gebaggert.

Die Entwicklung der kraftangetriebenen Geräte in der zweiten Hälfte des 19. Jahrhunderts ermöglichte es, in Holland den Häfen von Amsterdam und Rotterdam künstlich Verbindungen mit der Nordsee zu geben, die allen Ansprüchen genügen; für Rotterdam den neuen Wasserweg nach Hoek van Holland und für Amsterdam den Nordzeekanal, der durch die Schleuse von Ymuiden abgeschlossen ist. Da Amsterdam auch gegen die Zuidersee abgeriegelt wurde, besitzt es einen der wenigen großen Häfen, die nicht mit den Schwierigkeiten des Gezeitenhubs zu kämpfen haben. Umfangreiche Erweiterungsarbeiten für die Häfen von Amsterdam und Rotterdam und ihre Zufahrtsrinnen sind jetzt wieder im Gange. Die Trockenlegung der Zuidersee war ein weiteres großes wasserbauliches Werk, an dem die Naßbaggerei maßgeblich beteiligt war, ebenso die Wiederherstellungsarbeiten nach der großen Hochwasserkatastrophe im Jahre 1953. Um das

Land hiergegen für die Zukunft zu sichern, wurde der *Deltaplan* aufgestellt, der die vollständige Abriegelung gegen die See vorsieht und große Naßbaggerarbeiten erfordert. Die Niederlande, in denen gewissermaßen die Wiege der Baggerei und des Baggerbaus gestanden hat, werden auch in der weiteren Zukunft auf diesem Gebiet an führender Stelle stehen.

In Deutschland waren für die Häfen der Hansa im Mittelalter Baggerarbeiten durchzuführen, wenn auch nicht in dem Umfang wie in Holland. Ende des 19. Jahrhunderts, nachdem die Dampfkraft eingeführt war, wurden größere Aufgaben in Angriff genommen, wie der Bau des Nord-Ostsee-Kanals von 1887 bis 1895. Bei der darauffolgenden Weserkorrektion wurden etwa 60 Millionen m³ an Boden bewegt, um die Unterweser für Seeschiffe befahrbar und Bremen für diese zugänglich zu machen. Wie einschneidend derartige Arbeiten wirken, ist daran zu erkennen, daß Bremen dadurch einen bemerkenswerten Gezeitenhub erhielt.

Zu Anfang des 19. Jahrhunderts waren für den Nord-Ostsee-Kanal Erweiterungsarbeiten erforderlich, durch die er auf den jetzigen, in Abb. 2 erkennbaren Querschnitt gebracht wurde. Ferner wurde Emden als Erzhafen für Seeschiffe ausgebaut und die Zufahrtsrinne für ihn geschaffen.

Für die Ostseehäfen, wie Königsberg, Danzig, Stettin, Rostock und Lübeck, mußten die Zufahrtsrinnen durch mehr oder weniger umfangreiche Baggerarbeiten geschaffen oder vertieft werden. Als interessante Ausnahme sei der Kieler Hafen angeführt. In ihn mündet kein Fluß und wegen Fehlens von Gezeitenströmungen treiben auch von der Ostsee keine Ablagerungen ein. Der Hafengrund besteht zudem aus festem Ton, der sich nicht verändert und infolgedessen waren Unterhaltungsbaggerungen bisher nicht notwendig. Vertiefungen sind nur in Sonderfällen an einigen Stellen in der Nähe des Ufers vorgenommen worden.

Die deutschen Nordseehäfen erfordern aber Unterhaltungsarbeiten, so daß Baggerungen auf der Elbe, der Weser, der Jade und der Ems laufend durchzuführen sind. Um die Zufahrten zu den Hafenstädten Hamburg, Bremen, Wilhelmshaven und Emden für die immer größer werdenden Seeschiffe befahrbar zu machen, werden auch Vertiefungsarbeiten wieder erforderlich werden.

Im Binnenland wurden in den vergangenen Jahrzehnten der Mittellandkanal und viele andere Kanäle gebaut und Nebenflüsse des Rheins, wie Neckar, Main und neuerdings Mosel, kanalisiert. Die Verbindung zwischen Rhein und Donau soll für große Binnenschiffe befahrbar gemacht werden, wozu umfangreiche Naßbaggerarbeiten erforderlich sind. Auf der Donau werden zwischen Regensburg und Wien mehrere Staustufen gebaut, die auch in diesem Gebiet die Naßbaggerarbeiten umfangreicher werden lassen. Staustufen in Flüssen, die nicht schiffbar sind, wie z. B. Inn, Drau usw., erfordern Naßbaggerarbeiten beim Bau und bei der Beseitigung der Ablagerungen.

Kurz erwähnt seien hier die Baggeraufgaben der anderen europäischen Länder. *England* ist die Heimat des Erfinders der Dampfmaschine und hat frühzeitig kraftangetriebene Bagger bei umfangreichen Baggerarbeiten zur Vertiefung zahlreicher Seehäfen und Hafeneinfahrten im Mutterland und den Kolonien angewandt. Bei *Frankreich* ist neben Baggerarbeiten im eigenen Land, die hier außer Seehäfen auch ein ausgedehntes Netz an Binnenwasserstraßen betrafen, der Bau des Suezkanals zu erwähnen, bei dem französische Ingenieure kraftangetriebene Baggergeräte vielfach in Größen einsetzten, wie sie bis dahin unbekannt waren.

Länder mit Felsenküsten, wie *Italien*, *Spanien* u. a., müssen sich ins Wasser ausdehnen, wobei fast in jedem Falle Baggeraufgaben zu lösen sind.

In der *Sowjetunion* erfordert die Durchführung der großen Kanalprojekte für Schiffahrt und Steppenbewässerung, der Bau von Staustufen u. dgl., die Bewegung von sehr bedeutenden Bodenmengen, wofür z. T. auch Schwimmbagger eingesetzt werden. Auch in *Japan* sind solche Geräte gebaut worden, darunter der Hoppersauger „Zulia", der z. Z. als das größte Baggerschiff der Erde gilt.

Besonders umfangreich waren die Baggeraufgaben seit dem Beginn der Zivilisation in den *Vereinigten Staaten*. Von diesen zeigt die Abb. 3 den östlichen Teil, in dem der größte Teil der schiffbaren Wasserstraßen und die atlantischen Häfen liegen. Punktiert eingezeichnet ist der Reiseweg des Verfassers in Verbindung mit einer Studiengruppe im Jahre 1956. Bei den Häfen der pazifischen Küste waren meist Molenbauten und andere

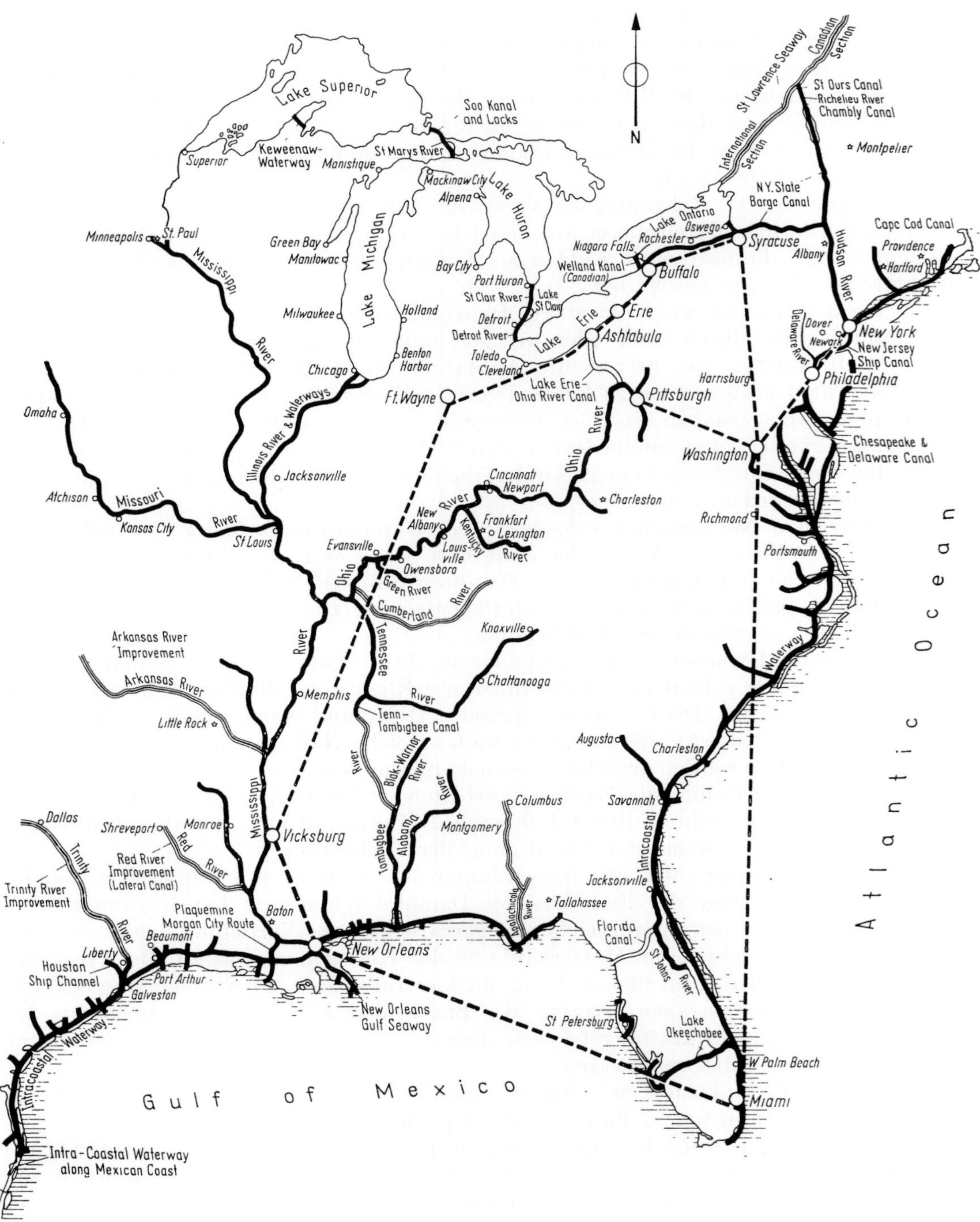

Abb. 3. Karte des östlichen Teiles der Vereinigten Staaten mit schiffbaren Wasserwegen und Eintragung des Reisewegs des Verfassers mit einer Studiengruppe im Jahre 1956

Schutzbauten für ihre Schaffung und Erhaltung erforderlich, während die atlantischen Häfen in geschützten Meeresbuchten liegen, wie New York, oder in Flußmündungen landeinwärts, wie Philadelphia. Hier waren aber entweder Fahrrinnen durch vorgelagerte

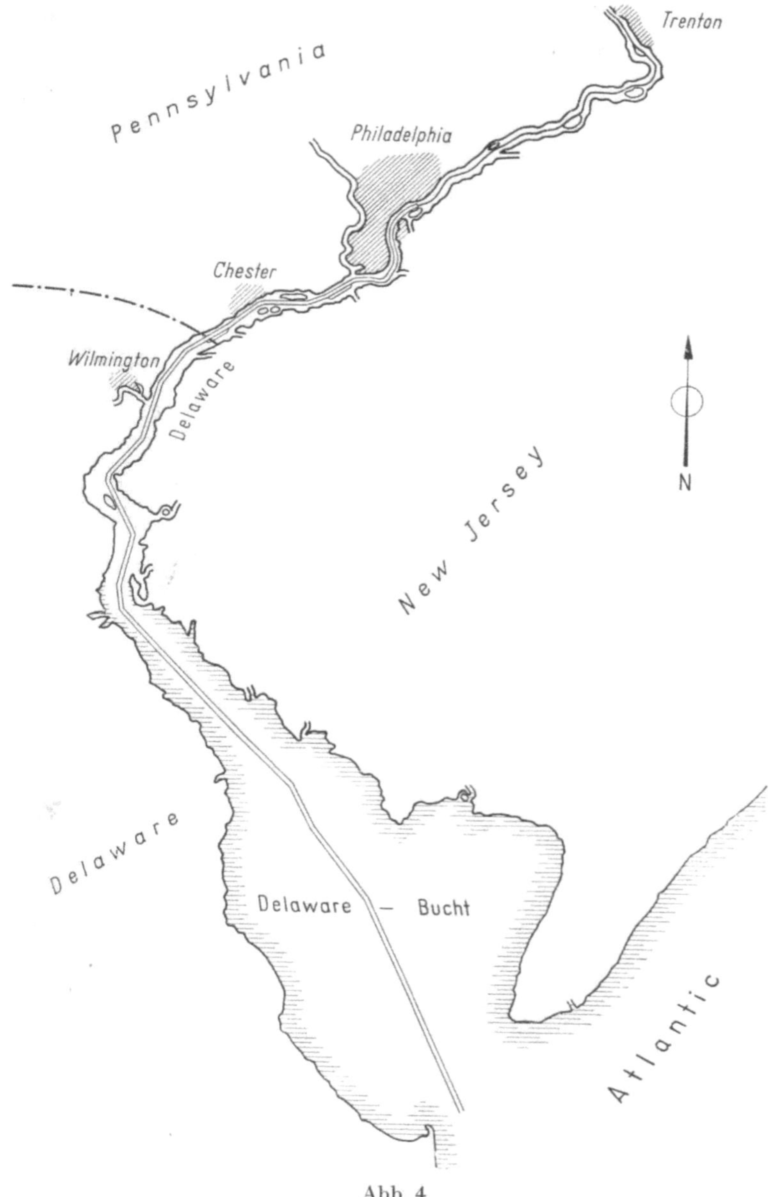

Abb. 4

Philadelphia am Delaware-Fluß in 150 km Entfernung von dessen Einmündung in den Atlantischen Ozean

Sandbänke zu baggern oder in Flußmündungen Fahrrinnen zu vertiefen, um eine Anpassung an den stetig wachsenden Tiefgang der Seeschiffe zu erreichen. Philadelphia liegt, wie Abb. 4 zeigt, etwa 150 km vom Atlantischen Ozean entfernt am Delaware, einem kleineren Fluß, der sich unterhalb der Stadt ständig erweitert und in die Delawarebay übergeht. Dabei hatte dessen Fahrrinne in der Mitte ursprünglich nur eine Breite von 60 bis 80 m und eine Tiefe, die an vielen Stellen nicht über 5 m hinausging. Um diese Schiffahrtsstraße auf die für Seeschiffe erforderliche Tiefe von etwa 12 m zu bringen, sind im Laufe der letzten 25 Jahre nicht weniger als 220 Millionen m³, mithin das 2fache vom Wasserinhalt des Panamakanals, gebaggert worden. Größtenteils waren es alluviale Ablagerungen, aber es mußte dabei auch etwa 1 Million m³ Fels beseitigt werden. Während des letzten Weltkriegs, in dem der Hafen von Philadelphia eine besondere Bedeutung bekam, brachte in den Jahren 1940 bis 1942 eine Flotte von Saugbaggern mit Schneidkopf und mit Laderaum die Fahrrinne auf eine Breite von 250 m und eine Tiefe von 12 m, wobei 40 Millionen m³ in 20 Monaten bewegt wurden. Zur Erhaltung dieser Fahrwassertiefe sind laufend in jedem Jahr 7,5 Millionen m³ Ablagerungen von Sand und Schlamm zu baggern, wozu größtenteils Hoppersauger des Corps of Engineers angesetzt werden.

Auch für New York mußten in jahrzehntelangen Baggerarbeiten, die schon vor der Jahrhundertwende begannen, Hafenvertiefungen vorgenommen werden, ferner die Zufahrtsrinne des Ambrose Channel ausgebaggert und ihre Tiefe dem ständig wachsenden Tiefgang der Seeschiffe angepaßt werden. Um die Rinne auf dieser Tiefe zu erhalten, sind etwa 7 Millionen m³ an Ablagerungen jährlich wegzubaggern, wozu in der Hauptsache Hoppersauger verwendet werden, da Entnahme und Ablagerung im Seegebiet liegen.

Der Mississippi mit seinen Nebenflüssen ergibt ein weiteres großes Betätigungsfeld für die Baggerei. Schon im vorigen Jahrhundert begannen die Bestrebungen zur Sicherung der Schiffahrt und um die Jahrhundertwende setzte hier, verbunden mit dem Namen des Chicagoer Ingenieurs BATES, eine Entwicklung der Saugbaggerei ein, bei der wohl alles erprobt worden ist, was bei der Bewegung von Sand im Saugverfahren denkbar ist.

Besondere Aufwendungen sind nötig, um den Mississippi in seinem Unterlauf bis zur Stadt Baton Rouge, die 300 km von der Mündung entfernt liegt, für Seeschiffe befahrbar zu halten. Bedeutend sind daher die Baggeraufgaben im Bezirk New Orleans des Corps of Engineers, und in Vicksburg befindet sich ein großes Wasserbaulaboratorium für wissenschaftliche Versuchsarbeiten. Es besteht der Plan, die Stadt New Orleans unabhängig vom Mississippi und seinem Delta durch einen in östlicher Richtung abgehenden Seekanal mit dem Golf von Mexico zu verbinden, wobei die zu baggernde Bodenmenge mit 230 Millionen m³ geschätzt wird.

Die Abb. 3 läßt auch erkennen, daß an der ganzen atlantischen Ostküste ein Küstenschiffahrtsweg verläuft, wobei vorhandene Buchten, wattenmeerähnliche Seen, Lagunen und sonstige Gewässer durch Kanalstrecken miteinander verbunden sind. Im Norden führt dieser Wasserweg zum St.-Lorenz-Strom und den großen Seen, deren Verbindung mit dem Atlantischen Ozean auf solche Tiefe gebracht wird, daß auch hier Seeschiffe fahren können. Für den Panamakanal ist eine Erweiterung oder Ersatz durch einen anderen, den Nicaraguakanal, geplant, und dafür sind Baggergeräte von ungewöhnlichen Abmessungen vorgesehen. Fast alle Flugplätze in den Vereinigten Staaten liegen auf künstlich geschaffenem Gelände, so daß kein wertvolles Wald- und Ackerland geopfert wurde, aber Baggerarbeiten großen Umfangs dafür geleistet werden mußten. Auch wird in Amerika bei Sperrdämmen, Staumauern und anderen Aufgaben mit Naßbaggern gearbeitet, so daß selbst ganz große Geräte, wie der Schneidkopfsauger „Western Chief" mit einem Gewicht von 1500 t und einer installierten Maschinenleistung von 10 000 PS zerlegbar gebaut werden und bei derartigen Arbeiten angesetzt werden können. Die hydraulische Bodenförderung wird auch dort verwendet, wo es sich nicht um eigentliche Naßbaggerarbeiten handelt.

Ähnliche große Aufgaben treten nunmehr auch in den mittelamerikanischen und südamerikanischen Staaten auf, so daß in der Neuen Welt auch in Zukunft Baggerarbeiten größten Umfangs durchgeführt werden müssen.

Dann soll noch der Hafen von Shanghai in China erwähnt werden, den Abb. 5 zeigt. Man erkennt, daß diese Stadt im Bereich der Mündung des Jangtseflusses liegt, aber nicht unmittelbar an diesem, sondern 20 km landeinwärts am Whangpofluß, der ursprünglich wohl für chinesische Dschunken, aber nicht für Seeschiffe befahrbar war. Als Shanghai um die Jahrhundertwende als Hafen internationale Bedeutung erhielt, wurde zwischen 1906 und 1921 der Whangpofluß für Schiffe bis 9,8 m Tiefgang befahrbar gemacht. Dazu kam dann noch die laufende Beseitigung der Lößablagerungen des Jangtseflusses weit draußen in See. Hierfür wurde der Hoppersauger „Chien-She" bei Schichau in Danzig und Elbing gebaut, und dieser hat im Jahre 1936 allein an dieser

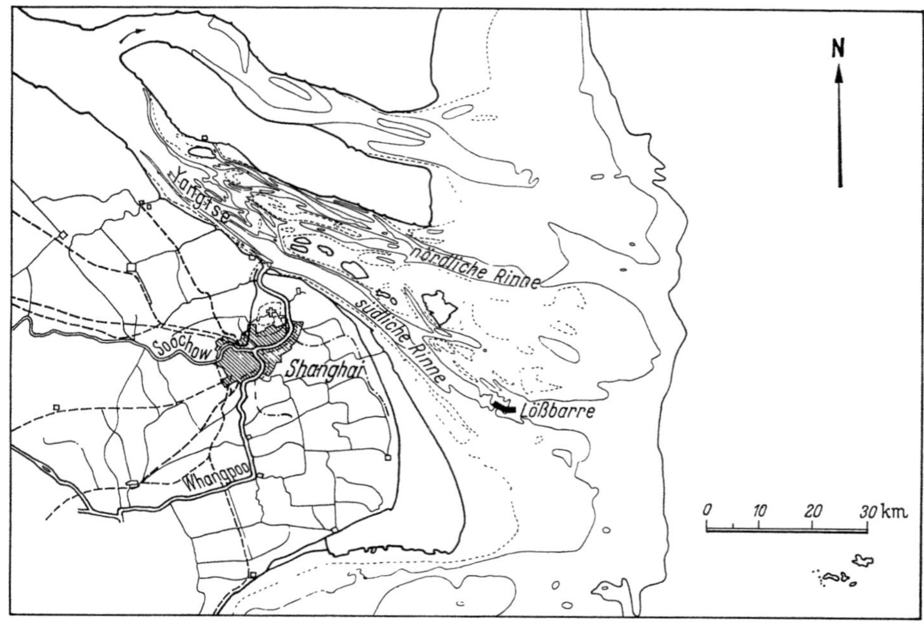

Abb. 5. Shanghai am Whangpoo, 20 km von dessen Einmündung in den Jangtse gelegen, der im Meere eine der Schiffahrt hinderliche Lößablagerung bildet

Stelle 4 Millionen m³ baggern müssen, während für die Erhaltung der Tiefe des Whangpo mehrere Eimerbagger mit zahlreichen Klappschuten und weitere Baggergeräte 2 Millionen m³ leisten mußten. Man kann Shanghai als Musterbeispiel dafür ansehen, daß umfangreiche Baggerarbeiten notwendig werden, wenn ein Hafen internationale Bedeutung erhält, und es ist zu erwarten, daß in Zukunft manche Häfen in anderen bisher unentwickelten Ländern diesem Beispiel werden folgen müssen.

3. Richtlinien für die Planung und den Bau von Schwimmbaggern
Angaben über Literatur und Darstellung in diesem Buch

Die Anforderungen, die an Bagger gestellt werden, sind verschieden, je nach Bodenart und Menge, ferner nach Baggertiefe und Abtragshöhe. Die Ausbildung der Baggergeräte und ihrer Schiffskörper richtet sich ferner danach, ob sie auf See, in Seehäfen und Flußmündungen mit Gezeitenhub und Gezeitenströmungen oder auf Flüssen, Seen und Kanälen, Binnengewässern ohne wesentliche Strömung oder auf unregulierten Flüssen mit starker Strömung, wechselnder Wasserstandshöhe und Gewässertiefe zu arbeiten haben.

Man kann besondere Anforderungen berücksichtigen, aber jede Sonderausführung, die ausschließlich auf bestimmte Verhältnisse zugeschnitten ist, hat wieder Nachteile, zum mindesten bei Unternehmergeräten. Die Notwendigkeit der vielseitigen Verwendung widerspricht also gerade der Rücksichtnahme auf besondere Boden- und Gewässerverhältnisse und macht den Bau von Baggern zu einer besonders schwierigen Aufgabe.

Es ist nicht möglich und nicht zweckmäßig, alles berücksichtigen zu wollen, was an Aufgaben kommen kann; denn das ergäbe Kombinationsgeräte, bei denen eine Einrichtung die andere stört und vieles jahrelang unbenützt bleibt. Wenn es dann nach Jahr und Tag zu einer Inbetriebnahme kommt, sind umfangreiche Herrichtungsarbeiten und meistens auch Umbauten notwendig, wenn die Einrichtung inzwischen überholt und nicht mehr zeitgemäß ist.

Man muß deswegen Schwimmbagger so gestalten, daß Änderungen und zusätzliche Einbauten nachträglich möglich sind. So muß z. B. bei der Ausschütteinrichtung eines Eimerkettenbaggers die Anpassung an veränderte Bedingungen möglich sein. Man muß damit rechnen, daß große Schuten zu beladen sind, muß die Neigung der Schüttrinnen ändern, besondere Verschleißbleche und Steinfänge einbauen und bei schlecht rutschendem Material Wasser zugeben können.

Manchmal wird für Ausheben einer Dockgrube, das Verlegen eines Dükers und ähnliche Aufgaben eine besonders große Baggertiefe verlangt, und es ist von Vorteil, wenn man den Bagger ohne vollständigen Umbau dafür herrichten kann.

Bei einem Saugbagger muß man beim Schneidkopf Durchmesser und Länge sowie die Form der Messer verändern können, ebenso die Drehzahl und die Leistung des Antriebsmotors. Bei der Baggerpumpe muß man Kreisel von verschiedenen Durchmessern, unterschiedlicher Breite und Schaufelform einbauen können. Auch der Ersatz der vorhandenen Pumpe durch eine andere einschließlich des Motors muß möglich sein. Wenn man den Vorteil hat, auf elektrischen Antrieb mit Landanschluß übergehen zu können, sollen dem nicht umfangreiche Umbauarbeiten im Wege stehen.

Bei einem Hoppersauger müssen die Beladeeinrichtungen und das Überlaufsystem anpassungsfähig sein, da es keine Anordnungen gibt, die für alle Bodenarten gleich gut geeignet sind. Auch die Änderungsmöglichkeit für die Saugköpfe und Saugarme muß gegeben sein. Man will auch hier mitunter große Saugtiefen erreichen, ohne den ganzen Bagger von Haus aus dafür zu bauen. Der Maschinenraum eines Baggers muß geräumig bleiben und darf nicht so verbaut werden, daß größere Motoren, andere Baggerpumpen oder zusätzliche Maschinen keinen Platz finden. Die Zugänglichkeit und Notwendigkeit bequem auszuführender Reparaturen erfordert ja ohnehin, daß freie Flächen und Räume verbleiben. Rohrleitungen für Dampf, Wasser und Öl, sowie besonders auch die Kabel für die Übertragung von elektrischer Energie sollen nicht zu lang und dabei einfach und übersichtlich verlegt sein und deswegen die Maschinen entsprechend angeordnet werden.

Die Bedeutung der Windenanlage für Bagger kann gar nicht hoch genug eingeschätzt werden. Sie sind vielfach ausschlaggebend für die Ertragsleistung und ihre Anordnung, Aufstellung und besonders die Seilführung stellen primäre Forderungen, die unbedingt erfüllt werden müssen. Es muß an Deck so viel Platz bleiben, daß in Sonderfällen bei Arbeiten in starkem Strom stärkere Winden eingebaut werden können, ohne daß Oberlichter, Niedergänge u. dgl. im Wege sind.

Besondere Beachtung verdient die Anordnung der *Wohnräume* unter Berücksichtigung der Forderung, daß der Bagger als Arbeitsgerät durch sie nicht beeinträchtigt werden darf. Tun sie dies, dann wird ihnen auch die Wohnlichkeit durch Geräusche, Erschütterungen u. dgl. genommen. Wenn es bei großen Geräten auch möglich ist, die Wohnräume abseits anzuordnen, so kann man dies bei kleinen Geräten nicht immer und soll sie dann lieber wegfallen lassen. Es hat keinen Zweck, Gebilde zu schaffen, in denen niemand wohnen kann, die jedoch das ganze Gerät in seiner Ertragsfähigkeit beschränken. Ein Raum für einen Wachmann, der auch als Besprechungsraum dient, muß dann genügen und die Besatzung auf einem Wohnschiff oder an Land untergebracht werden.

Diese Darlegungen lassen erkennen, daß Baggergeräte, von wenigen Ausnahmen abgesehen, in Einzelanfertigung hergestellt werden, daß sie Sonderkonstruktionen in noch höherem Maße darstellen als sonstige Schiffe und ihr Bau nicht zu vergleichen ist mit dem von Trockenbaggern, Flachbaggergeräten und Baumaschinen, die serienmäßig in bestimmter Form gebaut und so verkauft werden.

Bei einem Baggerschiffauftrag müssen Auftraggeber und Auftragnehmer zusammenarbeiten und gemeinsam versuchen, das Beste herauszuholen. Dabei stehen dem Auftraggeber meist größere Erfahrungen über Bodenverhältnisse und praktische Bewährung von Geräten unter verschiedensten Verhältnissen zur Verfügung und er sollte dies in einer kurzen Bauvorschrift niederlegen, die das Wesentliche enthält, aber Überflüssiges vermeidet. Man muß sich vor der Überbestimmung hüten und nicht auf der einen Seite die maschinentechnischen Leistungen vorschreiben und auf der anderen Seite auch das, was als bodentechnischer Ertrag herauskommen soll. Es gibt nur das eine oder andere, und man soll den Hersteller anspornen, das Beste herauszuholen, nicht aber diesen Anreiz durch viele Bestimmungen verbauen. Auch maschinentechnische Daten, die sich gegenseitig bedingen, darf man aus diesen Gründen nicht getrennt vorschreiben.

Die ausführende Werft, wenn sie sich ausschließlich oder vorwiegend mit dem Bau von Baggergeräten befaßt, kennt die Ausführungen anderer Auftraggeber und kann wieder dafür sorgen, daß nicht infolge einseitiger Forderungen ein unzweckmäßiges Sondergerät geschaffen wird.

In den Vereinigten Staaten ist für den Entwurf von großen Geräten vorwiegend der Auftraggeber maßgebend, der eigene Konstruktionsbüros besitzt oder sich beratender Ingenieurbüros bedient, welche, wie bei uns die Architekten, die Bestandteile des Baggers bei verschiedenen Firmen herstellen und zusammenbauen lassen. was sich auch in der äußeren Erscheinung mancher amerikanischer Großgeräte widerspiegelt.

Für die Planung, Konstruktion und Arbeitsvorbereitung muß genügend Zeit zur Verfügung gestellt werden, und man soll auch die Lieferfrist nicht zu kurz bemessen. Andernfalls entstehen durch Übereilung Fehler, deren nachträgliche Beseitigung die wirkliche Fertigstellung doch wieder hinausschiebt. Unbedingt notwendig ist es auch, daß bei der Fertigstellung alle zeichnerischen Unterlagen, wie Generalpläne und Beschreibungen, Betriebsanweisungen mit Schnittbildern für alle Maschinen, Ersatzteilverzeichnisse usw., vollständig mitgegeben werden. Wenn dies nicht der Fall ist, haben auch die Werft und die Lieferanten den Schaden; denn die Besatzung kann sich mit der Bedienung der Maschinen nicht vertraut machen und manche Schäden, die bei Vorhandensein entsprechender Zeichnungen und Unterlagen schnell behoben sein würden, setzen das ganze Gerät lange Zeit außer Betrieb und beeinträchtigen dadurch den Ruf der Hersteller. Es kann gar nicht genug darauf hingewiesen werden, wieviel Schaden hier durch Zurückhalten und Geheimhaltenwollen angerichtet wird. Der Auftraggeber muß, um dies zu vermeiden, weitgehende Forderungen an die Werft stellen, und diese muß, was ganz besonders wichtig ist, dies auch ihren Unterlieferanten gegenüber tun.

Für ausführliche Erprobungen soll man unbedingt genügend Zeit und Kosten aufwenden, sich aber andererseits auf das beschränken, was wirklich nachweisbar ist. Versuche mit Bodenbaggerung durchzuführen hat den Wert, daß alle Teile des Gerätes ihre betriebsmäßige Belastung erhalten. Wenn man einen Ertragsnachweis vorschreibt, muß dafür gesorgt werden, daß Baggerboden und Mannschaft und sonst alles, was zur Baggerung gehört, vorhanden ist.

Ein großer Nachteil ist es, daß meist gleich nach Fertigstellung von Baggergeräten die Werft oder der Gerätebesitzer in technischen Zeitschriften Veröffentlichungen bringen, die vieles als vollkommen erscheinen lassen, ehe es seine Probe bestanden hat. Hinterher hört man nie etwas von Nacharbeiten, Beseitigen von Schäden und Anpassung an Bodenarten usw. Beide Teile scheuen sich davor, hiervon etwas zu berichten, um das Gerät, das sie geschaffen haben, und die eigenen Verdienste nicht herabzusetzen. Das ist unbegründet, denn es ist ein natürlicher Vorgang bei Baggergeräten, daß sie und das Personal an die jeweiligen Bodenverhältnisse sich anpassen müssen. Aus dem später erwähnten amerikanischen Buch über Hoppersauger ist zu entnehmen, daß sogar bei einer Geräteart, die nur vom Corps of Engineers betrieben wird, das Probieren niemals aufhört. Es dauert Jahre, bis man an die verschiedenen Bodenarten und sonstigen Gegebenheiten herangekommen ist und sich ein Urteil bilden kann. Dies ist bei einem

Fracht- oder Passagierschiff wesentlich leichter, wo bei einigen Fahrten durch verschiedene Gewässer in kürzerer Zeit alles erprobt werden kann, ebenso bei anderen Maschinenanlagen, wie beispielweise bei Kraftwerken, Flugzeugen u. dgl., wo die Betriebsbedingungen sich schnell überblicken lassen und sich wenig ändern.

Aus diesen Gründen ist auch die Einführung von Neuerungen bei Baggern schwierig. Wenn damit zunächst gute Ergebnisse erreicht werden, ist es schwer zu sagen, ob dies der neuen Konstruktion oder nur besonders günstigen Bodenverhältnissen zuzuschreiben ist. Andererseits werden häufig Schwierigkeiten bei der Anpassung an die Bodenverhältnisse und Eingewöhnung des Personals als besonderer Nachteil der Neuerung angesehen, während das gleiche bei einer Normalkonstruktion als selbstverständlich hingenommen wird. Dies führt zu einer gewissen Scheu vor Neuerungen und zum Weiterbau von Geräten nach bisheriger Konstruktion, die eigentlich nicht bewährt ist, an deren Nachteile man sich aber gewöhnt hat.

Ein reger Erfahrungsaustausch und objektive Berichte über Vor- und Nachteile würden bei Naßbaggergeräten mehr Nutzen bringen, als wenn vermeintliche Erfindungen als Geheimnis gehütet werden. Bei den Einzelkonstruktionen der Naßbaggergeräte wird erst durch Bewährung unter verschiedensten Bodenverhältnissen ein Werturteil möglich.

Es werden in diesem Buch bei jeder Geräteart zunächst Beispiele aus älterer Zeit gebracht. Dabei werden die mittelalterlichen Geräte vor Einführung der Kraftmaschinen weniger berücksichtigt, sondern mehr solche aus dem 19. Jahrhundert nach Erfindung der Dampfmaschine. Bei diesen finden sich viele Konstruktionen, auf die man heute vielfach wieder zurückkommt, und es ist vorteilhaft, wenn man sich darüber unterrichten und Fehler vermeiden kann. Es kann dann mit besseren technischen Mitteln, die heute gegeben sind, möglicherweise ein Erfolg erzielt werden, der früher versagt blieb.

Man stellt auch fest, daß sich bei Schwimmbaggern nicht so viel geändert hat, wie man manchmal glaubt. Die eigentlichen Baggervorgänge unter Wasser, wie Graben der Eimer, Ansaugen des Bodens und die Methoden der Vorlockerung sind wenig geändert und im wesentlichen nur die Antriebsmaschinen andere geworden. Ursprünglich gab es nur die Dampfkraft, und alle älteren Baggerbücher behandeln im wesentlichen nur diese. Mit Beginn des jetzigen Jahrhunderts kam dann der Verbrennungsmotor und der Elektroantrieb mit eigener Energieerzeugung und mit Strombezug von Land hinzu. Dabei wird eine zentrale Bedienung möglich, welche die Geräte formt und verändert. Der Baggermeister sitzt jetzt in einem Bedienungshaus und steuert alle Vorgänge mit den Hebeln, Schaltern und Druckknöpfen seines Schaltpults, während er früher ein Kolonnenführer war, der durch Zuruf seine Mannschaft regierte.

Bei jeder Geräteart werden zunächst die Konstruktionsbedingungen erörtert und dabei nach Möglichkeit einfache Regeln gegeben, die den Planer und Auftraggeber instand setzen, sich schnell einen Überblick zu verschaffen. Es werden danach Durchschnittsreihen, angefangen von den kleinsten Größen bis zu den höchsten, gebracht, welche die Hauptdaten der Geräte nach Berechnungen und Erfahrungen vollständig zusammengestellt bringen. Solche Reihen geben einen guten Überblick und ermöglichen am ehesten Schätzungen von Ertragsleistungen. Dabei müssen alle Annäherungsrechnungen natürlich durch genauere Rechnungen der ausführenden Werft ergänzt werden.

Bei allen Erörterungen und Beschreibungen wird immer auf die Vorteile und Nachteile hingewiesen, da mehr als auf anderen Gebieten der Technik den Vorteilen immer Nachteile gegenüberstehen. Dabei kann es kommen, daß *ein* Nachteil alle Vorteile überwiegt, ebenso wie *ein* Vorteil so bedeutend sein kann, daß man viele Nachteile in Kauf nehmen kann. Wegen dieser weitgehenden Variationsmöglichkeiten, für die wieder die Bodenverhältnisse und die Gewässerbedingungen die Ursache sind, ist auch nie ein endgültiges Urteil in dem Sinne, daß etwas gut oder schlecht ist, zu fällen. Da eine unmittelbare Beobachtung der Baggervorgänge unter Wasser nicht möglich ist, ist man auf Vermutungen angewiesen, die oft zu falschen Schlüssen führen und wieder berichtigt werden müssen.

Eine grundlegende Änderung kann hierbei auch durch theoretische Erkenntnisse nicht herbeigeführt werden. Zwar ist es als Fortschritt anzusehen, daß die Bodenmechanik immer mehr Bedeutung gewinnt, aber darauf gegründete Berechnungen für den Bau und Betrieb von Baggern haben niemals eindeutige Ergebnisse, wie sie anderweitig erreicht werden. Bei Laboratoriumsversuchen kann man keine genügende Modellähnlichkeit und auch die Vielfalt der Wirklichkeit niemals erreichen, so daß die Ergebnisse nur als Anhalt zu benutzen sind. Auch maschinentechnisch bleibt immer eine Unbestimmtheit, da man die Maschinen niemals für einen bestimmten Betriebsfall und besten Wirkungsgrad bauen kann, vielmehr ihre Anpassungsfähigkeit an verschiedene Belastungszustände das wichtigste ist. Dabei müssen niedrige Wirkungsgrade, vor denen man sich sonst im Maschinenbau scheut, vielfach in Kauf genommen werden, wenn ein guter *Erfolgsgrad* erreicht wird. Dieser ist gegeben durch das Verhältnis der Ertragsleistung an bezahltem Boden zum Aufwand an Kraftstoffen, Personal, Kapitalkosten usw., was bei jeder Kalkulation berücksichtigt wird.

Über die mittelalterlichen Geräte vor Einführung der Kraftmaschinen kann man sich aus den Archiven der Hafenverwaltungen, Museen der Seestädte usw. unterrichten, und es gibt Zusammenstellungen davon in folgenden Büchern:

1. Historische Baggermaschinen, Ein techno-historischer Beitrag von WALTER SPRINGER, Forschungsarchiv für Industriegeschichte, Berlin-Halensee 1938.

2. HEINZ CONRADIS, Die Naßbaggerung bis zur Mitte des 19. Jahrhunderts, V.D.I.-Verlag G. m. b. H., Berlin NW 7 1940.

Ein älteres deutsches Buch aus dem Jahre 1888 führt den Titel: ,,Neuere Bagger- und Erdgrabmaschinen" von B. SALOMON und PH. FORCHHEIMER und ist bei Julius Springer, Berlin, erschienen. Darin ist Teil I ,,Die Naßbagger" von B. SALOMON bearbeitet und gibt eine Übersicht über die Bagger nach Einführung der Dampfmaschine, läßt ein gutes Verständnis des Verfassers für allgemeine Fragen und umfassende Kenntnis ausländischer Baggergeräte erkennen.

Es ist weiter zu nennen: ,,Baggermaschinen" von Professor H. WEIHE, Sonderabdruck aus ,,Handbuch der Ingenieurwissenschaften, 4. Teil: Die Baumaschinen". Dieses Buch erschien bei Wilhelm Engelmann, Leipzig, 1910 und ist bearbeitet unter teilweiser Benutzung der von Oberbaudirektor BÜCKING verfaßten früheren Auflage aus dem Jahre 1897.

Wenig später, im Jahre 1912, kam dann PAULMANN-BLAUM, ,,Die Bagger und die Baggereihilfsgeräte, I Naßbagger" in erster Auflage und 1923 in zweiter Auflage heraus.

In den Vereinigten Staaten hat man aus dem Jahre 1911 ,,Dredges and Dredging" by CHARLES PRELINI und aus dem Jahre 1923 ,,The Engineering of Excavation" by George B. MASSEY. Das ältere Buch gibt eine Übersicht über die damals vorliegenden amerikanischen Baggeraufgaben und Bodenarten und läßt deutlich erkennen, daß sie in der Neuen Welt mannigfacher und vielfältiger als in Europa waren. Aus dem Buch von MASSEY, das aus der gleichen Zeit stammt wie die zweite Auflage von PAULMANN-BLAUM, entnimmt man, daß damals in den USA noch viel Holz verwandt wurde, sowohl für Schiffsrümpfe als auch Stützpfähle von Löffelbaggern und Drehpfähle von Schneidkopfsaugern usw. Außerdem war wie auch in Europa der Dampfantrieb mit Kolbenmaschinen vorherrschend. Die Maschinenstärke der amerikanischen Geräte war aber damals schon erheblich größer und das Vorherrschen des Saugbaggers bei fast vollständigem Fehlen des Eimerkettenbaggers festzustellen.

Im Jahre 1954 erschien ,,The Hopper Dredge, its History, Development and Operation", United States Government Printing Office, Washington 1954, das die Gattung der Hoppersauger im einzelnen, aber auch baggertechnische Probleme allgemein behandelt.

Am reichhaltigsten ist die Literatur in Holland, wo u. a. im Jahre 1925 ,,Ontwikkeling van het Baggermaterieel" Door P. M. Dekker, erschien, das eine Übersicht über die Baggergeräte der damaligen und vorangehenden Zeit mit sehr guten Abbildungen enthält.

In Holland sind auch in neuerer Zeit Bücher herausgekommen, wie 1947 ,,Bagger-materieel, Construktie en Gebruik'' von VOLKER, ein vorwiegend für den Betriebsmann geschriebenes Buch, und 1951 ,,Baggermaterieel'' von PONS, das mehr die konstruktive Seite behandelt. Außerdem ist noch J. A. VISSER, ,,Bagger- en Grondwerken'', erschienen 1946, zu nennen.

Das englische Buch aus dem Jahre 1931 ,,Dredging of Harbours and Rivers'' by Capt. E. C. SHANKLAND, ist aus dem Blickpunkt des Hafentechnikers und Schiffahrtsmannes geschrieben. In den englischen Zeitschriften ,,The Dock and Harbour Authority'' und ,,The Engineering'' findet man sehr viele Artikel über Baggerschiffe.

Als Heft 68 des RKW erschien 1958 beim Hanser-Verlag, München ,,Naßbagger-wesen in USA'' bearbeitet von F. v. MARNITZ.

An französischer Literatur sind ganz besonders die ,,Annales des Ponts et Chaussées'' zu nennen, in denen wissenschaftliche Untersuchungen über Baggerprobleme, wie hydrau-lischer Transport von Boden in Rohrleitungen u. dgl., besonders ausführlich behandelt sind.

In der Sowjetunion erschien im Jahre 1954 als umfassendes Werk über das ganze Gebiet das Buch: ,,BYTSCHKOW, Schiffe der technischen Flotte'', und als Broschüre auch in deutscher Übersetzung: ,,ALFJOROW, Die Technik der hydromechanischen Erdbewe-gung''. Außerdem sind noch Bücher in polnischer Sprache zu nennen. In vorliegendem Buch werden im *ersten Band* die bodentechnischen Grundlagen und die Saugbaggerung behandelt, welche Abtrag, Förderung und Ablagerung meist mit einem Gerät durchführt und deswegen eine gute Übersicht über die Probleme der Bodenbewegung im Bereich des Wassers gibt.

Der *zweite Band* bringt einleitend allgemeine Ausführungen über die Schiffskörper und Maschinenanlagen von Schwimmbaggern, behandelt dann Eimerkettenbagger und Ein-gefäßbagger, Fördergeräte, Sonderverfahren der Bodenbewegung und Verschiedenes. Die *Kapitel* sind mit großen Buchstaben bezeichnet und ihre Abschnitte mit Ziffern. Von einer weiteren Unterteilung, insbesondere einer solchen nach dem Dezimalklassensystem, wurde abgesehen.

Entladegeräte wurden nicht in einem besonderen Kapitel behandelt, sondern, da es sich bei ihnen um einen sekundären Baggervorgang handelt, bei den betreffenden Bagger-arten. Man findet also Schutensauger bei den Saugbaggern, Elevatoren bei den Eimer-baggern usw. Literaturhinweise finden sich außer den bereits angegebenen Büchern auch noch bei einzelnen Kapiteln.

B. Bodentechnische Grundlagen. Eigenschaften der Bodenarten im Bereich des Wassers und deren Einfluß auf das Arbeiten von Schwimmbaggern

1. Festform des Bodens (Fels).
Einteilung und Bezeichnung der körnigen Bodenarten, Bedeutung der Siebkurven

Beim Arbeiten eines Baggers soll ein maschinentechnischer Vorgang eine Einwirkung auf den Boden haben, so daß eine Kenntnis bodentechnischer Gegebenheiten notwendig ist. Dabei handelt es sich weniger um die Bodenmechanik im üblichen Sinne, die statisch die Vorgänge in größeren Zeiträumen untersucht, als um eine dynamische Bodentech-nik, welche die unmittelbare Einwirkung maschinentechnischer Maßnahmen erkennen läßt. Für den Erfolg einer Baggerung ist der bodentechnische Teil meist einfluß-reicher als der maschinentechnische. Kann man beispielsweise einen Eimerkettenbagger, der festen Feinsand bei ungenügender Baggertiefe bearbeitet, an eine andere Stelle legen, wo er lockeren Mittelsand bei richtiger Tiefe baggern kann, so wächst die Ertragsleistung stärker, als wenn man mehr Antriebsleistung auf den Oberturas gibt, und der Preis für den Kubikmeter sinkt erheblich mehr, als wenn man die Ökonomie der Maschinenanlage steigert. Bei der Saugbaggerung ist der Einfluß des Bodens noch stärker und eine Änderung von Korngröße und Ungleichförmigkeitsgrad kann so ungünstig wirken, daß keine maschinentechnische Maßnahme einen Ausgleich bringen kann.

Der Boden, der im Bereich des Wassers gebaggert wird, kann einerseits — wie z. B Fels — den festen Körpern der Physik ähnlich sein und andererseits an die flüssigen herankommen. Die meisten Bodenarten liegen dazwischen und sind Ansammlungen von Teilchen, die entweder locker beieinanderliegen, wie z. B. Kiese und Sande, oder aneinander haftend einen *pseudofesten* Körper bilden, wie z. B. Ton und andere bindige Bodenarten. Die Begriffe und Bezeichnungen in der Bodentechnik und Gesteinskunde sind nicht immer eindeutig und einheitlich, was bei der folgenden kurzen Behandlung der einzelnen Bodenarten und ihrer Eigenschaften zu beachten ist.

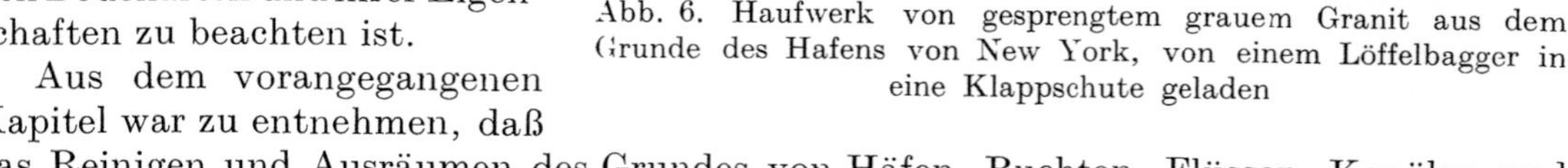

Abb. 6. Haufwerk von gesprengtem grauem Granit aus dem Grunde des Hafens von New York, von einem Löffelbagger in eine Klappschute geladen

Aus dem vorangegangenen Kapitel war zu entnehmen, daß das Reinigen und Ausräumen des Grundes von Häfen, Buchten, Flüssen, Kanälen und sonstigen Gewässern Zweck der Baggerung ist, wobei in der Regel alluviale Ablagerungen, die sich in den Zeiten der jüngeren Vergangenheit abgesetzt haben, abzubaggern sind. Ist aber deren Schichthöhe nicht groß, so kommt man in den ursprünglichen Boden, der häufig *Fels* ist. Dieser ist nicht immer kompakt und fest und kann dann, wie z. B. bei Helgoland und an vielen Stellen der Flußgründe, ohne vorherige Lockerung mit Geräten hoher Grabkraft unmittelbar gebaggert werden, aber vielfach ist eine Lockerung durch Meißeln oder Sprengen erforderlich. Hierbei ist der Ertrag im Verhältnis zum Aufwand sehr viel geringer als beim unmittelbaren Baggern, so daß man den Felsabtrag unter Wasser möglichst vermeidet und bei

Abb. 7. Haufwerk von gesprengtem Schiefergestein aus dem Grunde des Eriesees, von einem Löffelbagger in eine Klappschute geladen

Binnengewässern mitunter versucht eine vorherige Trockenlegung zu erreichen. Bei den immer größer werdenden Fahrwassertiefen, die die steigenden Schiffsgrößen erfordern. wird in Zukunft aber doch häufiger Fels unter Wasser zu beseitigen sein.

Abb. 6 zeigt das Haufwerk von grauem Granit im Laderaum einer Klappschute im New Yorker Hafen. Hier war ein Kabelkanal zu baggern, und dabei mußte der den eigentlichen Hafengrund bildende Fels angeschnitten werden. Nachdem er durch Sprengung gelockert war, wurde das Haufwerk durch einen kräftigen Löffelbagger ausgehoben und in den Laderaum der Klappschute gefördert.

Abb. 7 zeigt das Haufwerk von gesprengtem Schiefer in einer Klappschute mit dahinterliegendem Löffelbagger im Bereiche des Eriesees. Dieses Material ergibt nach der Sprengung Plattenstücke, die etwas leichter zu baggern sind; in ähnlichen Fällen genügt auch eine Lockerung durch Meißeln ohne Sprengen, wobei die Aufnahme des Haufwerks durch einen Eimerkettenbagger auch möglich ist.

Für die Baggerung von Felshaufwerk ist der Löffelbagger deswegen das geeignetste Gerät, weil sein Grabgefäß, der Löffel, einen großen Inhalt hat und entsprechende Stücke bei hohem Grabdruck aufnehmen kann. Beim Eimerkettenbagger müssen die Stücke der Größe der Eimer entsprechen, und diese haben nur etwa den zwanzigsten Teil vom Inhalt eines Löffels, wenn die Ertragsleistung die gleiche ist. Felseimer mit 300 l Inhalt mit 10 Schüttungen pro Minute bringen die gleiche Menge wie ein Felslöffel von 6 m³ Inhalt und einem Spiel in 2 Minuten. Pro Stunde sind das 30 Löffelschüttungen gegenüber 600 Eimerschüttungen. Wenn man Greifbagger für die Aufnahme von gemeißelten oder gesprengten Felsstücken ansetzt, ist der Erfolg wegen des geringen Grabdrucks weder beim Polypgreifer noch beim Zweischalengreifer befriedigend, und man tut es nur bei kleineren Mengen an beengten Stellen, wo man auch aus anderen Gründen den Greifbagger nimmt.

Abb. 8. Muschelkalkstein durch Meißelung gelockert, mit dem Meißelloch in der Bildmitte

Abb. 8 zeigt, über Wasser liegend, Muschelkalkstein mit dem Loch eines Meißels, der den Felsen durch Eindringen lockerte. Um das zu erreichen, muß dieser einen gewissen Widerstand bieten und darf nicht zu weich sein, da man andernfalls lieber mechanisch wirkende Baggergeräte mit hoher Grabkraft unmittelbar ansetzt. Dabei ist wieder der Löffelbagger zweckmäßig, aber auch der Eimerkettenbagger ist anwendbar. Vor Helgoland besteht der Boden aus gewachsenem Buntsandstein und Muschelkalk, ferner aus tonreichen, kalkhaltigen Sandsteinen mit gipsführenden Tonen und Mergeln von stark wechselnder, aber im ganzen erheblicher Festigkeit. Bei diesen Bodenarten haben Eimerkettenbagger annähernd so gut gearbeitet wie Löffelbagger. Auch der Felsen auf dem Grunde von Flüssen kann mitunter ohne vorherige Lockerung unmittelbar von Eimerbaggern mit großer Grabkraft und entsprechender Ausbildung der Eimer abgetragen werden. Von MOHS wurde folgende Härteskala für Fels aufgestellt: Talk 1, Gips 2, Kalkspat 3, Flußspat 4, Apatit 5, Feldspat 6, Quarz 7, Topas 8, Korund 9, Diamant 10.

In den Vereinigten Staaten werden felsige Böden bis zur Härte 3 der Skala von MOHS, insbesondere Korallenfels, auch mit Schneidkopfsaugern gebaggert. Der Schneidkopf kann einen Grabdruck ausüben, der dem des Eimerbaggers überlegen ist und den des Löffelbaggers fast erreicht. Dabei ist die Schnittgeschwindigkeit größer, so daß man ein Abtragen des harten Bodens im Fräsverfahren annehmen kann. Schwierig ist es aber, die losgeschnittenen Bodenteile mit dem Saugstrom zu erfassen und weiter zu fördern. Hierzu sind hohe Antriebsleistungen für den Schneidkopf und die Baggerpumpe erforderlich, und alles in allem ist der Aufwand an Maschinenleistung sehr groß.

Beim Saugverfahren übernimmt der Wasserstrom die Förderung der vom Schneidkopf abgefrästen Felsstücke, während bei dem mechanisch wirkenden Baggern meist Klappschuten als Transportgeräte verwendet werden, die in allen Teilen besonders kräftig ausgebildet sein müssen. Wenn das Verklappen nicht möglich ist und man Schuten mit festem Boden verwendet, müssen bei ihnen die Wände und der Boden gegen die

Beanspruchungen, die durch die herunterfallenden Felsstücke entstehen, geschützt sein. Für die Entleerung der Schuten scheidet das Spülverfahren aus und auch Elevatoren sind kaum zu verwenden, so daß hier der Greifbagger das am meisten angewandte Entladegerät ist.

Während Fels für die Baggerung durch besondere Mittel in einzelne Teile zerlegt werden muß, sind die übrigen Bodenarten Ansammlungen von einzelnen Teilen, zwischen denen, wenn es sich um grobe Stücke handelt, ein Zusammenhang ebenso wenig besteht wie beim Felshaufwerk. Dagegen haften bei den feinkörnigen Bodenarten die Teilchen aneinander und bei den feinstkörnigen wird fast die Kohäsionskraft der Moleküle erreicht, so daß hier ein zusammenhängender Körper entsteht, den man als pseudofest bezeichnet.

Bodenstücke über 60 mm Größe bezeichnet man als Steine oder Blöcke, im Angel·sächsischen als cobblestones, und die Bodenart, die daraus besteht, Schotter oder Geröll genannt, hat ähnliche Eigenschaften wie Felshaufwerk gleicher Stückgröße.

Die sonstigen Bodenarten bestehen aus *Körnern*, und man hat in der Reihenfolge abfallender Größe die Bezeichnungen: *Grobkies* mit 20 bis 60 mm, Mittelkies mit 6 bis 20 mm und Feinkies mit 2 bis 6 mm Korngröße, wobei 2 mm etwa der Größe eines Streichholzkopfs entsprechen. Dann folgen die *Sande*, und zwar Grobsand mit 0,6 bis 2 mm, Mittelsand mit 0,2 bis 0,6 mm und Feinsand mit 0,06 bis 0,2 mm Korngröße.

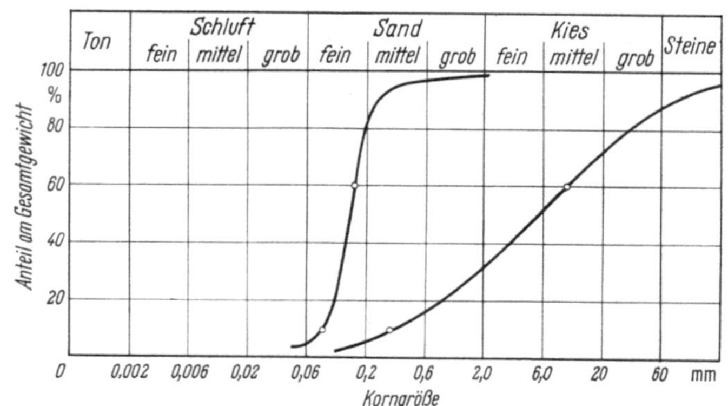

Abb. 9. Siebkurven von feinem Nordseesand mit geringem Ungleichförmigkeitsgrad und Boden aus einem Flußhafengrund mit großer Ungleichförmigkeit

Bodenarten aus Körnern kleinerer Größe als 0,06 mm bezeichnet man als *bindig* und hat die Namen Schluff bei Korngrößen zwischen 0,002 und 0,06 mm ($^2/_{1000}$ bis $^6/_{100}$ mm) und *Ton* bei noch geringeren Korngrößen gewählt.

Die Bodenarten treten nicht mit einheitlichen Korngrößen auf, sondern in verschiedenartigster Mischung, was zu anderen Bezeichnungen führt und auch unterschiedliche Eigenschaften ergibt. Sande und Tone kommen mitunter rein vor, dagegen sind die grobkörnigen, wie Kies und Schotter, fast immer mit feinkörnigen gemischt. Enthält der Ton Sande, so bezeichnet man ihn als *Lehm*, und es gibt zahlreiche Bezeichnungen für die anderen Bodenmischungen.

Abb. 9 zeigt Kornverteilungslinien, meist Siebkurven genannt, die als Abszisse die Korngröße in logarithmischer Auftragung enthalten. Die Bezeichnung Korndurchmesser, die manchmal auch gewählt wird, erscheint weniger zweckmäßig, da die Körner fast durchweg von der Kugelform stark abweichen. Als Ordinate sind von links nach rechts ansteigend die Anteile von der Gesamtmenge in Gewichtsprozenten aufgetragen.

Derartige Siebkurven geben einen Anhalt für das Verhalten der Bodenarten bei der Baggerung, der Förderung und der Ablagerung. Die beiden Linien der Abbildung gehören zu Bodenarten mit stark voneinander abweichendem Verhalten. Als Ungleichförmigkeitsgrad wird in der Bodenmechanik das Verhältnis des Korndurchmessers, bei dem die 60%-Ordinate erreicht wird, zu demjenigen, bei welchem die 10%-Ordinate erreicht wird, bezeichnet. Bei der rechten Linie, die für Boden aus dem Hafenbecken von Düsseldorf gilt, wird die 60%-Ordinate mit einer Korngröße von 8,5 mm erreicht und die 10%-Ordinate mit 0,35 mm, so daß der Ungleichförmigkeitsgrad mit $\frac{8,5}{0,35} \sim 24$ sehr hoch liegt. Die andere, fast senkrecht aufsteigende Sieblinie gilt für feinen Nordseesand und erreicht die 60%-Ordinate bei 0,18 mm und die 10%-Ordinate bei 0,12 mm. Der Ungleichförmigkeitsgrad ist also nur $\frac{0,18}{0,12} = 1,5$ und somit viel geringer. Dieser Boden enthält auch nur Feinsandkörner, der andere dagegen Ton, Lehm, Sand, Kies, Steine u. a. m.

In Abb. 10 sind noch für drei weitere Materialien die Siebkurven gezeigt, welche annähernd denselben Ungleichförmigkeitsgrad besitzen. Die Linie *1* liegt zwischen Feinsand und Mittelsand, Linie *2* bei Grobsand und Linie *3* zwischen Feinkies und Mittelkies.

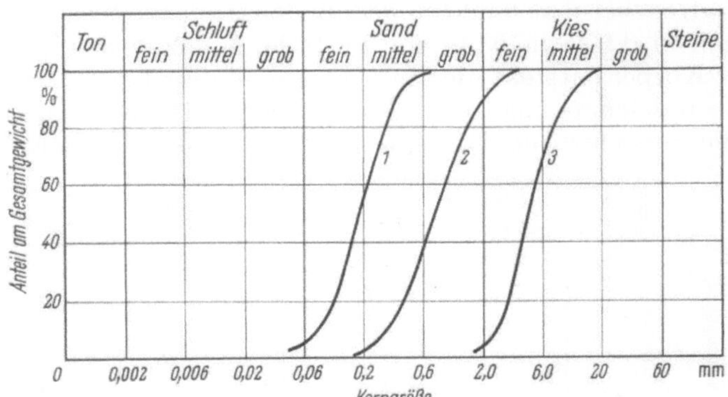

Abb. 10. Kornverteilung für Bodenproben im Bereich von Feinsand bis Feinkies

Sehr häufig werden bei der Baggerung im Bereich des Wassers die bindigen Bodenarten in weichem, plastischem Zustand angetroffen, für die man Namen verwendet, wie Schlamm, Schlick, Klei sowie Mud und Silt im Englischen, u. a. m. Hierbei handelt es sich um frisch abgelagerte Feinbestandteile mineralischen Ursprungs, teilweise mit organischen Beimengungen und meistens auch mit Zusatz von Sand.

Das Stoffgewicht (spezifisches Gewicht) der Bodenteilchen ist bei Sand etwa 2,60 bis 2,65 und bei Lehm und Ton etwa 2,7 bis 2,8. Die Körner sind meist durch das Wasser vom Gebirge abgetragen und werden durch den Wasserstrom weiterbefördert. In den Bächen und Flüssen und später in den Wellen des Meeres stoßen sie aneinander, reiben sich und schleifen sich ab. Bei kurzen Transportwegen haben sie noch ihre eckige Form, während sie schließlich, wie bei der künstlichen Herstellung von Kugeln, eine diesen ähnliche Form annehmen. Außer Wasser können auch Eis, Luft und Wind Gesteinsteile abtragen. Die Ablagerung kommt jeweils dann zustande, wenn die Geschwindigkeit von Wasser oder Wind unter die Grenze fällt, die für die Mitförderung der Körner erforderlich ist.

Abb. 11. Lockern eines Konglomerates von Kieskörnern durch einen Schneidkopf und Mitführung der Körner durch den Saugstrom

Liegen bei grobkörnigen Bodenarten die Körner nicht frei, sondern sind in anderes Bodenmaterial eingebettet, so hat man hierfür die Benennung Konglomerat. Insbesondere bezeichnet man damit Sedimente bei Verkittung durch Kalk, der im Wasser gelöst war. Man hat damit gleichsam einen natürlichen Beton mit der Festigkeit von Fels, und ein derartiger Boden, wie z. B. Nagelfluh, kann nur nach Meißelung oder Sprengung gebaggert werden. Mitunter sind die Bodenkörner nur wenig verkittet, wobei sie zwar nicht von selbst rollen, jedoch mit Eimern zu baggern und durch einen Schneidkopf zu lockern sind, so daß sie sich dann ansaugen lassen, wie Abb. 11 zeigt.

Manchmal sind Steine und insbesondere Findlinge in bindige Böden, wie Lehm und Mergel, eingebettet, ohne daß eine chemische Verbindung stattgefunden hat. Man spricht hier von Einschüssen und hat im Angelsächsischen dafür den Ausdruck hardpan. Hierbei ist die Baggerung ganz besonders schwierig, da eine Lockerung durch Meißelung oder Sprengung nicht möglich ist. Der Eimerbagger hat große Schwierigkeiten damit und nur beim Löffelbagger besteht die Sicherheit, daß auch diese Bodenart bewältigt wird.

2. Grobkörnige Bodenarten, Lagerungsdichte und Hohlraumgehalt; Raumgewicht

Körner von mehr als $^6/_{10}$ mm Größe liegen neben- und aneinander, ohne daß ein Zusammenhang eintritt, und man bezeichnet Bodenarten, die daraus zusammengesetzt sind, als rollig und zulaufend. Dabei können sich bei geringer Lagerungsdichte die Körner nur in wenigen Punkten berühren, oder aber sie berühren sich bei großer Lagerungsdichte in vielen Punkten, so daß eine Verschiebung schwieriger wird. Durch Veränderung der Lagerungsdichte verändert sich das Raumgewicht, das außerdem davon abhängt, ob die Hohlräume zwischen den Körnern mit Wasser, Luft oder anderen Stoffen ausgefüllt sind. Auch der Widerstand, den solche Böden dem Abgraben entgegensetzen, der Grabwiderstand, wird durch die Lagerungsdichte beeinflußt.

Sehr anschaulich läßt sich die Lagerungsdichte am Beispiel einer Kugelansammlung erklären, die mathematisch erfaßbar ist und ein Ergebnis bringt, das der Wirklichkeit trotz der großen Verschiedenheit gegenüber den natürlich vorkommenden Kornformen gut entspricht.

Abb. 12 zeigt eine Kugelansammlung in einem würfelförmigen Gefäß. Die benachbarten Kugeln berühren sich hierbei gegenseitig nur in einem Punkt. so

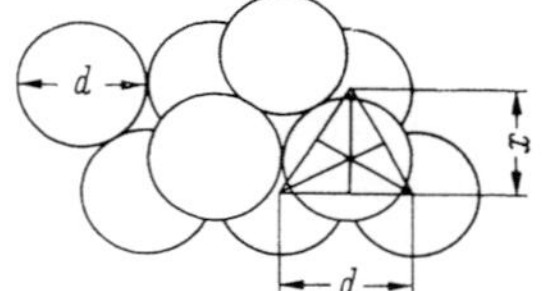

Abb. 12a u. b. Schematische Zeichnung eines Kugelhaufens in lockerster Lagerung mit Berührung der Kugeln in je einem Punkte. Das Porenvolumen beträgt etwa 50% des Würfelvolumens

daß die Kantenlänge des Würfels gleich $n\,d$ ist, wenn n die Anzahl der Kugeln, die in einer Kante liegen, und d ihr Durchmesser ist. Das Volumen des Würfels ist also $V = n^3 d^3$. Dabei hat jede Kugel den Inhalt $\frac{\pi}{6} d^3$, und die Summe der Kugelinhalte ist $n^3 \frac{\pi}{6} d^3$. Somit ergibt sich das Verhältnis zwischen der Summe der Kugelinhalte und dem Volumen des umschließenden Würfels

$$\text{mit } \frac{n^3 \frac{\pi}{6} d^3}{n^3 d^3} = \frac{\pi}{6} = 0,523.$$

Rundet man dies auf 0,5 ab und gibt dem Würfel ein Volumen von $1\ \text{m}^3 = 1000\ \text{l}$, so würde die Hälfte davon durch die Kugeln und die andere Hälfte durch die Hohlräume zwischen ihnen eingenommen werden.

Abb. 13 läßt dagegen erkennen, wie die benachbarten Kugeln liegen, wenn sie sich jeweils in 3 Punkten berühren. Hierbei geht der Würfel in einen Quader (Parallelepiped) über, bei dem eine Kante die Länge $n\,d$ beibehält, die zweite sich auf $n\,x$ verringert und die dritte den noch geringeren Wert $n\,y$ annimmt. Wenn die Anzahl der Kugeln groß ist, können die durch die Versetzung sich an den Seiten bildenden Resträume vernachlässigt werden und das Volumen des Quaders wird $V_1 = n\,d\,n\,x\,n\,y = n^3 d\,x\,y$.

Die obere Figur von Abb. 13 läßt erkennen, wie die Kugeln in der Grundfläche ineinandergeschoben sind, wobei

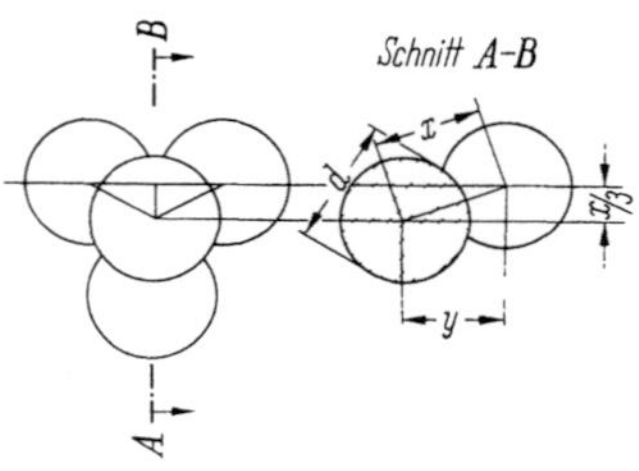

Abb. 13. Kugeln bei Berührung in 3 Punkten entsprechend der dichtesten Lagerung. Das Porenvolumen ist nur 25% des Würfelvolumens

der Kugelabstand in der einen Richtung $= d$ bleibt, in der dazu senkrechten Richtung sich aber der Abstand x als Höhe eines gleichseitigen Dreiecks $= d\,\frac{\sqrt{3}}{2}$ ergibt.

Die untere Figur zeigt, wie von oben gesehen eine Kugel der nächsthöheren Lage auf 3 Kugeln der Grundfläche liegt. Dabei ergibt sich für den Schnitt $A-B$

$$y^2 = x^2 - \left(\frac{x}{3}\right)^2 = x^2\left(1 - \frac{1}{9}\right) = \frac{8}{9}\,\frac{3}{4}\,d^2 \qquad y = \sqrt{\frac{2}{3}}\,d$$

Dann ist das Volumen des Quaders $V_1 = n^3 d\,x\,y = n^3 d^3 \frac{\sqrt{3}}{2} \frac{\sqrt{2}}{\sqrt{3}} = n^3 d^3 \frac{\sqrt{2}}{2}$

Da $\dfrac{\sqrt{2}}{2} = 0,705$ ist, ist somit der Raum, den die Kugeln jetzt bei der dichtesten Lagerung einnehmen, wesentlich kleiner als der bei der lockersten Lagerung. Um eine unmittelbare Vergleichsmöglichkeit zu haben, denkt man sich die Anzahl der Kugeln auf n_1 so weit erhöht, daß wieder der Raum von 1 m³ = 1000 l eingenommen wird. Die Summe der Kugelinhalte ist dann $n_1^3 \dfrac{\pi}{6} d^3$ und das Quadervolumen $0,705 \, n_1^3 \, d^3$. Dann ist das Verhältnis zwischen der Summe der Kugelinhalte und dem umschließenden Würfel $= \dfrac{\pi}{6} \dfrac{1}{0,705} = 0,742$. Rundet man dies auf 0,75 ab, so bedeutet das, daß jetzt mit 750 l die Kugeln ³/₄ vom Würfelvolumen einnehmen und die Hohlräume mit 250 l nur ¹/₄ von ihm.

Infolge dieser Veränderungsmöglichkeit sind für Kornansammlungen, welche die Böden ausmachen, alle Größen, wie Volumen, Gewicht, spezifisches Gewicht, Raumgewicht usw., veränderlich. Die Bezeichnung *Dichte* erscheint noch am günstigsten und soll für die beiden vorangehend beschriebenen Zustände berechnet werden. Dabei wird einmal die Füllung der Hohlräume mit Luft, deren Gewicht vernachlässigt werden kann, angenommen und zweitens mit Wasser, dessen spezifisches Gewicht 1 ist. Für die Kugeln wird mit $\gamma = 2{,}6$ gerechnet.

Bezeichnet man die Dichte des Haufens mit γ_r, so wird:

I. für geringste Lagerungsdichte
- a) bei Luftfüllung der Hohlräume $\gamma_r = 0{,}5 \cdot 2{,}6 = 1{,}3$
- b) bei Wasserfüllung der Hohlräume $\gamma_r = 0{,}5 \cdot 2{,}6 + 0{,}5 \cdot 1 = 1{,}8$

II. für größte Lagerungsdichte
- a) bei Luftfüllung der Hohlräume $\gamma_r = 0{,}75 \cdot 2{,}6 = 1{,}95$
- b) bei Wasserfüllung der Hohlräume $\gamma_r = 0{,}75 \cdot 2{,}6 + 0{,}25 \cdot 1 = 2{,}20$

Die wirklichen Körner der Böden sind allerdings weder Kugeln noch sind sie alle gleich groß. Es könnte die Lagerungsdichte größer sein als die größte für Kugeln berechnete, wenn sich in den Hohlräumen zwischen den größeren Kugeln wieder kleinere befinden, in deren Hohlräumen noch kleinere liegen usw. Sie könnte auch größer sein, wenn die Körner rechteckig sind und wie bei einem Stapel von Ziegelsteinen aneinanderliegen. In Wirklichkeit treten aber durch Unregelmäßigkeit wieder anderweitig Hohlräume auf, und die oben errechnete Dichte bei wassergefüllten Poren von 2,20 entspricht etwa der höchsten in der Wirklichkeit gemessenen, und ähnlich ist die Übereinstimmung bei der geringsten Lagerungsdichte.

Die Dichte der natürlich vorkommenden Sande liegt zwischen der lockersten und dichtesten Lagerung und ist von Einfluß auf den Grabwiderstand und die Berechnung der Auflockerung des gebaggerten Bodens. Wenn 100 m³ Boden auf dem Grunde liegend 30% Hohlraumgehalt haben, enthalten sie 30 m³ Porenwasser und 70 m³ wirklichen Feststoff. Ungestört über Wasser gebracht hätte diese Menge ein Gewicht von $70 \cdot 2{,}6 +$ $+ \, 30 \cdot 1 = 212$ t mit einer Dichte von $\dfrac{212}{100} = 2{,}12$. Durch das Einfüllen in die Eimer, Aufprallen auf die Schüttrinnen und Hineinrutschen in die Schuten können sich die Hohlräume auf 45 m³ vergrößern. Da das Feststoffvolumen mit 70 m³ bestehenbleibt, wird das Gesamtvolumen dann $70 + 45 = 115$ m³. Nimmt man an, daß kein Wasser hinzugekommen ist, so bleibt bei Vernachlässigung des Luftgewichtes das Gewicht der 115 m³ das gleiche wie das der 100 m³. Die Dichte geht also im Verhältnis $\dfrac{100}{115}$ von 2,12 auf 1,84 herunter.

Da der Schuteninhalt infolge der unebenen Oberfläche der Ladung und deren Überdeckung durch Wasser häufig nicht richtig gemessen werden kann, muß man zuweilen eine beträchtliche Auflockerung annehmen, wenn man vom Schutenmaß auf das Aufmaß an der Entnahme kommen will. So hatten in Shanghai mehrere Eimerbagger und

Greifbagger nach Schutenmaß eine Ertragsleistung von 1 370 000 m³ in einem Jahr, während nach Aufnahme nur 970 000 m³ festgestellt wurden. Das ergibt eine 1,4fache Auflockerung.

Beim Saugen von Sand kommt es aber auch vor, daß die Lagerungsdichte sich nach dem Wiederabsetzen erhöht. Bei Hoppersaugern hat man mitunter bei einer Ladungsmenge von 1000 m³ ein Gewicht von 2200 t festgestellt. Dann wäre die Dichte 2,2 und damit gleich dem Höchstwert, der sich bei der Kugelberechnung ergab.

Wenn für den im Grunde liegenden Boden — ungestört nach oben gebracht — eine Dichte von 2 gemessen wird, so würde das bedeuten, daß den 1000 m³ im Laderaum an der Entnahmestelle $1000 \cdot \frac{2,2}{2} = 1100$ m³ entsprechen. Man hat dann keine Auflockerung sondern eine Verdichtung.

Bei Vergleichen zwischen Boden über Wasser und Boden unter Wasser muß man sich letzteren immer zunächst als ungestört über Wasser gebracht denken. Nur so erhält man einen richtigen Vergleichswert, da unter Wasser wegen des Auftriebs Gewicht und Dichte geringer sind.

Wenn von einem Löffelbagger das Grabgefäß mit 1 m³ Fassungsvermögen sich unter Wasser mit Boden gefüllt hat, so gleicht sich das Wasser in dessen Hohlräumen mit dem Außenwasser aus, so daß man feststellen kann, daß Wasser im Wasser kein Gewicht hat. Außer dem Eigengewicht des Löffels ist nur noch der Kornanteil des Bodeninhalts zu heben und für ihn infolge des Auftriebs nur das spezifische Gewicht von 2,60 — 1 = 1,60 zu rechnen. Für die geringste Lagerungsdichte, bei welcher nur die Hälfte des Löffelinhalts, also 500 l von den Bodenkörnern eingenommen wird, ergibt sich das Gewicht mit $500 \cdot 1,6 = 800$ kg und für die größte Lagerungsdichte mit $750 \cdot 1,6 = 1200$ kg. Das Hubseil hat also neben dem Eigengewicht des Löffels nur diese Kräfte aufzubringen. Taucht aber der Löffel aus dem Wasser aus, so kommt in beiden Fällen 1000 kg, das Gewicht des insgesamt vom Löffelinhalt verdrängten Wassers hinzu. Diese Gewichtszunahme findet man aber auch durch die Überlegung, daß jetzt der Bodeninhalt ein spezifisches Gewicht von 2,6 erhält und das Wasser in den Hohlräumen mitzuheben ist. Die vom Hubseil neben dem etwas größer gewordenen Eigengewicht des Löffels aufzubringende Hubkraft ist jetzt für die geringste Lagerungsdichte $500 \cdot 2,6 + 500 \cdot 1 = 1800$ kg und die größte Lagerungsdichte $750 \cdot 2,6 + 250 \cdot 1 = 2200$ kg.

Diese Gewichte bleiben aber wiederum nicht unverändert. Da die Löffelklappe nicht dicht schließt, läuft bei grobkörnigem Inhalt das Wasser aus den Hohlräumen aus. Nimmt man den Wasserablauf als vollständig an, so würden nur noch 1300 kg bzw. 1950 kg nachbleiben. Feinkörniges Material gibt aber das Wasser nicht ab, so daß die zunächst genannten Gewichte von 1800 kg und 2200 kg erhalten bleiben. Denkt man sich den Löffel angehalten, bevor er ganz aus dem Wasser austaucht, so läuft ein Teil des Hohlraumwassers aus und es stellt sich ein Zwischengewicht ein. Das ist zu beachten bei der Berechnung des Ladungsgewichtes von Klappschuten, bei denen ein Teil des Laderaums unter Wasser bleibt, während der Oberteil nach Volladen der Schute über Wasser liegt. Auch diese Rechnungen lassen die Veränderlichkeit von Gewicht, Dichte usw. bei Bodenmaterial erkennen.

Für die Baggerung mit mechanisch schneidenden Gefäßen sind die rolligen Böden günstig, da sie einen geringen Grabwiderstand bieten und dabei gute Füllung und glatte Entleerung ergeben. Mittelsand, Grobsand und Kies gehören zu den günstigen Bodenarten für Eimerbagger, wobei allerdings die Abnutzung durch die Reibung der groben Körner und die Beschädigung durch das Aufschlagen von großen Steinen an den Schüttrinnen, den Laderaumwänden der Schuten usw. Nachteile sind. Ein Vorteil ist es, daß das Wasser sich aus dem groben Korngefüge leicht herauslöst, so daß es durch Löcher in den Baggereimern ohne weiteres abläuft. Infolgedessen kommt der Boden trocken in die Laderäume der Schuten und hat ein geringes Raumgewicht, so daß deren Tragfähigkeit gut ausgenutzt wird. Das Restwasser kann obendrein aus dem Laderaum herausgepumpt werden, so daß man für Kiesbaggerung auch Kähne ohne wasserdicht abgeteilten Laderaum verwenden kann. Die Entleerung der Schuten durch Elevatoren ist bei grobkörnigen Bodenarten leicht möglich, dagegen ist das Absaugen im Spülverfahren schwierig. Auf den großen Unterschied zwischen Saugen aus dem Grund und dem Laderaum einer Schute wird später noch eingegangen.

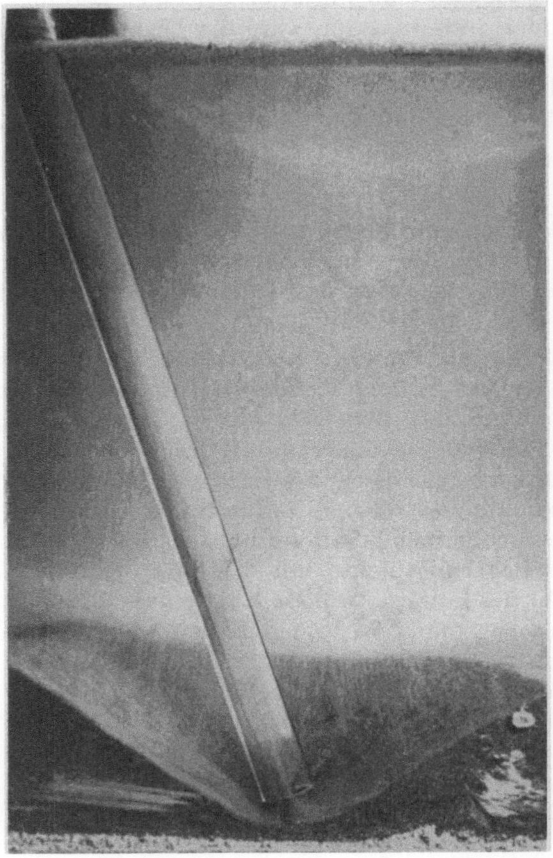

Mittelsand läßt sich sehr gut aus dem Grund *saugen*, wie Abb. 14, eine Modellaufnahme, zeigt. Der Boden liegt unten in einem Wasserbehälter, in den ein Glasrohr hineinragt. In ihm wird durch Heberwirkung ein Wasserstrom erzeugt. Solange sich das untere Rohrende in gewissem Abstand von der Bodenoberfläche befindet, strömt nur Wasser zu. Wenn es aber nahe genug herangebracht wird, steigert sich in diesem Bereich die Strömungsgeschwindigkeit so weit, daß die Bodenkörner aus ihrem Verbande gelöst und mitgenommen werden. Dann bildet sich ein Krater, der mit Absinken des Rohres immer tiefer wird. Das Modellbild läßt erkennen, wie die Körner durch den Wasserstrom in das Rohr hineingetrieben werden. Der Krater erfährt eine ständige Erweiterung und Vertiefung, weil die Sandkörner auf der Böschung nachrollen.

3. Feinkörnige Bodenarten, Haftung der Körner aneinander, plastischer und pseudofester Zustand

Wenn die Sandkörner kleiner als 0,2 mm werden und man damit in das Gebiet des Feinsandes kommt, hört das Nachrollen, wie es das Modellbild Abb. 14

Abb. 14. Modellaufnahme vom Ansaugen von Mittelsand. Der Saugstrom nimmt die locker gelagerten Körner mit, die auf den Wänden des entstehenden Kraters nachrollen

zeigte, auf, da die Haftkräfte an den Berührungspunkten immer größer werden. Die Körner bekommen eine größere spezifische Oberfläche, was in Abb. 15 erläutert wird. Diese zeigt links eine Kugel von 50 mm Durchmesser, deren Oberfläche $\pi \cdot 50^2 = 3{,}14 \cdot 2500 = 7850 \text{ mm}^2$ ist. Füllt man den Würfel, der die Kugel umhüllt, mit vielen Kugeln von 5 mm Durchmesser, wie in der Abbildung rechts erkennbar ist, so hat jede eine Oberfläche von $3{,}14 \cdot 25 = 78{,}5 \text{ mm}^2$, und es gehen $10 \cdot 10 \cdot 10 = 1000$ Kugeln in ihn hinein. Dann ist die Summe von deren Oberflächen $= 1000 \cdot 78{,}5 = 78\,500 \text{ mm}^2$, also zehnmal größer als die der einen Kugel von 50 mm Durchmesser. Nimmt man Kugeln von 0,5 mm Durchmesser, so würde die Summe von deren Oberflächen 785 000 mm², also hundertmal größer sein usw. Es läßt sich hiernach berechnen, daß unter Voraussetzung der Kugelform beim Übergang von Mittelsand mit 1 mm Korngröße auf Ton mit $\frac{1}{1000}$ mm die Oberflächensumme auf das Tausendfache ansteigt und die Haftfähigkeit der Körner entsprechend anwächst.

Außer Ton und Lehm, die schon erwähnt wurden, sind an Bodenarten mit ähnlichen Eigenschaften der *Mergel* als kalkhaltiger Ton und *Flinz*, wie die Bezeichnung in Bayern lautet, als tonreicher Mergel oder kalkhaltiger Ton zu nennen, ferner *Kreide* aus Kalkschälcher einzelliger Lebewesen, *Korallenriffe* und ähnliche Formationen, die von anderen Meerestieren aufgebaut sind, usw. Diese Bodenarten sind felsartig und entsprechend schwer zu baggern. Besonders ungünstig ist es, daß häufig Findlinge von solcher Größe eingelagert sind, daß die Eimer eines Eimerketten-

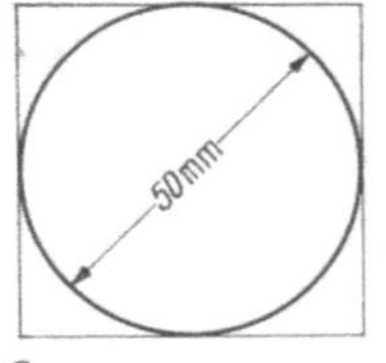
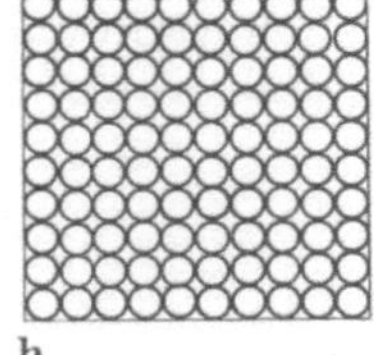

a   b

Abb. 15a u. b. Zunahme der Oberflächensumme von Kugeln mit Abnahme des Durchmessers

baggers sie nicht aufnehmen können und nur der Löffelbagger dazu imstande ist. Manchmal ist wieder dieser Boden derart klebrig, daß er aus den Eimern nicht herausfällt und ein großer Teil wieder nach unten mitgenommen wird. Die Entleerung von Schuten, die mit solchem Boden gefüllt sind, im Saugverfahren ist sehr schwierig, da der Zusatzwasserstrahl die kompakten Klumpen nur schwer lösen kann. Die eingeschlossenen Steine bringen, soweit sie angesaugt werden, Schwierigkeiten durch Verstopfungen im Steinkasten und Festklemmen in der Baggerpumpe. Die großen Steine bleiben im Laderaum der Schute liegen und müssen mit besonderen Mitteln entfernt werden. Die Ostsee hat viel derartige Bodenarten, so daß fast stets mit Schwierigkeiten zu rechnen ist.

Es wurde schon erwähnt, daß man in den Vereinigten Staaten solche Bodenarten mit dem Löffelbagger bearbeitet, außerdem aber auch den Saugbagger mit Schneidkopf ansetzt und dabei den unverhältnismäßig großen Aufwand an Maschinenleistung in Kauf nimmt, selbst wenn nur ein geringer Bodenertrag zu erzielen ist.

Beim Feinsand, wiewohl er nicht unmittelbar zu den pseudofesten Bodenarten zu rechnen ist, ist der Grabwiderstand wesentlich größer als beim Mittelsand, und als Erschwernis tritt noch beim Graben ein Wegschwimmen von Körnern ein. Es gelingt nicht, die Eimer mit Häufung zu füllen, sondern der Boden fließt ab, bis sich eine waagerechte Oberfläche eingestellt hat, die nicht höher liegt als der tiefste Punkt der Eimeroberkante.

Abb. 16 läßt erkennen, wie die Füllung in dieser Weise abläuft, was sich besonders bei Flachbaggerung ungünstig auswirkt. Mitunter liegt auch nur eine waagerechte Wasseroberfläche in dieser Höhe, während

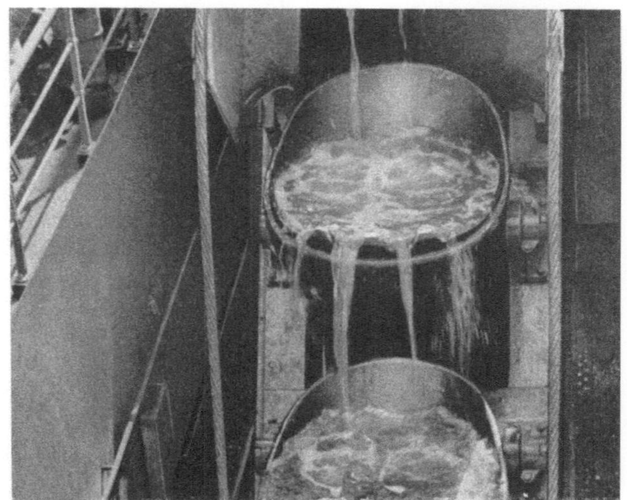

Abb. 16. Aufgehender Baggereimer mit Feinsandfüllung, die unter Ablauf von kornhaltigem Wasser eine waagerechte Oberfläche und bei Flachbaggerung schlechte Füllung ergibt

die Bodenoberfläche parallel dazu noch tiefer liegt. Dann ist auch die Entleerung am Oberturas schwierig, da sich der Sand während des Aufgehens der Eimer durch Erschütterung einrüttelt und festsetzt. Beginnt der Eimer oben zu kippen, so fließt zwar das Wasser ab, aber die Sandfüllung rutscht nicht gleich nach, sondern löst sich von der Eimerinnenfläche so spät, daß ein Teil nicht mehr auf die Schüttrinne kommt, sondern in den Schlitz zurückfällt. In den Laderaum der Schute kommt hierbei ein Sand-Wasser-Gemisch, bei dem sich die Körner nur langsam absetzen und viele davon mit dem überlaufenden Wasser mitgehen.

Das Wasser ist weiterhin besonders nachteilig, wenn der Boden durch Bänder weitergefördert wird. Es spritzt über deren Rand und macht die Förderung auf ansteigenden Gummigurten unmöglich. Löcher in den Eimern, die bei Kies den Eimerinhalt vom

Wasser befreien, nützen bei feinem Sand nichts, da das Wasser nicht nach unten durchgeht und, wenn überhaupt etwas herausläuft, auch Sandkörner mitgenommen werden. Wenn sich am Oberturas der Sandklotz aus dem Eimer löst, fällt er nicht allmählich wie bei rolligem Boden heraus, sondern als Klumpen mit starkem Aufschlagen, was besonders bei Weiterleitung durch Förderbänder nachteilig ist. Beim Aufprallen auf die Schüttrinnen breitet sich der Sand aus und ergibt eine große haftende Oberfläche, so daß er nicht rutscht und Wasserzugabe erfordert. Diese Schüttrinnenspülung erhöht aber wieder den Wassergehalt im Laderaum der Schute in unerwünschter Weise.

Das Haften auf der Schüttrinnenfläche tritt auch bei Mittelsand auf, aber die Schüttrinnenspülung bringt hier keinen so großen Überlaufverlust in der Schute, da das Wasser ohne Bodenmitnahme leichter abfließt.

Die Förderung von Feinsand in Klappschuten erfordert dichte Klappen, da er andernfalls unten durch eindringendes Wasser aufgeweicht wird, ausläuft und die übrige Ladung nach sich zieht, so daß auf längeren Fahrtstrecken ein großer Teil verlorengeht. Andererseits kommt es wieder häufig vor, daß der Feinsand, wenn die Klappen zwecks Entleerung der Schute geöffnet werden, nicht aus dem Laderaum geht, sondern sich festsetzt. Man muß besondere Mittel anwenden, um ihn zum Auslaufen zu bringen, und

Abb. 17. Aufgehende Baggereimer, gehäuft gefüllt mit plastischem Schluffboden, wie Schlamm, Schlick, Klei u. dgl.

das Verklappen nimmt lange Zeit in Anspruch. In Schuten mit dichtem Boden setzt sich der Sand schnell fest und die Entleerung durch einen Elevator ist schwierig, da das Material senkrecht neben den aufgehenden Eimern stehenbleibt und nicht nachrutscht. Dagegen ist Schutenentleerung im Spülverfahren leicht und die Förderung auf große Entfernungen bei geringer Fördergeschwindigkeit möglich.

Schlamm, Schlick und Klei und andere bindige Bodenarten im weichen, plastischen Zustand sind beim Baggern günstiger als feiner Sand. Sie haben geringeren Grabwiderstand und geben eine gute Eimerfüllung, wie Abb. 17 erkennen läßt. Das Material bleibt wie bei Kies gehäuft stehen, und mitunter ist sogar ein großer Teil des Zwischenraums zwischen den Eimern gefüllt. Die gute Füllung und Entleerung erlaubt eine hohe Schüttzahl, so daß alles in allem der Ertrag bei diesen Bodenarten sehr gut ist und nur die Verunreinigung des Schiffes ein Nachteil ist. Auf den Schüttrinnen rutscht solcher Boden gut, und die Schuten lassen sich bequem füllen. Bei Klappschuten läuft aus den Klappen kaum etwas heraus, da der Fahrtstrom den Boden nicht löst und dieser eine geringe Dichte hat. Er hat nicht das Bestreben auszulaufen, wie es vorangehend beim Feinsand beschrieben wurde. Die Entleerung von Schuten mit dichtem Boden ist im Spülverfahren mit sehr geringem Wasserzusatz und die Förderung auf große Entfernungen mit geringer Fördergeschwindigkeit möglich.

Weiche, bindige Bodenarten sind aber nicht, wie man oft glaubt, Flüssigkeiten. Andernfalls hätte auch die Amsterdamer Moddermühle dieses Material nicht fördern kön-

nen, da sie keine nach oben schneidenden geschlossenen Eimer hat, sondern nur Bretter-
schaufeln, die von oben nach unten laufend das Material in eine trogartige Rinne stopfen
und nach oben drücken.

Auch beim Saugen aus dem Grund zeigt sich deutlich, daß plastischer Schluff keine
Flüssigkeit ist und der Saugrohrmündung nicht zuläuft.

Abb. 18 ist eine Modellaufnahme für Schlamm. Hier bildet sich kein Krater, sondern
nur Kanäle, durch die das Wasser dem Saugrohr zuströmt, ohne daß Boden gelöst und

Abb. 18. Modellaufnahme vom Schlammsaugen.
Keine Lösung durch den Saugstrom, Klumpen
bleiben stehen, zwischen denen das Wasser hindurchgesaugt wird

mitgenommen wird. Das Material bleibt sogar, wie das Bild erkennen läßt, mit Überhang
stehen, und höchstens löst sich dabei zeitweilig ein Klumpen, der eingesaugt wird, wenn
er in den Bereich der Strömung hineinfällt.
Eine kontinuierliche Bodenlösung stellt sich
nicht ein, und nur bei vorgeschalteten mechanischen Einrichtungen ist diese teilweise
erreichbar, wobei dann der Wasserstrom
die Förderung übernimmt.

Wichtig ist es, auf die großen Unterschiede in der Lagerungsdichte hinzuweisen,
die bei feinkörnigen, bindigen Bodenarten
vorkommen. Da die Kornbestandteile von
Schlamm, Schlick und Klei auch größtenteils
mineralischen Ursprungs sind, mit spezifischen Gewichten von etwa 2,6, müßten sich
bei gleicher Lagerungsdichte auch Dichten
in der Größenordnung wie bei Sand ergeben.
Dies ist aber nur selten beobachtet worden,
wie z. B. vor Shanghai beim Lößschlamm,
den der Hopperbagger „Chien-She" in der
Jangtseflußmündung absaugt, und auch im
Bereich des Suzkanals. Wenn dieses Material,
das in seiner Körnung zwischen Feinsand
und Schluff liegt, in den Saugkopf hinein-
geschürft und dieser dann angehoben wurde,
konnte gut eine ungestörte Bodenprobe
gewonnen und die Dichte bestimmt werden. Dabei wurde sie mit 1,8 festgestellt, während
bei den vorangegangenen Erprobungen im Königsberger Seekanal für den dortigen
Schlamm nach der gleichen Methode nur 1,25 gemessen wurde. Da das spezifische
Gewicht des Minerals der Körner nicht geringer war, hat dieses Schluffmaterial ein
Waben- oder Flockengefüge, das größere Hohlräume hat, als sie der lockersten Lagerung
entsprechen. Die noch geringere Lagerungsdichte entsteht dadurch, daß beim Absinken
die Haftkräfte zwischen den sich berührenden Körnern vorzeitig so groß werden, daß ein
vollständiges Zusammensacken verhindert wird. Die oben angegebene Dichte von 1,25
wird erreicht, wenn in einem Kubikmeter Boden das wahre Feststoffvolumen $0,15 \text{ m}^3$
und das Volumen des Porenwassers $0,85 \text{ m}^3$ ist; denn es ist $0,15 \cdot 2,6 + 0,85 \cdot 1 = 0,39 +$
$+ 0,85 \sim 1,25$.

Durch den verbesserten FRÜHLINGschen Schleppsaugkopf war es in Kombination
zwischen Schürfen und Saugen möglich, mit geringem Wasserzusatz von weniger als 1
die Verbindung der Körner so weit zu lockern, daß eine plastische Masse in das Saugrohr
und die Pumpe geschoben wurde. Dabei ergab sich im Laderaum in Pillau eine Dichte
von 1,17, in Shanghai dagegen zwischen 1,4 und 1,6. Die geringere Differenz zwischen
der Dichte im Laderaum und der auf dem Grunde beim Königsberger Schlamm deutet
auch darauf hin, daß die Hohlräume von vornherein groß waren.

4. Lösen und Absetzen der Körner. Eigenschaften von Gemischen aus Wasser und Körnern

Auch bei der geringsten Lagerungsdichte eines körnigen Bodenmaterials sind die Körner noch in Berührung, und deswegen ist der Zustand bei Feinkorn wohl plastisch, aber nicht flüssigkeitsähnlich. Durch Zutritt von Wasser können aber die Körner aus ihrer Verbindung gelöst werden, so daß sie im Wasser schweben und ein Korn-Wasser-Gemisch bilden, das Flüssigkeitseigenschaften annehmen kann. Die Eigenschaften der Gemische oder Mischungen sind je nach der Korngröße der Bodenanteile verschieden, und die Sinkgeschwindigkeit der Körner ist dafür maßgebend. Diese hängt ab von Korngröße, Kornform und spezifischem Gewicht.

Wenn eine Kugel ins Wasser fällt, verläuft ihre Bewegung analog dem Fallen in der Luft zunächst beschleunigt, jedoch nur so lange, bis der mit der Geschwindigkeit ansteigende Widerstand die gleiche Größe erreicht hat wie das Gewicht der Kugel, vermindert um den Auftrieb. Für die sich dann einstellende gleichförmige Sinkgeschwindigkeit ist, solange die Anströmung turbulent ist, der Widerstand proportional der Querschnittsfläche und dem Quadrat der Geschwindigkeit, wobei sich die Sinkgeschwindigkeitshöhe aus folgender Beziehung ergibt, die als NEWTONsche Gleichung bezeichnet wird:

$$\frac{v_0^2}{2g} = d\,(\gamma - 1)\,\frac{2}{3}\,\frac{1}{c\,f}$$

Hierin ist

v_0 die Sinkgeschwindigkeit

d der Kugeldurchmesser, beides in cm

γ das spezifische Gewicht der Kugel

$c\,f$ der Widerstandsbeiwert, der mit 0,5 angenommen wird

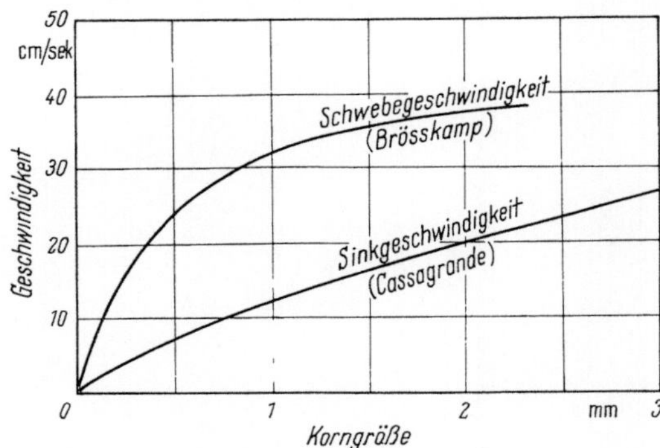

Abb. 19. Sinkgeschwindigkeiten und Schwebegeschwindigkeiten von Bodenkörnern im Wasser in Abhängigkeit von der Korngröße

Für Gußeisen mit einem spezifischen Gewicht von 7,2 ist $\gamma - 1 = 6,2$ und danach wird $v_0^2 = 16\,200\,d$ in cm.

Für eine gußeiserne Kugel von 60 cm Dmr. ergibt sich hiernach $v_0^2 = 16\,200 \cdot 60 = 973\,000$ und $v_0 = 986$ cm/sek ~ 10 m/sek.

Für eine Bodenkugel ist das spezifische Gewicht $\gamma = 2,6$ und $\gamma - 1 = 1,6$. Es vermindert sich v_0 gegen Gußeisen im Verhältnis $\sqrt{\dfrac{6,2}{1,6}} \sim 2$, so daß die Sinkgeschwindigkeit eines Steines in Kugelform mit 60 cm Dmr. im Wasser nur noch 500 cm/sek beträgt. Für einen Kugelstein von 6 cm Dmr. ist sie 158 cm/sek, für 0,6 cm Dmr. 50 cm/sek und für 0,1 cm = 1 mm Dmr. 20 cm/sek. Nach Versuchen ist die Sinkgeschwindigkeit etwas kleiner, was mit einer Änderung des Widerstandsbeiwertes zu erklären ist. Bei wirklichen Bodenkörnern kommt noch die von der Kugel abweichende Form hinzu, wodurch die Streuungen bei den Meßergebnissen erheblich werden.

Bei einem Kugeldurchmesser von etwa 0,2 mm wird aber die Anströmung laminar und der Widerstand proportional der einfachen Potenz der Geschwindigkeit und dem Kugelumfang. Es gilt dann die Gleichung von STOCKE, nach der die Sinkgeschwindigkeit proportional dem Quadrat des Kugeldurchmessers ist, anstatt der Wurzel, wie es die NEWTONsche Gleichung angibt. Dadurch geht bei Unterschreitung der Korngröße von 0,2 mm die Sinkgeschwindigkeit erheblich zurück. In Abb. 19 ist über der Korngröße als Abszisse im unteren Teil die Sinkgeschwindigkeit nach Angaben von CASSAGRANDE bis 3 mm Korngröße aufgetragen.

Außer der *Sinkgeschwindigkeit*, die als Fallgeschwindigkeit eines Teilchens im ruhigen Wasser definiert wird, gibt es die von ihr abweichende *Schwebegeschwindigkeit*, d. h. diejenige Geschwindigkeit des in einem senkrechten Rohr nach oben strömenden Wassers, bei der Körner bestimmter Größe in Schwebe bleiben. Die hierbei von BRÖSSKAMP bei einem Glasrohr von 38 mm Dmr. ermittelten Werte sind ebenfalls eingetragen und liegen über den Werten für die Sinkgeschwindigkeit. Dabei wurde, wie dies auch frühere Versuche von HJULSTRÖM ergaben, eine stärkere Abhängigkeit von der Kornform neben der Korngröße festgestellt, so daß sich ein breites Streuungsband in Höhe der in Abb. 19 eingetragenen Linie ergab.

Um bei der Bestimmung der Sinkgeschwindigkeit den Einfluß der Kornform auszuschalten, wurden vom Verfasser Versuche mit Drahtstücken von Aluminium, das ungefähr das gleiche spezifische Gewicht wie Gestein hat, durchgeführt. Von einem Draht von 1 mm Dmr. wurden Stücke von 1 mm Länge abgeschnitten, so daß Zylinder entstanden, bei denen Durchmesser und Höhe gleich waren. Mehrere solcher Aluminiumzylinder, die gleichzeitig ins Wasser geworfen wurden, fielen gleich schnell mit einer Geschwindigkeit von 15 cm/sek, im Gegensatz zu Sandkörnern, die zwar durch die gleiche Siebweite gegangen sind, aber doch in Größe und Form voneinander abweichen. Durch diese Versuche mit Aluminiumkörnern wurden die Werte von CASSAGRANDE für 1 mm Korngröße bestätigt.

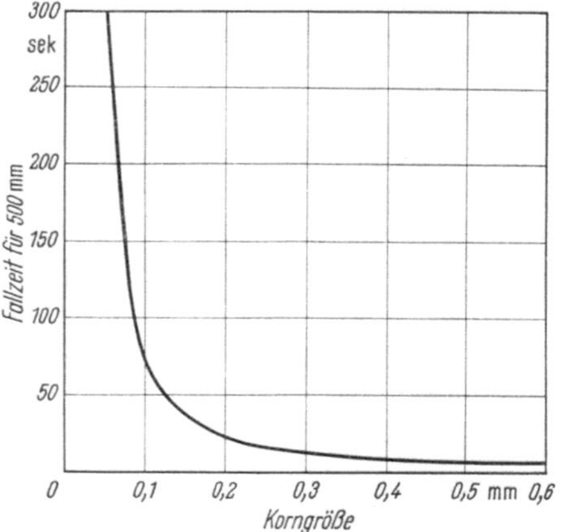

Abb. 20. Fallzeit von Bodenkörnern im Wasser für eine Höhe von 500 mm in Abhängigkeit von der Korngröße

Der Unterschied zwischen Sinkgeschwindigkeit und Schwebegeschwindigkeit ist bemerkenswert und läßt erkennen, daß die Turbulenz bei der Strömung im Glasrohr Änderungen bringt. Wie sie sich aber auswirkt, ist nicht zu übersehen und bei der später behandelten Förderung von Boden als Gemisch in waagerechten Rohren zu beachten.

Berechnet man die Fallzeit für 500 mm, was ein Mittelwert für den Rohrdurchmesser bei der hydraulischen Förderung ist, so ergeben sich die Werte des Kurvenblattes 20. Man erkennt, daß für Mittelsand von 0,6 bis 0,2 mm Korngröße die Fallzeit nur langsam etwa von 7 auf 20 Sekunden ansteigt, dann aber im Gebiet des Feinsandes steil in die Höhe geht auf 75 Sekunden bei 0,1 und fast 300 Sekunden bei 0,06 mm Korngröße. Die Körner des Feinsandes schweben also und setzen sich nur langsam ab. Noch mehr ist dies bei den feinen Teilchen des Schluffes der Fall, und ein Gemisch von ihnen mit Wasser kommt in seinen Eigenschaften einer homogenen Flüssigkeit fast gleich. Diese Tatsache ist für viele Vorgänge in der Naßbaggerei von größter Bedeutung, und nachstehend sollen einige Auswirkungen aufgeführt werden.

Die feinen Teilchen folgen der Strömungsrichtung des Wassers in den Rohrleitungen und in der Pumpe, im Gegensatz zu groben Körnern, die leicht eine Relativbewegung zum Wasser annehmen und daher anderen Gesetzen folgen als denen der hydraulischen Strömung. Grobe Teile prallen gegen die Wandungen von Kreisel und Pumpengehäuse und verursachen Abnutzung, während die kleinen Teilchen immer in Wasser eingebettet schwimmen. Bei den offenen Lagern des Unterturasses von einem Eimerkettenbagger erzeugen Kies und Grobsand keine Abnutzung, weil die Körner, die von den schneidenden Eimerkanten abfallen, nach unten sinken. Der Feinsand schwebt aber, dringt bei fehlender Abdichtung in die Lager ein und erzeugt starke Abnutzung. Wenn die schwebenden Sandkörner vom Saugstrom des Kühlwassers der Dampfanlagen oder Dieselmotoren erfaßt werden, so gehen sie durch die Pumpen, die eigentlich nicht für Gemischförderung eingerichtet sind, und setzen sich im Kondensator, ganz besonders aber in den Kühlwasserräumen der Dieselmotoren, ab. Die Kühlung durch Wasser mit Schwebeteilchen ist infolgedessen nachteiliger als die mit Seewasser, in dem das Salz wirklich gelöst ist. Deshalb müssen Naßbaggergeräte für ihre Dieselmotoren stets Kühlung mit umlaufendem Frischwasser erhalten, und auch bei den Rückkühlern und den Kondensatoren und sonstigen Kühlern von Dampfanlagen ist für Vorklärung des Außenwassers zu sorgen.

In den Druckrohrleitungen der Baggerpumpen, die das Gemisch zur Ablagerungsstelle bringen sollen, schweben die feinen Teilchen auch bei geringen Fördergeschwindigkeiten, während die größeren ausfallen und im Grunde der Rohre vom Wasser nur schiebend oder rollend bewegt werden, worauf im nachfolgenden Kapitel „C" noch näher eingegangen wird. Bei der Ablagerung auf dem Spülfeld ergeben die großen Körner den Vorteil, daß sie schnell absinken und das Wasser leicht ohne Bodenmitnahme abläuft.

Abb. 21. Schlickaufspülung bei Emden. Für das Absetzen sind sehr große Flächen erforderlich

Dagegen sind für Feinsandgemische und insbesondere für Schluffgemische bei der Ablagerung sehr große Flächen erforderlich, wie Abb. 21 zeigt. Man erkennt im Vordergrund einen Rohrauslauf und weiter hinten einen zweiten. Erst muß der eine benutzt werden und dann der andere, damit genügend Zeit für das Absetzen der Bodenteilchen gegeben ist. Besondere Schwierigkeiten ergeben sich bei den Laderäumen der Hoppersauger, deren Oberfläche beschränkt ist. Das führt zu erheblichen Bodenverlusten beim Überlauf, so daß man bei Schlamm und Schlick vielfach mit der Beladung aufhört. wenn der Überlauf beginnt. Ein großer Überlaufverlust kann auch eintreten, wenn man eine Schute durch einen Saugbagger mit Feinmaterial belädt. Auf Schwierigkeiten beim mechanischen Baggern von Feinsanden wurde schon hingewiesen.

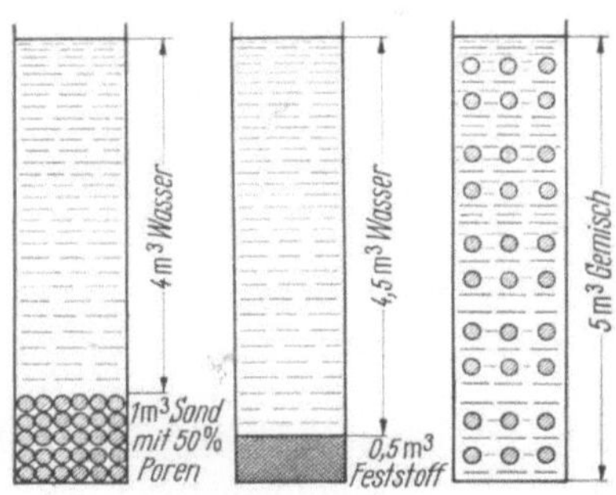

Abb. 22. Ein Zusatz von 4 m³ Wasser zu 1 m³ Boden bei 50% Poren ergibt 4,5 m³ Wasser auf 0,5 m³ Kornvolumen, also 9 fachen wahren Wasserzusatz

Wenn bei der Lösung des Bodens auf 1 m³ Material eine Wassermenge von 4 m³ kommt, wie Abb. 22 links zeigt, so nennt man das einen 4 fachen *Wasserzusatz*, oder man sagt, daß das Gemisch bei einem Volumen von 5 m³ einen Feststoffgehalt von $^1/_5 = 20\%$ hat. Beträgt aber das Porenvolumen 50%, so waren in dem Kubikmeter Boden bereits 500 l Wasser enthalten, zu denen noch 4000 l von außen hinzukommen. Insgesamt sind in dem Gemisch also 4500 l Wasser und 500 l an fester Masse enthalten, so daß der wahre oder wirkliche Wasserzusatz 9 fach ist und der wirkliche volumenmäßige Feststoffanteil nur 10% ausmacht. Wären die Körner aus Aluminium, so könnte man durch Schmelzen das Porenvolumen zum Verschwinden bringen und wirklich einen Block von 500 l Inhalt erzeugen, mit 4500 l Wasser darüber, wie in der Mitte des Bildes erkennbar. Bei körnigem Bodenmaterial gelingt es aber durch Verdichtung höchstens, das Porenvolumen zu verkleinern, bis man an die größte Lagerungsdichte kommt. Da bei allen Angaben über Bodenmengen die Poren mit enthalten sind, bleibt man bei den Bezeichnungen 4 facher Wasserzusatz oder 20% *Bodengehalt*, wobei teilweise auch der Ausdruck *Konzentration* gebraucht wird. Sehr häufig ist aber das Verhältnis des wirklichen Volumens, das von der Summe aller Körner eingenommen wird, zum Gesamtvolumen von Wichtigkeit, und dieses soll als *wahrer Feststoffgehalt* bezeichnet werden.

Bei der Berechnung der Gemischdichte, welche für die Antriebsleistung der Baggerpumpe von Bedeutung ist, rechnet man zweckmäßig mit dem wahren Feststoffgehalt. Nimmt man das spezifische Gewicht der Körner mit 2,6 an, so ist das Gewicht des

Gemisches nach Abb. 22 $500 \cdot 2,6 + 4500 \cdot 1 = 1300 + 4500 = 5800$ kg. Das Volumen ist $1000 + 4000 = 5000$ l, so daß die Dichte $\frac{5800}{5000} = 1,16$ ist.

Man kann das Gewicht auch unter Zugrundelegung des scheinbaren 4 fachen Wasserzusatzes berechnen, wenn man für den Bodenanteil die Dichte 1,8 ansetzt. Das Gewicht ist dann $1000 \cdot 1,8 + 4000 \cdot 1$, was wieder 5800 kg ergibt. Zu einem unrichtigen Ergebnis führt aber der Ansatz mit einem spezifischen Gewicht von 2,6 für den Bodenanteil, wonach das Gewicht $1000 \cdot 2,6 + 4000 \cdot 1 = 6600$ kg sein würde. Das wäre eine Dichte von $\frac{6600}{5000} = 1,32$, was für die Antriebsleistung der Baggerpumpe einen um 14 % zu hohen Wert ergibt.

In Abb. 23 ist über den scheinbaren Wasserzusatz als Abszisse das Gewicht für eine Bodenmenge aufgetragen, die mit Poren einen Rauminhalt von 1 m³ einnimmt, und zwar für 3 Bodenarten. Die höchste Linie bezieht sich auf Boden in dichtester Lagerung mit 75 % Kornvolumen und 25 % Porenvolumen. Die mittlere Linie gilt für Boden mit je 50 % für Kornvolumen und Porenvolumen, mit dem bei Durchschnittsrechnungen vorwiegend gerechnet wird, und die untere Linie für lockeren Schlamm mit nur 15 % Kornvolumen und 85 % Porenvolumen. Ohne Wasserzusatz ergeben sich die Gewichte von 2,2 t, 1,8 t nnd 1,25 t, die sich mit zunehmendem Wasserzusatz dem Werte 1 nähern. Diese Gewichte in t für 1 m³ Rauminhalt sind auch die Dichten.

Ist der scheinbare Wasserzusatz z, der wahre Wasserzusatz z_0 und der Porengehalt n, so ist $z_0 = \frac{z + n}{1 - n}$. Für den Feststoffgehalt gelten die Gleichungen:

$$\text{Scheinbarer Feststoffgehalt} \quad k = \frac{1}{1 + z}$$

$$\text{Wahrer Feststoffgehalt} \quad k_0 = \frac{1}{1 + z_0}$$

Die Werte des Kurvenblattes Abb. 23 gelten nur *über* Wasser, also im Laderaum von Schuten und Hopperbaggern oder für die Leistungsberechnung von Baggerpumpen, während *unter* Wasser beim Saugen der Auftrieb Gewicht und Dichte herabsetzt. Dies wurde im vorangehenden Abschnitt für die Bodenkörner bei Berührung nachgewiesen und gilt auch nach Aufhören der Berührung für Gemische. Denkt man sich bei Abb. 22, rechtes Bild, nicht einen geschlossenen Behälter über Wasser, sondern ein unten offenes Rohr im Wasser eingetaucht und die Körner darin schwebend, so gleicht sich das Außenwasser mit dem Wasseranteil im Rohr aus und es bleibt nur das Gewicht der Feststoffteile, das noch durch den Auftrieb vermindert wird. Da deren wahres Volumen 500 l war, ist das Gewicht $500 \cdot 1,6 = 800$ kg. Die Dichte ergibt sich aus der Gleichung $\frac{500 \cdot 1,6 + 4500 \cdot 1}{5000} = \frac{5300}{5000} = 1,06$, während es über Wasser 1,16 war.

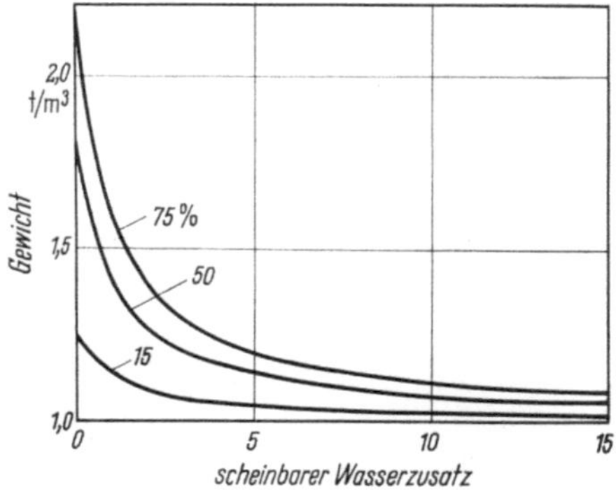

Abb. 23. Gewicht von 1 m³ Boden bei verschiedenem Porengehalt und Abfallen bei steigendem Wasserzusatz

Dies ist für die Saugbaggerung von allergrößter Bedeutung und erklärt die großen Saugtiefen, die man erreichen kann. Der Lößschlamm vor der Jangtsemündung hatte im Grunde eine Beschaffenheit, die der geringsten Lagerungsdichte entsprach, d. h., die Körner berührten sich gerade. Ungestört über Wasser gebracht wurde für 1 m³ ein Gewicht von 1,80 t festgestellt, und im Laderaum des Hoppersaugers „Chien-She" wurden Gewichte bis zu 1,6 t/m³ gemessen.

Ein Gewicht von 1,8 t/m³ über Wasser entspricht einem wahren Feststoffgehalt von 50 %, denn es ist $0,5 \cdot 2,6 + 0,5 \cdot 1 = 1,3 + 0,5 = 1,8$. Wenn etwas Wasser hinzukommt, so daß der wahre Feststoffgehalt von 50% auf 37% zurückgeht, dann wird das Gewicht $0,37 \cdot 2,6 + 0,63 \cdot 1 = 0,96 + 0,63 = 1,6$ t/m³, wie es im Laderaum des Hoppersaugers festgestellt wurde. Wenn man es in dieser Höhe auch im Saugrohr annimmt, also mit einer Dichte von 1,6 rechnet, würde sich für 10 m Saugtiefe ein Unterdruck von $(1,6 - 1) \cdot 10 = 6$ m ergeben. Wenn man aber richtig das spezifische Gewicht des Feststoffs unter Wasser nur mit $2,6 - 1 = 1,6$ ansetzt, wird $0,37 \cdot 1,6 + 0,63 \cdot 1 = 0,59 + 0,63 = 1,22$. Damit geht der erforderliche Unterdruck auf $(1,22 - 1) \cdot 10 = 2,2$ m herunter und wenn man mit Seewasser von 1,02 rechnet, sogar auf 2 m. Nur so ist es zu erklären, daß auch bei derartig feststoffhaltigen Gemischen Saugtiefen über 10 m erreicht werden können.

Im Ausland kommen so schwere Schlammböden auch anderweitig vor. So wird z. B. für Hoppersauger, die im Bereich des Suezkanals bei Port Said arbeiten, auch mit einer Dichte von 1,7 gerechnet. In Europa sind dagegen Dichten über 1,25 kaum festgestellt worden, und der für die Bodenhebung beim Saugen erforderliche Unterdruckanteil wird noch geringer.

5. Schneidwiderstand des Bodens bei mechanischem Abtrag und Grabdrücke. Hafenunrat

In diesem Abschnitt soll auf Grund der Antriebsleistungen, die man erfahrungsgemäß in die Grabwerkzeuge der Bagger einleitet, die Grabkraft berechnet und damit verglichen werden, was nach bodentechnischen Untersuchungen notwendig erscheint. Die Angaben auf diesem Gebiet sind bisher sehr spärlich und Ergebnisse von Messungen liegen, da diese schwer durchführbar sind, kaum vor.

Nach CHATLEY dringt der FRÜHLINGsche Saugkopf des Hopperbaggers „Chien-She" in den Schlamm 6 dm ein, so daß bei einer Breite von 30 dm die Querschnittsfläche senkrecht zur Schnittrichtung $= 180$ dm² ist. Es wird angenommen, daß das Abscheren in einer dazu geneigten Fläche mit 3fachem Querschnitt von 540 dm² vor sich geht. Für den Lößschlamm ist im Laboratorium an einer ungestört entnommenen Probe eine Scherfestigkeit von 15 kg/dm² festgestellt worden, und man erhält hiernach einen rechnerischen Schürfdruck von $540 \cdot 15 \sim 8100$ kg.

Bei feinem Sand dringt der gleiche Saugkopf nur halb so tief, also 3 dm ein, so daß die Querschnitte sich nur in halber Höhe der für Schlamm berechneten ergeben. Die Scherfestigkeit des Sandes wurde aber höher liegend mit 34 kg/dm² ermittelt, so daß der rechnerische Schneiddruck mit $270 \cdot 34 = 9200$ kg etwas höher liegt. Bei Sand ist aber das Ergebnis unbefriedigend, da infolge der geringen Eindringtiefe zu viel Wasser frei ohne Bodenmitnahme zuströmen kann.

Die Schnittgeschwindigkeit beim Hopperbagger beträgt etwa 1 m/sek, so daß die Schnittleistung als Produkt aus Schneiddruck und Schneidgeschwindigkeit $\dfrac{9200 \cdot 1}{75} = 123$ PS ist. Dabei ist die Stärke der Fahrmaschinen $2 \cdot 1500$ PSᵢ, so daß sich für den im Fahren arbeitenden Hoppersauger in dieser Beziehung ein ungünstiges Verhältnis ergibt. Man ist ohnehin von dem abgekrümmten Saugkopf, wie ihn FRÜHLING ursprünglich vorgeschlagen hatte, abgekommen und verwendet solche, die sich wie eine Tatze auf den Boden legen und nicht schürfend wirken.

Direkt und ohne größere Verluste wird dagegen beim Löffelbagger die Schneidarbeit durch die Antriebsmaschinen aufgebracht. Bei einem amerikanischen Löffelbagger von 6 m³ Löffelinhalt für Fels beträgt der Seilzug 120 t, was bei 15 m Baggertiefe einen Zahnspitzendruck von etwa 40 t ergibt. Vielfach wird der *spezifische* Schneiddruck als Vergleichsgröße genommen, das ist der Schneiddruck in kg pro mm Schneidkantenlänge. Der Löffel habe eine Breite von 1800 mm und soll 400 mm in den Boden eindringen, was eine Schneidkantenlänge von $1800 + 800 = 2600$ mm ergibt. Bei 40 t Grabdruck wird der spezifische Schneiddruck $\dfrac{40\,000}{2600} = 15,4$ kg pro mm

Schneidkantenlänge und erhöht sich weiter, wenn der Löffel angehoben wird. Da das Volumen des Löffels im Vergleich zum Schnittquerschnitt groß ist, wird kaum Kraft für das Füllen gebraucht und steht alles für das Aufbringen des Schneiddrucks zur Verfügung. Der Wirkungsgrad des Windwerks und der Seilflasche kann mit 0,7 angesetzt werden, so daß alles in allem die Maschinenleistung sehr wirksam in hohe Grabkraft umgesetzt wird. Da die Aufnahme größerer Findlinge und sonstiger Einzelstücke möglich ist, ist es erklärlich, daß in den Vereinigten Staaten der Löffelbagger für allerschwerste Arbeiten eingesetzt wird. Das Baggern von gesprengtem Granit, wie es Abb. 6 zeigte, dürfte mit keinem anderen Baggergerät möglich sein.

Auch beim Schneidkopfsauger ist eine unmittelbare Umsetzung der Antriebsleistung in Grabdruck gegeben. Hat beispielsweise der Antriebsmotor für den Schneidkopf ein Leistungsvermögen von 250 PS, so sind nach Abzug des Verlustes für Getriebe und Lagerreibung der Schneidkopfwelle etwa 200 PS unten am Schneidkopf wirksam. Dessen Durchmesser sei 1800 mm und die Drehzahl 20 U/min, mit einer dadurch gegebenen Umfangsgeschwindigkeit von $\pi \cdot 1,8 \cdot \frac{20}{60} = 1,9$ m/sek. Aus $\frac{P \cdot 1,9}{75} = 200$ ergibt sich die Umfangskraft $P = \frac{200 \cdot 75}{1,9} \sim 8000$ kg. Nimmt man die Länge des schneidenden Messers mit 0,8 des Schneidkopfdurchmessers $= 1450$ mm an, so ergibt sich, wenn *ein* Messer im Eingriff ist, ein spezifischer Schneiddruck von $\frac{8000}{1450} = 5,5$ kg pro mm Schneidkantenlänge. Man bildet die Messer so aus, daß mehrere gleichzeitig im Eingriff sind, wobei die wirksame Schneidkantenlänge sich jedoch nicht vergrößert, und läßt bei hartem Material den Schneidkopf wie einen Fräser arbeiten, der mit großer Schnittgeschwindigkeit Stücke nur von solcher Größe losschneidet, daß sie vom Saugstrom mitgenommen werden.

Vergleicht man hiermit einen Eimerkettenbagger von 500 l Eimerinhalt, so hat auch dieser eine Antriebsmaschine für den Oberturas von 250 PS und damit die gleiche Leistung, wie sie für den Schneidkopf angenommen wurde, jedoch sind die Verluste bei der üblichen Riemenübertragung usw. größer, so daß man mit $0,7 \cdot 250 = 175$ PS am Oberturas rechnen kann. Bei der Nennzahl für die Schüttungen von 1000 pro Stunde $= 16^2/_3$ pro Minute und einem Abstand der Eimerspitzen von 1,6 m beträgt die Kettengeschwindigkeit 1600 m pro Stunde $= 26,7$ m/min $= 0,445$ m/sek. Der mittlere Kettenzug am Oberturas ergibt sich dabei mit $\frac{175 \cdot 75}{0,445} \sim 30\,000$ kg. Hiervon sind bei der 45°-Stellung der Eimerleiter etwa 9500 kg für die Hebung des Bodeninhalts der Eimer und etwa 3500 kg für Überwindung der Reibung aufzuwenden, so daß 17 000 kg am Unterturas verbleiben. Das ergibt eine Leistung von $\frac{17\,000 \cdot 0,445}{75} \sim 100$ PS. Es stehen demnach 40 % der Antriebsleistung für die Grabarbeit zur Verfügung. Der Kettenzug greift in einem mittleren Abstand von 750 mm von der Mitte der Unterturaswelle an, während die Eimerspitzen 1750 mm davon entfernt sind, so daß der rechnerische Eimerspitzendruck $17\,000 \cdot \frac{750}{1750} = 7300$ kg wird. Die Eimereröffnung ist annähernd ein Kreis von 1250 mm Durchmesser mit einem Umfang von 3940 mm. Nimmt man hiervon $^1/_3$ als schneidend an, so sind dies 1300 mm, und der spezifische Schneiddruck wäre $\frac{7300}{1300} = 5,6$ kg pro mm Schneidkantenlänge. Die Schnittgeschwindigkeit ist dabei $0,445 \cdot \frac{1750}{750} \sim 1$ m/sek. Ein unmittelbarer Vergleich mit dem Schneidkopf, der mit fast doppelter Schnittgeschwindigkeit arbeitet, ist kaum möglich, da der Schneidkopf nur zu schneiden hat, der Eimer aber auch sich füllen soll. Man kann den Grabdruck bei einem Eimerkettenbagger nicht wesentlich steigern, da eine erhöhte Antriebsleistung sich nicht ohne weiteres in wirksamen Schneiddruck umsetzt. Am Oberturas tritt leicht ein Durchrutschen ein; auch verlangt der erhöhte Kettenzug eine Verstärkung der Eimerkettenglieder, die eine unerwünschte Gewichtserhöhung bringt.

Beim Schneidkopf kann man dagegen mit erhöhter Antriebsleistung leichter eine höhere Schnittleistung erreichen und findet daher auch in den Vereinigten Staaten ein ständiges Anwachsen der Antriebsleistung. Dabei kann bei herabgesetzter Schnittgeschwindigkeit der Schneiddruck wesentlich erhöht werden.

Diese Berechnungen sollten einen ungefähren Überblick über die Größenanordnung der Schneiddrücke und Grabkräfte geben, wie sie sich bei den einzelnen Geräten als Folge der nach Erfahrung festgelegten Antriebsleistung ergeben und sollen nun mit den bodentechnischen Gegebenheiten verglichen werden. Durch Versuche in früherer Zeit wurde bei einem Eimerkettenbagger ermittelt, daß der Widerstand beim Eindringen der Eimerschneide bei festgelagertem, feinem Donausand 1,65 kg auf 1 mm Schneidkantenlänge beträgt, dagegen bei lockerem Kies ohne Steine nur etwa 0,65 kg pro mm; also ist das Verhältnis 2,5 : 1. Hiermit stimmt der Anstieg des Grabwiderstandes von Feinsand gegenüber dem Lößschlamm, den CHATLEY mit $\frac{34}{15} = 2{,}25$ angab, gut überein.

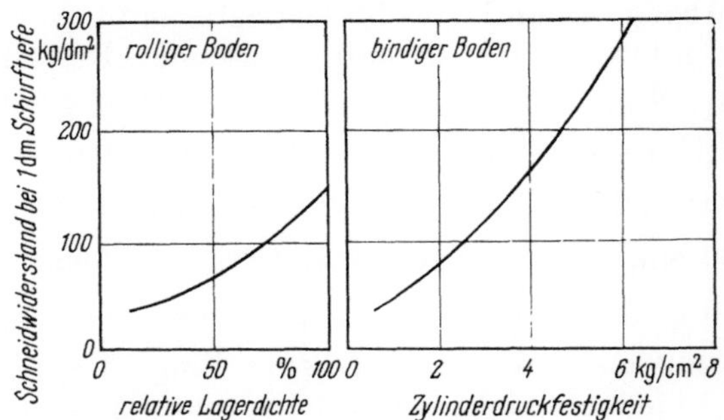

Abb. 24. Schneidwiderstände in Abhängigkeit von der Lagerungsdichte und der Zylinderdruckfestigkeit für 1 dm Eindringtiefe nach KÜHN

Als weiterer Anhalt sollen noch die Versuche von KÜHN mit Schürfgeräten, die im Trockenen arbeiten, herangezogen werden. Nach diesen ist der Schürfwiderstand von dem Schnittquerschnitt und der Bodenart abhängig. Für rollige Böden wird die relative Lagerungsdichte und für bindige Böden die Zylinderdruckfestigkeit als maßgebende Kenngröße angenommen. Diese beiden Größen bilden in Abb. 24, im linken und rechten Teil, die Abszissen. Als Ordinate ist der Schneidwiderstand in kg/dm², gültig für eine Eindringtiefe von 1 dm, eingetragen. Es zeigt sich, daß die Anfangswerte in beiden Fällen, also beispielsweise für lockeren Kies ohne Steine oder weichen Schluffboden, etwa auf gleicher Höhe bei 40 kg/dm² liegen. Bei rolligem Boden geht dieser Wert auf das 3,5fache und für bindige Böden sogar auf das 7,5fache. Dies gilt für 1 dm Eindringtiefe, während die gefundenen Werte für 1,5 dm mit 1,1, für 2,0 dm mit 1,2, für 2,5 dm mit 1,3, für 3,0 dm mit 1,5 und für 4,0 dm mit 2 zu multiplizieren sind.

Ein Löffel von 6 m³ Fassungsvermögen soll bei 18 dm Breite auf eine Tiefe von 4 dm in den Boden eindringen. Ist dieser hart und bindig bei einer Zylinderdruckfestigkeit von 6 kg/dm², so ergibt sich für 1 dm Eindringtiefe ein Schneidwiderstand von 280 kg/dm² und demnach für 4 dm mit Ansatz des Erhöhungsfaktors 2 ein Grabwiderstand von $18 \cdot 4 \cdot 280 \cdot 2 = 40000$ kg, was bei 120 t Seilzug mit der zahnbesetzten Schneide auch bei größter Baggertiefe zu erreichen ist. Um den Löffel bei dem Schnittquerschnitt von 72 dm² zu füllen, wäre ein Grabweg von $\frac{6000}{72} = 83$ dm $= 8{,}3$ m erforderlich. Da eine solche Abtragshöhe selten gegeben ist, wäre ein doppelter Ansatz nötig.

Die Rechnung kann nur einen Anhalt für die Größenordnung geben, und es wurde deswegen davon abgesehen, den Füllwiderstand, für den KÜHN auch Anhaltswerte gibt, zu berücksichtigen. Abweichungen beim Graben unter Wasser dürften gegeben sein und vielleicht eine Erleichterung eintreten lassen.

Für den Eimerbagger von 500 l ergibt eine ähnliche Rechnung, daß es mit dem berechneten Eimerspitzendruck von 7300 kg nicht ganz möglich ist, einen solchen Schnittquerschnitt zu erreichen, daß der Eimer sich gut füllt. Dies hängt von der Abtragshöhe, Vorgabe, Scherweg usw. ab und soll im Kapitel über Eimerbagger näher untersucht werden.

Man kann als ungefähren Anhalt für die Größenordnung des Grabwiderstandes annehmen, daß er bei felsartigem Boden, der sich gerade noch baggern läßt, gegen die am leichtesten schneidbaren Bodenarten, wie lockerer Kies und weicher Schluff, bei gleicher Schnittiefe etwa bis auf das 6fache ansteigt, während festgelagerter Feinsand etwa in der Mitte dazwischenliegt. Nimmt auch noch die Schnittiefe zu, so kann der Anstieg noch stärker sein.

Zu den Schwierigkeiten, die durch die Bodenart gegeben sind, kommt beim Baggern in vielen Fällen als Erschwernis noch der *Hafenunrat* hinzu, der unbedingt erwähnt werden muß, zumal sich in den europäischen Häfen infolge des jahrhundertealten Schiffsverkehrs immer mehr davon im Grunde ansammelt. Waren es ursprünglich nach Abb. 25 Holzteile, Mauersteine und gelegentlich Metallstücke, so sind es in neuerer Zeit Eisenteile jeder Art, Anker, Ketten, Drahtseile, Bolzen, Blechteile usw., wovon Abb. 26 eine Anschauung gibt. Dieser Unrat stört bei jedem mechanischen Bagger, aber noch mehr beim Saugen sowohl aus dem Grunde wie auch aus der Schute. Wenn die Baggerpumpen auch mit Steinen, die nicht allzu groß sind, einigermaßen fertig werden, so bringen Eisenstücke den Pumpenkreisel so plötzlich zum Stillstand,

Abb. 25. Ausgebaggerte Teile von hölzernen Rammpfählen

daß große Massenkräfte entstehen und sich in Zerstörungsarbeit umsetzen. Dabei sind die festgeklemmten Hindernisse, besonders die Drahtseile, sehr schwer wieder zu entfernen.

Beim Saugen aus dem Grunde wird auch der Schneidkopf stark durch Unrat behindert, und das ist ein Grund dafür, daß der Erfolg der Saugbaggerung in einem verunreinigten europäischen Hafen häufig viel geringer ist als in wenig industrialisierten Entwicklungsländern. Schließlich muß auch noch darauf hingewiesen werden, daß im letzten Krieg vielfach Munition versenkt wurde und Fliegergeschosse ins Wasser gefallen sind.

Alle diese Ursachen tragen dazu bei, daß bei der Naßbaggerung der Ertrag im

Abb. 26. Hafenunrat aus Eisenteilen jeder Art, der besonders nachteilig für die Saugbaggerung ist

Verhältnis zum maschinentechnischen Aufwand sehr verschieden ist. Bei der Saugbaggerung ist der Unterschied besonders groß, und der Ertrag kann bis auf $1/10$ dessen zurückgehen, was bei günstigem Boden zu erreichen ist. Bei den mechanisch arbeitenden Baggern sind die Unterschiede nicht ganz so groß, aber es kommen noch solche bei der Förderung und Ablagerung des Bodens hinzu, welche die bei der Entnahme vermehren oder vermindern können. Da der Grabvorgang und vieles andere bei der Naßbaggerung einer Anschauung nicht zugänglich ist, ist stets bei einer neuen Arbeit eine Einfühlung des Personals und dessen Vertrautwerden mit den Geräten erforderlich. Das ergibt eine Anlaufzeit, verbunden mit Störungen und Minderertrag, woran die Geräte selbst nicht schuld sind. Diese können in bestem Zustand, hergerichtet nach den Erfahrungen der letzten Baustelle oder gar neu sein, und trotzdem wird fast niemals alles gleich nach Wunsch gehen.

Die bodentechnische Unsicherheit führt mitunter dazu, daß Arbeiten im Bereich des Wassers auch mit Geräten, die auf Land fahren, also Trockengeräten, ausgeführt werden. Insbesondere bei der Felsbeseitigung geht man oft dazu über. Die Schwimmgeräte haben aber demgegenüber den Vorteil, daß man große Gewichte auf der ebenen Wasserfläche leicht und sicher bewegen kann und von Witterungsverhältnissen, darunter auch vom Frost, weniger abhängig ist als bei Trockengeräten.

Es war notwendig, die bodentechnischen Grundlagen ausführlich zu behandeln, da sie für den Erfolg vielfach wichtiger sind als maschinentechnische Wirkungsgrade. Auch die Bedeutung des Bedienungspersonals wird dadurch ersichtlich. Dessen Fähigkeit, sich in die Bodenverhältnisse einzufühlen und mit den unvermeidlichen Störungen fertig zu werden, ist und bleibt ausschlaggebend für den Erfolg.

Literatur

BRENNECKE-LOHMEYER: Der Grundbau. 1948.
KECK: Vorträge über Mechanik. Hannover 1900.
PRELINI: Dredges and Dredging. New York 1911.
KÜHN, G.: Der gleislose Erdbau. Berlin/Göttingen/Heidelberg: Springer 1956.
CHATLEY, H.: The Dredger Chien-She. 1936.
MUHS: Die Prüfung des Baugrundes und der Böden. Berlin/Göttingen/Heidelberg: Springer 1957.

C. Grundlagen für die Saugbaggerung und Bodenförderung in Rohren durch den Wasserstrom der Baggerpumpe

1. Allgemeines über Bodenförderung im Saugverfahren und Eignung der verschiedenen Bodenarten

Die Natur trägt Bodenteile durch strömendes Wasser ab, bewegt sie und lagert sie wieder ab, oft weit entfernt von der Abtragsstelle. Die Saugbaggerung will ähnlich arbeiten und erzeugt durch eine Pumpe einen Wasserstrom, der beim Einlauf in das Saugrohr Bodenteile mitnimmt und diese durch die Druckleitung bis zur Ablagerungsstelle bringt. Alle Teile der Bodenbewegung, nämlich Bodenabtrag, Bodenförderung und Bodenablagerung, werden dabei von *einem* Gerät ausgeführt, so daß der Zusammenhang zwischen den einzelnen Vorgängen besonders gut zu erkennen ist. Aus diesem Grunde soll die Saugbaggerung in diesem Buch zuerst behandelt werden, zumal man sich in der Neuen Welt ihre Vorteile sehr zunutze macht und mehr als die Hälfte aller Baggerarbeiten damit ausführt. In die Entwicklungsländer kommt diese Baggerart ebenfalls vorwiegend und nimmt auch in Europa immer mehr an Umfang und Bedeutung zu, wiewohl hier die Möglichkeiten nicht unbegrenzt sind.

Abb. 27 gibt eine schematische Darstellung der Saugbaggerung in einfachster Form. Die Baggerpumpe ist in einen Schwimmkörper eingebaut und ihr Saugrohr führt mit einer Neigung von etwa 45° gegen die Horizontale auf den Gewässergrund hinab. Nach der in Abb. 14 gezeigten Modellaufnahme werden durch den auf die Saugrohrmündung zulaufenden Wasserstrom Bodenkörner gelöst und ein Krater gebildet. Nimmt man für diesen eine Tiefe von 5 m an, so ergibt sich bei dem im Bilde erkennbaren Böschungswinkel von 35° ein Durchmesser der Krateröffnung von 15 m und dessen Volumen mit etwa 300 m³. Wenn man tiefer saugt, wächst das Volumen mit der dritten Potenz der Saugtiefe und ist demnach bei 10 m schon 2400 m³. Ist die zulässige Kratertiefe erreicht, so muß man einen neuen Krater saugen oder den vorhandenen zu einer Furche erweitern. Der Saugbagger kann also nicht an einer Stelle liegenbleiben, sondern muß durch Verholen seinen Ort verändern und deswegen eine bewegliche Druckleitung haben. Diese geht als Schwimmrohrleitung vom Bagger ab, endet entweder in einiger Entfernung über Wasser oder wird in eine Landrohrleitung übergeleitet, die dann zur Ablagerungsstelle führt. Hier scheiden sich die Bodenkörner wieder aus und bilden den Aufhöhungskegel, der dem am Saugrohreinlauf entstehenden Krater entspricht. Da man meist keinen Hügel aufschütten, sondern einen Damm oder eine ebene Aufhöhungsfläche herstellen will, muß auch die Landrohrleitung an ihrem Ende ortsveränderlich sein. Das Wasser läuft durch eine besondere Abflußleitung von der Ablagerungsfläche, die man gewöhnlich als Spülfeld bezeichnet, wieder ab.

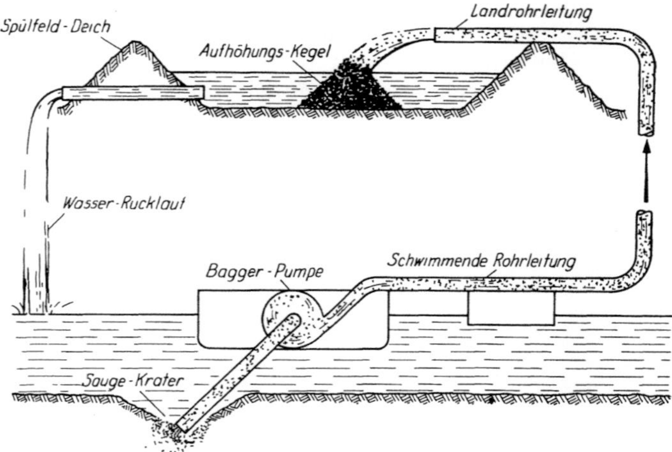

Abb. 27. Prinzipbild der Saugbaggerung. Die in das Saugrohr der Pumpe einlaufende Wasserströmung nimmt Bodenkörner mit und trägt sie bis zur Ablagerungsstelle

Die an der Entnahmestelle entstehenden Krater oder Furchen werden bei rolligem Boden, der für diese Art des Saugens geeignet ist, nach einiger Zeit durch Wasserströmung wieder eingeebnet. Wenn der Zweck der Baggerung die Gewinnung von Kies und Sand ist, kommt es nur darauf an, alles brauchbare Material zu erfassen, während die Beschaffenheit der Entnahmefläche nicht so wichtig ist. Sie soll aber trotzdem nicht allzusehr von der Ebene abweichen, was, wenn keine ausgleichende Strömung vorhanden ist, nicht immer zu erreichen ist.

Für das vorangehend geschilderte reine Saugen aus dem Gewässergrund ohne mechanische Vorlockerung ist der *Mittelsand* in der Korngröße zwischen 0,2 und 0,6 mm am günstigsten. Bei gröberem Material, wie Grobsand und Kies, ist zwar auch die Lösung leicht, nicht aber die Förderung auf große Entfernungen, ganz abgesehen von den Schwierigkeiten durch die anfallenden Steine, dem Verschleiß in Pumpen, Rohrleitungen usw. Der *Feinsand* ist ein ungünstiges Saugmaterial, da er festgepackt liegt und die Körner durch den Saugstrom nicht ohne weiteres gelöst werden. Es bildet sich kein Krater und die Mündung des Saugrohrs dringt nur schwer in den Grund ein. Gelingt nach längerer Zeit ein Absenken, so bleiben die Wände des Loches zunächst fast senkrecht stehen und stürzen dann ein, wodurch das Saugrohr häufig festkommt. Ist es aber nicht möglich, auf große Tiefe zu kommen, und läuft eine Strömung, welche die gelösten Körner von der Saugrohrmündung wegträgt, dann ist der Erfolg des Saugverfahrens unbefriedigend. Dies gilt auch für die *bindigen Bodenarten*, deren Verhalten als Modellaufnahme in Abb. 18 ebenfalls gezeigt wurde, und zwar nicht nur für festen Ton, Lehm u. dgl., sondern auch für plastische Schluffböden, die nicht, wie man oft glaubt, flüssigkeitsähnlich der Saugrohrmündung zulaufen, sondern stehenbleiben, so daß nur Wasser gesaugt wird.

Abb. 28 zeigt die Korngrößen von 3 Sandsorten, wobei die gezeichneten Quadrate eine etwa 20fache lineare Vergrößerung einer Fläche von 1 mm Kantenlänge darstellen. Darunter sind die jeweiligen Siebkurven gezeichnet, bei denen auf die sonst übliche logarithmische Abszisse verzichtet ist.

Die linke Probe, die aus der Oderniederung bei Stettin stammt, liegt mit ihrer Korngröße fast ganz zwischen 0,2 und 0,6 mm und ist demnach gut saugbarer Mittelsand. Die rechte Probe ist dagegen Feinsand aus der Nordsee, mit den Hauptbestandteilen zwischen 0,1 und 0,2 mm und schlecht saugbar. Dazwischen liegt, in der Mitte gezeichnet, Sand aus dem Eriesee in Nordamerika, bei dem das Saugen ohne Vorlockerung unsicher ist. Wenn auch in der gezeichneten Vergrößerung die Unterschiede deutlich zu erkennen sind, so sind sie bei einer Probe in natura, besonders wenn diese feucht ist, mit freiem Auge nicht ohne weiteres festzustellen. Es kommt noch hinzu, daß Kornform, Lagerungsdichte, Haftungsgrad und vieles andere mitsprechen, so daß eine Voraussage über die Saugmöglichkeit bei Sanden, die in das Gebiet des Feinsandes hineingehen, immer unsicher bleibt.

Wird Sand in größerer Tiefe unter einer Deckschicht von Mutterboden, Torf, Moor u. dgl. abgesaugt, so stürzt diese nach, lockert sich dabei und wird mitgefördert. Bei kleinen Rohrdurchmessern können allerdings durch Wurzelwerk, Holzstücke usw. Störungen eintreten. Diese sind erst recht zu befürchten, wenn der saugbare Sand unter einer festen Schicht von größerer Mächtigkeit, wie z. B. unter einer Tondecke, liegt. Dann ist es schwer, mit dem Saugrohr diese zu durchstoßen, und wenn dies gelungen ist, besteht die Gefahr, daß der durch das Ansaugen des Sandes entstehende Hohlraum die Deckschicht einstürzen läßt. Dann wird das Saugrohr eingeklemmt und muß, wenn es nicht verlorengehen soll, durch mechanisch arbeitende Bagger, wie z. B. Eimerkettenbagger, wieder freigelegt werden.

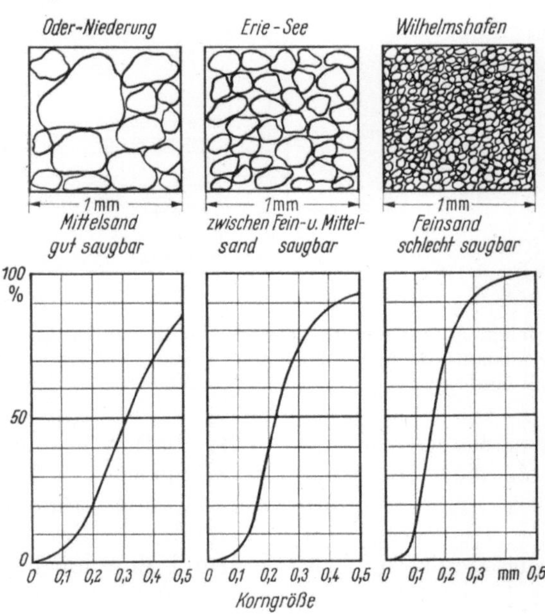

Abb. 28. Korngefüge in vergrößerter Zeichnung und Siebkurven von Sanden mit unterschiedlicher Eignung für das Saugverfahren

Wenn man die Lösung des Bodens nicht dem Saugstrom überläßt, sondern ihn mechanisch durch einen *Schneidkopf* löst, hat der Saugstrom nur die Aufgabe der Förderung. Dann braucht man keine Krater oder Furchen zu saugen, sondern kann annähernd eine ebene Fläche in bestimmter Tiefe herstellen und damit ein Profil saugen, wie der gebräuchliche aber wenig bezeichnende Ausdruck lautet. So läßt sich Feinsand leichter lockern und saugen, aber die Ertragsleistung ist auch nur dann befriedigend, wenn die Abtragshöhe groß ist und keine Gewässerströmung die gelockerten Körner wegträgt. Bei bindigen Böden muß man den Schneidkopf so arbeiten lassen, daß er Fladen schneidet in einer Größe, die durch den Einlaufstrom in die Saugrohrmündung getragen werden. Dabei arbeitet der Schneidkopf bei harten bindigen Böden mit großer Schnittgeschwindigkeit fräserartig, bei weichem plastischem Schluff jedoch langsam, damit keine Verwirbelung und Auflösung in Körner eintritt, die dann vom Saugstrom nicht erfaßt werden. Das letztere gilt in gleicher Weise auch für den bereits erwähnten Feinsand.

Von besonderer Art ist noch das Saugen durch den Hoppersauger, den selbstfahrenden Saugbagger mit eigenem Laderaum. Bei ihm hat die eine Gattung, der beim Saugen am Ort bleibende Stoßsauger oder Verholsauger, ein einfaches Saugrohr, ähnlich wie in Abb. 14 gezeigt wurde, so daß er an die gleichen Bodenarten gebunden ist. Die andere Gattung, der sich beim Saugen bewegende Fahrsauger, hat dagegen besondere Saugköpfe, welche über den Boden gleiten. Auch hier sind die rolligen Bodenarten für die Gewinnung günstig, aber es gelingt auch bei plastischen Schluffböden einen Erfolg zu erzielen. Dieser kann mitunter besonders gut werden, wie z. B. beim Lößschlamm, den der Jangtse vor seiner Mündung bei Shanghai ablagert. Es wurde schon im vorangehenden Kapitel erwähnt, daß dieser die hohe Dichte von 1,80 hat und doch leicht ins Fließen kommt, so daß er mit ganz wenig Wasserzusatz als plastischer *Kornbrei* beim Hoppersauger „Chien-She" in den Saugkopf kommt. Bei Ablagerungen in Staubecken wird das Feinmaterial durch längere Lagerung und Überdeckung schließlich pseudofest, und man nimmt für die Baggerung den am Ort bleibenden Schneidkopfsauger, der bei der gegebenen großen Abtragshöhe mit Erfolg eingesetzt werden kann.

Der Schleppsaugkopf des Hopperbaggers hat bei Feinsand Schwierigkeiten, da er infolge der festen Lagerung nicht tief genug einsinkt und die Körner nicht ohne weiteres von dem in den Saugkopf hineingehenden Wasserstrom mitgenommen werden. Auch besteht immer die Gefahr, daß eine Gewässerströmung die gelösten Körner fortträgt. Man kann sich aber auch diese Strömung zunutze machen, wie dies beispielsweise auf dem Mississippi beim Absaugen von Barrensand geschieht. Man verwendet hier den Dustpan-Saugkopf (Müllschaufel) mit großem Einlaufquerschnitt. Die geringe Eintrittsgeschwindigkeit genügt zum Lösen der Körner nicht, aber man erreicht dies durch vorsichtige Anwendung von Niederdruckwasser und richtet den Saugrüssel gegen die Strömung, so daß diese die gelösten Körner in ihn hineinträgt. Man kann den Erfolg einer Saugbaggerung, insbesondere einer solchen ohne mechanische Vorlockerung, nur einschätzen, wenn ungestörte Bodenproben aus richtiger Tiefe und in genügender Anzahl vorliegen, was für Naßbaggerboden schwer zu erreichen ist. Wenn der das Bohrgerät und die Bohrmannschaft tragende Schwimmkörper klein ist und im Seegang Bewegungen macht, kann man keinen Erfolg erwarten. Der Abstand der Bohrlöcher wird wegen Kostenersparnis meist groß genommen, so daß kein erschöpfendes Bild über die Schichtung gewonnen wird. Dabei ist diese mitunter unberechenbar, wie z. B. im Grunde der Ostsee, wo saugfähige Sandlinsen in Tonschichten eingebettet sind. Bei Kies- und Sandlagern sind häufig in größerer Tiefe Steine oder feste Schichten von Nagelfluh oder dgl. vorhanden, welche den Erfolg der Saugbaggerung stark beeinträchtigen. Bei großen Objekten sollte man die Kosten einer Probebaggerung mit mechanisch wirkenden Geräten nicht scheuen, um ein richtiges Bild über die Bodenart und deren Eignung für das Saugverfahren zu gewinnen.

Von großem Einfluß ist beim Saugen die Förderweite. Ist sie groß, so bildet sie auch bei leicht saugbaren Bodenarten eine Erschwernis und verhindert das Erreichen einer befriedigenden Ertragsleistung, wobei Verschleiß, Betriebsunterbrechungen und Reparaturen diese noch weiter herabsetzen. Bei geringer Förderweite ist dagegen die Sicherheit auch bei schwierigen Bodenarten erheblich größer. Weitere Angaben über die verschiedenen Einflußgrößen sollen noch folgen.

2. Saugen aus dem Gewässergrund (Grundsaugen). Unterdruck und Wasserzusatz

Beim Grundsaugen ist ein hoher Unterdruck, gewöhnlich als Vakuum bezeichnet, erforderlich, dessen Aufbringung eine wichtige und bei Hoppersaugern sogar die wichtigste Aufgabe der Baggerpumpe ist. Ist nach Abb. 27 die Baggerpumpe im Schwimmkörper so aufgestellt, daß ihre Mitte in Höhe des Wasserspiegels liegt, so ist eine geometrische Saughöhe, die man auch als statische oder geodätische bezeichnet, nicht vorhanden. Man denke sich die Pumpe zunächst *Wasser* ansaugend, das beim Einlauf in das Saugrohr auf die in diesem herrschende Geschwindigkeit gebracht werden muß. Weiterhin ist der Reibungswiderstand in der Saugrohrleitung zu überwinden, einschließlich der zusätzlichen Widerstände durch Umlenkung, Querschnittserweiterung usw. Diese kann man im Sonderfall einzeln ermitteln, für Überschlagsrechnungen jedoch annehmen, daß die Länge des beweglichen Saugrohrs infolge der 45°-Stellung gleich der größten Baggertiefe t, multipliziert mit $\sqrt{2}$ ist. Dann ist noch eine feste, waagerechte Rohrleitung bis zur Pumpe vorhanden und infolge von Krümmern u. dgl. sind zusätzliche Widerstände zu überwinden, so daß man für die Berechnung des Rohrreibungswiderstandes eine äquivalente Länge gleich dem Vierfachen der Baggertiefe t ansetzen kann. Nach der Formel für die Rohrreibung, die bei der Behandlung der Druckleitung noch näher erörtert wird, ergibt sich die Reibungswiderstandshöhe mit $\frac{v^2}{2g}\frac{1}{d}\lambda$ und die von der

Pumpe aufzubringende Unterdruckhöhe oder Saughöhe als Summe von Geschwindigkeitshöhe und Reibungshöhe mit

$$h_1 = \frac{v^2}{2g} \, \frac{l}{d} \, \lambda + \frac{v^2}{2g}$$

$$h_1 = \frac{v^2}{2g} \left(1 + \frac{l}{d} \, \lambda \right),$$

worin bedeutet

h_1 die Unterdruckhöhe in m Wassersäule
v die Fließgeschwindigkeit im Saugrohr in m/sek
l die äquivalente Länge der Saugleitung in m
d der lichte Durchmesser der Saugleitung in m
λ die Widerstandszahl, die in erster Annäherung gleich 0,02 gesetzt wird.

Nimmt man zunächst als Beispiel einen kleinen Sauger, der aus 15 m Tiefe saugen soll, mit 300 mm Dmr. für das Saugrohr und einer Fließgeschwindigkeit in diesem von 3,5 m/sek, dann ist die äquivalente Saugleitungslänge 60 m.

$$h_1 = \frac{12,3}{19,6} \left(1 + \frac{60}{0,3} \, 0,02 \right) = 0,625 \, (1 + 4) = 3,13 \text{ m}.$$

Für größere Rohrdurchmesser würden sich geringere Werte ergeben, und man kann den für die Förderung von Wasser erforderlichen Unterdruck, der auch mit *Wasservakuum* bezeichnet wird, als zwischen 3 und 4 m liegend annehmen, wie er auch vom Unterdruckmesser (Vakuummeter) gewöhnlich angezeigt wird. Bei den amerikanischen Hoppersaugern wird sogar bis zu 6 m gegangen, während man bei Schneidkopfsaugern

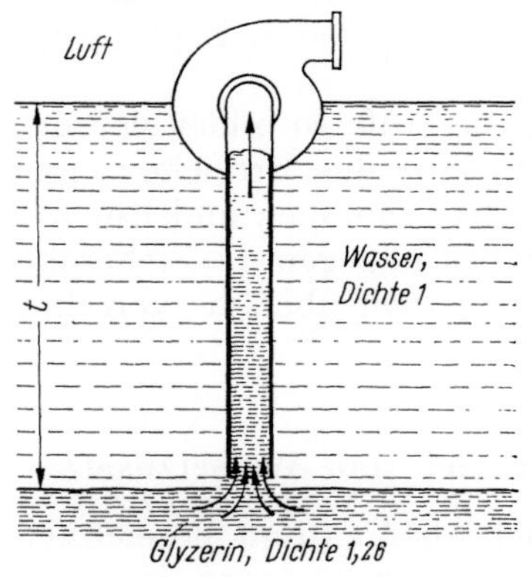

Abb. 29. Saugen von Glyzerin mit einer Dichte von 1,26, das in der Tiefe t unter dem Wasserspiegel liegt

wesentlich darunter bleibt. Baggerpumpen müssen möglichst nahe an die physikalische Grenze von 10 m herankommen, ohne daß Kavitation eintritt. 8 m und mehr sind auch häufig gemessen worden. Der Überschuß dieses Unterdrucks gegen den bei Wasserförderung dient dazu, die für Bodenförderung am Rohreinlauf erforderliche Erhöhung der Geschwindigkeit zu liefern und das Gemisch zu fördern.

Wenn statt Wasser eine homogene Flüssigkeit, wie Glyzerin, mit einem spezifischen Gewicht von 1,26 gesaugt wird, so würde der Vorgang nach Abb. 29 verlaufen. Danach wäre unten Glyzerin, dann eine Wasserüberlagerung in Höhe der Baggertiefe t und darüber Luft. Beim Saugen durch ein Rohr, das wegen der Anschaulichkeit senkrecht angenommen ist, befindet sich *in* diesem Glyzerin und außen Wasser. Dann ist, um Gleichgewicht zu erreichen, von der Pumpe ein Unterdruck von $(1{,}26 - 1) \, t$ aufzubringen, was bei 10 m Baggertiefe schon 2,6 m ergibt.

Beim Saugen eines Gemisches von Wasser und Körnern nach Abb. 30 sind die Verhältnisse indessen anders, und im Kapitel B wurde bereits dargelegt, daß dessen unter Wasser wirksame Dichte nicht so hoch ist, wie es gewöhnlich angenommen wird. Ist der wahre Feststoffgehalt k_0, die Dichte des Gemisches über Wasser γ_1 und unter Wasser γ_2, so gelten die Gleichungen

$$\gamma_1 = k_0 \cdot 2{,}6 + (1 - k_0) \cdot 1 \quad \text{und} \quad \gamma_2 = k_0 \cdot 1{,}6 + (1 - k_0) \cdot 1$$

Aus diesen ergibt sich nach Umformung

$$\gamma_1 = 1{,}6 \, k_0 + 1 \quad \text{und} \quad \gamma_2 = 0{,}6 \, k_0 + 1$$

Mit dem wahren Feststoffgehalt k_0 steht der scheinbare Feststoffgehalt k, den man auch mit Konzentration bezeichnet, in einer Beziehung, die in die einfache Form $k = 2 \, k_0$

oder $k_0 = k/2$ übergeht, wenn vor der Lösung der Porengehalt die Hälfte des Boden-volumens war.

In Abb. 31 sind die Werte der Dichten aufgetragen. Für den Grenzwert des scheinbaren Feststoffgehalts von 100%, der bei diesem Porengehalt einem wahren Feststoff-gehalt von 50% entspricht und in Sonderfällen beinahe erreicht werden kann, ergeben sich die Werte

$$\gamma_1 = 1,8 \quad \text{und} \quad \gamma_2 = 1,3.$$

Der Lößschlamm des Jangtse, der im Laderaum des Hopperbaggers „Chien-She‘‘, also über Wasser, ein Gemisch mit der Dichte 1,6 bildet, liegt damit im Punkte A mit einem scheinbaren Feststoffgehalt von 75% und einem wahren Feststoffgehalt von 37,5%. Seine Dichte unter Wasser beträgt 1,23 und kommt nahe an das spezifische Gewicht des Glyzerins heran. Ein Sandgemisch mit 30% scheinbarem Feststoffgehalt liegt im Punkte B mit einer Dichte von 1,24 über Wasser. Unter Wasser ist diese dagegen 1,09, so daß bei 20 m Saugtiefe nur $(1,09 - 1) \times 20 = 1,8$ m Unterdruck für die Gemischhebung erforderlich ist. Sandgemische von 60% Konzentration werden in Ausnahmefällen bei Mittelsand erreicht und sind als Kornbrei zu bezeichnen. Für sie gilt über Wasser der Punkt C mit einer Dichte von fast 1,5, die unter Wasser auf 1,175 herabgeht. Das ergibt gegenüber dem Wasser-vakuum bei 20 m Saugtiefe eine Erhöhung des Unter-drucks um $0,175 \cdot 20 = 3,5$ m. Bei Salzwasser mit einer Dichte von 1,02 bis 1,03, die manchmal bei Hopper-saugern gegeben ist, werden die Bedingungen für das Saugen von dichten Gemischen noch günstiger.

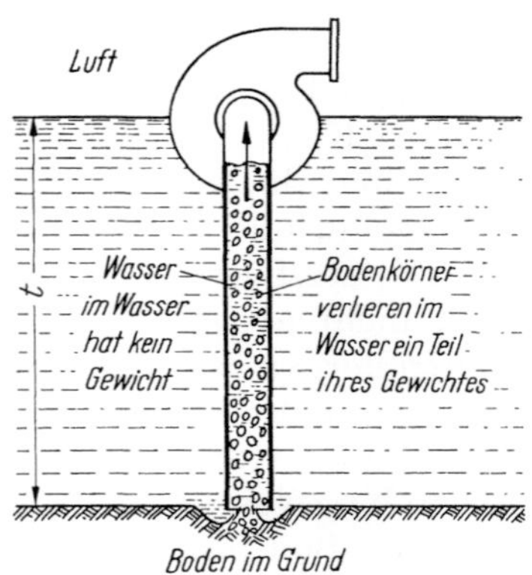

Abb. 30. Saugen von Boden aus der Tiefe t, wobei die gelösten Körner vom Saugstrom mitgenom-men werden

Erwähnt sei auch noch die Förderung von Steinen und solchen Festkörpern, die nicht ohne weiteres der Wasserströmung folgen. Bleiben sie liegen, so hat die Pumpe nur den für Wasserförderung nötigen Unter-druck aufzubringen. Kommen sie in Bewe-gung so bleiben sie doch um den Betrag ihrer Sinkgeschwindigkeit gegen die Strömungs-geschwindigkeit zurück, was eine Erhöhung des Wasserzusatzes, aber eine Erleichterung des Saugens bringt. Nur so ist es zu erklä-ren, daß bei einem Bodenbohrverfahren, das der Arbeit eines Schneidkopfsaugers ähnelt, Steine und Bodenklumpen aus Tiefen von 100 bis 200 m heraufgeholt werden können. Auch die Mitbeförderung von Steinen beim Kiessaugen ist dadurch zu erklären.

Diese Berechnungen lassen erkennen, daß der für die Festkornhebung erforderliche Unterdruckanteil nicht so hoch ist, wie ge-wöhnlich angenommen wird, aber eine glatte Führung der Saugleitung unter Vermeidung aller zusätzlichen Widerstände bleibt wesent-

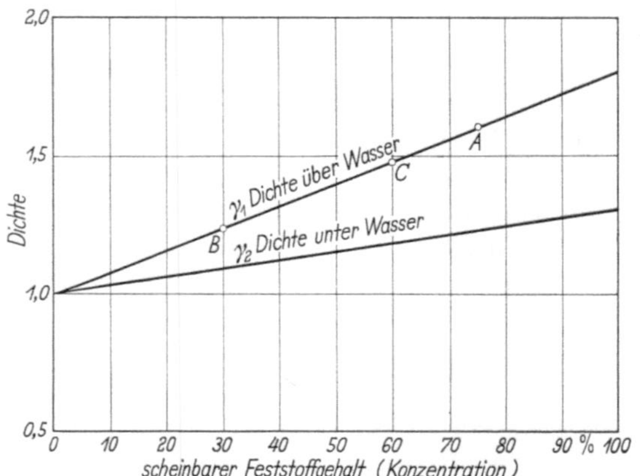

Abb. 31. Dichten von Gemischen über und unter Wasser mit zunehmender Konzentration, bei deren Höchstwert das Kornvolumen und somit der wahre Feststoffgehalt 50% ist

lich. Ein *Tiefersetzen* der Pumpenmitte wirkt bei Glyzerinförderung stark, da die Ent-fernung der Pumpenmitte unter dem Wasserspiegel multipliziert mit 1,26 die Herab-setzung des Unterdrucks ergibt. Bei Gemischförderung hat das Tiefersetzen der Pumpen-mitte weniger Einfluß, und es ist ohnehin nur bei Hoppersaugern bei gefülltem Laderaum möglich, mit ihr unter den Wasserspiegel zu kommen. Eine Anordnung der Pumpenmitte *über* dem Wasserspiegel wirkt sich aber stets ungünstig aus, indem die Höhe multipliziert mit 1,26 bei Glyzerin und bei Gemischen mit der *über* Wasser geltenden Dichte den zusätzlichen Unterdruck ergibt. Es kann nur als Notbehelf gelten, wenn man eine Baggerpumpe auf das Deck eines Schwimmkörpers setzt, und man sollte auch mit dem Saugschlauch oder den Saugrohrgelenken nur ganz wenig über Wasser gehen, wenn man dies wegen leichterer Revision für notwendig hält. Ohnehin wird sonst das Ansaugen erschwert, und ein unerwünschtes Abschlagen der Pumpe tritt sehr leicht ein.

Der Unterdruckmesser, gewöhnlich Vakuummeter genannt, zeigt bei Wasserförderung den für die Pumpenanlage kennzeichnenden Unterdruck, das Wasservakuum mit 3 bis 4 m an. Setzt die Bodenförderung ein, so erhöht er sich um etwa 2 m, was nach den vorangegangenen Ausführungen teilweise durch Erhöhung des Widerstandes am Rohreinlauf und teilweise durch Eintritt von Bodenkörnern zu erklären ist. Ein unbedingt sicheres Kennzeichen für Bodenförderung ist hiernach das Ansteigen des Unterdrucks nicht, und die neuzeitliche Meßtechnik bemüht sich, Instrumente zu schaffen, welche die Geschwindigkeit im Saugrohr und damit die Gemischmenge, sowie auch weiterhin den Feststoffanteil erkennen lassen. Die Entwicklung dieser Instrumente ist aber z. Z. noch nicht abgeschlossen, so daß der Unterdruckmesser immer noch das wirksamste Kontrollorgan ist. Man ordnet häufig selbstschreibende Vakuummeter an, welche das Schwanken des Unterdrucks erkennen lassen. Erfolgt dabei eine weitgehende Annäherung an einen konstanten Wert, so gilt dies als Erfolg des Saugmeisters, dessen Geschick und Einfühlungsvermögen nach wie vor von größter Wichtigkeit ist. Besonders bei grobkörnigen Bodenarten und großen Förderweiten ist die Gleichförmigkeit wichtig, da bei abnehmender Geschwindigkeit ein Absetzen eintritt, und es dann sehr schwer ist, die groben Körner, deren Größe sehr verschieden ist, wieder in Bewegung zu bringen. Der Unterschied zwischen der Sinkgeschwindigkeit und der Schwebegeschwindigkeit, den Abb. 19 erkennen ließ, zeigt schon, daß es sich hier um Vorgänge handelt, die nicht ohne weiteres umkehrbar sind.

3. Saugen aus Behältern, wie Schutenladeraum, Schütttrichter u. dgl. Änderung der Bedingungen gegen Grundsaugen

Gegenüber dem Grundsaugen, bei dem ein unbeschränkter Wasservorrat in der Umgebung der Saugrohrmündung vorhanden ist, ergeben sich beim Saugen aus einem Behälter, wie z. B. dem Laderaum einer Schute, andere Verhältnisse, und die Bodenarten verhalten sich fast genau gegenteilig wie beim Grundsaugen. Das günstigste Material ist der *plastische Schluff*, der nach Abb. 32 durch den Strahl der Zusatzpumpe mit wenig Wasser weich und pumpfähig gemacht und als homogene Mischung durch den Saugrüssel wie eine Flüssigkeit angesaugt wird. Der scheinbare Wasserzusatz ist hierbei nur etwa 3 fach, also 3 m³ Wasser auf 1 m³ Boden, kann aber bei geschicktem Arbeiten des Spülermeisters noch weiter heruntergedrückt werden.

Fast ebenso günstig verhält sich der *Feinsand*. Er bleibt zwar mit fast senkrechter Wand stehen, wie Abb. 33 zeigt, jedoch unterhöft der Zusatzwasserstrahl diese, der Boden bekommt Risse und fällt in das Wasser hinein. Dabei werden die feinen Körner trotz der im Laderaum der Schute geringen Fließgeschwindigkeit schwebend der Mündung des Saugrüssels zugeführt, selbst wenn diese vom Zusatzwasserstrahl weit entfernt ist. Man kommt beim Saugen von Feinsand aus Schuten mit etwa 4 fachem Wasserzusatz aus, während man beim Saugen aus dem Grund bei dieser Bodenart mehr als das Doppelte braucht.

Anders ist es wieder bei *Mittelsand und Grobsand*, die beim Saugen aus dem Grund besonders günstig waren. Hier hat der Zusatzwasserstrahl nichts zu lösen, da diese Bodenarten rollig sind, kann sie aber dem Saugrüsseleinlauf nicht zuführen, da die geringe Fließgeschwindigkeit, die sich bei dem großen Laderaumquerschnitt einstellt, für die Kornmitnahme nicht ausreicht. Das Absaugen solcher Bodenarten gelingt nur, wenn man am einen Ende der Schute wie beim Grundsaugen einen Krater erzeugt und dann die Schute so verholt, daß eine Furche durch die Laderaumfüllung gezogen wird. Dabei hat der Zusatzwasserstrahl die Aufgabe der Wasserhaltung, und man muß bei *einem* Durchgang des Saugrüssels allen Boden erfassen, da die Reste, welche liegen-

bleiben, hinterher nicht mehr einzusaugen sind. Das Saugen von derartigen Böden aus Schuten ist nicht einfach und bisher im Nordseegebiet wenig erprobt. Größere Erfahrungen hat man damit in Frankreich gemacht und die Zufuhr von Zusatzwasser bei Schutensaugern anders ausgebildet, wie in späteren Kapiteln noch gezeigt wird.

Der Wasserzusatz ist bei diesen Bodenarten 6- bis 8fach und damit erheblich höher als bei Feinsand. Er steigt, wenn das Personal ungeübt und die Förderweite groß ist, auf das 10- bis 20fache und weiter an und erreicht damit eine Höhe, welche die Wirtschaftlichkeit des Verfahrens in Frage stellt. Beim Arbeiten auf Binnengewässern, wo grobkörnige Bodenarten vorherrschen, ist infolgedessen das Entleeren von Schuten im Saugverfahren kaum gebräuchlich.

Die festen, *bindigen Bodenarten*, wie Ton und Lehm, bei denen Grundsaugen ohne Vorlockerung durch einen Schneidkopf unmöglich ist, sind auch aus der Schute schlecht zu saugen. Der Zusatzwasserstrahl kann bestenfalls die Klumpen, die aus den Eimern eines Eimerkettenbaggers gekommen sind, noch etwas zer-

Abb. 32. Absaugen von Schluffboden aus dem Laderaum einer Schute nach Gemischbildung durch Wasserzusatz (Spülen)

Abb. 33. Lösung von Feinsand in einer Schute mit dem Zusatzwasserstrahl durch Rißbildung und Einsturz der fast senkrechten Wand

kleinern, und man nimmt mitunter besondere Hochdruckwasserstrahlen zu Hilfe. Da dieses Material meist Steine enthält, setzt sich der Steinkasten schnell mit diesen und den Tonklumpen zu. Eine häufige Entleerung ist erforderlich und der Ertrag in hohem Maße davon abhängig, wie schnell und wirksam dieser Vorgang durchzuführen ist.

Beim Saugen aus Schuten ist der erforderliche *Unterdruck* nicht so hoch wie beim Saugen aus dem Grunde. Das Saugrohr muß allerdings, wie Abb. 32 erkennen läßt, in die Höhe geführt werden, damit die Schute bei angehobenem Saugrüssel eingefahren und insbesondere auch leer ausgefahren werden kann. Die Saugleitung geht dann wieder nach unten, da die Pumpe sich mit ihrer Mitte etwa in Höhe des Wasserspiegels befindet. Beim Ansaugen muß man über den Berg kommen, und dies ist nur dadurch möglich, daß zunächst die Zusatzpumpe durch eine besondere Leitung Wasser in den Saugrüssel bringt. Läuft dann die Baggerpumpe an, so saugt sie erst nur Wasser und der Unter-

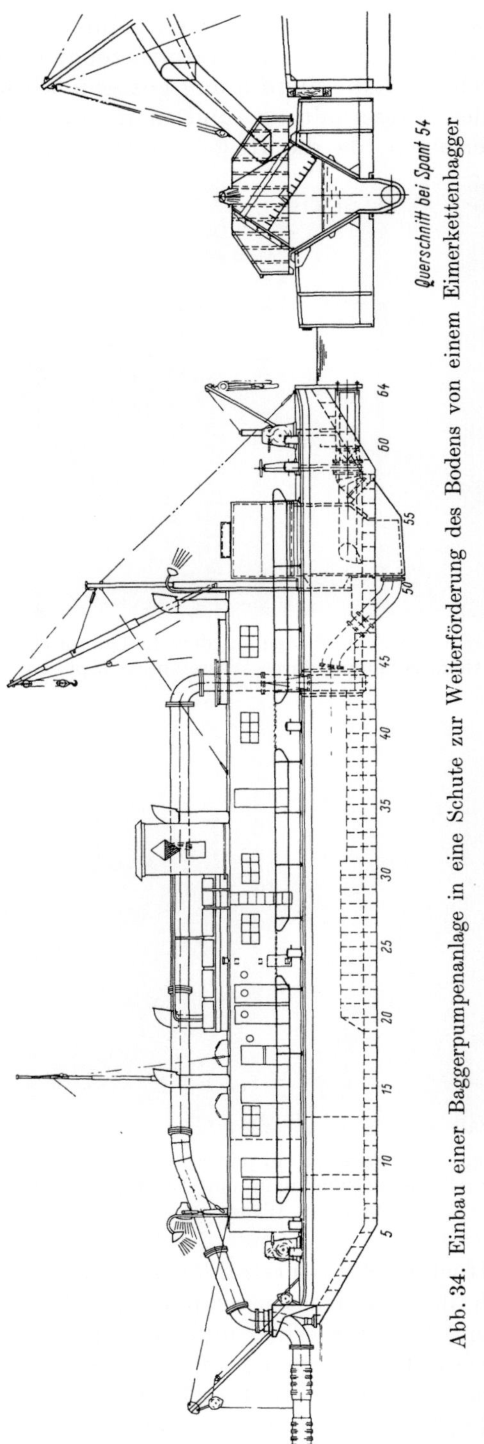

Abb. 34. Einbau einer Baggerpumpenanlage in eine Schute zur Weiterförderung des Bodens von einem Eimerkettenbagger

druck steigt auf 3 bis 4 m an, um dieses Wasser auf den höchsten Punkt zu bringen. Ist aber der Fluß hergestellt, so fällt der Unterdruck infolge der Heberwirkung und kommt auch bei Bodenförderung nur auf etwa 2 bis 3 m. Dabei muß aber die Saugleitung und auch der Steinkasten dicht sein, da sonst das Eindringen von Luft die Saugfähigkeit stark beeinträchtigt, während beim Saugen aus dem Grunde bei Undichtigkeiten nur Wasser eindringt, das in geringer Menge kaum schädlich wirkt. Eine Anordnung der Pumpenmitte *über* dem Wasserspiegel ist beim Schutensaugen weniger schädlich als beim Grundsaugen, und Einrichtungen, bei denen die Pumpe auf einem Ponton aufgebaut ist, können arbeiten, wenn das Ansaugen sichergestellt wird.

Noch günstiger sind die Unterdruckverhältnisse dann, wenn das Bodenmaterial nach unten fallend in den von der Baggerpumpe erzeugten Wasserstrom kommt.

Abb. 34 zeigt ein Pumpenschiff, für welches der Schiffskörper einer Schute verwendet wurde. Es wird neben einen Eimerbagger gelegt, und der aus der Schüttrinne kommende Boden fällt durch einen Rost in den Schütttrichter. In dessen Unterteil läuft ein Wasserstrom, der durch eine mit einem Schieber absperrbare Leitung auf der einen Seite eintritt und auf der anderen Seite mit einem Rohr nach dem Sauganschluß der Baggerpumpe geht. Hierbei ist die Pumpensaugrohrleitung kurz und frei von Widerstand, so daß fast nur die Geschwindigkeitshöhe aufzubringen und das Anheben einer Gemischsäule nicht nötig ist. Bei derartigen Anlagen hat die Baggerpumpe kaum Unterdruck und auch der Wasserzusatz kann gering gehalten werden. Mitunter kommt man durch besondere Aufbereitung und Dosierung des Bodenmaterials auf so günstige Werte, wie sie sonst nicht zu erreichen sind.

Die Entleerung des Laderaums von Hoppersaugern geht in ähnlicher Weise vor sich. Es befindet sich unter der Ladung ein Kanal, durch den die Baggerpumpe das Wasser hindurchsaugt. Die einzelnen Abteilungen des Laderaums haben über dem Kanal liegende Klappen, die nach unten geöffnet werden können. Dann fällt die Ladung in die Wasserströmung und wird zur Pumpe getragen, welche die Mischung auf Druck bringt und in eine Landleitung fördert. Nach einem Vorschlag des Verfassers kann man dieses System auch für das Leersaugen von Schuten anwenden, deren Laderaum ähnlich dem eines Hoppersaugers sein müßte. Man braucht dann keinen Schutensauger der üblichen

Bauart, sondern kann eine einfache schwimmende Pumpenanlage unter Fortfall der Zusatzwasserpumpe verwenden. Die Schuten brauchen nicht verholt zu werden, was eine wesentliche Vereinfachung bedeuten und auch die Entleerung von Mittelsand und Grobsand erleichtern würde. Auch ein *Ausgleichbecken* vor einer Verstärkerpumpe könnte so ausgebildet sein.

Die Tab. 1 gibt eine zusammenfassende Übersicht über Unterdruck und Wasserzusatz für verschiedene Bodenarten beim Saugen aus dem Grunde und aus Schuten oder einem sonstigen Behälter. In der letzten Spalte ist dann noch eine Bemerkung

Tabelle 1. *Ungefährer Wasserzusatz für verschiedene Bodenarten beim Saugen aus dem Grunde ohne Vorlockerung und aus Schuten sowie Angabe über die Fördermöglichkeit*

Unterdruck beim Grundsaugen   4 bis 8 m WS
Unterdruck beim Schutensaugen 2 bis 4 m WS

Bodenart	Wasserzusatz beim		Angabe über Förderung
	Grundsaugen	Schutensaugen	
Grobsand	4- bis 6fach	10- bis 20fach	schwierig
Mittelsand	3- bis 5fach	8- bis 10fach	mittel
Feinsand	8- bis 10fach	3- bis 5fach	leicht
weicher Schluff	10- bis 15fach	2- bis 4fach	leicht
harter bindiger Boden . .	—	10- bis 20fach	schwierig

über die Fördermöglichkeit gemacht. Das Grundsaugen ist dabei ohne Vorlockerung gedacht, und es treten Abänderungen ein, wenn mit einem Schneidkopf gearbeitet wird. Die Angaben der Zahlentabelle gelten nur ungefähr und annähernd. Die vorangehenden Ausführungen ließen erkennen, wie verschieden auch bei gleichen Bodenarten die Bedingungen beim Grundsaugen sein können. Außerdem ist stets die Förderweite von Einfluß, und bei grobkörnigen Bodenarten tritt, wenn diese groß ist, stets eine Erschwernis ein.

Beim Saugen aus Schuten ist es naheliegend, den Ausdruck *Wasserzusatz* zu gebrauchen, und dieser war früher allgemein üblich. Beim Saugen aus dem Grund sind aber die Begriffe *Feststoffgehalt* oder *Konzentration* sinngemäßer. Der scheinbare Feststoffgehalt k, für den die Beziehung zum wahren Feststoffgehalt k_0 bereits gegeben wurde, steht mit dem Wasserzusatzfaktor z in der Beziehung

$$k = \frac{1}{1 + z} \cdot 100 \,\%$$

Für 4fachen Wasserzusatz ist hiernach der scheinbare Feststoffgehalt oder die Konzentration 20 % und für 9fachen Wasserzusatz 10 %.

4. Rohrreibungswiderstand bei Wasserförderung. Berechnungsformel und Höhe des Widerstandsbeiwerts

Bei Niederdruckbaggerpumpen, wie denen von Hoppersaugern, ist die Erzeugung des Unterdrucks die wesentliche Aufgabe, während die übrigen Baggerpumpen Hochdruckpumpen sind, die außer dem Unterdruck eine beträchtliche Druckhöhe aufbringen müssen. Dadurch wird in ihrer Auswurfleitung eine intensive Strömung erzeugt, durch welche die angesaugten Bodenteile bis zur Ablagerungsstelle befördert werden. Hierbei ist in den meisten Fällen die Erreichung einer großen Förderweite das Ziel, und man vermeidet eine Höhenförderung möglichst dadurch, daß man die Ablagerungsstellen — Spülfelder genannt — wenig über dem Wasserspiegel anlegt. Der Höhenunterschied zwischen dem Rohrauslauf und der Pumpenmitte, die man in Höhe des Wasserspiegels annehmen kann, also die geometrische Druckhöhe, ist meist viel geringer als die Reibungswiderstandshöhe. Diese ist groß, da die Baggerpumpe einen Wasserstrom mit hoher Geschwindigkeit in einer langen Rohrleitung erzeugen muß. Damit liegen bei ihr die

Verhältnisse anders als bei den meisten Wasserpumpen, die auf die Höhe fördern sollen, und bei denen der Rohrreibungswiderstand durch Beschränkung der Fördergeschwindigkeit kleingehalten wird.

Es ist indessen zweckmäßig, die Baggerpumpe zunächst als wasserfördernde Kreiselpumpe zu betrachten, in der Druckrohrleitung zunächst Wasserfluß anzunehmen und hierfür die Größe des Rohrreibungswiderstandes zu untersuchen. Später soll dann das Hinzukommen der Bodenmitnahme in Betracht gezogen werden. Dies ist schon dadurch begründet, daß beim Saugen aus dem Grunde eine gleichmäßige Bodenmitnahme nicht stattfindet, sondern diese sich ständig ändert.

Wenn ein Wasserstrom an einer *Fläche* vorbeifließt, so entsteht bei turbulenter Strömung, die bei der Saugbaggerung stets gegeben ist, ein Widerstand von der Größe

$$W_0 = O \frac{v^2}{2g} \gamma \, \lambda'$$

Hierin ist

W_0 der Reibungswiderstand in kg
O die widerstandserzeugende Fläche in m²
v die Geschwindigkeit der Flüssigkeit gegenüber der Fläche in m/sek
γ das spezifische Gewicht der Flüssigkeit
λ' ein Widerstandsbeiwert.

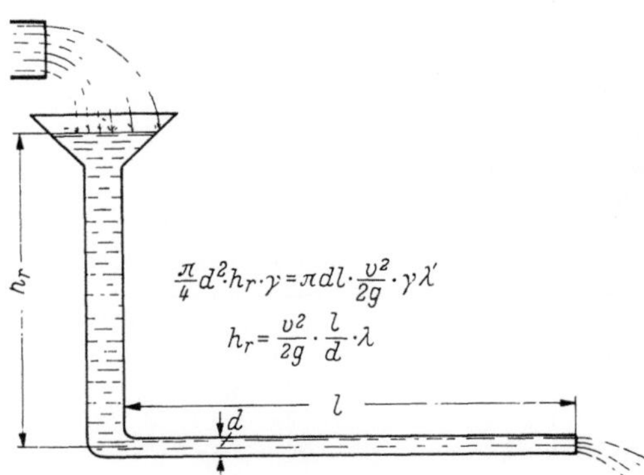

Abb. 35. Entstehung der Berechnungsformel für den Rohrreibungswiderstand

Strömt die Flüssigkeit nach Abb. 35 in einem waagerechten Rohr vom Durchmesser d und der Länge l, so ist dessen Oberfläche $\pi\,dl$ und zur Überwindung des Rohrreibungswiderstandes dient das Gewicht der Flüssigkeitssäule mit der Höhe h_r und dem Querschnitt $\frac{\pi}{4} d^2$.

Es ist also

$$\frac{\pi}{4} d^2 h_r \gamma = \pi \, d \, l \frac{v^2}{2g} \gamma \, \lambda'$$

$$h_r = \frac{v^2}{2g} \frac{l}{d} \cdot 4 \lambda'$$

$4\lambda'$ wird gleich λ gesetzt und damit wird die Reibungswiderstandshöhe

$$h_r = \frac{v^2}{2g} \frac{l}{d} \lambda$$

Diese Gleichung, als Formel von Darcy oder Weissbach bezeichnet, bildet die Grundlage für die Berechnung des Rohrreibungswiderstandes. Dieser ist also proportional dem Quadrat der Fließgeschwindigkeit im Rohr, proportional der Rohrleitungslänge und dem Kehrwert des Rohrdurchmessers sowie noch abhängig von einem Widerstandsbeiwert.

Die Reibungswiderstandshöhe bleibt gleich, wenn man zugleich mit der Rohrleitungslänge auch den Rohrdurchmesser verdoppelt. Allerdings bleibt die Fließgeschwindigkeit nur bei 4facher Menge die gleiche. Man bekommt diese auf die doppelte Entfernung, hat also eine 8fache Nutzleistung mit nur 4fachem Aufwand, was ein Vorteil der großen Rohrleitung ist, zum mindesten bei Förderung von Wasser und feinkörnigen Gemischen.

Der Widerstandsbeiwert λ ist nicht konstant, wie dies allgemein für derartige Beiwerte gilt, und es müssen für ihn besondere Bestimmungsgleichungen angesetzt werden.

Das spezifische Gewicht der Flüssigkeit γ fiel heraus, aber man muß jeweils eine Umrechnung vornehmen, wenn man auf m WS kommen will. Hat man als Förderflüssigkeit Glyzerin mit einem spezifischen Gewicht von 1,26 und nach der Formel eine Reibungswiderstandshöhe von 10 m Flüssigkeitssäule errechnet, so ergibt das 12,6 m Wassersäule oder 1,26 kg/cm² am Manometer. Will man umgekehrt, was oft notwendig ist, den

Widerstandsbeiwert aus einer Manometerablesung errechnen, so muß man diese erst mit 10 multiplizieren und durch 1,26 dividieren. Man kommt dann auf die Flüssigkeitssäule mit der Höhe h_r in m, worauf λ sich aus der Gleichung

$$\lambda = \frac{2\,g\,h_r\,d}{v^2\,l} = \frac{2\,g\,h_r\,d}{v^2\,l}$$

berechnen läßt.

Der für Glyzerin ermittelte Widerstandsbeiwert stimmt nicht mit dem für Wasser überein und ist auch für dieses ebensowenig eine Konstante wie andere Widerstandsbeiwerte. Beim Hinzutreten von Bodenkörnern ist dies noch weniger der Fall, wie im folgenden Abschnitt gezeigt wird.

Im Anhalt an den Widerstand von ebenen Flächen ergibt sich λ mit 0,016, was schon ein guter Annäherungswert ist. Ursprünglich wurde mit höheren Werten von 0,02 bis 0,03 gerechnet, die sich aus Messungen an wesentlich kleineren Rohren, als sie bei der Bodenförderung üblich sind, ergeben hatten. Als man erkannte, daß diese Werte zu hoch liegen und außerdem λ nicht unveränderlich ist, rechnete man viel nach der Gleichung

$$\lambda = 0{,}020 + \frac{0{,}0018}{\sqrt{v\,d}}$$

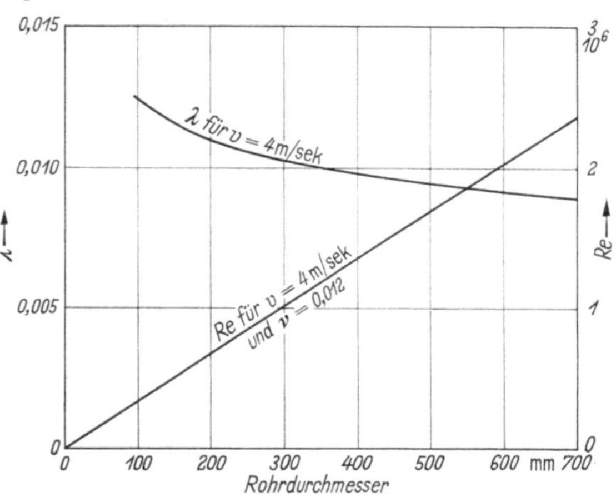

Abb. 36. REYNOLDS-Zahl Re und Widerstandsbeiwert λ für die Rohrreibung in Abhängigkeit vom Rohrdurchmesser für eine Fließgeschwindigkeit von 4 m/sek

Das bedeutet, daß λ sich aus einem konstanten Teil von 0,020 und einem veränderlichen Teil zusammensetzt, der umgekehrt proportional der Wurzel aus dem Produkt aus Rohrdurchmesser und Fördergeschwindigkeit ist.

Man hat versucht, die Veränderlichkeit des Widerstandsbeiwerts dadurch auszugleichen, daß man die Exponenten in der Widerstandsformel abwandelte. Die Formel von AISENSTEIN:

$$h_r = \frac{v^{1{,}83}}{2\,g}\,\frac{l}{d^{1{,}17}}$$

wendet für die Geschwindigkeit den Exponenten 1,83 an, der auch im Schiffsbau für den Oberflächenwiderstand vielfach angesetzt wird.

Die Formel von BLASIUS nimmt für die Geschwindigkeit den noch kleineren Exponenten 1,75 und für den Rohrdurchmesser 1,25 an.

In den letzten Jahren sind zahlreiche Untersuchungen über den Widerstandsbeiwert der Rohrreibung bei Wasser durchgeführt worden, insbesondere im Forschungsinstitut Göttingen, wo die Formel gefunden wurde:

$$\lambda = 0{,}0032 + \frac{0{,}221}{\sqrt[4]{Re}}$$

Sie ist ähnlich wie die oben angegebene und besteht auch aus einem konstanten Teil und dem veränderlichen, der im Nenner die vierte Wurzel der REYNOLDS-Zahl Re enthält, wofür manchmal auch die Potenz 0,237 angegeben wird. Es ist $Re = \dfrac{v\,d}{\text{Zähigkeitsfaktor}}$, wobei v die Fördergeschwindigkeit in cm/sek und d der lichte Rohrdurchmesser in cm ist. Der im Nenner stehende Zähigkeitsfaktor in cm²/sek hat für Wasser von 20° einen Wert von 0,01 und für 0° einen solchen von 0,0178.

Die REYNOLDSsche Zahl, die dimensionslos ist, liegt im Spülbetrieb hoch, da man größere Rohrdurchmesser und höhere Fördergeschwindigkeiten hat als im allgemeinen bei Wasserförderung. Abb. 36 zeigt über dem Rohrdurchmesser als Abszisse die

REYNOLDS-Zahl für eine Fördergeschwindigkeit von 4 m/sek. Sie hat für einen Rohrdurchmesser von 200 mm den Wert 700 000 und für 650 mm 2,2 Millionen. Die Grenze zwischen laminarer und turbulenter Strömung wird allgemein mit $Re = 2320$ angenommen, so daß man beim Spülen mit Sicherheit im turbulenten Bereich liegt. Der nach der vorangegangenen Formel sich ergebende Widerstandsbeiwert würde etwa bei 0,01 liegen. Er steigt, wie Abb. 36 zeigt, mit fallendem Rohrdurchmesser mäßig an und wächst stärker bei Unterschreitung der im Spülbetrieb üblichen Rohrdurchmesser.

Diese Widerstandsbeiwerte gelten für Wasserströmung in geraden, waagerechten und außerdem glatten Rohren, während sie für rauhe Rohre höher sind. Hiermit braucht man im Spülbetrieb kaum zu rechnen, da die Rauhigkeit bei großem Rohrdurchmesser keinen bedeutenden Einfluß hat und außerdem die Bodenkörner abschleifend wirken, aber die Widerstandsbeiwerte liegen höher als 0,01.

Es gibt für Wasser nur wenige Meßwerte aus der Praxis, die einen Vergleich ermöglichen, da nur selten längere Strecken ohne Krümmungen und Höhenunterschiede für Messungen zur Verfügung stehen. Versuche im Franzius-Institut, Hannover, die 1960 durchgeführt wurden, ergaben für eine als Ringleitung mit Umlenkung um insgesamt 360° durch Krümmer ausgebildete Meßstrecke von 285 m Länge bei einem Rohrdurchmesser von 300 mm für eine Fließgeschwindigkeit von 3 bis 5 m/sek einen Wert für λ von ungefähr 0,0145. Bezeichnenderweise ging dieser Wert auf 0,0135 zurück, nachdem im Zuge der Versuche 6 Wochen lang Spülgut durch die Rohrleitung gegangen war. Damit ist die schleifende Wirkung der Körner nachgewiesen, und es ist außerdem erklärlich, daß Messungen je nach Zustand der Leitung verschiedene Werte erbringen. So ergab eine Messung aus der Praxis für eine Rohrleitung von ebenfalls 300 mm Durchmesser bei etwa 400 m Länge den etwas niedrigeren λ-Wert von 0,0128. Dabei lag die Rohrleitung nicht gerade und waagerecht, aber die Wassergeschwindigkeit, die durch Einfüllen von Farbe gemessen wurde, war mit 6,5 m/sek sehr groß und ergibt einen hohen Wert für die REYNOLDS-Zahl. An der gleichen Stelle wurden auch Versuche mit einem Gemisch von hohem Bodengehalt gemacht, wobei der Boden sehr verschiedene Bestandteile enthielt und einen hohen Ungleichförmigkeitsgrad besaß. Es zeigte sich hierbei gegenüber der Wasserförderung ein erheblicher Unterschied, während in anderen Fällen bei größeren Rohrdurchmessern und gleichmäßiger gekörnten Bodenarten die Unterschiede gegen Wasser geringer waren. Näheres darüber soll der folgende Abschnitt enthalten.

5. Vorgänge in der Druckrohrleitung bei Bodenförderung. Fördergeschwindigkeit und Druckabfall. Berechnungen und Messungen. Rohrwiderstandslinien

In der Druckrohrleitung der Baggerpumpe soll der Wasserstrom die mitgeführten Bodenteile bis zum Rohrauslauf tragen, wobei eine große Förderweite meistens erstrebt wird. Um zu beurteilen, was erreichbar ist, muß man die Fördergeschwindigkeit, die für die betreffende Bodenart erforderlich ist, und den Rohrreibungswiderstand kennen. Dieser ist weitgehend vom Widerstandsbeiwert abhängig, dessen Größe für Wasser im vorangehenden Abschnitt angegeben wurde.

Bei den Bodenkörnern gibt es rollende, rutschende, springende und schwebende Förderung, wobei die letztgenannte das Wünschenswerte ist. Bei ihr sind die Körner annähernd gleichmäßig über den Rohrquerschnitt verteilt und werden mit der gleichen Geschwindigkeit gefördert, wie sie das Wasser hat. Diese Förderart kommt am ehesten beim Feinkorn zustande, das keine Relativgeschwindigkeit zum Wasser annimmt. Man hat in solchen Fällen ein homogenes Gemisch, dessen spezifisches Gewicht sich aus der Summe der Gewichte von Wasser und Feststoffteilen errechnet. In diesem Falle ist die Fördergeschwindigkeit fast gleichmäßig über den Querschnitt verteilt, so daß sich die geförderte Gemischmenge durch Multiplikation des Querschnitts mit der Fördergeschwindigkeit ergibt. Manchmal kann sogar bei sehr geringem Wasserzusatz eine plastische, breiige Masse, ein Kornbrei, entstehen.

Gröbere Bodenteile, wie die Körner von Grobsand und Kies, sowie Steine, Fels-brocken, Tonklumpen u. dgl., werden aber nicht vom Wasser schwebend mitgenommen, sondern fallen aus und werden springend, rollend oder nur rutschend gefördert, wobei im oberen Teil der Rohrleitung das Wasser unter Mitführung der Feinpartikel mit größerer Geschwindigkeit strömt und eine einheitliche Fördergeschwindigkeit nicht mehr gegeben ist. Dabei ist der Unterschied bei großen Rohrdurchmessern größer als bei kleinen.

Wenn die Wasserströmung im Rohr glatt fließend, ohne Wirbel, wäre, dann würden die Bodenteilchen allmählich nach unten gehen und dort liegenbleiben, die groben Körner schnell und die feinen langsam. Im Kapitel B wurde die Fallgeschwindigkeit eines Kornes von 0,2 mm Dmr. mit 4 cm/sek angegeben, so daß es bei einem Rohr von 650 mm Dmr. für das Fallen von der Mitte bis nach unten etwa 8 Sekunden brauchen würde. Bei einer Fördergeschwindigkeit von 4 m/sek hätte es dann waagerecht in der Längsrichtung des Rohres 32 m zurückgelegt. Daß die Körner bei Vorliegen der Bedingungen für schwebende Mitnahme sich nicht absetzen, wird mit der Turbulenz des Stromes oder und mit dem MAGNUS-Effekt erklärt,

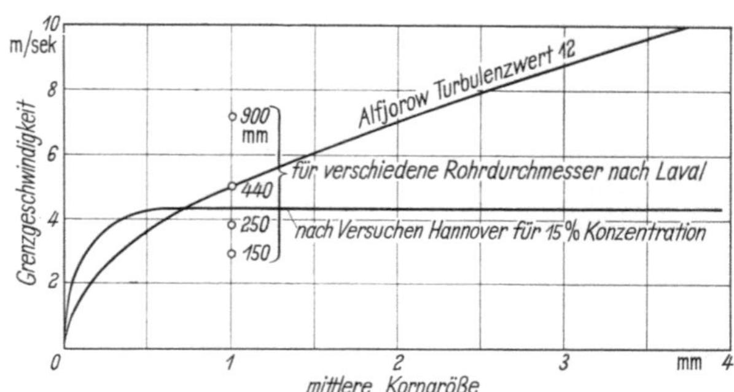

Abb. 37. Ungefähre Werte der Grenzgeschwindigkeit für schwebende Kornmitnahme in Abhängigkeit von der mittleren Korngröße

nach dem durch Drehung des Kornes eine Auftriebskraft entsteht. Damit stimmt die Tatsache überein, daß im Laderaum eines Hoppersaugers Turbulenz und Wirbelbildung vermieden werden muß, wenn die Körner sich absetzen sollen.

Sollen in einer Rohrleitung die Bodenkörner schwebend vom Wasserstrom mitgenommen werden, dann darf die Strömungsgeschwindigkeit unter einen Wert, den man als *Grenzgeschwindigkeit* oder *kritische Geschwindigkeit* bezeichnet, nicht heruntergehen. Deren genaue Höhe anzugeben ist schwierig, da neben der Korngröße auch die Kornform, die Höhe des Bodengehalts (Konzentration), außerdem der Ungleichförmigkeitsgrad und schließlich auch noch der Rohrdurchmesser bestimmend wirken.

Man hat versucht, eine Beziehung zwischen der Sink- und Schwebegeschwindigkeit und der kritischen Geschwindigkeit zu finden, wobei diese nach ALFJOROW sich durch Multiplikation mit einem Turbulenzwert, der zwischen 12 und 20 liegen soll, ergibt. Für den Wert 12 ist sie im Kurvenblatt (Abb. 37) eingetragen.

Bei den bereits erwähnten Versuchen des Franzius-Institutes, Hannover, wurde die Grenzgeschwindigkeit für Gemische mit verschiedenen Bodenarten bestimmt, für die im Kapitel B die Siebkurven gezeigt wurden. Die Rohrleitung, durch welche im Kreislauf gefördert wurde, hatte 285 m Länge bei einem Durchmesser von 300 mm. Dabei gilt die im Kurvenblatt eingetragene Linie für eine Konzentration von 15%, wobei die Grenzgeschwindigkeit bei Anwachsen der Konzentration kaum höher wurde, bei Abfall dagegen herunterging. Diese Ergebnisse stimmen mit früheren Versuchen in Frankreich überein, jedoch soll hier noch eine weitgehende Abhängigkeit vom Rohrdurchmesser festgestellt worden sein, so daß sich beim 1 mm-Korn die in der Abb. 37 eingetragenen Punkte für 150 bis 900 mm Rohrdurchmesser ergeben.

Man erkennt aus dem Kurvenblatt, daß für Schluff und Feinsand, also bis zu einer Korngröße von 0,2 mm, die Geschwindigkeit von 3 m/sek stets ausreicht, so daß man in Europa, wo man die hydraulische Förderung zunächst auf diese Bodenarten beschränkte, lange Zeit damit auskam. In Frankreich und auch an anderen Stellen kam man aber bald auch auf gröbere Bodenarten. Dadurch wird die Aufgabe wesentlich schwieriger, zumal sie einer exakten Berechnung immer weniger zugänglich wird. Das Kurvenblatt (Abb. 37) läßt erkennen, wie unterschiedlich die Grenzgeschwindigkeiten angegeben werden, wenn man auf eine Korngröße von 1 mm und höher geht. Dabei tritt weiter die große Schwierigkeit der Bestimmung der *maßgebenden* Korngröße bei Bodenarten mit großem Ungleichförmigkeitsgrad auf. Hat man beispielsweise ein Gemisch wie den Rheinkies, nach Abb. 9, so würde das arithmetische Mittel zwischen den beiden Korngrößen, die den Ungleichförmigkeitsgrad bestimmen, nämlich 0,35 und 8,5, etwa 4,5 mm sein. Geht man jedoch über die 60 %-Grenze bis 90 %, so würde man die maßgebende Korngröße wesentlich höher mit 25 mm erhalten. Damit würde eine vollständige Mitnahme aller Körner überhaupt nicht möglich sein, während — wie später gezeigt wird — ein derartiger Boden unter gewissen Bedingungen doch hydraulisch zu bewegen ist.

Die Geschwindigkeit, von der hier die Rede ist, wird nur bei Wasserförderung und bei vollkommen schwebender Kornmitnahme wirklich eingehalten, während sie bei Gemischen mit Konzentration und Ungleichförmigkeit nicht mehr eindeutig ist. Die Strömung wird dann vielleicht ähnlich derjenigen in einem Gebirgsbach mit steinigem Grund, wo sie die verschiedensten Richtungen und Geschwindigkeiten aufweist. Nur die Durchlaufzeit eines Farbzusatzes oder dgl. für eine längere Strecke ergibt einen gewissen Anhalt.

Berechnungsformeln für den Druckabfall, welche den Bodenanteil berücksichtigen sollen, führen erfahrungsgemäß kaum zu brauchbaren Ergebnissen. Man kann nur so vorgehen, daß man die Rechnung für Wasser durchführt und nach Erfahrung für die vorliegende Bodenart Zuschläge macht. Es tritt eine gewisse Selbstregelung dadurch ein, daß eine Ablagerung im unteren Teil die Fließgeschwindigkeit im oberen Teil erhöht, und es wird sogar die Ansicht vertreten, daß eine Ablagerung im unteren Teil der Rohrleitung im Bereich eines Bogens von etwa 120° nicht schädlich ist, da die sich dann einstellende Ebene für eine Mitnahme der Feststoffteile günstig ist und das Bodenpolster die Rohrwandung vor Abnutzung schützt. Man hat deshalb auch vorgeschlagen, vom Kreisquerschnitt abzugehen und Rohre mit annähernd gerader Wand im Unterteil zu verwenden. Solche Rohre sind jedoch in der Herstellung teuer, erschweren die Handhabung und erlauben keine Drehung, wenn die Abnutzung schließlich doch eingetreten ist.

Es hat sich gezeigt, daß bei langen Rohrleitungen mit einem Verhältnis der Länge zum Durchmesser von mehr als etwa 1500 bis 2000 ein Freispülen nach eingetretenem Absetzen bei grobkörnigem Material mit hohem Ungleichförmigkeitsgrad schwer zu erreichen ist. Eine Erhöhung der Fördergeschwindigkeit nützt dann nichts mehr, so daß man die Förderweite beschränken muß. Die Einflüsse von Krümmungen, Erweiterungen, Änderung der Höhenlage, einer geschlängelten Schwimmrohrleitung usw. sind nicht genau zu erfassen. So gelten z. B. die in der Literatur enthaltenen Berechnungen für Krümmer bei Spülleitungen ebensowenig wie die früher nach ihr angenommenen Widerstandsbeiwerte, nur mit dem Unterschied, daß die zusätzlichen Widerstände bei Spülleitungen größer zu sein scheinen. Es steht auch nicht eindeutig fest, ob beispielsweise ein langer Krümmer in bezug auf Druckabfall besser ist als ein kurzer, scharfer, wobei der Verschleiß bei letzterem zweifellos größer ist. Im folgenden werden eine Anzahl Beispiele mit Messungen und Berechnungen angeführt, die ganz verschieden geartet sind und einen Anhalt geben können.

Im Jahre 1952 saugte in Norderney ein Schutensauger feinen Seesand nach der Siebkurve von Abb. 9 links aus dem Laderaum einer Schute, die durch einen Eimerkettenbagger beladen war. Ein zweiter Schutensauger war dahintergeschaltet, so daß mit zwei Pumpen ein Druck von 5 kg/cm² erreicht wurde. Für die Entleerung einer Schute läßt sich die Bodenmenge und die zugeführte Wassermenge messen, und es ergab sich, auf eine Stunde bezogen, der Bodenertrag mit 720 m³/h. Das Raumgewicht des wassergesättigten Sandes in der Schute wurde mit 1,8 t/m³ und das spezifische Gewicht der Sandkörner im Laboratorium mit 2,6 ermittelt. Der Sand lag also in der Schute locker mit einem Porenvolumen, das gleich der Summe des Volumens der Sandkörner war, hatte also den Porengehalt 0,5. Somit gilt die Gleichung

$$0,5 \cdot 2,6 + 0,5 \cdot 1 = 1,8$$

Dabei ergibt sich folgende Zusammenstellung der pro Stunde geförderten Mengen und Gewichte:

	Volumen m³	Gewicht t
Sandkörner	360	935
Porenwasser	360	360
Boden mit Porenwasser. .	720	1295
Zusatzwasser	2480	2480
Gemisch	3200	3775

Hieraus ergibt sich die Dichte der Mischung über Wasser mit

$$\frac{3775}{3200} = \frac{720 \cdot 1,8 + 2480 \cdot 1}{3200} \quad \text{oder} \quad \frac{360 \cdot 2,6 + 360 \cdot 1 + 2480 \cdot 1}{3200} = 1,18$$

Dabei ist der scheinbare Wasserzusatz $= \frac{2480}{720} = 3,45$, während der wirkliche $= \frac{2480 + 360}{360} = \frac{2840}{360} = 7,9$ und damit mehr als das Doppelte ist. Der Bodengehalt (scheinbarer Feststoffgehalt) ist $\frac{720}{3200} = 22,5\,\%$ und der Sandkornanteil (wirklicher Feststoffgehalt) $\frac{360}{3200} = 11,25\,\%$. Nach Gewicht gerechnet, ergibt sich in beiden Fällen der gleiche Feststoffgehalt mit $\frac{935}{3775} = 24,8\,\%$.

Die Rohrleitung hatte auf dem größten Teil ihrer Länge einen Durchmesser von 600 mm, was einen Querschnitt von 28,3 dm² ergibt. Die Gemischmenge pro Sekunde beträgt $\frac{3200}{3600} = 0,89$ m³ $= 890$ l/sek. Damit ergibt sich eine Spülgutgeschwindigkeit von $\frac{890}{28,3} = 31,4$ dm/sek $= 3,14$ m/sek, die durch Einlassen von Farbe in dieser Höhe auch gemessen wurde. Diese Übereinstimmung ist ein Zeichen für durchweg schwebende Kornmitnahme; denn nur dann kann das Produkt aus Querschnitt und Geschwindigkeit die Menge ergeben.

Der Pumpendruck von 5 kg/cm² entspricht einer Förderhöhe von 50 m Wassersäule und einer Gemischsäulenhöhe von $\frac{50}{1,18} = 42,3$ m. Da während der Messung der Wasserstand so war, daß der Rohrauslauf 2 m über dem Wasserspiegel lag, standen 40,3 m Gemischsäule für die Überwindung des Reibungswiderstandes der 3600 m langen Förderleitung zur Verfügung. Hieraus läßt sich der Widerstandsbeiwert berechnen, denn es ist

$$h_r = \frac{v^2}{2g}\,\frac{l}{d}\,\lambda \quad \text{und} \quad \lambda = \frac{2g\,h_r\,d}{v^2\,l} = \frac{19,6 \cdot 40,3 \cdot 0,6}{9,85 \cdot 3600}$$

$$\lambda = \frac{475}{35\,400} = 0,0134$$

Dieser Widerstandsbeiwert enthält Krümmungen, Höhenunterschiede und sonstige zusätzliche Widerstände.

Versuche in Philadelphia 1958, unter ähnlichen Verhältnissen, ergaben dann auch einen ähnlichen Widerstandsbeiwert. Hier war der Rohrdurchmesser 710 mm, und die Geschwindigkeit wurde durch Messung der Zeit für das Entleeren eines Hopperbagger-Laderaums mit 6,7 m/sek festgestellt. Da es sich hier um Schluff und Feinsand handelt, ist schwebende Mitnahme und gleichmäßige Geschwindigkeit über dem Querschnitt vorhanden, wobei die Dichte der Mischung 1,15 betrug. Für ein gerade- und waagerechtliegendes Stück der Rohrleitung von 350 m wurde hierbei der Druckabfall mit Wassersäulenmanometer gemessen und daraus ein Widerstandsbeiwert von $\lambda = 0,012$ berechnet. Die ganze Rohrleitung bestand aus 530 m Schwimmleitung mit 12 Kugelgelenken und 1220 m Landrohrleitung mit Krümmern, Weichen, Schiebern u. dgl. Das führte dazu, daß die wirkliche Länge der Rohrleitung in eine um etwa 10 % größere äquivalente Länge umzuwandeln ist, oder daß der Widerstandsbeiwert für die wirkliche Länge sich auf 0,0132 erhöht, was gut mit dem Ergebnis von Norderney übereinstimmt.

Es soll weiter ein Fall von Wasserförderung mit außerordentlich hoher Geschwindigkeit erwähnt werden. Bei den Erprobungen eines Schneidkopfsaugers in Florida mit einer Rohrleitung von 405 mm Dmr. ergab sich die Auswurfparabel nach Abb. 38, aus der sich eine Geschwindigkeit von 10 m/sek ermitteln läßt. Das kam daher, daß der Sauger mit einer Rohrleitung von 350 m Länge, wovon 150 m Schwimmrohrleitung waren, und einer geometrischen Förderhöhe von etwa 5 m mit Wasser erprobt wurde. Nimmt man λ mit 0,0145 an, so ergibt sich $h_r = \frac{100}{19,6} \frac{350}{0,405} \cdot 0,0145 = 64$ m. Addiert man hierzu die statische Höhe von 5 m, so kommt man auf 69 m, womit die Anzeige des Manometers übereinstimmte.

Bei Stettin wurde im Jahre 1938 in der Oderniederung im reinen Saugverfahren Sand unter dem Moor herausgesaugt und in einen Bahndamm gespült. Das Material war gut saugbarer Mittelsand, dessen Mikrobild und Siebkurve in Abb. 28 links gezeigt wurde. Dabei wurde auf eine Entfernung von 2000 m und auf 8 m Höhe über dem Wasserspiegel gefördert. Die Rohrleitung entsprach keineswegs den Anforderungen des glatten Verlaufes und war außerdem noch aus verschiedenen Durchmessern zusammengesetzt. Die Schwimmrohrleitung von 225 m Länge hatte 650 mm Dmr., während die Landrohrleitung aus Teilen von 600 mm, 650 mm, 700 mm und 800 mm Dmr.

Abb. 38. Austrittsstrahl von Wasser aus einer Rohrleitung von 405 mm Dmr. mit einer Geschwindigkeit von 10 m/sek

bestand, die ohne eine bestimmte Ordnung einander folgten. Erklärlicherweise wurde das Material nicht durchweg schwebend mitgenommen, sondern besonders in den Strecken der großen Durchmesser nur rutschend. Die Messung der Fördergeschwindigkeit mit roter Farbe erfaßte nur den oberen Teil der Rohrleitung und ergab zu hohe Werte, die der Berechnung der Fördermenge nicht zugrunde gelegt werden konnten. Diese konnte nur indirekt aus der Kennlinie mit 3600 m³/h = 1000 l/sek festgestellt werden, wobei der Wasserzusatz 6- bis 8fach war und die Dichte etwa 1,1. Die rechnerische mittlere Geschwindigkeit für das 650 mm Rohr ergab sich mit 3 m/sek, und man konnte annehmen, daß sie auch in den Strecken mit größerem Durchmesser infolge Absetzens von Material im unteren Teil die gleiche war. Das Manometer zeigte 3,5 kg/cm² an, was 35 m Wassersäule oder 31,7 m Gemischsäule entspricht. Nach Abzug von 8 m geometrischer Höhe ergibt sich für die Überwindung des Rohrreibungswiderstandes 23,7 m, und aus der Gleichung $\frac{2 g\, h_r\, d}{v^2\, l} = \frac{19,6 \cdot 23,7 \cdot 0,65}{9 \cdot 2000} \lambda$ mit 0,0165.

Man erkennt, daß trotz der unübersichtlichen Verhältnisse, die eine rechnerische Ermittlung fast unmöglich erscheinen lassen, sich doch ein brauchbarer Widerstandsbeiwert ergibt.

Noch unübersichtlicher werden die Verhältnisse bei Mischungen mit Bodenmaterial, das gröbere Bestandteile enthält und einen großen Ungleichförmigkeitsgrad besitzt.

Bei einer Anlage mit 300 mm Rohrdurchmesser und 400 m Förderweite wurden Versuche zunächst mit Wasserförderung und dann mit Gemischförderung gemacht.

Hierbei war die Konzentration 21% und die Gemischdichte 1,2. Der Boden hatte den hohen Ungleichförmigkeitsgrad von 24 und enthielt Sand, Kies, Lehm und Ton. Die Antriebsleistung konnte für die Baggerpumpe gut festgestellt werden, da sie Elektroantrieb mit Anschluß von Land hatte.

Bei Wasserförderung wurde durch Einlassen von roter Farbe in der Rohrleitung eine Fördergeschwindigkeit von 6,5 m/sek festgestellt und danach der Widerstandsbeiwert mit $\lambda = 0,015$ berechnet.

Bei Gemischförderung wurde wieder die Geschwindigkeit dadurch ermittelt, daß für den Durchlauf von roter Farbe durch eine Strecke der Rohrleitung die Zeit gemessen wurde. Dabei wurde nur ein Wert von 3,3 m/sek errechnet. Der zur Überwindung des Rohrreibungswiderstandes zur Verfügung stehende Pumpendruck betrug in beiden Fällen etwa 3,6 kg/cm² und auch die Antriebsleistung war fast gleich. Bei Wasserförderung ließ sich der Pumpenwirkunsggrad mit etwa 70% errechnen. Bei Gemischförderung lag er infolge der geringeren Fördermenge, die aus der kleineren Fördergeschwindigkeit berechnet wurde, nur bei etwa 40%. Fördergeschwindigkeit, Fördermenge, Widerstandsbeiwert und Wirkungsgrad der Baggerpumpe sind aber, wie man erkennen kann, im einzelnen gar nicht mehr bestimmbar und somit als *indeterminant* zu bezeichnen.

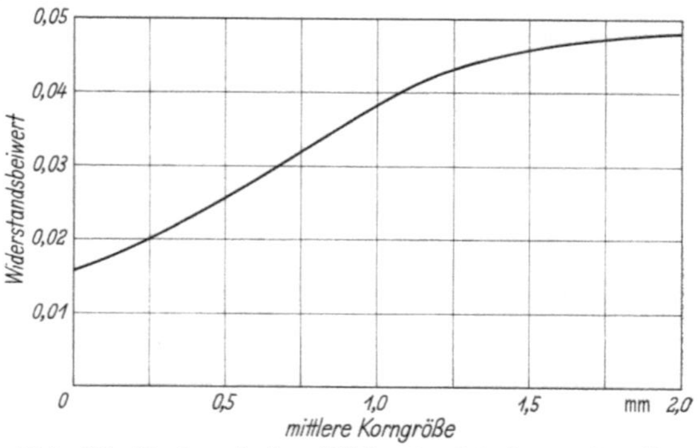

Nach den schon erwähnten Versuchen des Franzius-Institutes in Hannover ergibt

Abb. 39. Rechnerischer Widerstandsbeiwert für Gemischförderung mit kritischer Geschwindigkeit bei einer Konzentration von 15% in einer Rohrleitung von 300 mm Dmr. nach Versuchen des Franzius-Institutes Hannover

sich gemäß Abb. 39 für die Förderung eines Gemisches bei einer Konzentration von 15% und Einhaltung der Grenzgeschwindigkeit ein mit der mittleren Korngröße ansteigender Widerstandsbeiwert. Er hat den Anfangswert 0,015 und kommt fast auf den 3fachen Wert bei einer mittleren Korngröße von 2 mm.

Durch die Unbestimmbarkeit der Einzelgrößen wird eine genaue Berechnung für Gemische mit großem Ungleichförmigkeitsgrad unmöglich, und man ist auf Annäherungsverfahren und Schätzungen angewiesen. Dabei kann man so vorgehen, daß man die äquivalente Rohrleitungslänge mit dem 1,1fachen Wert der wirklichen Länge ansetzt und nach Erfahrungen für die vorliegende Bodenart die Fördergeschwindigkeit annimmt. Danach berechnet man die Rohrreibungswiderstandshöhe unter Zugrundelegung eines Widerstandsbeiwertes von $\lambda = 0,02$ und macht nach Erfahrung Zuschläge, die bis etwa 75% gehen können. Wie man erkennt, ist dies eigentlich keine Berechnung, aber man erhält auch keine genaueren Ergebnisse bei den Formeln, welche den Bodenanteil berücksichtigen wollen. Auch bei ihnen sind viele Annahmen zu machen, die nur auf Erfahrungen beruhen.

Um die Rechnung zu erleichtern, sind in der Tab. 2 die Werte für den Druckabfall auf 100 m Förderweite mit $\lambda = 0,02$ für Rohrdurchmesser von 200 bis 700 mm sowie Fördergeschwindigkeiten von 2 m/sek bis 6 m/sek errechnet. Man entnimmt daraus, daß für 600 mm Rohrdurchmesser und eine Fördergeschwindigkeit von 3 m/sek der Druckabfall 1,53 m WS für je 100 m beträgt. Das stimmt gut überein mit der Angabe im Buche von Paulmann-Blaum 1923, wonach er bei 0,13 bis 0,15 kg/cm² liegt. Man kann aber damit nicht wie man damals glaubte, alle Fälle erfassen, da dieser Druckabfall je nach Rohrdurchmesser und Fördergeschwindigkeit im Verhältnis 1:4 veränderlich ist.

Nach den Zahlen der Tab. 2 können die Rohrwiderstandslinien, auch Rohrkennlinien genannt, berechnet und aufgetragen werden. Abb. 40 zeigt sie für einen

4*

Tabelle 2. *Durchschnittlicher Druckabfall in m WS auf 100 m Förderweite für Fördergeschwindigkeiten von 2 bis 6 m/sek und Rohrdurchmesser von 300 bis 700 mm, berechnet nach* $h_r = \dfrac{v^2}{2\,g}\,\dfrac{100}{d}\,\lambda$ *mit* $\lambda = 0{,}02$

Fördergeschwindigkeit v in m/s . .	2	2,5	3	3,5	4	4,5	5	5,5	6
v^2	4	6,25	9	12,25	16	20,25	25	30,25	36
$v^2/2\,g$	0,204	0,32	0,46	0,625	0,82	1,03	1,28	1,54	1,84
Rohrdurchmesser in mm									
200	2,04	3,2	4,6	6,25	8,20	10,3	12,8	15,4	18,4
250	1,63	2,56	3,67	4,97	6,53	8,27	10,2	12,35	14,7
300	1,36	2,14	3,06	4,15	5,42	6,9	8,5	10,3	12,2
350	1,17	1,83	2,63	3,56	4,66	5,92	7,3	8,88	10,5
400	1,02	1,60	2,30	3,12	4,08	5,18	6,4	7,75	9,2
450	0,91	1,42	2,04	2,77	3,62	4,6	5,68	6,9	8,18
500	0,815	1,28	1,84	2,49	3,27	4,14	5,11	6,2	7,37
550	0,74	1,16	1,67	2,26	2,97	3,77	4,65	5,65	6,70
600	0,68	1,07	1,53	2,08	2,72	3,45	4,25	5,18	6,13
650	0,63	0,99	1,41	1,97	2,50	3,18	3,91	4,60	5,65
700	0,58	0,92	1,31	1,78	2.33	2,95	3,65	4,43	5,25

Rohrdurchmesser von 300 mm über dem Förderstrom Q in l/sek als Abszisse. Dabei entsprechen die Fördergeschwindigkeiten von 2, 3, 4, 5 und 6 m/sek Förderströmen von 141, 212, 282, 353 und 423 l/sek. Die Rohrwiderstandslinien für 1000, 800, 600 und 400 sowie 200 m Förderweite steigen mit dem Quadrat der Fördergeschwindigkeit

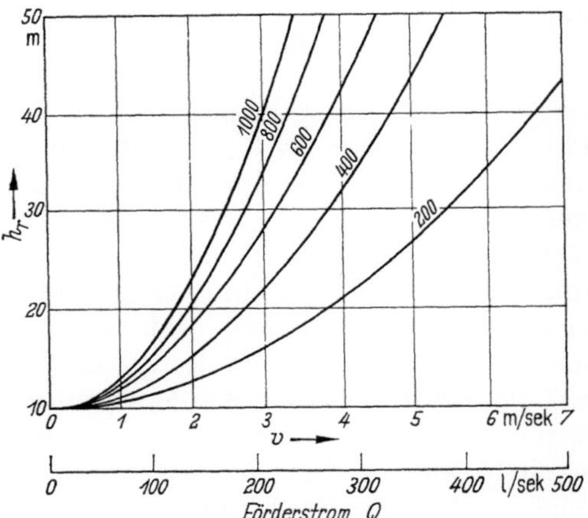

Abb. 40. Rohrwiderstandslinien für einen Rohrdurchmesser von 300 mm für Fördergeschwindigkeiten von 2 bis 6 m/sek und mit Ausgang von 10 m Höhe

an. Dabei ist eine geometrische Höhe von 10 m angenommen, so daß die Rohrwiderstandslinien in dieser Höhe ihren Anfang nehmen. Diese Höhe wird bei Bodenförderung aus dem Grunde für das Saugen gebraucht, so daß die Widerstände für die Förderweiten ohne geometrische Förderhöhe gelten. Man erkennt, daß man mit einem Pumpendruck von 5 kg/cm² entsprechend einer Förderhöhe von 50 m WS die Förderweite von 1000 m nur mit einer Fördergeschwindigkeit von etwa 3,3 m/sek erreichen kann, und daß man bei 4 m/sek etwa auf 700 m Förderweite kommt. Bei 6 m/sek, was etwa den vorangehend angegebenen Versuchen mit Wasser entspricht, käme man auf etwa 350 m. Das quadratische Gesetz, welches das Kurvenblatt zeigt, gilt nach den neuen Versuchen bei Gemischförderung nur *oberhalb* der kritischen Geschwindigkeit, und unterhalb soll es keinen Druckabfall, sondern einen Wiederanstieg geben.

In gleicher Weise sind in Abb. 41 die Rohrwiderstandslinien für einen Rohrdurchmesser von 600 mm aufgetragen. Wenn man annimmt, daß für diese Rohrweite ein Druck von 5 kg/cm² mit einer Pumpe erreichbar ist, so kommt man bei einer Fördergeschwindigkeit von 4 m/sek im Punkt A auf eine Förderweite von etwa 1450 m. Schaltet man dagegen 2 Pumpen hintereinander und erreicht 10 kg/cm², so kommt man in Punkt B auf eine Förderweite von etwas mehr als 3000 m. Dies sind Förderweiten ohne geometrische Höhe, da fast 10 m für das Saugen verbraucht werden. Ist in der Druckleitung dann noch eine geometrische Höhe von 10 m zu überwinden, so kann man aus der Tab. 2 entnehmen, daß der Druckabfall für 100 m Förderweite 2,72 m ist, so daß 10 m einer

Förderweite von $\frac{10}{2{,}72} \cdot 100 = 330$ m entsprechen. Diese würde also für *eine* Pumpe von 1450 m auf 1120 m zurückgehen und für *zwei* Pumpen von 3000 m auf 2670 m.

Für eine Fördergeschwindigkeit von 5 m/sek läßt sich mit einer Pumpe im Punkt C der Abbildung eine Förderweite von 900 m und mit 2 Pumpen in D eine solche von 2100 m erreichen. Für diese Geschwindigkeit ist der Druckabfall 4,25 m auf 100 m, so daß eine geometrische Höhe von 10 m eine Abnahme der Förderweite um $\frac{10}{4{,}25} \cdot 100 \sim$ ~ 235 m bedingt.

Die früher übliche Geschwindigkeit von 3 m/sek läßt schon mit *einer* Pumpe 2500 m Förderweite erreichen, mit 2 Pumpen etwa 5000 m, und eine weitere Herabsetzung der Geschwindigkeit würde diese Werte noch erheblich erhöhen. Man kann infolgedessen bei Förderung homogener Flüssigkeiten, wie Wasser, Öl, Glyzerin u. dgl., große Entfernungen ohne hohe Reibungswiderstände erreichen, während bei Gemischförderung die Grenzgeschwindigkeit eingehalten werden muß.

Eine gleichbleibende Geschwindigkeit ist im Saugbetrieb nur bei Wasserförderung zu erreichen. Die Geschwindigkeit sinkt bei Bodenmitnahme ab, wobei sich sowohl die Rohrwiderstandslinie als auch die Kennlinie der Pumpe ändert. Der Betriebspunkt wandert, Druck und Menge ändern sich, und es findet ein ständiges Pulsieren statt. Dies

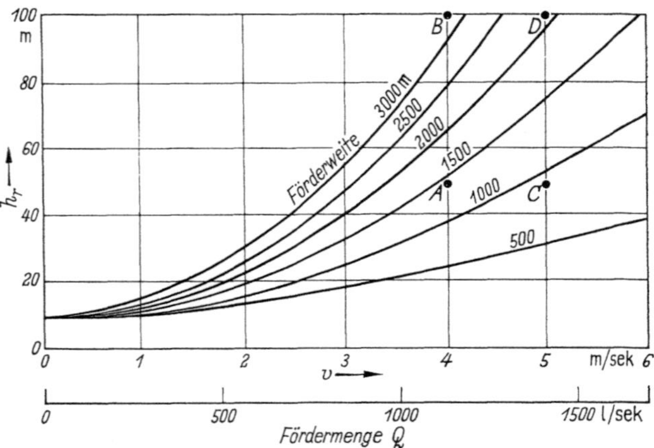

Abb. 41. Rohrwiderstandslinien für einen Rohrdurchmesser von 600 mm für Fördergeschwindigkeiten von 2 bis 6 m/sek mit Ausgang von 10 m Höhe

ist besonders stark beim Grundsaugen ohne Vorlockerung, schwächer bei mechanischer Vorlockerung und noch schwächer beim Saugen aus einer Schute oder einem Schütttrichter. Wenn bei diesem Pulsieren die Geschwindigkeit in der Rohrleitung heruntergeht, bleibt sie bei der feinkörnigen Bodenart immer noch über der kritischen, während bei grobem Korn ein Absetzen eintritt. Da nun, wie Abb. 19 zeigte, die für das Wiederaufsteigen erforderliche Schwebegeschwindigkeit höher ist als die Sinkgeschwindigkeit, ist es schwierig, die abgesetzten Bodenkörner wieder zum Schweben zu bringen. Bei gleichmäßig gekörntem Material scheint dies noch einigermaßen leicht zu sein, da Wasser in die Hohlräume dringt und einen Kornbrei erzeugt, der wieder ins Fließen kommt. Auch für Grobkorn scheint dies zu gelten, denn es sind runde Kieselsteine von etwa 60 mm Korngröße ohne große Schwierigkeiten gefördert worden. Diese sind aber erheblich bei Material von großer Ungleichförmigkeit, bei dem die Hohlräume der groben Körner von Feinkörnern ausgefüllt sind, so daß das Wasser keine Angriffspunkte findet. Die Schwierigkeiten wachsen auch mit der Rohrleitungslänge, so daß man bei derartigen Materialien über einen Wert von l/d von 1500 bis 2000 nicht hinausgehen sollte. Dies würde auch einen hohen Pumpendruck erfordern, der wieder hohe Kreiselumfangsgeschwindigkeit und starken Verschleiß mit sich bringt.

Eine Vorausberechnung ist also bei grobem Material von hoher Ungleichförmigkeit trotz aller Versuche und Berechnungsformeln nicht möglich, so daß man weitgehend auf Erfahrungsbeispiele angewiesen ist, von denen vorangehend einige gebracht wurden. Besonders umfangreiche Erfahrungen liegen in Amerika vor, wo man mit der hydraulischen Bodenförderung schon im vorigen Jahrhundert begann und im Gegensatz zu Europa bald an die verschiedensten Bodenarten herankam. Für die Fördergeschwindigkeit bei den amerikanischen Schneidkopfsaugern galt im Jahre 1945 4,5 m/sek als Norm

Sie sind inzwischen weiter gestiegen, und man nimmt diesen Wert (etwa 14 Fuß/sek) für feinkörnige Bodenarten und geht bis 6,1 m (20 Fuß) pro Sekunde bei grobkörnigem Material. Dabei betrachtet man hohe Geschwindigkeiten als einen Sicherheitsfaktor gegen Verstopfungen, läßt sie aber nicht zu hoch ansteigen. Es wird die Ansicht vertreten, daß es für jede Materialart, neben einer unteren Grenzgeschwindigkeit, die man nicht unterschreiten soll, auch eine obere gibt, über die man nicht hinausgehen soll. Zwischen diesen Geschwindigkeiten bleibt die Förderfähigkeit der Strömung etwa gleich, während sie unterhalb und auch oberhalb dieser Grenzen abfällt. Der oben angegebene Wert von 6 m/sek gilt für den Nennpunkt als obere Grenze, und man ist manchmal auch bestrebt, die außerhalb des Nennpunktes sich einstellenden höheren Geschwindigkeiten zu vermeiden. Man kann sagen, daß Geschwindigkeiten von 7 bis 8 m/sek in Amerika Höchstwerte sind, auf die man nur in seltenen Fällen heraufgeht. Wenn man für diese Geschwindigkeiten mit einem Wert von $\lambda \sim 0{,}02$ rechnet, kommt man auf hohe Maschinenleistungen und einen Aufwand bei der hydraulischen Bodenförderung, der nur bei Erreichen eines störungsfreien Dauerbetriebes gerechtfertigt ist.

Literatur

CHATLEY, H.: The principles of drag-suction dredging. Instit. Civ. Engrs. Bd. 12 (Juni 1939) S. 185. — Dredging Machinery. Instit. Civ. Engrs. Bd. 24 (April 1945) S. 72.

The Hopper Dredge: Its History, Development, and Operation. Washington: U.S. Government Printing Office 1954.

PRANDTL, L.: Strömungslehre, 5. Aufl. Braunschweig: Vieweg & Sohn 1957.

ECK, B.: Technische Strömungslehre, 4. Aufl. Berlin/Göttingen/Heidelberg: Springer 1954.

ALFJOROW, K. W.: Die Technik der hydromechanischen Erdbewegung. Berlin: VEB Verlag Technik 1953.

LAVAL, M.: Ingenieur en chef des Ponts et Chaussées. Les Travaux Maritimes aux Etats-Unis. 1945. — Bericht auf dem Schiffahrtskongreß Rom 1953 über Baggerbau in Frankreich.

DUREPAIRE: Contribution à l'étude du dragage et du refoulement pp. Ann. Ponts Chauss. (1939).

BRÖSSKAMP: Förderweite und Fördermenge im Spülbetrieb. Bautechnik (1957) H. 11.

FÜRBÖTER: Über die Förderung von Sand-Wasser-Gemischen in Rohrleitungen. Sonderdruck 1961 des Franzius-Instituts für Grund- und Wasserbau der TH Hannover.

Versuche und Berechnung über Förderweite pp., Corps of Engineers, Philadelphia.

SCHERG, G.: Spülversuche in Düsseldorf. Versuchsbericht.

GIBERT, R.: Transport Hydraulique et Refoulement des Mixtures en conduites. Ann. Ponts Chauss. (1960).

MARNITZ, F. v.: Naßbaggerwesen in USA, RKW 68. München: Carl Hanser 1958.

D. Die Baggerpumpe als Zentralorgan des Saugbaggers (Pumpenbagger)

Formelzeichen und Bezeichnungen für Kapitel D

Q Förderstrom in l/sek

H Förderhöhe in m WS

D Kreiseldurchmesser in mm

d Durchmesser von Saugrohr oder Druckrohr in mm

n Drehzahl des Kreisels pro Minute oder pro Sekunde

u Kreiselumfangsgeschwindigkeit $= \dfrac{\pi D n}{60}$ in m/sek

ψ Druckziffer $= \dfrac{H}{\dfrac{u^2}{2g}} = \dfrac{2g\,H}{u^2}$ dimensionslos

C Sogenannter C-Wert $= \dfrac{2g}{\psi}$, $H = \dfrac{u^2}{C}$, $C = \dfrac{u^2}{H}$

n_q Spezifische Drehzahl $= n\,\dfrac{\sqrt{Q}}{H^{3/4}}$

K Dimensionsloser Kennwert der Schnelläufigkeit $= \dfrac{D}{d} \sqrt{\dfrac{u}{v}}\, 2{,}1\,\psi^{3/4} = \dfrac{330}{n_\eta}$

N Hydraulische Leistung $= \dfrac{Q\,H}{75}$ in PS

η Wirkungsgrad der Pumpe

N_e Antriebsleistung der Pumpe $= \dfrac{Q\,H}{75}\,\dfrac{1}{\eta}$ in PS

P Axialdruck der Pumpe in kg

$\mathfrak{M}$ Hydraulisches Drehmoment $= 716\,\dfrac{N}{n}$ in mkg

$\mathfrak{M}_e$ Antriebsdrehmoment $= 716\,\dfrac{N_e}{n}$ in mkg

v Fördergeschwindigkeit in m/sek

l Förderweite in m

h_r Reibungswiderstandshöhe $= \dfrac{v^2}{2g}\,\dfrac{l}{d}\,\lambda$ in m Flüssigkeitssäule

λ Widerstandsbeiwert dimensionslos

1. Die Kolbenpumpe und die Entwicklung der Kreiselpumpe als Baggerpumpe

Die Baggerpumpe, die bei der Saugbaggerung den Strömungsfluß erzeugt und dabei den Durchtritt von Wasser mit Feststoffteilen ertragen muß, ist das *Zentralorgan* des Pumpenbaggers. Was bei ihr an Unterdruck im Saugteil und an Überdruck im Druckteil verlangt wird, ist aus dem vorangegangenen Kapitel zu entnehmen.

Kolbenpumpen ergeben bei gutem Wirkungsgrad hohen Unterdruck und Überdruck, so daß sie in dieser Beziehung als geeignet erscheinen könnten, und der erste Pumpenbagger für die Schlickbaggerung in St. Nazaire war auch damit ausgerüstet.

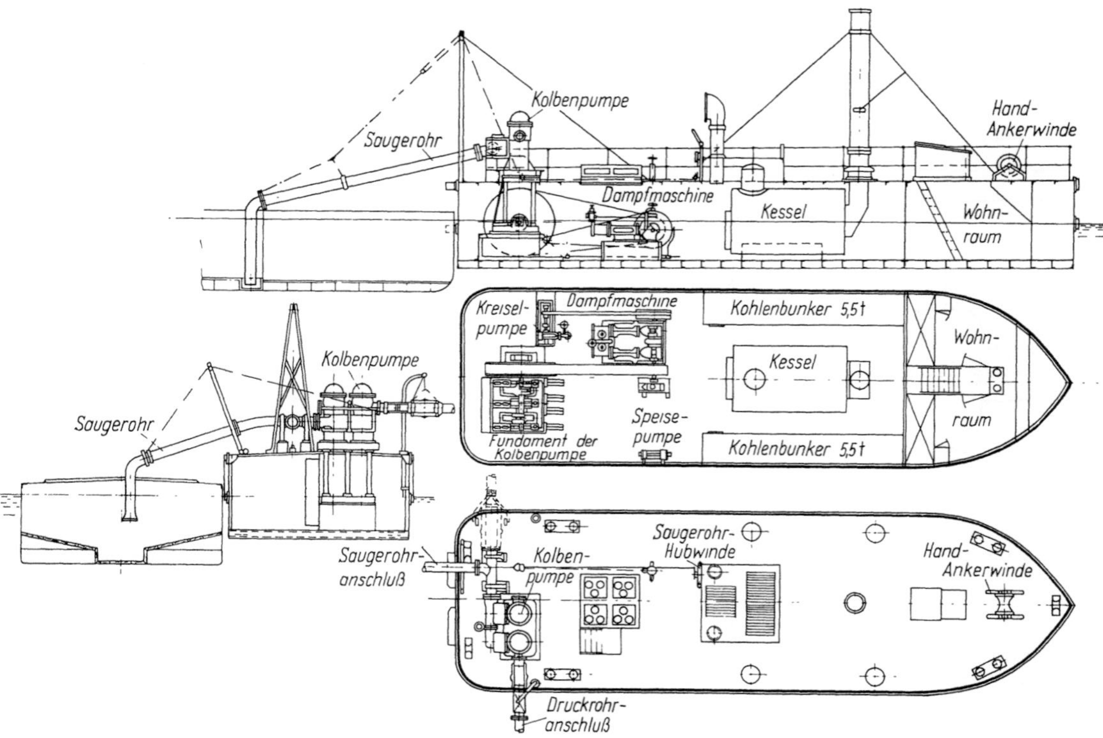

Abb. 42. Schutensauger mit Kolbenpumpe für Schlickwasser. Erbaut etwa 1900 für Emden

Für reinen Schlick, eigentlich Schlickwasser, konnte die Kolbenpumpe noch bis zum Ende des vorigen Jahrhunderts verwendet werden.

Abb. 42 zeigt einen für Emden um 1900 erbauten Schlickschutensauger, in den eine Kolbenpumpe mit zwei stehenden Zylindern von 356 mm Dmr. und 400 mm Hub eingebaut ist. Sie hat einen Rohrdurchmesser von 220 mm und ist angetrieben von einer liegenden Dampfmaschine von 20 PS$_i$ über einen Riemen, wobei die Pumpenwelle eine Drehzahl von 35 U/min hat. Die Ertragsleistung an Schlickwasser wird mit 120 m³/h angegeben.

Trotz guter Saugfähigkeit und hohen Wirkungsgrades werden Kolbenpumpen als Baggerpumpen nicht mehr gebaut, weil infolge der niedrigen Drehzahl die erforderlichen Förderströme sich nicht erreichen lassen, wie nach dem gegebenen Beispiel leicht zu ersehen ist. Außerdem arbeiten die Kolben in den Zylindern nur bei reinem Schlickwasser ohne nennenswerten Verschleiß, der bei Sand und grobkörnigem Material aber zunimmt. Steine und Hafenunrat bringen weitere Erschwernisse, und das Beispiel der Betonpumpe läßt die Schwierigkeiten gut erkennen, die bei der Feststoffförderung mit Kolbenpumpen auftreten.

In Deutschland wurde 1856 ein Patent an F. Hoffmann und L. Schwartzkopf auf einen Saugbagger erteilt, bei dem eine Kreiselpumpe verwandt wurde. Etwa um die gleiche Zeit soll diese Pumpenart auch auf den Vorläufern der amerikanischen Hoppersauger eingebaut worden sein.

In Frankreich hat Bazin im Jahre 1867 für Arbeiten am Suezkanal die Verwendung einer Kreiselpumpe vorgeschlagen, die Abb. 43 zeigt. Der Kreisel besteht aus einem Nabenteil, an den zwei nach hinten gekrümmte Flügel angesetzt sind. Das Gehäuse ist eine Schnecke mit starker Erweiterung, Saugeinlaß auf beiden Seiten und Druckrohr-

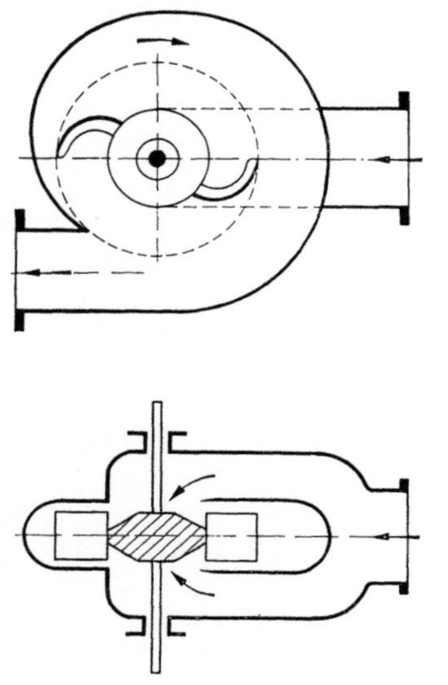

Abb. 43. Erste als Kreiselpumpe ausgeführte europäische Baggerpumpe Bauart Bazin von 1867

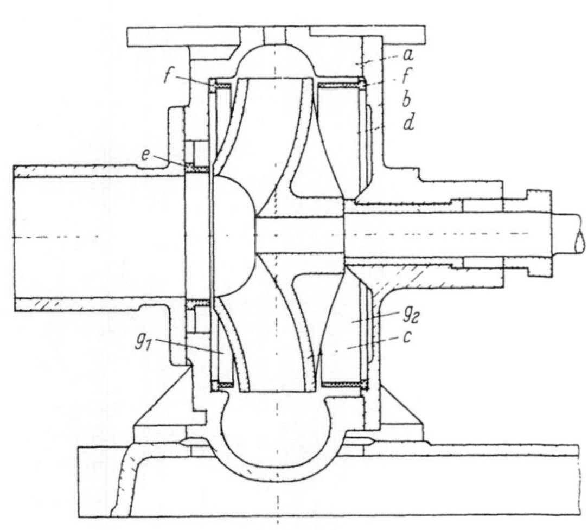

Abb. 44
Baggerpumpe Fabrikat Brodnitz & Seydel, Berlin 1890
a Pumpengehäuse; b Pumpendeckel; c Pumpenkreisel; d Rippen; e u. f auswechselbare Dichtungsringe; g_1 g_2 Wasserkammern

abgang unten in waagerechter Richtung. Ähnliche Pumpengehäuse mit geschlossenen Kreiseln und größerer Schaufelzahl findet man auch noch später bei den ersten Saugbaggern für den Mississippi.

Die Baggerpumpe wurde dann von Firmen, die auch andere Kreiselpumpen herstellen, entwickelt. Das war richtig, denn man will mit ihr einen Wasserstrom erzeugen, dem Bodenteile in verschiedener Form und Menge sich beigesellen. Welche Folgen die Gemischförderung hat, wird später behandelt, während die ersten Abschnitte dieses Kapitels sich auf *Wasserförderung* beziehen, die immer die Grundlage der Betrachtung bilden muß. Abb. 44 ist das Schnittbild einer Baggerpumpe aus dem Jahre 1890, hergestellt von der Berliner Pumpenfabrik Brodnitz & Seydel. Die abgebildete Pumpe hat einen geschlossenen Kreisel mit Seitenwänden, der gegen das feststehende Gehäuse durch Ringe abgedichtet ist. In die dadurch entstehenden Kammern beiderseits des Kreisels wird Wasser eingeleitet, das als Sperrwasser den Feststoffteilen den Eintritt verwehrt, so daß der Kreisel in einem Wassermantel läuft. Durch flügelartige Rippen auf den Kreiselwänden soll diese Sperrwirkung noch erhöht werden.

Abb. 45 zeigt eine amerikanische Baggerpumpe, die etwa aus der gleichen Zeit stammt, aber bereits ganz neuzeitlich anmutet. Bei ihr läuft der geschlossene, 6flügelige Kreisel zwischen Verschleißscheiben, die auf den Gehäusewänden sitzen. Das Gehäuse hat fast zylindrische Form ohne nennenswerte Erweiterung.

In Deutschland wurde zu Anfang dieses Jahrhunderts von der Firma Nagel & Kaemp, Hamburg, nach einem Patent von Vering eine Baggerpumpe entwickelt, die Abb. 46 zeigt. Sie hat einen 5flügeligen geschlossenen Kreisel, auf dessen Seitenwänden besondere auswechselbare Dichtungsringe aufgesetzt sind, gegen welche Ringe, die zum Gehäuse gehören, mit Spindelbolzen so nahe herangebracht werden, daß eine Dichtung herbeigeführt wird. Durch eine besondere Pumpe, deren Druck größer sein muß als der höchste im Kreisel entstehende, wird Sperrwasser in 2 Ringkanäle im Gehäuse und im Deckel

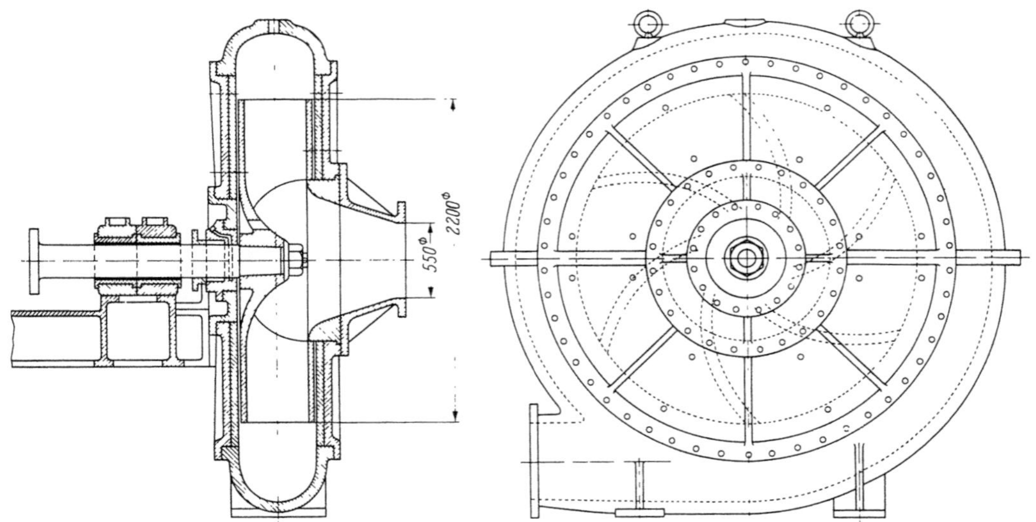

Abb. 45. Amerikanische Baggerpumpe für einen Sandsauger auf dem Mississippi, Rohrdurchmesser 550 mm, Baujahr etwa 1900

eingeführt und tritt durch Löcher, die sich in den Gehäuseringen befinden, in den Spaltraum zwischen Kreisel und Gehäuse. Der mit dem Kreisel umlaufende Ring hat eine Beschaufelung ähnlich wie ein Gebläse. Dadurch soll nach dem Kreiselumfang Sperr-

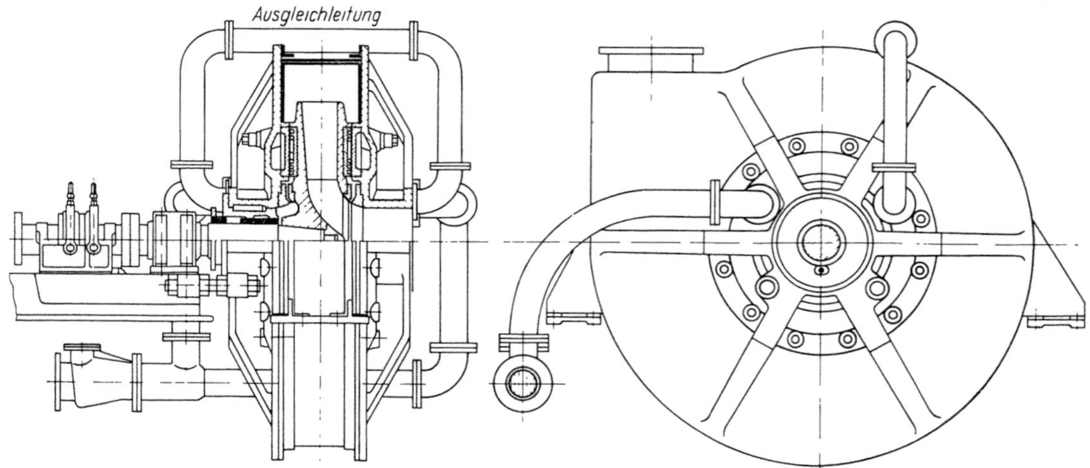

Abb. 46. Baggerpumpe Bauart Nagel & Kaemp nach Patent VERING

wasser geschleudert werden, das dem Gemisch entgegenwirkt und den Kreisel sich in einem von Feststoffteilen freien Wassermantel drehen läßt.

Das Pumpengehäuse, eckig und mit Schleißplatten ausgekleidet, umgibt den Kreisel in großem Abstand, der auch beim Spitzkopf nicht geringer wird, so daß ein Schneckengehäuse mit Diffusorwirkung nicht vorhanden ist.

Diese Pumpen sind in großer Zahl in Schutensaugern eingebaut worden, wobei man infolge des Antriebes durch langsam laufende Dampfmaschinen mit Höchstdrehzahlen von etwa 180 U/min auf Kreiseldurchmesser von über 2000 mm und Gehäusedurchmesser von 3,5 m kam. Sitzt bei solchen Abmessungen nach mehrmaligem Auswechseln der Kreisel nicht mehr genau auf seinem Konus, so entsteht eine Taumelbewegung, die die Dichtungen unwirksam macht, zumal die nachstellbaren Ringe des Gehäuses unbearbeitete und ungenaue Verschleißringe tragen; das ergibt eine große Sperrwassermenge, die einen schädlichen Wasserzusatz bedeutet und einen erheblichen Leistungsaufwand erfordert.

Die Pumpen waren sehr kompliziert und wurden aus diesen Gründen vielfach durch die sogenannte „Alte Holländer Pumpe" nach Abb. 47 verdrängt. Bei ihr ist der Kreisel nur ein einfaches Flügelrad ohne seitliche Scheiben, was man als offenen Kreisel bezeichnet. Drei fast gerade Flügel, die von einer kräftigen Nabe

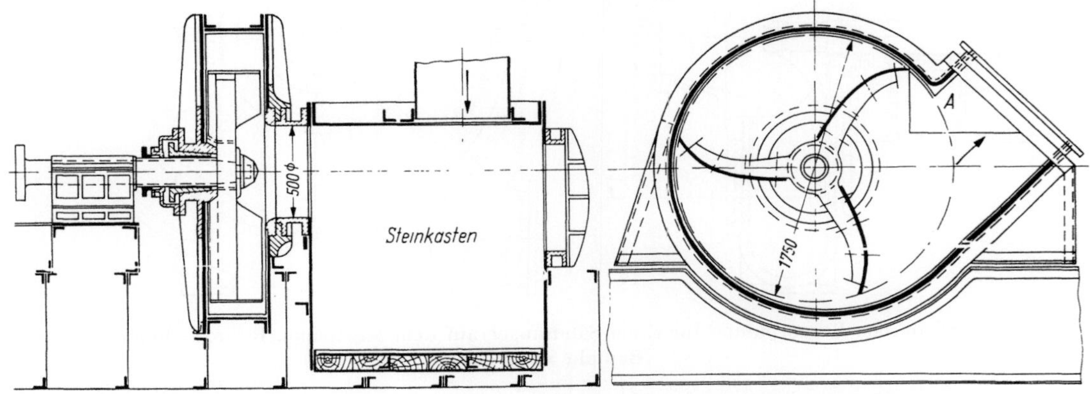

Abb. 47. Alte Holländer Baggerpumpe mit offenem Kreisel, Zylindergehäuse, eng anschließendem Spitzkopf und vorgesetztem Steinkasten

ausgehen und mit auswechselbaren Schlagplatten besetzt sind, laufen zwischen den Gehäusewandungen, die mit Schleißplatten belegt sind. Ein dicht anschließender Spitzkopf ist bei A vorhanden, von dem aber kein sich erweiternder Umlaufkanal ausgeht. Das Gehäuse ist vielmehr kreisförmig, schließt sich dicht an die Flügelspitzen an und geht erst kurz vor dem Auslauf von ihnen ab, mit unvermitteltem Übergang in den eckigen Druckstutzen. Dieser Konstruktion lag die Vorstellung zugrunde, daß der drehende Teil einer Baggerpumpe ein Kratzer ist, der alle Feststoffteile zwangsläufig mitnehmen soll, wobei eine strömungstechnische Ausbildung für unwichtig gehalten wurde. Das Gehäuse wurde gegenüber der Pumpe von Nagel & Kaemp bei gleichem Durchmesser des Kreisels erheblich kleiner, die komplizierten Dichtungen und das Sperrwasser fielen weg, und die Pumpe ließ sich für die Auswechslung von Schleißplatten und Schlagplatten und bei Störung am Kreisel durch Steine und Hafenunrat leicht auseinanderbauen. Auch wird beim offenen Kreisel kein Axialschub erzeugt, so daß das hierfür erforderliche Drucklager wegfallen konnte. Dies waren Vorteile, denen gegenüber die Nachteile nicht in Erscheinung traten, weil die Pumpenbagger in Holland und Deutschland meist nur Feinsand und plastische Schluffböden als Schutensauger verarbeiteten. Bei Gemischen mit grobkörnigen Feststoffteilen tritt aber ein erheblicher Verschleiß ein, wenn sich die Flügel mit hoher Geschwindigkeit an den feststehenden Gehäusewandungen vorbeidrehen. Es sinkt der Lieferungsgrad und der Wirkungsgrad durch zusätzliche Reibungsarbeit an den Wänden und dem Umfang des Gehäuses. Ferner ist es ein großer Nachteil, daß die Förderflüssigkeit in den Räumen zwischen den Flügeln mitgenommen wurde, ohne daß sie in den Umlaufkanal treten konnte. Sie mußte vielmehr unvermittelt in den Druckstutzen ausgeschleudert werden, wodurch diese Pumpen mit Schlägen und Stößen arbeiteten, die den ganzen Schiffskörper erschütterten. Die Manometer am Druckstutzen schlagen heftig und sind meist nach kurzer Zeit unbrauchbar. Die Umsetzung von Geschwindigkeit in Druck, die schon in einem Schneckengehäuse nicht ohne

Verlust abläuft, ging hier ganz besonders verlustreich im Druckstutzen und dem sich daran anschließenden Druckrohr vor sich. Die Abbildung zeigt auch den für diese Pumpen typischen Steinkasten in einer ungewöhnlichen Größe, wobei er eine erhebliche Widerstandsquelle bildet. Man will damit vom Kreisel Steine und Fremdkörper fernhalten, die bei dem eng anliegenden Spitzkopf eine große Gefahrenquelle bilden. Bezeichnend ist es, daß die amerikanischen Baggerpumpen, die den eng anliegenden Spitzkopf nicht haben, keinen Steinkasten verwenden und auch auf Sicherheitskupplungen zwischen Pumpe und Antriebsmaschine meist verzichten.

Eine gewisse Verbesserung gegenüber dem primitiven offenen erreicht man mit dem *halboffenen* Kreisel, der eine bessere Führung für die strömende Flüssigkeit und, wenn die Pumpe ein erweitertes Gehäuse hat, günstigere Strömungsverhältnisse beim Austritt bringt. Abb. 48 zeigt den Kreisel des Hoppersaugers „Chien-She" nach dieser Bauart mit einem Kreiseldurchmesser von 2580 mm bei Antrieb durch eine Dampfmaschine von 1500 PS$_i$ bei 120 U/min.

Mit Einführung des Dieselmotors zum Antrieb von Baggerpumpen kam man auf Drehzahlen, die doppelt so hoch lagen wie bei der Dampfmaschine, und damit auch auf erheblich kleinere Kreiseldurchmesser. Dabei konnte man ein gegen den Kreisel erweitertes Gehäuse nehmen, ohne daß es zu groß wurde, und einen laufenden Austritt aus dem Kreisel in das Gehäuse erreichen. Durch den wesentlich ruhigeren Lauf dieser Pumpen war die erheblich bessere Umsetzung von Geschwindigkeit in Druck erkennbar.

Da auch in Europa die Anwendung von Pumpenbaggern sich nicht mehr auf das Schutensaugen beschränkt und man infolge Vergrößerung der Baggertiefen auf grobkörniges Material stößt, geht man auch hier wieder zu Pumpen mit geschlossenem Kreisel und gegossenem Gehäuse über. Dabei werden viele Teile bearbeitet, um einen einwandfreien Lauf

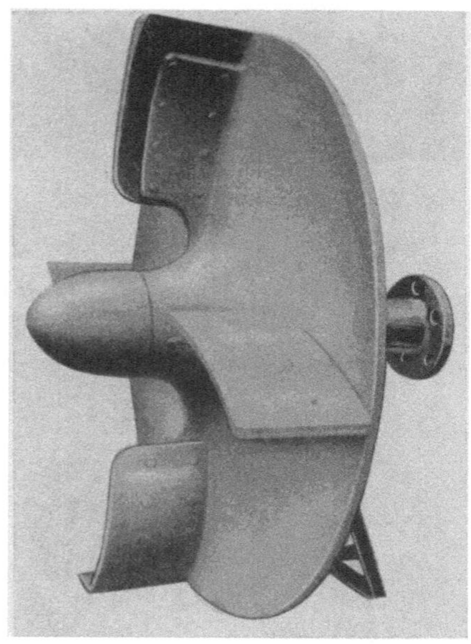

Abb. 48. Halboffener Kreisel von 2580 mm Dmr. für die Baggerpumpe des Hoppersaugers „Chien-She"

und gute Abdichtung zu erreichen. Zuerst wurden derartige Pumpen, die der in Abb. 45 gezeigten älteren amerikanischen ähnlich sind, in Frankreich gebaut, dann aber auch in Holland, wo man sie als „Neue Holländer Pumpe" bezeichnet, ferner in Deutschland und in anderen Ländern. In Europa hat demnach die Baggerpumpe bei ihrer Entwicklung einen Kreis beschrieben, der sie auf ihren Ausgangspunkt zurückgeführt hat, während in den Vereinigten Staaten die Entwicklung stetig in gerader Linie verlaufen ist.

2. Form und Gestaltung der Baggerpumpe im Vergleich mit einer Kreiselpumpe für Wasserförderung. Kennlinien gleicher Drehzahl

Eine Baggerpumpe ist zwar als wasserführende Kreiselpumpe anzusehen, kann aber wegen der durchgehenden Festkörper nicht wie diese frei nach strömungstechnischen Gesichtspunkten gestaltet werden. Beim Baggerbetrieb sind die feinen Teilchen von Schluffböden, die zusammen mit Wasser ein Gemisch ähnlich einer Lösung bilden, kaum hinderlich. Jedoch stören Sand- und Kieselkörner und erst recht Steine sowie Unratteile als Fremdkörper, die der Wasserströmung nicht folgen. Abb. 49 zeigt, wie sich 2 Steine zwischen den Schaufeln eines Kreisels festgeklemmt haben.

Würde man die Baggerpumpe rein strömungstechnisch für besten Wirkungsgrad gestalten, so würden Störungen durch Verstopfung und Festklemmen von Steinen den

Bodenertrag stark herabsetzen, besonders dann, wenn das Öffnen der Pumpe zu lange dauert. Unrichtig ist aber auch die frühere, für die „Alte Holländer Pumpe" maßgebende Ansicht, wonach es auf strömungstechnische Ausgestaltung und den Wirkungsgrad gar nicht ankommen soll.

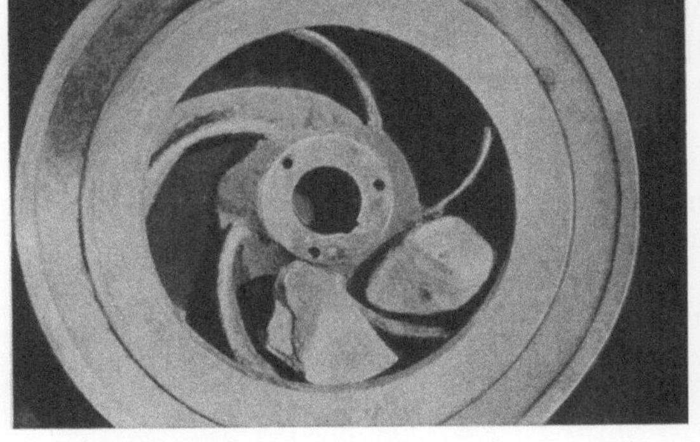

Abb. 49. Festklemmen von Steinen zwischen den Schaufeln einer Baggerpumpe

Abb. 50 zeigt links den Kreisel einer Baggerpumpe und rechts den einer Kreiselpumpe für Wasserförderung im Querschnitt. Beide Pumpen haben einen Saugrohrdurchmesser von 650 mm mit einem Querschnitt von 33,2 dm² und sollen die gleiche Kreiselumfangsgeschwindigkeit von 25 m/sek haben. Dabei hat die Wasserpumpe einen Kreiseldurchmesser von 1400 mm und eine Drehzahl von 340 U/min, während bei der Baggerpumpe das Verhältnis zwischen Kreiseldurchmesser und Saugrohrdurchmesser nicht zu gering werden darf, weil man eine dadurch bedingte doppelt gekrümmte Schaufel meist vermeidet. Bei den Pumpen mit Dampfantrieb war das Verhältnis groß und lag bei 3,5, was auch nicht günstig ist. Es wird im vorliegenden Fall mit 2,6 angenommen, und ergibt damit einen Kreiseldurchmesser von 1700 mm bei einer Drehzahl von 280 U/min.

Bei der Wasserpumpe nimmt die Schaufelbreite in Richtung auf den Umfang ab und beträgt hier nur 90 mm. Dabei hat sie entsprechend der Regel, daß der mittlere Abstand zwischen 2 Schaufeln etwa die Hälfte der Differenz zwischen den Durchmessern der Außenkanten und der Innenkanten sein soll, 10 Schaufeln. Als Austrittsquerschnitt eines Schaufelkanals senkrecht zur Stromrichtung ergibt sich nach dem Schnitt $C-D$ ein Rechteck 90×180 mm mit einem Querschnitt von etwa 1,6 dm², also insgesamt für alle Schaufeln $10 \cdot 1,6 = 16$ dm².

Bei der Baggerpumpe darf dagegen die Zahl der Schaufeln nicht so groß sein. Wenn die Schaufelinnenkanten auf einem Kreis mit dem Saugrohrradius liegen, so würde bei 6 Schaufeln der Abstand der Innenkanten gleich dem Saugrohrradius sein. Macht man

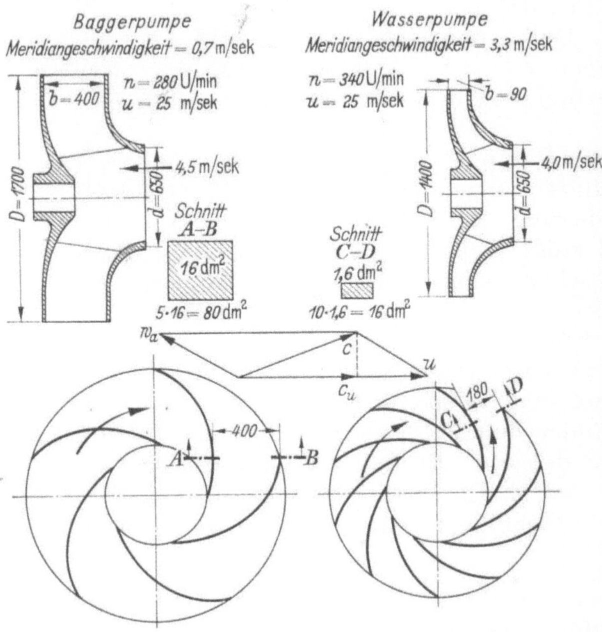

Abb. 50. Baggerpumpe und Wasserpumpe. Vergleich der Kreiselquerschnitte, der Schaufelzahl und Schaufelform

die Schaufelbreite, also den Abstand zwischen den Kreiselscheiben, auch gleich dem Saugrohrradius, so ergibt sich als radialer Eintrittsquerschnitt für einen Kanal zwischen 2 Schaufeln ein Quadrat mit dem Saugrohrradius als Kantenlänge. In der Praxis macht man die Schaufelbreite etwas größer als die Hälfte des Saugrohrdurchmessers, so daß man auf weniger als 6 Schaufeln kommt. Man nimmt meist 5 und geht bei kleinen Pumpen auf 4 und 3 herunter. Im vorliegenden Fall handelt es sich um eine größere Pumpe, so daß 5 Schaufeln, also die Hälfte von denen der Wasserpumpe, angenommen sind. Die

Schaufelwinkel liegen wegen der Erleichterung des Eintritts von Feststoffteilchen und Verhinderung der Abnutzung in engen Grenzen fest. Bei den Pumpen der amerikanischen Hoppersauger liegen die durchschnittlichen Werte für Eintritt und Austritt bei 45°, gerechnet gegen die Tangente. Die mit höherer Umfangsgeschwindigkeit arbeitenden Pumpen der Rohrleitungssauger haben Eintrittswinkel zwischen 16° und 24° und Austrittswinkel zwischen 20° und 30°. Der Winkel am Eintritt hat größere Bedeutung als der am Austritt, weil die Schaufeln dort so weit auseinanderstehen, daß eine Führung des Gemisches durch sie ohnehin nicht erreicht wird. Geringe Schaufelwinkel am Eintritt müssen aber genügenden Durchtrittsraum für Steine lassen, weswegen bei kleinen Pumpen die Schaufelzahl gering bleiben soll.

Durch die niedrige Schaufelzahl und die große Schaufelbreite ergibt sich für die Baggerpumpe, wie Abb. 50 erkennen läßt, der Austrittsquerschnitt eines Schaufelkanals nach Schnitt $A-B$ mit 400×400 mm $= 16$ dm² und insgesamt für alle Schaufeln ein Austrittsquerschnitt von $5 \cdot 16 = 80$ dm² als das 5fache von dem bei der Wasserpumpe. Das gleiche Verhältnis ergibt sich unmittelbar bei den Umfangsquerschnitten $\pi D b$ mit etwa 200 dm² bei der Baggerpumpe und 40 dm² bei der Wasserpumpe.

Der Querschnitt des Saugrohrs ist 33,2 dm², so daß der Umfangsquerschnitt bei der Baggerpumpe davon das 6fache und bei der Wasserpumpe nur das 1,2fache ausmacht. Ist die Geschwindigkeit im Saugrohr 4 m/sek, so ergibt sich für die Wasserpumpe bei Austritt aus dem Kreisel in radialer Richtung eine Meridiangeschwindigkeit von 3,3 m/sek und in der Schaufelrichtung eine Komponente von 8,4 m/sek. Wenn bei der Baggerpumpe im Saugrohr 4,5 m/sek angenommen werden, kommt man doch nur auf die viel geringeren Geschwindigkeiten von 0,7 m/sek bzw. 1,9 m/sek. Dieser Unterschied zwischen den beiden Pumpenarten ist sehr wichtig und erklärt die im folgenden behandelten gegensätzlichen Eigenschaften.

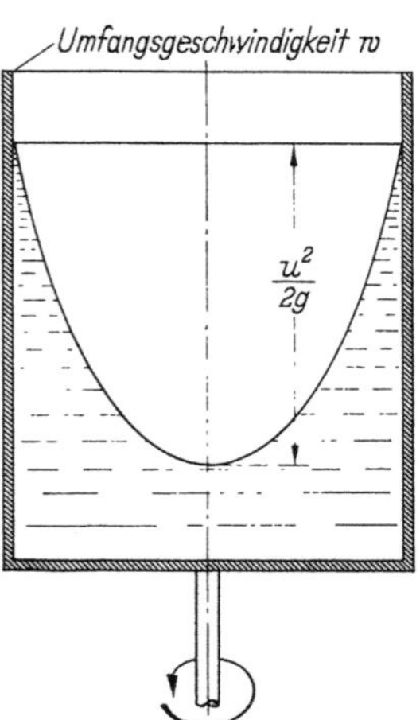

Abb. 51. Oberfläche des Wassers in einem mit der Umfangsgeschwindigkeit rotierenden Zylinder mit Parabelquerschnitt und als Höhenunterschied

Ein weiterer Unterschied ergibt sich durch das Kreiselvolumen, das maßgebend dafür ist, wie schnell der sekundliche Förderstrom durchläuft und wie hoch die Zahl der Mitnahmeumdrehungen für einen Flüssigkeitsteil ist. Eine Überschlagsrechnung ergibt, daß das Kreiselvolumen bei der Baggerpumpe, wenn man die Verhältnisse der Abb. 50 zugrunde legt, etwa 5mal so groß ist wie bei der Wasserpumpe, und die Zahl der Mitnahmeumdrehungen auch in diesem Verhältnis höher liegt. Für die „Alte Holländer Pumpe" kommt man auf noch viel höhere Werte. Dies ist von Bedeutung für die Höhe der Druckziffer ψ, die das Verhältnis zwischen der wirklich erzielten Förderhöhe zu der der Umfangsgeschwindigkeit entsprechenden Geschwindigkeitshöhe angibt, worauf später noch eingegangen wird.

Wenn nach Abb. 51 ein wassergefüllter Zylinder mit der Umfangsgeschwindigkeit u rotiert, stellt sich die Wasseroberfläche nach einem Rotationsparaboloid ein, mit einer Höhendifferenz von $u^2/2g$. Das Wasser hat aber im Zylinderumfang außer der potentiellen Energie auch noch eine kinetische durch die Geschwindigkeit u, mit der es sich gegen die feststehende Umgebung bewegt, so daß bei Rückgewinnung der Geschwindigkeitsenergie die Förderhöhe

$$H = \frac{u^2}{2g} + \frac{u^2}{2g} = \frac{2u^2}{2g} = \frac{u^2}{g}$$

erreicht werden kann. Wenn aber eine Wassermenge im tiefsten Punkt ständig zufließt, kommt es zu einem dynamischen Vorgang, da die zufließende Wassermenge laufend auf die Umfangsgeschwindigkeit beschleunigt werden muß. Dabei bleibt die Förderhöhe nicht gleich, sondern verläuft nach einer Kennlinie, deren Entstehung für die Wasserpumpe Abb. 52 erkennen läßt. Dies ist ein sogenanntes Q-H-Diagramm mit dem Förderstrom Q in l/sek als Abszisse und der Förderhöhe H in m WS als Ordinate. u^2/g hat dabei den Wert von 64 m, wird aber bei rückwärts gekrümmten Schaufeln nicht erreicht, wie das Schaufelaustrittsdiagramm in der Abb. 50 rechts erkennen ließ. Unter vereinfachenden Annahmen ergibt sich nach der Kreiselpumpentheorie, daß H jetzt etwa gleich $\dfrac{u\,c_u}{g}$ wird, wobei c_u die tangentiale Komponente der absoluten Austrittsgeschwindigkeit ist. Da diese Komponente mit steigender Fördermenge immer kleiner wird, fällt die theoretische Förderhöhe ständig ab und müßte bei einem Förderstrom Q von etwa 7400 m³/sek = 0 werden.

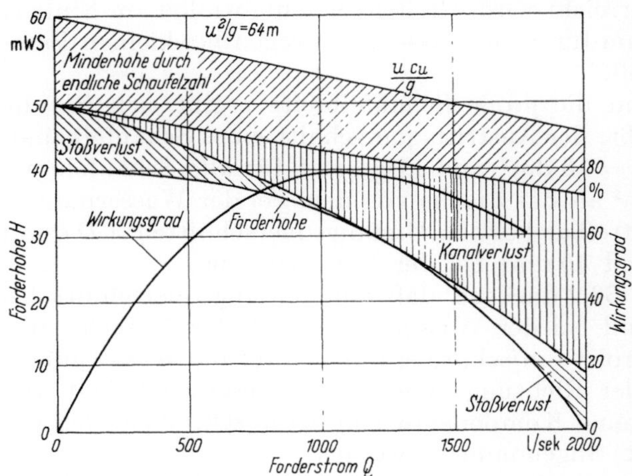

Abb. 52. Entstehung der Kennlinie gleicher Drehzahl für die Wasserpumpe. (Nach PFLEIDERER)

Die wirklich erreichte Förderhöhe liegt wesentlich niedriger. Die durch die endliche Schaufelzahl bedingte Minderhöhe ist im Diagramm Abb. 52 angegeben und führt auf eine tiefer liegende Linie. Dann kommen noch die Verluste hinzu, und zwar der ständig mit dem Förderstrom steigende Verlust durch Umsetzung von Geschwindigkeit in Druck im Schneckengehäuse, der sog. Kanalverlust sowie Stoßverluste an den Schaufeln, deren Richtung nur für einen bestimmten Förderstrom paßt. Schließlich ergibt sich endgültig als Kennlinie gleicher Drehzahl eine Linie für die Förderhöhe H, die mit dem höchsten Wert von etwa 40 m beginnt und auf 0 bei einem Förderstrom $Q = 2000$ l/sek abfällt. Außerdem ist noch die Kurve des Wirkungsgrades eingezeichnet, die zunächst ansteigt, bei etwa $Q = 1100$ l/sek ihr Maximum von 80 % erreicht und dann abfällt. Man läßt Wasserpumpen in der Nähe des Wirkungsgradmaximums arbeiten, was einen beschränkten Arbeitsbereich ergibt.

Daß die *Baggerpumpe* infolge der anderen Formgebung andere Eigenschaften hat, läßt das Kurvenblatt

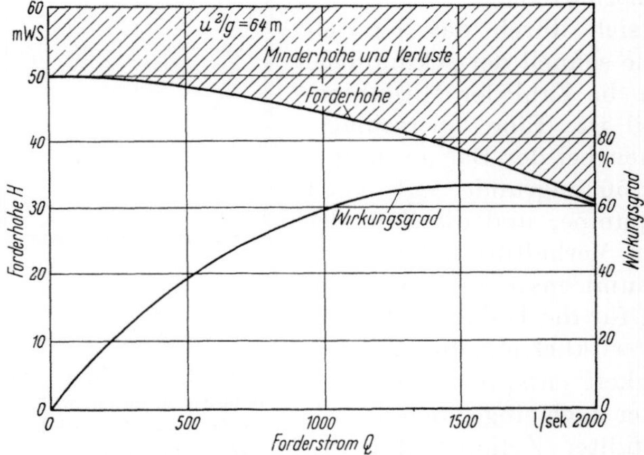

Abb. 53. Kennlinie gleicher Drehzahl für die Baggerpumpe

Abb. 53 erkennen, in dem nur die Linie für $u^2/g = 64$ m die gleiche ist. Weil die Meridiangeschwindigkeit stets gering bleibt, wird bei steigender Fördermenge hierdurch keine Komponente geliefert, die der Umfangsgeschwindigkeit entgegenwirkt, und es ergibt sich kein Geschwindigkeitsdiagramm wie bei der Wasserpumpe. Die geringe Schaufelzahl läßt eine eigentliche Strömungsführung durch die Schaufeln nicht erreichen, vielmehr nimmt die Förderflüssigkeit von selbst eine Strömungsrichtung an, der sich die Schaufeln anpassen müssen, wenn Wirbel und Abnutzung vermieden werden sollen.

Die Kennlinie für die Förderhöhe beginnt mit $H = 50$ m bei $Q = 0$ und fällt nur langsam ab auf 39 m bei $Q = 1500$ l/sek und 31 m bei $Q = 2000$ l/sek. Sie liegt damit durchweg höher als bei der Wasserpumpe. Die Kurve des Wirkungsgrades ist auch eingetragen und ihr Verlauf wird im folgenden Abschnitt erklärt.

3. Druckziffern und Wirkungsgrade. Einfluß der spezifischen Drehzahl

Man nimmt die nach Abb. 51 erreichte Höhe $u^2/2g$ als Bezugsgröße, nennt das Verhältnis zwischen der erreichten Förderhöhe H und dem Wert $u^2/2g$ die Druckziffer und bezeichnet diese mit ψ.

Es ist also

$$\psi = \frac{H}{\dfrac{u^2}{2g}} \quad \text{oder} \quad \psi = \frac{2gH}{u^2}$$

u ist die Kreiselumfangsgeschwindigkeit in m/sek und ist $= \pi D n$, in welcher Gleichung D der Kreiseldurchmesser und n die U/sek ist.

Früher arbeitete man mit einem Wert C und setzte die erreichte Förderhöhe $H = u^2/C$.

Da andererseits $H = \dfrac{u^2}{2g}\psi$ ist, so ist $\dfrac{u^2}{C} = \dfrac{u^2}{2g}\psi$, $C = \dfrac{2g}{\psi}$ und $\psi = \dfrac{2g}{C}$. Da beim Arbeiten auf der Kennlinie gleicher Drehzahl die Umfangsgeschwindigkeit konstant bleibt, haben die Druckziffern den gleichen Verlauf wie die Kurven der Förderhöhen. Im Kurvenblatt Abb. 54 ist ψ für beide Pumpen eingetragen, für die Baggerpumpe ausgezogen und für die Wasserpumpe gestrichelt. Für diese hat ψ bei kleinem Förderstrom ein Maximum von ungefähr 1,25 und fällt auf 0 herab bei $Q = 2000\,\text{l/sek}$. Bei der Baggerpumpe liegt ψ durchweg höher, beginnend mit 1,55 bei $Q = 0$ und langsam abfallend auf 1 bei $Q = 2000\,\text{l/sek}$. Die Wirkungsgrade sind ebenfalls eingetragen und zeigen bei der Wasserpumpe das Maximum von 80 % bei $Q = 1100\,\text{l/sek}$ mit Abfall nach beiden Seiten, während bei der Baggerpumpe der Wirkungsgrad bis zu seinem Maximum von etwa 70 % bei $Q = 1500\,\text{l/sek}$ ansteigt und dann nur langsam abfällt.

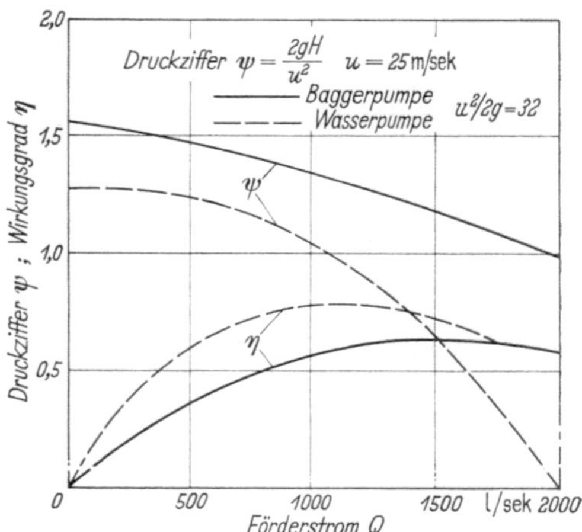

Abb. 54. Druckziffern und Wirkungsgrade von Baggerpumpen und Wasserpumpen beim Arbeiten nach der Kennlinie gleicher Drehzahl

Daß die Druckziffer bei Baggerpumpen höher liegt als bei Wasserpumpen, erscheint bei ihrer geringen Schaufelzahl nach der Kreiselpumpentheorie nicht verständlich, ist aber durch das größere Kreiselvolumen und die höheren Mitnahmeumdrehungen zu erklären, die die Förderflüssigkeit näher an die Kreiselumfangsgeschwindigkeit heranbringen als bei der Wasserpumpe. Das wird bei dieser auch gar nicht gewünscht, sondern ein möglichst schnelles Durchlaufen des Kreisels in den nach rückwärts gerichteten Kanälen, die durch die Schaufeln gebildet werden. Hierdurch entsteht eine der Umfangsgeschwindigkeit entgegengerichtete Komponente, welche bei der Baggerpumpe fast ganz fehlt. Auch die Hauptgleichung der Kreiselpumpentheorie läßt erkennen, daß die Druckziffer der Baggerpumpe höher sein muß als die der Wasserpumpe. Sie gibt die entstehende Förderhöhe als Differenz von drei Geschwindigkeitshöhen an und lautet

$$H = \frac{u_a^2 - u_e^2}{2g} + \frac{c_a^2 - c_e^2}{2g} + \frac{w_e^2 - w_a^2}{2g}$$

Hierin ist u_a die Umfangsgeschwindigkeit beim Austritt und u_e die beim Eintritt. c_a ist die absolute Geschwindigkeit beim Austritt, die bei der Baggerpumpe größer ist als bei der Wasserpumpe und c_e die absolute Geschwindigkeit beim Eintritt.

Die Strömungsgeschwindigkeit innerhalb des Kreisels nimmt bei der Baggerpumpe stark ab, so daß $\dfrac{w\,e^2 - w\,a^2}{2g}$ auch groß wird. Eine hohe Druckziffer ist im übrigen kein Zeichen von hohem Wirkungsgrad, da sie nur mit hydraulischen Verlusten erkauft wird.

Der *Gesamtwirkungsgrad* einer Kreiselpumpe wird außer den hydraulischen Verlusten noch durch eine Anzahl anderer Verluste bestimmt, die sowohl für die Wasserpumpe als auch für die Baggerpumpe gegeben sind. Das sind die folgenden:

a) Mengenverlust durch Spalt. Da eine Abdichtung des Laufrades gegen das Gehäuse auch bei Wasserpumpen nicht ganz vollkommen ist, entsteht ein Verlust durch Rückfluß von Flüssigkeit in den Saugraum. Bei Baggerpumpen sind die Druckunterschiede groß und die Abdichtung ist wegen der Bodenbeimengung und Abnutzung an den Dichtungsstellen auf die Dauer schwer zu erreichen. Man rechnet bei Förderung von Wasser, solange die Dichtungsstellen einwandfrei sind, nur mit einem Spaltverlust von wenigen Prozenten, der aber bei eintretender Abnutzung auf 5 bis 10 % ansteigen kann. Erheblich größer sind die Mengenverluste bei offenem Kreisel, bei dem das Spiel zwischen den umlaufenden Flügeln und der Gehäusewand schon wegen der Ungenauigkeit der nicht bearbeiteten Schleißplatten des Gehäuses und der Schlagplatten des Kreisels groß ist. Aber selbst wenn man dies durch Bearbeitung für den Anfang erreicht, erweitert sich erfahrungsgemäß das Spiel beiderseits des Kreisels durch Abnutzung der Schlagplatten schnell, so daß ein großer Spaltverlust die Folge ist.

b) Scheibenreibungsverlust. Der geschlossene Kreisel soll in einem Wassermantel laufen, so daß der Scheibenreibungsverlust gering wird. Er ist aber nicht unerheblich und wächst stark mit dem Kreiseldurchmesser an, so daß auch aus diesem Grunde die schnelläufigen Pumpen günstiger sind. Sind aber die Dichtungen nicht mehr einwandfrei und befinden sich Feststoffkörper zwischen Kreiselwand und Gehäusewand, so wächst der Scheibenreibungsverlust. Die offenen Kreisel haben keine Scheibenreibung, aber starke Reibung zwischen Flügeln und Gehäusewand bei bodenhaltigen Gemischen.

c) Lagerreibung, Axialschub. Bei Wasserpumpen und Baggerpumpen entsteht Reibung in den Lagern, den Stopfbuchsen und besonders in dem Drucklager durch den Axialschub. Dieser rührt daher, daß der im Kreiselumfang erzeugte Druck sich in die Spalträume zwischen Kreisel und Gehäusewand fortpflanzt, wobei er auf der Stopfbuchsenseite auf eine größere Fläche wirkt und dadurch den Kreisel nach der Seite des Saugrohranschlusses drückt. Andererseits entsteht durch die Umlenkung der Flüssigkeit von der axialen in die radikale Richtung ein Beschleunigungsdruck in entgegengesetzter Richtung, der aber kleiner ist.

Es bleibt also ein Schub nach der Saugrohrseite, dessen genaue Berechnung schwierig ist, da die Druckverteilung in den Spalträumen kaum zu übersehen ist. Nach einer amerikanischen Berechnungsmethode ergibt sich als Durchschnitt

$$P = 0{,}7 \, \frac{\pi}{4} \, d^2 H \, 0{,}1$$

worin bedeutet

P der Axialschub in kg
d Saugrohrdurchmesser in cm
H Förderhöhe in m.

Hiernach berechnet sich für die Baggerpumpe unseres Beispiels für einen Betriebspunkt mit 40 m Förderhöhe

$$P = 0{,}7 \cdot 3320 \cdot 40 \cdot 0{,}1 = 9300 \text{ kg.}$$

Diese Berechnung ist nur eine Annäherung, die jedoch zeigt, welche erheblichen Kräfte auftreten. Die Ausschaltung des Axialschubs durch zweiseitigen Saugrohranschluß ist bei Baggerpumpen in früherer Zeit vereinzelt angewendet worden. Die Pumpen von BAZIN und von den auf dem Mississippi kurz vor der Jahrhundertwende aufgekommenen Saugbaggern, über die später näher berichtet wird, waren damit ausgerüstet. Da diese Konstruktion jedoch nicht die Regel ist, wird eine sorgfältige Ausbildung des Drucklagers erforderlich, um einen hohen Reibungsverlust zu vermeiden.

Die in den Kurvenblättern (Abb. 53 und 54) angegebenen Wirkungsgrade gelten nur für Baggerpumpen mit geschlossenem Kreisel in neuwertigem Zustand und Betrieb mit Wasser. Dabei werden die Messungen nach den VDI-Kreiselpumpenregeln entsprechend dem Normenblatt DIN 1944 über Abnahmeversuche an Kreiselpumpen vorgenommen. Durch Hinzukommen von Bodenteilen erhöhen sich die Reibungsverluste und infolge dadurch eintretender Abnutzung auch die anderen Verluste. Hierbei sind die primitiv gebauten Pumpen entschieden im Nachteil, und bei der „Alten Holländer Pumpe" fällt der Wirkungsgrad beim Arbeiten mit grobkörnigem Gemisch schnell ab.

Bei Messungen an Baggerpumpen nach längerer Betriebszeit sind meist nur Wirkungsgrade festgestellt worden, die weit unter den bei der Erprobung im neuwertigen Zustand erreichten liegen. Dabei ist zu beachten, daß früher meist nur die Summe von der Saughöhe und der Druckhöhe als Förderhöhe gerechnet wurde und die nach dem erwähnten Normenblatt DIN 1944 vom Jahre 1952 weiter anzusetzenden Förderhöhenanteile nicht berücksichtigt wurden.

Eine wichtige Größe ist für Kreiselpumpen die spezifische Drehzahl, für welche die Gleichung gilt:

$$n_q = \frac{\sqrt{Q}}{H^{3/4}}$$

Hierin bedeutet

n_q die spezifische Drehzahl, d. h. die U/min einer geometrisch ähnlichen Pumpe, die den Förderstrom von 1 m³/sek auf 1 m Höhe fördert. Man bezeichnet sie auch als Schnelläufigkeit

n die tatsächliche U/min der Pumpe

Q Förderstrom in m³/sek

H Förderhöhe in m.

Bei Radialpumpen für Wasserförderung liegen die spezifischen Drehzahlen für den Betriebspunkt mit günstigem Wirkungsgrad etwa zwischen 15 und 30 und ähnlich liegen sie bei Baggerpumpen, die zu den Radialpumpen zu rechnen sind. Dabei haben die höchsten spezifischen Drehzahlen die Pumpen von Hoppersaugern, bei denen die Förderhöhe nur etwa bei 18 m liegt und die Förderströme groß sind, während die Werte bei kleinen Baggerpumpen mit geringen Förderströmen, wenn sie auf große Höhen kommen sollen, unter 10 heruntergehen und sie damit in das Gebiet kommen, das eigentlich der Kolbenpumpe vorbehalten ist. Außer vom Verhältnis der Wurzel aus dem Förderstrom zur Potenz 3/4 der Förderhöhe ist die spezifische Drehzahl von der tatsächlichen Drehzahl abhängig, die bei Baggerpumpen etwa zwischen 150 und 900 U/min liegt und somit im Verhältnis 1 : 6 schwankt.

Um die spezifische Drehzahl, die eine wichtige Größe ist, bequem ermitteln zu können, sind in Tab. 3 die Werte von $\sqrt{Q}$ und in Tab. 4 die Werte von $H^{3/4}$ für die Größen, wie sie bei Baggerpumpen vorkommen, errechnet.

Die vorangehend definierte spezifische Drehzahl ist nicht dimensionslos, so daß sie für andere Maßsysteme andere Werte hat als für metrisches Maß. In den Vereinigten Staaten wird der Förderstrom in Gallonen von 3,79 l angegeben, während die britische Gallone 4,54 l enthält. Dadurch ergibt sich für die Vereinigten Staaten die spezifische Drehzahl als das 52fache und für England als das 47fache der metrischen.

Zu einem dimensionslosen Wert kommt man nach PFLEIDERER, wenn man statt $H^{3/4}$ den Wert $(g\,H)^{3/4}$ setzt. Bezeichnet man den dimensionslosen Wert zunächst mit n_q', so wird

$$n_q' = n\,\frac{\sqrt{Q}}{(g\,H)^{3/4}}$$

Diese Gleichung kann man so umformen, daß sie nur Verhältniswerte enthält und die jeweilige Drehzahl n herausfällt. Es ist

$$u = \pi\, D\, n \qquad n = \frac{u}{\pi D} \tag{1}$$

$$Q = \frac{\pi}{4}\, d^2\, v \qquad \sqrt{Q} = \sqrt{\frac{\pi}{4}}\, d\, \sqrt{v} \tag{2}$$

$$(g\,H)^{3/4} = \frac{(2\,g\,H)^{3/4}}{2^{3/4}} = u^{3/2}\, \psi^{3/4}\, \frac{1}{2^{3/4}} \tag{3}$$

Hierin bedeutet

  u die Kreiselumfangsgeschwindigkeit in m/sek
  D den Kreiseldurchmesser in m
  n die Pumpendrehzahl pro Sekunde
  Q den Förderstrom in m³/sek
  d den Saugrohrdurchmesser in m
  v die Fördergeschwindigkeit im Saugrohr in m/sek
  ψ die Druckziffer.

Tabelle 3. *Werte von* $\sqrt{Q}$ *für die Berechnung der spezifischen Drehzahl.* Q *ist die Fördermenge in* m³/sek

$Q =$	0,1	0,11	0,12	0,13	0,14	0,15	0,16	0,17	0,18	0,19
$\sqrt{Q} =$	0,317	0,332	0,346	0,36	0,374	0,387	0,400	0,412	0,424	0,436
$Q =$	0,20	0,21	0,22	0,23	0,24	0,25	0,26	0,27	0,28	0,29
$\sqrt{Q} =$	0,447	0,458	0,469	0,480	0,49	0,50	0,51	0,52	0,53	0,538
$Q =$	0,30	0,31	0,32	0,33	0,34	0,35	0,36	0,37	0,38	0,39
$\sqrt{Q} =$	0,548	0,557	0,566	0,575	0,584	0,592	0,600	0,608	0,617	0,625
$Q =$	0,40	0,41	0,42	0,43	0,44	0,45	0,46	0,47	0,48	0,49
$\sqrt{Q} =$	0,634	0,641	0,648	0,655	0,663	0,670	0,678	0,686	0,694	0,701
$Q =$	0,50	0,51	0,52	0,53	0,54	0,55	0,56	0,57	0,58	0,59
$\sqrt{Q} =$	0,708	0,714	0,721	0,728	0,735	0,742	0,749	0,756	0,762	0,769
$Q =$	0,60	0,61	0,62	0,63	0,64	0,65	0,66	0,67	0,68	0,69
$\sqrt{Q} =$	0,775	0,783	0,788	0,794	0,800	0,806	0,813	0,819	0,825	0,831
$Q =$	0,70	0,71	0,72	0,73	0,74	0,75	0,76	0,77	0,78	0,79
$\sqrt{Q} =$	0,837	0,843	0,850	0,855	0,860	0,865	0,871	0,876	0,882	0,888
$Q =$	0,80	0,81	0,82	0,83	0,84	0,85	0,86	0,87	0,88	0,89
$\sqrt{Q} =$	0,895	0,900	0,905	0,910	0,915	0,920	0,926	0,931	0,936	0,941
$Q =$	0,90	0,91	0,92	0,93	0,94	0,95	0,96	0,97	0,98	0,99
$\sqrt{Q} =$	0,948	0,954	0,960	0,965	0,970	0,975	0,980	0,985	0,99	0,995
$Q =$	1,00	1,02	1,04	1,06	1,08	1,10	1,12	1,14	1,16	1,18
$\sqrt{Q} =$	1,00	1,01	1,02	1,03	1,04	1,05	1,06	1,068	1,078	1,087
$Q =$	1,20	1,22	1,24	1,26	1,28	1,30	1,32	1,34	1,36	1,38
$\sqrt{Q} =$	1,096	1,106	1,113	1,123	1,131	1,14	1,15	1,16	1,168	1,176
$Q =$	1,40	1,42	1,44	1,46	1,48	1,50	1,52	1,54	1,56	1,58
$\sqrt{Q} =$	1,183	1,191	1,20	1,21	1,219	1,225	1,232	1,241	1,250	1,258
$Q =$	1,60	1,62	1,64	1,66	1,68	1,70	1,72	1,74	1,76	1,78
$\sqrt{Q} =$	1,265	1,273	1,281	1,29	1,295	1,304	1,311	1,32	1,326	1,335
$Q =$	1,80	1,82	1,84	1,86	1,88	1,90	1,92	1,94	1,96	1,98
$\sqrt{Q} =$	1,341	1,350	1,358	1,365	1,370	1,380	1,388	1,391	1,40	1,41
$Q =$	2,00	2,02	2,04	2,06	2,08	2,10	2,12	2,14	2,16	2,18
$\sqrt{Q} =$	1,415	1,42	1,43	1,438	1,444	1,45	1,458	1,462	1,470	1,480
$Q =$	2,20	2,22	2,24	2,26	2,28	2,30	2,32	2,34	2,36	2,38
$\sqrt{Q} =$	1,484	1.490	1,496	1,505	1,510	1,518	1,522	1,530	1,538	1,546
$Q =$	2,40	2,42	2,44	2,46	2,48	2,50	2,52	2,54	2,56	2,58
$\sqrt{Q} =$	1,55	1,555	1,560	1,570	1,576	1,580	1,588	1,594	1,60	1,61

Tabelle 4. *Werte von $H^{3/4}$ für die Berechnung der spezifischen Drehzahl. H ist die manometrische Förderhöhe in m*

H	10	11	12	13	14	15	16	17	18	19
$H^{3/4}$	5,6	6,1	6,5	6,9	7,3	7,7	8,0	8,4	8,8	9,1
H	20	21	22	23	24	25	26	27	28	29
$H^{3/4}$	9,5	9,8	10,1	10,5	10,8	11,2	11,5	11,8	12,2	12,5
H	30	31	32	33	34	35	36	37	38	39
$H^{3/4}$	12,8	13,2	13,5	13,8	14,1	14,4	14,7	15	15,3	15,6
H	40	41	42	43	44	45	46	47	48	49
$H^{3/4}$	15,9	16,2	16,5	16,8	17,2	17,4	17,7	18,0	18,3	18,5
H	50	51	52	53	54	55	56	57	58	59
$H^{3/4}$	18,8	19,1	19,3	19,7	19,9	20,2	20,5	20,7	21,0	21,3
H	60	61	62	63	64	65	66	67	68	69
$H^{3/4}$	21,5	21,8	22,1	22,3	22,6	22,8	23,1	23,4	23,6	23,9
H	70	71	72	73	74	75	76	77	78	79
$H^{3/4}$	24,2	24,4	24,7	24,9	25,2	25,5	25,7	26,0	26,2	26,5
H	80	81	82	83	84	85	86	87	88	89
$H^{3/4}$	26,7	27,0	27,3	27,5	27,8	28,0	28,3	28,5	28,8	29,0
H	90	91	92	93	94	95	96	97	98	99
$H^{3/4}$	29,2	29,5	29,7	29,9	30,2	30,4	30,6	30,9	31,2	31,4
H	100	101	102	103	104	105	106	107	108	109
$H^{3/4}$	31,6	31,9	32,1	32,3	32,5	32,7	33,0	33,2	33,5	33,8
H	110	111	112	113	114	115	116	117	118	119
$H^{3/4}$	34,0	34,2	34,4	34,6	34,9	35,1	35,3	35,5	35,7	36,0

Somit wird

$$n_q' = \frac{u}{\pi D} \frac{\sqrt{\frac{\pi}{4}}\, d \sqrt{v}\, 2^{3/4}}{u \sqrt{u}\, \psi^{3/4}} = \frac{2^{3/4} \sqrt{\frac{\pi}{4}}}{\pi\, \psi^{3/4}} \frac{d}{D} \sqrt{\frac{v}{u}}$$

Es ist $\dfrac{2^{3/4} \sqrt{\dfrac{\pi}{4}}}{\pi} = 0{,}475$ und damit wird

$$n_q' = \frac{0{,}475}{\psi^{3/4}} \frac{d}{D} \sqrt{\frac{v}{u}}$$

Da dies sehr kleine Werte ergibt, rechnet man besser mit dem Kehrwert und setzt

$$K = \frac{D}{d} \sqrt{\frac{u}{v}}\, 2{,}1\, \psi^{3/4}$$

Dieser *Schnelläufigkeitskennwert* K liegt für Baggerpumpen zwischen 28 und 10, wobei der kleinere Wert für Hopperbaggerpumpen mit gutem Wirkungsgrad und der große für Hochdruckpumpen mit kleinerer Fördermenge gilt. Mit der spezifischen Drehzahl n_q steht K in der Beziehung

$$K = \frac{330}{n_q}$$

Für die Baggerpumpe nach Abb. 50 war $\dfrac{D}{d} = 2{,}6$, $u = 25$ und für das Wirkungsgradmaximum $Q = 1{,}5 \text{ m}^3/\text{sek}$, $v = 4{,}5 \text{ m/sek}$ und $\psi = 1{,}2$.

Danach wird

$$K = \frac{1{,}15}{0{,}475}\, 2{,}6 \sqrt{\frac{25}{4{,}5}} \sim 15,$$

was einer spezifischen Drehzahl von

$$n_q = \frac{330}{15} = 22$$

entspricht.

Ein hoher Wert der spezifischen Drehzahl, entsprechend einem niedrigen Wert von K, läßt einen guten Wirkungsgrad erreichen, da hierbei eine große Flüssigkeitsmenge nur auf mäßigen Druck gebracht wird. Umgekehrt wird bei einer kleinen spezifischen Drehzahl und einem hohen K-Wert eine kleine Menge auf hohen Druck gebracht, wobei im Kreisel und im Schneckengehäuse die Verluste, auf eine kleine Menge bezogen, den Wirkungsgrad herabsetzen. Man kann zwar durch die Schaufelwinkel und die Formgebung der Schaufeln eine Besserung erreichen, aber den Einfluß der spezifischen Drehzahl nicht ausschalten. Dabei ist, wie später noch ausgeführt wird, ein hoher hydraulischer Wirkungsgrad bei den Baggerpumpen nicht unbedingt entscheidend, und die Pumpen der amerikanischen Schneidkopfsauger mit ihren hohen Umfangsgeschwindigkeiten liegen nur etwa bei 60 %. Man kommt mit dem Wirkungsgrad erst recht auf niedrige Werte, wenn man mit Pumpen von kleinem Rohrdurchmesser große Förderweiten erreichen

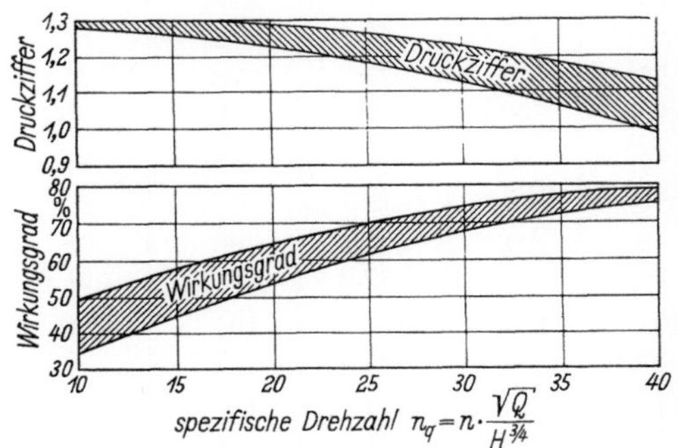

spezifische Drehzahl $n_q = n \cdot \dfrac{\sqrt{Q}}{H^{3/4}}$

Abb. 55. Wirkungsgrade und Druckziffern von Baggerpumpen in Abhängigkeit von der spezifischen Drehzahl

will und wird doch darauf nicht immer verzichten können.

Im Kurvenblatt Abb. 55 sind die spezifischen Drehzahlen von 10 bis 40, in denen der Durchschnitt der Baggerpumpen liegt, als Abszisse aufgetragen und als Ordinaten, unter Auswertung zahlreicher Messungen die Bereiche für die *Wirkungsgrade* und für die *Druckziffern* angegeben. Diese liegen zwischen 1,3 und 1,1, während es für Wasserpumpen nur etwa 0,85 bis 0,95 ist. Mit dem Abfall der Druckziffern steigen die Wirkungsgrade von 50 % bis auf etwa 75 % an, ein Zeichen dafür, daß eine hohe Druckziffer nicht einen guten Wirkungsgrad bedeutet. Bei den Wirkungsgraden gelten die

oberen Teile der schraffierten Bereichfläche für große Pumpen und die unteren für kleine, in beiden Fällen für neuzeitliche Ausführung mit geschlossenem Kreisel bei Wasserförderung. Dabei kommen die Hoppersaugerpumpen und die anderen Pumpen, wenn sie mit großem Förderstrom und geringer Förderhöhe arbeiten, auf Wirkungsgrade von etwa 75 % und mehr, während die Hochdruckpumpen der Schneidkopfsauger bei großen Förderweiten nur bei etwa 60 % liegen und bei kleinen Pumpen der Wirkungsgrad bis auf 40 % abfällt.

Für halboffene Kreisel liegen die Druckziffern niedriger und fallen für offene Kreisel weiter ab, wobei aber in diesem Fall kein hoher Wirkungsgrad damit verbunden ist. Für Pumpen mit einem zylindrischen Gehäuse, das den Kreisel eng umschließt, lassen sich einwandfreie Zahlen nicht angeben, weil der Druck nicht genau zu messen ist. Man rechnet bei den „Alten Holländer Pumpen" mit einer Druckziffer von etwa 1 bei einem Wirkungsgrad von nur 0,5.

Beim Entwurf einer neuen Baggerpumpe ist man bestrebt, sie in den Bereich guter Wirkungsgrade zu legen, wobei vom Nennpunkt ausgehend beim Arbeiten nach einer der im folgenden ausgeführten Kennlinien der Förderstrom zunimmt und die Förderhöhe abfällt, so daß spezifische Drehzahl und Wirkungsgrad ansteigen.

4. Berechnung von Baggerpumpen. Betriebspunkt für die Nennleistung bei der Nenndrehzahl und Verlauf der Kennlinien für verschiedene Antriebsarten; Kennlinien gleicher Steuerstellung

Da man nach den vorangegangenen Ausführungen eine Baggerpumpe nicht frei gestalten kann wie eine Wasserpumpe, muß man auch bei der Berechnung anders vorgehen. Der *Rohrdurchmesser* ist eine wichtige Kenngröße, denn aus ihm folgt der Rohrquerschnitt und nach Multiplikation mit der Fördergeschwindigkeit, deren Höhe mit

Rücksicht auf die zu fördernden Bodenarten festgelegt wird, ergibt sich die Größe des Förderstroms. Die Reihenfolge der Berechnung ist also eine andere als bei einer Flüssigkeitspumpe. Bei dieser geht man von der Fördermenge aus und gibt der Rohrleitung einen solchen Durchmesser, daß der Rohrreibungswiderstand niedrig bleibt. Flüssigkeiten, wie Wasser oder Öl, erfordern nicht zwingend die hohen Fördergeschwindigkeiten, die bei der Gemischförderung notwendig sind, um eine Mitnahme der Bodenkörner zu erreichen.

Bei der Baggerpumpe ist somit der Druckrohrdurchmesser eine primäre Größe. Er wird in angelsächsischen Ländern in Zoll angegeben, so daß z. B. eine 24 Zoll-Pumpe, also eine mit etwa 600 mm Druckrohrdurchmesser, einen festen Begriff bildet. Der Saugrohrdurchmesser wurde früher gleich dem Druckrohrdurchmesser genommen, da man im Saugrohr auch hohe Fördergeschwindigkeit haben wollte. Sie kann aber unter der neuerdings stark gesteigerten Druckrohrgeschwindigkeit bleiben, da die Bodenförderung bei einer Neigung um 45° gegen die Horizontale leichter vor sich geht als in der waagerechten Druckleitung. Bei den amerikanischen Pumpen macht man den Querschnitt der Saugleitung um etwa 20 bis 50 % größer als den der Druckrohrleitung.

Die Tab. 5 gibt für Rohrdurchmesser von 200 bis 750 mm die zugehörigen Zollmaße, ferner die Rohrquerschnitte in dm², sowie die Förderströme in l/sek und m³/h für die Fördergeschwindigkeiten von 3 m/sek bis 6 m/sek.

Tabelle 5. *Rohrdurchmesser von 200 bis 750 mm, Rohrquerschnitte und Fördermengen bei Fördergeschwindigkeiten von 3 bis 6 m/sek*

Rohrdurchmesser in mm		200	250	300	350	400	450	500	550	600	650	700	750
Rohrdurchmesser in Zoll etwa. . .		8	10	12	14	16	18	20	22	24	26	28	30
Rohrquerschnitt in dm²		3,14	4,91	7,07	9,62	12,57	15,90	19,63	23,76	28,27	33,18	38,48	44,18
Fördergeschwindigkeit in m/sek		Fördermenge											
3	l/sek	94	147	212	288	377	478	589	711	849	993	1155	1325
	m³/h	340	530	765	1035	1360	1720	2120	2560	3050	3580	4160	4770
3,5	l/sek	110	172	247	336	440	557	687	832	990	1160	1350	1540
	m³/h	396	620	890	1210	1580	2000	2470	3000	3560	4180	4870	5570
4	l/sek	125	197	282	385	503	637	785	952	1130	1325	1540	1765
	m³/h	450	710	1010	1380	1810	2290	2820	3430	4070	4770	5550	6360
4,5	l/sek	141	221	318	432	566	718	883	1070	1270	1490	1730	1985
	m³/h	508	795	1150	1560	2040	2580	3180	4200	4560	5360	6210	7170
5	l/sek	157	246	353	480	629	795	980	1190	1410	1660	1930	2210
	m³/h	565	885	1270	1730	2260	2860	3520	4280	5070	5970	6950	7950
5,5	l/sek	173	270	389	529	691	875	1080	1310	1550	1820	2120	2430
	m³/h	623	973	1400	1900	2480	3140	3890	4710	5590	6550	7650	8750
6	l/sek	188	294	423	577	755	955	1180	1430	1690	1990	2310	2650
	m³/h	678	1060	1520	2070	2720	3440	4250	5150	6100	7170	8310	9550

Wenn die Fördergeschwindigkeit entsprechend der vorliegenden Bodenart und damit der Förderstrom festgelegt sind, wird die Förderhöhe H gewählt und damit die erreichbare Förderweite bestimmt. Für den Fall, daß der Druckrohrauslauf in Höhe des Wasserspiegels liegt, in dem die Pumpe arbeitet, also keine geometrische Druckhöhe vorhanden ist, erhält man nach Abzug der Unterdruckhöhe die für die Überwindung des Rohrreibungswiderstandes verfügbare Höhe. Im Durchschnitt kann man diesen Abzug mit 10 m ansetzen und muß ihn nur dann erhöhen, wenn eine besondere geometrische Höhe zu überwinden ist. Die hiernach erforderliche Förderhöhe H steht mit der Kreiselumfangs-geschwindigkeit u in der Beziehung:

$$H = \frac{u^2}{2g}\,\psi \qquad u^2 = 2gH\,\frac{1}{\psi} \qquad u = \frac{\sqrt{2gH}}{\sqrt{\psi}}$$

Die Umfangsgeschwindigkeit ist also gleich der Endgeschwindigkeit beim Fall aus der Höhe H, dividiert durch die Wurzel der Druckziffer ψ.

Der Kreiseldurchmesser D ist bei neueren Baggerpumpen durchschnittlich das 2,2-bis 3,2fache des Saugrohrdurchmessers, womit sich aus $\pi D n = u$ die Drehzahl der Pumpe $n = \frac{u}{\pi D}$ ergibt, welche bei direktem Antrieb auch die Antriebsmaschine haben muß.

Aus den festgelegten Werten läßt sich die spezifische Drehzahl $n_q = n\,\frac{\sqrt{Q}}{H^{3/4}}$ oder der Schnelläufigkeitskennwert $K = \frac{D}{d}\,\sqrt{\frac{u}{v}}\,2{,}1\,\psi^{3/4}$ und damit der zu erwartende Wir-kungsgrad η bestimmen. Dann ist die erforderliche Antriebsleistung

$$N_e = \frac{Q\,H}{75}\,\frac{1}{\eta}$$

Damit sind Leistung und Drehzahl des Antriebsmotors aus Förderstrom und Förder-höhe bestimmt.

Geht man umgekehrt von einem mit Leistung und Drehzahl gegebenen Motor aus, dann ergibt sich bei einem zwischen den angegebenen Grenzen liegenden Kreiseldurch-messer die Umfangsgeschwindigkeit und damit die Förderhöhe. Unter vorläufiger Annahme eines Wirkungsgrades läßt sich der erreichbare Förderstrom errechnen und damit die spezifische Drehzahl. Nach einigem Probieren erreicht man, daß der dieser entsprechende Wirkungsgrad mit dem vorher angenommenen übereinstimmt.

Bei indirektem Antrieb unter Einschaltung eines Untersetzungsgetriebes kann man vorteilhafterweise die Drehzahl der Antriebsmaschine unabhängig von der sich zwangs-läufig ergebenden Pumpendrehzahl wählen. Man nimmt bei kleineren Leistungen Keil-riemen oder Flachriemen, bei größeren Ketten oder Zahnradgetriebe. Dies ist bei amerikanischen Pumpen häufig der Fall, sowohl bei Antrieb durch Elektromotoren wie auch Turbinen.

Das Ergebnis der vorangegangenen Berechnungen ist die Festlegung des *Betriebs-punktes* der größten Förderweite, während sich die Betriebspunkte geringerer Förder-weiten aus den Schnittpunkten der Kennlinie, nach der die Pumpe arbeitet, mit den entsprechenden Rohrwiderstandslinien ergeben. Dabei wächst der Förderstrom und fällt die Förderhöhe, so daß die spezifische Drehzahl ansteigt, selbst wenn die wirkliche Dreh-zahl, wie es meistens der Fall ist, abfällt. Da man den der größten Förderweite ent-sprechenden Betriebspunkt meist nicht in den Bereich des höchsten Wirkungsgrades bringen kann, steigt der Wirkungsgrad bei abnehmender Förderweite an.

Um die Festlegung des Betriebspunktes der größten Förderweite zu erleichtern, ist in Abb. 56 ein Q-H-Diagramm gezeichnet, mit Förderströmen Q bis 2600 l/sek und H bis 120 m. Dann sind Linien gleichen Produkts $\frac{Q\,H}{75}$ eingezeichnet, also Linien gleicher hydraulischer Leistung von 100 bis 2000 PS, wobei sich hierfür mit einem Wirkungsgrad von 0,6 eine Antriebsleistung von 3300 PS ergibt, was großen amerikani-schen Pumpen entspricht. Ferner sind noch in das Diagramm Linien gleichen Wertes $\frac{H^{3/4}}{\sqrt{Q}}$ von 6 bis 48 eingetragen, die die erstgenannte Linienschar schneiden. Wird die tat-sächliche Pumpendrehzahl durch diesen Wert geteilt, so ergibt sich jeweils die spezifische Drehzahl und damit der ungefähre Wirkungsgrad und die Antriebsleistung, die der betreffenden hydraulischen Leistung entspricht.

Die Benutzung des Kurvenblattes soll erläutert werden an einer Baggerpumpe mit einem Durchmesser von 650 mm für Saugrohrleitung und Druckrohrleitung, die durch einen Dieselmotor von 1200 PS bei einer Nenndrehzahl von 280 U/min angetrieben werden soll. Wünscht man eine Fördergeschwindigkeit von 3,5 m/sek, so beträgt der Förderstrom 1150 l/sek. Man kommt bei einem Wirkungsgrad von 0,55, den man zunächst annimmt, in den Punkt A mit einer hydraulischen Leistung von $1200 \cdot 0,55 = 660$ PS. Dabei ist die Förderhöhe 45 m und man hat einen Wert $\dfrac{H^{3/4}}{\sqrt{Q}} \sim 17$. Damit wird die spezifische Drehzahl $\dfrac{280}{17} = 16,5$, welche zu dem Wirkungsgrad von 55% paßt.

Jetzt stehen nach Abzug von 10 m noch 35 m für die Überwindung des Reibungswiderstandes zur Verfügung. Nach Kapitel C ist die Reibungswiderstandshöhe

$$h_r = \frac{v^2}{2g}\,\frac{l}{d}\,\lambda \quad \text{und} \quad l = \frac{h_r\,d}{\frac{v^2}{2g}\,\lambda}$$

Somit wird

$$l = \frac{35 \cdot 0,65}{0,625 \cdot 0,02} = \frac{23}{0,0125} \sim 1850 \text{ m}$$

Hiernach beträgt die Förderweite l ungefähr 1850 m. Bei größerer Fördergeschwindigkeit v erhält man einen größeren Förderstrom und kleinere Förderhöhe. Das ergibt zwar eine hohe spezifische Drehzahl und einen hohen Pumpenwirkungsgrad, aber die Förderweite ist gering.

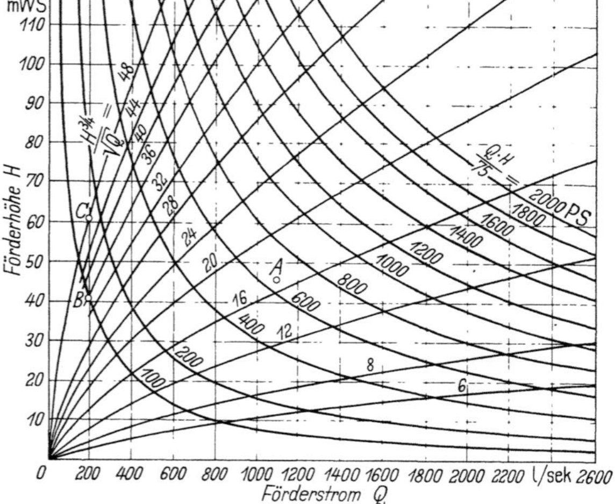

Abb. 56. Allgemeines Q-H-Diagramm mit Hyperbeln als Linien gleicher hydraulischer Leistung und Linien der Werte zur Berechnung der spezifischen Drehzahl

Die Fördergeschwindigkeit muß so hoch liegen, daß die Materialien, deren Förderung man wünscht, mit Sicherheit bewältigt werden. Man geht damit in den Vereinigten Staaten sehr weit, gibt den Pumpen hohe Antriebsleistungen und nimmt niedrige Pumpenwirkungsgrade in Kauf.

Es soll noch an Hand des Kurvenblattes Abb. 56 die Berechnung für eine kleine Pumpe durchgeführt werden mit 250 mm Rohrdurchmesser.

Nimmt man zunächst eine Antriebsleistung von 175 PS an, so kann man dafür einen Wirkungsgrad von 60% schätzen und hat eine hydraulische Leistung von 100 PS. Wählt man die Förderhöhe mit 40 m, so kommt man in den Punkt B mit $Q = 200$ l/sek, entsprechend einer Fördergeschwindigkeit von 4 m/sek und $\dfrac{H^{3/4}}{\sqrt{Q}} = 36$. Der Förderhöhe von 40 m entspricht eine Umfangsgeschwindigkeit von 27 m/sek. Bemißt man den Kreiseldurchmesser niedrig mit $2,5 \cdot 250 = 625$ mm, so erreicht man die Umfangsgeschwindigkeit von 27 m/sek mit einer Drehzahl von 830 U/min, und die spezifische Drehzahl wird $\dfrac{830}{36} = 23$, womit der geschätzte Wirkungsgrad von 60% bei der kleinen Pumpe zu erreichen ist.

Schreibt man aber für den Antriebsmotor 400 PS bei einer Drehzahl von 600 U/min vor und verlangt eine Förderhöhe von 60 m, so kann man den Wirkungsgrad mit nur 40% schätzen und kommt bei einer hydraulischen Leistung von 160 PS in den Punkt C mit gleichem Förderstrom von 200 l/sek. Da $\dfrac{H^{3/4}}{\sqrt{Q}}$ hierbei gleich 48 ist, wird die spezifische Drehzahl nur $\dfrac{600}{48} = 12,5$, womit der geschätzte niedrige Wirkungsgrad begründet ist. Die Fördergeschwindigkeit ist hierbei etwa 4 m/sek und die Förderweite 750 m, während sie bei 175 PS etwa 500 m beträgt. Hiernach würde die erhöhte Antriebsleistung nur wenig Wert haben, aber es muß betont werden, daß die Rechnung nur für Wasser gilt und sich bei stark bodenhaltigen Gemischen bei kleinen Rohrdurchmessern und groben Körnern weitgehend andere Verhältnisse ergeben. Das Ergebnis ist dann mitunter so, daß der Boden auf die gewünschte Entfernung gebracht wird und der gute bodentechnische Erfolg den Einsatz an Maschinenleistung rechtfertigt. Der Pumpenwirkungsgrad ist dann weniger wichtig.

Man soll nicht als Auftraggeber für einen Pumpenbagger gleichzeitig vielerlei Daten und Größen, die sich gegenseitig bedingen, unabhängig davon fordern. Schreibt man für eine Pumpe mit festgelegtem Rohrdurchmesser die Fördergeschwindigkeit und einen Antriebsmotor mit bestimmter Leistung und Drehzahl vor, so ergibt sich alles andere zwangsläufig, und man erkennt hieraus deutlich, daß der Entwurf einer Baggerpumpe vollkommen von dem einer Wasserpumpe abweicht.

Einen guten ersten Anhalt gewinnt man aus der allgemeinen Formel für die Antriebsleistung

$$N_e = \frac{Q\,H}{75}\,\frac{\gamma}{\eta}$$

Da $Q = \frac{\pi}{4}\,d^2\,v$ ist, wird

$$N_e = \frac{\frac{\pi}{4}\,d^2\,v\,H}{75}\,\frac{\gamma}{\eta}$$

Setzt man $\gamma = 1{,}2$ und $\eta = 0{,}6$ und die übrigen Formelgrößen, die unten aufgeführt werden, in den üblichen Maßen ein, so erhält man

$$v\,H = \frac{N_e}{\frac{\pi}{4}\,d^2}\cdot 3{,}75$$

Hier bedeutet:

v die Fördergeschwindigkeit im Druckrohr in m/sek
H die Förderhöhe in m
N_e die Antriebsleistung in PS
d der Druckrohrdurchmesser in dm

Der Ausdruck $\dfrac{N_e}{\frac{\pi}{4}\,d^2}$ ist die *Querschnittsleistung* in PS pro dm² Rohrquerschnitt. In Tab. 6 sind für Rohrdurchmesser von 200 bis 750 mm die Rohrquerschnitte in dm² und für Querschnittsleistungen von 20 bis 160 PS/dm² die zugehörigen Antriebsleistungen angegeben.

Wird die Querschnittsleistung groß gewählt, so muß auch das Produkt $v\,H$ einen großen Wert haben. H ist begrenzt durch die Kreiselumfangsgeschwindigkeit und dadurch, daß die spezifische Drehzahl nicht zu niedrig werden soll. Erhöht man v, so wird der Förderstrom groß und man hat eine hohe spezifische Drehzahl und guten Wirkungsgrad. Dabei soll aber die Fördergeschwindigkeit nicht über die erforderliche Größe hinausgehen, da sonst der Rohrreibungswiderstand zu groß und nur eine geringe Förderweite erreicht wird. Die Rohrquerschnittsleistung lag früher in Europa nur etwa zwischen 20 und 30 PS pro dm² Rohrquerschnitt, wobei für 600 mm Rohrdurchmesser eine Antriebsleistung von 700 PS angesetzt wurde. In Amerika ging man schon frühzeitig höher und liegt jetzt bei 90 bis 100 PS pro dm² Rohrquerschnitt. Man geht jetzt auch in Europa hoch und teilweise darüber, was aber nicht immer zweckmäßig ist.

Mit der vorangehend dargelegten Rechnung wurde der Nennpunkt im Q-H-Diagramm so festgelegt, daß der Förderstrom und damit die Fördergeschwindigkeit genügend hoch für die Materialmitnahme liegen und die Förderhöhe dabei so groß ist, daß die gewünschte Förderweite erreicht wird. Dabei soll die Antriebsmaschine ihre Nennleistung und ihre Nenndrehzahl erreichen. Auf die Erfüllung dieser Bedingungen hat der Kreiseldurchmesser den größten Einfluß, daneben auch die Druckziffer, welche durch die spezifische Drehzahl, ferner Form des Kreisels, Anzahl und Gestaltung der Schaufeln, die Schaufel-

Tabelle 6. *Rohrdurchmesser von 200 bis 750 mm und Antriebsleistungen für Baggerpumpen bei Rohrquerschnitts-leistungen von 20 bis 160 PS/dm³*

Rohrdurchmesser in mm	200	250	300	350	400	450	500	550	600	650	700	750
Rohrdurchmesser in Zoll etwa . .	8	10	12	14	16	18	20	22	24	26	28	30
Rohrquerschnitt in dm². . . .	3,14	4,91	7,07	9,62	12,57	15,90	19,63	23,76	28,27	33,18	38,48	44,18

Rohrquerschnitts-leistung in PS/dm²	Antriebsleistungen der Baggerpumpe in PS											
20	63	98	141	192	251	318	392	478	565	665	770	885
30	94	147	212	288	377	477	588	714	850	996	1150	1325
40	126	196	282	385	503	637	785	950	1130	1330	1540	1770
50	157	246	354	480	628	795	980	1190	1415	1660	1920	2210
60	188	295	424	577	755	955	1180	1420	1700	1990	2310	2650
70	220	344	495	672	880	1110	1370	1660	1980	2320	2700	3100
80	251	393	565	770	1000	1270	1570	1900	2260	2650	3080	3540
90	282	442	635	865	1130	1430	1770	2140	2550	2980	3470	3980
100	314	491	707	962	1260	1590	1960	2376	2827	3318	3848	4418
110	345	540	778	1060	1380	1750	2160	2610	3120	3650	4230	4860
120	377	590	848	1150	1510	1910	2350	2850	3400	3980	4610	5300
130	408	640	920	1250	1630	2060	2550	3090	3680	4320	5000	5750
140	440	688	990	1350	1760	2230	2740	3330	3960	4650	5390	6190
150	471	738	1060	1440	1880	2380	2940	3560	4250	4980	5770	6630
160	502	783	1130	1540	2010	2550	3140	3800	4530	5310	6150	7070

winkel u. a. m., bestimmt wird. Infolge der Einzelfertigung von Baggerpumpen liegen genügend Erfahrungswerte nicht vor, so daß der gewünschte Betriebspunkt nicht immer getroffen wird. Ist der Kreiseldurchmesser zu groß, dann wird die Nenndrehzahl der Antriebsmaschine erst bei einer großen Förderhöhe erreicht, der ein zu kleiner Förderstrom entspricht. Ist umgekehrt der Kreiseldurchmesser zu klein, so wird die Nenndrehzahl vorzeitig erreicht. Dies läßt das Kurvenblatt Abb. 57 erkennen. Der gewünschte Betriebspunkt ist A_0, in dem bei einem Förderstrom von 1150 l/sek die Fördergeschwindigkeit in der Druckrohrleitung von 650 mm Dmr. 3,5 m/sek beträgt und dabei mit 45 m Förderhöhe eine Förderweite von 1850 m erreicht wird. Nimmt man die Druckziffer mit 1,28 an, so ist $\frac{u^2}{2g} = \frac{45}{1,28} = 35,2$ und danach die Kreiselumfangsgeschwindigkeit $u = 26,2$ m/sek. Dafür muß der Kreiseldurchmesser mit 1780 mm bemessen werden, denn $\pi \cdot 1,78 \cdot \frac{280}{60}$ ist gleich 26,2 m/sek.

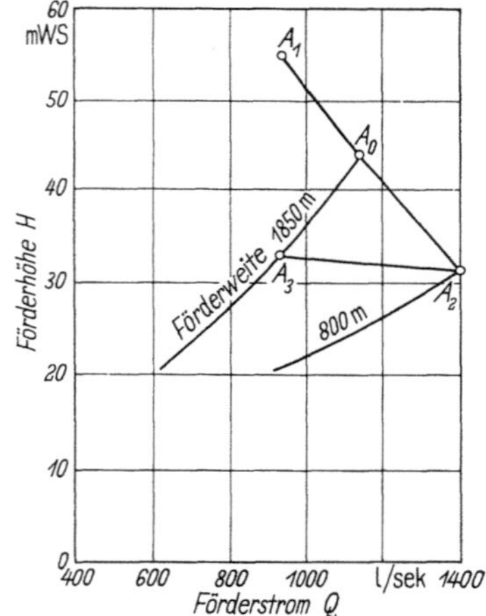

Abb. 57. Betriebspunkt A_0 für richtigen und A_1 für zu großen Kreiseldurchmesser, der in A_2 und A_3 zu klein ist

Nimmt man jedoch im Anhalt an frühere Erfahrungen mit offenen Kreiseln die Druckziffer nur mit 1,05 (C-Wert $= 18,6$) an und bemißt den Durchmesser mit 1980 mm, so kommt man in den Punkt A_1 mit einem Förderstrom von 930 l/sek, für welche die Fördergeschwindigkeit nur 2,8 m/sek ist. Da diese zu klein ist, nutzt es nichts, wenn man damit auf eine größere Förderweite kommt. Bei der Förderweite von 1850 m liegt man dann unter der Nenndrehzahl und kommt infolge der dadurch verminderten Antriebsleistung hierbei meist auch nicht mehr auf 3,5 m/sek.

Bemißt man den Kreiseldurchmesser zu klein mit 1500 mm, so ist bei der Nenndrehzahl die Umfangsgeschwindigkeit nur 22 m/sek, und man erreicht bei gleicher

Druckziffer von 1,28 nur eine Förderhöhe von 31,5 m im Punkt A_2. Dabei ist der Förderstrom mit 1400 l/sek groß, aber die Förderweite nur etwa 800 m. Wird diese größer, so bewegt man sich, da man über die Nenndrehzahl nicht hinauskommt, auf der Kennlinie gleicher Drehzahl und kommt nach A_3. Hier erreicht man die Förderweite von 1850 m nur noch mit einer Geschwindigkeit von 2,8 m/sek, liegt also noch ungünstiger als bei dem zu großen Durchmesser. Infolge der Unsicherheit bei der Annahme der Druckziffer, des Wirkungsgrades und auch der Rohrwiderstandslinien ist es schwer, den Ausgangsbetriebspunkt A_0 richtig zu treffen, so daß eine nachträgliche Änderung des Kreiseldurchmessers möglich sein muß und Konstruktionen, die dies leicht ermöglichen, zweckmäßig sind.

Man erkennt aus diesen Berechnungen, eine wie wichtige Größe bei Baggerpumpen der Kreiseldurchmesser ist, und daß seine richtige Bemessung ausschlaggebend dafür ist, daß die Leistung der antreibenden Maschine wirklich zur Geltung kommt.

Im Betrieb arbeitet die Baggerpumpe im Schnittpunkt zwischen der Rohrwiderstandslinie für die gegebene Förderweite und der Kennlinie, welche ihrer Antriebsmaschine entspricht.

Die *Kennlinie gleicher Drehzahl* wurde ausführlich behandelt, weil sie den Zusammenhang zwischen Förderhöhe und Förderstrom, der eine Eigenheit der Kreiselpumpe ist, erkennen läßt. Wirkliche Aufnahmen von Kennlinien gleicher Drehzahl findet man für Baggerpumpen selten, da sie nur bei Antrieb durch Drehstrommotoren oder Gleichstrom-Nebenschlußmotoren zu erhalten sind. Bei Dampfmaschinen oder Dieselmotoren ist es kaum zu erreichen, daß die Drehzahl in gleicher Höhe eingehalten wird, da eine Baggerpumpe hierbei sehr labil ist.

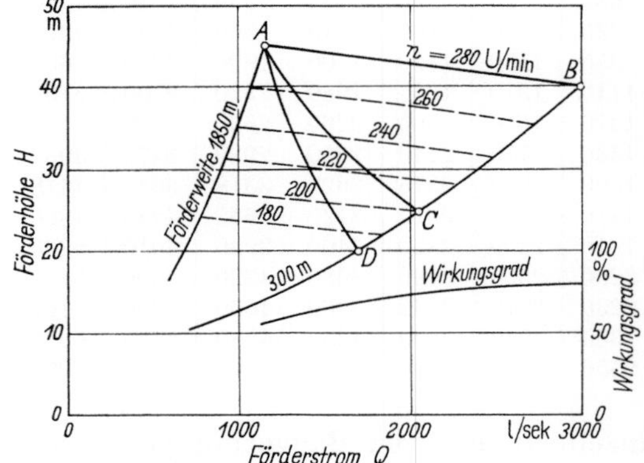

Abb. 58. *Q-H*-Diagramm einer Baggerpumpe von 650 mm Druckrohranschluß mit Nennbetriebspunkt *A* und Kennlinien gleicher Drehzahl, gleicher hydraulischer Leistung, gleichen hydraulischen Drehmoments, gleicher Steuerstellung

In Abb. 58 ist das Kennliniendiagramm für eine Baggerpumpe mit 650 mm Druckrohrdurchmesser und 1200 PS Antriebsleistung gezeichnet. *A* ist der Betriebspunkt mit einem Förderstrom von 1150 l/sek, entsprechend einer Fördergeschwindigkeit von 3,5 m/sek und einer Förderhöhe von 45 m. Dabei ist eine Förderweite von 1850 m bei Fortfall einer geometrischen Höhe zu erreichen. Die Rohrwiderstandslinien für 1850 m und 300 m Förderweite sind eingezeichnet. Würde bei Übergang auf diese geringe Förderweite die Pumpe durch einen Drehstrommotor mit gleichbleibender Drehzahl angetrieben werden, so würde *B* der Betriebspunkt sein, mit einem Förderstrom von 3000 m³/sek und 40 m Förderhöhe. Dies wäre die 2,3fache hydraulische Leistung, welche eine Überlastung des Drehstrommotors herbeiführen würde. Es würde außerdem, je nach der Bauart des Motors, ein starker Schlupf mit hohen Verlusten, Abkippen u. a. m., die Folge sein. Man muß infolgedessen den Kreiseldurchmesser herabsetzen, die Riemenscheiben auswechseln, die Übersetzung eines Zahnradgetriebes ändern usw., so daß bei gleichbleibender Drehzahl des Motors die Umfangsgeschwindigkeit herabgesetzt wird.

In der Regel werden Baggerpumpen aber von Kolbenmaschinen, wie Dampfmaschinen und Dieselmotoren, Dampfturbinen oder Elektromotoren für Gleichstrom, angetrieben, bei denen sich andere Kennlinien ergeben.

Der Punkt *C*, welcher — wie auch die weiteren Betriebspunkte — auf der Rohrwiderstandslinie für 300 m Förderweite liegt, entspricht der gleichen *hydraulischen Leistung* wie im Punkt *A*, wo sie $\frac{1150 \cdot 45}{75} = 690$ PS war. In *C* ist $Q = 2060$ l/sek und

$H = 25$ m, was wieder $\dfrac{2060 \cdot 25}{75} = 690$ PS ist. Die Linie AC ist also eine Kennlinie gleicher hydraulischer Leistung.

AD ist eine Kennlinie gleichen *hydraulischen Drehmomentes*, bei welcher $\mathfrak{M} = 716\,\dfrac{N}{n}$ konstant bleibt. In dieser Gleichung soll alles, was rechts steht, durch Q und H ausgedrückt werden. Es ist $n = \dfrac{u}{\pi D}$, worin n die U/sek, u die Umfangsgeschwindigkeit in m/sek und D der Kreiseldurchmesser in m ist.

Mit ψ als Druckziffer ist infolge der Beziehung $H = \dfrac{u^2}{2g}\,\psi$

$$u^2 = \frac{2gH}{\psi} \qquad u = \frac{\sqrt{2gH}}{\sqrt{\psi}} = \pi D n \qquad n = \frac{\sqrt{2gH}}{\sqrt{\psi}\,\pi D}$$

$$\mathfrak{M} = 716\,\frac{QH}{60 \cdot 75}\,\frac{\sqrt{\psi}\,\pi D}{\sqrt{2g}\,\sqrt{H}}$$

$$\mathfrak{M} = Q\,\sqrt{H}\,\frac{716\,\pi}{60 \cdot 75\,\sqrt{2g}} = Q\,\sqrt{H}\,0{,}114\,D\,\sqrt{\psi}$$

Hiernach ist, wenn man ψ für diesen Bereich als konstant annimmt, für die Linie AD das Produkt aus Q und $\sqrt{H}$ konstant.

Es handelt sich hierbei um das hydraulische Drehmoment, eine aus der hydraulischen Leistung abgeleitete rechnerische Größe. Für das effektive, von der Maschine abzugebende Drehmoment muß noch der Pumpenwirkungsgrad η eingesetzt werden. Dann wird

$$\mathfrak{M}_e = Q\,\sqrt{H}\,0{,}114\,\frac{D\,\sqrt{\psi}}{\eta}$$

Der Wirkungsgrad, der in Abb. 58 ebenfalls eingetragen ist, wird bei den Betriebspunkten rechts von A infolge Ansteigens der spezifischen Drehzahl höher. Als Folge davon ist bei gleichbleibendem effektivem Drehmoment ein Betriebspunkt zu erreichen, der etwa bei C liegen kann. Es fällt dann die Kennlinie, auf der die Pumpe wirklich arbeitet, etwa mit der Kennlinie gleicher hydraulischer Leistung zusammen. Man nennt sie die *Kennlinie gleicher Steuerstellung*, denn es wird bei ihr an der Dampfzufuhr oder der Kraftstoffzufuhr nichts geändert. Die Drehzahl fällt dabei ab von 280 U/min auf etwa das 0,7fache, also 200 U/min, und der Förderstrom steigt von 1150 l/sek auf 2060 l/sek, also das 1,8fache an. Diese Änderung tritt bei Baggerpumpen ein, wenn sie mit gleicher Steuerstellung von der größten auf die geringste Förderweite übergehen.

Im Gegensatz zu der Kennlinie gleicher Drehzahl ist die Kennlinie gleicher Steuerstellung, die man auch als Kennlinie maximalen Drehmomentes bezeichnen kann, bei der Baggerpumpe leicht aufzunehmen. Wenn man den Druckrohrauslauf durch Zudrehen eines Schiebers oder Vorsetzen von Blenden mit immer geringer werdender Öffnung drosselt, erhält man bei Antrieb durch eine Kolbenmaschine die Kennlinie gleicher Steuerstellung, die ungefähr der Linie gleichen effektiven Drehmomentes entspricht. Genau ist dies nicht der Fall, da bei manchen Dieselmotoren bei abnehmender Drehzahl und gleicher Kraftstoffmenge pro Hub das Drehmoment bis etwa 10 % höher werden kann, was auch bei der Dampfmaschine möglich ist. Infolge davon und insbesondere auch wegen des unterschiedlichen Verhaltens des Wirkungsgrades haben die wirklich aufgenommenen Kennlinien gleicher Steuerstellung einen verschiedenen Verlauf, und es ist sogar möglich, daß sie *über* der Kennlinie gleicher hydraulischer Leistung liegen, so daß der Betriebspunkt von C in Richtung auf B rückt. Das ist insbesondere auch bei Turbinen der Fall, bei denen das effektive Drehmoment mit Abnahme der Drehzahl ansteigt. Bei ihnen könnte auch die volle effektive Leistung bei geringer Förderweite erreicht werden, wenn man die Beaufschlagung so weit erhöht, daß das Produkt aus effektivem Drehmoment und Drehzahl gleichbleibt. Notwendig ist dies aber nicht, da die Fördergeschwindigkeit durch die Erhöhung des Förderstromes schon auf das Doppelte angestiegen ist und dadurch ein unnötiger Reibungsverlust entsteht. Deswegen hat es auch wenig Zweck, durch Herabsetzung des Kreiseldurchmessers, Änderung der Übersetzung, elektrische oder hydraulische Kraftübertragung u. a. m., die volle effektive Leistung auch bei geringer Förderweite erreichen zu wollen. Die Antriebsmaschine muß es vertragen können, bei vollem Drehmoment mit einer bis auf 70 % herabgesetzten Drehzahl zu arbeiten, was bei manchen Zweitaktdieselmotoren Schwierigkeiten macht.

Bei Antrieb von Baggerpumpen durch Elektromotoren für Gleichstrom kann man durch Drehzahlregelung den Betriebspunkt erreichen, bei dem die Leistung ausgenutzt wird, ohne daß eine Überlastung eintritt.

Bei Kiessaugern vermeidet man eine Erhöhung der Fördergeschwindigkeit, um den Verschleiß nicht zu steigern und läßt sie nach der Kennlinie gleichen Förderstroms in einem Punkte, der senkrecht unter A liegt, arbeiten. Derartige Unterschiede in der Förderweite, wie sie Abb. 58 zeigt, kommen allerdings hier nicht vor, und wenn eine Änderung der Förderweite eintritt, wechselt man die Riemenscheiben um, so daß die Pumpe bei herabgesetzter Drehzahl etwa mit gleichem Förderstrom arbeitet. Dabei geht die Antriebsleistung zurück, so daß man auch einen schwächeren Motor nehmen kann.

Zwischen den Rohrwiderstandslinien für die größte und die kleinste Förderweite liegen die übrigen. Wo diese Rohrwiderstandslinien die Kurve gleicher Steuerstellung schneiden, liegt jeweils der Betriebspunkt, bei dem die Antriebsmaschine das größte Drehmoment entwickelt. Rechts von der Kennlinie gleicher Steuerstellung kann der Betriebspunkt nicht liegen, wohl aber links von ihr, wenn man durch Verminderung der Dampfzugabe oder der Brennstoffzufuhr das Drehmoment beschränkt.

Man erkennt, daß die Baggerpumpe ein weites *Betriebsfeld* hat, während eine von einem Drehstrommotor angetriebene Wasserpumpe nur auf einem Punkte der Kennlinie gleicher Drehzahl arbeitet. Daraus folgen auch die weitgehenden Unterschiede bei der Berechnung.

5. Übergang von Wasserförderung auf Förderung einer Flüssigkeit mit höherer Dichte; Bodenkornmitnahme und Verschleißfragen

Alle vorangehenden Überlegungen und Berechnungen bezogen sich auf Wasserförderung und es bleibt auch richtig, diese als Grundlage anzunehmen. Bevor die Veränderung durch Kornmitnahme erörtert wird, soll zunächst die Förderung einer Flüssigkeit mit anderer Dichte als Wasser, und zwar am Beispiel von *Glyzerin* mit $\gamma = 1{,}26$, untersucht werden. Wenn man die kinematische Zähigkeit durch entsprechende Temperatur auf die von Wasser bringt, so würde Glyzerin in der Pumpe nach den gleichen Gesetzen strömen.

Behält beim Übergang von Wasserförderung auf Glyzerinförderung der Kreisel die gleiche Umfangsgeschwindigkeit bei, so ist auch die Förderhöhe hierbei $\frac{u^2}{2g}\,\psi$. Denkt man sich diese Säule in einem U-Rohr auf Wasser wirkend, so wird sich bei diesem die 1,26fache Höhe einstellen und dementsprechend auch ein Manometer den 1,26fachen Druck in kg/cm² anzeigen. Die Gleichung für die hydraulische Leistung lautet dann: $N = \frac{Q\,H}{75}\,\gamma$, würde also das 1,26fache der für Wasser sein. Dabei kann man das γ entweder der Förderhöhe zuordnen, diese also auf das 1,26fache erhöhen, oder dem Förderstrom. Dann wird aus dem Volumenstrom ein Gewicht $Q\,\gamma$ pro Sekunde, das auf die Höhe H zu heben ist. Man darf aber γ nicht zweimal ansetzen, wie es mitunter irrtümlicherweise geschieht.

Wenn man andererseits bei Glyzerinförderung den Druck am Manometer in kg/cm² abliest, muß man, um die Förderhöhe in m Glyzerinsäule zu erhalten, diese Ablesung durch Multiplikation mit 10 in m Wassersäule umwandeln und dann noch durch 1,26 dividieren. Dann gilt wieder die Gleichung $H = \dfrac{u^2}{2g}\,\psi$, wobei ψ mit gleichem Wert wie für Wasser einzusetzen wäre.

Die Reibungswiderstandshöhe, welche sich aus der Gleichung $h_r = \dfrac{v^2}{2g}\,\dfrac{1}{d}\,\lambda$ ergibt, gilt für eine Glyzerinsäule ebenso wie die geometrische Förderhöhe. Die Summe beider Höhen muß mit 1,26 multipliziert und durch 10 dividiert werden, um den Pumpendruck in kg/cm² zu erhalten.

Q-H-Diagramme, bei denen Q in l/sek und H in m Flüssigkeitssäule aufgetragen ist, ändern sich beim Übergang von Wasser auf Glyzerin nicht, aber manometrische Drücke in kg/cm² steigen dabei auf das 1,26fache. Abb. 59 ist ein solches Diagramm, in dem der Betriebspunkt A für eine in Wasser arbeitende Baggerpumpe mit einem Förderstrom von 1150 l/sek und einem Druck von 4,5 kg/cm² gilt. Dabei geht die Rohrwiderstandslinie für 1850 m durch diesen Punkt, für den die hydraulische Leistung $\dfrac{1150 \cdot 45}{75} = 690$ PS ist. Für Glyzerinförderung ergibt sich ein neuer Betriebspunkt B dadurch, daß die Rohrwiderstandslinie höher liegt und nur eine hydraulische Leistung von $\dfrac{690}{1,26} = 555$ PS aufgebracht werden kann. Dabei ist aber vorausgesetzt, daß Drehmoment und Drehzahl der Antriebsmaschine sich entsprechend abwandeln können. Ist das Drehmoment begrenzt, so käme man auf einen Punkt mit noch geringerem Förderstrom.

Diese Eigenschaften einer homogenen Flüssigkeit mit einer gegen Wasser erhöhten Dichte sind auch bei Gemischen, die nur Feinkörner enthalten, gegeben, da diese der Strömung ohne nennenswerte

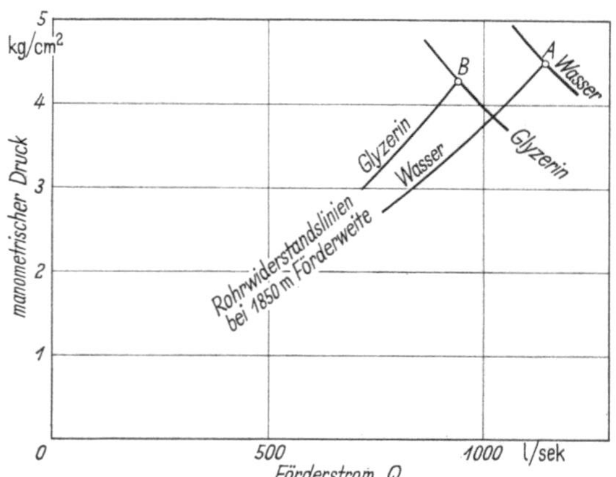

Abb. 59. Verlagerung des für Wasserförderung geltenden Betriebspunkts bei Übergang auf Glyzerinförderung unter Abnahme von Förderstrom und Fördergeschwindigkeit

Relativbewegung gegen das Wasser folgen. Dabei bringt hier eine Abnahme der Fördergeschwindigkeit kein Ausfallen von Körnern mit sich, so daß der Übergang von Wasserförderung auf Gemischförderung trotz Gleichbleiben der Pumpenantriebsleistung ohne schädliche Wirkungen vor sich geht.

Anders wird es aber bei grobkörnigen Gemischen mit großer Ungleichförmigkeit, bei denen der Charakter der homogenen Flüssigkeit verlorengeht. Beim Saugen aus dem Grund bringt das Hinzukommen von Boden und die Erhöhung der Dichte einen Abfall der Fördermenge, der eine weitgehende Änderung des Betriebspunktes herbeiführt. Dann kann sich aber Grobmaterial absetzen, das schwer wieder in Bewegung zu bringen ist. Besonders scheint bei einer großen Förderweite die Neigung zum Verstopfen bei derartigem Material groß zu sein, so daß diese Schwierigkeit zu denjenigen, die durch hohen Pumpendruck und Verschleiß entstehen, noch hinzukommt. Die Erfahrung lehrt, daß man bei derartigen Materialien höchstens bis zu einem Verhältnis der Förderweite zum Rohrdurchmesser von 1500 bis 2000 gehen sollte.

Welche Veränderung der Betriebspunkt beim Wechsel zwischen Wasserförderung und Bodenmitnahme erfährt, hängt von der Art der Antriebsmaschine und deren Kennlinie ab. Bei der durch Drehstrommotoren angetriebenen Pumpenanlage bei Förderung von Kies im Düsseldorfer Hafen, für die im Kapitel C die Änderung der Widerstandsverhältnisse in der Rohrleitung untersucht wurde, konnten auch an den Pumpen und deren Antriebsmotoren Messungen vorgenommen werden. Dabei wurden die in der Tab. 7 enthaltenen Werte festgestellt. Bei Übergang von Wasserförderung auf Kiesgemischförderung bleibt hiernach die Drehzahl der Drehstrommotoren annähernd gleich mit 362 bei der schwimmenden Pumpe und 382 bei der Landpumpe, und auch die Leistung der Motoren ändert sich kaum. Die Manometerdrücke bleiben fast gleich, so daß die Gemischsäulenhöhen etwa im Verhältnis $\frac{1}{1{,}21}$ kleiner sind als die Wassersäulenhöhen. Groß ist aber der Unterschied bei der Fördermenge, die bei Wasser 1675 m³/h und bei Gemisch nur 910 m³/h beträgt. Dieser Mengenabnahme entsprechend sinkt auch der Wirkungsgrad erheblich ab von etwa 71 % bei Wasser auf 38,5 % bei Gemisch.

Tabelle 7. *Vergleichsmessungen bei Förderung von Wasser und Gemisch mit starkem Bodengehalt beim Drücken von zwei hintereinandergeschalteten Pumpen in eine Rohrleitung von 400 m Länge bei 300 mm Dmr.*

	Wasser		Gemisch mit Dichte = 1,21 21,5 % scheinbarer und 13 % wahrer Feststoffanteil	
	Pumpe I schwimmend	Pumpe II an Land	Pumpe I schwimmend	Pumpe II an Land
Fördermenge Q in m³/h	1675	1675	910	910
Förderhöhe H	26 m Wassersäule	30 m Wassersäule	22,3 m Gemischsäule	26,3 m Gemischsäule
U/min	362	382	362	382
Motorleistung in PS	224	265	238	274
Pumpenwirkungsgrad	0,72	0,71	0,38	0,39
Kreiselumfangsgeschwindigkeit in m/sek	20,3	21,4	20,3	21,4
Spezifische Drehzahl	21,5	20,35	17,85	16,55
Druckziffer ψ	1,24	1,29	1,06	1,126
Fördergeschwindigkeit in der Leitung in m/sek	6,59	6,59	3,58	3,58
Widerstandsbeiwert λ	0,0013	0,0013	0,039	0,039

Wie man sieht, sind die Verhältnisse bei Gemischförderung mit hoher Konzentration und großem Ungleichförmigkeitsgrad gegenüber der Wasserförderung wesentlich anders. Wenn man sich als Grenzfall die Konzentration so weit erhöht denkt, daß sich die Körner gegenseitig berühren, würde in einem rotierenden Zylinder, wie ihn Abb. 51 zeigte, sich die Oberfläche auch annähernd nach einem Rotationsparaboloid einstellen. Ein Manometer würde aber nicht eine Drucksteigerung anzeigen wie bei einer Flüssigkeit. Auch die Menge würde bei Einsetzen der Förderung nicht in der Weise bestimmt sein, daß man von einem Förderstrom sprechen kann. Somit sind die beiden Teile, die bei Flüssigkeitsförderung die Nutzleistung ergeben, unbestimmt und ebenso der Wirkungsgrad, mit dem man diese Nutzleistung ins Verhältnis zur aufgewandten Leistung setzt.

So ist es erklärlich, daß Messungen keine eindeutigen Werte ergeben und von den oben angegebenen teilweise abweichen. Bei Baggerpumpen mit Elektroantrieb von Kiessaugern hat man u. a. festgestellt, daß bei Übergang von Wasserförderung auf Kiesförderung die Leistungsaufnahme nicht im Verhältnis der Dichtezunahme anstieg, sondern gleichblieb und manchmal sogar etwas abnahm. Das bedeutet aber keine Erhöhung des Wirkungsgrades, was schon deswegen unmöglich ist, weil neben der Nutzleistung jetzt auch die Verschleißleistung aufzubringen ist. Es läßt vielmehr erkennen, daß auch der Wirkungsgrad in gleicher Weise wie Menge und Druck bei konzentrierter Gemischförderung indeterminant wird. Für die Geschwindigkeit und den Widerstandsbeiwert bei der sich anschließenden Rohrförderung wurde dies in Kapitel C bereits festgestellt.

Bei der Berechnung der Pumpe kann man nur Wasserförderung erfassen und legt dabei einen so großen Förderstrom zugrunde, daß die Fördergeschwindigkeit in der Druckleitung für die Förderung des gewünschten Materials ausreichend erscheint. Dann wird die Förderhöhe nach der verlangten Förderweite festgelegt und damit ergibt sich die hydraulische Leistung. Wenn man diese mit 1,2 multipliziert und den für Wasser geltenden Wirkungsgrad einsetzt, erhält man die Antriebsleistung. Zwar ändern sich beim Übergang auf stark bodenhaltige Gemische alle Größen, und der ursprünglichen Berechnung werden damit eigentlich die Grundlagen entzogen. Es tritt also das gleiche ein wie bei der Berechnung des Rohrreibungswiderstandes in Kapitel C, bei der man Fördergeschwindigkeiten und Widerstandsbeiwerte für Wasser zugrunde legt, die sich bei Gemischförderung völlig ändern. Auch bei der Pumpenberechnung ist es so, daß eine für Wasser mit Sicherheitszuschlägen berechnete Pumpe schließlich auch Gemisch fördert.

Bei der Förderung von Gemischen mit hohem Bodenanteil und grober Körnung ist die Beherrschung des *Verschleißes* eine schwierige Aufgabe. Wenn die Bodenkörner nicht mehr der Strömung folgen, dann treffen sie auf die Kreiselschaufeln und beim Austritt aus dem Kreisel auf die Gehäusewandungen und verursachen Verschleiß, der in seiner Größe kaum zu berechnen ist. Bequemes Aufnehmen der Pumpe und schneller Einbau von Ersatzteilen, die nicht teuer sein dürfen, sind dann dringende Forderungen, die vieles andere in den Hintergrund treten lassen.

Wenn auch der Grad der Abnutzung je nach Materialart und Kornzusammensetzung, Ungleichförmigkeitsgrad, Kornform, Korngehalt usw., sehr verschieden ist, kann man doch als Anhalt annehmen, daß er fast proportional der 3. oder sogar 4. Potenz der Kreiselumfangsgeschwindigkeit ansteigt und einfach proportional dem Bodengehalt ist. Die amerikanischen Pumpen mit den hohen Umfangsgeschwindigkeiten von 35 bis 40 m/sek haben sehr starke Abnutzung, so daß man in Europa für die gleiche Förderhöhe lieber zwei in Reihe geschaltete Pumpen nimmt.

Die Pumpengehäuse nutzen sich um so weniger ab, je größer sie im Verhältnis zum Kreisel sind. Man verwendet für den Guß von Kreiseln und Gehäusen vielfach Chrom-Molybdän-Stahl oder andere Stahllegierungen. Dabei soll das Material nicht nur an der Oberfläche, sondern auch in der Tiefe widerstandsfähig sein, da man eine erhebliche Abnutzung zulassen muß, wenn man die Auswechselung nicht zu häufig vornehmen will. Große Wanddicke und Vermeidung von starken lokalen Abnutzungen haben sich als vorteilhaft erwiesen. Die Gußstücke sollen möglichst vollkommen sein, unter Fortfall von Blasen, Fehlern, Lunkern und Schlacken, da hierdurch sehr schnell lokale Auswaschungen entstehen, die den gleichmäßigen Fluß stören und damit starke weitere Abnutzung zur Folge haben.

Der sekundäre Strom innerhalb der Pumpe, d. h. der Rücklauf vom Druckteil nach dem Saugteil, ist in jedem Falle nachteilig, und man verwendet besondere Abdichtungen, Sperrwasser oder schaufelartig verlaufende Rippen auf den Kreiselwandungen. Nachstellbare Ringe sind kompliziert und schwierig zu betätigen, erzeugen Abnutzung in ihren Spalten und werden besonders angegriffen, wenn sie nach erfolgter Nachstellung hervorstehen.

Wie aus den nachfolgenden Ausführungsbeispielen zu erkennen ist, gibt man den Pumpen vielfach ein Gehäuse mit großer Wanddicke im Umfang, während die Deckel meist austauschbare Schleißscheiben haben. Sehr häufig hat man aber ein besonderes Innengehäuse, das kein tragender Konstruktionsteil ist und nur nach Verschleißrücksichten bemessen wird. Dieses umgibt man mit einem leichteren Außengehäuse aus dünnwandigem Guß oder Schweißkonstruktion, das schnell und bequem zwecks Freilegung und Ausbau des Innengehäuses aufzunehmen ist.

Verschleiß am Kreisel und dem Gehäuse muß rechtzeitig durch Reparatur beseitigt werden. Die dafür erforderlichen Schweißarbeiten können nicht an Bord behelfsmäßig, sondern müssen nach Ausbau der Teile in einer geeigneten Werkstatt sorgfältig durchgeführt werden. Es muß dabei wieder eine glatte und gleichmäßig harte Oberfläche geschaffen werden, da sonst der Verschleiß gleich wieder einsetzt.

In Europa baut man häufig noch Pumpen mit eckigen Gehäusen, die aus Blechplatten in Schweißkonstruktion zusammengebaut und mit Schleißplatten ausgekleidet sind. Die können nach eingetretenem Verschleiß durch Schweißung aufgearbeitet und durch neue ersetzt werden, wenn sie unbrauchbar geworden sind.

Immer wieder wird auch der Versuch gemacht, Gummi zu verwenden, da bekannt ist, daß dieser durch elastisches Ausweichen beim Auftreffen von Festkörpern sehr verschleißfest ist. Es zeigt sich aber, daß kantige Steine oder Felsstücke, Konglomeratbruchstücke und erst recht Hafenunrat den Gummi aufreißen, so daß seine Verwendung nur bei runden Kieskörnern Vorteile bietet. Man ist infolgedessen bisher meist davon abgegangen, größere Flächen durch Gummi zu schützen und beschränkt sich auf Dichtungsringe u. dgl. mit Stahleinlage. Man macht indessen stets weitere Versuche mit Gummi, um mit fortschreitender Technik doch zu einem Erfolg zu kommen.

Nachstehend folgen einige Angaben über Verschleiß nach Mitteilungen von LAVAL auf dem Schiffahrtskongreß in Rom 1953.

Der Schutensauger RF 2, der im folgenden Kapitel beschrieben wird, hat eine Pumpe mit 580 mm Rohrdurchmesser und einen Kreisel mit 1450 mm Dmr., wobei dessen Umfangsgeschwindigkeit 25 m/sek beträgt. Er ist in Chrom-Molybdän-Stahl gegossen und hatte ein Gewicht von 1760 kg. Nach Durchgang einer Bodenmenge von 240000 m³, wovon 145000 m³ Silikatsteine waren, war das Gewicht um 360 kg auf 1400 kg zurückgegangen, also um 20 % durch Verschleiß vermindert. Dabei trat die Abnutzung besonders an den Eintrittskanten der Schaufeln auf, aus denen V-förmige Teile herausgerissen wurden. An dieser Stelle prallen die Festkörper auf, auch kommt leicht Kavitation hinzu. Das Pumpengehäuse ohne Deckel, die sog. Volute, wog ursprünglich 4300 kg und nahm nach Durchgang von 400000 m³ Bodenmaterial, wovon die Hälfte Silikatsteine waren, um 600 kg ab, also um 15 %. Dabei wurde eine Rinne von 50 mm Tiefe am ganzen Umfang und 70 mm Tiefe am Spitzkopf ausgewaschen. Das Gehäuse war in diesem Zustand für die Spülung von weniger angreifendem Bodenmaterial noch verwendungsfähig, da es keine tiefen lokalen Abnutzungen aufwies. Deren Vermeidung und das Erreichen einer möglichst gleichmäßigen Abnutzung ist in jedem Falle erstrebenswert.

Die Pumpen des Schneidkopfsaugers „Fatouville" mit 800 mm Rohranschluß und 1700 mm Kreiseldurchmesser, angetrieben durch Turbinen von 3500 PS, haben einen Druck von 3,5 bis 4,5 kg, bei einer Drehzahl von 300 bis 400 U/min und 26 bis 27 m/sek Umfangsgeschwindigkeit. Die Kreisel sind in Chrom-Molybdän-Stahl gegossen und haben beim Spülen von Silikatsand und einem Mittelkorn von 0,12 mm folgende Abnutzung gehabt:

Kreisel Nr. 1	2 750 000 m³ gespült	Lokal wieder durch Auftragsschweißung repariert bei 1 600 000 m³, wobei noch eine Weiterverwendung für 1 000 000 m³ möglich scheint.
Kreisel Nr. 2	2 000 000 m³ gespült	Unbenutzbar infolge von Gußfehlern, wobei deren Feststellung und die Reparatur zu spät erfolgten.

Alles in allem ist die Verschleißfrage nicht gelöst, und es gibt Fälle, in denen die Wirtschaftlichkeit des Saugverfahrens und der Verwendung von Baggerpumpen durch übermäßigen Verschleiß in Frage gestellt ist, weil der Hauptvorteil des Saugverfahrens, die Kontinuierlichkeit, dann bei ständigem Auswechseln von Kreiseln, Gehäusen usw. nicht mehr zu erreichen ist.

6. Beschreibung von ausgeführten Baggerpumpen

Außer den in diesem Abschnitt beschriebenen Baggerpumpen findet man noch weitere Ausführungsbeispiele bei den einzelnen Arten der Pumpenbagger.

Abb. 60 ist eine Querschnittszeichnung einer Pumpe von 250 mm Rohranschluß (10 Zoll), wie sie von der amerikanischen Firma Morris serienmäßig gebaut wird. Das Außengehäuse hat einen besonderen Einsatz, ein Innengehäuse aus verschleißfestem Stahlguß, das an der Saugrohrseite geöffnet ist, so daß der Kreisel eingesetzt werden kann.

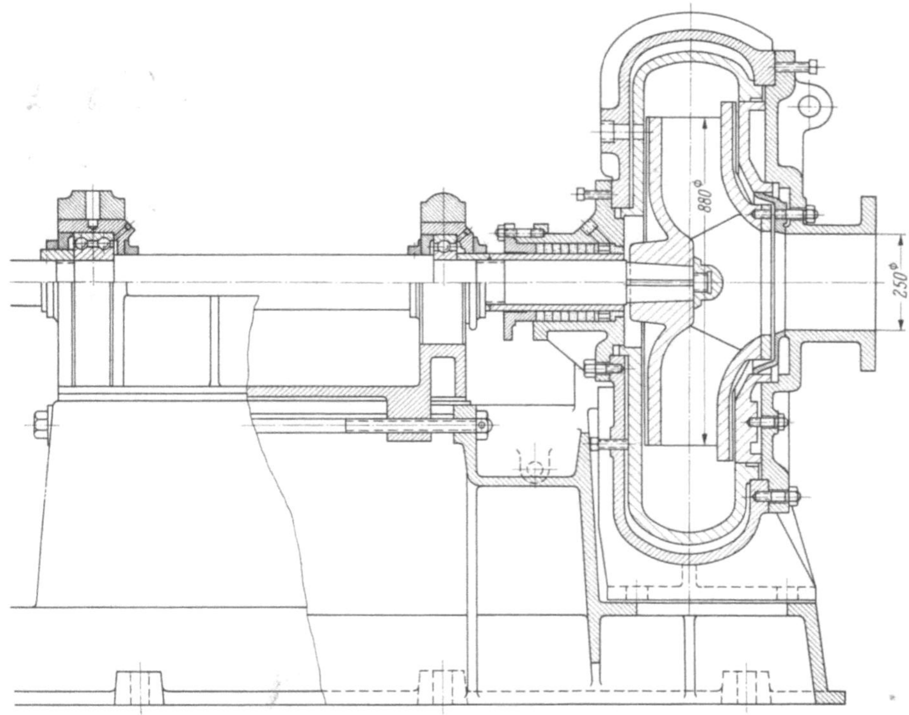

Abb. 60. Querschnitt durch eine amerikanische Baggerpumpe, Fabrikat Morris, von 250 mm Rohranschluß
mit Außengehäuse und Innengehäuse aus verschleißfestem Stahlguß

Dieser hat 3 Flügel und sitzt auf dem Konus der Kreiselwelle, die in Kugellagern läuft
und am Ende eine Riemenscheibe trägt. Der Riemenantrieb ist für kleine Pumpen vorteilhaft, da sich dann die Drehzahl der Pumpe an die
des Antriebsmotors anpassen läßt und der Kreiseldurchmesser von der Motordrehzahl unabhängig wird. Bei
Änderung der Förderweite kann durch Änderung der
Riemenscheiben eine Angleichung erreicht werden, so
daß die Verwendung eines einzigen Modells für verschiedene Verhältnisse und damit die serienmäßige Herstellung möglich ist. Die lange Stopfbuchse sitzt in einem
besonderen Gußstück, das mit der Gehäusewand ver-
schraubt ist. Die Kreiselwand auf der Seite des Saugrohranschlusses hat einen etwas größeren Durchmesser
als die auf der Wellenseite. Dies ergibt einen etwas
höheren Druck an dieser Stelle und wirkt dem Ein-
strömen in den Saugteil im Zwischenraum zwischen
Gehäuse und Kreisel entgegen. Es wird hierdurch auch
der Verschleiß im Bereich des Kreiselumfangs etwas
vermindert und das Einsetzen des Kreisels erleichtert.

Abb. 61 zeigt den Pumpenunterteil nach Abnahme
der oberen Gehäusehälfte und des Gehäusedeckels mit
angehobenem Innengehäuse.

Abb. 62 bringt den Querschnitt einer gleich großen
Pumpe der Firma Morris in einer Ausführung ohne
Verschleißeinsatz, bei welcher das ganze Gehäuse nach
eingetretener Abnutzung erneuert wird. Neben dem

Abb. 61. Unterteil des Außengehäuses
mit herausgehobenem Innengehäuse
von einer amerikanischen Baggerpumpe, Fabrikat Morris

Kreisel, der hier mit Gewinde auf der Welle aufgesetzt ist, befinden sich Verschleißscheiben an den Gehäusewandungen.

Abb. 63 ist ein Bild des 3flügeligen Kreisels mit 3 Rippen auf der Scheibenwand, welche der Flügelform folgen. Diese bei Baggerpumpen häufige Ausführungsart soll den

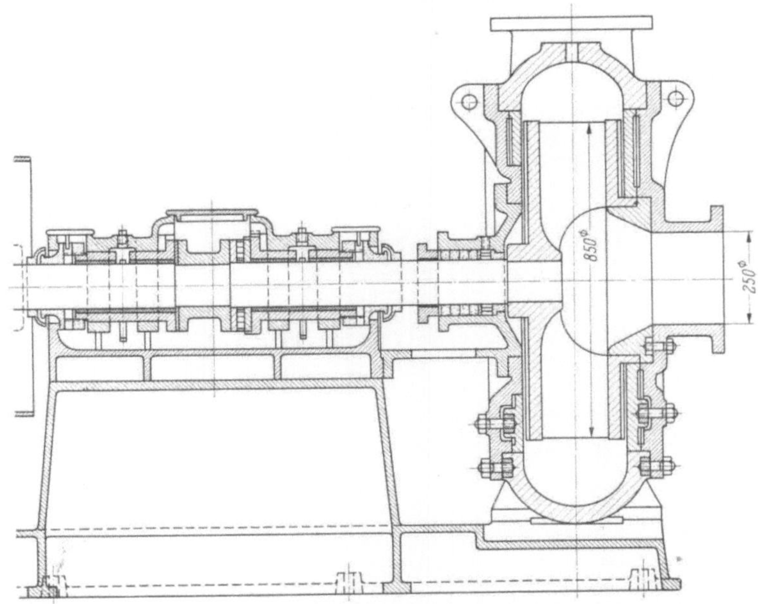

Abb. 62. Querschnitt durch eine amerikanische Baggerpumpe, Fabrikat Morris, von 250 mm Rohranschluß
mit dickwandigem Gehäuse und Deckeln mit Vorsatzscheiben

Zweck haben, in dem Raume zwischen Kreisel und Gehäusewandung einen Sperrwasserfluß radial nach außen zu erzeugen, der dem Eindringen von Gemisch entgegenwirkt.

Abb. 63. Dreiflügeliger Kreisel einer amerikanischen Morris-Pumpe mit Außenrippen in Flügelform

Eine in der Sowjetunion serienmäßig hergestellte Baggerpumpe zeigt Abb. 64 mit einem Durchmesser von 300 mm für das Saug- und Druckrohr. Die Kreiselwelle läuft hier in Gleitlagern, während das Drucklager als sehr kräftiges Kugellager am Ende der Welle neben dem Flansch sitzt, der zur Verbindung mit dem Antriebsmotor, in der Regel einem Elektromotor, dient. Auf dem linken Wellenende befindet sich der Kreisel, der einen Durchmesser von 680 mm hat und so befestigt ist, daß keine Mutter in den Schaufelraum hineinragt und die Kanäle zwischen den Schaufeln einen glatten Durchgang für Steine und Festkörper ergeben. Der Abstand zwischen den beiden Kreiselscheiben, bei denen auch hier der saugseitige einen größeren Durchmesser hat, beträgt 190 mm, das ist das 0,633fache des Saugrohrdurchmessers. Der Durchmesser des inneren Schaufelkantenkreises ist mit 300 mm gleich der lichten Weite des Saugrohrs, das sich unmittelbar vor dem Kreisel auf 235 mm verengt. Auf diese Weise ist es möglich, trotz des kleinen Kreiseldurchmessers, der nur das 2,25fache des Saugrohrdurchmessers ist, noch genügend Länge für die Schaufeln zu erhalten. Das Gehäuse hat keine Schneckenform, sondern ist rund, mit einem lichten Durchmesser, der etwa das 1,8fache des Kreiseldurchmessers ist. Der hierdurch entstehende große Gehäuseraum hat etwa das 3fache Volumen von dem des Kreisels, was erfahrungsgemäß günstig für

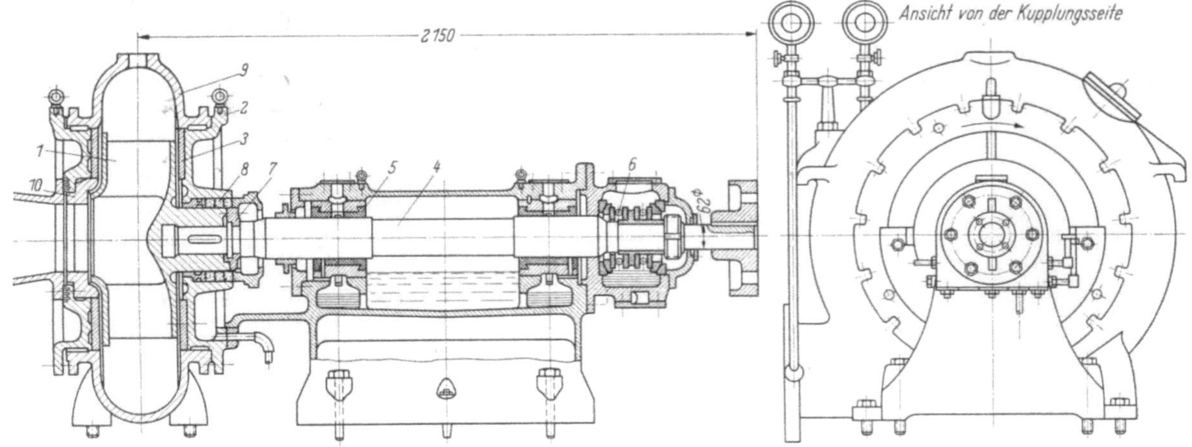

Abb. 64

Russische Baggerpumpe von 300 mm Rohranschluß mit kleinem Kreiseldurchmesser und großem Gehäuse

1 Laufrad; *2* Deckel; *3* Panzerscheibe; *4* Welle; *5* Wellentraglager; *6* Kugeldrucklager; *7* Druckring; *8* Stopfbuchse; *9* Gehäuse; *10* Dichtungsring

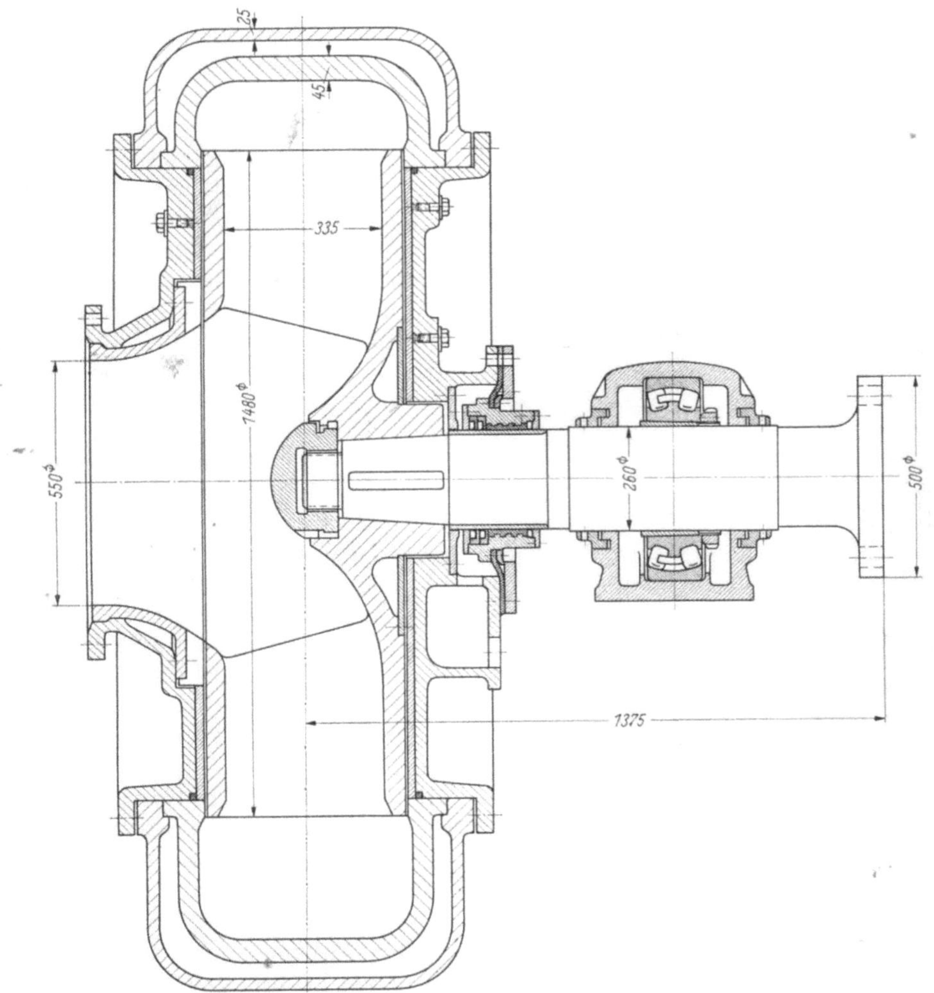

Abb. 65. Querschnitt durch eine Baggerpumpe von 500 mm Rohranschluß mit Außen- und Innengehäuse, Fabrikat Vos & Zonen, Sliedrecht

den Verschleiß ist. Auf ein besonderes Innengehäuse ist verzichtet, während vor den beiden Gehäusedeckeln besondere Verschleißscheiben sitzen, deren Befestigungsbolzen nicht durchgehen. Die Packung der Stopfbuchse schleift nicht auf der Pumpenwelle sondern auf der Kreiselnabe, womit ein Abdrehen von etwaigen Abnutzungsrillen leichter möglich ist. Auf eine gut abdichtende Stopfbuchse muß bei allen Baggerpumpen großer Wert gelegt werden, da sie nur dann den hohen Unterdruck, der von ihnen verlangt wird, erzeugen können.

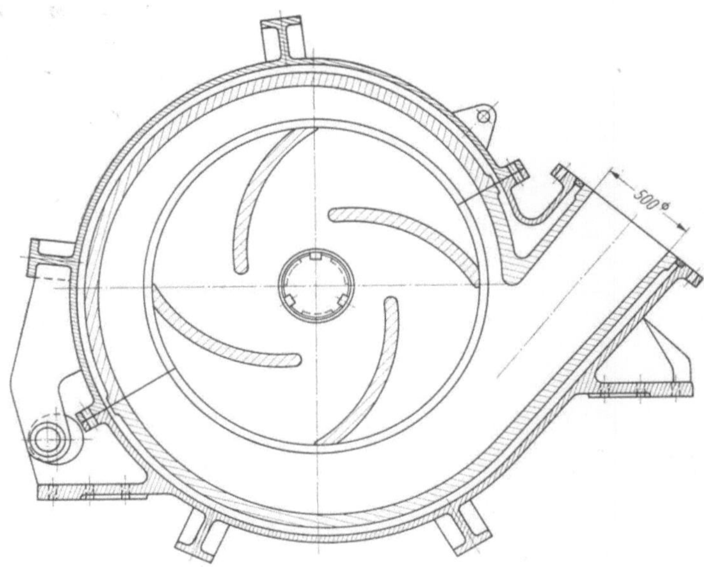

Abb. 66. Längsschnitt durch die Baggerpumpe, Fabrikat Vos, von 500 mm Rohranschluß. Vierflügeliger Kreisel mit zweiteiligem Innengehäuse und Außengehäuse

Eine ähnlich ausgeführte größere russische Pumpe für einen Schneidkopfsauger mit einem Rohranschluß von 600 mm und einem Kreiseldurchmesser von 1330 mm bei 380 mm Breite und 4 Schaufeln, wird durch einen Elektromotor für 6000 Volt Hochspannung und einer Leistung von 2450 kW bei 500 U/min angetrieben, womit sich eine

Kreiselumfangsgeschwindigkeit von 35 m/sek ergibt. Erprobungen mit Wasser ergaben bei einer Förderhöhe von 66,5 m entsprechend einer Druckziffer von 1,06 eine Fördermenge von 7000 m³/h = 1940 l/sek. Die Druckleitung hatte einen Durchmesser von 700 mm mit einem Querschnitt von 38,5 dm² und damit eine Fördergeschwindigkeit von 5,05 m/sek. Die hydraulische Leistung ist 1720 PS und der Wirkungsgrad wurde mit 68 % festgestellt.

Abb. 65 zeigt Querschnitt und Abb. 66 den Längsschnitt einer von der Firma Vos & Zonen, Sliedrecht, Holland, gebauten Baggerpumpe mit einem Durchmesser von 500 mm für das Druckrohr und 550 mm für das Saugrohr. Der Kreisel hat einen Durchmesser von 1480 mm bei 4 Flügeln und einer Schaufelbreite von 335 mm. Eine Besonderheit ist die Stopfbuchse, welche auf eine Gummischeibe gesetzt ist, die auf einem Flansch des Gehäuses mit Schrauben befestigt ist. Sie ist dadurch schwebend angeordnet und kann sich mit ihren Dichtungsringen der Welle

Abb. 67

Ansicht der Baggerpumpe von 500 mm Druckrohrdurchmesser mit schräger Teilfuge und Einrichtung zum schnellen Öffnen. Aufnahme Vos & Zonen, Sliedrecht

anpassen, so daß eine gute Dichtung erreicht wird.

Das den Kreisel umgebende Innengehäuse mit einem dicht an den Umfang herangehenden Spitzkopf ist zweiteilig und sitzt in einem Außengehäuse, das ebenfalls eine schrägliegende Teilfuge hat. Nach Losnehmen der in den Verbindungsflanschen sitzenden Bolzen können durch Exzenterdruck beide Teile voneinander gelöst und das Oberteil abgeklappt werden, so daß die inneren Teile freiliegen. Die beiden Gehäusedeckel haben Schleißscheiben, die mit nicht durchgehenden Bolzen befestigt sind. Es ist

außerdem noch eine auswechselbare Einlauftrompete vorhanden mit einem besonders aufgesetzten Ring, der die Dichtung gegen den umlaufenden Kreisel herstellt. Durch das leichte Aufnehmen der Pumpe kann man sich jederzeit über die Höhe des Verschleißes unterrichten und abgenutzte Teile rechtzeitig erneuern.

Abb. 67 ist ein Lichtbild dieser Pumpe, deren Gewicht 11,5 t beträgt.

Abb. 68 zeigt ihre Kennlinie gleicher Steuerstellung für Wasser bei Abfall der Drehzahl von 380 auf 300 U/min und den Wirkungsgrad. Dabei entspricht dem Nennpunkt eine Fördermenge von 800 l/sek, eine Fördergeschwindigkeit von 4 m/sek im Druckrohr und eine Förderhöhe von 57,5 m. Der Wirkungsgrad steigt von 58 % auf 75 % an.

Abb. 69 zeigt den Querschnitt der

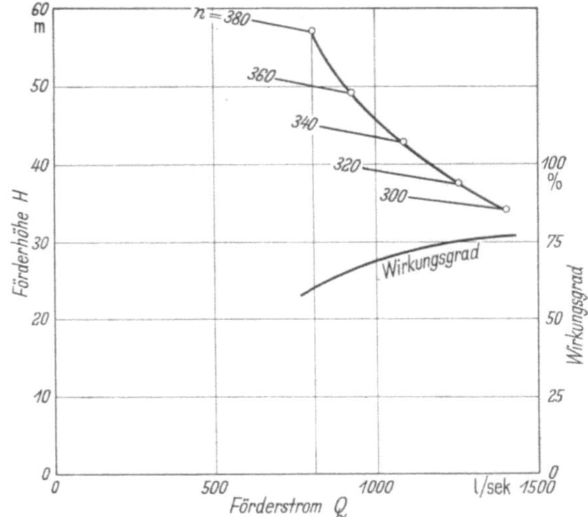

Abb. 68. Kennlinie gleicher Steuerstellung für die Förderhöhe und Wirkungsgradkurve der Baggerpumpe mit 500 mm Druckrohrdurchmesser und 1480 mm Kreiseldurchmesser, Fabrikat Vos

Pumpe eines großen Schneidkopfsaugers der Standard Dredging Co., New York, für Turbinenantrieb mit einem Durchmesser von 760 mm für das Druckrohr und 840 mm für das Saugrohr. Der Durchmesser der Kreiselscheiben ist mit 2380 mm das 2,85fache davon.

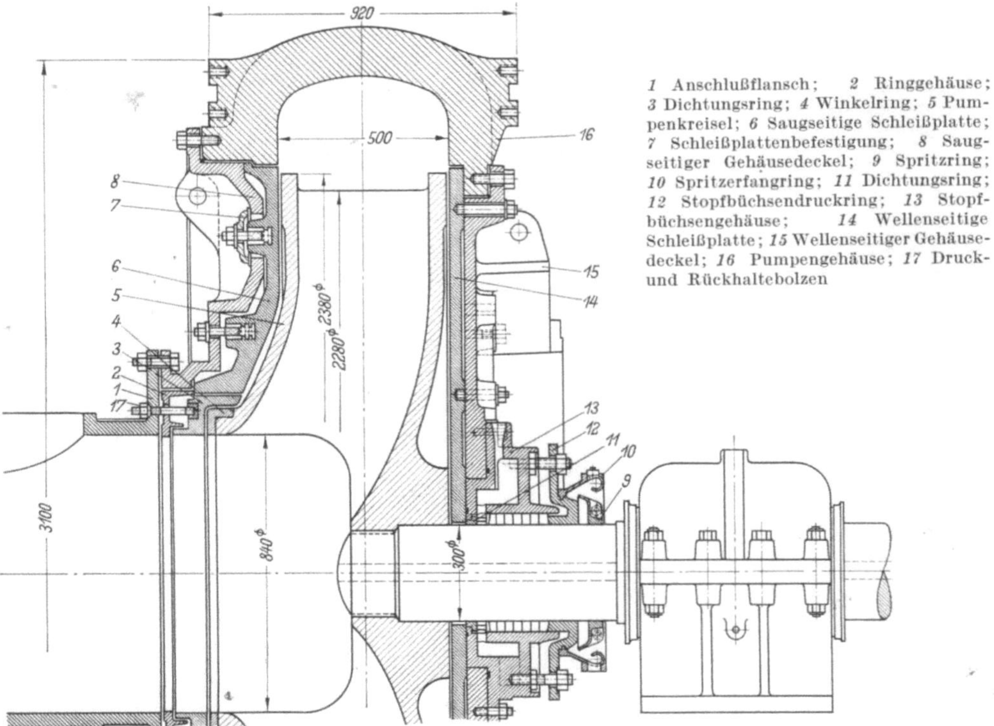

Abb. 69. Große Baggerpumpe eines amerikanischen Schneidkopfsaugers mit 760 mm Druckrohranschluß, 840 mm Saugrohranschluß für Antrieb durch eine Dampfturbine von etwa 5000 PS

Die Schaufelkanten haben mit 2280 mm einen etwas kleineren Durchmesser, und die Schaufelbreite ist mit 384 mm das 0,46 fache des Saugrohrdurchmessers oder das 0,56 fache des Druckrohrdurchmessers. Der Kreisel hat in der Regelausführung 4 Schaufeln, jedoch wird die Zahl unter Anpassung an die Bodenverhältnisse manchmal bis auf 6 erhöht, oder auf 3 und in Ausnahmefällen sogar auf 2 heruntergesetzt. Die Austrittswinkel gegen die Tangente liegen zwischen 20° und 40°, während die Eintrittswinkel etwa bei 20° bleiben. Das Schneckengehäuse nimmt unter Verzicht auf ein Innengehäuse mit seiner großen Wanddicke von 155 mm den Verschleiß unmittelbar auf. Auf beiden Seiten

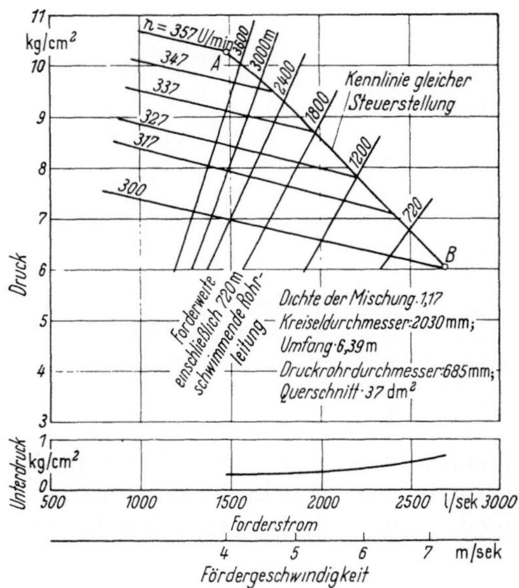

Abb. 70. Kennlinie gleicher Steuerstellung bei abfallender Drehzahl einer turbinenangetriebenen Baggerpumpe mit 685 mm Druckrohranschluß und 2030 mm Kreiseldurchmesser. Verlauf von Druck und Unterdruck in kg/cm² bei einer Gemischdichte von 1,17

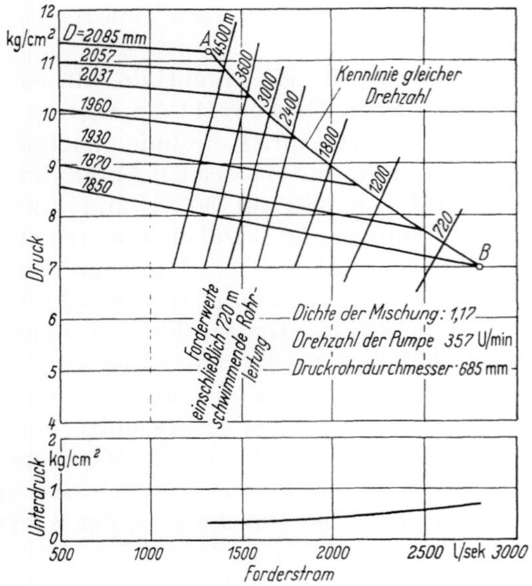

Abb. 71. Verlauf von Druck und Unterdruck in kg/cm² für eine Baggerpumpe mit 685 mm Druckrohranschluß bei einer Drehzahl von 357 U/min und einer Gemischdichte von 1,17, bei vollem Drehmoment und abfallendem Kreiseldurchmesser

des Kreisels befinden sich jedoch auch hier Verschleißscheiben, welche mit Bolzen, die nicht durchgehen, an den Gehäusedeckeln befestigt sind. Am maschinenseitigen Deckel ist ein Ansatz angeschraubt, in dem die Stopfbuchse sitzt. Die Kreiselwelle hat vorn einen Gewindeteil und dahinter einen Durchmesser von 292 mm, mit dem sie in die Bohrung der Kreiselnabe hineinragt. Das Gewicht dieser Pumpe kann man auf 50 bis 60 t schätzen.

Mit einer ähnlichen Pumpe eines Schneidkopfsaugers wurden nach Laval im Jahre 1945 Versuche unter Förderung eines Gemisches mit einer Dichte von 1,17 vorgenommen.

Abb. 70 zeigt die Kennlinie gleicher Steuerstellung mit einem Kreiseldurchmesser von 2030 mm, wobei die Drehzahl von 357 auf 300 U/min abfällt. Im Nennpunkt A ist der Förderstrom 1500 l/sek und der Druck 10,3 kg/cm², wozu noch ein Unterdruck von 0,3 kg/cm² kommt. Die hydraulische Leistung ist also in diesem Punkt $\frac{1500 \cdot 106}{75} \times$ $\times \; 1,17 = 2480$ PS.

Dabei ist die Fördergeschwindigkeit etwas mehr als 4 m/sek und die Förderweite mehr als 3600 m.

Der Betriebspunkt B entspricht einer Fördergeschwindigkeit von mehr als 7 m/sek und einer Förderweite von etwa 600 m. Dabei ist der Förderstrom 2700 l/sek, der Druck 6 kg/cm² und der Unterdruck 0,6 kg/cm². Hieraus ergibt sich die hydraulische Leistung mit $\frac{2700 \cdot 66}{75} \cdot 1,17 = 2780$ PS, also etwa 10 % höher als in A.

Abb. 71 zeigt eine weitere Kennlinie für die gleiche Pumpe, wobei jetzt die Drehzahl von 357 U/min auch bei Herabsetzung der Förderweite dadurch gehalten wurde, daß der Kreiseldurchmesser stufenweise von 2085 mm auf 1850 mm, d. i. das 0,88fache, herabgesetzt wurde. Dabei war in Punkt A der Förderstrom 1350 l/sek, der Druck 11,2 kg/cm² und der Unterdruck 3 m. Die hydraulische Leistung beträgt also $\frac{1350 \cdot 115}{75} \cdot 1{,}17 =$ 2430 PS und liegt damit etwa in gleicher Höhe wie im vorangehenden Kurvenblatt. Bei etwas geringerer Fördergeschwindigkeit von 3,8 m/sek und dem etwas höheren Druck steigt dabei die Förderweite bis über 4500 m. Im Punkt B wird die hydraulische Leistung $\frac{2800 \cdot 76{,}5}{75} \cdot 1{,}17 = 3340$ PS und ist damit um 43 % angestiegen, was bei Antrieb durch eine Dampfturbine möglich ist. Bei Elektroantrieb ist eine Änderung des Kreiseldurchmessers besonders notwendig und wahrscheinlich eine Herabsetzung auf noch kleinere Werte erforderlich, wenn man eine Überlastung verhindern will. Die Kennlinien für die verschiedenen Kreiseldurchmesser gelten für die gleiche Drehzahl von 357 U/min, aber nicht für gleiche Umfangsgeschwindigkeit, wie es sonst der Fall ist.

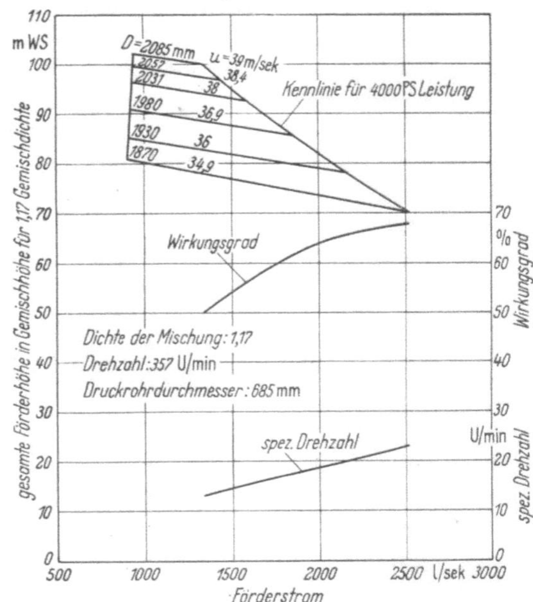

Abb. 72. Ganze Förderhöhe in m Gemischsäule bei einer Dichte von 1,17, spezifische Drehzahl und Wirkungsgrad einer Baggerpumpe von 685 mm Druckrohranschluß und einer Drehzahl von 357 U/min bei abfallendem Kreiseldurchmesser und vollem Drehmoment

Das dritte Kurvenblatt Abb. 72 hat als Ordinate die Gesamtförderhöhe in m Gemischsäule und kommt damit auf $\frac{115}{1{,}17} = 100$ m im Nennpunkt. Dabei sind noch die dem abfallenden Kreiseldurchmesser entsprechenden Umfangsgeschwindigkeiten von 39 bis 34,9 m/sek eingetragen, ferner die spezifische Drehzahl und der Wirkungsgrad. Man erkennt, daß im Nennpunkt die spezifische Drehzahl nur 12,5 ist und der Wirkungsgrad mit 50 % entsprechend niedrig liegt. Sie steigt dann auf 22 an und der Wirkungsgrad bis etwa 68 %. Dadurch ist der Anstieg der hydraulischen Leistung bei gleichbleibendem Kreiseldurchmesser um 10 % und bei kleiner werdenden bis auf 43 % zu erklären. Die Antriebsleistung der Turbine dürfte dabei auch im letztgenannten Falle kaum angestiegen sein.

Abb. 73 zeigt eine Pumpe der sog. Kastenbauart mit eckigem Gehäuse und Schleißplattenauskleidung für einen Rohrdurch-

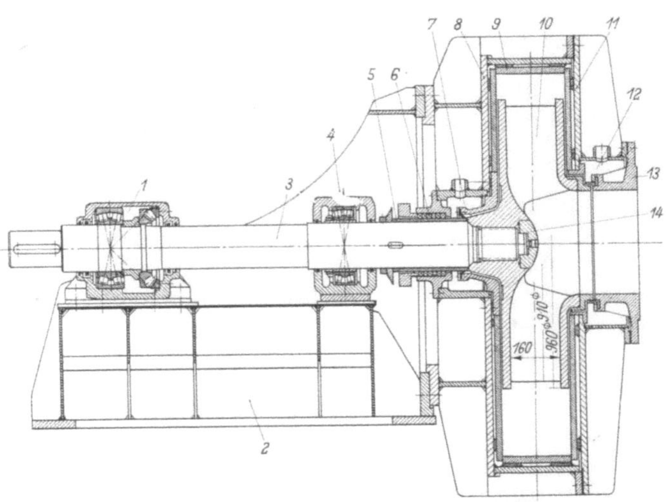

Abb. 73. Baggerpumpe für 350 mm Rohrdurchmesser mit eckigem Schneckengehäuse in Schweißkonstruktion bei Auskleidung durch Schleißplatten und gegossenem dreiflügligem Kreisel

1 Drucklager; 2 Lagerstuhl; 3 Pumpenwelle; 4 Lauflager; 5 Wellen-Schutzbuchse; 6 Stopfbuchsen-Packung; 7 Druckseitige Spaltdichtung, erhält Sperrwasser; 8 Spiralgehäuse; 9 Schleißbleche; 10 Kreisel; 11 saugseitiger Deckel; 12 saugseitige Spaltdichtung erhält Sperrwasser; 13 Einlaufstutzen; 14 Kreiselkappe

messer von 350 mm. Der Kreisel ist aus Stahlguß hergestellt, und hat Scheiben von 960 mm Dmr. mit einem Abstand von 160 mm voneinander. Die Außenkanten der 3 Schaufeln springen etwas zurück und liegen auf einem Kreise von 910 mm Dmr. Der Kreisel ist mit Gewinde auf das Ende der Welle aufgesetzt. Diese ist dahinter von einer Buchse umgeben, an die sich eine Gummimanschette und die Packung der Stopfbüchse legt. In den dazwischen entstehenden Ringraum wird mit Druck Sperrwasser eingeführt, das die Manschette zur Anlage bringt. Auf der Saugseite des Kreisels sitzt ein besonderer Verschleißring, gegen den ebenfalls eine Gummimanschette durch Sperrwasser angedrückt wird.

Das Gehäuse ist aus Blechplatten zusammengeschweißt und hat Schneckenform mit rechteckigem Querschnitt des Umlaufkanals ohne dicht anschließenden Spitzkopf. An seinem Umfang sitzt ein Flansch, auf den sich der Deckel unter Einschaltung einer Dichtung legt. Der Deckel und die Gehäuserückwand haben auf ihren Innenseiten bearbeitete Leisten, gegen die sich die Schleißplatten legen. Diese sind so angeordnet, daß sie sich gegenseitig halten und nur mit wenigen Bolzen zusätzlich festgelegt zu werden brauchen.

An das Gehäuse schließt sich der Lagerstuhl an, in den die beiden Traglager und das Drucklager eingebaut sind. Eine ähnliche Pumpe wie die beschriebene wird als Aggregat mit einem Dieselmotor zusammengebaut, später in Abb. 81 gezeigt. Baggerpumpen nach dieser Bauart haben Vorteile, wenn man Bodenmaterial von mäßiger Verschleißwirkung hat. Wenn diese jedoch stark ist, und man den Schleißplatten große Dicke geben muß, dann ist nicht leicht zu erreichen, daß sie genau schließend ohne Fugen aneinanderstoßen. Wenn sie dann noch besondere Einlagen in den Ecken des Umlaufkanals erhalten müssen u. dgl., dann ist die gegossene Ausführung, die in Amerika vorherrscht, doch vorzuziehen.

Am Schluß dieses Abschnitts sei noch eine Formel angegeben, nach der man das *Gewicht* von Baggerpumpen schätzen kann. Sie lautet

$$G = (D + d)^2\, d \cdot 5{,}5$$

Hierin ist G das Gewicht in kg und gilt für die Pumpe mit der Kreiselwelle und deren Lager ohne ein Fundament, was bei Aggregaten Motor und Pumpe verbindet.

D ist der Kreiseldurchmesser in dm
d der Druckrohrdurchmesser in dm.

Die Pumpe nach Abb. 67 hat einen Kreiseldurchmesser von 14,8 dm und einen Druckrohrdurchmesser von 5 dm, so daß $D + d = 19{,}8$ dm ist. Danach wird

$$G = 19{,}8^2 \cdot 5 \cdot 5{,}5 = 10\,700 \text{ kg}$$

was mit dem wirklichen Wert von 11,5 t gut übereinstimmt.

Für die vorangehend beschriebene amerikanische Pumpe ist $G = (24 + 7{,}6)^2 \cdot 7{,}6 \cdot 5{,}5$ $= 42$ t. Wegen der besonders großen Wanddicke des Gehäuses wurde es etwas höher mit 50 bis 60 t angegeben. Die Formel kann selbstverständlich nur einen ungefähren Anhalt geben, da das Gewicht von Baggerpumpen weitgehend von der Ausführungsart abhängt.

7. Reihenschaltung von Baggerpumpen; Baggerpumpenaggregate

Im vorangehenden Abschnitt wurden amerikanische Baggerpumpen beschrieben, die in *einer* Stufe auf Drücke von über 10 kg/cm² bei Umfangsgeschwindigkeiten bis zu 40 m/sek gehen. Dabei hat man geringe spezifische Drehzahlen und keinen besonders hohen Wirkungsgrad. Der durch die hohen Umfangsgeschwindigkeiten bedingte Verschleiß setzt diesen bald noch weiter herab, so daß Auswechseln von Kreiseln und Gehäusen ständige Begleiterscheinungen sind. Da man dies in Europa nicht ohne weiteres in Kauf nehmen will, geht man hier zur mehrstufigen Anordnung über. Dabei ist es nicht

möglich, wie bei Wasserpumpen 2 Kreisel in einem Gehäuse hintereinanderzuschalten, da die sich dabei ergebenden Formen von Schaufeln und Leitschaufeln für Baggerpumpen ungeeignet sein würden. Man muß vielmehr zwei getrennte Pumpen nehmen und diese, wie Abb. 74 zeigt, so hintereinandersetzen, daß das Druckrohr der einen an den Sauganschluß der zweiten heran-
führt. Es gibt außerdem noch die Möglichkeit, daß man die zweite Pumpe, die man als *Verstärkerpumpe* (engl. booster) bezeichnet, nicht unmittelbar im Maschinenraum dahintersetzt, sondern in größerer Entfernung als besondere Verstärkerpumpenanlage in die Rohrleitung einschaltet.

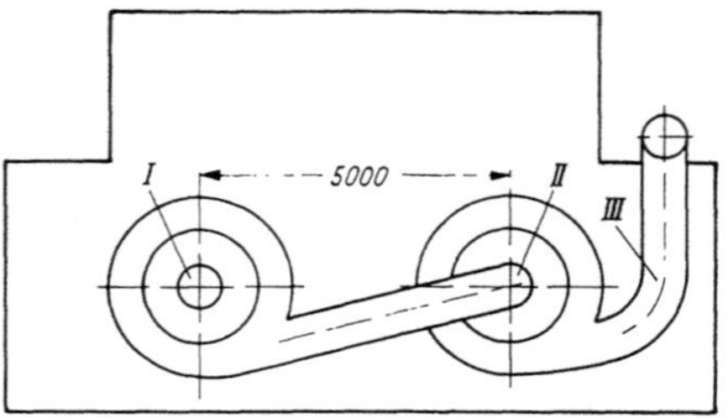

Bei dieser Anordnung arbeitet die erste Pumpe unter normalen Bedingungen mit Unterdruck im Saugteil und beispielsweise 4 kg/cm² im Druckrohr. Die unmittelbar dahintersitzende Verstärkerpumpe hat dann diesen Druck im Saugteil und bringt ihn, wenn beide Pumpen gleich sind, etwa auf die doppelte Höhe. Wenn früher alte Holländer Pumpen in Reihe geschaltet wurden, rechnete man mit einer gewissen Rücklaufmenge und machte deswegen die zweite Pumpe etwas schmäler. Bei neuen Pumpen hält man den Rücklauf klein und macht beide Pumpen gleich, was auch mit Rücksicht auf die Herstellung zweckmäßig ist. Ein Vorteil dieser Anordnung ist es, daß man bei geringen Förderweiten mit *einer* Stufe arbeiten kann und erst bei größeren die Verstärkerpumpe hinzunimmt. Um völlig unab-
hängig zu sein, erhält jede Pumpe eine eigene An-
triebsmaschine. Bei Dampfantrieb mußte die Kesselanlage so bemessen sein, daß sie

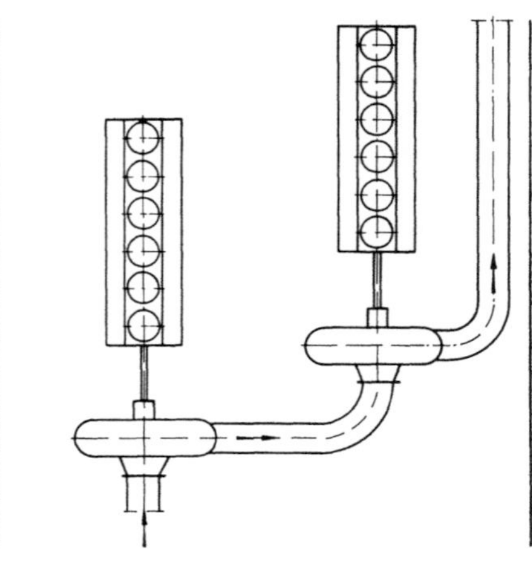

Abb. 74. Reihenschaltung von 2 Baggerpumpen mit Antrieb durch Dieselmotoren

I Unterdruck −0,5 kg/cm²; *II* Mitteldruck +4,0 kg/cm²; *III* Hochdruck +8,5 kg/cm²

für beide Pumpen bei voller Leistung der Antriebsmaschinen den Dampf liefern konnte, und auch bei den Kesseln eine Stufung möglich sein, was schwer zu erreichen war. Bei Dieselantrieb kann man ohne weiteres den einen oder den anderen Motor oder beide laufen lassen.

Wenn bei einer Pumpe von 650 mm Rohr-
durchmesser bei Antrieb durch einen Dieselmotor von 1200 PS bei 280 U/min ein Förderstrom von 1150 l/sek bei einer Förderhöhe von 45 m erreicht wird, ist die Fördergeschwindigkeit im Druckrohr 3,5 m/sek und die Förderweite 1850 m. In Abb. 75 ist hierfür *A* der Betriebspunkt. Setzt man eine Verstärkerpumpe in gleicher Ausführung dahinter, so käme man bei gleichbleibendem Förderstrom und damit der gleichen Fördergeschwindigkeit von 3,5 m/sek mit etwa doppelter Förderweite von 3700 m in den Betriebspunkt *B*. Bleibt jedoch die Förderweite mit 1850 m bestehen, so ist *C* der Betriebspunkt mit einer Förderhöhe von 69 m und einem Förderstrom von 1500 l/sek. Dabei steigt die Fördergeschwindigkeit auf 4,5 m/sek, so daß auch gröbere Bodenarten auf diese Entfernung zu fördern sind. Die Verbindungslinie zwischen *B* und

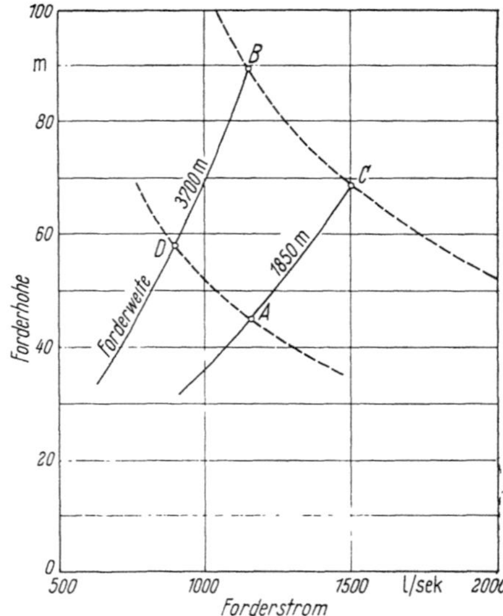

Abb. 75. Kennliniendiagramm für die Reihenschaltung von 2 Baggerpumpen mit 650 mm Rohranschluß und je 1250 PS Antriebsleistung

C ist dabei als Linie gleicher hydraulischer Leistung angenommen, die sich nach den vorangegangenen Darlegungen bei gleicher Steuerstellung einstellen kann. Auch durch A ist die Linie gleicher hydraulischer Leistung gezogen, und man würde danach bei der Förderweite von 3700 m in den Punkt D kommen, bei dem die Fördergeschwindigkeit nur noch 2,7 m/sek ist. Man kann sich hiernach mit einer Zweipumpenanordnung verschiedenen Bedingungen gut anpassen. Das Zusammenarbeiten beider Pumpen macht kaum Schwierigkeiten, da sie, wie Abb. 75 erkennen läßt, dabei eine gemeinsame Kennlinie erzeugen, auf welcher sich die Betriebspunkte einstellen. Dabei brauchen die Druckanteile, welche beide Pumpen erbringen, nicht gleich zu sein, aber die Rohrweite muß etwa gleich sein, da ja ein und dieselbe Menge durch beide Pumpen hindurchgeht. Sind die Rohrweiten sehr verschieden, so können Schwierigkeiten auftreten, wie sie später bei der Reihenschaltung von zwei vorhandenen Saugern beschrieben werden.

Setzt man beide Pumpen nicht auf dem Saugbagger selbst hintereinander, sondern die Verstärkerpumpe etwa in die Mitte der Rohrleitung, dann wird der Druck von 4 kg/cm², den die erste Pumpe erzeugt, in der nachgeschalteten Rohrleitung aufgebraucht, und die zweite Pumpe hat im Saugteil Atmosphärendruck. Sie kommt dann, wenn sie eine entsprechende Förderweite zu überwinden hat, auch auf einen Druck von 4,5 kg/cm². Beide Pumpen arbeiten dann unter gleichen Bedingungen auf dem gleichen Punkt ihrer Kennlinie, die bei Gleichheit der Antriebsmotoren die gleiche ist. Ein Vorteil ist es hierbei, daß 4 bis 4,5 kg/cm² der höchste auftretende Druck ist und weder die zweite Pumpe noch die Rohrleitung höheren Druck bekommt.

Die Voraussetzungen für das Arbeiten beider Pumpen unter gleichen Bedingungen sind aber nicht ohne weiteres gegeben. Hat beispielsweise die Verstärkerpumpe eine geringere Förderweite, so will sie auf einen Betriebspunkt mit großem Förderstrom kommen. Dabei übt sie eine Saugwirkung aus, so daß die Menge der ersten Pumpe ansteigt und ein Ausgleich eintritt, wenn die Unterschiede nicht zu groß sind. Unterdruck vor der Verstärkerpumpe ist aber ungünstig, weil sie über Wasser liegt und dann durch jede Undichtigkeit Luft eintritt. Auch bringt Wechsel von Druck und Unterdruck, zu dem es dann leicht kommt, Stöße und Schläge in der Rohrleitung, und man muß Überdruckventile und Unterdruckventile an verschiedenen Stellen einbauen. Bei Dieselantrieb kann man sich immer in der Weise helfen, daß man bei einer Pumpe die Brennstoffzufuhr herabsetzt, so daß ihr Drehmoment fällt und sich damit ihrer Förderweite so anpaßt, daß ein und dieselbe Menge durch beide Pumpen geht. Allzu große Unterschiede in den Förderweiten muß man allerdings vermeiden und darf nicht die Verstärkerpumpe, ohne ihr eine gewisse Förderweite zu geben, an das Ende der Rohrleitung der ersten Pumpe setzen, besonders nicht, wenn diese schon in ihrem Nennpunkt angelangt war und auf die Kennlinie der Höchstdrehzahl übergehen will. Der Ausgleich zwischen zwei dieselangetriebenen Pumpen ist nur dann möglich, wenn beide auf dem abfallenden Ast ihrer Kennlinien, also der Kennlinie gleicher Steuerstellung, arbeiten.

Noch schwieriger wird der Ausgleich, wenn die Verstärkerpumpe Elektroantrieb mit Netzanschluß bekommt. Dann wird sie durch einen Drehstrommotor angetrieben und arbeitet nach einer Kennlinie gleicher Drehzahl, die bei der Baggerpumpe fast waagerecht verläuft. Wenn sie dann wenig Förderweite vor sich hat, kommt sie auf einen Betriebspunkt, der weit mehr an Förderstrom verlangt, als die erste Pumpe hergibt. Dann reißt nach Überschreiten der Unterdruckgrenze der Förderstrom ab, die zweite Pumpe schlägt leer, füllt sich wieder usw. Dabei treten wie erwähnt Wechsel zwischen Unterdruck und Überdruck, Stöße und Schläge in der Rohrleitung und auch Belastungsstöße im Stromnetz in unzulässigem Maße auf. Eine Herabsetzung der Drehzahl an der Verstärkerpumpe ist bei Elektroantrieb nicht einfach. Die gewöhnlich angewandte Schlupfregelung durch Einschaltung von Widerständen in den Läuferstromkreis ist lastabhängig und daher wirkungslos. Lastunabhängige Regelmethoden gibt es wohl auch beim Drehstrom, aber sie sind umständlich und ermöglichen meist nur eine Regelung in bestimmten Grenzen. Es ist dann vielfach einfacher, die Umformung auf Gleichstrom vorzunehmen und die

Drehzahl der Verstärkerpumpe im LEONARD-Betrieb auf das erforderliche Maß herunterzusetzen. Das gibt aber auch eine umfangreiche Anlage mit Maschinenhaus usw., die gerade der Forderung widerspricht, daß man die Verstärkeranlage etwa in die Mitte der Rohrleitung einbauen und sie bei steigender Förderweite entsprechend versetzen soll.

Der Betrieb mit Verstärkerpumpen, besonders wenn man mehrere einsetzen will, ist nicht einfach und setzt meist eine lange Anlaufzeit voraus, bis sich alles eingespielt hat. Zwischen den Pumpenanlagen müssen Telefonverbindungen hergestellt werden, gut arbeitende Meßinstrumente installiert sein, das Personal muß deren Ablesungen richtig auswerten usw. Bei stationären Anlagen, wie beispielsweise solchen für die Förderung von Erzen und anderen Schüttgütern, kann eine längere Anlaufzeit in Kauf genommen werden, da der sich schließlich einspielende kontinuierliche, personalsparende und einfache Betrieb einen Ausgleich herbeiführt. Bei Bodenförderung gibt

Abb. 76. Elektrisch angetriebene Verstärkerpumpenanlage mit vorgeschaltetem Ausgleichsbecken in Emden

aber grobes Material von großer Ungleichförmigkeit Schwierigkeiten und Verzögerungen, die kaum wieder einzuholen sind. Es ist dann vielfach besser, die Pumpen unmittelbar hintereinanderzusetzen und den erhöhten Druck in Kauf zu nehmen. Schwimmende Verstärkerpumpenanlagen mit Dieselantrieb sind in jedem Falle vorteilhaft, da man sie versetzen kann und auch das für die Dieselmotoren erforderliche Kühlwasser zur Verfügung hat. Sie sind auch allgemein im Baggerbetrieb gut verwendbar, da sie sich leicht zum Grundsaugen herrichten lassen usw. Wenn das Pumpenaggregat sich ohne allzu große Schwierigkeiten ausbauen läßt, kann man es auch an Land setzen, wenn für den Schwimmkörper kein Wasser gegeben ist.

Wesentlich einfacher wird alles, wenn man keine grobkörnigen Bodenarten, sondern Schlick mit

Abb. 77. Auslauf des Druckrohrs von einem Schutensauger mit Ausscheidung des Hafenunrats durch eine Rostanlage

Feinsandzusatz zu fördern hat, wie beispielsweise in Emden.

Abb. 76 zeigt eine dort an Land fest aufgestellte ältere Verstärkerpumpenanlage mit elektrischem Antrieb. Man sieht hinten die Baggerpumpe mit dem nach links abgehenden Druckrohr, während die Saugleitung durch die Pumpe verdeckt ist. Vorn links ist der Antriebsmotor, der die Pumpe über gekapselte Zahnräder antreibt. Diese Anlage arbeitet seit langer Zeit und konnte deswegen fest aufgestellt werden, weil das Druckrohr der Pumpe des Schutensaugers nicht unmittelbar an den Sauganschluß der Verstärkerpumpe geführt ist. Es konnte ein Ausgleichbecken eingeschaltet werden, und nach Abb. 77 läuft das vom Schutensauger kommende Gemisch auf eine vorgesetzte fahrbare Rostanlage, welche den reichlich enthaltenen Hafenunrat abfängt und damit von der Verstärkerpumpenanlage abhält.

Abb. 78 zeigt das Ausgleichbecken im ganzen mit der Rostanlage im Hintergrund. Das Geländer im Vordergrund gehört zur Verstärkeranlage. Dabei wird diese nur eingeschaltet, wenn der Flüssigkeitsspiegel eine gewisse Höhe erreicht hat und wieder abgeschaltet, wenn er abgesunken ist. So arbeitete diese Pumpe ohne zwangläufige Verbindung mit der ersten Pumpe bei vollem Förderstrom selbsttätig mit Unterbrechungen, die um so seltener wurden, je größer ihre Förderweite wird. Dieses Verfahren ist aber nur bei feinkörnigen Bodenarten, die sich nicht leicht absetzen, möglich, zumal man, wenn die etwas gröberen Sandkörner sich absetzen, sie durch zeitweise Einführung von Druckwasser doch wieder ins Schweben bringen kann.

Ist das Material gröber, dann müßte man ein kleines Ausgleichbecken nehmen und dieses wie den Laderaum eines Hoppersaugers ausbilden. Die Beladeeinrichtung muß dann ähnlich sein, damit man eine gleichmäßige Füllung des Beckens erreicht, und auch die Entladeeinrichtung, ähnlich wie sie bei Hoppersaugern üblich ist. Die Wände des Beckens laufen schräg nach unten zusammen, und dort befindet sich ein Absaugkanal, durch den die Verstärkerpumpe Wasser saugt und damit einen Strom erzeugt. Durch Öffnen von Klappen oder Schiebern läßt man den Boden aus den einzelnen Abteilungen des Behälters in den Strom fallen, wodurch die Entleerung eintritt. Die Anlage hat

Abb. 78. Ausgleichsbecken zwischen dem Rohrauslauf eines Schutensaugers und dem Saugrohr einer Verstärkerpumpe mit Elektroantrieb

eine gewisse Ähnlichkeit mit solchen, bei denen ein Trockenbagger Boden in einen Behälter schüttet und bei Zugabe von Wasser dann als Gemisch von einer Baggerpumpe abgesaugt wird.

Für die Lieferung von Sand nach *Amsterdam,* wo er für Bauzwecke jeder Art gebraucht wird, wird bei einer Anlage der Firma Bos & Kalis, Sliedrecht, der Sand in einer Entfernung von etwa 10 km im Bereich eines Binnensees durch einen Grundsauger, der bis auf 24 m Tiefe geht, gewonnen. Das Gemisch kommt aber nicht unmittelbar in die Rohrleitung, sondern erst in Schuten, die zu einem Schutensauger gebracht werden, der auch eine Aufbereitungsanlage enthält. Mit dem gewünschten Wasserzusatz geht dann das Gemisch durch die Rohrleitung von 660 mm Dmr. mit einer Geschwindigkeit zwischen 2,75 und 4,5 m/sek, wobei 5 Verstärkerpumpen eingeschaltet sind. Ein kontinuierlicher 24 Stunden-Betrieb an 5 Wochentagen, ohne Unterbrechung, ist für eine derartige Anlage erforderlich, wenn sie wirtschaftlich sein und die hohen Investitionskosten rechtfertigen soll. Um ihn zu erreichen, ist eine genaue Dosierung der Mischung und Anpassung der Fördergeschwindigkeit an das jeweils vorliegende Material erforderlich.

Abb. 79 zeigt eine amerikanische Baggerpumpe in der Bauart des Corps of Engineers, von denen 2 Stück in eine schwimmende Anlage eingebaut sind. Dabei wird das Gemisch aus dem Laderaum eines Hoppersaugers von dessen Pumpe abgesaugt und einem Schütttrichter zugeführt. Es geht dann durch die beiden Verstärkerpumpen der schwimmenden Anlage in die Landrohrleitung nach dem Ablagerungsfeld. Das Material ist sehr feinkörnig und braucht an sich keine große Fördergeschwindigkeit. Diese ist aber doch notwendig, weil der Hoppersauger möglichst schnell entladen werden soll, ohne daß der Durchmesser der Landrohrleitung zu groß wird. Deswegen wurden 2 Pumpen mit hoher Antriebsleistung hintereinandergeschaltet.

Die Durchmesser vom Saugrohr und vom Druckrohr sind mit 710 mm einander gleich, der Kreiseldurchmesser ist mit 1980 mm das 2,8fache und die Kreiselbreite mit 405 mm das 0,575fache davon. Der Kreisel hat 5 Flügel und Rippen an den Außenseiten der Wandungen. Er ist mit Gewinde auf seiner Welle von 294 mm Dmr. festgesetzt, und die Stopfbuchsenpackung schleift auf seiner Nabe. Das Gehäuse hat eine Wanddicke von 82 mm, so daß auf ein Innengehäuse verzichtet wurde. Der Kreisel hat am Umfang eine durch Schweißung aufgetragene Schicht von Chrom-Nickel-Stahl und

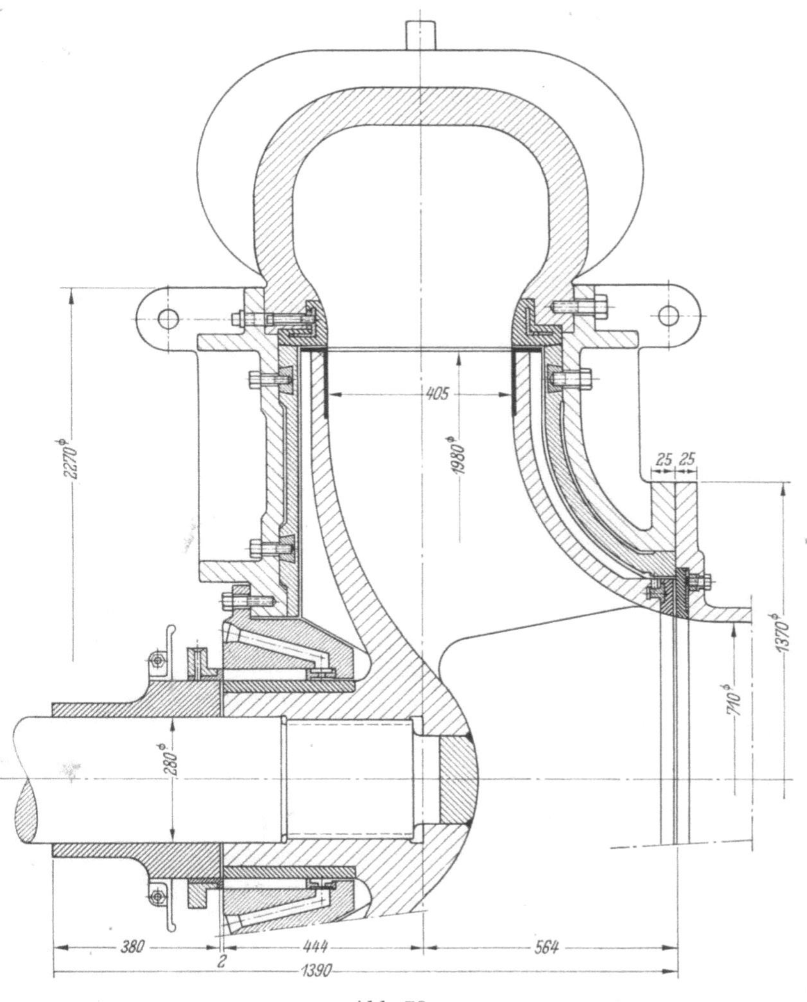

Abb. 79
Querschnitt einer amerikanischen Baggerpumpe, Bauart C. of E., für eine Verstärkeranlage in Philadelphia

legt sich damit gegen einen Gummiring mit Winkelstahleinlage. An der Einlaufseite sind 2 Gummiringe angeordnet, ebenfalls mit einer besonderen Stahleinlage, so daß sie mit Bolzen befestigt werden können. Der eine sitzt am feststehenden Einlaufteil, der andere am umlaufenden Kreisel, so daß eine verschleißbeständige Dichtung erreicht wird.

An beiden Gehäusewandungen sind Verschleißplatten aus Chromstahl mit einer Brinellhärte von etwa 600 und einer Zugfestigkeit von ungefähr 35 kg/mm² aufgesetzt und mit nicht durchgehenden Bolzen befestigt. Dabei ist die saugseitige Platte der Form des Kreisels entsprechend gewölbt und nach Art einer Trompetenöffnung ausgebildet.

Diese Ausführung beruht auf Erfahrungen mit stark schleißendem Material und soll den Erfolg gehabt haben, daß die Lebensdauer von Kreisel und Gehäuse, die bei der bisherigen Ausführung ohne Gummiringe nach Durchgang von 500 000 m³ bis 1 200 000 m³ unbrauchbar waren, auf das 4- bis 5fache gesteigert wurde. Allerdings ist die Bauart nicht einfach und hat den Nachteil, daß der Durchmesser des Kreisels nicht verändert werden kann.

Jede der abgebildeten Pumpen wird von 2 Elektromotoren von je 1500 PS über Zahnräder angetrieben. Dabei ist die Kreiseldrehzahl 285 U/min, was eine Umfangsgeschwindigkeit von 29,5 m/sek und eine Förderhöhe von etwa 50 m Wassersäule ergibt. Da ein Unterdruck nicht aufzubringen ist, ergibt sich ein Enddruck von 10,5 kg/cm², womit bei 3000 m Förderweite und einer Gemischdichte von 1,25 eine Fördergeschwindigkeit von über 4,5 m/sek erreicht wurde.

Kurz erwähnt sei noch eine weitere amerikanische Anlage, bei der ein Schneidkopfsauger Sand mit Korallenfels saugt. Er hat eine Pumpe mit einem Durchmesser von 610 mm für das Druckrohr und 2080 mm für den Kreisel, der mit 257 U/min und einer Umfangsgeschwindigkeit von 28 m/sek durch einen Elektromotor von 1500 PS bei Landanschluß angetrieben wird. Die Pumpenantriebsleistung mit 51 PS pro dm² Rohrquerschnitt ist für amerikanische Verhältnisse nicht hoch, während der Schneidkopfmotor wegen des Korallenfelsens mit 700 PS, also fast der halben Leistung des Pumpenantriebsmotors, außerordentlich stark bemessen ist.

Um das Gemisch auf die erforderliche Entfernung von 4000 bis 4500 m bis zur Ablagerungsfläche zu bringen, wird am Ende der Schwimmrohrleitung in einer Entfernung von 1200 bis 1500 m vom Bagger eine Verstärkerpumpenanlage eingesetzt. Dabei wird die gleiche Pumpe wie die des Schneidkopfsaugers auf eine Schute gesetzt und mit einem Elektromotor von 6000 PS mit einer Drehzahl von 360 U/min angetrieben, während diese auf dem Schneidkopfsauger nur 257 U/min beträgt. Damit ergibt sich eine Umfangsgeschwindigkeit von fast 40 m/sek und eine Förderhöhe von etwa 95 m, wobei die Leistung des Motors mit etwa 4000 PS ausgenutzt wird. Die Pumpe des Schneidkopfsaugers liefert eine Druckförderhöhe von etwa 45 m, so daß insgesamt 140 m zur Verfügung stehen. Damit kann das Gemisch mit einer Fördergeschwindigkeit von etwa 4,5 m/sek auf die Ablagerungsstelle gebracht werden, wobei allerdings mit einem sehr starken Verschleiß in der Verstärkerpumpe zu rechnen ist.

Reihenschaltung zweier Sauger. Mitunter muß man sich, um auf die erforderliche Förderweite zu kommen, auch mit Reihenschaltung von zwei vorhandenen Saugern helfen.

Abb. 80. Reihenschaltung zweier Sauger mit Einführung vom Druckrohr des Schutensaugers in den Schlitz des nachgeschalteten Verstärkers

Abb. 80 zeigt das von einem Schutensauger kommende Pumpendruckrohr, das unter Einschaltung von Gummischlauchstücken in den Schlitz eines Grundsaugers und dann an den Saugrohranschluß von dessen Pumpe geführt ist. Dabei ist zu bedenken, daß die nachgeschaltete Pumpe einen wesentlich höheren Druck bekommt als bisher. War der Betriebsdruck bei einer dampfangetriebenen Pumpe älterer Ausführung 2,5 kg/cm² und ist wegen der niedrigen Drehzahl der Gehäusedurchmesser groß, dann müssen besondere Versteifungen angesetzt werden, um den Druck, der auf das Doppelte und Dreifache ansteigen kann, aufzunehmen. Besitzt die Pumpe eine Sperrwassereinrichtung, deren Beibehaltung man für nötig hält, dann muß man auch diese auf den erhöhten Druck bringen. Eine schnellaufende, dieselangetriebene Pumpe läßt sich leichter für höheren Druck herrichten, so daß es zweckmäßig ist, eine solche an die zweite Stelle zu setzen.

Ist die erste Pumpe für kleinere Menge eingerichtet als die zweite, so kann sie den erforderlichen Förderstrom nur dadurch liefern, daß sie auf einem Punkt ihrer Kennlinie arbeitet, bei dem sie wenig Druck erzeugt, so daß das Saugmanometer der zweiten Pumpe nur ganz geringen Überdruck oder womöglich noch Unterdruck anzeigt. Ist umgekehrt die kleine Pumpe die nachgeschaltete, so bekommt diese den großen Förderstrom der ersten Pumpe und arbeitet damit wieder auf einem solchen Punkt ihrer Kennlinie, daß kaum eine Druckerhöhung zustande kommt. Zu großer Unterschied zwischen den beiden Pumpen kann dazu führen, daß die kleinere im Saugteil oder Druckteil der größeren nur einen zusätzlichen Widerstand bedeutet, so daß die Reihenschaltung sinnlos ist und man besser einen Sauger allein arbeiten läßt. Da vorhandene Sauger selten zueinanderpassen und alle sonstigen Einrichtungen des zweiten Saugers nicht gebraucht werden, ist diese Behelfslösung aufwendig und man sollte statt dessen lieber eine richtig bemessene schwimmende Pumpenanlage nachschalten.

Abb. 81. Baggerpumpe mit 350 mm Druckrohranschluß und Dieselmotor von 170 PS auf gemeinsamem Fundamentrahmen

Zur Hintereinanderschaltung zweier Pumpen muß man auch übergehen, wenn die Saugtiefe so groß wird, daß der Unterdruck von einer in Höhe des Wasserspiegels aufgestellten Pumpe nicht mehr aufgebracht werden kann. Man bringt dann eine Pumpe *unter* den Wasserspiegel und kann sie durch einen Unterwasserelektromotor oder von einem über Wasser befindlichen Motor durch eine nach unten gehende Welle antreiben. Man wird bei den immer weiter steigenden Baggertiefen auf derartige Lösungen, die in den USA vereinzelt schon verwirklicht werden, zurückkommen, wobei man die Saugrohrleiter mit dichten Wänden ausbilden und im Innern des so entstandenen Schwimmkörpers

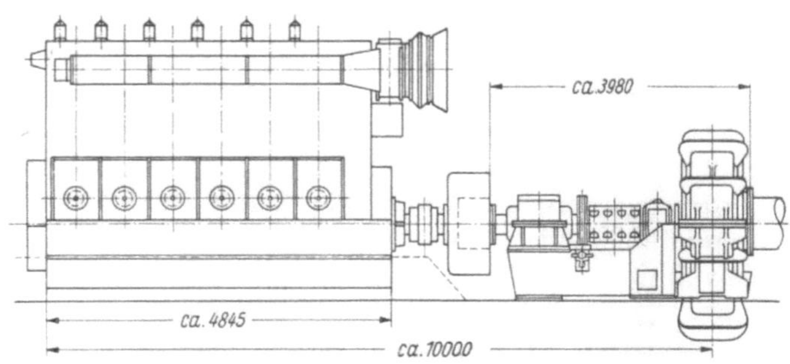

Abb. 82. Baggerpumpe in Stahlgußausführung mit 650 mm Druckrohranschluß und Dieselmotor von 1260 PS bei 275 U/min

Pumpe und Antriebsmotor in Schräglage so tief anordnen kann, wie es erforderlich ist.

Baggerpumpenaggregate, stationär oder schwimmend aufgestellt, sind wichtige Ergänzungsgeräte für Saugbagger und gewinnen immer mehr an Bedeutung.

Abb. 81 zeigt eine kleine Anlage mit einer Pumpe in geschweißter Kastenbauart mit 350 mm Rohranschlußweite und einem Kreiseldurchmesser von 780 mm, angetrieben durch einen Dieselmotor von 170 PS bei 475 U/min, zusammengebaut auf einem geschweißten Fundament. Ein derartiges Aggregat wiegt etwa 10 t und kann an Land aufgestellt oder in einen Schwimmkörper eingebaut werden. Ein größeres Aggregat zeigt Abb. 82 mit einer Stahlgußpumpe mit 650 mm Druckrohranschluß und 1900 mm Kreiseldurchmesser, welche von einem Dieselmotor von 1260 PS bei 275 U/min angetrieben wird. Die Pumpe hat ein Gewicht von 20 t und der Motor wiegt etwa 36 t. Das

Aggregat ist in dieser Form in den im Kapitel F beschriebenen Spüler V eingebaut. Wenn es für sich verwendet wird, käme noch ein Fundamentrahmen hinzu, so daß das Gesamtgewicht etwa 70 t betragen würde.

Eine große schwimmende Anlage zeigt Abb. 83 mit einem Schwimmkörper von 26 m Länge, 6,92 m Breite und 3 m Seitenhöhe. Vier Dieselmotoren von je 600 PS bei 750 U/min treiben über Westinghouse-Ketten die in Schiffsmitte liegende Baggerpumpenwelle an, die mit 450 U/min läuft. Der Kreisel hat einen Durchmesser von 1500 mm,

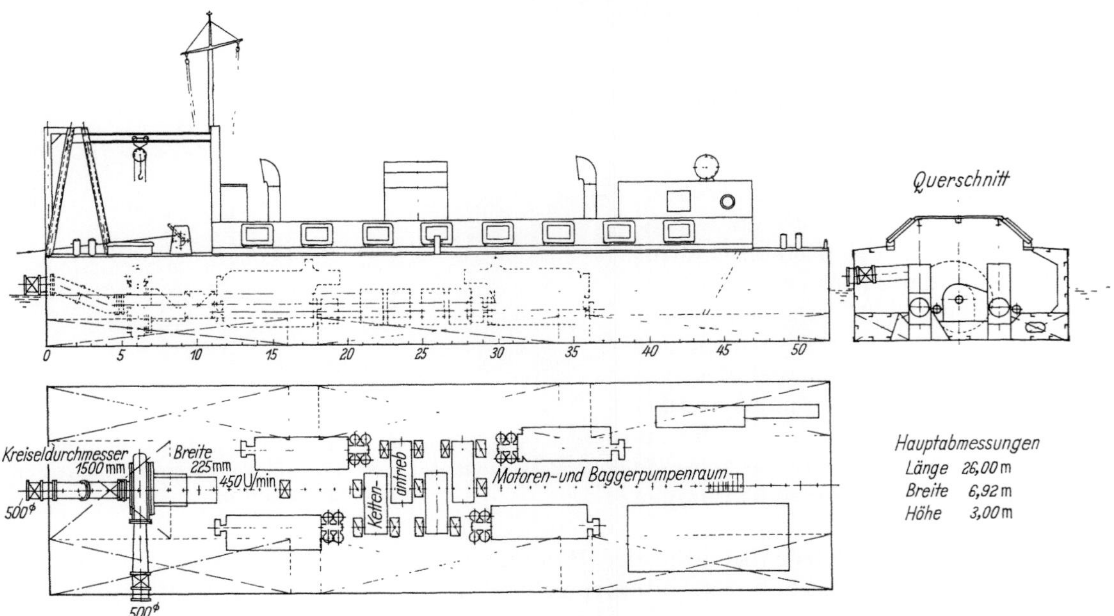

Abb. 83. Schwimmende Verstärkerpumpenanlage mit einer Baggerpumpe von 500 mm Rohrweite bei Antrieb durch 4 Dieselmotoren von je 600 PS über Westinghouse-Ketten

so daß sich eine Umfangsgeschwindigkeit von 35 m/sek ergibt. Der geringe Durchmesser der Saug- und Druckrohrleitung von nur 500 mm wurde in einem Sonderfall für zweckmäßig gehalten, während die Regelweite bei 600 bis 650 mm liegt und man dann mit der Umfangsgeschwindigkeit etwas herabgehen könnte. Der Kettenantrieb gibt hierzu die Möglichkeit oder auch eine Änderung des Kreiseldurchmessers. Der Tiefgang dieser schwimmenden Anlage beträgt 1,75 m entsprechend einem Gewicht von 300 t, wovon etwa $^1/_3$ auf den Schiffskörper entfällt.

Derartige schwimmende Pumpstationen können zu Grundsaugern umgebaut werden und auch nach einem Vorschlag des Verfassers zum Leersaugen von Schuten verwendet werden, wenn deren Laderaum ähnlich dem eines Hoppersaugers ausgebildet wird. Man braucht dabei keine Zusatzwasserpumpe und auch keine Windenanlage, da die Schute nicht verholt werden muß.

8. Wasserstrahlpumpe und Luftmischheber (Mammutpumpe)

Man hat häufig versucht, die Baggerpumpe durch einfachere Einrichtungen zu ersetzen, wobei man u. a. an die *Wasserstrahlpumpe* (Ejektor oder Injektor) gedacht hat.

Abb. 84 zeigt einen Strahlsaugkopf, wie er etwa um 1880 bei amerikanischen und auch französischen Hoppersaugern verwendet wurde. Dabei wurde von einer an Deck des Schiffes stehenden Pumpe Treibwasser auf einen Druck von 2,5 bis 4 atü gebracht und durch eine neben dem eigentlichen Saugrohr angeordnete Rohrleitung von 200 mm Dmr. einer den Saugkopf umgebenden Ringkammer zugeführt. Von dieser führen

Rohre mit Düsenöffnungen von 10 mm in den zu saugenden Boden und sollen diesen lockern, während ein weiteres Rohr in das Saugrohr hineingeführt ist und in einer Düse endet. So sollte die Saugwirkung der Baggerpumpe durch die Treibstrahldüse unterstützt werden. Diese Wirkung ist kaum erreicht worden, und man hat bei den ersten Versuchen mit dem Einsatz von Hoppersaugern bei New York sogar ausdrücklich die Wirkungslosigkeit feststellen müssen.

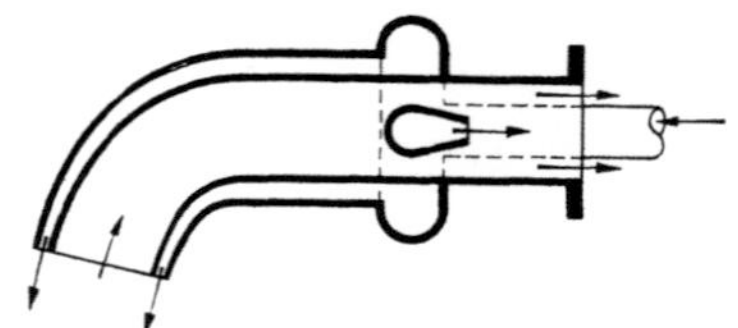

Abb. 84. Saugkopf eines Hoppersaugers um 1808 mit Druckwasserzuführung für Ejektorwirkung und Bodenlösung

Abb. 85 zeigt eine Wasserstrahlpumpe, wie sie zur Sandförderung aus einem Senkkasten etwa um die gleiche Zeit verwendet worden ist. Das Druckwasser kommt von oben durch die rechts sichtbare Leitung und führt hier in einen Mantelraum und aus diesem durch eine ringförmige Düse in das senkrecht nach oben gehende Förderrohr. In der Ringdüse wird der Druck des Treibwassers in Geschwindigkeit umgesetzt, wobei dann der Strahl seine Energie auf das Förderwasser überträgt. Der Mischvorgang ist mit einer Drucksteigerung verbunden, so daß ein nach oben gehender Strom erzeugt wird, wobei das der Saugrohrmündung zulaufende Wasser den Boden löst und die Körner vom Strom mitgenommen werden. Ungünstig ist dabei, daß das Treibwasser beim Mischvorgang die Menge erhöht, so daß die Geschwindigkeit im unteren Saugrohrteil geringer ist als im Förderrohr. Nimmt man weniger Treibwasser und gibt ihm hohen Druck, um eine genügende Bewegungsenergie zu erhalten, dann wird der Mischvorgang verlustreich bei starker Wirbelbildung. Ein nennenswerter Druck, der eine Förderung auf größere Entfernung ermöglicht, wie bei der Baggerpumpe, kann mit der Wasserstrahlpumpe nicht erreicht werden. Man hat mitunter versucht, sie als Ejektor in die Rohrleitung einer Baggerpumpe einzubauen, um deren Förderweite zu vergrößern. Dabei konnte aber nur eine unbedeutende Druckerhöhung erreicht werden, während bei höherem Treibwasserdruck die Wirkung in die Gegenrichtung umschlug. Der Aufwand steht in keinem Verhältnis zum Erfolg, weder bei der Einschaltung einer Strahlpumpe in die Saugleitung noch in die Druckleitung.

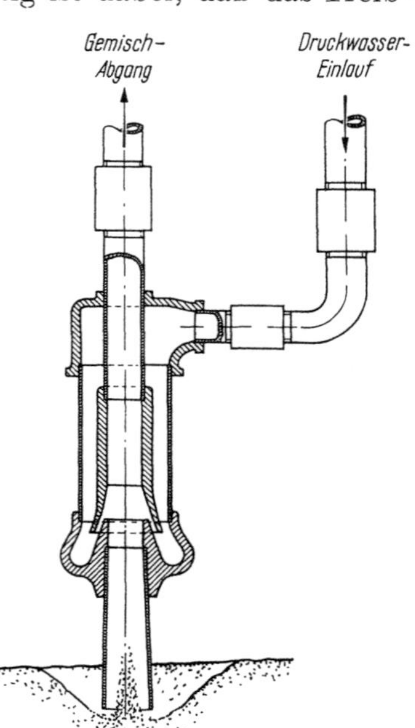

Abb. 85. Wasserstrahlpumpe mit ringförmiger Düse für Sandförderung aus einem Senkkasten; alte Ausführung mit etwa 100 mm Saugöffnung

Zweck hat nur in beschränktem Maße der Hydroelevator ähnlich Abb. 85. Wenn beim Hydroerdbau der durch Hochdruckwasser gelöste Boden ein Gemisch bildet, bei dem der Wasserzusatz noch zu gering ist und das vorhandene Gefälle für eine Förderung nicht ausreicht, dann kann man den Hydroelevator einschalten. Ihm wird Treibwasser unter Druck eingeführt, das aus einer Düse in Richtung der sich ansetzenden Förderrohrleitung strömt, während das Gemisch seitlich einströmt. Die Einrichtung ermöglicht nur eine Hebung des Gemisches um wenige Meter und ist dann vorteilhaft, wenn natürliches Wasser in genügender Menge mit mäßigem Druck zur Verfügung steht. Muß jedoch der Druck durch Pumpen erzeugt werden und will man eine größere Hebung erreichen, dann ist infolge des geringen Wirkungsgrades der Wasserstrahlpumpe das Verfahren nicht mehr wirtschaftlich.

In neuerer Zeit ist eine ähnliche Einrichtung als MAN-S-Pumpe aufgekommen. Bei dem Typ 200 hat das Förderrohr einen Durchmesser von 200 mm und das Treibwasser wird durch zwei seitlich angeordnete Düsen in einer Menge von 75 l/sek mit einem Druck von 10 kg/cm² zugeführt und dabei etwa eine gleich große Menge nachgesaugt, so daß 150 l/sek in das Förderrohr kommen, wobei ein Druck von 2 kg/cm² erzeugt wird. Würde dabei so viel Boden gefördert, daß die Gemischdichte 1,12 beträgt, so ist die Nutzleistung $\frac{150 \cdot 20}{75} \cdot 1{,}12 = 45$ PS. Demgegenüber beträgt die hydraulische Leistung der Treibwasserpumpe $\frac{75 \cdot 100}{75} = 100$ PS, was bei einem Wirkungsgrad von 75 % einen Leistungsaufwand von 133 PS ergibt. Damit wird der Wirkungsgrad der Strahleinrichtung $\frac{45}{133} \sim 35\,\%$. Er sinkt aber noch weiter ab, da die Treibwasserpumpe nicht in reinem, sondern in bodenhaltigem Wasser arbeitet, sich also abnutzt. Ebenso tritt auch in den Düsen und in der Mischkammer Verschleiß ein, welcher den Wirkungsgrad herabsetzt. Die Bedingungen für die Bodenlösung am Saugrohreinlauf sind nicht günstig, da wohl im Rohr hinter den Treibstrahldüsen eine Geschwindigkeit von 4,8 m/sek vorhanden ist, davor aber nur etwa die Hälfte, so daß das auf den Saugrohreinlauf zuströmende Wasser nur geringe Lösewirkung hat. Es hat keinen Zweck, das Treibwasser für die Lösung heranziehen zu wollen, da es die Saugwirkung noch weiter beeinträchtigt. Man kann höchstens die Saugrohrmündung etwas in den Boden einspülen und dafür das Treibwasser zeitweise ansetzen. Die Anwendung mechanischer Einrichtungen für die Bodenlösung, wie Schneidköpfe u. dgl., erscheint bei der S-Pumpe in ihrer Wirkung zweifelhaft.

Infolge geringer Saugwirkung und infolge der Unmöglichkeit, einen nennenswerten Druck zu erzeugen, ist demnach die Wasserstrahlpumpe nur sehr beschränkt anwendbar.

Eine andere, noch einfachere Fördereinrichtung ist der *Luftmischheber*, der für gewöhnlich als Mammutpumpe bezeichnet wird.

Abb. 86 gibt das Prinzip wieder. Ein unten geöffnetes Rohr ist ins Wasser getaucht und erhält Druckluft, die in Blasen im Innern des Rohres aufsteigt. Das Rohr und das umgebende Wasser sind dabei als kommunizierend anzusehen, und im Rohr hebt sich der Spiegel so hoch, bis der Druck der aus Wasser und Luft bestehenden Gemischsäule am unteren Ende des Rohres gleich dem äußeren Wasserdruck ist. Es gilt dann die Gleichung:

$$(t + h)\,\gamma_1 = t \cdot 1$$

Hierin ist

    t die Eintauchtiefe in m

    h die Höhe des Gemischspiegels über der Wasseroberfläche, also die Förderhöhe

    γ_1 das durchschnittliche spezifische Gewicht der Wasser-Luft-Säule, das mit Erhöhung des Luftblasenanteils abnimmt.

Es folgt:

$$t_1\,\gamma_1 + h\,\gamma_1 = t \cdot 1$$

$$h\,\gamma_1 = t \cdot 1 - t\,\gamma_1$$

$$h = t\,\frac{1 - \gamma_1}{\gamma_1} \qquad \frac{h}{t} = \frac{1}{\gamma_1} - 1$$

Aus dieser Gleichung ergibt sich, daß die Förderhöhe im Vergleich zur Eintauchtiefe um so größer wird, je kleiner γ_1 wird, d. h. je mehr Luft eingeblasen wird. Wenn man das Verhältnis zwischen Luft und Wasser so weit ansteigen läßt, daß schließlich nur Wassertropfen im Luftstrom mitgenommen werden, kann man auch bei geringen Eintauchtiefen große Förderhöhen erreichen. Andererseits ist bei einem gegebenen Luftgehalt die Förderhöhe um so größer, je größer die Eintauchtiefe ist.

Der Luftblasenwasserheber wurde von LÖSCHER erfunden und von der Firma Borsig in großem Stile angewandt, um Kohlengruben zu entwässern, bei denen infolge der großen Tiefe keine andere Pumpe anzusetzen war. Um 40 m³/h Wasser auf eine Höhe von 335 m zu bringen, war eine angesaugte Luftmenge von 150 000 m³/h = 2500 m³/min, also das 60fache der Wassermenge erforderlich. Hier war der Ausdruck „Mammutpumpe" gerechtfertigt, während er bei den Größen, die beim Kiessaugen und

Sandsaugen verwendet werden, eigentlich keinen Sinn hat. Im folgenden soll die Bezeichnung *Luftmischheber* verwendet werden, wobei auch LÖSCHER-Pumpe vorgeschlagen ist. Wenn man nicht nur Wasser, sondern auch Bodenkörner heben will, darf man mit dem Luftzusatz nicht so weit gehen und kann auch Wirkungsgrade von ganz wenigen Prozenten, wie sie in dem obengenannten Beispiel durch die Besonderheit der Aufgabe gerechtfertigt sind, nicht in Kauf nehmen. Man muß den Luftzusatz beschränken und kommt damit nur auf eine Förderhöhe, die etwa gleich der Eintauchtiefe wird. Eine Förderung in Rohren auf größere Entfernung ist wegen des Luftgehaltes nicht möglich, und man kann nur einen Strahl erreichen, bei dem nach Entweichen der Luft Wasser und Bodenkörner in waagerechter Richtung ausgeworfen werden.

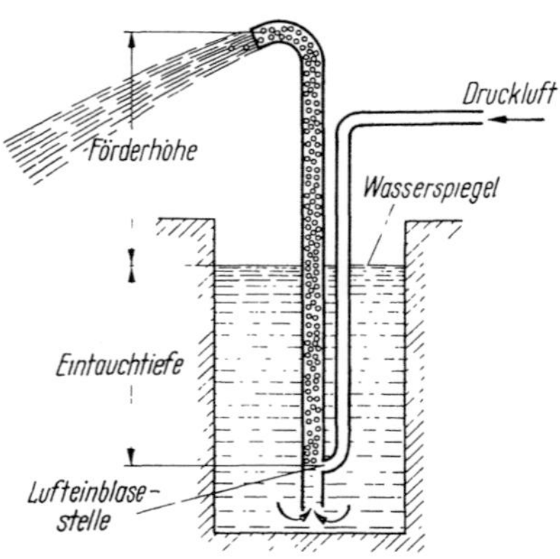

Abb. 86. Prinzipzeichnung des Luftmischhebers, bestehend aus einem Förderrohr mit Luftzufuhr am unteren Ende (Mammutpumpe)

Die oben abgeleitete Gleichung, die den Zusammenhang zwischen Förderhöhe, Eintauchtiefe und Luftzusatz ergibt, gilt nur theoretisch für den Gleichgewichtszustand und läßt die zum Fördern erforderliche Luftmenge nicht ermitteln. Es ist zu bedenken, daß die Luft unten in das Rohr mit dem Druck eintritt, der der Eintauchtiefe entspricht, und die Luftblasen beim Aufsteigen expandieren bis zur Erreichung des Atmosphärendrucks an der Oberfläche. Dabei wird das Wasser in turbulente Bewegung versetzt, welche Reibungswiderstand erzeugt.

Für ein Rohr mit einer Weite von 100 bis 200 mm ist erfahrungsgemäß für Wasserhebung bei einer Eintauchtiefe von 15 m eine Förderhöhe von 5 m bei zweifachem Luftzusatz zu erreichen, wobei die Luftmenge für atmosphärische Spannung, also die angesaugte Luftmenge des Kompressors, zu rechnen ist. Nimmt man einen Kompressor von 6 m³ angesaugter Luftmenge pro Minute an, so werden 3 m³ Wasser, d. s. 50 l/sek, auf eine Höhe von 5 m gebracht und ausgeworfen. Rechnet man als Nutzleistung $\frac{50 \cdot 5}{75}$, so sind dies nur 3,3 PS. Nimmt man für die Drucklufterzeugung einen normalen Kompressor mit 6 atü Betriebsdruck, so hat man mehr als die 10fache Leistung dafür aufzuwenden, so daß der Wirkungsgrad unter 10 % liegt. Man kann ihn erhöhen, wenn man die Druckluft wirtschaftlich in Gebläsen erzeugt, mit einem Druck, der nicht höher ist, als es für den Eintritt der Luftblasen am Ende des eingetauchten Rohres erforderlich ist. Eine Strahlwirkung wie bei der Wasserstrahlpumpe ist beim Luftmischheber nicht vorhanden, weswegen es auch keinen Zweck hat, für den Luftaustritt eine Düse zu nehmen. Man kommt bei entsprechenden Einrichtungen bei Wasserförderung auf Wirkungsgrade bis zu 30 %, mit denen man bei Bodenförderung jedoch nicht rechnen kann. Ein weiterer Nachteil ist es, daß das Förderrohr senkrecht stehen muß, da bei Schräglage eine Entmischung und ein Aussetzen des Fördervorgangs eintritt. Hierdurch ist die Eintauchtiefe von der Saugtiefe abhängig.

Auf einer Baustelle war aus einem engen Raum, zwischen Spundwänden, der noch durch Zuganker verbaut war, Feinsand abzusaugen, und dabei wurde ein Luftmischheber verwendet. Das Förderrohr mit einem Durchmesser von 100 mm hing mit einem Seil in einem auf einen Schienenwagen gesetzten Hebebock und wurde durch Taucher an der gewünschten Stelle angesetzt. Ein Kompressor mit einer Ansaugleistung von 2 m³ Luft pro Minute war auch auf den Wagen aufgesetzt und brachte die Luft auf den normalen Druck von 6 atü, womit sie dem Saugrohrende zugeführt wurde. Mit dieser Einrichtung wurde zeitweise ein guter Feststoffgehalt erreicht und etwa 10 m³/h in einem Meßkasten bei gut lösbarem Sand und einer Förderhöhe, welche das 1,4fache der Eintauchtiefe war, festgestellt. Wenn bei fallendem Wasserspiegel die Förderhöhe größer wurde als das 3fache der Eintauchtiefe, setzte die Förderung aus. Der Feststoffgehalt wurde weiter noch durch die Lösbarkeit des Bodens beeinflußt, welche bei Tongehalt abnahm. Man kam schließlich nur auf einen durchschnittlichen Ertrag von 3 m³/h.

Dem sehr geringen Wirkungsgrad, der sich rechnerisch hierfür ergeben würde, stehen beim Luftmischheber seine große Einfachheit, Betriebssicherheit, Geräuschlosigkeit und ein Verschleiß nur an einfachen und leicht ersetzbaren Teilen gegenüber. Grobe Feststoffteile, wie Steine, machen keine Schwierigkeit und werden fast mühelos gefördert; auch Unrat kann nicht viel schaden.

Abb. 87 ist eine schematische Darstellung einer Kiesförderanlage. Auf einem Schwimmkörper ist ein auskragendes Gerüst aufgebaut, das oben eine waagerechte Laufschiene trägt.

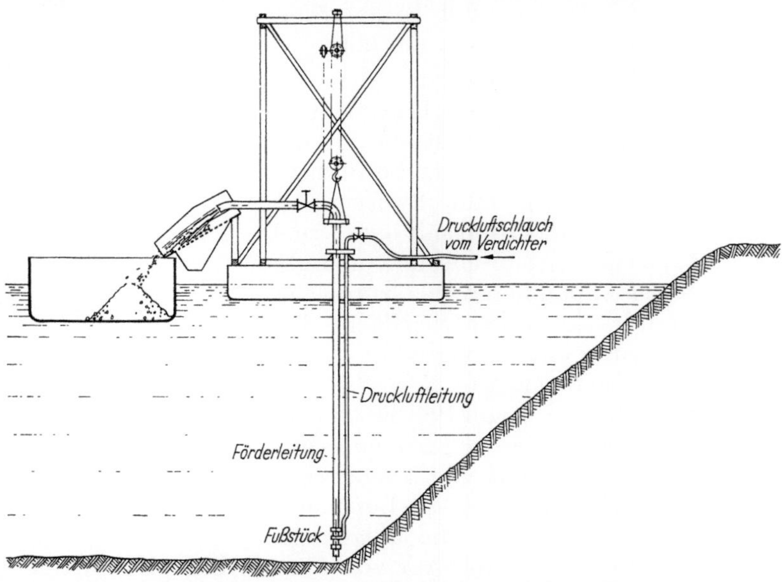

Abb. 87. Schwimmende Luftmischheberanlage für Kiesgewinnung mit Weiterförderung durch Schuten

Darauf fährt eine Laufkatze mit einer Hubwinde, die das nach unten gehende Förderrohr trägt, so daß dieses in senkrechter und waagerechter Richtung bequem bewegt werden kann. Das Förderrohr hat am oberen Ende einen Krümmer, von dem ein Rohrstück waagerecht abgeht und in eine Rutsche mündet. Hier entweicht die Luft, und das zurückbleibende Kies-Wasser-Gemisch läuft auf der Rutsche in die neben dem Schwimmkörper liegende Schute, in der das Wasser sich über dem Kies sammelt und beim Anwachsen der Füllung abläuft. Die Kompressoren können auf dem Schwimmkörper stehen oder aber an Land aufgestellt sein, da die Luftleitung nach dem Schwimmkörper leicht hinüberzuführen ist. Ausgeführt wurde eine Anlage dieser Art mit 6 Förderrohren von 200 mm Dmr., von denen jedes einen durchschnittlichen Ertrag von 30 m³/h bei einer Saugtiefe von 25 bis 30 m ergab. Die erforderliche Leistung für jeden Kompressor wird dabei mit 70 PS angegeben, entsprechend einer Luftleistung von etwa 10 bis 12 m³/min bei 4 bis 6 atü. Die stündliche Luftmenge liegt damit zwischen 600 und 720 m³/h, gegenüber einer Gemischmenge von etwa 300 m³/h. Die ganze Anlage mit 6 Rohren ergab einen Ertrag von 180 m³/h bei einem Aufwand an Antriebsleistung von 400 bis 500 PS.

Bei einer Anlage mit Baggerpumpen würden zwei Einheiten mit einem Rohrdurchmesser von 300 mm den obengenannten Ertrag ergeben. Wenn dabei auch nur eine Förderung eben über den Wasserspiegel, ohne Förderweite angenommen wird, so würde bei einer Gemischmenge von 900 m³/h = 250 l/sek die hydraulische Leistung $\frac{250 \cdot 15}{75} \cdot 1{,}2 = 60$ PS sein, was bei einem Wirkungsgrad von 60 % eine Antriebsleistung von 100 PS pro Einheit und 200 PS im ganzen ergibt. Das ist nur die Hälfte von der für die 6 Luftmischheber erforderliche Leistung, was auch durch andere Angaben bestätigt wird. Es wird aber Fälle geben, wo die vorangehend aufgeführten Vorteile diese Nachteile überwiegen, was besonders dann der Fall sein wird, wenn billiger Strom zur Verfügung steht, so daß die Kompressoren mit Elektromotoren angetrieben werden können. Daß der Luftmischheber aus großen Tiefen fördern kann, weil er nicht eigentlich zu saugen hat, sondern am Rohreinlauf einen Strom erzeugt, der Bodenkörner mitnimmt, wobei sogar eine große Tiefe unter Wasser günstig ist, ist ein Vorteil gegenüber der Baggerpumpe. Wenn allerdings eine gewisse Förderweite und Förderhöhe notwendig ist, um das Material in eine Aufbereitungsanlage zu bringen, dann scheidet wieder der Luftmischheber aus, und das Saugverfahren mit einer Baggerpumpe ist das allein mögliche. Die Vorschaltung eines Luftmischhebers vor eine Baggerpumpe ist nicht möglich, weil ihr dann ein luftdurchsetztes Gemisch zugeführt werden würde.

Hiernach ist die Baggerpumpe weder durch die Wasserstrahlpumpe noch durch den Luftmischheber zu ersetzen, und diese Geräte sind nur in Sonderfällen, wie beispielsweise Freisaugen von Schiffswracks, Bodenförderung aus Senkkästen u. dgl., zu verwenden, wenn die Menge gering ist und keine größere Förderhöhe verlangt wird. Nur dann läßt ihre Einfachheit die mangelnde Wirtschaftlichkeit in den Hintergrund treten. Dabei ist der Luftmischheber das allereinfachste, aber daran gebunden, daß das Förderrohr auf genügende Tiefe gebracht werden kann.

Literatur

PFLEIDERER, C.: Die Kreiselpumpen. Berlin/Göttingen/Heidelberg: Springer.
FUCHSLOCHER/SCHULZ: Die Pumpen. Berlin/Göttingen/Heidelberg: Springer.
RITTER, C.: Flüssigkeitspumpen. Verlag Oldenbourg.
Abnahmeversuche an Kreiselpumpen, DIN 1944, April 1952, VDI-Kreiselpumpenregeln.

E. Grundsauger ohne mechanische Vorlockerung und Schutensauger (Spüler)

1. Grundsauger für Untiefenbeseitigung und Saugbagger für Kies- und Sandgewinnung. Beladen von Schuten durch Saugbagger

Die Bedingungen für das Saugen von Boden aus dem Grund wurden in Kapitel C ausführlich erörtert und angegeben, daß Mittelsand, Grobsand und Kies dafür geeignet sind, die feinkörnigen Bodenarten dagegen nicht. Der Mittelsand ist das günstigste Material, weil er auch bei der Förderung auf größere Entfernungen keine Schwierigkeiten macht, während dies bei den gröberen Bodenarten der Fall ist. Außerdem bringen diese starken Verschleiß in Pumpen und Rohrleitungen und enthalten meist viel Steine.

Wenn die Bodenverhältnisse günstig sind und das Entstehen von Kratern oder Furchen an der Entnahmestelle zulässig ist, dann ist das einfache Grundsaugen unter Fortfall besonderer Methoden für Vorlockerung sehr zweckmäßig.

Abb. 88 gibt ein Schemabild für das Absaugen einer Untiefe aus dem Fahrwasser des Mississippi, in dessen Mitte ein Pumpenprahm (pumpbarge) liegt. Dies ist ein Grundsauger einfacher Art mit einer dampfangetriebenen Baggerpumpe. Das Saugrohr geht schräg nach unten, so daß sein Ende an die Untiefe kommt.

Das Fahrzeug liegt beim Arbeiten in der Stromrichtung und wird dabei durch Drahtseile gehalten, deren Enden durch hydraulische Pfähle festgelegt sind, Stahlrohre, deren Spitzen in den Flußgrund eingespült sind. Die Druckrohrleitung führt auf Schwimmern liegend quer zur Stromrichtung nach der Seite und hat ihr Auswurfende in der Nähe des Ufers.

Abb. 89 zeigt den Pumpenprahm auf dem Mississippi und ein daran vorbeifahrendes Seeschiff sowie die Schwimmrohrleitung mit dem Auswurfende. Diese ist ohne Verankerung und hält sich im Strom, ohne daß Drahtseile der Schiffahrt hinderlich sind.

In Kapitel H „Rohrleitungen" werden weitere Angaben über die Schwimmrohrleitung gemacht.

Abb. 90 ist ein Grundriß des Pumpenprahms und läßt erkennen, daß ein Wasserrohrkessel mit einer Heizfläche von 410 m² und einem Dampfdruck von 17,5 atü an

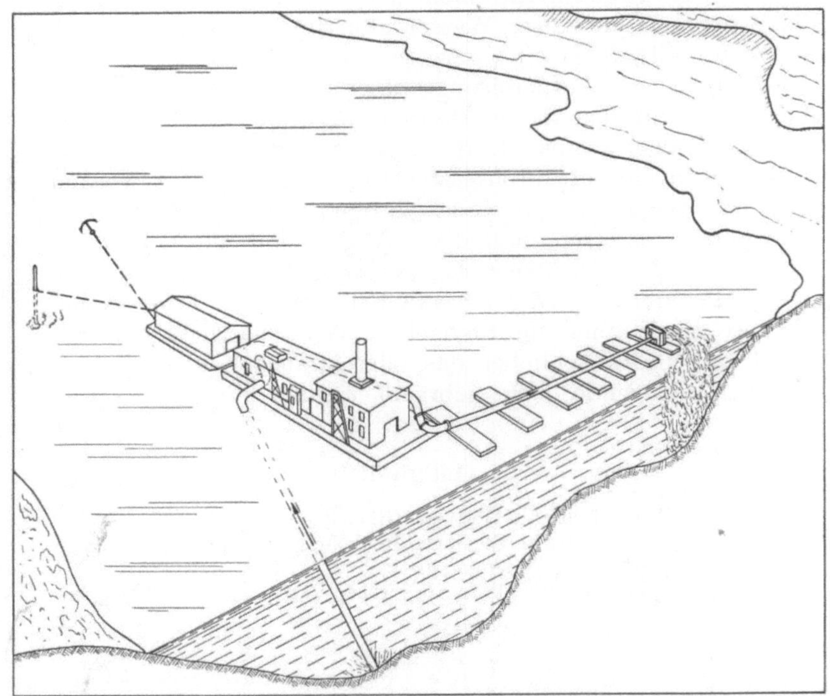

Abb. 88. Schematische Darstellung des Absaugens einer Untiefe im Mississippi durch einen Pumpenprahm (pumpbarge) mit Schwimmrohrleitung

einem Ende angeordnet ist und am anderen Ende eine Dreifach-Expansionsmaschine von 1070 PS bei 200 U/min, welche die Baggerpumpe antreibt. Diese hat einen Kreisel-

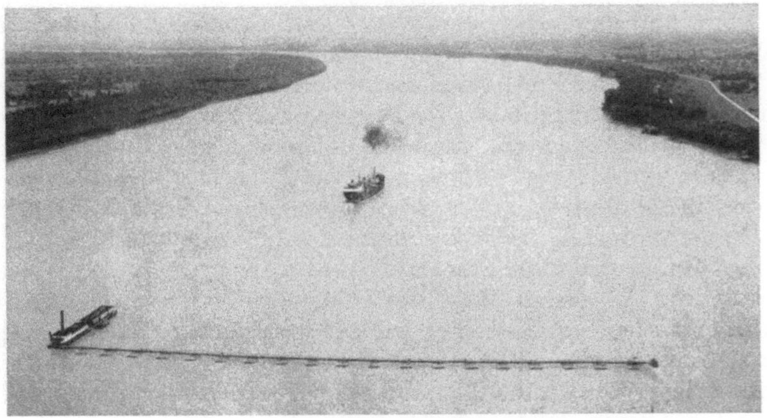

Abb. 89. Pumpenprahm mit Schwimmrohrleitung auf dem Mississippi beim Absaugen einer Untiefe unter Freihaltung der Durchfahrt für Seeschiffe. Aufnahme: C. of E. New Orleans

durchmesser von etwa 2000 mm und einen Durchmesser von 760 mm für die Saug- und Druckleitung. Das Saugrohr hat einen geringfügig erweiterten Saugkopf, auf etwa ²/₃ seiner Länge ein Kugelgelenk und am oberen Ende einen Drehkrümmer. 2 Hubseile

kommen von einer am Schiffsende aufgestellten Winde. von denen eins in der Nähe des
Saugkopfes, das andere an dem Kugelgelenk angreift. Die Saugtiefe liegt zwischen 2 m
und 27,5 m. Das Schiff ist im Jahre 1940 nach Plänen des Corps of Engineers erbaut
und hat eine Länge von 41 m, eine Breite von 9,15 m auf Spanten und eine Seitenhöhe

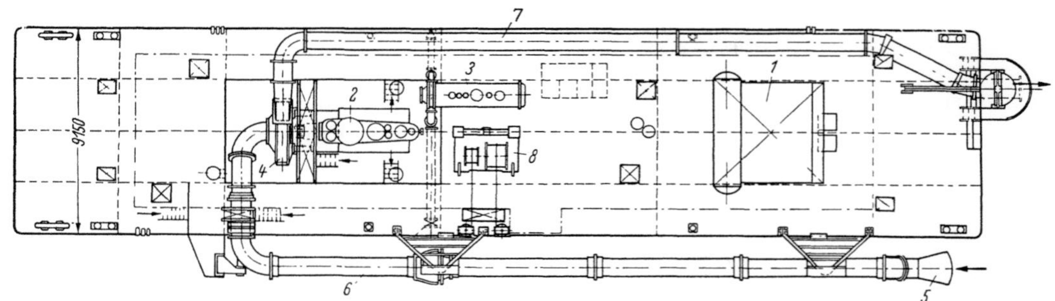

Abb. 90. Maschinenanordnung eines amerikanischen Pumpenprahms für Grundsaugen ohne Vorlockerung
mit Dampfantrieb

1 Wasserrohrkessel 410 m² Heizfläche; *2* Dampfmaschine 1070 PS200 U/min; *3* Kondensator; *4* Baggerpumpe; *5* Saugkopf;
6 Saugrohrleitung 760 mm Weite; *7* Druckrohrleitung 760 mm Weite; *8* Saugrohrhebewinde. Hauptabmessungen: Länge
41 m; Breite auf Spanten 9,15 m; Seitenhöhe 2,13 m; Tiefgang etwa 1.5 m

von 2,13 m mit einem Tiefgang von etwa 1,5 m. Derartige einfache Pumpenprähme
können nur rolligen Sand saugen, bei dem auch Krater und Furchen durch die Strömung
eingeebnet werden. Bei fester gelagertem Feinsand werden Furchensauger mit einem

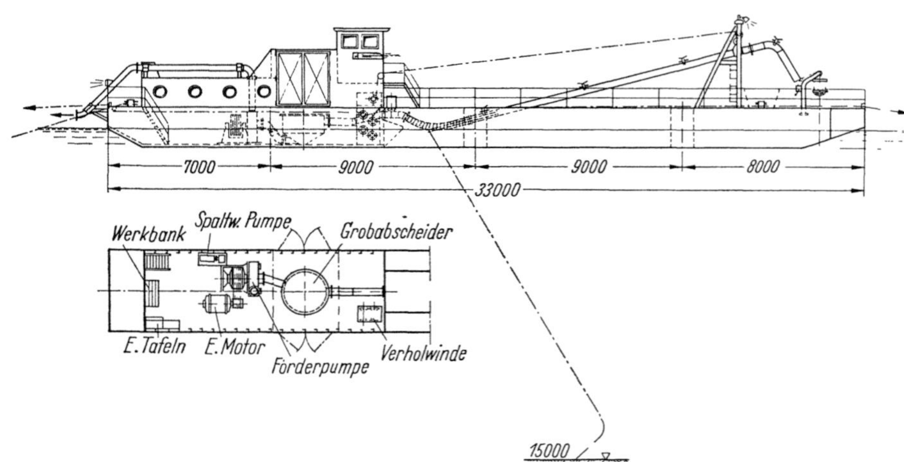

Abb. 91. Seitenansicht und Maschinenanordnung eines Saugbaggers für Kiesgewinnung für 15 m Saugtiefe
mit Antrieb der Baggerpumpe von 250 mm Druckrohrweite durch einen Elektromotor

besonderen Rüssel bei Druckwasserzugabe und selbstfahrende Schneidkopfsauger eingesetzt, die später noch behandelt werden.

Abb. 91 zeigt einen Saugbagger für Kiesgewinnung, Fabrikat Schreiner, Baujahr
1958, in Seitenansicht und Grundriß. Der die Pumpenanlage tragende Schiffskörper
hat 12 m Länge, 3,7 m Breite, 1,8 m Seitenhöhe und einen Tiefgang von etwa 1 m.
Bei 5 mm Blechdicke ist er leicht und kann mit Straßenfahrzeugen befördert werden.
Das Saugrohr von 300 mm Dmr. hat ein abgeknicktes Ende, das bei mittlerer
Saugtiefe senkrecht zum Gewässergrund steht und guten Zulauf der Kieskörner auf
den Wänden des entstehenden Kraters ergibt. Die höchste Saugtiefe ist 15 m und
ergibt für das Rohr eine Länge, welche für seine Aufhängung besondere Schwimmkörper erfordert, die seitlich angeordnet und am Ende durch ein Traggerüst verbunden
sind. Das Hubseil für das Saugrohr greift an dessen Ende an, geht nach oben über eine

Seilrolle im Kopfe des Traggerüstes und von da aus zur Trommel der Saugrohrhebewinde. Die Windenanlage hat außerdem noch 4 Trommeln, von denen 2 Seile nach vorn
und 2 nach hinten gehen. Die Seile werden dann seitlich abgelenkt, so daß sie strahlenförmig vom Schiffskörper ausgehen. Da derartige Sauger meist auf ruhigem Wasser
arbeiten, genügen diese 4 Seile. Der Stand für den Baggermeister, der alle Vorgänge zentral steuert, ist erhöht und gibt eine gute Übersicht. Unter Einschaltung eines Schlauches tritt das Saugrohr in den Schiffskörper ein und geht durch einen großen Steinabscheidekasten zur Baggerpumpe. Diese hat, ähnlich wie die in Kapitel D abgebildete amerikanische Morris-Pumpe, ein Außengehäuse, jedoch hier in geschweißter Bauart, mit gegossenem Innengehäuse, wie Abb. 92 erkennen läßt. Dieses besteht aus Stahlguß mit Zusätzen von Chrom, Mangan, Silizium und Nickel, um es möglichst wider

Abb. 92. Baggerpumpe für Kiesförderung nach Abnahme vom Deckel des geschweißten Außengehäuses, wodurch das gegossene Innengehäuse und der Kreisel mit Einlauföffnung sichtbar sind. Aufnahme Schreiner

standsfähig gegen Verschleiß zu machen. Es ist vorn und hinten offen, so daß der Kreisel
eingebaut werden kann, den es dann als mäßig erweitertes Schneckengehäuse umgibt.
Der Kreisel, dessen Einlauföffnung man im Bilde erkennt, besteht aus Sonderstahlguß

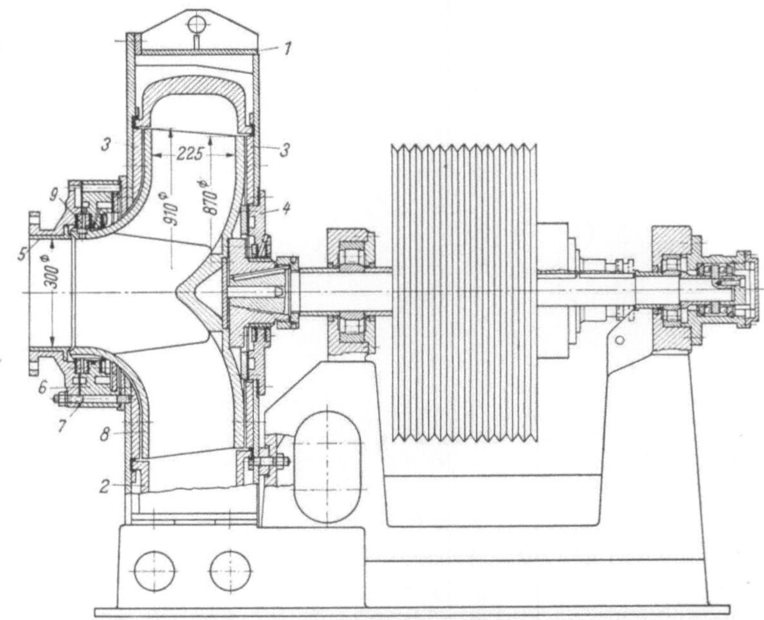

Abb. 93. Schnittbild einer Baggerpumpe für Kiesförderung mit 250 mm Druckrohrdurchmesser für Riemenantrieb durch Elektromotor von 140 kW

1 Außengehäuse geschweißt; *2* Einsatzgehäuse Stahlguß; *3* Verschleißscheiben; *4* Deckel; *5* Einlaufbüchse; *6* Düsenring; *7* Einlaufstutzen; *8* Laufrad; *9* Dichtungen

mit einer Festigkeit von 120 kg/mm². Der Deckel des geschweißten Außengehäuses ist
mit einer Schleißplatte bedeckt, ebenso die Gehäuserückwand, wie das Schnittbild
Abb. 93 zeigt.

Die Kreiselwelle läuft in Wälzlagern, zwischen denen eine Riemenscheibe mit eingebauter Kupplung sitzt. Die Welle hat an einem Ende ein kräftiges Drucklager und am anderen Ende einen stumpfen Konus mit dahinterliegendem Gewinde. Ein besonderes Nabenstück, das an den Kreisel mit einem Flansch angesetzt ist, sitzt auf dem Wellenende, wobei der konische Teil die Zentrierung und das Gewinde den Anzug ergibt. Dabei ist keine vorgesetzte Mutter erforderlich, welche in den Kreisel hineinragen und den glatten Durchgang von Steinen hindern würde, bei denen mit einer Größe bis zu 165 mm gerechnet wird. Der Kreisel besitzt 3 Schaufeln, deren Eintrittskanten mit einem Winkel von 20° gegen die Tangenten geneigt sind, während es bei den Austrittskanten etwa 35° sind. Der Kreisel hat an seiner Einlauföffnung und auf der anderen Seite an seiner Nabe gegen das feststehende Gehäuse besondere Dichtungen mit Gummimanschetten, auf die bei dieser Pumpentype besonderer Wert gelegt ist. In die Stopfbüchse und den Spaltraum zwischen Kreisel und Gehäuse wird mit einer Pumpe, die durch einen Elektromotor von 15 PS angetrieben ist, Sperrwasser mit einem Druck von etwa 5 kg/cm² eingeführt, so daß kein Gemisch eindringen kann und der Kreisel in einem Wassermantel läuft. Hierdurch wird eine äußere Abnutzung vermieden und diese auf die Räume zwischen den Schaufeln beschränkt. Erfahrungsgemäß verträgt ein Kreisel den Durchgang von 30000 bis 50000 m³ Kiesmaterial, ehe eine Ausbesserung durch Schweißung erforderlich wird, die ihn dann für den nochmaligen Durchgang von etwa der gleichen Menge verwendungsfähig macht. Von den beiden Kreiselscheiben hat die der Saugseite zugewandte mit 910 mm einen etwas größeren Durchmesser als die im Abstande von 225 mm befindliche andere mit 870 mm. Der Zweck dieses Unterschiedes wurde bei der Morris-Pumpe erörtert. Das Gehäuse verträgt den Durchgang von etwa der gleichen Materialmenge wie der Kreisel, ehe eine Schweißung erforderlich ist. Diese muß sehr sorgfältig ausgeführt werden und beeinflußt weitgehend die endgültige Lebensdauer.

Die Pumpe läuft mit einer Drehzahl von 550 U/min, die eine Umfangsgeschwindigkeit von 26 m/sek und eine Förderhöhe von 38 m ergibt. Bei einer Fördergeschwindigkeit von etwa 3,8 m/sek im Druckrohr ergibt sich eine Gemischmenge von etwa 675 m³, der ein Kiesertrag von 70 bis 100 m³/h entspricht. Zum Antrieb dient ein Drehstrom-Kurzschluß-Läufer von 140 kW mit einer Drehzahl von 1000 U/min, die durch einen Keilriemen herabgesetzt wird. Dabei kann man die Drehzahl der Pumpe der gegebenen Förderweite und Förderhöhe durch Änderung der Riemenscheiben anpassen. Für gewöhnlich wird das Gemisch durch eine Schwimmrohrleitung von etwa 100 m Länge bis zum Ufer gebracht und geht von da aus mit einer Landleitung von gleicher Länge und einem Anstieg von etwa 16 m gegen den Wasserspiegel zu der Sortieranlage, die auf Abb. 94 erkennbar ist. Oben befinden sich Schwingsiebe und darunter 8 Silobehälter zur Aufnahme

Abb. 94. An Land stehende Kiessortieranlage mit Gemischzufuhr von dem schwimmenden Saugbagger für Kiesgewinnung. Aufnahme Schreiner.

von 5 Körnungen, gewöhnlich 0 bis 3, 7 bis 15, 15 bis 30 und über 30 mm, die mit Lastwagen abgefahren werden. Man läßt den Bagger meist seine Arbeit in der Nähe der Aufbereitungsanlage beginnen und sich allmählich von dieser entfernen. Dabei wird die Förderweite größer und die Drehzahl der Pumpe muß erhöht werden. Wenn es sich nur um die Gewinnung von Sand handelt zum Einbau in Dämme, Rampen, Straßen u. dgl., dann ist keine Sortierung notwendig aber vor der Weiterförderung

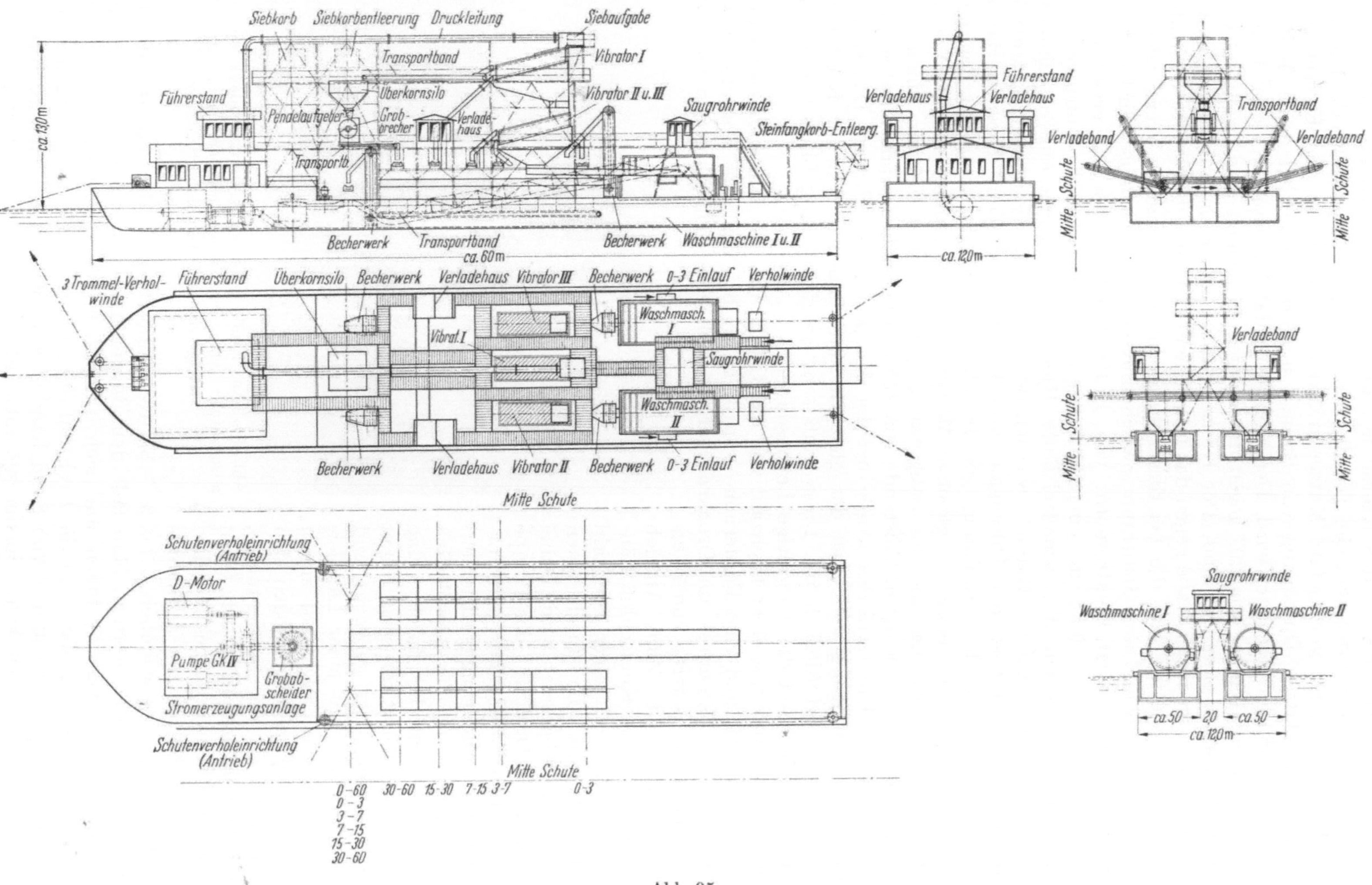

Abb. 95

Generalplan eines Saugbaggers für Kiesgewinnung mit einer auf den Schwimmkörper gesetzten Sortieranlage mit Abgabe der Körnungen durch Förderbänder

durch Lastwagen eine Trocknung. Man ordnet dann eine ähnliche Behälteranlage wie nach Abb. 94 an und leitet durch ein Schwenkrohr das Gemisch nacheinander in die einzelnen Behälter. Dabei läuft der größte Teil des Wassers während der Beladung durch den Überlauf ab und der Rest in der Zeit, in der die übrigen Behälter beladen werden. Schließlich kann ein nahezu trockenes Material durch Öffnen der unter den konischen Unterteilen sitzenden Schieber in die Mulden der gummibereiften Bodenkipper gegeben werden.

Man kann auch, wenn sortiertes Material verlangt wird, die dafür erforderliche Anlage auf den Schwimmkörper aufbauen, der dann allerdings entsprechend groß wird. Abb. 95 zeigt einen solchen von 60 m Länge, 12 m Breite und 2,45 m Seitenhöhe. Er hat einen 31,5 m langen und 2 m breiten Schlitz, der an beiden Enden geschlossen ist und das Saugrohr von 450 mm Dmr. aufnimmt. Von diesem geht die Saugleitung über den Grobabscheider zur Baggerpumpe, die von einem Dieselmotor von etwa 400 PS bei 400 U/min mit Riemen angetrieben wird. Daneben steht ein Dieselgenerator, welcher die elektrische Energie in Höhe von etwa 450 kW für die Sortieranlage, die Winden usw. liefert. Das Druckrohr der Baggerpumpe von 350 mm lichter Weite geht senkrecht nach oben, biegt in die Waagerechte um und führt zur Sortier- und Waschanlage, bei der auch ein Steinbrecher eingeschaltet ist. Die gesiebten und gewaschenen Körnungen können mit Förderbändern in Kähne geladen werden, die neben dem Sauger liegen. Außerdem sind Behälter im Schwimmkörper eingebaut, die Vorratsmengen aufnehmen können. Wenn deren Auslaßschieber geöffnet werden, geht das Material der jeweiligen Körnung über Wiegeeinrichtungen auf ein in der Längsschiffsrichtung laufendes Förderband und wird dann von einem Elevator auf die Bänder für die Schutenbeladung gebracht. Auf diese Weise können die

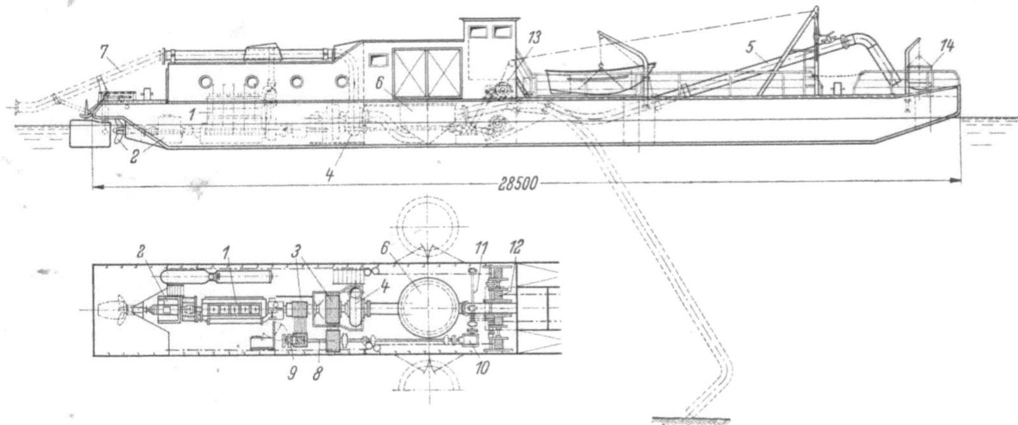

Abb. 96. Seitenansicht und Maschinenanordnung eines Saugbaggers für Kiesgewinnung mit eigenem Fahrantrieb und einer Baggerpumpe von 300 mm Druckrohrweite

1 Dieselmotor 300 PS;   *2* Wendegetriebe mit Propeller 900 mm Dmr.;   *3* Keilriementrieb;   *4* Baggerpumpe Type PK III;   *5* Saugrohr 350 mm Dmr.;   *6* Grobabscheider;   *7* Druckrohr 300 mm Dmr.;   *8* Vorgelegewelle I;   *9* Spaltwasserpumpe;   *10* Winkelgetriebe;   *11* Vorgelegewelle II;   *12* Verholwindenanlage;   *13* Saugrohrhebewinde;   *14* Steinfangkorb

einzelnen Körnungen oder ein nach Wunsch zusammengesetztes Korngemisch in die Schuten gebracht werden.

Der Aufbau der Sortieranlage erfordert einen großen Schiffskörper mit erheblichem Windfang, so daß es vorteilhafter ist, die Sortieranlage auf einen besonderen Schwimmkörper zu setzen, wenn ein häufiges Verholen notwendig ist oder eine Strömung vorhanden ist. Mit der Sortieranlage ist dann der Saugbagger, ähnlich wie bei der auf Land stehenden Anlage, durch eine Schwimmrohrleitung verbunden und kann seine Bewegungen unabhängig von ihr ausführen.

In Sonderfällen werden Saugbagger für Kiesgewinnung auch mit Eigenantrieb ausgerüstet, wie Abb. 96 zeigt. Der Grundriß läßt erkennen, daß ein Dieselmotor eingebaut ist, dessen Leistungsvermögen 300 PS beträgt. Eine nach hinten gehende Welle treibt über ein Wendegetriebe die Schraube an, wobei für das Fahren etwa 150 PS gebraucht werden. Am anderen Kurbelwellenende wird mit einem Keilriemen eine Zwischenwelle angetrieben mit der Spaltwasserpumpe am einen Ende und einem Winkelgetriebe am anderen Ende für die Windenanlage. Diese hat 4 Trommeln für je zwei vordere und zwei hintere Seitendrähte. Außerdem liegt noch eine fünfte Trommel darüber, die durch eine Kette angetrieben wird. Von dieser geht das Saugrohrhebeseil zur Seilrolle im Kopf des Hebebockes und von da aus nach unten zum Saugrohr.

Von der Mitte der Vorgelegewelle geht noch ein zweiter Keilriemen ab zur Baggerpumpe, welche 350 mm Dmr. für die Saugleitung und 300 mm für die Druckleitung hat. Die maximale Förderhöhe beträgt bei ihr 50 m und es können Steine bis 200 mm hindurchgehen. Die Regelgemischleistung dieser Pumpe beträgt etwa 900 m³/h,

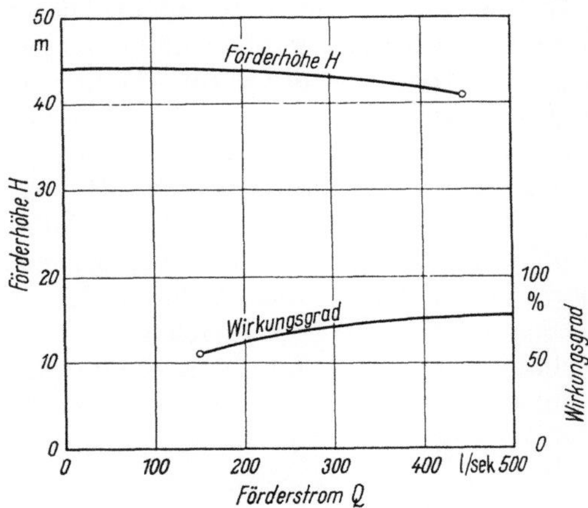

Abb. 97. Kennlinien gleicher Drehzahl von 560 U/min für Förderhöhe und Wirkungsgrad einer Baggerpumpe von 300 mm Druckrohrweite nach Versuchen mit Wasser

entsprechend einem Kiesertrag von 80 bis 150 m³/h. Auch hierbei sei nochmals auf die Verschiedenheit dieses Ertrages je nach Saugtiefe, Bodenbeschaffenheit, Schichtung, Steingehalt usw. hingewiesen.

Der eigentliche Schwimmkörper hat eine Länge von 18 m bei 3,05 m Breite und 1,57 m Seitenhöhe, so daß er bahnverladbar ist. Der Fahrantrieb dient zum Versetzen des Baggers von einer Arbeitsstelle zur anderen, wobei die Geschwindigkeit etwa 10 km/h beträgt. Die das Saugrohr tragenden Schwimmkörper sind mit dem Hauptschwimmkörper verbunden, so daß die Gesamtlänge 28,5 m beträgt. Eine Saugtiefe von etwa 10 m ist dabei zu erreichen.

Für eine Baggerpumpe der letztbeschriebenen Type und Größe wurde bei Wasserförderung eine Kennlinie gleicher Drehzahl aufgenommen, was dadurch möglich war, daß sie durch einen Drehstrommotor angetrieben wurde. Abb. 97 zeigt diese Kennlinie und läßt den für Baggerpumpen typischen Verlauf der Förderhöhenlinie wenig abfallend von 45 m auf 40 m erkennen. Flach ist auch der Verlauf der Wirkungsgradskurve mit einem Anstieg von 55 % bei geringem Förderstrom auf etwa 70 % bei 250 l/sek gleich 900 m³/h und weiterem Anstieg auf etwa 75 %.

Wenn der Kies locker liegt ohne Einlagerung von festen Schichten und der Gehalt an Steinen mäßig ist, sind Saugbaggeranlagen für Kiesgewinnung einfach und zweckmäßig. Für die Wirtschaftlichkeit von Bedeutung ist noch der Verschleiß von Pumpen und Rohrleitungen, der je nach Kornzusammensetzung und Kornform sehr verschieden ist.

Hat man mit einem Grundsauger Feinsand zu saugen, so bleibt im Bereich der Saugrohröffnung zunächst eine senkrechte Wand stehen und stürzt erst ein, wenn sie eine gewisse Höhe erreicht hat. Dabei setzt sich das Saugrohr manchmal fest, so daß es schwer herauszuziehen ist und sogar abreißen kann. Häufig ist man gezwungen, das Rohrende abzutrennen und durch ein neues zu ersetzen.

Abb. 98 zeigt eine Saugrohrkonstruktion nach Patent L. Smit & Zoon, welche diese Nachteile vermeidet. Dabei ist das Rohr am unteren Ende über einen Teil seiner Länge und seines Umfangs mit einer gebogenen und gelochten Schirmplatte versehen. Durch die freie Öffnung am oberen Ende der Schirmplatte und deren Löcher kann noch Wasser zur Saugrohröffnung gelangen, wenn diese durch Sandmassen verschüttet ist. Das Rohr setzt sich dann nicht vollständig fest und kann durch Anheben gelockert werden, so daß der Betrieb weitergehen kann.

Abb. 99 zeigt das Saugrohrende in seinem Hebeseil hängend und läßt die Schirmplatte mit ihren Löchern erkennen. Wie man sieht, befinden sich vor der Saugrohröffnung noch einige Stäbe, welche das Eindringen zu großer Steine und Fremdkörper verhindern sollen. Dadurch besteht aber wieder die Gefahr der Verstopfung und man muß ausprobieren, ob man sich nicht auf einen Stab beschränken oder die Öffnung ganz frei lassen soll. Es ist auch zu bedenken, daß die Steine, die nicht mitgehen, sich unten ansammeln und den Saugvorgang immer mehr erschweren. Zweckmäßig läßt man die kleineren Steine, die sich in den Schutzstäben gefangen haben, nach Anheben des Saugrohrs nicht wieder ins Wasser, sondern sie auf eine in Ketten hängende Platte oder dgl. fallen. Die Bewältigung des Steinanfalls ist häufig von entscheidender Bedeutung und die Kontinuierlichkeit des Saugvorgangs nur annähernd zu erreichen, wenn diese Frage gelöst ist. Hierbei ist wieder die Geschicklichkeit des Personals ein wichtiger Faktor.

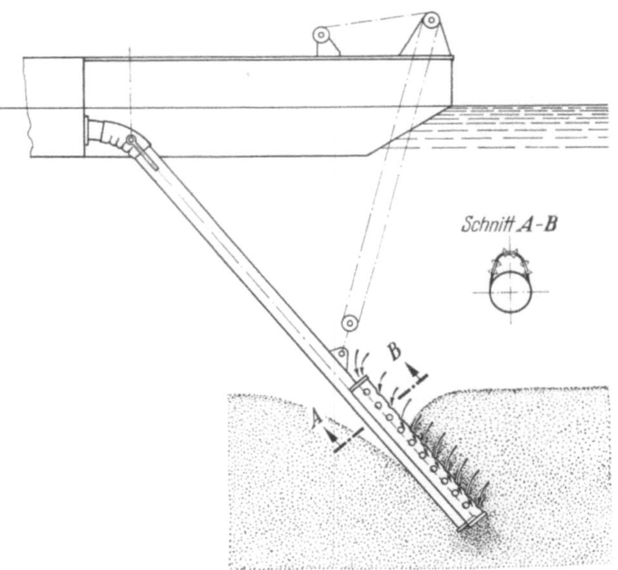

Abb. 98. Saugrohr Patent L. Smit mit gelochter Schirmplatte zur Verhütung der Verstopfung bei Einsturz der Sandböschung

Wenn auch bei Saugbaggern die Förderung des Gemisches bis zur Ablagerungsstelle durch Rohre die Regel ist, muß man in manchen Fällen doch zur Beladung von Schuten übergehen. Hierbei ist die Aufgabe ähnlich wie bei einem Hoppersauger, je-

Abb. 99. Ansicht des angehobenen Saugrohrs mit bogenförmiger Schirmplatte

doch die Lösung schwierig. Die Baggerpumpe eines Hoppersaugers hat nur geringen Druck, während Grundsauger und Schutensauger mit hohen Drücken arbeiten. Man muß bei Schutenbeladung mit der Drehzahl heruntergehen und setzt, wie Abb. 100 zeigt, vor das waagerecht liegende Beladungsrohr ein über der Mitte der Schute in deren Längsrichtung liegendes Querrohr. Dieses dämpft die Energie des Auslaufstrahls und läßt das Gemisch an seinen offenen Enden und außerdem durch Öffnungen nach unten austreten. Mitunter ersetzt man auch die geschlossenen Rohre durch schräg geneigte offene Rinnen, um die Geschwindigkeiten weiter herabzusetzen. Man erkennt auf dem Bilde den Überlauf über die Kante des Laderaums der Schute, der bei Feinsand viel Boden mitnimmt. Zweckmäßig ist es, wenn auch auf der anderen Seite des Baggers eine Schute liegt, so daß man zwei Schuten wechselseitig beladen und Pausen für das Absetzen der Materialkörner einschalten kann.

Bei grobem Material hat man keine Schwierigkeiten mit dem Überlauf, aber es ist dann wieder nicht so leicht, eine gleichmäßige Beladung zu erreichen. Dabei ist man bei der Schute gegenüber dem Hoppersauger im Vorteil, da man sie verholen kann, so daß das Brauserohr an verschiedene Stellen des Laderaums kommt.

Abb. 100. Brauserohr zur Dämpfung der Energie des Auslaufstrahls bei Beladung einer Schute durch einen Pumpenbagger

2. Entwicklung des Spülers (Schutensauger) Allgemeines über Entleeren von Schuten im Saugverfahren

Prähme und Schuten wurden noch von Hand entleert, als die Bagger schon Pferdeantrieb hatten, und als für diese der Dampfantrieb eingeführt wurde, blieb der Entladebetrieb so weit zurück, daß man vielfach im Einsatz des Dampfbaggers keinen Vorteil sah. Bei den Arbeiten für die Weserkorrektion, die zur Bewegung großer Bodenmengen im Naßbaggerbetrieb führte, ordnete man erstmalig in Deutschland ein Dampfgerät dem Bagger zu, das *Schwemmgerät*, das Abb. 101 im Grundriß zeigt. Man sieht

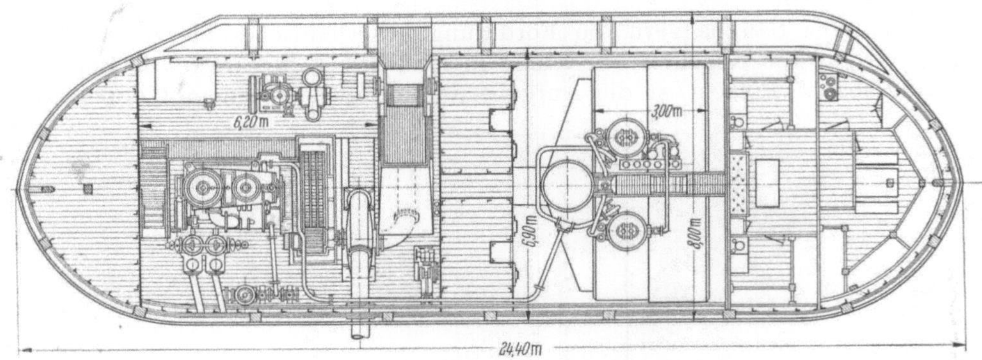

Abb. 101. Maschinenanlage eines Schwemmbaggers mit Dampfkesseln, Antrieb der Baggerpumpe über Zahnräder durch eine Verbundmaschine und Schütttrichter, Baujahr etwa 1900

rechts die Kesselanlage und links eine Dampfmaschine, die über ein Rädergetriebe mit Holzzähnen die Baggerpumpe mit erhöhter Drehzahl antreibt. Diese schwimmende Pumpstation wurde bei nicht zu großen Förderweiten unmittelbar neben den Bagger gelegt, dessen Schüttrinne, wie der Querschnitt Abb. 102 zeigt, ihr Material über einen Rost in den Schütttrichter des Schwemmgerätes fallen läßt und es damit in den Förderstrom der Baggerpumpe bringt. Diese drückt in eine Schwimmrohrleitung und das ganze war ein Eimerspülbagger, wie man ihn auch heute noch und neuerdings wieder häufiger verwendet.

Wenn jedoch unmittelbare Rohrförderung wegen der Entfernung der Ablagerungsstelle nicht möglich war, legte man das Schwemmgerät mit einem besonderen *Aufnahme*bagger gekoppelt in die Nähe der Ablagerungsstelle. Klappschuten verstürzten dann ihren Boden in eine ausgebaggerte Grube, aus der ihn der mit dem Schwemmgerät gekoppelte Bagger wieder aufnahm und an Land brachte. Um kontinuierliches

Arbeiten ohne gegenseitige Störung der Geräte zu erreichen, hatte man eine zweite Grube, in die inzwischen Boden verklappt wurde, wonach dann die Geräte gewechselt wurden, usw. Diese Methode wird heute noch verwendet, wobei an Stelle der Kombination von Aufnahmebagger und Schwemmgerät ein Schneidkopfsauger tritt.

In Europa kam um die Jahrhundertwende der Schutensauger oder *Spüler* auf, der die Schuten unmittelbar im Saugverfahren entleerte und deshalb hier behandelt werden soll, obwohl er seinem Zweck nach zu den Entladegeräten gehört. Abb. 103 zeigt einen an Dalben festgelegten Schutensauger mit der davorliegenden Schute und der auf einem Holzgerüst an Land abgehenden Druckrohrleitung, die bis zum Spülfeld führt. In der Mitte des Laderaums der Schute sieht man den senkrecht stehenden Spritzrüssel, durch dessen Strahl das Bodenmaterial gelöst und als pumpfähiges Gemisch dem Einlaufkopf des rechts davon erkennbaren schräg stehenden Saugrüssels zugeführt wird. Die Saugleitung muß so weit hochgeführt werden, daß die Schute auch leer unter ihr hindurchfahren kann, was das Ansaugen erschwert und leicht ein Abschlagen eintreten läßt. Erst

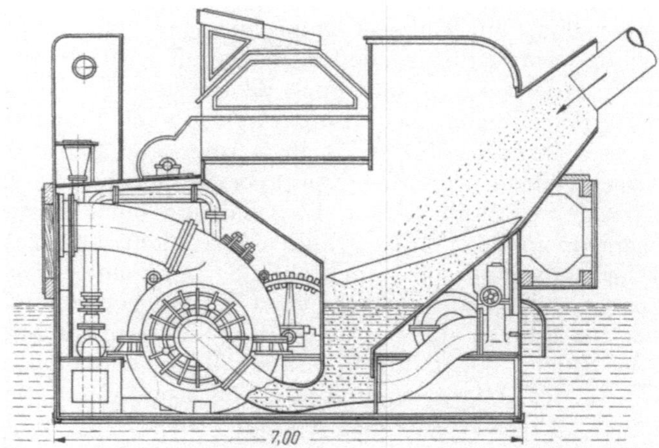

Abb. 102. Querschnitt des Schwemmbaggers mit hineinragender Schüttrinne eines Eimerbaggers, Schütttrichter und Baggerpumpe zur Weiterförderung von Boden

die Einrichtung von GOEDKOP, bei welcher der hohe Teil der Saugleitung durch eine besondere Leitung mit der Druckleitung der Zusatzpumpe verbunden wurde, beseitigte

Abb. 103. Schutensauger mit davorliegender Schute und der auf einem Holzgerüst an Land führenden Druckrohrleitung

diese Schwierigkeiten. Nach Anfahren der vollen Schute wird zunächst der Saugkopf auf die Ladung gelegt und durch den Zusatzwasserstrahl eingespült, wobei ein Teil des Zusatzwassers durch Legen einer Wechselklappe über die Verbindungsleitung in den Saugrüssel geleitet wird und aus dem Saugkopf ausläuft. Wird dann die Baggerpumpe in Gang gesetzt, so saugt sie an, worauf durch Umlegen der Wechselklappe der Zulauf der Zusatzwasserpumpe abgesperrt und nur wieder geöffnet wird, wenn im Betrieb ein Leerlaufen des Saugrüssels droht.

Beim Feinsand wird, wie Abb. 33 zeigte, durch den Zusatzwasserstrahl die senkrechte Böschung unterhölt, worauf sie einstürzt und die Sandkörner mit dem Strom dem Saugkopf zulaufen, der möglichst die ganze untere Breite des Laderaums bestreichen soll. Beim Beginn des Absaugens bringt man den Saugkopf dicht an das eine Laderaumende, was durch eine schräge Stirnwand oder durch eine besondere Tasche, in die sich der schräge Saugrüssel legt, ermöglicht wird. Dann wird durch Verholen der Schute der Saugkopf durch den Laderaum hindurchgezogen, wobei der Spritzrüssel vor ihm unter Richtungsänderung seines Strahles den Boden löst. Dabei wird aber doch ein Teil des Gemischstroms vom Saugkopf nicht erfaßt und bleibt liegen, so daß die Schute wieder zurückgeholt wird. Dann spritzt der Zusatzwasserstrahl hinter den Saugrüssel, so daß auch das Restmaterial abgesaugt wird. Dies ist das Verfahren in großen Zügen, das im einzelnen je nach Bodenart abgewandelt wird, indem 2 Spritzrüssel abwechselnd betätigt werden, die Schute mehrmals verzogen wird usw. Die Druckleitung der Baggerpumpe geht senkrecht in die Höhe und biegt dann in die Waagerechte ab. Unter Einschaltung eines beweglichen Rohrstücks, das die Unterschiede in den Wasserständen ausgleicht, führt die Landleitung, zunächst auf einem Gerüst liegend, bis zum Spülfeld. Der Schutensauger kann weit größere Förderweiten erreichen als die mechanischen Entladegeräte, und wegen dieses großen Vorteils wird er im Bereich der Nordseeküste von Deutschland und Holland viel verwandt, wobei der Boden meist aus Feinsand, Mittelsand oder Schluff besteht.

An der Atlantischen Küste von Frankreich stieß man aber auf gröberen Sand und auch in den Nordseehäfen kommt dieser mit steigender Baggertiefe immer mehr vor. Dabei ändert sich das Schutensaugverfahren weitgehend, weil das Zusatzwasser dann nicht mehr den Boden zu lösen hat, der ja schon locker liegt, sondern nur den Wasserspiegel in der Schute zu halten hat. Dabei besitzt die dem Saugkopf zufließende Strömung nicht die Geschwindigkeit, die für schwebende Mitnahme der Körner erforderlich ist, sondern diese rutschen nur am Boden, eine große Wassermenge geht darüber hin, und die Zeit für die Entleerung steigt erheblich.

Bei solchen Bodenarten muß das Verfahren beim Schutensaugen dem beim Grundsaugen angenähert werden, indem der Saugkopf beim Beginn an einem Ende des Laderaums einen Krater bildet und dann so verholt wird, daß eine Furche gezogen und dabei möglichst der ganze Boden erfaßt wird. Ein weiterer Durchgang würde nur wenig Abtragshöhe finden und unwirksam bleiben. Man kann nur mit 10 % Bodenanteil rechnen, während man beim Grundsaugen bei solchen Bodenarten wesentlich höher kommen kann. Anders liegen die Verhältnisse bei Feinsand und Schluff, wo man beim Schutensaugen auf 20 % Bodenanteil und noch höher kommen kann, während beim Grundsaugen mit Schluff nur unbefriedigende Ergebnisse und bei Feinsand nur unter bestimmten Voraussetzungen bessere erreichbar sind. Diese Unterschiede zwischen Schutensaugen und Grundsaugen müssen ganz besonders beachtet werden, wenn der Vorteil des Saugverfahrens nicht vollständig verlorengehen soll. In der Ostsee findet man neben geringen Mengen an Sand vielfach festen Ton, Mergel mit Findlingen, Kreide, Kalkstein usw., also Bodenarten, die sowohl für Grundsaugen wie auch für Schutensaugen schwierige Materialien sind. Bei Schutensaugern baut man fast stets einen Steinkasten ein, weil der Unterdruck der Baggerpumpe hier nicht an die Grenze kommt, bei welcher der durch ihn entstehende zusätzliche Widerstand störend wird. Der Steinkasten füllt sich bei derartigen Böden aber schnell mit einem Steinkonglomerat und muß nach jeder Schutenentleerung, mitunter sogar während dieser, geöffnet und entleert werden, so daß die ganze Wirtschaftlichkeit des Verfahrens hiervon abhängt. Näheres über die Ausbildung der Steinkästen findet sich in Kapitel H über Rohrleitungen.

Hafenunrat ist beim Schutensauger im gleichen Maße gefährlich wie beim Grundsauger, da nicht alle Eisenteile, die der Bagger aufgenommen hat, im Steinkasten zurückgehalten werden und ein Bolzen, Kettenteil u. dgl. den Kreisel plötzlich festschlagen läßt, besonders dann, wenn die Baggerpumpe nach der alten Holländer Form ein zylindrisches Gehäuse und einen eng anliegenden Spritzkopf hat. Infolge großer Zeitunterschiede beim Leersaugen von Schuten, welche durch die Verschiedenheit der Bodenarten bedingt sind, ist es mitunter schwer, Spüler und Bagger in Einklang zu bringen. So brauchte ein Eimerbagger im Wattenmeer der Nordsee bei Feinsand und geringer Baggertiefe für das Beladen der Schute eine Stunde, während sie der Spüler in wenig mehr als einer halben Stunde entleerte. Um dieses Mißverhältnis zu ändern, wurde der Bagger an eine Stelle verlegt, wo er bei der richtigen Baggertiefe lockeren Grobsand antraf und infolgedessen die Schute in einer halben Stunde füllte. Dafür brauchte jetzt der Spüler nicht weniger als 2 Stunden, um dieses Material auf 900 m Entfernung zu bringen. Man kann aber, wenn die Entnahmestelle festliegt, den Bagger nicht verlegen, und beim Spüler ändern sich die Förderweiten, welche in Verbindung mit der Bodenart die Entleerungszeiten der Schuten bestimmen. Es ist sehr schwer, dies in Einklang zu bringen, so daß ein glatter Fahrplan selten durchzuführen ist und Schutenansammlungen am Bagger oder Spüler sowie Schutenpausen unvermeidlich sind. Mitunter läßt man 2 Bagger mit einem Schutensauger zusammenarbeiten.

Förderstrom und Förderhöhe der Zusatzpumpe. Der Förderstrom der Zusatzpumpe wäre gleich dem der Baggerpumpe, wenn diese nur Wasser fördert, und wird bei zunehmendem Bodenanteil geringer. Beträgt er, was beim Schutensaugen vorkommt, 30 % des Gemisches, so kann der Förderstrom der Zusatzpumpe auf 70 % zurückgehen. Bei der Bemessung der Zusatzpumpe und deren Antriebsleitung muß man aber den Grenzfall des höchsten Wasserzusatzes berücksichtigen, in dem der Förderstrom der Zusatzpumpe fast gleich dem der Baggerpumpe wird. Ist er zu klein, so sinkt der Wasserspiegel in der Schute und die Baggerpumpe schlägt leer, wird er dagegen zu groß, so sammelt sich zuviel Wasser über der Ladung der Schute und läuft schließlich über die Laderaumwände ab. Der Förderstrom der Baggerpumpe kann sich, wie in Kapitel D gezeigt wurde, je nach der Kennlinie der Pumpe im Verhältnis 2 : 3 und noch mehr ändern, und dieser Schwankung muß sich die Zusatzpumpe anpassen. Man gibt zu diesem Zweck den Spritzrüsseln Düsen mit verschiedenen Austrittsweiten und ändert dann noch weiter die Drehzahl der Antriebsmaschine, wobei aber gleichzeitig mit der sich in einfacher Potenz ändernden Menge der Druck im Quadrat absinkt und der Zusatzwasserstrahl entsprechend an Energie verliert. Über andere Regelmöglichkeiten wird noch später berichtet werden.

Die Förderhöhe der Zusatzwasserpumpe lag früher allgemein mit 10 bis 12 m etwa halb so hoch wie die der Baggerpumpe. Da die Fördermenge die gleiche sein soll und der Wirkungsgrad der Zusatzpumpe, die nur Wasser zu fördern hat, 80 % erreichen kann, kommt man bei der Antriebsleistung der Zusatzpumpe auf etwa $^1/_3$ von der der Baggerpumpe. Damit ist es aber nicht ohne weiteres möglich, die Baggerpumpe zu bedienen, wenn diese bei kurzer Entfernung mit ihrem Förderstrom auf das Doppelte kommt. Es bleibt aber zu prüfen, ob dies wirklich zweckmäßig ist und nicht eine Beschränkung durch Herabsetzung des Drehmoments der Antriebsmaschine wirtschaftlicher ist. Bei Dampfantrieb ist es nicht leicht, die Kessel so zu bemessen, daß sie die erforderliche Dampfmenge liefern, wenn die Höchstleistung der Baggerpumpe und der Zusatzwasserpumpe zusammenfallen.

Der Düsenauslauf der Zusatzpumpe liegt etwa 2 m höher als die Pumpenmitte, und mit einem wesentlichen Reibungsverlust braucht nicht gerechnet zu werden, da die bei Wasserpumpen übliche Fließgeschwindigkeit von etwa 2,5 m/sek nicht überschritten wird. Das führt allerdings dazu, daß durch die großen Wasserinhalte der Rohrleitung Krängungsmomente auftreten, die den ganzen Sauger neigen und manchmal die Gummischläuche der auf der anderen Seite abgehenden Landrohrleitung zerren und zerreißen. Nimmt man vor der Spritzrüsseldüse einen Druck von $0{,}7$ kg/cm² entsprechend 7 m Wassersäule an, so ergibt sich eine rechnerische Auslaufgeschwindigkeit von $\sqrt{2\,g\cdot 7} = 11{,}5$ m/sek, so daß der Düsenquerschnitt gegenüber dem vorangehenden Rohrquerschnitt nur

$\dfrac{2,5}{11,5} = 0,22$ ist, entsprechend einem Durchmesserverhältnis von etwa 0,5, wenn die Strahlkontraktion berücksichtigt wird. Wird der Querschnitt der größten Düse = 1 gesetzt, so sind bei vier weiteren Stufen die Querschnitte 0,81 0,64 0,49 0,36 entsprechend den Durchmesserverhältnissen 0,9 0,8 0,7 0,6.

Der Spüler liegt bei seiner Arbeit fest an Dalben, wobei die beladenen Schuten von einem Schlepper herangebracht werden. Sie müssen dann von einer Winde herangeholt und in die richtige Lage gebracht werden, so daß der Saugrüssel am einen Ende des Laderaums eingelegt werden kann. Während des Leersaugens wird die Schute in der Längsrichtung verholt. Der Saugrüssel geht dabei bis an das andere Ende des Laderaums und dann wieder zurück, damit die Bodenreste noch abgesaugt werden. Für das erforderliche Verholen der Schuten hat man mitunter eine endlose Kette genommen, die durch Drehen eines Kettenrades in beiden Richtungen bewegt werden kann und die Schute mitnimmt. Meist stellt man jedoch an beiden Schiffsenden Trommelwinden auf, deren Seile nach den Pollern der Schute geführt werden. Die Winden werden vom Stande des Spülermeisters aus bedient, so daß dieser die Schute dem Entleerungsvorgang entsprechend verholen kann. Besonders bei groben Bodenarten ist dieser Vorgang entscheidend für die Entleerung der Schute. Zum Heranholen der Schute hat man mitunter noch eine besondere Winde oder einen Spillkopf. Außerdem wird vielfach noch eine Ankerwinde mit Kettennuß und Ankerkette vorgesehen, um den Spüler bei Wind und Seegang oder auch bei starkem Strom auf Flüssen mit Sicherheit festlegen zu können.

Weiter ist noch eine Winde für das Heben und Senken des Saugrüssels erforderlich, mit der es möglich sein muß, ihn so weit anzuheben, daß die leeren Schuten ablegen können. Die von der unter Deck stehenden Zusatzwasserpumpe kommende Rohrleitung gabelt sich über Deck und je ein Teil geht nach vorn und nach hinten nach den durch Einschaltung eines Schlauchstücks beweglich gemachten Spritzrüsseln, an deren Enden die Spritzdüsen sitzen. Der Hauptrüssel, welcher in senkrechter Lage seinen Strahl etwa auf den Einlauf des Saugrüssels richtet, kann durch Seile, meistens 4 Stück, nach allen Seiten gezogen werden, so daß der Strahl nach Wunsch gerichtet wird. Die Seile werden bei kleinen Geräten durch Handwinden betätigt, bei größeren jedoch durch eine kraftgetriebene Windenanlage mit einer entsprechenden Anzahl von Seiltrommeln, die nach Wunsch ein- und ausgekuppelt und gebremst werden können. In der Zusatzwasserleitung sind Klappen eingebaut, welche durch Schließen oder Öffnen das Zusatzwasser entweder in den vorderen Hauptrüssel oder den hinteren Nebenrüssel leiten, oder beim Beginn des Ansaugens in den Saugrüssel der Baggerpumpe. Diese Klappen werden bei kleinen Geräten von Hand betätigt, bei größeren jedoch durch Zylinder mit Dampf- oder Preßlufteinlaß. Die Windenanlage ist auch hier von größter Wichtigkeit, da nur dann, wenn sie leicht und einwandfrei vom Spülermeister bedient werden kann, das Entleeren der Schuten mit geringstmöglichem Wasserzusatz zu erreichen ist. Der Spülermeister hat seinen Stand an der Schiffseite, wo die Schuten anlegen, etwas erhöht und so gelegen, daß er den Saugrüssel und den Zusatzwasserstrahl beobachten kann. Unterdruckmesser und Druckmesser hat er ständig zu beobachten, ferner Drehzahl der Baggerpumpe, der Zusatzpumpe usw.

Ist auch eine Grundsaugeeinrichtung vorhanden, kommen noch weitere Winden hinzu, damit der Sauger in jeder Richtung verholt werden kann.

3. Ausführungsbeispiele für Schutensauger mit Dampfantrieb

Zu Anfang dieses Jahrhunderts wurden Schutensauger mit Dampfantrieb in großer Zahl gebaut. Abb. 104 ist ein Raumplan des Spülers II in der damaligen Seehafengröße mit 800 PS_i Antriebsleistung für die Baggerpumpe von 650 mm Rohrweite und einem Konstruktionsgewicht von etwa 600 t. Die sonstigen Daten sind aus der späteren Tab. 8 zu entnehmen.

Abb. 105 ist eine durch Versuche aufgenommene Kennlinie gleicher Steuerstellung für die Baggerpumpe Bauart Nagel & Kaemp mit einem Kreiseldurchmesser von 2200 mm, wie sie ähnlich in Abb. 46 gezeigt wurde. Bei einem Förderstrom von 900 l/sek und einer Förderhöhe von 24 m, also einer hydraulischen Leistung von $\frac{900 \cdot 24}{75} = 288$ PS wurde eine indizierte Leistung von 675 PS_i bei 180 U/min gemessen, also ein Gesamt-

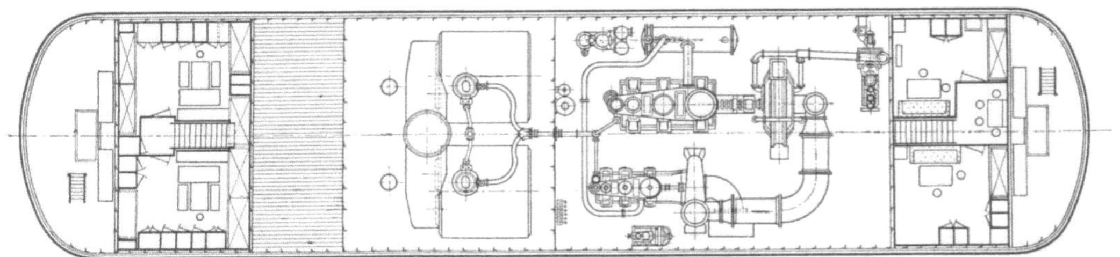

Abb. 104. Raumplan von Spüler II mit Dampfantrieb. Baggerpumpe mit 650 mm Rohranschluß und 800 PS_i Antriebsleistung. Erbaut 1908 bei der Lübecker Maschinenbau A.G.

Hauptabmessungen: Länge 38,5 m; Breite auf Spanten 8,6 m; Seitenhöhe 4 m; Tiefgang etwa 2,1 m

wirkungsgrad von etwa 45 % festgestellt, der sich aus einem mechanischen Wirkungsgrad der Maschine von 85 % und einem Pumpenwirkungsgrad von 53 % zusammensetzt. Bei diesen Versuchen befand sich das Gerät nicht in neuwertigem Zustand, die Pumpe war abgenutzt und auch die Maschine. Dies muß man bedenken, wenn man die Ergeb-

nisse mit Werftprobungen von neuen Geräten vergleicht. Auf dem Deck befinden sich vorne und hinten Winden mit Seiltrommeln, Kettennüssen und Spillköpfen für Schutenverholen, Ankerbedienung u. a. m., und in der Mitte des Schiffes ist die Hebewinde für den Saugrüssel angeordnet, wobei diese Winden durch Zwillingsdampfmaschinen angetrieben werden. Die Wechselklappen für das Zusatzwasser werden von Hand durch Hebel betätigt. Ursprünglich hatte man auch Handantrieb für das Verziehen der Spritzrüssel, jedoch ist man später auf Dampfantrieb übergegangen.

Den Bodenertrag des Spülers II kann man auf einen Förderstrom von 3800 m³/h beziehen und erhält bei 15 % Konzentration 570 m³/h, welche Menge durch Schutenpausen, Aufenthalte durch Rohrverlegung usw. weiter absinkt. Andererseits kann man

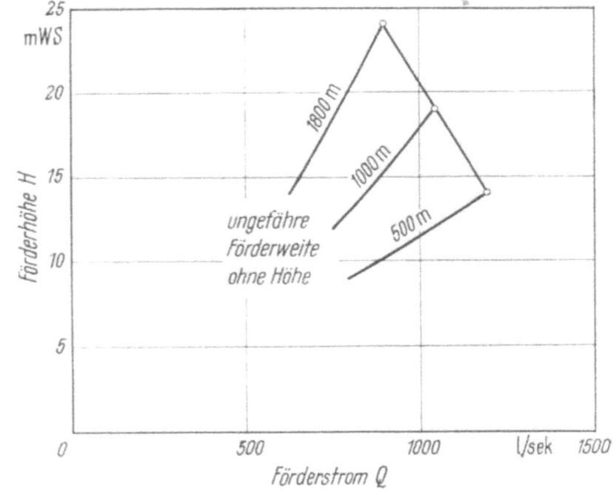

Abb. 105. Kennlinie der Baggerpumpe Nagel und Kaemp vom Spüler II mit 2200 mm Kreiseldurchmesser und Dampfmaschinenantrieb nach Betriebsmessungen mit Wasser

bei Feinsand und weichem Schluff auf mehr als 15 % Konzentration kommen. Eine Förderweite ohne statische Höhe von 1200 m läßt sich, wie Abb. 105 erkennen läßt, mit einem Förderstrom von 1000 l/sek, der einer Fördergeschwindigkeit von 3 m/sek entspricht, erreichen, während es bei 1800 m nur 2,7 m/sek sind.

Die Kessel hatten ursprünglich Kohlefeuerung, sind jedoch wie bei den meisten ähnlichen Geräten auf Ölfeuerung umgestellt worden, wodurch die Dampfleistung erhöht wurde. Während früher Schutenpausen notwendig waren, um den Dampfdruck wieder hochzubringen, kann jetzt ohne Unterbrechung gearbeitet werden.

Abb. 106 ist der Einrichtungsplan eines kleineren Dampfspülers „Amicus", Baujahr 1927, mit 350 PS_i an der Baggerpumpe bei 500 mm Rohranschluß und einem Konstruktionsgewicht von etwa 300 t. Dieser kann als Schutensauger und auch als

Grundsauger bis zu einer Tiefe von 10 m arbeiten und hat zu diesem Zweck einen Schlitz von 10,5 m Länge und 1,3 m Breite. Die weiteren Daten sind ebenfalls aus der Tab. 8 zu entnehmen. Nach der gleichen Rechnung wie für Spüler II ergibt sich ein Bodenertrag von $0,15 \cdot 2160 = 325$ m³/h und eine Förderweite ohne statische Höhe

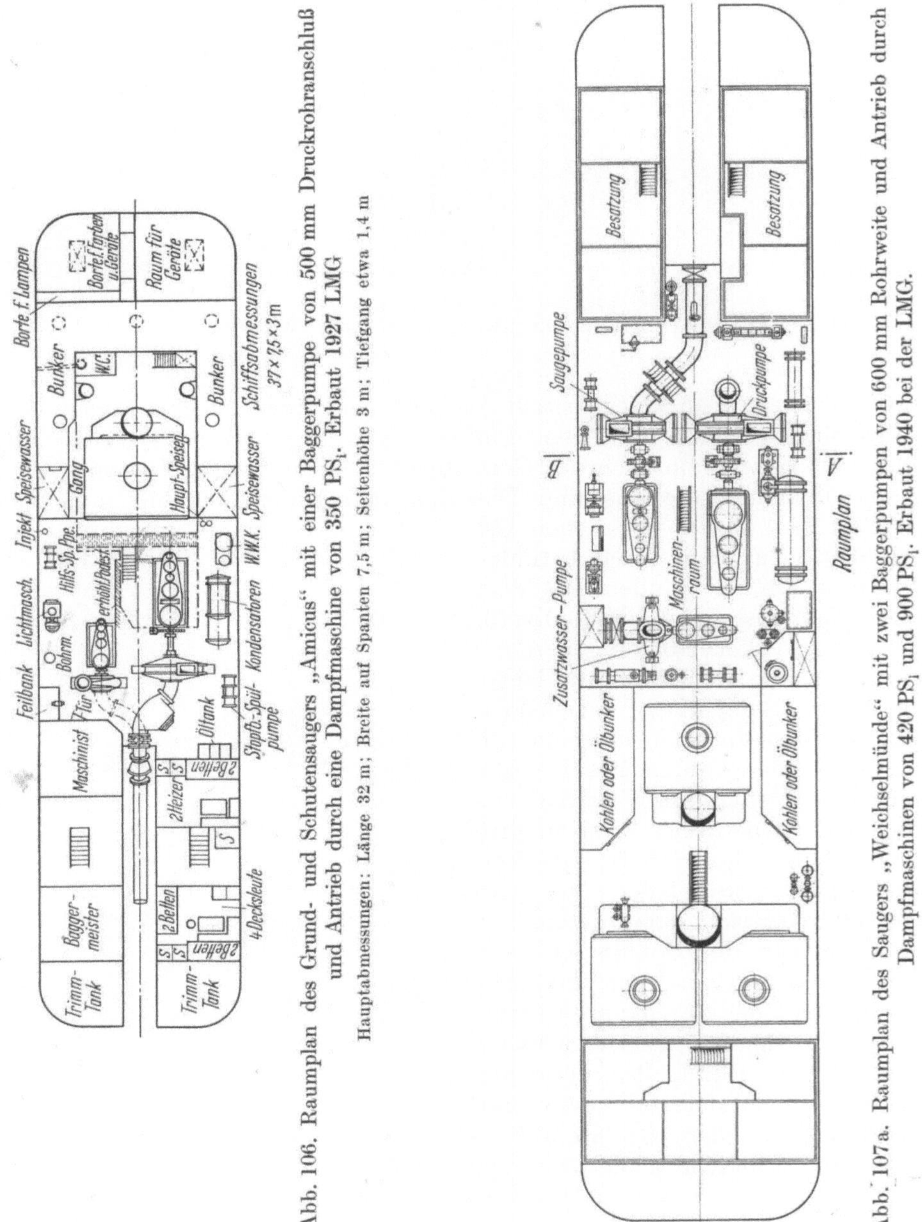

Abb. 106. Raumplan des Grund- und Schutensaugers „Amicus" mit einer Baggerpumpe von 500 mm Druckrohranschluß und Antrieb durch eine Dampfmaschine von 350 PS$_i$. Erbaut 1927 LMG.

Hauptabmessungen: Länge 32 m; Breite auf Spanten 7,5 m; Seitenhöhe 3 m; Tiefgang etwa 1,4 m

Abb. 107a. Raumplan des Saugers „Weichselmünde" mit zwei Baggerpumpen von 600 mm Rohrweite und Antrieb durch Dampfmaschinen von 420 PS$_i$ und 900 PS$_i$. Erbaut 1940 bei der LMG.

von 700 m bei einer Fördergeschwindigkeit von 3 m/sek. Die Windenanlage ist auch für die Verwendung als Grundsauger eingerichtet und besteht aus zwei vorderen Seitenwinden und einer Vortauwinde am Schlitzende, wobei jede durch eine Zwillingsdampfmaschine angetrieben wird. Auf dem Achterdeck steht eine Winde mit 3 Trommeln für die hinteren Seitentaue und das Achtertau, ebenfalls angetrieben von einer Zwillingsdampfmaschine. Die Windenanlage ähnelt der eines Eimerkettenbaggers. Winden

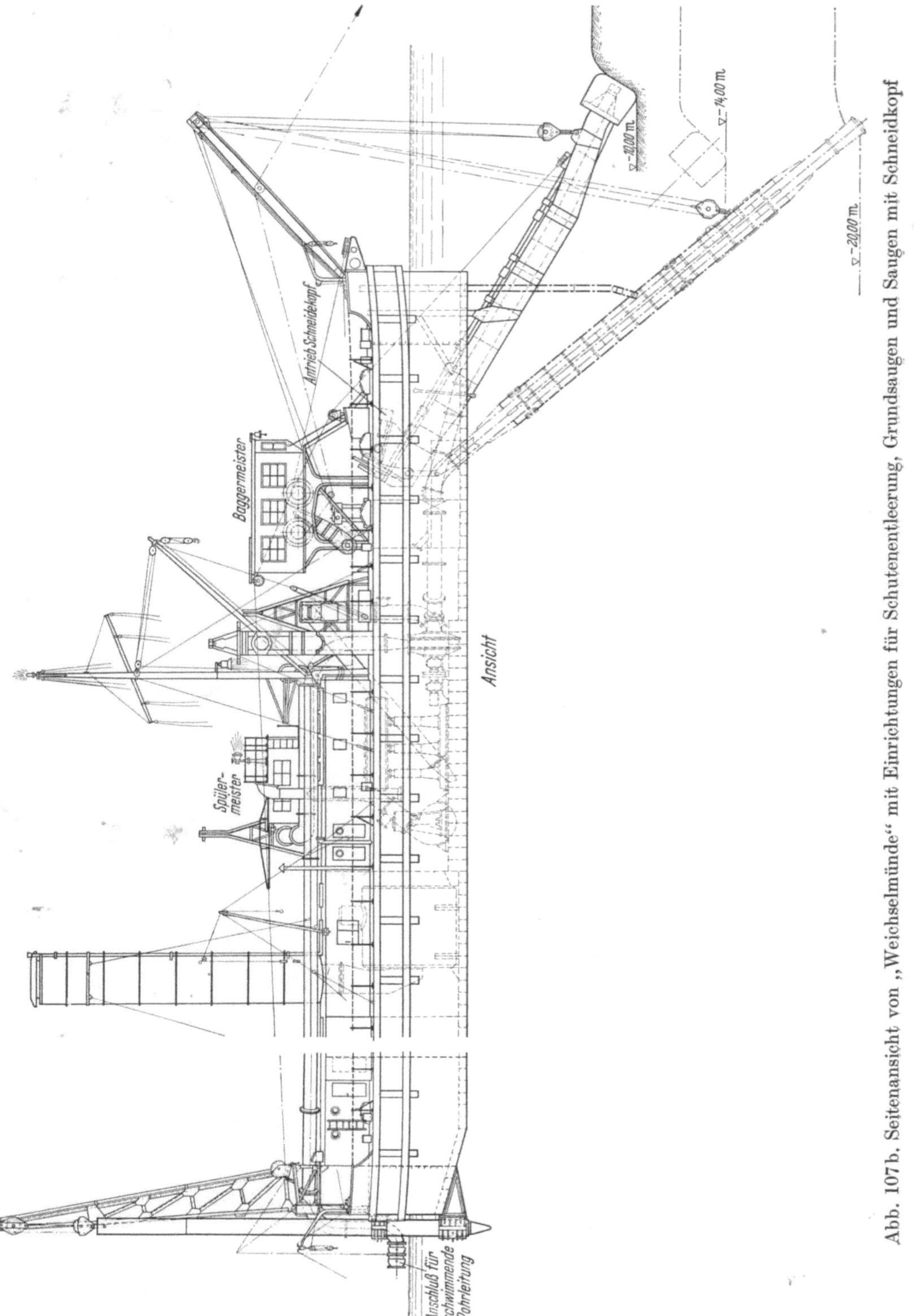

Abb. 107b. Seitenansicht von „Weichselmünde" mit Einrichtungen für Schutenentleerung, Grundsaugen und Saugen mit Schneidkopf

für das Heben des Grundsaugrohrs, des Schutensaugrüssels, das Schutenverholen usw., sind weiterhin vorhanden.

Abb. 107a ist ein Raumplan von „Weichselmünde", erbaut bei der LMG 1940 mit den Schiffskörperabmessungen 49 · 9,3 · 4,2. Das Konstruktionsgewicht beträgt etwa

850 t und der Tiefgang 2,3 m. Das Gerät kann als Schutensauger und Grundsauger arbeiten, im letzteren Fall bis auf 20 m Tiefe. In den Schlitz kann auch eine Schneidkopfleiter eingebaut werden und mit Schneidkopf eine Baggertiefe von 10 m erreicht werden. Die Kesselanlage besteht aus drei kohlegefeuerten Dreiflammrohrzylinderkesseln von je 200 m² Heizfläche bei 13 atü Sattdampf. Es sind zwei ungleiche Baggerpumpen vorhanden, die in Reihe arbeiten können. Die als Saugpumpe bezeichnete hat einen Kreiseldurchmesser von 1600 mm und wird durch eine Dreifach-Expansionsmaschine von 420 PS$_i$ bei 200 U/min angetrieben. Die andere, als Druckpumpe bezeichnete, hat einen Kreiseldurchmesser von 2300 mm und wird durch eine Dreifach-Expansionsmaschine von 900 PS$_i$ bei 185 U/min angetrieben. Beide Pumpen haben offene Kreisel von 325 bzw. 340 mm Breite und zylindrische Gehäuse in alter Holländer Bauart. Die Zusatzpumpe wird durch eine quer stehende Dreifach-Expansionsmaschine von 250 PS$_i$ angetrieben und die Schneidkopfwelle durch eine auf der Leiter aufgebaute Zwillingsmaschine über Kegelräder und Stirnräder. Weitere Daten sind aus der Tab. 8 zu entnehmen, in der außerdem noch ein bei der Schiffswerft Mannheim zu gleicher Zeit gebauter Dampfsauger ähnlicher Größe enthalten ist. Er hat nur *eine* Baggerpumpe mit 1000 PS$_i$. Antriebsleistung und eine Schneidkopfeinrichtung ist nicht vorgesehen. Die Abb. 107 b, c, d zeigen Seitenansicht, Decksansicht und Querschnitt im Bereich der Baggerpumpen von „Weichselmünde".

In Frankreich sind auch nach dem letzten Kriege noch Dampfspüler gebaut worden, und zwar RF 1 und RF 2 für die Hafenverwaltung der unteren Loire, deren Daten ebenfalls in Tab. 8 enthalten sind. Abb. 108 ist der Maschinenraum von RF 1 im Grundriß und zeigt zwei der Dreiflammrohrzylinderkessel von je 220 m² Heizfläche bei 16 atü und Überhitzung auf 325°. Ein dritter, auf der Zeichnung nicht sichtbarer Kessel wird in Betrieb genommen, wenn beide Baggerpumpen laufen. Die Kessel haben Ölfeuerung, können jedoch auf Kohle umgestellt werden. Das Gerät hat ein Gewicht von etwa 1650 t und eine installierte Maschinenleistung von etwa 2300 PS$_i$. Im Maschinenraum befinden sich

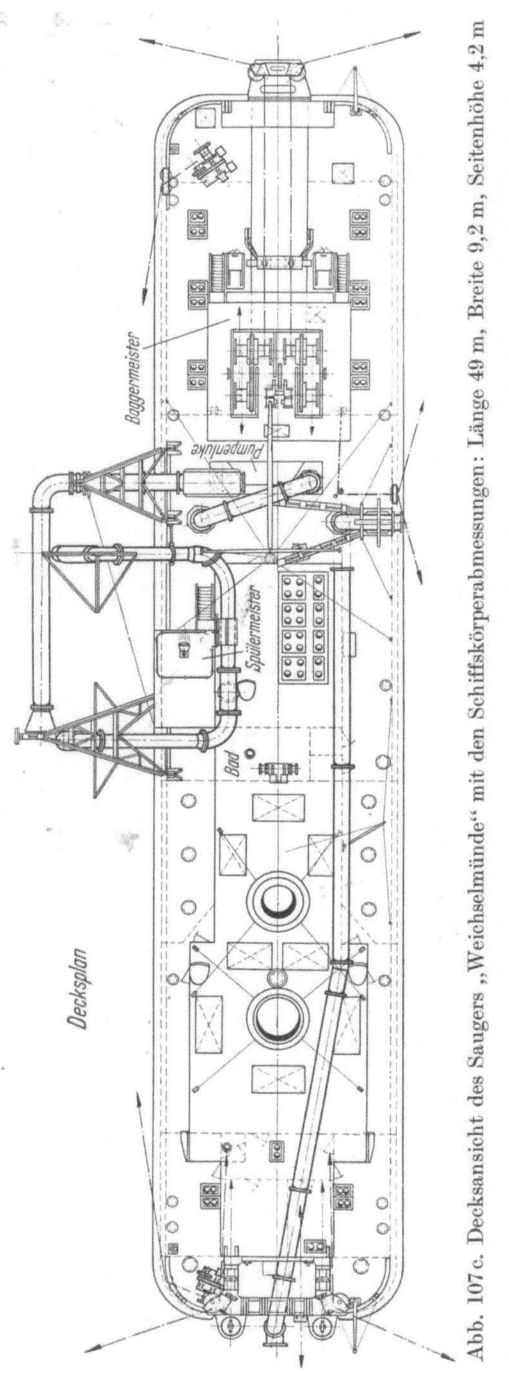

Abb. 107c. Decksansicht des Saugers „Weichselmünde" mit den Schiffskörperabmessungen: Länge 49 m, Breite 9,2 m, Seitenhöhe 4,2 m

2 Baggerpumpen, die über Riemen von Doppelverbundmaschinen, Bauart Christiansen und Meyer, von 950 Ps$_i$ bei 140 U/min und 50 % Füllung im Hochdruckzylinder angetrieben werden. Sie laufen mit einer Drehzahl von etwa 350 U/min. Die Riemenübertragung bei dieser Leistung erfordert Riemen von 1300 mm Breite in Spezial-

konstruktion aus Hochkantchromlederstreifen, die durch Bolzen verbunden sind, und nimmt sehr viel Raum in Anspruch. Sie hat bei Baggerpumpen den Vorteil eines elastischen Zwischengliedes und schützt Pumpe und Antriebsmaschine bei plötzlichem Festschlagen des Kreisels. Die Übersetzung auf höhere Drehzahl ist eigenartig, da Maschinen von der Bauart Christiansen und Meyer bis zu etwa 250 U/min erreichen können. Die Pumpen sind von der Type Bergeron mit geschlossenem Kreisel. Werden beide hintereinandergeschaltet, so ist der dritte Kessel in Betrieb zu nehmen, um den Dampf für zweimal 950 PS$_i$ einschl. der Zusatzpumpenmaschine von 250 PS$_i$ und der anderen Hilfsmaschinen zu liefern. Es ist auch noch eine besondere Hochdrucklösepumpe vorhanden, die von einer Dampfmaschine mit 65 PS angetrieben wird und einen Hochdruckstrahl zur Lösung von Klumpen festen bindigen Bodens liefert. Die weiteren Daten sind aus der Tab. 8 zu entnehmen. Die Wasserzusatzeinrichtung weicht von der in Deutschland und Holland allgemein verwendeten ab. Letztere sind dem Absaugen von Feinsand und Weichschluff angepaßt, während man in den französischen Flußmündungen häufiger auf gröberen Sand und härteren Schluff kommt. Es wurde schon ausgeführt, daß sich dann das Schutensaugverfahren ändert und dem Grundsaugen ähnlich wird.

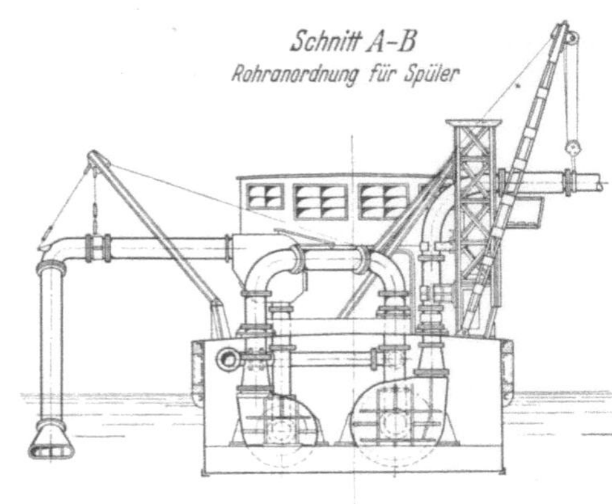

Abb. 107d. Querschnitt durch den Sauger „Weichselmünde" im Bereich der beiden Baggerpumpen

Abb. 109 zeigt den Querschnitt des Spülers mit der danebenliegenden Schute, in deren Laderaum der Saugrüssel mit seinem breiten Saugkopf eingelassen ist. Gleich

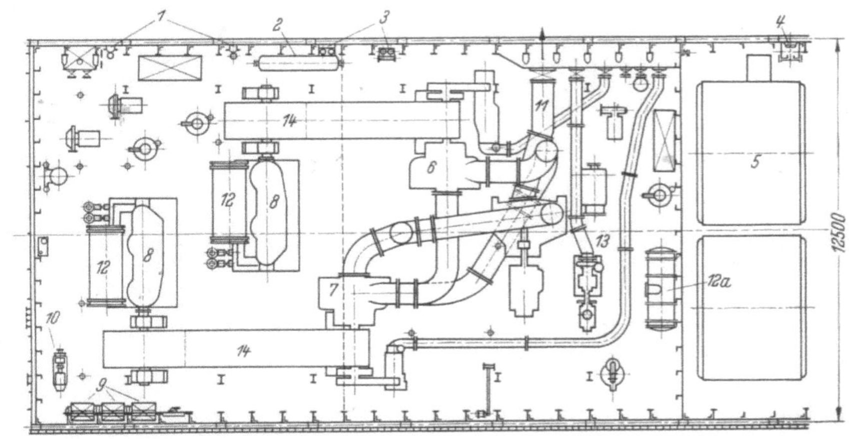

Abb. 108. Maschinenraum des Dampfspülers RF 1 mit zwei Baggerpumpen bei Antrieb über Riemen von Dampfmaschinen Bauart Christiansen und Meyer. Erbaut 1952 in Frankreich

1 Hilfspumpen; *2* Luftflasche; *3* Pumpe für Stopfbuchsenspülung; *4* Gebrauchswasserpumpe; *5* Dampfkessel; *6* Saugpumpe für Baggergut; *7* Druckpumpe für Landleitung; *8* Antriebsmaschinen für Pumpen; *9* Ölpumpen; *10* Süßwasserpumpe; *11* Saugleitung der Baggerpumpe; *12* Kondensator; *12a* Hilfskondensator; *13* Pumpen für Hochdrucklösewasser; *14* Riemenantrieb für die Baggerpumpen

hinter dem Saugkopf ist das Saugrohr abgeknickt und läuft schräg zu einem weiteren Knick, an den sich der als Drehachse ausgebildete waagerechte Teil des Saugrohrs anschließt. Dieses führt in den auf Deck aufgestellten Steinkasten, von dem die Leitung zu den Baggerpumpen abgeht. Der Steinkasten wird in Kapitel H, Rohrleitungen, näher beschrieben.

Parallel zu dieser waagerechten Saugrüsseldrehachse liegt die Drehachse des Zuführungsrohrs für das Zusatzwasser. Es hat 2 Abzweigungsrohre, die beiderseits des Saugrüssels nach unten führen mit Öffnungen, die so tief liegen, daß sie unter den Wasserspiegel im Laderaum der Schute kommen. Da keine Düsen vorhanden sind, wird kein eigentlicher Zusatzwasserstrahl erzeugt, sondern Wasser nur zur Auffüllung des Laderaums ohne Lösewirkung zugeführt.

Dabei können die beiden Rohre durch Drehen ihres waagerecht verlaufenden gemeinsamen Zuführungsrohrs so gerichtet werden, daß eine Materialabwanderung

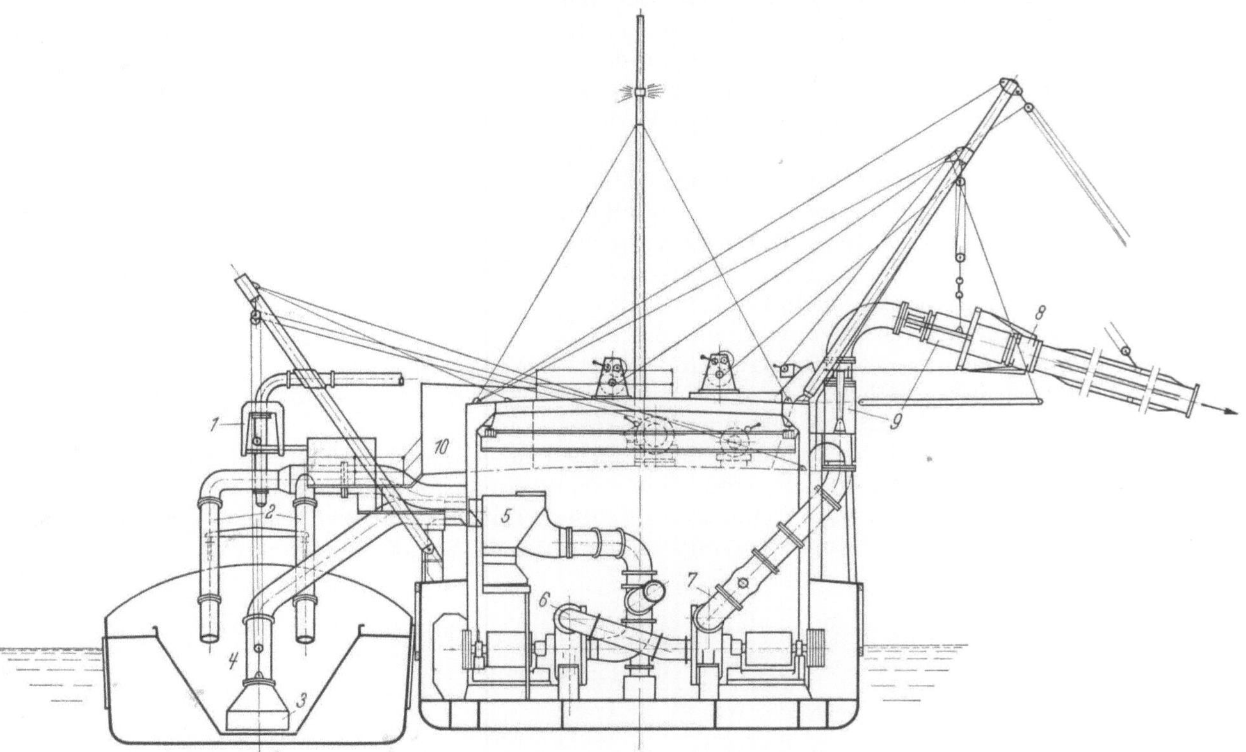

Abb. 109. Querschnitt vom Spüler RF 1 mit zwei Zusatzwasserrohren neben dem Saugrüssel in der Schute, zwei Baggerpumpen und Abgang der Druckrohrleitung. Erbaut 1952 in Frankreich

1 Leitung für Hochdrucklösewasser; *2* Leitungen für Niederdruckzusatzwasser; *3* Saugkopf; *4* Saugrüssel für Baggerpumpe; *5* Steinkasten; *6* Baggerpumpe I; *7* Baggerpumpe II; *8* Rohrgelenk; *9* An Land führende Druckrohrleitung; *10* Stand des Baggermeisters Hauptabmessungen: Länge 60 m; Breite auf Spanten 12,5 m; Seitenhöhe 4,3 m; Tiefgang 2,0 m

hinter den Saugrüssel vermieden und eine möglichst vollständige Entleerung des Laderaums in einem Durchgang erreicht wird.

Dann ist noch ein besonderer Lösewasserstrahl vorhanden, der aus einer oben angeordneten Düse austritt, die nach allen Seiten um 15° aus der Senkrechten herausgeschwenkt werden kann, um festen Boden zu lösen.

Jede Baggerpumpe kann aus dem Steinkasten saugen und beide Pumpen können hintereinandergeschaltet werden durch Austausch entsprechender Rohrstücke. Die Druckleitung führt an der Schiffswand in die Höhe zu einem Krümmer, der den Übergang in die Landleitung bildet. Vor und hinter dem Krümmer sitzen Gummischläuche von je 2500 mm Länge und 700 mm Weite, geeignet zur Aufnahme eines Betriebsinnendrucks von 7 atü. Das sich anschließende Ausgleichsrohr hat an seinem landseitigen Ende einen weiteren Gummischlauch und hängt beiderseits in Kettenzügen.

Der etwas später gebaute Spüler RF 2 ist kleiner, hat ein Gewicht von 875 t und 1200 PS installierte Maschinenleistung. Er hat nur *eine* Pumpe mit 580 mm Saugrohranschluß und 500 mm Druckrohranschluß bei 1450 mm Kreiseldurchmesser, die durch eine Lentz-Einheitsdampfmaschine von 900 PS_i bei einer Höchstdrehzahl von 325 U/min angetrieben wird.

Eingebaut sind zwei ölgefeuerte Wasserrohrkessel von je 200 m² Heizfläche bei 16 kg/m² Druck und Überhitzung auf 390°. Die Zusatzpumpe wird durch eine Turbine angetrieben. Die weiteren Daten sind aus der Tab. 8 zu entnehmen.

Abb. 110 zeigt die Saug- und Zusatzwassereinrichtung dieses Spülers mit dem gebogenen Saugrüssel. Seine Drehachse läuft parallel zur Längsschiffsachse und liegt direkt über dem Deck. Beim Heben und Senken beschreibt der Saugkopf einen Bogen

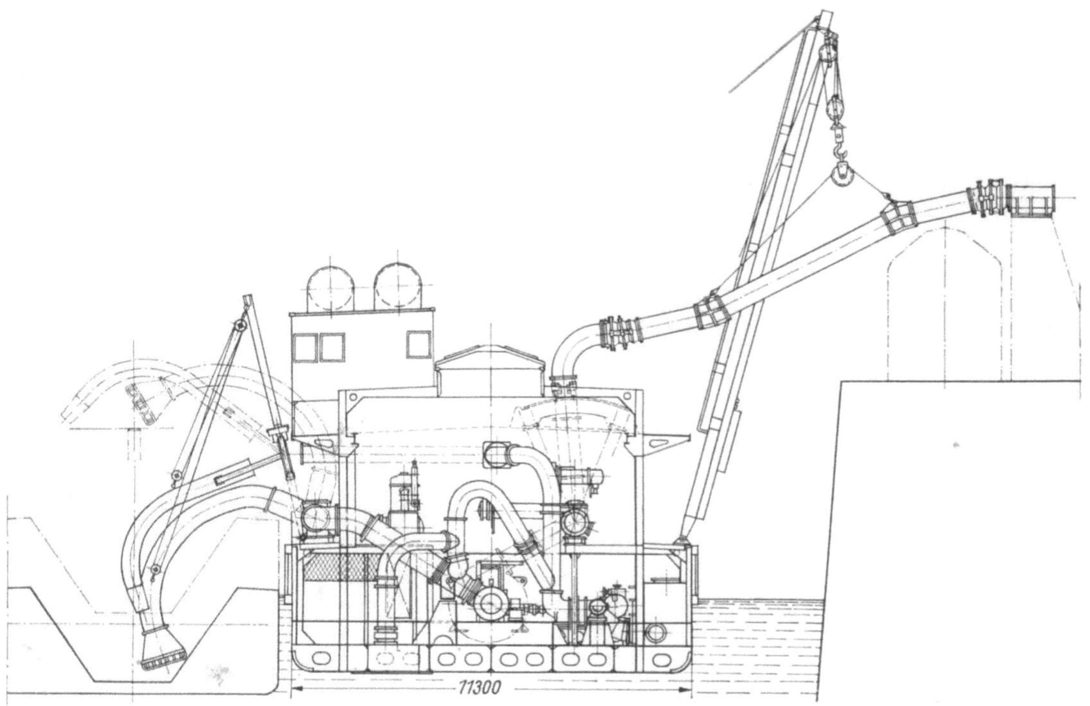

Abb. 110. Querschnitt von Spüler RF 2 mit längsschiffsgerichteten Drehachsen für Saugrüssel und Zusatzwasserrohr in Bogenform, mittschiffs stehender Baggerpumpe mit schwingendem Rohrstück in der Druckrohrleitung. Erbaut 1953 in Frankreich

Hauptabmessungen: Länge 47 m; Breite auf Spanten 11,3 m; Seitenhöhe 3,7 m; Tiefgang 1,95 m

um diese Achse und kommt bei allen Schwimmlagen der Schute in deren Laderaum, wobei infolge der geringen Höhe des höchsten Punktes der Saugleitung leichtes Ansaugen möglich und die Gefahr des Leerschlagens nicht groß ist. Der Zusatzwasserrüssel ist ebenfalls um eine waagerechte, längsschiffs gerichtete Achse drehbar, besitzt auch eine Krümmung und sein Auslaufende kann immer in der Nähe des Saugkopfs gehalten werden. Bei dieser Konstruktion ist auf einen Gummischlauch und zusätzliche Änderung der Strahlrichtung verzichtet. Das auf der anderen Schiffsseite gelegene Druckrohr der Baggerpumpe hat ebenfalls eine Längsschiffsdrehachse, und das sich daran anschließende Rohrstück macht bei Änderungen des Wasserstandes eine Schwingbewegung. Das Ausgleichsrohr hat an beiden Enden Kugelgelenke und beschreibt bei sich änderndem Wasserstand einen Bogen um das landseitige Gelenk. Die Anordnung läßt die Bewegung des Spülers bei Wasserstandsänderungen zu. Zur Entlastung der Kugelgelenke ist das Ausgleichsrohr noch in einem Seilflaschenzug aufgehängt.

Die Landrohrleitung mit einer lichten Weite von 600 mm ergibt bei einer Fördergeschwindigkeit von 3,7 m/sek eine Gemischmenge von 3800 m³/h. Dabei ist eine

Förderweite bis etwa 1200 m zu erreichen, und die Ertragsleistung wird mit 500 bis 750 m³/h je nach Bodenart, Förderweite usw. angegeben.

Abb. 111 zeigt für einen älteren französischen Spüler die beschriebene Anordnung für Saugrüssel und Zusatzwasserrüssel. Der gebogene Saugrüssel wird ins Wasser getaucht, während der Niederdruckzusatzwasserrüssel ohne Verengung und Düse den Strahl eben über der Wasserfläche austreten läßt. Erkennbar sind dann noch zwei bewegliche Hochdruckwasserrohre für Lösewasser.

Abb. 112 zeigt noch den Querschnitt eines Dampfspülers, bei dem die Schutensaugleitung ohne Steinkasten zur Baggerpumpe geführt wird. Sie kann bei voller Schute abgesenkt werden, so daß ihr höchster Punkt tief liegt und damit ein leichtes Ansaugen erreicht wird. Wenn die Schute beim Leerwerden anstaucht, kann auch die Saugleitung, soweit es erforderlich ist, gehoben werden. Die Beweglichkeit ist durch Einschaltung eines Gummisaugschlauches, der Unterdruck aufnehmen kann, erreicht.

Abb. 111. Spüler mit Schute und bogenförmigem Saugrüssel, einem Zusatzrohr für Niederdruckwasser und 2 Rohren für Hochdrucklösewasser

Tab. 8 ist die mehrfach erwähnte Tabelle, welche die Daten der sechs vorangehend beschriebenen Dampfspüler enthält.

Nachteile der Dampfspüler. Die beiden zuletzt genannten Beispiele zeigen, daß man bei Dampfspülern auf sehr hohe Gewichte kommt. Bei RF 2 ist es 875 t bei einer installierten Maschinenleistung von 1200 PS$_i$ und bei RF 1 1650 t bei 2300 PS$_i$. Einen erheblichen Teil des Gewichtes nimmt die Kesselanlage mit Brennstoff- und Speisewasser-Vorrat in Anspruch, wobei deren Bemessung nicht einfach ist. Ursprünglich rechnete man damit, daß die volle Maschinenleistung nur während der Schutenentleerung gebraucht würde und dann eine längere Pause einträte. Die Summe der An-

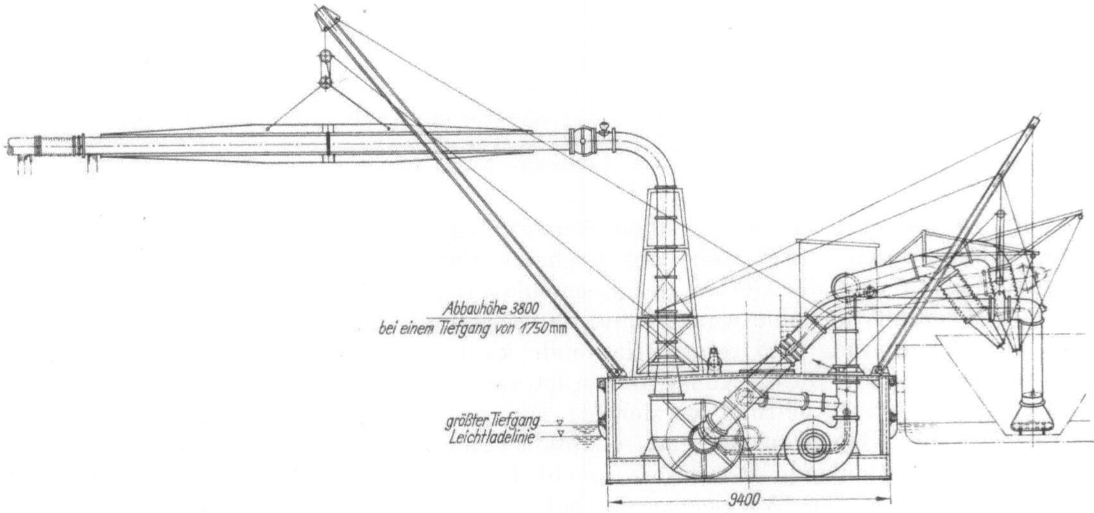

Abb. 112. Saugeeinrichtung eines Dampfspülers ohne Steinkasten mit niedriger ,Führung der Saugleistung

Hauptabmessungen: Länge 44 m; Breite auf Spanten 9,4 m; Seitenhöhe 3,5 m; Tiefgang 2,1 m

triebsleistungen von Baggerpumpe und Zusatzpumpe ist veränderlich und ganz besonders dann, wenn 2 Baggerpumpen mit eigenen Antriebsmaschinen vorhanden sind. Man muß also, wenn man sich der Dampferzeugung anpassen will, eine Stufung

Tabelle 8. *Tabelle mit Hauptdaten von 6 Dampfspülern*

		A	B	C	D	E	F
1	Name und Baujahr, Bauwerft	Spüler II 1908 LMG	Amicus 1927 LMG	Weichselmünde 1940 LMG	GG 5 1940 Mannheim	RF 1 1952 Frankreich	RF 2 1953 Frankreich
2	Schiffskörperabmessungen in m { Länge / Breite auf Spanten / Seitenhöhe	38,5 / 8,6 / 4,0	37 / 7,5 / 3	49 / 9,3 / 4,2	51 / 9,6 / 3,8	60 / 12,5 / 4,3	47 / 11,3 / 3,7
3	Produkt LBH in m³	1320	720	1920	1850	3220	1950
4	Konstruktionsgewicht in t	610	290	850	830	1650	875
5	Konstruktionstiefgang in m	2,1	1,4	2,5	2,15	2,0	1,95
6	Kessel (Anzahl und Bauart)	2 Zylinderkessel je 2 Flammrohre	1 Zylinderkessel, 2 Flammrohre	3 Zylinderkessel je 3 Flammrohre	3 Zylinderkessel je 3 Flammrohre	3 Zylinderkessel je 3 Flammrohre	2 Wasserrohrkessel
7	Heizfläche in m²	2×160	168	3×200	3×167	3×220	2×200
8	Dampfdruck in atü	13	14	13	15	16	16
9	Dampftemperatur	Sattdampf	300°	Sattdampf	Sattdampf	325°	390'
10	Art der Kesselfeuerung	Früher Kohle jetzt Öl	Kohle	Kohle	Kohle	Öl	Öl
11	Zylinderabmessungen der Baggerpumpenmaschine	$\frac{380+520+1000}{560}$	$\frac{320+375+750}{400}$	$\frac{320+475+750}{420}$ $\frac{425+630+1070}{600}$	Dreifachexpansion	2 Doppelverbundmaschinen $\frac{315+680}{680}$	Lentz-Einheitsmaschine
12	Leistung in PS$_i$ und Nenndrehzahl in Minuten der Baggerpumpenmaschine	800 180	350 320	420 220 / 900 180	1000 185	2×950 PS$_i$ 140 U/min	900 325
13	Baggerpumpe Bauart	Nagel und Kaemp geschlossener Kreisel	Halboffener Kreisel	2 Stück mit offenen Kreiseln	Offener Kreisel	Bergeron, geschlossener Kreisel	Bergeron, geschlossener Kreisel
14	Kreiseldurchmesser in mm	2200	1630	1600 2300	2300	1400	1450
15	Umfangsgeschwindigkeit in m/sek	21	19	18,5 22	22,5	25,7	24,5
16	Saug- und Druckstutzen in mm	650 625	500 500	650 650	660 600	700	580 500
17	Landleitungsweite in mm	650	500	650	600	700	600
18	Zylinderabmessungen der Zusatzpumpenmaschine	$\frac{250+370+600}{360}$	$\frac{185+290+470}{280}$	$\frac{260+415+650}{380}$			Turbine
19	Leistung in PS$_i$ und Drehzahl in U/min	230 230	100 220	250 300	300 200	250 400	7200
20	Zusatzwassermenge in m³/h	4000	1600		4500		7200
21	Angaben über sonstige Maschinen	Sperrwasserpumpe 120 l/sek, 40 m 100 PS$_i$, 300 U/min $\frac{180+300}{150}$		Schneidkopfmaschine $\frac{260+260}{320}$		Maschine für Lösepumpe, 60 PS $n=700$	Turboaggregat, 2 Dieselgeneratoren für Drehstrom
22	Installierte Maschinenleistung in PS$_i$ etwa	1200	475	1800	1300	2250	1200

einführen, die erst bei 3 Kesseln und auch dann noch schwer zu erreichen ist. Ein Spüler ist kein selbstfahrendes Schiff, das zum Bunkern an eine Stelle fahren kann, wo es Kohle von gleichmäßiger Beschaffenheit erhält, vielmehr muß diese zu den mitunter entlegenen Arbeitsstellen transportiert und dabei mehrfach umgeschlagen werden. Durch Einführung der Ölfeuerung bei Dampfanlagen ist dieser Nachteil ausgeglichen worden, aber keineswegs restlos, da die Heizölmengen ein Vielfaches der Dieselölmengen ausmachen und die Transportschwierigkeiten nicht verschwinden. Aber man hat die Bequemlichkeit der Übernahme von flüssigem Brennstoff und dessen gleichbleibende Beschaffenheit und kann Vorratsbehälter auf irgendwelchen Schwimmkörpern bequem aufstellen, was in den USA weitgehend durchgeführt wird.

4. Schuten- und Grundsauger mit Dieselantrieb, Umbauten und Kombinationsgeräte

Als der Dieselantrieb nach dem ersten Weltkrieg durch die mechanische Brennstoffeinspritzung für Baumaschinen brauchbar wurde, erkannte man auch sehr bald seine Vorteile für Pumpenbagger. Es ist dabei möglich, den Motoren das Vermögen zur Entwicklung der Höchstleistung zu geben und sie, wenn diese nicht beansprucht wird, mit herabgesetzter Leistung und niedrigerem Brennstoffverbrauch laufen zu lassen.

Es kommt noch für die Baggerpumpe der Vorteil der Drehzahlerhöhung auf etwa das Doppelte hinzu. Das ergibt höhere spezifische Drehzahlen mit besseren Wirkungsgraden und mäßige Abmessungen auch bei Schneckengehäusen. Der befürchtete höhere Verschleiß trat nicht ein, weil dieser nicht von der Drehzahl an sich, sondern von der Umfangsgeschwindigkeit und der spezifischen Drehzahl abhängig ist. Dabei hat noch die kleinere Pumpe den Vorteil des geringeren Gewichtes und der Verringerung der Vielteiligkeit der Schleißplatten.

Man könnte Schiffskörper von Dieselspülern in der Länge und Breite geringer bemessen, sieht jedoch davon ab, weil die Länge durch die anlegenden Schuten und die Breite durch die Forderung nach Stabilität bedingt ist. Dann wird der Tiefgang von Dieselsaugern geringer als der von Dampfsaugern.

Die erwähnten großen Vorteile des Dieselantriebs haben dazu geführt, daß neue Schutensauger nur damit ausgeführt werden, und daß auch häufig Dampfspüler auf Dieselantrieb umgebaut werden.

Als Beispiel hierfür zeigt Abb. 113 einen auf Dieselantrieb umgebauten Schutensauger, der bei dem ursprünglichen Dampfantrieb dem erwähnten Spüler II ähnlich war, mit einem Schiffskörper von 33 m Länge, 9,2 m Breite und 3,6 m Seitenhöhe. Dabei konnte jetzt eine Baggerpumpe mit einem Saugrohr von 800 mm Dmr., einem Druckrohranschluß von 700 mm und einem Kreiseldurchmesser von 1650 mm eingebaut werden. Sie wird von einem Dieselmotor von 2000 PS bei 375 U/min unter Einschaltung einer Föttinger-Kupplung angetrieben und hat in ihrem Nennpunkt einen Förderstrom von 5000 m³/h bei einer Förderhöhe von 53 m.

Außerdem ist ein Dieselmotor von 815 PS bei 750 U/min zum Antrieb eines Leonard-Generators von 460 kW eingebaut, der den Antriebsmotor für die Zusatzpumpe mit veränderlicher Spannung zwischen 220 und 440 Volt beliefert. Er hat bei der Höchstdrehzahl von 570 U/min eine Leistung von 400 kW, wobei die Zusatzwasserpumpe einen Förderstrom von 8000 m³/h bei einer Förderhöhe von 15 m bringt.

Auf dem Leonard-Generator ist noch ein weiterer Generator aufgesetzt, der durch Riemen angetrieben wird und bei einer Drehzahl von 1500 U/min 140 kW Gleichstrom von 230 Volt Spannung für die Winden und sonstigen Hilfsmaschinen liefert. Es steht im Maschinenraum weiter noch ein Hilfsaggregat mit einem Dieselmotor von 75 PS bei 1000 U/min, durch den ein Gleichstromgenerator von 35 kW bei 230 Volt Spannung und ein Kompressor für Anlaßluft mit einer Ansaugleistung von 45 m³/min und 30 atü Druck angetrieben wird.

Auch der kombinierte Schuten- und Grundsauger „Amicus", der als Dampfgerät vorangehend beschrieben wurde, soll auf Dieselantrieb umgebaut werden. Vorgesehen sind 2 Dieselmotoren von je 580 PS bei 750 U/min, die über Zahnräder die beiden Baggerpumpen von 500 mm Anschlußweite mit einer Nenndrehzahl von 400 U/min antreiben. Dabei wird eine Fördermenge von 2300 m³/h erreicht bei einer Förderhöhe von 34 m für jede Pumpe. Die Zusatzpumpe wird durch einen Dieselmotor von 305 PS bei 1200 U/min unmittelbar angetrieben und hat einen Förderstrom von 3600 m³/h

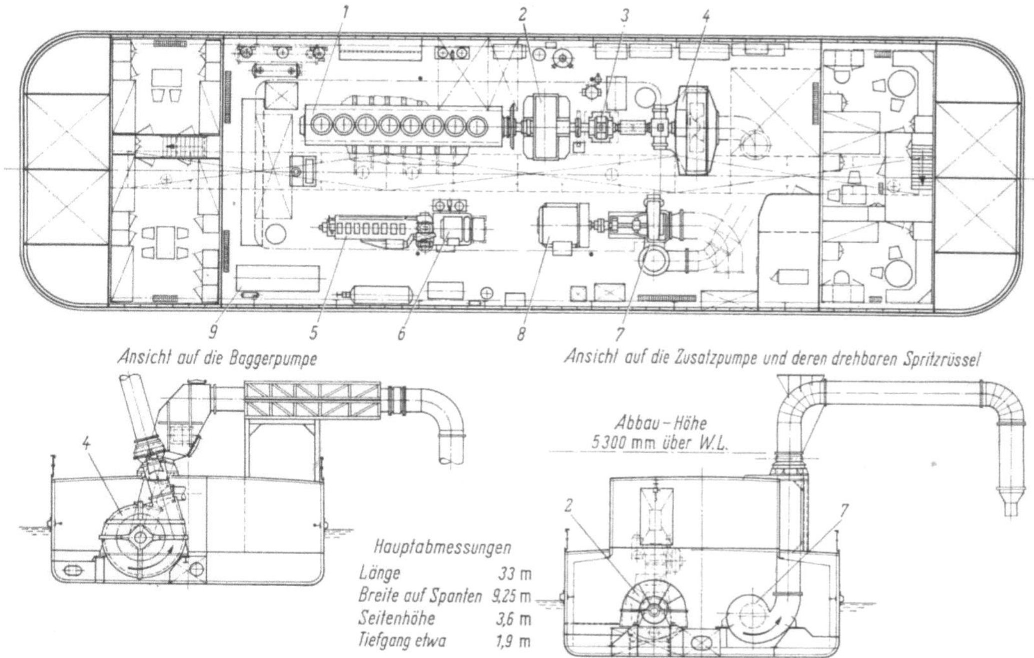

Abb. 113. Dieselspüler mit 2000 PS Antriebsleistung für die Baggerpumpe durch Umbau eines Dampfspülers von 600 PS$_i$ entstanden

1 Dieselmotor 2000 PS $n = 375$ U/min; *2* Föttinger-Kupplung; *3* Einscheibendrucklager; *4* Baggerpumpe mit Kreisel von 1650 mm Durchmesser; *5* Dieselmotor 815 PS $n = 750$ U/min; *6* Leonard-Generator 460 kW $n = 750$ U/min und riemengetriebener aufgesetzter Gleichstromgenerator 140 kW 230 Volt $n = 1500$ U/min; *7* Zusatzwasserpumpe 8000 m³/k 15 m WS; *8* Antriebsmotor (Leonhard) 400 kW 440/220 Volt $n = 570$ U; *9* Hilfsaggregat $n = 1000$ U/min

bei 18 m Förderhöhe. Man erkennt hieraus, daß sich bei der Umstellung auf Dieselantrieb wesentlich höhere Maschinenleistungen installieren lassen, als sie beim Dampfantrieb vorhanden waren.

Abb. 114 ist der Generalplan eines Dieselspülers der Mittelgröße, 1938 bei der Schiffs- und Maschinenbau-AG Mannheim erbaut, bei dem die Baggerpumpe mit 450 mm Rohrweite durch einen Dieselmotor angetrieben wird, die Zusatzpumpe jedoch durch einen Elektromotor, der von einem Generator Strom erhält, an dessen Netz auch die Winden und sonstigen Hilfsmaschinen angeschlossen sind. Der Spüler hat ein Konstruktionsgewicht von 165 t bei einer installierten Maschinenleistung von 610 PS gegen 475 PS$_i$ bei 300 t des Dampfspülers „Amicus". Die weiteren Daten des Gerätes sind aus der Tab. 9 zu entnehmen. Die Schuten werden bei diesem Spüler durch eine endlose Kette verholt, welche durch eine elektrisch angetriebene Winde, die beim Spülermeisterstand angeordnet ist, in beiden Richtungen bewegt werden kann. Für die übrigen Winden hat man sich mit Handantrieb begnügt.

Abb. 115 zeigt einen Generalplan des 1940 bei L. Smit und Zoon, Kinderdyk, Holland, gebauten Spülers „Gouda", der auch als Grundsauger bis 20 m Saugtiefe arbeiten kann. Sein Schiffskörper, der deswegen einen Schlitz besitzt, ist etwas länger und die installierte Maschinenleistung mit 660 PS bei 550 mm Rohrweite der Baggerpumpe größer. Das Konstruktionsgewicht beträgt 250 t und die weiteren Daten sind in der Tab. 9 enthalten. Die Windenanlage ist wegen der Verwendung als Grundsauger

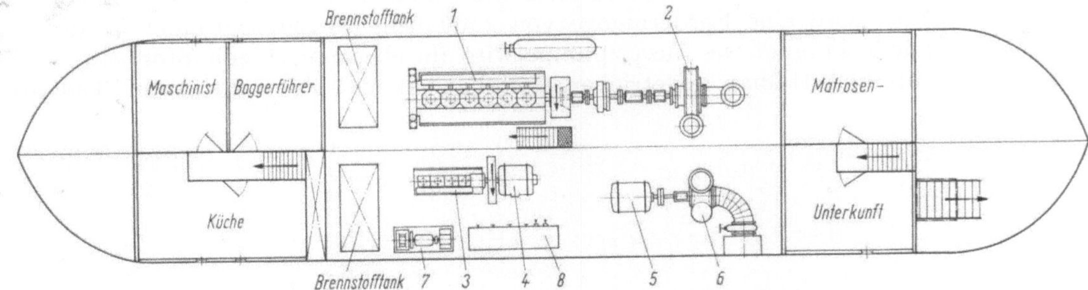

Abb. 114. Maschinenanordnung eines Dieselspülers mit Baggerpumpe von 450 mm Rohranschluß und 450 PS Antriebsleistung. Erbaut Mannheim 1938

Hauptabmessungen: Länge 28 m; Breite auf Spanten 6 m; Seitenhöhe 2,7 m; Tiefgang etwa 1,1/1,2 m *1* Dieselmotor für Baggerpumpe 450 PS, bei 375 U/min; *2* Baggerpumpe etwa 1600 m³/h Gemisch; *3* Dieselmotor für Generator 175 PS bei 500 U/min; *4* Generator für Zusatzpumpe und Hilfsmaschinen 220 V Gleichstrom, 110 kW, 500 U/min; *5* Elektromotor für Zusatzpumpe 85—92 kW, 880—1000 U/min; *6* Zusatzwasserpumpe 2000 m³/h gegen 10 m WS; *7* Hilfsaggregat; *8* Schaltanlage

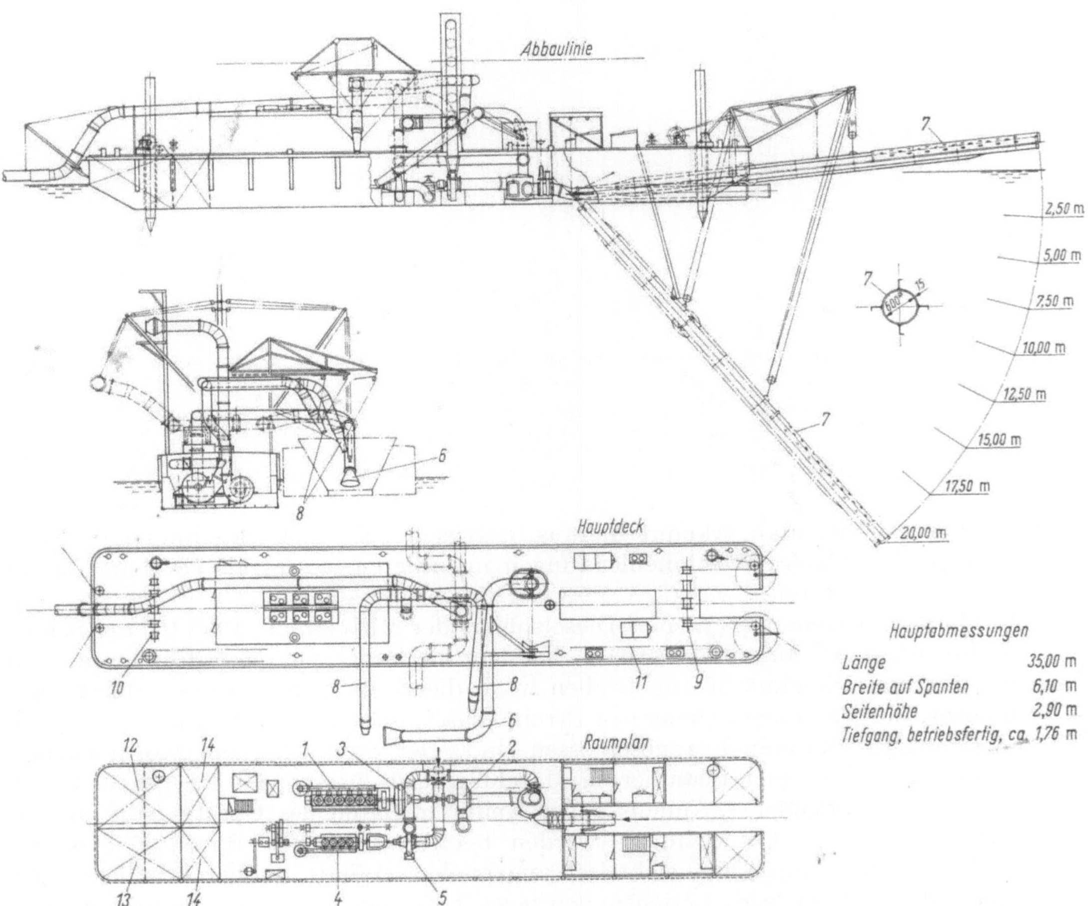

Abb. 115. Generalplan des Schuten- und Grundsaugers „Gouda" mit Baggerpumpe von 550 mm Rohranschluß und 450 PS Antriebsleistung. Erbaut 1940 bei L. Smit & Zoon, Holland

1 Antriebsmotor für Baggerpumpe 450 PS, 325 U/min; *2* Baggerpumpe; *3* Flüssigkeitskupplung; *4* Antriebsmotor für Zusatzpumpe 200 PS, 430 U/min; *5* Zusatzwasserpumpe; *6* Schutensaugerüssel; *7* Grundsaugerohr; *8* Spritzrüssel I u. II; *9* Vorderwinde; *10* Hinterwinde; *11* Kette für Schutenverholen; *12* Ballasttank; *13* Kühlwassertank; *14* Tank für Dieselöl
Hauptmessungen: Länge 35 m; Breite auf Spanten 6,10 m; Seitenhöhe 2,90 m; Tiefgang, betriebsfertig, etwa 1,76 m

wieder umfangreicher als die des vorangehenden Gerätes, das ausschließlich aus Schuten saugen kann. Dieser Schuten- und Grundsauger wurde im Jahre 1958 zum Schneidkopfsauger umgebaut, worüber später noch berichtet wird.

Abb. 116 zeigt Grundriß und Maschinenraumeinrichtung des im Jahre 1949 bei der I.H.C. Holland erbauten Spülers „Sliedrecht X", bei dem auf eine Grundsaugeinrichtung verzichtet wurde. Dieser Sauger, dessen Daten ebenfalls in der Tab. 9 enthalten sind, hat eine Rohrweite von 600 mm, eine installierte Maschinenleistung von

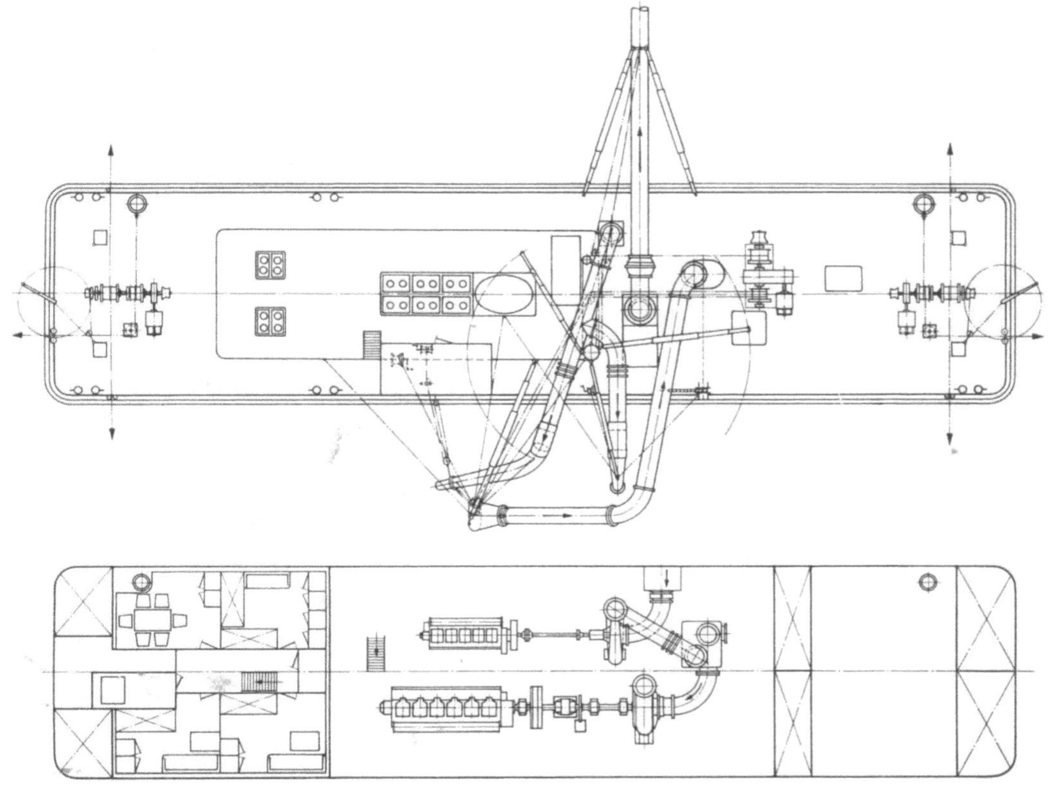

Abb. 116. Grundriß und Maschinenraumeinrichtung des Dieselspülers „Sliedrecht X". Baggerpumpe von 600 mm Rohranschluß und 650 PS Antriebsleistung. Erbaut 1949 bei der IHC Holland

Hauptabmessungen: Länge 40 m; Breite auf Spanten 8 m; Seitenhöhe 3,5 m; Tiefgang etwa 1,5 m; Motor für Baggerpumpe 650 PS; Druckrohr der Baggerpumpe 600 mm

1050 PS und ein Konstruktionsgewicht von 420 t. Bemerkenswert ist noch, daß der Spüler mit 2 Pfählen festgelegt werden kann, so daß die sonst erforderlichen Dalben, die besonders gerammt werden müssen, fortfallen können. Vorn und hinten befinden sich je zwei durch Elektromotoren angetriebene Windenanlagen.

Abb. 117 zeigt den Querschnitt des Spülers „Friedrich", der 1938 bei der Lübecker Maschinenbau-Gesellschaft erbaut wurde und damals der stärkste Schutensauger mit Dieselantrieb war. Er hat eine Baggerpumpe mit einer Rohranschlußweite von 650 mm und einen Antriebsmotor von 1250 PS mit Aufladung durch ein Büchi-Gebläse, das neu war, sich aber gut bewährt hat. Die installierte Maschinenleistung betrug insgesamt 1710 PS und das Konstruktionsgewicht trotzdem nur 460 t. Das ist bemerkenswert, wenn man diese Zahlen mit den behandelten Dampfspülern II und RF 1 vergleicht. Spüler „Friedrich" kann auch als Grundsauger bis auf 20 m Tiefe arbeiten und hat deswegen einen Schlitz von 9 m Länge bei 1,7 m Breite. Die weiteren Daten dieses Gerätes sind in der Tab. 9 enthalten.

Die Einrichtung für das Spritzen des Zusatzwassers wurde hier nach einem Vorschlag des Verfassers gegen die allgemein übliche mit zwei Spritzrüsseln abgewandelt.

Abb. 118 zeigt im Grundriß, daß nur ein Spritzrüssel vorhanden ist, der um eine senkrechte Achse geschwenkt werden kann, so daß der Auslaufstrahl vor und hinter den Saugkopf geleitet und dabei mit seinem Gummischlauch und zwei Paar durch elektrische Winden betätigten Seilzügen in jede Richtung gebracht werden kann. Da

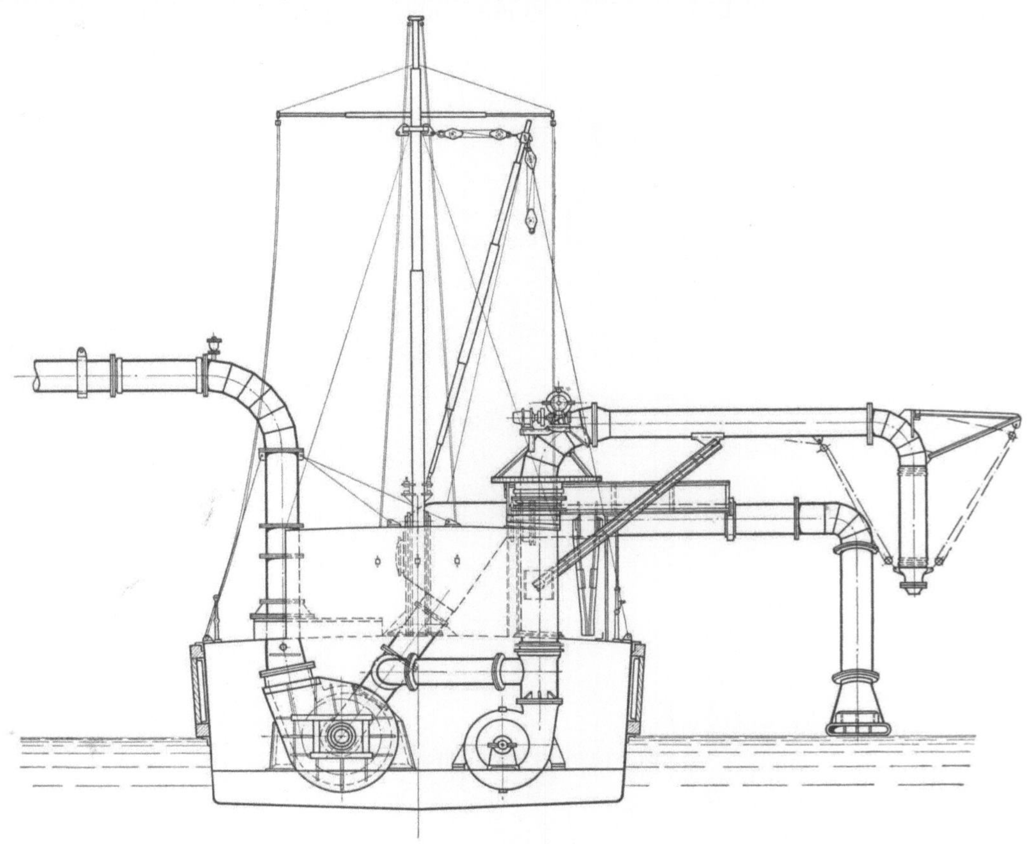

Abb. 117. Querschnitt durch den Spüler „Friedrich" mit Baggerpumpe von 650 mm Rohranschluß und 1250 PS Antriebsleistung sowie Zusatzpumpe mit schwenkbarem Zusatzwasserrüssel. Erbaut 1937 bei der LMG

der Spritzrüssel sich über den Saugkopf hinwegdrehen muß, darf dieser nicht an einem Seil hängen, das nach einem Ausleger führt, sondern der waagerecht und querschiffs laufende Rohrteil, an den der Saugrüssel angesetzt ist, ist in Lagern drehbar und hat einen nach unten gehenden Hebelarm, an dem das waagerecht abgehende Seil der Saugrüsselhebewinde angreift. Würde man die Drehstopfbüchse auch noch als Schiebestopfbüchse ausbilden, was anderweitig ausgeführt wurde, so kann man den Saugkopf auch seitlich verschieben und bei Schuten von verschiedener Breite auf die Mitte des Laderaums einstellen. Abb. 119 zeigt die Einrichtung in Seitenansicht.

Die Vulkanflüssigkeitskupplung (FÖTTINGER), die zwischen Motor und Baggerpumpe eingeschaltet ist, hat sich gut bewährt, bis nach vielen Jahren bei ruckweisem Abbremsen des Kreisels durch Eisenstücke die Schwungmasse des mit der Pumpenwelle verbundenen Läufers sich als so stark erwies, daß diese Welle doch verwürgt wurde. Man hat infolgedessen diesen Läufer auf die Motorseite gesetzt und den anderen mit geringerer Schwungmasse auf die Pumpenseite.

Die Pumpe war den damaligen Anschauungen entsprechend mit offenem Kreisel, jedoch mit Gehäuse in Schneckenform gebaut. Dies ergab als großen Vorteil den Fortfall der Wasserschläge und Erschütterungen gegenüber den Pumpen der alten Holländer Bauart. Versuchsweise baute man auch einen geschlossenen Kreisel ein, der aber einen größeren Axialschub ergab und zusätzliche Kühlung für das Einscheibendrucklager erforderte. Außerdem zeigte sich, daß ein geschlossener Kreisel nur dann Vorteile bringt, wenn auch das Gehäuse bearbeitet ist, so daß die Dichtungsflächen mit wenig Spiel genau aneinander laufen, was bei Ausführung in Stahlguß zu erreichen ist. Beim Saugen von Mittelsand aus der Oderniederung bei Stettin mit einer Korn-

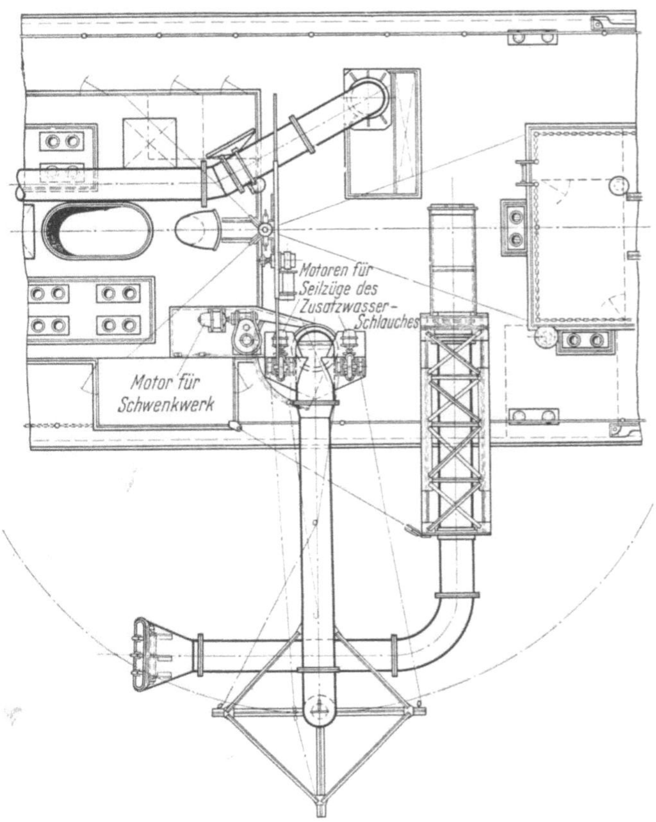

Abb. 118. Grundriß der Schutensaugeinrichtung des Spülers „Friedrich" mit schwenkbarem Zusatzwasserrüssel und darunterliegendem Saugrüssel

verteilung nach Abb. 28 reichte ein Satz Schleißplatten für etwa 100 000 bis 200 000 m aus, wobei zwischendurch ausgewaschene Stellen ausgeschweißt werden.

Die Motoren wurden ursprünglich nicht mit umlaufendem Frischwasser, sondern mit Außenbordwasser gekühlt. Das ergab Schäden an den Zylinderdeckeln, die alle ausgewechselt werden mußten und auch an Kolben und Zylinderlaufbuchsen. Das Außenbordwasser ist bei Baggergeräten niemals rein, sondern enthält Sand- und Schluffkörner, die durch Filterung nicht auszuscheiden sind. Sie setzen sich mit der Zeit in den Kühlräumen ab und verhindern wirksame Kühlung, wodurch die erwähnten Schäden entstehen. Eine Umlaufkühlung wurde nachträglich eingebaut und heute ist allgemein bekannt, daß diese bei Dieselmotoren von Naßbaggergeräten unbedingt notwendig ist.

Bei einer Arbeit in Wilhelmshaven, bei der der Spüler unmittelbar an der Ufermauer lag, waren die Beanspruchungen durch das Anlegen der vollen Schuten infolge Fehlens jeder Nachgiebigkeit so stark, daß die ganze Seitenwand eingedrückt wurde, was auch bei noch kräftigerer Ausführung des Schiffskörpers nicht zu vermeiden ist. Bei dieser Arbeit verbrauchte der Spüler „Friedrich" in einer Woche bei 90 stündigem

Betrieb 17 t Dieselöl, während für einen Dampfspüler wie Weichselmünde nach
Abb. 107a mit einer Zweipumpenanlage unter gleichen Bedingungen der Kohlenverbrauch 160 t betrug. Die thermische Überlegenheit des Dieselmotors und der höhere
Heizwert des Dieselöls bedingen ein Verhältnis von etwa 6 : 1 von Kohle gegen Dieselöl. Weitere Vorteile der Dieselmotoren sind dann Fortfall der Anheizzeiten, Abstellen
während der Pausen und Anpassen an verminderten Leistungsbedarf. Bei Kohle wirken die ungleichmäßige Beschaffenheit und die Unvollkommenheiten bei der Bedie-

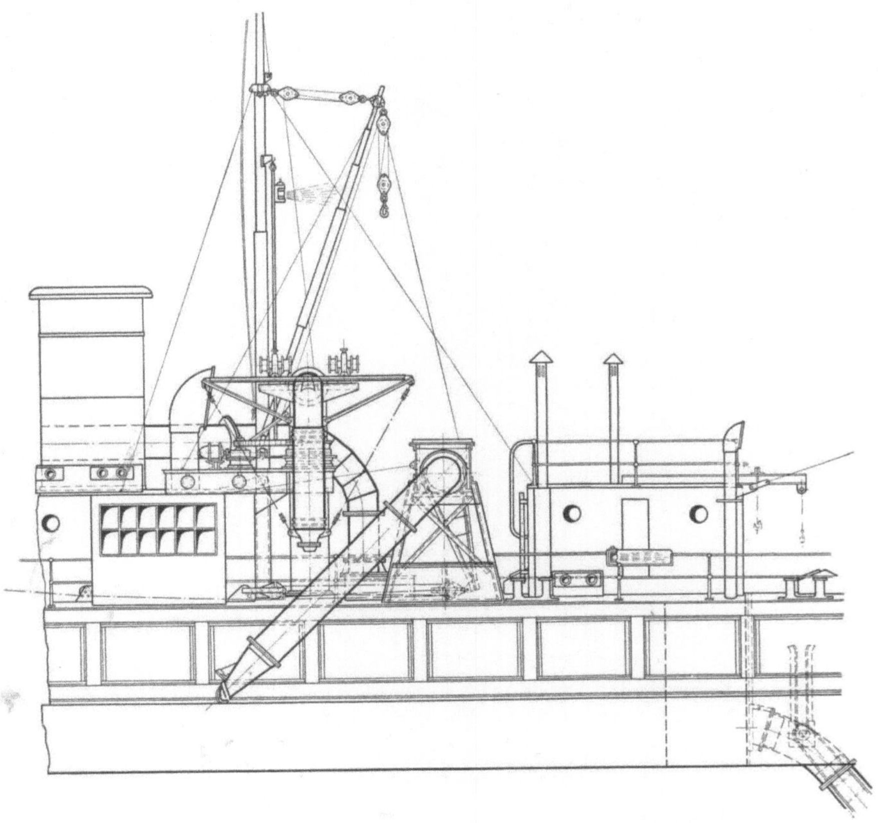

Abb. 119. Seitenansicht auf die Schutensaugeinrichtung des Spülers „Friedrich" mit schräg liegendem Saugrüssel ohne Seilaufhängung und darüber schwenkbarem Zusatzwasserrüssel

nung verbrauchserhöhend, so daß sich schließlich das Verhältnis 9,5 : 1 ergibt. Beim
Dampfspüler war eine zweimalige Kohlenübernahme in der Woche erforderlich mit
Betriebsstörung und Ausfall an Ertragsleistung, während der Dieselspüler zwei Wochen
mit seinem Brennstoffvorrat arbeiten konnte. Durch den niedrigen Kohlenpreis konnten früher in manchen Ländern viele dieser Nachteile ausgeglichen werden, jedoch
werden in Zukunft kaum noch Spüler mit Dampfantrieb und Kohlefeuerung gebaut
werden.

    In Norderney wurde eine Kennlinie gleicher Steuerstellung für die Baggerpumpe
beim Betrieb mit Wasser aufgenommen, wobei die Förderströme durch Leerpumpen
einer Schute festgestellt wurden. Abb. 120 zeigt die Kennlinie, und man kann daraus
entnehmen, daß die Drehzahl von 330 auf 270 U/min abfällt und der Wirkungsgrad
nur etwa 50 % beträgt. Dabei ist zu berücksichtigen, daß es sich um eine Baggerpumpe
mit offenem Kreisel in abgenutztem Zustand handelt und die Antriebsleistung des
Motors nicht sicher zu ermitteln war.

Tab. 9 ist die mehrfach erwähnte Tabelle mit den Hauptdaten der beschriebenen Schutensauger mit Dieselantrieb, die auch den nachfolgend beschriebenen Sauger Beverwijk 37 enthält.

Bei Spüler „Friedrich" wurde der bereits im Entwurf vorgesehene Umbau zum Schneidkopfsauger im Jahre 1956 vorgenommen. Abb. 121 gibt den Generalplan des Gerätes in neuer Form wieder. Der Schiffskörper wurde um 6 m verlängert, so daß der Schlitz jetzt 15 m lang ist zur Aufnahme einer Schneidkopfleiter, die bei 53° Neigung gegen die Waagerechte eine Baggertiefe bis zu 15 m ermöglicht. Bei der geringen Breite der Leiter hielt man einen angelenkten, in den Schlitz hineinragenden Führungsbalken zur Aufnahme der Seitenkräfte für erforderlich.

Beim Betrieb als Schneidkopfsauger wird die Zusatzpumpe abgebaut und an ihre Stelle ein Drehstromgenerator gesetzt. Der Antriebsdieselmotor läßt sich durch einen Verstellregler in den Drehzahlbereich von 300 bis 400 U/min bringen, wobei die Generatorfrequenz zwischen 40 und 54 Hertz liegt und der mit ihm verbundene Drehstrommotor für den Antrieb des Schneidkopfs seine Drehzahl entsprechend ändert, bei einer Leistung von 160 bis 240 PS. Dabei kann auch noch das Untersetzungsverhältnis der Schneidkopfwelle geändert werden, so daß deren Drehzahl zwischen 6,5 und 11 eingestellt werden kann. Der Schneidkopf von der Korbform hat bei

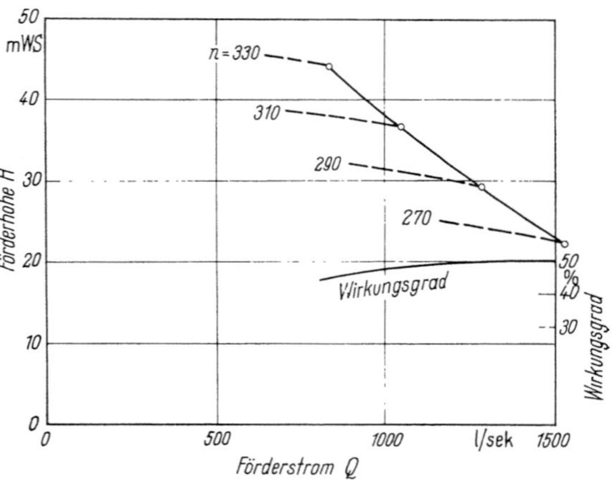

Abb. 120. Kennlinie gleicher Steuerstellung für Wasserförderung von der Baggerpumpe des Spülers „Friedrich" mit offenem Kreisel, 650 mm Rohranschluß und 1250 PS Antriebsleistung

4500 kg Gewicht einen Durchmesser von 2200 mm und seine Umfangsgeschwindigkeit liegt zwischen 0,74 und 1,3 m/sek. Bei einer Leistung des Motors von 214 PS und einem Wirkungsgrad von 70 % liegt die Umfangskraft zwischen 15 000 kg und 8600 kg.

Die Windenanlage wurde auch geändert und dabei sind die Schwingwinden für Leonard-Betrieb eingerichtet worden.

Die Drehpfähle haben einen Durchmesser von 700 mm bei 20 m Länge und hängen in einem niederlegbaren Bock.

Durch den Umbau kam ein Gewicht von etwa 160 t hinzu, wovon 35 t auf den Schiffskörper, 100 t auf Schneidkopfleiter, Pfähle, Pfahlbock usw. und 25 t auf die erweiterte und verstärkte Maschinen- und Windenanlage entfallen. Das Konstruktionsgewicht stieg damit auf 600 t und der Konstruktionstiefgang auf etwa 1,8 m.

Auch der Spüler „Gouda" (Abb. 115) wurde nachträglich zum Schneidkopfsauger umgebaut. Er wurde von 6,1 m auf 8,5 m verbreitert, während die Länge mit 35 m bestehenblieb. Der Schlitz kam dabei von 1,4 auf 3,8 m Breite, wodurch eine breite Schneidkopfleiter eingebaut werden konnte für eine maximale Baggertiefe von 14 m ausreichend, ohne daß ein Führungsbalken notwendig war. Die Drehpfähle erhielten einen Durchmesser von 1000 mm bei 19 m Länge und 4 m Mittenabstand.

Der Schnitt durch den Schiffsboden wurde im Bereich des Maschinenraums außerhalb der Mitte so geführt, daß die bisherige Baggerpumpe mit ihrem Antriebsmotor erhalten blieb und die neue daneben gesetzt werden konnte. Diese hat einen geschlossenen Kreisel von 1480 mm Dmr. und 4 Schaufeln von 340 mm lichter Breite, Stahlgußgehäuse mit Stahlgußschleißeinsatz, Sauge- und Druckstutzen von 500 mm. Sie wird angetrieben durch einen neu eingebauten Dieselmotor von 1000 PS bei $n = 375$ U/min unter Zwischenschaltung einer Kupplung mit Abschaltung bei Überlastung. Abbildungen und weitere Angaben von dieser Pumpe sind in Kapitel D enthalten.

Tabelle 9. *Tabelle mit den Hauptdaten von 5 Saugern ohne Schneidkopf (Grund- und Schutensauger) mit Dieselantrieb*

		A	B	C	D	E
1	Name Baujahr Bauwerft	D.u.W. 1132 1938 Schiffswerft Mannheim	Gouda 1940 L. Smit & Zoon	Sliedrecht X 1949 I.H.C. Holland	Friedrich 1937 LMG	Beverwijk 37 1961 Stapelwerft
2	Schiffslänge in m Breite auf Spanten in m Seitenhöhe in m	28 6 2,7	35 6,1 2,9	40 8 3,5	40 8,5/8,1 3,4	51,6 11 4,1
3	Produkt LBH in m³	455	620	1120	1150	2320
4	Konstruktionsgewicht in t	165	250	420	440	1100
5	Konstruktionstiefgang in m	1,1	1,4	1,45	1,5	2,5
6	Schlitz (Länge und Breite in m)	—	10,5 1,45	—	9 1,7	6 1,35
7	Größte Saugtiefe beim Grundsaugen in m	—	20	—	20	30
8	Motor für Baggerpumpen, Bauart	MAN 6 Zylinder Viertakt	Bolnes 6 Zylinder Zweitakt	Smit-MAN 6 Zylinder Viertakt	MAN G 7 V 55 7 Zylinder Viertakt mit Auflage	2 Smit-Bolnes 10 Zylinder Zweitakt mit Aufladung
9	Nennleistung in PS	450	450	650	1200	2×1700
10	Nenndrehzahl in U/min	375	325	300	325	275
11	Baggerpumpe, Bauart	Offener Kreisel, Zylindergehäuse	Offener Kreisel, Schneckengehäuse	Geschlossener Kreisel Schneckengehäuse	Offener Kreisel Schneckengehäuse	Geschlossener Kreisel Schneckengehäuse
12	Kreiseldurchmesser in mm	1200	1300	1500	1600	1850/2000
13	Umfangsgeschwindigkeit in m/sek	23,5	22,2	23,5	27,2	26,6/28,8
14	Rohranschluß in mm	450	550	600	650	700
15	PS/Rohrquerschnitt	29	19	23	37,5	45/90
16	Motorleistung für Zusatzpumpe in PS	120 E-Motor	200	320	350	875
17	Motordrehzahl für Zusatzpumpe in U/min	900	430		350	400
18	Sonstige Maschinen	MWM-Diesel, 175 PS bei 500 U/min treibt Generator, 110 kW Gleichstrom		Hilfsaggregat Generator, 45 kW, 220 V Gleichstrom, 12 PS-Diesel treibt Lichtgenerator, 7 kW, und Kompressor	MAN-Motor 80 PS, 600 U/min, treibt Generator 50 kW, 220 V Gleichstrom, Hafenaggregat 30 PS	MAN-Motor 310 PS, 600 U/min, treibt Generator 175 kVA und Druckölpumpen
19	Gesamte installierte Maschinenleistung in PS	610	660	1032	1710	4600

Auch die Zusatzpumpe für Schutensaugen blieb an ihrer Stelle, erhielt jedoch einen neuen Antriebsmotor von 300 PS$_e$ an Stelle des bisherigen von 200 PS$_e$. Der Motor kann außerdem über Keilriemen einen auf Deck stehenden Generator antreiben, der in Leonard-Schaltung mit dem Schneidkopfmotor von 200 PS verbunden ist, so daß eine Regelung der Schneidkopfdrehzahlen in weiten Grenzen möglich ist. Im Maschinenraum wurde außerdem noch ein Drehstromgenerator aufgestellt, angetrieben durch einen Dieselmotor von 100 PS. Er liefert den Strom für die Windenanlage, die neu gebaut wurde. Ein polumschaltbarer Schleifringläufermotor von 60 PS kann mit 1000

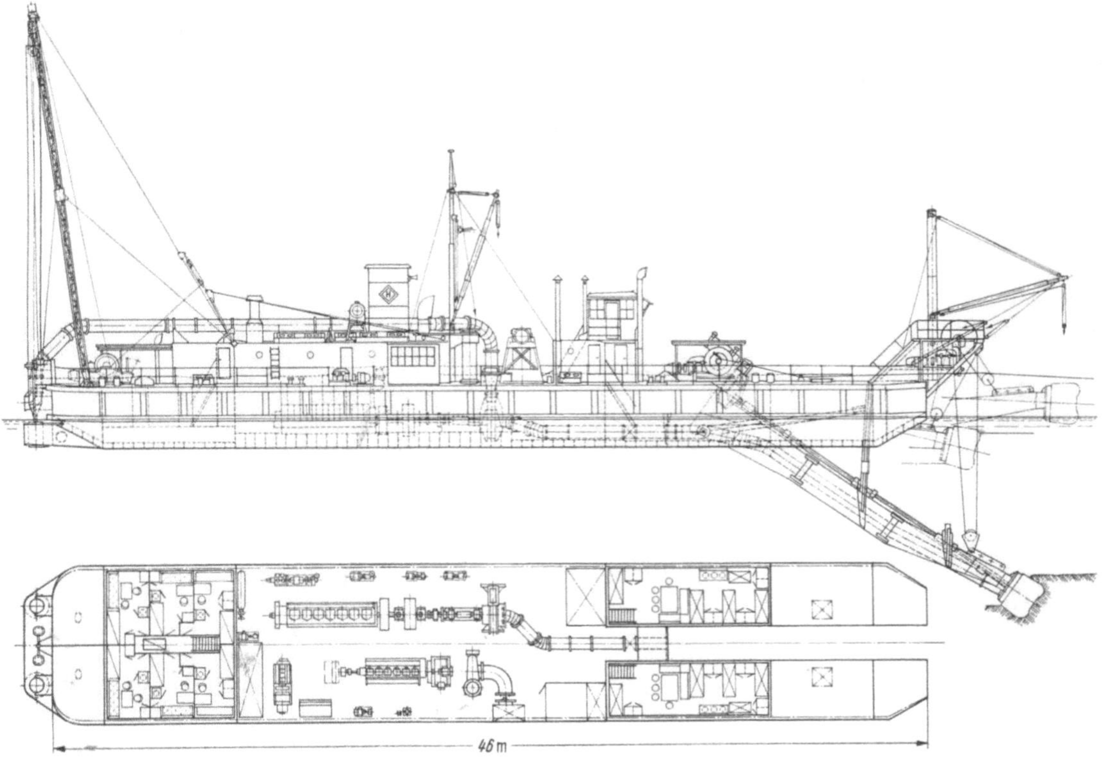

Abb. 121. Generalplan des 1937 bei der LMG erbauten Spülers „Friedrich" nach Umbau zum Schneidkopfsauger unter Verlängerung des Schiffskörpers um 6 m

Hauptabmessungen: Länge über Deck 46 m; Breite auf Spanten in Deckshöhe 8,5 m; Breite auf Spanten im Schiffsboden 8,1 m; Seitenhöhe 3,4 m; Tiefgang etwa 1,8 m

oder 1500 U/min laufen. In Verbindung mit einem Mehrganggetriebe ist es bei Fernsteuerung möglich, die Seilgeschwindigkeit zwischen 6 und 30 m/min einzustellen, wobei die Seilzüge zwischen 8 und 12 t liegen.

Die Winde hat 8 Trommeln, die durch Bandkupplungen ein- und ausgerückt werden können, wobei sie frei ablaufen und durch eine Bandbremse gehalten werden können. Außer den üblichen 5 Trommeln für 2 Schwingseile, 2 Pfahlseile und das Leiterhebeseil, ist noch je eine Trommel für Vortau und Achtertau und eine zur Reserve vorhanden. Dies wird damit begründet, daß man bei schlechtem Wetter elastisch in Seilen liegen will, anstatt die unelastischen Pfähle zu belasten. Das Achtertau hat auch die Aufgabe, den Bagger zurückzuholen, wenn durch Einsturz der Baggerböschung der Schneidkopf festgeklemmt ist.

Die Beschreibung der beiden Umbauten von kombinierten Grund- und Schutensaugern auf Schneidkopfsauger ist lehrreich, weil sie den nicht unerheblichen Unterschied zwischen beiden Gerätearten erkennen läßt. Sie wurden aus diesem Grunde behandelt, obgleich ihre Zweckmäßigkeit fraglich ist. Man muß bei derartigen Umbauten viel Rücksicht auf die vorhandene Anlage nehmen, so daß trotz hoher Kosten häufig nicht das gleiche wie bei einem frei geschaffenen Neubau erreicht wird.

Bei Neubau von Pumpenbaggern wird man sich nicht auf die sonst am meisten gebauten Schneidkopfsauger beschränken können, sondern braucht Kombinationsgeräte. Dabei hat der Grundsauger ohne Vorlockerung den Vorteil der größeren Saugtiefe, auf die es oft ankommt. Das gilt insbesondere für Holland, wo Sand für die verschiedensten Bauzwecke immer mehr nur noch in tiefen Lagen anzutreffen ist. Dabei gibt man diesen Geräten auch eine Einrichtung für Schutensaugen, die in Europa nicht zu entbehren ist. Abb. 122 zeigt ein im Jahre 1960 von der Schiffswerft Stapel in Spaardam, Holland, erbautes Gerät dieser Art mit hoher Maschinenleistung und gegen früher stark gesteigerten Schiffskörperabmessungen. Die Länge beträgt 51,6 m, die Breite auf Spanten 11 m und die Seitenhöhe 4,1 m. Der Schlitz ist bei 1,35 m Breite 6 m lang und enthält das Saugrohr von 750 mm Lichtweite, mit dem man bis auf 30 m Tiefe gehen kann. Dabei liegen über ihm und unter ihm Rohre von 200 mm Lichtweite mit Düsen an ihren Enden, so daß man mit Druckwasser das Saugrohrende einspülen oder lockern kann.

Zwei Baggerpumpen mit 700 mm Rohranschluß und Kreisel-Dmr. von 1850 bis 2000 mm sind aufgestellt. Sie werden durch zwei Dieselmotoren, Fabrikat Smit-Bolnes, mit 10 Zylindern und einer Nennleistung von 1700 PS bei 275 U/min angetrieben, so daß die Kreiselumfangsgeschwindigkeit zwischen 26,6 und 28,8 m/sek liegt. Die Förderhöhe einer jeden Pumpe liegt damit im Nennpunkt zwischen 45 und 50 m und bei Reihenschaltung sind bis zu 100 m erreichbar. Die Druckrohrleitung geht in Schiffsmitte senkrecht in die Höhe, so daß beide Pumpen in sie hineindrücken können. Nach Durchtritt durch das Deck kann die Druckrohrleitung entweder nach der Seite in die Landrohrleitung übergehen, wenn aus Schuten gesaugt wird, oder führt beim Grundsaugen nach hinten zu einem Drehgelenk. Vorher sind noch Abzweigungen nach der Seite mit quergestellten Brauserohren für die Beladung von Schuten angeordnet.

Zwischen den beiden Baggerpumpen steht ein Motor Fabrikat MAN mit 875 PS bei 400 U/min für die Zusatzpumpe. Deren Druckrohr geht senkrecht in die Höhe und führt dann waagerecht zum Spritzrüssel. Dieser kann hydraulisch in verschiedenem Winkel eingestellt und der waagerechte Rohrteil gedreht werden, so daß der Zusatzwasserstrahl in jede Richtung gebracht werden kann. Der Rüssel für Schutensaugen geht schräg nach oben, dann waagerecht in den an Deck stehenden Steinkasten und von diesem nach unten zu der einen oder anderen Baggerpumpe.

Ein weiterer MAN-Dieselmotor von 310 PS bei 600 U/min treibt einen Bordnetzgenerator von 175 kW und Drucköülpumpen an. Ein Hafenaggregat mit einem Dieselmotor von 20 PS und einem Generator von 15 kW steht außerdem noch im Maschinenraum.

Die Windenanlage besteht aus 2 Gruppen, einer vorne und einer hinten mit Antrieb durch Drucköülmotoren, die mit 30 atü betrieben werden und langsam laufen, so daß sie die Seiltrommeln ohne Zahnräder unmittelbar antreiben. Es sind Trommeln vorhanden für Saugrohrheben, Vortau, Achtertau, vordere und hintere Seitenwinden. Die Anlage gleicht der eines Eimerbaggers und beim Beladen von Schuten können die Seile auch unter Wasser geführt werden. Zum Festlegen beim Entleeren von Schuten dienen Pfähle, die auf der einen Schiffsseite vorne und hinten angeordnet sind.

Zu nebenstehender Abbildung

Abb. 122. Grund- und Schutensauger Beverwijk 37 für 30 m Saugtiefe und zwei Baggerpumpen von 700 mm Rohranschluß mit Antrieb durch Dieselmotoren von je 1700 PS. Erbaut 1961 bei der Stapelwerft in Holland

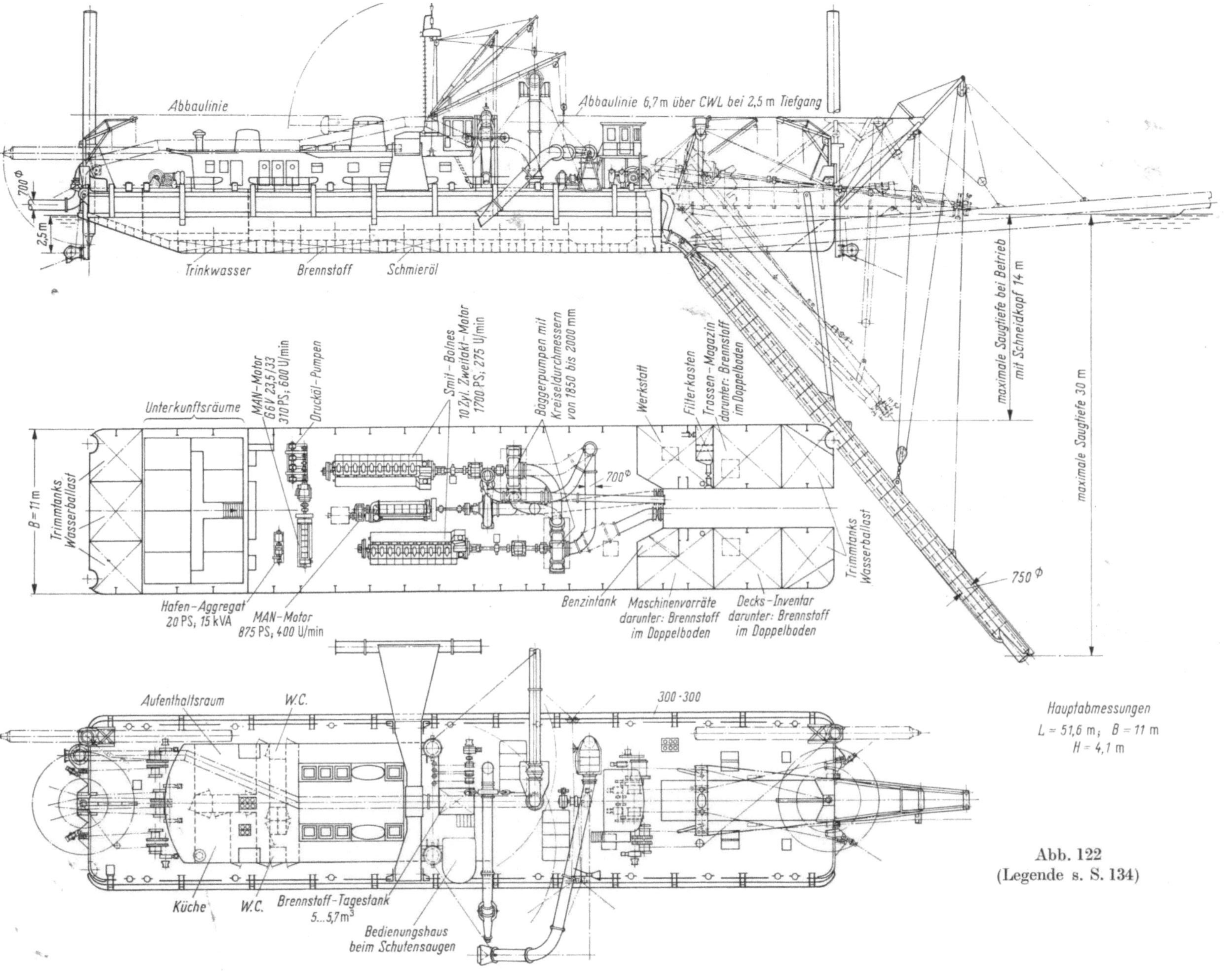
Abbaulinie
Abbaulinie 6,7 m über CWL bei 2,5 m Tiefgang
700 Ø
2,5 m
Trinkwasser
Brennstoff
Schmieröl
maximale Saugtiefe bei Betrieb mit Schneidkopf 14 m
maximale Saugtiefe 30 m
Unterkunftsräume
MAN-Motor 6GV 23,5/33 310 PS, 600 U/min
Drucköl-Pumpen
Smit-Bolnes 10 Zyl. Zweitakt-Motor 1700 PS, 275 U/min
Baggerpumpen mit Kreiseldurchmessern von 1850 bis 2000 mm
Werkstatt
Filterkasten
Trossen-Magazin darunter: Brennstoff im Doppelboden
B = 11 m
Trimmtanks Wasserballast
700 Ø
Trimmtanks Wasserballast
750 Ø
Hafen-Aggregat 20 PS, 15 kVA
MAN-Motor 875 PS, 400 U/min
Benzintank
Maschinenvorräte darunter: Brennstoff im Doppelboden
Decks-Inventar darunter: Brennstoff im Doppelboden
Aufenthaltsraum
W.C.
300·300
Hauptabmessungen
L = 51,6 m; B = 11 m
H = 4,1 m
Küche
W.C.
Brennstoff-Tagestank 5...5,7 m³
Bedienungshaus beim Schutensaugen
Abb. 122
(Legende s. S. 134)

Der Bagger kann auch bis auf eine Tiefe von 14 m mit einem einfach als Quirl ausgebildeten Schneidkopf arbeiten, wobei er nicht um einen Pfahl schwingt, sondern wie ein Eimerbagger in Seilen liegt.

Der Schiffskörper hat beiderseits Scheuerleisten aus kräftigen Kanthölzern von 300 × 300 mm Querschnitt, die nicht wie üblich in Flacheisen eingefaßt, sondern nur stellenweise mit Winkelstücken angesetzt sind. Der Tiefgang beträgt in betriebsfertigem Zustand 2,5 m, was einem Gewicht von etwa 1100 t entspricht. Die Höhe, auf

Abb. 123. Hoppersauger „Akdeniz" mit davorliegender Schute und Landrohrleitung beim Einsatz als Schutensauger im Hafen von Samsun (Türkei)

die bei Brückendurchfahrt ein Abbau möglich ist, beträgt 6,7 m. Die gesamte installierte Maschinenleistung liegt etwa bei 4650 PS.

Auch *Hoppersauger* werden in Europa vielfach mit Einrichtungen für das Leersaugen von Schuten und auch für deren Beladung eingerichtet. Abb. 123 zeigt den Hoppersauger Akdeniz mit 600 m³ Laderaumfassungsvermögen und einer Dampfmaschine von 1000 PS$_i$ für den Antrieb der Baggerpumpe. Man erkennt im Vordergrund die neben dem Schiff klein erscheinende Schute von 300 m³ Laderauminhalt mit dem hineinragenden Saugrüssel und dem Spritzrüssel der Zusatzpumpe. Rechts geht die Druckleitung zum Spülfeld ab.

F. Saugbagger mit Schneidkopf und Gemischförderung durch eine Rohrleitung (Cuttersauger)

1. Entwicklung des Schneidkopfs und frühere Formen von ihm; Korbformkopf (Kronenkopf) und Geradarmkopf. Sonderformen

Im vorangehenden Kapitel wurde der Grundsauger behandelt, bei welchem der Saugstrom die Bodenkörner aus ihrem Verbande löst. Dies ist ohne Schwierigkeit nur bei rolligem Boden und großer Abtragshöhe möglich und ergibt dann einen Krater, der durch Bewegung des Saugers zu einer Furche erweitert werden kann. Setzt man aber eine mechanische Schneidvorrichtung vor den Saugrohreinlauf, so hat der Saugstrom nur noch die Aufgabe, die gelösten Körner sowie die losgeschnittenen Bodenstücke oder Bodenklumpen mitzunehmen und der Pumpe zuzuführen. Dann kann sich bei geringer Abtragshöhe der Bodenanteil erhöhen, und außerdem können auch andere als rollige Bodenarten gebaggert werden. Ein weiterer wichtiger Vorteil ist es, daß der Saugbagger mit Schneidkopf eine annähernd ebene Fläche in bestimmter Tiefe fast genau wie der Eimerkettenbagger herstellen und ein Profil baggern kann, wie man es meistens bezeichnet. Der Schneidkopf erfordert andererseits zusätzliche Antriebsleistung und ist störanfällig, da er der Beschädigung durch harte Bodenteile, Steine oder Fremdkörper ausgesetzt ist. Besonders unangenehm ist der Unrat, der in bestehenden Häfen immer mehr zunimmt, so daß das Arbeiten mit einem Schneidkopfsauger hier häufig weniger geeignet ist als beim Anlegen von neuen Schiffahrtswegen, Kanälen und Hafenbecken. Gegen den Eintritt großer Fremdkörper, wie Steine, Holzstücke u. dgl., gibt der Schneidkopf wieder einen gewissen Schutz für die Pumpe. Das macht Steinfangkästen entbehrlich, die denn auch beispielsweise in Amerika kaum vorkommen. In jedem Falle ist je nach Bodenart und sonstigen Gegebenheiten zu prüfen, ob das Saugen ohne oder mit Schneidkpof oder einer anderen Einrichtung für die Bodenlösung vorteilhafter ist.

Der Saugbagger mit Schneidkopf und Rohrleitung hat den Vorteil, daß ein Gerät allein die Bodenentnahme, Bodenförderung und Bodenablagerung durchführt. Wenn mehrere Geräte daran beteiligt sind, ist eine Abstimmung notwendig, die bei Änderung der Bodenart leicht wieder verlorengeht und Schutenpausen, Schutenansammlungen und

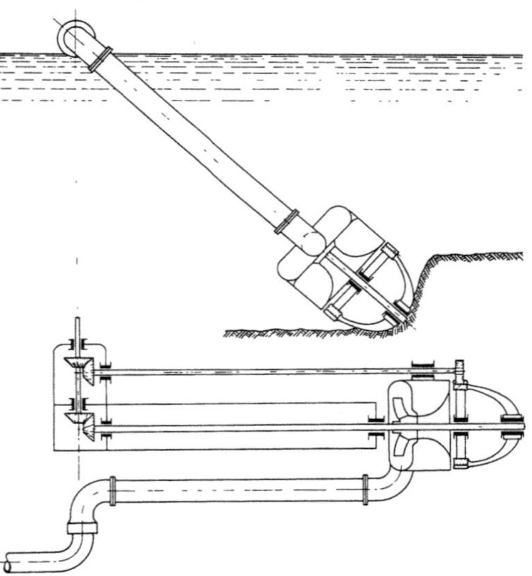

Abb. 124. Schneidkopfleiter mit einer unter Wasser liegenden Baggerpumpe und einem Schneidkopf, der sich um die Kreiselwelle dreht. Alte Konstruktion

unvollkommene Ausnutzung zur Folge hat. Ein großer Vorteil liegt zudem darin, daß man für die Einrichtung einer Schneidkopfsaugerbaustelle nicht eine Flotte von Eimerbaggern, Schuten und Entladegeräten heranzubringen hat, was auf dem Seewege teuer und wetterabhängig ist.

In Ausnutzung dieser Vorteile wird in den USA mehr als die Hälfte aller Baggerungen mit Schneidkopfsaugern, und zwar meist im 3-Schichten-Betrieb kontinuierlich durchgeführt. Man nimmt dabei in Kauf, daß die Ertragsleistung bei ungeeignetem Bodenmaterial stark abfällt, so daß in manchen Fällen der Aufwand an Maschinenleistung sowie auch der Verschleiß und damit der Ersatzteilbedarf unverhältnismäßig hoch wird.

Die vollständige Bezeichnung für diese Baggerart in den angelsächsischen Ländern ist „suction dredger (dredge) with cutterhead and pipeline" und in französischer Sprache „drague succeuse et refouleuse avec desagrégateur".

Die ersten Schneidköpfe in Europa kamen zwischen 1880 und 1890 auf, wobei man auf die verlängerte Pumpenwelle Flügel setzte, die ein Rührwerk bildeten.

Abb. 124 zeigt eine Einrichtung, bei der die Pumpe unter Wasser liegt und einen trompetenartig erweiterten Sauganschluß hat. Dicht vor diesem läuft ein Ring, an dem die Flügelenden des erdbohrerartigen Rührwerks befestigt sind, das sich mit einer Buchse um die Pumpenwelle dreht und dadurch zentriert ist. Der sich drehende Ring hat außen einen Zahnkranz, in den ein Ritzel eingreift, das auf einer parallel zur Pumpenwelle und dem Pumpendruckrohr nach oben geführten Welle sitzt. Das Druckrohr geht oben in einen S-Bogen über, dessen Mittelteil in der Neigungsachse der Schneidkopfleiter liegt. In dieser Achse liegt auch die von der anderen Seite kommende Antriebswelle, die 2 Kegelräder trägt und damit die Pumpenwelle und die Ritzelwelle antreibt, wobei sich das Rührwerk langsamer dreht als der Pumpenkreisel. Die Ein-

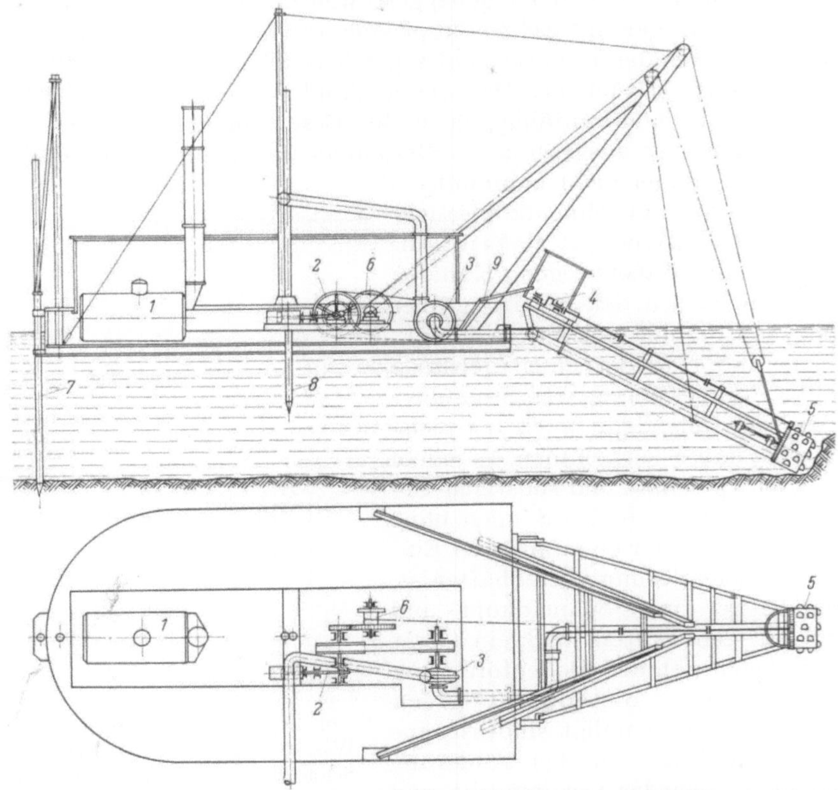

Abb. 125. Schneidkopfsauger, Baujahr etwa 1885, mit hölzernem Schiffskörper, Dampfantrieb und Schneidzylinder

1 Kessel;   *2* Dampfmaschine für Baggerpumpe;   *3* Baggerpumpe;   *4* Antriebsmaschine für Schneidkopf;   *5* Schneidkopf; *6* Leiterhebewinde;   *7* Schwingpfahl;   *8* Schreitpfahl;   *9* bewegliche Dampfleitung

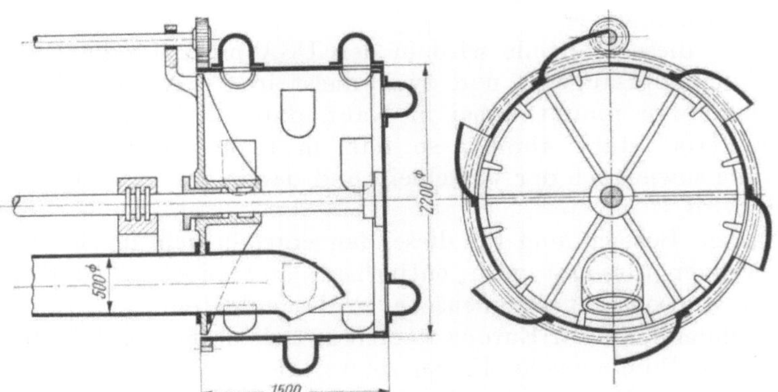

Abb. 126. Zylinderschneidkopf mit Schaufeln auf dem Mantel und der Stirnfläche bei Antrieb durch Ritzel und Zahnkranz

richtung ist ein bemerkenswertes Entwicklungsbeispiel und wird heute wieder vielfach ausgeführt. Man verzichtet dabei sogar auf die Untersetzung und läßt das Rührwerk mit der Drehzahl der Pumpe laufen. Das ist allerdings nur für Boden gleichmäßiger Härte ohne Hinderniskörper, also etwa für den Feinsand, anzuwenden.

Abb. 125 ist ein um 1885 nach englischen Patenten gebautes Gerät, das den heutigen Schneidkopfsaugern schon weitgehend ähnelt. Vor dem eckigen Kopfende des hölzernen Schiffskörpers ist die Schneidkopfleiter um eine waagerechte Achse neigbar angeordnet, hat von oben gesehen Dreiecksform und trägt an ihrem vorderen Ende den Schneidkopf, der als Blechzylinder mit 2200 mm Dmr. und 1500 mm Länge ausgebildet ist. Durch Betätigung einer Hebewinde kann die Leiter mit dem Schneidkopf gehoben und gesenkt und damit auf die gewünschte Tiefe eingestellt werden. Der Schneidzylinder, den Abb. 126 zeigt, hat auf seinem Umfang und seiner Stirnfläche Schneidschaufeln, die derart versetzt sind, daß möglichst viel Boden erfaßt und eine zusammenhängende Schnittfurche erzielt wird. Hinten läuft der Zylinder mit seinem Mantelring um eine feststehende Scheibe, die in ihrer Mitte das Lager für die Schneidkopfwelle mit einem dahinterliegenden Drucklager trägt und darunter das Saugrohr durchtreten läßt. Die innere Mantelfläche ist noch mit Zähnen besetzt, um große Stücke zu zerkleinern. Es soll erreicht werden, daß Wasser nur unter Mitnahme des von den Schaufeln losgeschnittenen Bodens eintreten kann und im Innern des Zylinders Verstopfungen möglichst vermieden werden. Zum Antrieb hat der Schneidzylinder auf seinem Umfang einen Zahnkranz, in den ein Ritzel eingreift, das auf der von oben kommenden Antriebswelle sitzt. Diese wird von einer auf der Schneidkopfleiter sitzenden und deren Bewegungen mitmachenden Dampfmaschine bei Dampfzufuhr durch ein Gelenkrohr angetrieben. Der gelenkige Teil am oberen Ende des Saugrohrs wird durch eine Drehstopfbüchse gebildet.

Beim Arbeiten macht der Bagger eine Schwingbewegung um einen mit seiner Spitze im Boden sitzenden Pfahl, wobei der Schneidzylinder einen Kreis um ihn beschreibt und eine bogenförmige Schnittfurche zieht. Unter zeitweiligem Absetzen des vorderen Pfahles wird der Drehpfahl nach der Seite versetzt und gibt dann die Drehachse für eine neue Schwingbewegung.

Das Saugrohr hat einen Durchmesser von 500 mm und die Ertragsleistung an Boden in Oakland, Kalifornien, der als mürber Sandstein bezeichnet wird, soll 175 m³/h betragen haben, wobei täglich eine Stunde zum Reinigen der Einrichtung erforderlich war.

Schneideinrichtungen, bei denen der losgeschnittene Boden in einen geschlossenen Raum kommt und dem Saugrohreinlauf zwangsläufig zugeführt wird, haben Vorteile, die auch von Ingenieur FRÜHLING bei den ersten Entwürfen für seinen Schleppsaugkopf für Hoppersauger angestrebt wurden. Der mürbe Sandstein war für diese Schneidkopfart ein geeignetes Material, während bei klebrigen Bodenarten die Gefahr der Verstopfung groß ist. Die Entwicklung führte zu dem geöffneten Messerkopf, der nachfolgend in seinen verschiedenen Ausführungsarten behandelt werden soll.

Von dem Chicagoer Ingenieur LINDON W. BATES, der die Entwicklung des Saugbaggers in den USA stark gefördert hat, stammt der Messerschneidkopf nach Abb. 127; das Saugrohr hat dabei ein abgeknicktes Ende, das bei der Baggerung auf größter Tiefe ungefähr senkrecht steht. Über der Knickecke liegt ein Kegelradgetriebe zur Kraftübertragung von der Antriebswelle auf die Messerkopfwelle, die durch das Saugrohrende hindurchgeht und in ihm gelagert ist. Unter dem Lager sitzt auf einem Wellenkonus die Nabe einer Scheibe mit Löchern für den Materialdurchgang, an deren Umfang die Schneidmesser mit ihrem unteren Ende angesetzt sind. Sie sind U-förmig gebogen, und ihre oberen Enden sitzen an einem Scheibenring, der sich um das Saugrohrende dreht. Das Wasser gelangt in Richtung der gezeichneten Pfeile unter Bodenmitnahme in die Saugrohröffnung, wobei aber die Welle, die durch das Saugrohrende hindurchgeführt ist, dessen Querschnitt verengt, so daß bei vielen Bodenarten an dieser Stelle Verstopfungen eintreten können.

Man kam infolgedessen zu der außerhalb des Saugrohrs liegenden Welle und setzte, um das unter Wasser im Bereich des losgeschnittenen Bodens liegende und dadurch anfällige Getriebe zu vermeiden, den Schneidkopf unmittelbar auf die Welle, deren

Drehzahl entsprechend niedrig sein mußte. So entstand der heute am meisten verbreitete Korbformschneidkopf (basquet-type), den Abb. 128 zeigt. Auch die Bezeichnung Kronenkopf wird häufig angewendet.

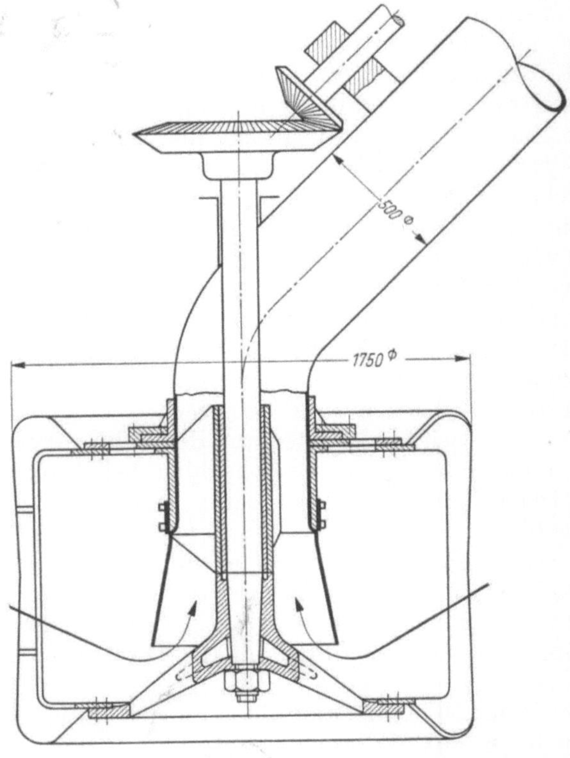

Die Antriebswelle des Schneidkopfs liegt über dem Saugrohr, dessen Eintrittsöffnung man vorn innerhalb der Messer sieht. Diese gehen von der auf der Welle sitzenden Nabe aus, sind in Korbform gebogen und schraubenförmig gewunden, wobei ihre Enden durch einen Ring verbunden sind. Der läuft um eine auf der Saugrohrleiter sitzenden Scheibe, die im Bilde noch fehlt. Links sieht man einen Teil der Saugrohrleiter mit der kräftigen, um eine Achse drehbaren Seilrolle mit dem Gegengewicht für die Ablenkung des Schwingseils.

Abb. 129 zeigt einen amerikanischen Sauger an der Ufermauer liegend mit angehobener Leiter und abgebautem Schneidkopf. Man sieht hier die runde Scheibe, um die sich der Ring des Schneidkopfs dreht und in deren Mitte das weit nach vorn ragende kräftige Lager für die Schneidkopfwelle. Unter ihm liegt die Saugrohröffnung, die etwas erweitert ist, damit die gelösten Bodenteile möglichst vollständig vom Saugstrom erfaßt werden. Der Schneidkopf muß mit seinen Messern unter die Saugrohröffnung kommen, weswegen man von einer Erweiterung in senkrechter Richtung absieht und nur

Abb. 127. Schneidmesserzylinder mit Welle in der Mitte des abgekrümmten Saugrohrendes und Antrieb durch Kegelräder, 1895 von BATES für einen Mississippifurchensauger konstruiert

etwas in die Breite geht. Damit erhält man einen Querschnitt an der Rohrmündung, der etwa um 30 bis 40% größer als der des runden Rohres ist. Weiter darf man nicht gehen, da sonst die Einlaufgeschwindigkeit zu gering wird.

Abb. 128. Fünfarmiger Stahlgußschneidkopf der Korbform mit schraubenförmigen Armen und Verbindungsring an deren Enden. Aufnahme IHC Holland

Im einzelnen werden die Schneidköpfe der Korbform sehr verschieden ausgebildet, wie die nachfolgenden Bilder erkennen lassen.

Abb. 130 zeigt einen Schneidkopf mit fünf sehr breiten, schaufelartigen Armen, die am Ring und an der Nabe mit Schrauben befestigt sind. Schneidköpfe dieser Art

Abb. 129. Angehobene Schneidkopfleiter bei abgebautem Schneidkopf mit erweiterter Saugrohröffnung in der Endscheibe und vorgesetztem Schneidkopfwellenlager. Aufnahme C. of E.

dürften besonders für Feinsand geeignet sein, da infolge des dichten Aneinanderschließens der Schaufeln zwischen ihnen ein Strom auf die Saugrohrmündung zuläuft und große Hinderniskörper ferngehalten werden. Bei klebrigem Boden neigen allerdings derartige Schneidköpfe zur Verstopfung, so

Abb. 130. Kleiner Schneidkopf in Korbform mit fünf breiten schaufelförmigen Armen, für Sandboden geeignet. Aufnahme Schreiner Buir

Abb. 131. Schneidkopf in Korbform mit sechs mittelbreiten Armen, geeignet für Boden mittlerer Härte. Aufnahme Ellicot Baltimore

daß man meist nach Abb. 131 die Schaufeln schmäler, dicker und mit größeren Zwischenräumen ausführt.

Abb. 132 zeigt einen 4 armigen Schneidkopf mit Taschen für den Einsatz von Zähnen und Abb. 133 einen mit 6 Armen und zahlreichen Zähnen in Vorderansicht.

Diese Beispiele lassen erkennen, daß die Schneidköpfe durchweg schraubenförmig verwundene und so gestellte Messer haben, daß sie auch bei großer Schwinggeschwindigkeit nicht mit ihren Außenflächen an den Boden herangedrückt werden, sondern mit ihren Kanten und Innenflächen schneiden, wie die Eimermesser bei einem Eimerbagger.

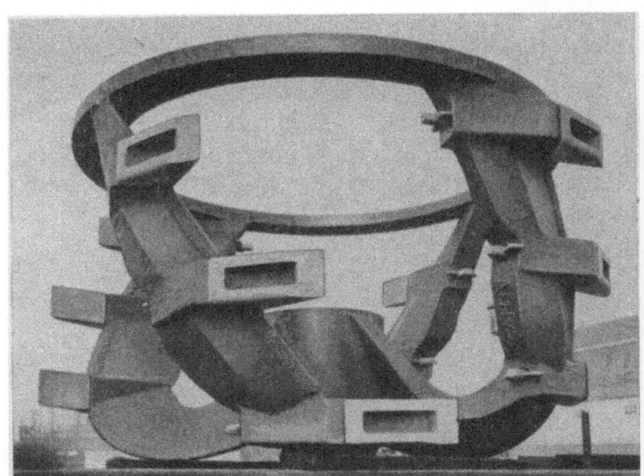

Abb. 132. Stahlgußschneidkopf der Korbform mit 4 Armen, die mit je 3 Zähnen besetzt sind. Aufnahme IHC Holland

Abb. 133. Sechsarmiger Korbformschneidkopf mit dichtem Zahnbesatz. Aufnahme LMG

Groß ist die Festigkeit bei dem Geradarmkopf (straight-arm-type) nach Abb. 134. Diese Art wurde in Europa bei den ersten Schneidkopfsaugern viel verwendet und ist

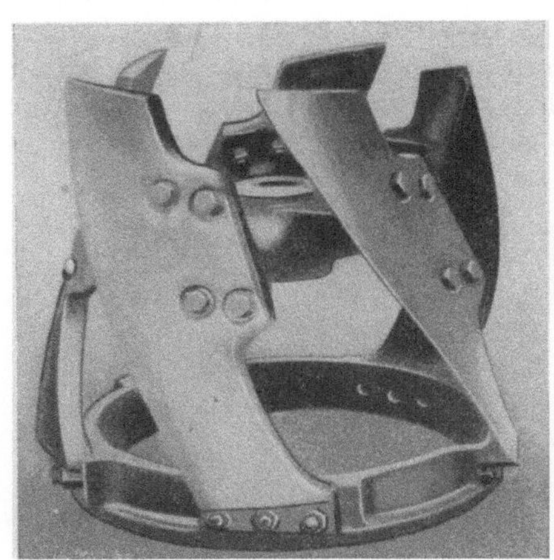

Abb. 134. Geradarmschneidkopf mit fünf aufgeschraubten Messern, deren Enden auch am Verbindungsring mit Schrauben befestigt sind. Aufnahme Ellicot Baltimore

in den USA auch heute neben dem Korbformkopf häufig anzutreffen. Bei ihm gehen von der Nabe in radialer Richtung kräftige Arme ab mit Platten an ihren Enden, auf welche die Schneidmesser aufgesetzt sind. In neuerer Zeit gibt man ihm einen Verbindungsring wie beim Korbschneidkopf. Durch die geraden Arme können große Kräfte übertragen werden, ohne daß ein Verbiegen oder Verwinden des ganzen Kopfes eintritt, und die Messer lassen sich auf den Endflächen der Arme gut befestigen und auswechseln. Bei Flachbaggerung stehen die Messer etwa parallel zum Gewässergrund günstig, während sie bei größerer Baggertiefe, wenn die Leiter in 45°-Stellung steht, hauptsächlich mit ihren Vorderenden den Boden lockern. Abb. 135 zeigt einen in hartem Boden abgenutzten Schneidkopf der Geradarmtype.

Für die jeweilige Bodenart den richtigen Schneidkopf auszuwählen und diesen mit richtiger Drehzahl arbeiten zu lassen, so daß genügend Boden geschnitten und dieser dem Saugrohr zugeführt wird, ist eines der Geheimnisse des Erfolges bei der Saugbaggerung.

Um einen leichten Austausch der Schneidköpfe zu ermöglichen, setzt man diese vielfach nicht mit Konus auf ihre Wellen, sondern schraubt sie ähnlich wie die Pumpenkreisel mit Gewinde auf, wobei sie durch Rückwärtsdrehung gelöst werden können.

Der Antriebsmotor für den Schneidkopf ist gewöhnlich ein Elektromotor, der, wie Abb. 136 zeigt, auf die Schneidkopfleiter aufgesetzt ist, deren Schwingbewegung mitmacht und infolgedessen mit seiner Welle eine bis 45° und mehr gegen die Horizontale geneigte Lage einnimmt. An den Motor schließt sich ein Getriebe an, das mit einer Untersetzung von 1 : 50 bis 1 : 100 die Schneidkopfwelle auf ihre Drehzahl bringt, die zwischen 15 und 30 U/min liegt. Die Welle läuft in kräftigen Lagern, welche auf die Schneidkopfleiter aufgesetzt sind und z. T. unter Wasser kommen. Das unterste Lager vor dem Schneidkopf hat dabei die großen seitlichen Kräfte aufzunehmen, die durch den Seilzug der Schwingwinden entstehen, und erhält meist Lagerschalen aus Bronze mit Fettschmierung, wobei eine Abdichtung gegen Wasser angestrebt wird. Bei amerikanischen Großsaugern verwendet man vielfach auch ungeteilte Lager von großer Länge mit Buchsen von Stahl oder Bronze, auf deren Lauffläche ein Gummibelag aufvulkanisiert ist.

Abb. 137 zeigt ein Lager für einen Wellendurchmesser von 320 mm mit einer Länge von 1270 mm. Der Querschnitt läßt erkennen, daß die Gummibuchse nicht auf ganzer Fläche, sondern mit Zwischenräumen die Welle trägt. Für die Schmierung dient Druckwasser in einer Menge von etwa 1000 l/min, das mit einem Druck von 3,5 kg/cm² am oberen Ende eingeführt wird. Dort hat das Lager seine Abdichtung, während sie am unteren Ende fehlt. Hier tritt infolgedessen das Wasser aus und wirkt dem Eintritt von Bodenteilen, die der Schneidkopf aufwirbelt, entgegen.

Derartige Lager haben sich in den Vereinigten Staaten gut bewährt und viele Monate auch bei stärkster Beanspruchung gearbeitet.

Auch der Axialdruck, der nach unten wirkend durch das Gewicht von Schneidkopf und Welle oder nach oben wirkend als Reaktion des Grabdrucks entsteht, muß aufgenommen werden. Man gibt hierfür einem Traglager unter Wasser nahe am Schneidkopf Stirnflächen aus Bronze, gegen die sich Wellenbunde legen, oder sieht ein Drucklager in der bei Schiffswellen üblichen Ausführung vor. Wenn man es an das obere Wellenende setzt, kann es im Getriebe liegen, wo es gegen Wasser abgedichtet und mit Fett oder Öl geschmiert wird. Dann müssen die

Abb. 135. Durch Arbeiten in Korallenfels stark abgenutzter Geradarmschneidkopf mit 5 Messern und Zahnbesatz. Aufnahme C. of E.

Abb. 136. Elektromotor für den Schneidkopf in Schrägstellung der Leiter mit Getriebekasten und austretender Schneidkopfwelle. Aufnahme IHC Holland

Schneidkopfwellen den Schub nach oben übertragen können und ihre einzelnen Teile durch entsprechende Kupplungen verbunden sein. Es muß aber die Möglichkeit erhalten bleiben, den Schneidkopf und das an ihn sich anschließende Wellenstück leicht auszuwechseln, da bei der hohen Lagerbelastung eine Abnutzung nicht zu vermeiden ist.

Außer Elektromotoren wurden früher auch Dampfmaschinen auf die Schneidkopfleiter aufgesetzt, deren Kurbelwellen quer zur Schneidkopfwelle lagen. Sie kamen auf diese Weise nicht in Schrägstellung, aber es waren Kegelräder für die Kraftübertragung

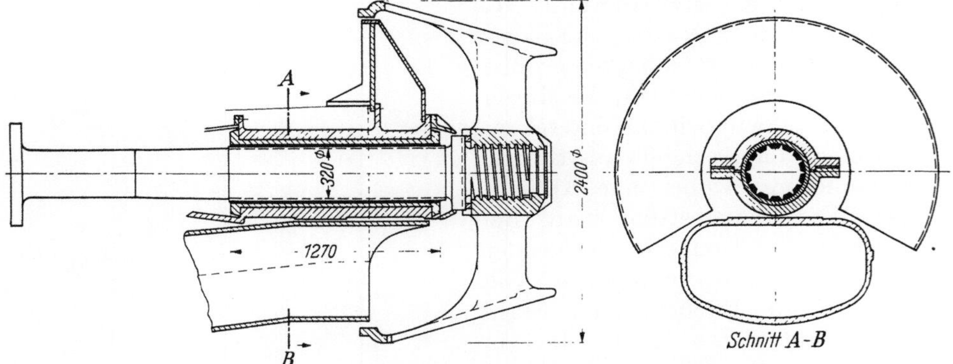

Abb. 137. Schneidkopfwellenlager mit Gummilauffläche und Druckwasserschmierung

notwendig. Dieselmotoren für den Schneidkopfantrieb setzt man meist in den Maschinenraum und überträgt deren Drehbewegung auf eine Welle, deren Mitte in der Neigungs-

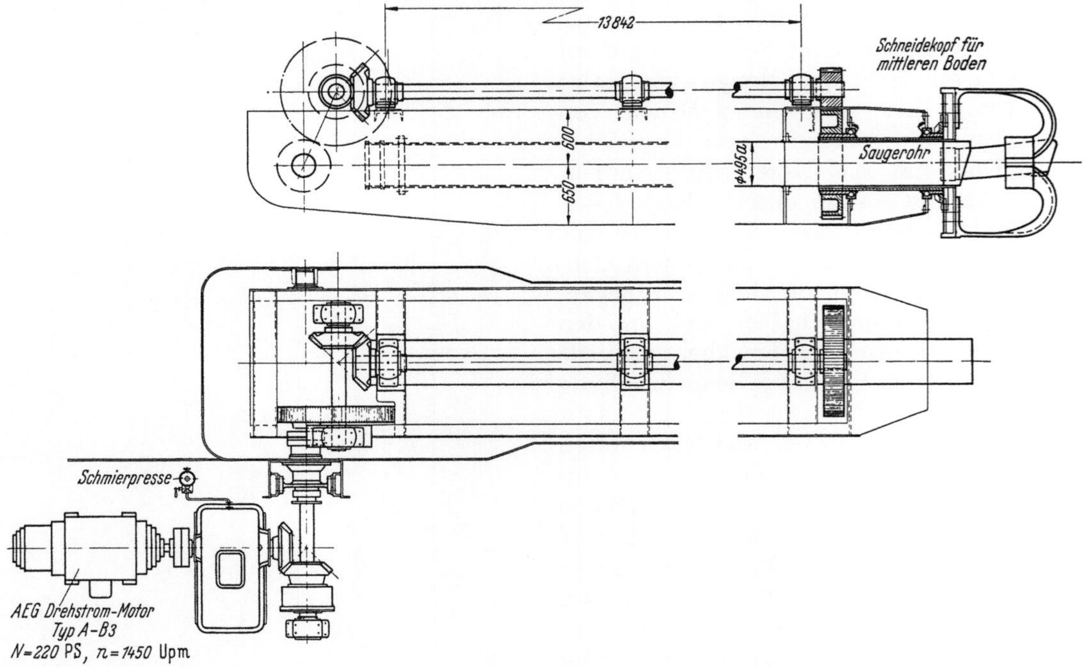

Abb. 138. Schneidkopfleiter, bei der sich der Schneidkopf um die Saugrohrmitte in Wälzlagern dreht, bei Antrieb durch Zahnkranz und Ritzel

achse der Schneidkopfleiter liegt. Bei kleinen Geräten wird der Antrieb manchmal auch vom Hauptmotor abgeleitet.

Das Saugrohr, das in die Schneidkopfleiter eingebaut ist, muß deren Schwingbewegung mitmachen, während der im Schiffskörper zur Pumpe führende Teil des Saugrohrs feststeht. Der Ausgleich wird entweder durch eine Drehstopfbuchse, durch ein Drehgelenk oder ein Bogenrohr erreicht. Am häufigsten nimmt man jedoch ein Schlauchstück, das gegen Außendruck durch Stahleinlagen versteift ist. Es wird so angeordnet, daß es etwa bei der 25°-Stellung der Schneidkopfleiter gestreckt verläuft, beim Übergang in die 45°-Stellung einen Knick nach unten und bei Flachbaggerung einen Knick nach oben erhält.

Die Gewichte der Schneidkopfleiter mit Schneidkopf sowie dessen Welle und Antrieb können 10 % des Schiffsgewichtes und mehr erreichen, so daß sich durch ihre verschiedene Neigung Trimmomente ergeben. Bei amerikanischen Baggern werden die Schneidkopfleitern meist vor das Ende des Schiffskörpers gesetzt, während sie bei europäischen Geräten vielfach in einen Schlitz kommen. Dieser muß aber breiter sein als bei Eimerbaggern, da die Schneidkopfleiter große Biegungsbeanspruchungen in seitlicher Richtung bei der Schwingbewegung erhält. Läßt sich der Schlitz in der erforderlichen Breite nicht ausführen, so gibt man den Leitern vielfach einen nach oben gehenden Führungsbalken, der innerhalb der Schlitzwandung gleitet und die Kräfte von der Leiter auf den Schiffskörper übertragen soll.

Es hat nicht an Versuchen gefehlt, andere als die vorangehend beschriebenen Schneidkopfformen zu finden. Eine Konstruktion, bei welcher die Drehachse des

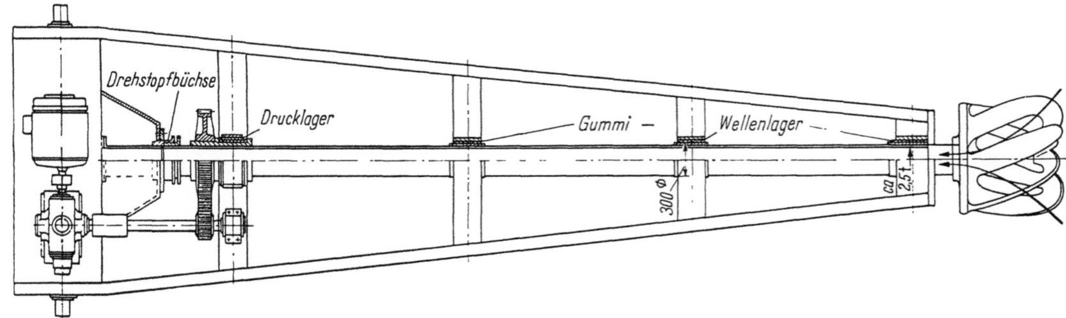

Abb. 139. Schneidkopfleiter mit drehbarem, als Welle dienendem Saugrohr mit Antriebszahnrad und Drehstopfbuchse am oberen Ende

Schneidkopfs mit der Saugrohrmitte zusammenfällt, hat den Vorteil, daß auch bei kleinem Durchmesser die schneidenden Messerkanten unter der Unterkante des Saugrohrs bleiben und ein Auflegen der Schneidkopfleiter auf den Boden verhindert wird. Träte dies ein, so kämen große Kräfte auf die Schwingwinde, und weiteres Baggern wäre meist unmöglich. Der Durchmesser des Schneidkopfs wird bei der zentrischen Anordnung nur etwa doppelt so groß wie der des Saugrohrs und läßt große Schneidkräfte erreichen. Man kommt damit dem Fräsverfahren, das manche Bodenarten verlangen, am nächsten, und die schneidenden Messer arbeiten niemals in großer Entfernung vom Saugrohreinlauf. Die Zuführung des gelösten Bodens ist so besser gesichert, wobei allerdings der Querschnitt der Schnittfurche etwas kleiner wird.

Um die durch das Saugrohr gehende Welle der Konstruktion von BATES zu vermeiden, setzt man nach Abb. 138 den Schneidkopf an das Ende einer sich in Wälzlagern drehenden Buchse, welche das Saugrohr umgibt und am anderen Ende ein Zahnrad trägt, in das ein auf der Antriebswelle sitzendes Ritzel eingreift. Diese Bauart gibt für diese Welle ein kleineres Drehmoment, einfachere Lagerkonstruktion und andere Vorteile, aber die unter Wasser liegende Zahnradübertragung und die Abdichtung der Wälzlager machen Schwierigkeiten, ebenso die Aufnahme des Axialschubs.

Abb. 139 zeigt eine Schneidkopfleiter, bei der sich das ganze Saugrohr dreht. Es hat bei einer Lichtweite von 240 mm an den Lagerstellen aufgeschweißte Ringe mit 300 mm Außendurchmesser, die sich in Wellenlagern mit Gummiauskleidung drehen. Auf dem oberen Saugrohrende neben dem als Drucklager ausgebildeten höchsten Wellenlager sitzt ein Stirnrad. In dieses greift ein Ritzel ein, dessen Welle über Schneckenrad und Schnecke von einem Elektromotor von 30 PS angetrieben wird. Durch eine Drehstopfbuchse wird erreicht, daß der sich daran anschließende Saugschlauch und das in den Schiffskörper führende Rohr die Drehung nicht mitzumachen brauchen.

Die abgebildete Einrichtung gehört zu einem kleinen Bagger, wird jedoch in Amerika auch für große Geräte ausgeführt.

Abb. 140 zeigt die Schneidkopfeinrichtung des Baggers „Port Harcourt" mit einem Schneidkopf von 1500 mm Dmr., der auf das Saugrohr von 610 mm Lichtweite aufgesetzt ist und durch zwei Elektromotoren von je 250 PS über ein Stirnrad angetrieben wird. Dieses Getriebe sitzt im Bereich der Wasserlinie, ist damit geschützt und nicht so störanfällig wie ein unter Wasser beim Schneidkopf liegendes. Das Saugrohr als Hohlwelle kann große Drehmomente einwandfrei übertragen, und die Lager arbeiten mit geringen Flächendrücken. Die konzentrische Anordnung des

Abb. 140. Angehobene Schneidkopfleiter mit drehbarem Saugrohr von 610 mm Lichtweite und aufgesetztem Schneidkopf. Aufnahme Haarlem, Holland

Schneidkopfs gegenüber dem Saugrohr sichert die Bodenzufuhr, da die schneidenden Messer im Abstand des Schneidkopfradius wirken. Der beträgt hier nur 750 mm, während bei einem Schneidkopf normaler Bauart von 2400 mm Dmr. diese Entfernung mehr als das Doppelte werden kann. Ein Ansteigen des Feststoffgehaltes um 10 bis 20 % ist unter sonst gleichen Verhältnissen festgestellt worden.

Abb. 128 ließ erkennen, daß die Messer des Schneidkopfs nur für *einen* Drehsinn den richtigen Anstellwinkel und die zweckmäßige Verwindung besitzen. Die zugehörige Richtung der Schwingbewegung wäre in der Abbildung nach links gerichtet, wobei die Messer wie die eines Baggereimers am Fuß der Abtragsbank in den Boden gedrückt werden und dann nach oben gehend schneiden. Bei der Schwingbewegung nach rechts hat aber der Schneidkopf die Neigung aufzusteigen und über den Boden hinüberzurollen, wenn seine von oben auf den Boden treffenden Messer einen so großen Widerstand finden, daß das Gewicht der Schneidkopfleiter für die Aufnahme des Gegendrucks nicht ausreicht. Würde man, um dies zu vermeiden, die Drehrichtung des Schneidkopfs umkehren, so würden Anstellwinkel und Verwindung hierfür nicht passen.

Vor längerer Zeit hat THELE für den Schneidkopf eine Konstruktion nach Abb. 141 vorgeschlagen, mit 3 Armen und Platten, die beiderseits Schneidmesser tragen. Sie machen eine Kippbewegung um etwa 15°, wobei sie in den Grenzstellungen durch

Anschläge festgehalten werden. Die Kippkraft liefern radial gerichtete Zähne, die infolge des Widerstandes, den sie beim Eindringen in den Boden finden, die Platte in die jeweils richtige Schneidstellung bringen. Die vielen beweglichen Teile unter Wasser

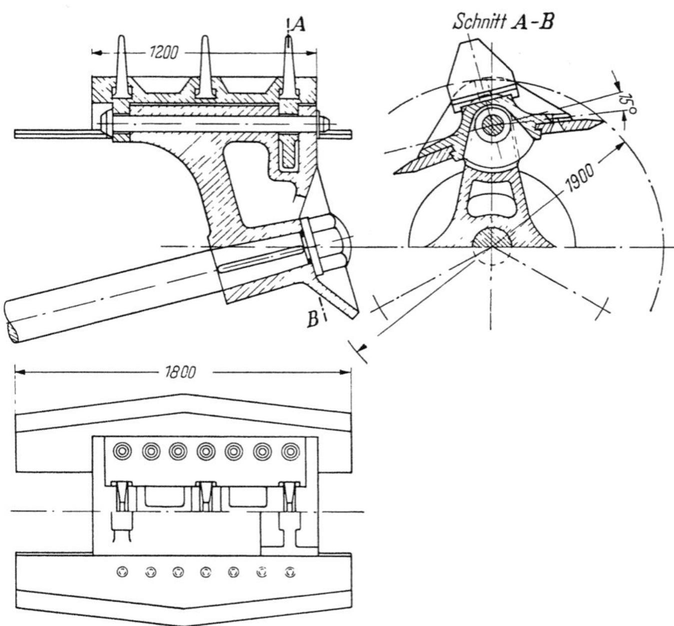

Abb. 141. Umsteuerbarer Schneidkopf, Bauart THELE, mit 3 Armen und klappbaren Messerplatten für richtige Schneidwinkeleinstellung bei beiden Drehrichtungen

und im Bereich des Bodens nutzen sich aber leicht ab, so daß die Zahl der Ausführungen für diese Konstruktion beschränkt geblieben ist.

2. Arbeitsweise des Schneidkopfsaugers in Schwingbewegung, Bogenform der Schnittfurchen, Arbeitsschwung und Schreitschwung; Pfahlvorsatz

Abb. 142 ist die Aufnahme vom Modell eines Schneidkopfsaugers in der heute üblichen Ausführung. Man erkennt im Bildvordergrund die bis auf eine Neigung von etwa 45° gegen die Horizontale abgesenkte Schneidkopfleiter mit dem Korbformschneidkopf und die in dessen Nähe sitzenden Seilrollen für die Umlenkung der Schwingseile. Diese kommen von zwei Trommeln der an Deck angeordneten Windenanlage, während ihre anderen Enden durch Anker festgelegt sind. Der Schiffskörper ist mit seitlichen Stützpontons ausgeführt und trägt am hinteren Ende die beiden Pfähle, von denen der eine abgesetzt ist und als Schwingpfahl den Drehpunkt für die Schwingbewegung bildet. Der andere Pfahl ist angehoben und wird nur zeitweise beim Pfahlvorsatz abgesenkt. In Ausnahmefällen läßt man die Schwingseile wie bei einem Eimerbagger von Deck aus über Umlenkrollen nach den Seiten gehen, jedoch erhöht dies beim Schneidkopfsauger die ohnehin schon großen Seilzüge noch weiter, beansprucht den Schiffskörper und gibt Krängungsmomente. Außerdem kommen dann die Seile an den Seiten des Baggerfeldes in eine Schrägstellung, bei der die Anker keinen genügenden Widerstand gegen Herausziehen bieten.

Durch das abwechselnde Arbeiten der Winden für die vorderen Seitendrähte, die man beim Schneidkopfsauger Schwingwinden nennt, macht der Bagger — wie Abb. 143 erkennen läßt — eine Schwingbewegung, die wesentlich lebhafter ist als die Seitenbewegung eines Eimerbaggers und im Französischen treffend als „papillonage"

10*

(Schmetterlingsbewegung) bezeichnet wird. Bei einem Schwingwinkel von 60° ist die Schnittbreite etwa gleich dem Radius des Schnittfurchenkreises, und nach Durchführung einer Schwingung muß der Pfahl nach vorn versetzt werden. Würde man den Bagger abwechselnd um den einen oder den anderen Pfahl schwingen lassen, so wären

Abb. 142. Aufnahme vom Modell eines Schneidkopfsaugers mit abgesenkter Leiter und abgesenktem Schwingpfahl. Aufnahme IHC Holland

die Schnittfurchen Kreise um Mittelpunkte, die abwechselnd auf der einen oder anderen Seite der Schnittmittellinie liegen und würden so weit auseinandergehen, daß diese Arbeitsweise selbst bei ganz rolligem Boden nicht möglich ist.

Man benutzt deshalb nach Abb. 143 nur einen Pfahl als Drehpfahl oder Schwingpfahl, der auch Arbeitspfahl genannt und in der Mittellinie des Schnittes abgesetzt wird. Dabei fällt in der Nullstellung die Verbindungslinie zwischen Arbeitspfahlspitze und Schneidkopf mit der Mittellinie des Schnittes zusammen, während die Baggermittellinie etwas davon abweicht. Die Schwingseile gehen bei Annahme großer Entfernung ihrer Anker senkrecht zur Schnittmittellinie ab.

Für den Pfahlvorsatz schwingt der Bagger in die Mitte, macht dann einen Schwung um den kleinen Bogen b und muß wieder zur Seite gehen. Bei diesem Verfahren ist der Schneidkopf zum großen Teil wenig oder gar nicht wirksam, und man muß teilweise stark erhöhte Schwinggeschwindigkeiten anwenden, wenn die Verlustzeiten nicht zu groß werden sollen.

Abb. 144 zeigt das Baggerfeld von einem Wasserversorgungsbecken bei Washington, bei dem nach der Arbeit das Wasser abgelassen wurde, was sonst bei Naßbaggerarbeiten kaum möglich ist. Man sieht infolgedessen als seltene Aufnahme, wie die bogen-

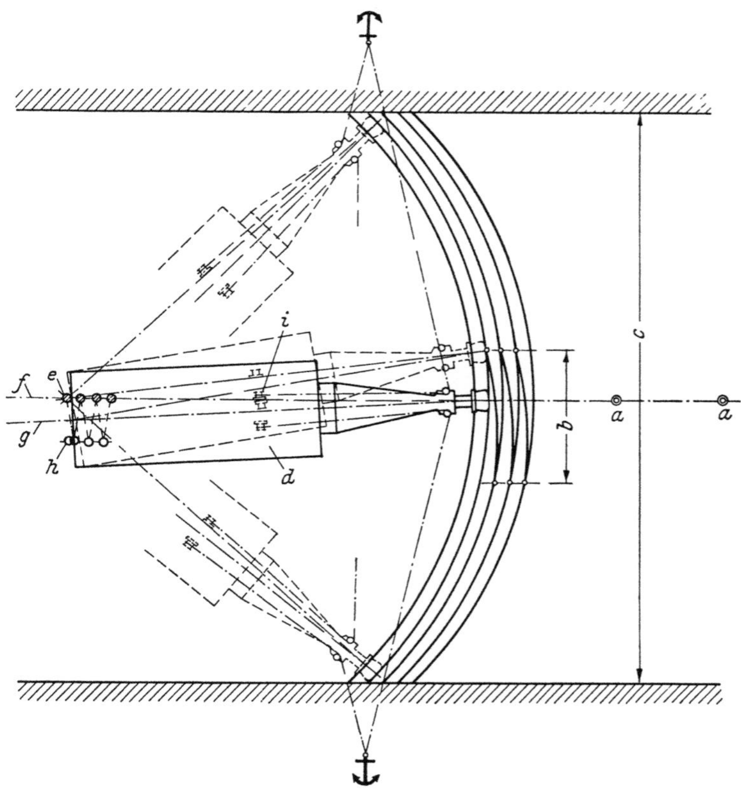

Abb. 143. Arbeiten des Schneidkopfsaugers in Schwingbewegung und Versetzen des Schwingpfahls in der Schnittfeldmitte bei zeitweisem Absetzen des anderen Pfahles

a Baken in der Schnittmittenachse; *b* Schwingbreite beim Pfahlvorsatz; *c* Schnittbreite; *d* Bagger in Mittelstellung; *e* Schwingpfahl; *f* Schnittmittenachse; *g* Mittellinie des Baggers; *h* Schreitpfahl; *i* Seiltrommeln der Schwingwinden

förmigen Schnittfurchen sich aneinanderlegen und in der Mitte beim Pfahlvorsetzen ineinander übergehen. Weiter erkennt man, daß mehrere Bogenfelder aneinandergelegt werden müssen, um auf die ganze Breite des Beckens zu kommen, und daß ein ganz genaues Planum nicht herzustellen ist. Bei amerikanischen Großgeräten geht man je nach Bodenart bis auf etwa 0,6 m unter die Solltiefe, wobei dann erfahrungsgemäß die Kämme zwischen den Schnittfurchen genügend tief liegen. Die genaue Lage der Furchen sollte auch angestrebt werden, wenn ein Planum nicht verlangt wird und nur die Bodenentnahme Zweck der Baggerung ist. Man verliert sonst die Übersicht über die Gestaltung des Gewässergrundes, so daß Wassersaugen und Ertragsabnahme die Folge ist.

Die Mittelachse des Schnittfeldes wird durch Baken, Bojen u. dgl. festgelegt, ebenso die Endstellungen für den Baggerschwung und den Vorsatzschwung. Auf größeren Saugern verwendet man mit Vorteil einen Kompaß, der mitunter sogar als teurer Kreiselkompaß ausgebildet ist, um an seiner Gradeinteilung die richtigen Schwingwinkel abzulesen.

Das Arbeiten des Schneidkopfsaugers mit Pfahlvorsatz in der Schnittfeldmitte nach Abb. 143 wird nur in Sonderfällen durchgeführt. Man weicht in der Praxis mehr oder weniger davon ab, um die zeitraubenden Leerschwünge zu vermeiden. Bei rolligem Boden nimmt man die Abtragshöhe größer als den Schneidkopfdurchmesser und tut dies auch bei nichtrolligem Feinsand, um ihn zum Einstürzen zu bringen. Man muß allerdings dabei vermeiden, daß der Schneidkopf völlig zugeschüttet wird und sich festfährt.

Häufig kann man den Pfahlvorsatz nach Abb. 145 vornehmen. Wenn hierbei der Sauger nach Beendigung des Baggerschwunges an der Backbordseite des Schnitt-

Abb. 144. Baggerfeld eines kleinen Schneidkopfsaugers, sichtbar nach Wasserablaß mit mehreren Bogenschnitten zur Erreichung der erforderlichen Baggerbreite. Aufnahme C. of E.

feldes angekommen ist, läßt man durch einen Vorsatzschwung den Schwingpfahl von B_1 nach B_2 kommen und nimmt den nächsten Pfahlvorsatz an der Steuerbordseite vor, so daß der Schwingpfahl dann nach B_3 kommt. Er bewegt sich damit in einer Zickzacklinie, die in der Abbildung neben der Mittellinie des Schnittfeldes liegt. Man kann aber auch die Schwingbewegung so ausführen, daß die Punkte abwechselnd links und rechts liegen, wodurch die Genauigkeit der Lage der bogenförmigen Schnittfurchen noch etwas erhöht wird. Wenn deren Mittelpunkte nicht in einer Linie liegen, laufen die Schnittbogen besonders bei großen Schwingwinkeln stark auseinander. Man geht damit bis 120° bei rolligem Boden, bei dem ohnehin eine Einebnung eintritt, während man sich bei festem Boden auf 60° und weniger beschränken muß.

Die Bauart mit zwei in festen Führungen am Hinterschiff gleitenden Pfählen wird in den USA als die einfachste und widerstandsfähigste gegen die großen Beanspruchungen, die die Pfähle aufzunehmen haben, bezeichnet. Diese sind nur auf eine Länge eingespannt, die kaum größer ist als die Schiffshöhe und ragen entsprechend der Baggertiefe weit unter dem Schiffsboden heraus. Läuft an der Baggerstelle Strom in Richtung der Schnittfeldmittellinie, so kann der Schneidkopfsauger nicht wie ein Eimerbagger mit seiner Achse in der Stromrichtung bleiben, sondern kommt beim Schwingen schräg zu ihr. Dann werden die Seilkräfte durch den Strömungsdruck noch vergrößert und führen zu starken Biegungsbeanspruchungen der Pfähle. Dabei soll deren Durchmesser nicht zu groß sein, da sonst das im Boden steckende Ende durch Oberflächenreibung dem Herausziehen zu großen Widerstand entgegensetzt, und auch die Wanddicke nicht, da dann hohes Gewicht den gleichen Nachteil ergibt. Die Pfähle sind meist rund und haben eine besonders ausgebildete Spitze, die mehr oder weniger tief in den Boden eindringt. Bei der Schwingbewegung dreht sich der Schiffskörper um den Pfahl, während bei den manchmal verwendeten Pfählen mit quadratischem Querschnitt die runde Spitze sich im Boden dreht. Dadurch soll der Widerstand gegen Herausziehen vermindert werden, aber es muß andererseits die Spitze genügend Widerstand gegen ein Verschieben in seitlicher Richtung bei weichem Boden bieten. Das Gewicht der Pfähle ist erfahrungsgemäß etwa gleich dem Seilzug der Schwingwinden.

In Europa sind verschiedene, von dieser Standardausführung abweichende

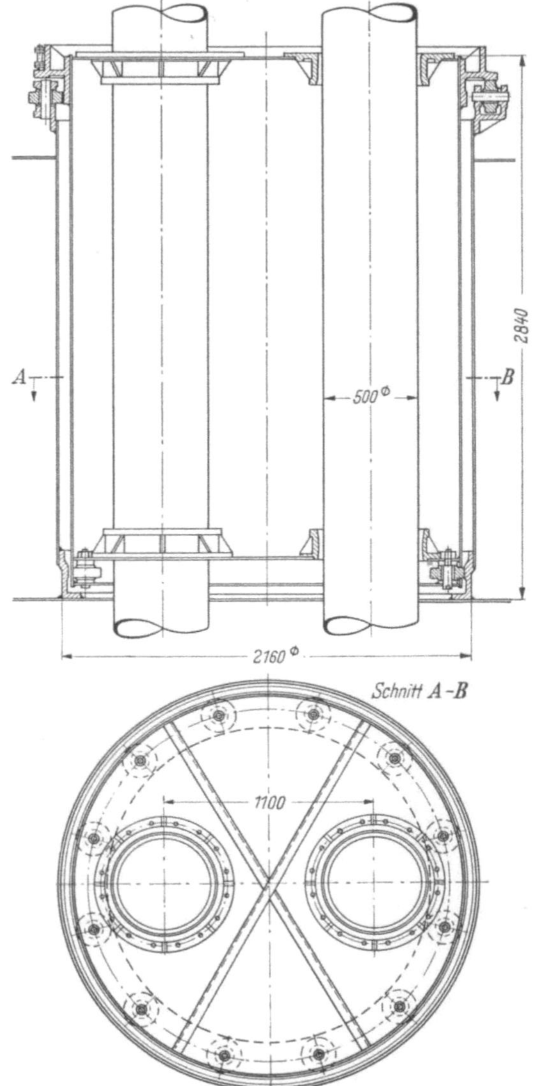

Abb. 146. Pfahltrommel nach THELE, die im Schiffskörper drehbar ist und die Führungen für beide Pfähle enthält

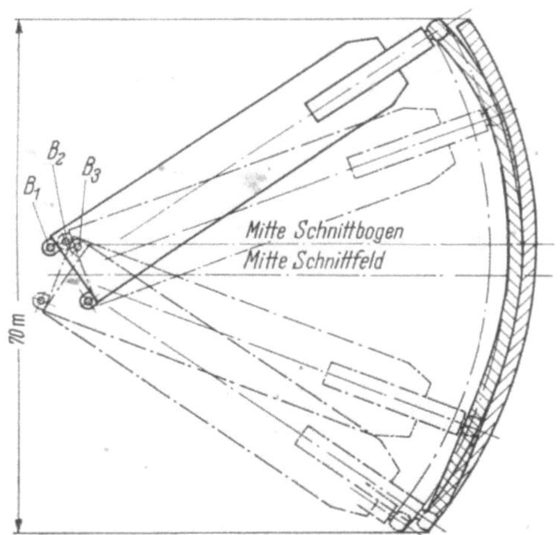

Abb. 145. Arbeiten eines Schneidkopfsaugers mit Pfahlvorsatz an den Seiten des Schnittfeldes

Konstruktionen entwickelt worden, die zwar den Pfahlvorsatz vereinfachen, aber die Erreichung der erforderlichen Festigkeit erschweren. Vor längerer Zeit wurde von THELE eine Einrichtung nach Abb. 146 vorgeschlagen, bei der die Führungen für beide Pfähle in einer Trommel sitzen, die ihrerseits im Schiffskörper drehbar ist und als Schwimmkörper Auftrieb hat. Man kann dann die beschriebene Stelzbewegung beim Pfahlvorsatz durch eine Schwingbewegung der Trommel erreichen, ohne daß der ganze Bagger einen Vorsatzschwung auszuführen hat. In der Zeichnung ist der Abstand der Pfahlmitten 1100 mm, und um dieses Maß würde bei einer Drehung um 180° der Schwingmittelpunkt vorrücken. Man kann während des Schwingens beide Pfähle im Boden lassen, wobei sich der Bagger um die Trommelmitte dreht, oder kann ihn gegenüber der Trommel fest lassen und den einen oder anderen Pfahl als Schwingmittelpunkt benutzen, der dann aus der Schnittfeldmittelachse nicht herauskommt. Soll die Pfahlvorsatzentfernung kleiner werden, so bleibt man mit dem Drehwinkel der Trommel

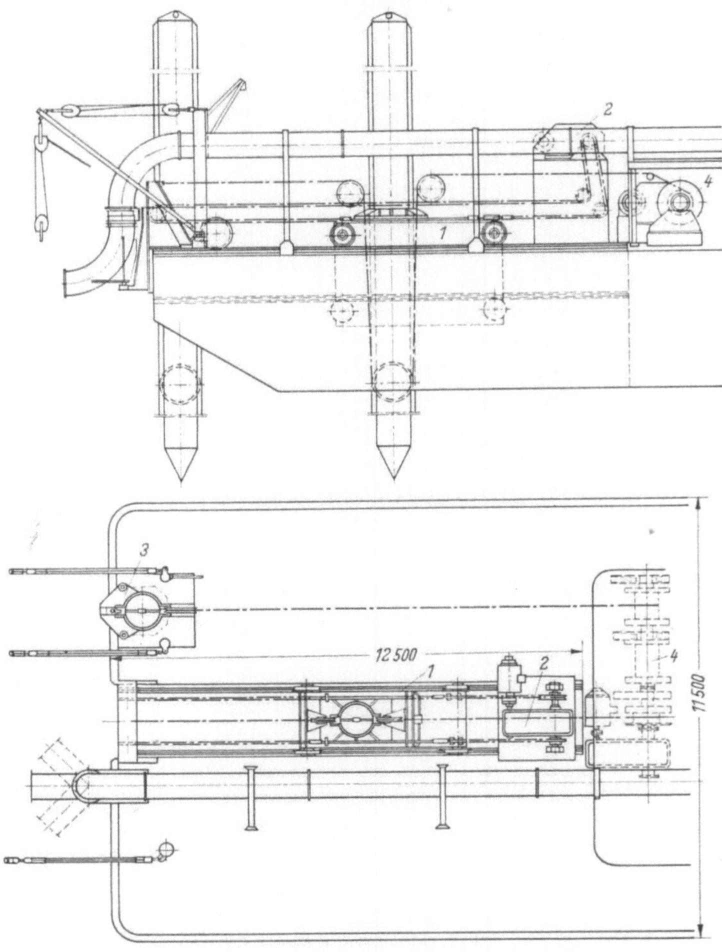

Abb. 147. Verschiebbarer Pfahlwagen mit Arbeitspfahl im Schlitz des Hinterschiffs und seitlichem Schreitpfahl

unter 180°. Dabei kommt der Schwingmittelpunkt etwas aus der Mittelachse des Schnittfeldes heraus, jedoch ist das kaum von Einfluß auf die Lage der Schnittfurchen.

In Holland wird vielfach eine Pfahlvorsatzeinrichtung verwendet, die in Abb. 147 gezeigt ist. Bei ihr sitzt der Arbeitspfahl mit seiner Führung in einem Laufwagen, der in einem Schlitz im Hinterschiffsende des Baggers auf Schienen fährt. Durch Ketten oder auch durch Drehen von Spindeln ist dieser Laufwagen in der Längsschiffsrichtung um 5 bis 6 m zu verfahren, wodurch sich gegenüber dem abgesetzten Arbeitspfahl der Schwingradius des Schneidkopfs vergrößert und die Schnittfurchen als konzentrische Kreise genau aneinanderliegend gezogen werden können. Eine Abweichung davon tritt erst ein, wenn nach etwa 4 bis 6 Schwingbewegungen der Laufweg des Pfahlwagens beendet ist. Dann wird der Bagger in die Mittelachse geschwungen, der seitlich angeordnete Schreitpfahl abgesetzt und der Laufwagen mit dem Arbeitspfahl ganz nach vorn gefahren, wo dann dieser wieder abgesetzt und der Schreitpfahl angehoben wird. Man kann auch den festen seitlichen Pfahl als Arbeitspfahl und den verschiebbaren als Schreitpfahl verwenden. Allerdings sind dann die Schnittfurchen nicht mehr konzentrische Kreise, sondern wie bei den bisher beschriebenen Einrichtungen Kreisbogen um einen Mittelpunkt, der mehr oder weniger neben der Mittelachse des Schnittes liegt. Bei dieser Einrichtung können die Pfähle von ihren Hebeseilen nicht am oberen Ende angefaßt werden, und man verwendet auch die erwähnte Klemmeinrichtung nicht, sondern führt von einem niedrigen Bock das Seil nach unten zu einer im Pfahl wenig über dessen Spitze sitzenden Seilrolle und auf der anderen Seite des Pfahles wieder in die Höhe zum Festpunkt.

Man kann auch den in fester Führung gleitenden Pfahl in die Schiffsmittellinie setzen, so daß er vor oder hinter dem Schlitz liegt, in dem sich der andere Pfahl mit seinen Führungswagen bewegt. Diese Einrichtungen erfordern zusätzliche Schiffslänge, und es ist nicht ganz einfach, die erforderliche Festigkeit gegen alle vorkommenden Beanspruchungen zu erreichen.

In Ausnahmefällen läßt man Schneidkopfsauger die Schwingbewegung nicht um einen abgesetzten Arbeitspfahl, sondern um einen durch drei zusammen laufende Seile gebildeten Punkt ausführen, wie Abb. 148 zeigt. Wenn man für die Vorsatzbewegung in diesem Falle noch ein Vortau verwendet, muß es beim Schwingen lose sein und kann nur für die Vorausbewegung steif gesetzt werden. Der Treffpunkt der 3 Seile

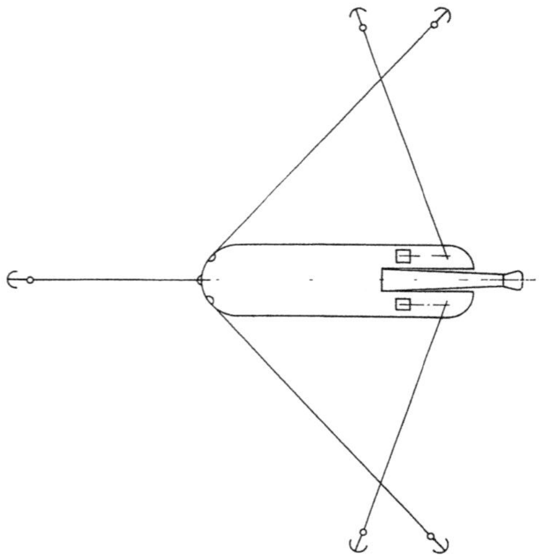

Abb. 148. Schwingbewegung um einen Drehpunkt, der durch die Enden von drei zusammen laufenden Seilen gebildet wird

gibt keinen so festen Drehpunkt wie ein abgesetzter Pfahl und wird um so nachgiebiger, je länger man zur Vermeidung häufiger Ankerverlegung die Seile macht. Man kann also bei harten Bodenarten, die eine zwangsläufige Führung des Schneidkopfs erfordern, schlecht nach diesem Verfahren arbeiten, muß jedoch mitunter bei großer Baggertiefe dazu übergehen, weil dann wieder die Beanspruchungen bei Pfählen zu groß werden. Man arbeitet manchmal auch bei Hoppersaugern so, wenn diese zum Arbeiten mit Schneidkopf eingerichtet sind und man die Pfahleinrichtung vermeiden will.

Schwierig ist es, einen Schneidkopfsauger wie einen Eimerbagger in einem Bogen um das verankerte Ende eines Vortaues arbeiten zu lassen. Beim Eimerbagger hält der Grabdruck das Vortau steif, während der Schneidkopfsauger nach vorn gezogen wird, wenn er nicht durch ein Hintertau daran gehindert wird. Es ist aber schwierig, Vor- und Achtertau steif zu halten und dem Schneidkopf die erforderliche genaue Führung zu geben, so daß nur bei lockeren, zulaufenden Böden so gearbeitet werden kann. Weiterhin kann man diese Arbeitsweise wählen, wenn ein Strom den Bagger nach hinten drückt und damit das Vortau steif hält. Auch beim Beladen von Schuten ergeben sich Vorteile.

3. Abmessungen, Schnittkraft, Schnittgeschwindigkeit und Antriebsleistung des Schneidkopfs. Schwinggeschwindigkeit und Anforderungen an die Windenanlage

Abb. 149 läßt in schematischer Darstellung die Abmessungen eines normalen Schneidkopfs der Korbform erkennen. Sein Durchmesser D ist dadurch bestimmt, daß die Messer auch bei Flachbaggerung und dabei fast waagerechter Schneidkopfleiter tief genug unter die Saugrohröffnung greifen sollen, da sonst die Leiter nicht freigeschnitten wird und sich auf den Boden auflegt. Über der Öffnung des Saugrohrs, das mit einem Durchmesser $d_s = 500$ mm angenommen ist, liegt das kräftige Endlager für die Schneidkopfwelle. Der Abstand der Schneidkanten von der Wellenmitte wird etwa $1,8\,d_s$ und der Durchmesser des Schneidkopfs damit $3,6\,d_s = 1800$ mm. Nimmt man den Druckrohrdurchmesser, der meist als die Kenngröße für Schneidkopfsauger angegeben wird, mit $d = 450$ mm an, so ist der Schneidkopfdurchmesser $D = \frac{1800}{450}\,d = 4\,d$, und die Länge des Kopfes ist etwa $0,75\,D = 1350$ mm.

Die Drehzahlen der Schneidkopfwellen lagen ursprünglich zwischen 12 und 24 U/min, während sie jetzt in den USA bis etwa 36 gehen. Für russische Sauger werden 20 bis 50 U/min angegeben. Die großen Unterschiede sind durch die Verschiedenartigkeit der Böden bedingt. Wenn diese hart sind, arbeitet man im Fräsverfahren und wendet dabei eine hohe Schnittgeschwindigkeit an, wodurch der Schnittquerschnitt und damit der Schneiddruck, dem die Umfangskraft gleich ist, nicht zu hoch wird. Nimmt man für das der Abb. 149 zugrunde gelegte Beispiel eine Drehzahl von 21 U/min an, so kommt man auf eine Umfangsgeschwindigkeit u von $1,8\pi \cdot 0,35 = 2$ m/sek. Ist die Antriebsleistung für den Schneidkopf 250 PS und sind davon noch $N = 200$ PS im Schneidkopfumfang wirksam, so kann eine Umfangskraft P ausgeübt werden, die sich aus der Gleichung $\frac{P\,u}{75} = N$ ergibt. Danach wird $P = \frac{75 \cdot 200}{2} = 7500$ kg. Nimmt man die Länge des schneidenden Messers gleich der Länge des Schneidkopfs mit 1350 mm an, so ergibt sich, wenn *ein* Messer im Eingriff ist, ein spezifischer Schneiddruck von 5,5 kg pro mm Schneidkantenlänge. Zwar sind bei Schneidköpfen der Korbform mehrere Messer im Eingriff, aber jeweils nur mit einem Teil ihrer Länge, so daß der spezifische Schneiddruck in obiger Höhe bestehenbleibt. Im Kapitel über Bodentechnik wurde dargelegt, daß bei einem Eimerkettenbagger von 500 l Eimerinhalt, für den die Ertragsleistung in gleicher Größenordnung liegt, Schneiddruck und spezifischer Schneiddruck auch etwa gleich groß werden, während sich beim Löffelbagger höhere Werte erreichen lassen.

Die für den abgebildeten Schneidkopf berechnete Umfangsgeschwindigkeit liegt etwa doppelt so hoch wie die Geschwindigkeit der Eimerspitzen beim Umlauf um den Unterturas, so daß man sie herabsetzen und dann größere Umfangskräfte erreichen kann. Steht beispielsweise Feinsand an, so kann man bei doppeltem Schnittquerschnitt mit halber Schnittgeschwindigkeit arbeiten und vermeidet dabei ein Aufwirbeln der Sandkörner und ein Heraustragen aus dem Ansaugbereich. Das gleiche gilt für weiche Schluffböden, während für harte Böden das Fräsverfahren mit höherer Schnittgeschwindigkeit vorteilhaft ist. Das Material wird dann in Fladen oder Klumpen geschnitten, die der Saugrohrmündung zufallen. Man kann beim Schneidkopf große Antriebsleistungen bei gutem Wirkungsgrad in Schneidleistungen umsetzen und Schneiddruck sowie Schnittgeschwindigkeit nach Wunsch ändern. Man kann infolgedessen Böden von großer Härte schneiden und nähert sich dabei dem Löffelbagger, der jedoch den Vorteil besitzt, daß er das losgeschnittene Material, auch wenn es aus ganz großen Stücken besteht, mit Sicherheit fördert.

Aus Abb. 149 kann man Form und Größe des Querschnitts der Furche erkennen, welche der Schneidkopf bei seiner Schwingbewegung im Boden hinterläßt. Der *Furchenquerschnitt* ergibt sich ungefähr als Produkt aus der Pfahlvorsatzstrecke f und der Abtragshöhe a, und nach Multiplikation mit dem Schwingweg in der Stunde die Ertragsleistung in m³/h. Die Schwinggeschwindigkeit beim Schneidkopfsauger liegt etwa doppelt so hoch wie die Schergeschwindigkeit beim Eimerbagger und kann für das abgebildete Beispiel mit 20 m/min = 0,33 m/sek angenommen werden. Die Abweichungen zwischen der Schwingrichtung und der Seilzugrichtung der Schwingwinden sind beim Schneidkopfsauger größer als beim Eimerkettenbagger, so daß auch größere Unterschiede zwischen Schwinggeschwindigkeit und Schwingseilgeschwindigkeit auftreten.

Die aus Furchenquerschnitt und Schwingweg sich ergebende Bodenmenge muß beim Umlauf der Messer losgeschnitten werden, und dafür ist das Produkt aus dem mittleren *Schnittquerschnitt*, dem Schnittweg und der Zahl der Messer maßgebend. Der Schnittquerschnitt ist abhängig von der Pfahlvorsatzstrecke und außerdem von der mittleren Eindringtiefe, die wieder von der Schwinggeschwindigkeit abhängt.

Bei der angenommenen Abtragshöhe geht, wie Abb. 150 zeigt, das Messer während einer Vierteldrehung des Schneidkopfs durch den Boden, dringt unten ein und ist beim Austritt um ein Stück nach der Seite gegangen, dessen Größe sich aus der sekundlichen Schwinggeschwindigkeit und der Zeit für die Vierteldrehung ergibt.

Wird im gewählten Beispiel die Abtragshöhe $a = 0,5$ $D = 0,9$ m und die Pfahlvorsatzstrecke $f = 0,3$ $D = 0,54$ m, so ergibt sich der Furchenquerschnitt mit 0,5 m². Bei einer Schwinggeschwindigkeit von 20 m/min ist die Schwingstrecke in der Stunde 1200 m lang und die rechnerische Ertragsleistung wird $1200 \cdot 0,5 = 600$ m³/h. Der Schneidkopf soll 15 U/min machen und 4 Messer haben. Da jedes während einer Vierteldrehung im Boden bleibt, ist der Schneidvorgang kontinuierlich und der Schnittweg im Umfang $= \pi D \cdot 15 \cdot 60 = 5,65 \cdot 900 = 5100$ m/h. Um die Ertragsleistung von 600 m³/h zu erreichen, müßte

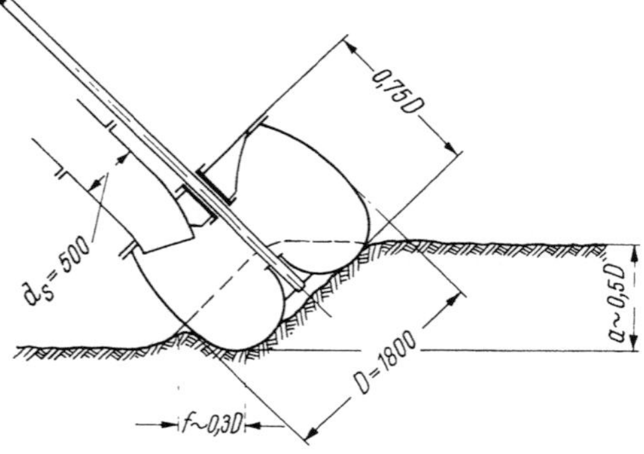

Abb. 149. Schneidkopfabmessungen, Schnittquerschnitt, Schnittfurchenquerschnitt und Schwinggeschwindigkeit

der Schnittquerschnitt $\frac{600}{5100} \sim 0,12$ m² und, da die Pfahlvorsatzstrecke 0,54 m beträgt, die mittlere Eindringtiefe der Messer $\frac{0,12}{0,54} = 0,22$ m sein. Dies ist bei einer Seitenbewegung des Schneidkopfs von 0,33 m, die nach Abb. 150 während einer Vierteldrehung eintritt, zu erreichen. Die vom Schneidkopf losgeschnittene Bodenmenge von 600 m³/h, die oben rechnerisch ermittelt wurde, geht durch Leerschwünge usw. herunter und kommt damit auf die Höhe, in der sie die Baggerpumpe fördert. Die Zwangsläufigkeit ist in Wirklichkeit nicht so groß, wie sie die Rechnung erscheinen läßt, da die Abtragshöhe meist etwas größer als die angenommene ist und Boden nachrollt und nachstürzt. Es zeigt sich aber, daß ein Zusammenhang zwischen der Schwinggeschwindigkeit, der Drehzahl des Schneidkopfs und der Förderleistung der Baggerpumpe besteht und nur bei Abstimmung dieser Größen der gewünschte kontinuierliche Fördervorgang erreicht wird.

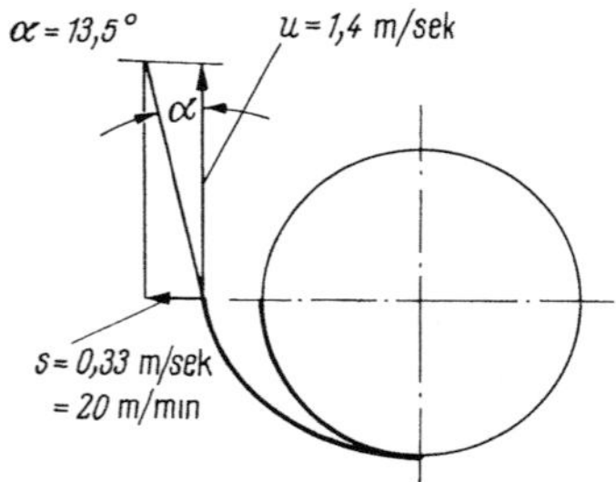

Abb. 150. Umfangsgeschwindigkeit und seitliche Verschiebegeschwindigkeit bestimmen beim Schneidkopf Schnittquerschnitt und Anstellwinkel der Messer

Aus Abb. 150 ist noch ersichtlich, daß die Messer beim Austritt aus dem Boden eine senkrecht nach oben gerichtete Geschwindigkeit haben, welche gleich der Umfangsgeschwindigkeit von $\pi \cdot 1,8 \cdot \frac{15}{60} = 1,4$ m/sek $= 84$ m/min ist. Dabei bewegen sie sich gleichzeitig in seitlicher Richtung mit der Schwinggeschwindigkeit, so daß die Resultierende die Richtung angibt, in der die Messer schneiden. Da die Schwinggeschwindigkeit im Beispiel 20 m/min betrug, ergibt sich $\tan \alpha$ mit $\frac{20}{84} \sim 0,24$ und damit wird α ungefähr 13°. Der Anstellwinkel muß entsprechend größer sein. Dabei gilt diese Rechnung nur für Schneidkopfumfang. Da an den Stirnflächen des Korbformkopfs die Umfangsgeschwindigkeit kleiner ist, muß dort der Neigungswinkel der Messer noch größer werden.

Für die Schwingwinden des Schneidkopfsaugers braucht man eine wesentlich größere Antriebsleistung als für die Scherwinden des Eimerkettenbaggers, was durch die angegebene höhere Geschwindigkeit beim Schwingen bedingt ist, und weiterhin auch dadurch, daß die Seilzugkräfte höher sein müssen. Beim Eimerkettenbagger nimmt das ruhende Vortau den Grabdruck auf, und die Scherwinden, d. h. die vorderen Seitenwinden, sollen nur die Eimer senkrecht zur Grabrichtung in den Boden drücken. Der Schneidkopf muß dagegen vom Seilzug der Schwingwinden zum Schneiden gebracht werden, also entgegen dem Schneiddruck in den Boden gedrückt werden.

Bei dem Beispiel nach Abb. 149 war die Umfangskraft 7500 kg und die Seilgeschwindigkeit wurde mit 0,33 m/sek berechnet. Das ergibt $\frac{7500 \cdot 0,33}{75} = 33$ PS. Der Seilzug muß aber noch einen Überschuß über die berechnete Umfangskraft haben, da sie zeitweise größer werden kann und außerdem noch Strömungsdruck gegen den Schiffskörper, Winddruck usw. zu überwinden sind. Man kann mit etwa 12 000 kg rechnen und kommt unter Berücksichtigung des Wirkungsgrades auf eine Antriebsleistung für die Schwingwinden von 65 PS, also auf etwa $^1/_4$ der mit 250 PS angenommenen Antriebsleistung des Schneidkopfs. Beim Eimerkettenbagger von 500 l Eimerinhalt ist der Seilzug der vorderen Seitenwinden, der Scherwinden 4500 kg und die Seilgeschwindigkeit 10 m/min = 0,167 m/sek. Das ergibt eine Zugleistung von $\frac{4500 \cdot 0,167}{75} = 10$ PS, also nur den 3. Teil dessen, was bei den Schwingwinden des gleichrangigen Schneidkopfsaugers notwendig ist.

Zwischen der Antriebsleistung des Schneidkopfmotors und der des Pumpenmotors besteht an sich kein unmittelbarer Zusammenhang. Es gibt Bodenarten, die sich leicht schneiden und schwer fördern lassen, wie grober Sand und Kies, und andere, wie Feinsand und fester Schluff, die leicht zu fördern aber nicht immer leicht zu schneiden sind. Bei plastischem Schluff ist beides leicht, und bei harten Tonböden und felsartigen Böden beides schwer. Muß man aber verschiedene Einsatzmöglichkeiten berücksichtigen, so ergibt sich ein gewisses Durchschnittsverhältnis, und man kann feststellen, daß die Leistung der Schneidkopfmotoren immer mehr ansteigt. Hielt man ursprünglich etwa 15 % der Pumpenantriebsleistung für ausreichend, so lagen die amerikanischen Ausführungen schon 1945 bei etwa 25 % und sind heute auf 30 % und mehr angestiegen, weil man den Schneidkopfsauger möglichst als Universalgerät für alle Bodenarten verwenden will.

Die Schneidkopfantriebsleistung von 250 PS in unserem Beispiel würde zu einer Pumpenantriebsleistung von 750 PS passen. Die gesamte installierte Maschinenleistung kommt ungefähr auf das 1,5fache davon und somit auf etwa 1150 PS. Die Pfähle haben in unserem Beispiel ein Gewicht von etwa 12 t und werden gewöhnlich am doppelten Seil mit loser Rolle gehoben. Gibt man den Pfahltrommeln die gleiche Seilzugskraft wie den Schwingwinden, so kann man die Pfähle mit der doppelten Kraft aus dem Boden ziehen, was auch nötig ist, um die zusätzlichen Haftkräfte zu überwinden. Die Hubgeschwindigkeit beträgt dabei für gleichen Trommeldurchmesser etwa die Hälfte der Schwinggeschwindigkeit. Wenn die Seilrolle am oberen Pfahlende sitzt, muß der Hebebock so hoch sein, daß die Pfahlspitze über die Wasserlinie bis etwa in Deckshöhe gehoben werden kann. Bei dieser Bauart mit Hebebock kann man die Pfähle auch mit drei oder mehr Seilsträngen heben und die Hubkraft für jedes gewünschte Pfahlgewicht bei entsprechender Hubgeschwindigkeit erreichen.

Will man ohne hohen Hebebock die Pfähle am 2fachen Seil heben, so muß die Seilrolle innerhalb des Pfahles unten über der Pfahlspitze angeordnet werden. Mitunter arbeitet man auch mit einem einfachen Seil, das bei der Pfahlspitze angreift, oder auch mit einer Klemme, wobei in beiden Fällen der Kraftangriff exzentrisch ist. Der Durchmesser der Pfahlseiltrommel ist so zu bemessen, daß Hubkraft und Hubgeschwindigkeit in gewünschter Höhe erreicht werden.

Abb. 151 zeigt die Zentralwindenanlage für einen kleinen Schneidkopfsauger von 300 mm Rohrweite an der Baggerpumpe mit 5 Trommeln von 260 mm Dmr. und 400 mm Länge, bei denen der Seilzug etwa 3000 kg beträgt. Man sieht im Grundriß rechts den Elektromotor, der über ein Schneckengetriebe die Vorgelegewelle antreibt. Auf dieser sitzen 3 Ritzel, von denen das mittlere das Zahnrad für die Leiterhebetrommel und die beiden äußeren je ein Zahnradpaar für die Trommeln der Schwingseile und der Pfahlseile antreiben. Mit dem Elektromotor läuft die Vorgelegewelle mit ihren Ritzeln und alle 5 Zahnräder. Mit jedem Zahnrad kann die zugehörige Trommel, die mit Buchsen lose auf ihrer Welle sitzt und abgebremst werden kann, gekuppelt werden. Im vorliegenden Falle dienen dazu Konuskupplungen, die durch seitliche Ver-

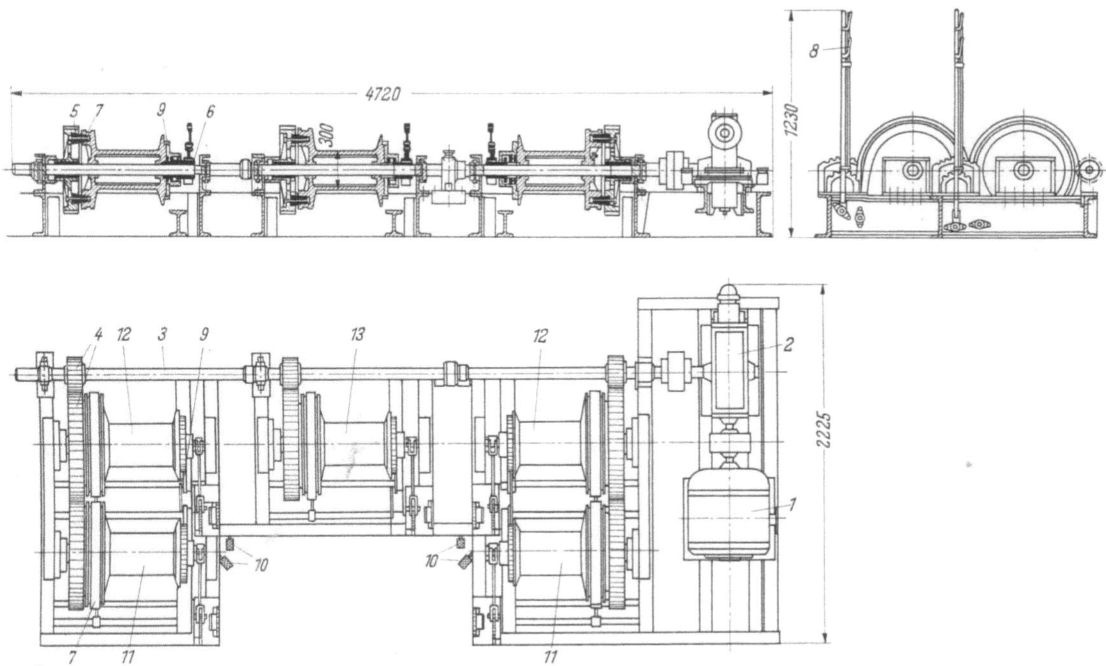

Abb. 151. Windenanlage eines kleinen Schneidkopfsaugers mit Elektromotor und 5 Seiltrommeln mit handbetätigten Kupplungen und fußbetätigten Bremsen. Aus Alfjorow

1 Elektromotor; *2* Schneckengetriebe; *3* Vorgelegewelle; *4* Zahnradübersetzung; *5* Konuskupplung; *6* Einrückspindel; *7* Bandbremse; *8* Betätigungshebel; *9* Sperrklinkenrad; *10* Bremsenpedal; *11* Trommeln für Schwingseile; *12* Trommeln für Pfahlseile; *13* Trommel für Leiterhubseil

schiebung der Trommel, bewirkt durch Drehen einer steilgängigen Gewindespindel, eingerückt und ausgerückt werden. Hierfür sind direkt wirkende Handhebel und Fußpedale für die Bandbremsen vorhanden.

Für einen großen Sauger von 650 mm Rohrdurchmesser wird bei einem Seildurchmesser von 32 mm der Trommeldurchmesser etwa 700 mm und die Trommellänge 900 mm. Trotz der erheblichen Abmessungen der Trommel ist es nicht zu erreichen, daß die Seile nur in einer Lage aufgewickelt werden. Man kommt vielmehr auf 2 und stellenweise bis auf 4 Lagen, um die erforderliche Seillänge unterzubringen. Der Seilzug kommt auf 16 000 kg, so daß sich bei 0,5 m/sek Seilgeschwindigkeit und einem Wirkungsgrad von 70% eine Antriebsleistung von 150 PS ergibt. Das Pfahlgewicht sei ebenfalls 16 000 kg, und beim Heben mit 2fachem Seil wird die Hubgeschwindigkeit 0,25 m/sek. Demnach sind bei 14 m Baggertiefe etwa 56 Sekunden für das Heben der Pfahlspitze vom Grunde bis zur Schiffsbodenhöhe erforderlich. Bei höherem Pfahlgewicht und großen Haftkräften der Pfahlspitzen im Boden muß man aber auf 3 bis 5 Seilstränge gehen, um die erforderliche Hubkraft zu erreichen.

Bei der Hubeinrichtung der Schneidkopfleiter wird für amerikanische Großsauger die Forderung gestellt, daß in der gleichen Zeit, während welcher der Bagger von der Seite zur Mitte des Schnittfeldes schwingt, das Leiterende um 12 m gehoben werden soll. Dementsprechend müssen die Hubgeschwindigkeit und die Antriebsleistung für die Hubwinde bemessen sein. Mitunter muß man die Zahl der Seilstränge bis auf 10 erhöhen und der Trommel für das Leiterheben eine größere Seilgeschwindigkeit durch Änderung der Übersetzung oder Erhöhung des Trommeldurchmessers geben. Um dieser Zwangsläufigkeit zu entgehen, nimmt man meistens, wie die späteren Ausführungsbeispiele zeigen, eine besondere Winde für das Heben der Schneidkopfleiter, so daß man bei der Windenanlage für das Schwingen und Pfahlheben mit 4 Trommeln auskommt. Die Kupplungen und Bremsen wurden bei der kleinen Windenanlage nach Abb. 151 durch Handhebel und Fußpedale betätigt. Bei größeren Anlagen ist Kraftbetätigung notwendig, da bei Schneidkopfsaugern wie auch bei anderen Baggergeräten die Bedienung immer mehr im Steuerhaus zentralisiert wird. Der Baggermeister muß von hier aus ohne körperliche Anstrengung alle Steuervorgänge durchführen können. Man hat bei den Windentrommeln meist Bandkupplungen und Bandbremsen, die durch die Kolbenstangen von Zylindern angezogen und gelöst werden und verwendet als Übertragungsmittel Preßluft oder Drucköl. Die Preßluft hat den Vorzug der größeren Elastizität und Unempfindlichkeit gegen lange Rohrleitungen, doch besteht keine Zwangsläufigkeit der Bedienungsvorgänge. Bei Öl ist diese vorhanden und zudem keine Vereisungsgefahr gegeben, aber Trägheit und Verzögerungszeiten können bei langen und nicht genügend weiten Rohrleitungen eintreten. Kupplungen und Bremsen werden zweckmäßig voneinander unabhängig durch 2 Hebel betätigt. Mit den Bremsen muß man den Nachlauf des Seiles beim Fallen des Pfahles verhindern und durch starkes Bremsen den Pfahl in jeder Lage festhalten können, was schwierig ist, wenn ein Hebel die Bremse und auch die Kupplung betätigen soll. Wenn die Schneidkopfleiter mit ausgekuppelter Trommel abgesenkt wird, muß die Bremse die Geschwindigkeit regeln und die Trommel jederzeit festhalten können.

Bei den Schwingwinden erfordert die Trommel mit dem ablaufenden Seil eine besondere Bremsbedienung. Größtenteils braucht nur sanft gebremst zu werden, um das ablaufende Seil zu halten, entsprechend der Einholgeschwindigkeit der anderen Schwingwinde. Schneidet aber der Schneidkopf von oben nach unten, so können große Kräfte auf die Bremse kommen, wenn der Schneidkopf aufsteigen will und dabei das ablaufende Seil mit einer großen Kraft nach sich zieht. Bei den Kupplungen ist es besser, die Kraft des Öl- oder Luftdrucks sowohl für Einrücken als auch für Ausrücken einzusetzen und nicht das eine oder andere einer Feder oder einem Gewicht zu überlassen.

Die Beschreibung des Schwingvorgangs ließ erkennen, wie schnell und genau die Winden arbeiten müssen. Beim Schwingen nach der Mitte zum Pfahlvorsatz muß die Bewegung sofort aufhören, wenn der Schreitpfahl abgelassen ist; denn wenn mit beiden Pfählen im Boden weitergeschwungen wird, werden diese verbogen, die Pfahlführungen beschädigt oder die Schiffswand verbeult. Wird dann nach der kurzen Schwingbewegung zwecks Pfahlvorsatz der Arbeitspfahl wieder abgelassen, so muß unmittelbar hinterher der Schreitpfahl gehoben werden, ehe weitergeschwungen wird.

Bei hartem Boden muß die Leiter ständig gehoben und gesenkt werden, die Schnittgeschwindigkeit und die Schwinggeschwindigkeit müssen geregelt und alle Instrumente, Manometer, Amperemeter usw. beobachtet werden, um ohne Überlastung der Maschinenanlage einen hohen Ertrag herauszuholen. Dieser sinkt sehr leicht ab, und deswegen ist die Bedienung eines Schneidkopfsaugers äußerst anstrengend und schwieriger als die eines Eimerkettenbaggers oder auch eines Grundsaugers ohne Schneidkopf.

Von der Zentralwinde mit Antrieb durch einen Motor und Betätigung aller Trommeln durch Kuppeln und Bremsen geht man, wie bereits erwähnt wurde, neuerdings vielfach ab und treibt die Hebewinde für die Schneidkopfleiter gesondert durch einen Motor an, wobei man sie unabhängig vom Schwingvorgang heben und senken kann. Mitunter werden auch die Pfahlwinden hinten bei den Pfählen angeordnet, was die hochliegenden und gefährlichen Seile vermeiden läßt. Man muß aber eine zentrale

Bedienung haben, sonst ist das beim Schwingvorgang erforderliche Zusammenarbeiten der Winden nicht zu erreichen.

Die Anordnung der Winden und die Führung der Seile ist für den Schneidkopfsauger noch wichtiger als für andere Baggergeräte, und die übrigen Teile der Anlage, wie Aufbauten für die Maschine, Wohnräume u. dgl., dürfen die Seilführung nicht stören. Dabei wird teilweise noch die Forderung gestellt, daß alle Seiltrommeln vom Führerstand zu sehen sind, um den Seilablauf beobachten zu können.

Bei neueren Baggern, insbesondere größeren, gibt man jetzt vielfach jeder Schwingwinde einen besonderen Antriebsmotor und läßt die aktive Winde ihr Seil mit der gewünschten Geschwindigkeit einholen, während die passive es nachläßt und dabei durch Bremsen oder ein elektrisches Gegenfeld steif hält. Auch die stärkere Bremsung für den Fall, daß der Schneidkopf auf harten Boden aufklettern will, muß dann von selbst eintreten. Hierfür ist eine entsprechende elektrische Steuerung erforderlich, die zuverlässig automatisch arbeiten soll, sich aber auch jederzeit auf Handbetrieb umstellen lassen muß. Mitunter werden den fünf Trommeln der Regelausführung weitere hinzugefügt, wie beispielsweise je eine für ein Vortau und ein Achtertau. Mit diesen Seilen kann man im Seegebiet bei schlechtem Wetter den Bagger vertäuen, anstatt ihn mit den unelastischen Pfählen festzuhalten. Durch die bei europäischen Saugern beibehaltenen Einrichtungen für das Beladen und Entladen von Schuten kommen noch weitere Winden hinzu.

Es ist nicht leicht, für die starken Zugkräfte, die auf die Seile der Schwingwinden kommen, eine ausreichende Verankerung zu schaffen. Die Anker müssen nach Fallenlassen möglichst schnell in den Grund eindringen und so ausgebildet sein, daß sie dem einsetzenden Seilzug möglichst großen Widerstand entgegensetzen. Man gibt ihnen bei Schneidkopfsaugern Gewichte, die etwa bei 10 bis 15 % der Seilzüge liegen und besondere Aufgaben bei der Verlegung stellen. Man nimmt in Europa wie beim Eimerkettenbagger Boote, in den USA dagegen neuerdings häufig zwei lange Ausleger, die an beiden Seiten des Vorschiffes angeordnet sind. Dies ist insbesondere dann nicht zu umgehen, wenn die Anker bei dem Arbeiten in Rinnen von beschränkter Breite auf Land verlegt werden müssen.

Die großen auf die Schwingwinde kommenden Kräfte übertragen sich naturgemäß auch auf den Schiffskörper. Wenn auch bei der Ablenkung der Schwingseile durch Seilrollen an der Schneidkopfleiter weniger Zusatzbeanspruchungen eintreten als bei der Ablenkung auf Deck, so sind doch die Massenkräfte zu berücksichtigen, die beim Aufhören der schnellen Schwingbewegung und ihrem Wiedereinsetzen auftreten, so daß alles in allem die Beanspruchungen viel höher sind als bei Schutensaugern oder Grundsaugern. Das hat man zu bedenken, wenn man solche Geräte zu Schneidkopfsaugern umbaut und sollte die amerikanischen Erfahrungen berücksichtigen, nach denen der Schiffskörper eines Schneidkopfsaugers so berechnet werden muß, daß er, wenn eine Unterstützung lediglich in den Pfählen und im Schneidkopf angenommen und er dazwischen völlig freitragend gedacht wird (vgl. Modellaufnahme Abb. 142), in allen Richtungen genügende Biegefestigkeit besitzt. Die Anforderungen an die Festigkeit sind wesentlich höher als sie sonst an Schiffskörper gestellt werden.

4. Ausführungsbeispiele für Schneidkopfsauger kleiner und mittlerer Größe

Schneidkopfsauger sind in großer Zahl auch in sehr kleinen Größen gebaut worden, jedoch sind Pumpen mit Druckrohrdurchmessern unter 150 mm (6 Zoll) so empfindlich, daß man sie nur in Sonderfällen verwenden kann, wo es sich um reines Feinmaterial ohne Wurzelwerk, Holzstücke u. dgl. handelt. Da kleine Geräte auch in engen Rinnen arbeiten müssen, läßt man bei ihnen häufig nicht den ganzen Schiffskörper, sondern nur die Schneidkopfleiter in Schwingbewegung arbeiten, worauf im folgenden Kapitel G noch näher eingegangen wird. Die Daten der nachfolgend beschriebenen Schneidkopfsauger sind in der Tab. 10 zusammengefaßt.

Besonders einfach werden die Bagger, wenn man ihnen elektrischen Antrieb mit Landanschluß geben kann.

Abb. 152 zeigt einen kleinen Saugbagger, erbaut 1962 bei der Fa. Schreiner, Buir, der vorwiegend für Kiesgewinnung bestimmt ist. Im allgemeinen arbeitet man dabei ohne Schneidkopf, muß aber diesen anwenden, wenn der Kies nicht locker liegt. Der Schiffskörper hat eine Länge von 16,5 m und eine größte Breite von 6 m vorn bei der Schneidkopfleiter, während der hintere Teil nur 3,5 m breit ist. Die Seitenhöhe beträgt 1,8 m und der Tiefgang 1,0 m. Die Baggertiefe geht bis auf den für ein Kleingerät hohen Wert von etwa 10,0 m, was durch die Kiesgewinnung bedingt ist. Der Schiffskörper ist infolgedessen verhältnismäßig groß, während sonst eine elektrische Anlage auch in kleinem Raum Platz hat. Die Schneidkopfleiter ragt in einen Schlitz von 3,0 m Breite

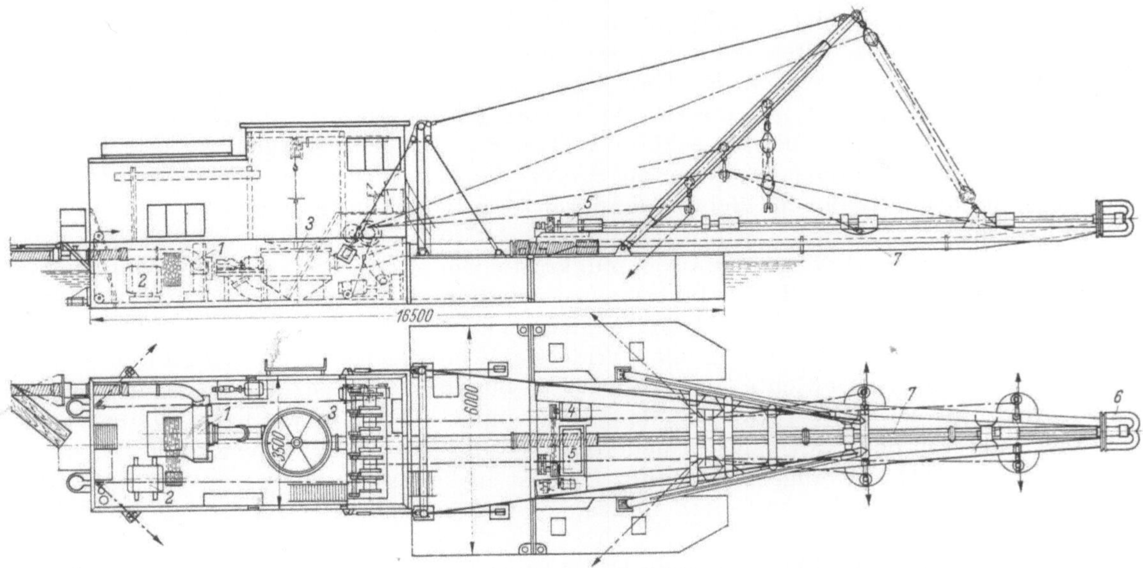

Abb. 152. Schneidkopfsauger für Kiesgewinnung mit einer Druckrohrleitung von 250 mm Weite mit Elektroantrieb bei Stromzuführung von Land, in Seilen arbeitend

1 Baggerpumpe; *2* Elektromotor 140 kW für Baggerpumpe; *3* Grobabscheider (Steinkasten); *4* Elektromotor 37 kW für Schneidkopf; *5* Getriebe für Schneidkopfwelle; *6* Schneidkopf; *7* Saugrohr 300 mm lichte Weite

und 5,0 m Länge hinein und ist, von ihrer Drehachse bis zur Mitte des Schneidkopfs gemessen, 15 m lang. In der Leiter liegt das Saugrohr von 300 mm Weite, das unter Einschaltung eines Saugschlauches über das Deck geführt ist bis zum Steinkasten, der auch als Grobabschneider bezeichnet wird. Aus ihm tritt es unten aus und führt weiter zur Pumpe mit 250 mm Weite für die Druckrohrleitung, die nach hinten geführt ist und über einen Druckschlauch in die Schwimmrohrleitung übergeht.

Die Baggerpumpe wird durch einen Drehstrommotor von 140 kW Leistung bei 1000 U/min über Keilriemen angetrieben. Der Antriebsmotor für den Schneidkopf sitzt auf der Leiter und ist ein Drehstromkommutatormotor mit Nebenschlußverhalten von 37 kW Leistung bei der Nenndrehzahl von 1440 U/min. Er treibt über Keilriemen und eine Zahnraduntersetzung die Schneidkopfwelle an, die dabei 29 U/min macht. Bei dieser Motorenart kann durch Verstellung der Kommutatorbürsten die Drehzahl feinstufig ohne Verlust bis auf etwa die Hälfte heruntergesetzt werden, so daß die Schneidkopfwelle mit 16 U/min läuft. Dabei bleibt das Nenndrehmoment das gleiche, so daß die Leistung des Motors proportional der Drehzahl ist.

Ein Motor der gleichen Bauart mit einer Leistung von 11 kW dient zum Antrieb der Windenanlage und ist unter Deck aufgestellt. Über ein Winkelgetriebe und eine Kette treibt er die Vorgelegewelle der an Deck aufgestellten Fünftrommelwinde an.

Diese hat einen Seilzug von etwa 3000 kg, und die Seilgeschwindigkeit kann auch hier feinstufig im Verhältnis 1 : 2 geregelt werden.

Über der Winde befindet sich das Steuerhaus, in dem die Bedienungsanlage zentral zusammengefaßt ist.

Abb. 153 zeigt den Schneidkopfsauger „Pirat" mit den Abmessungen $14 \times 3,5 \times 1,5$, Tiefgang 0,9 m und 5,0 m größter Baggertiefe. Er hat einen Dieselmotor von 230 PS bei 600 U/min, welcher die Baggerpumpe mit einem halboffenen Kreisel von 880 mm Dmr.

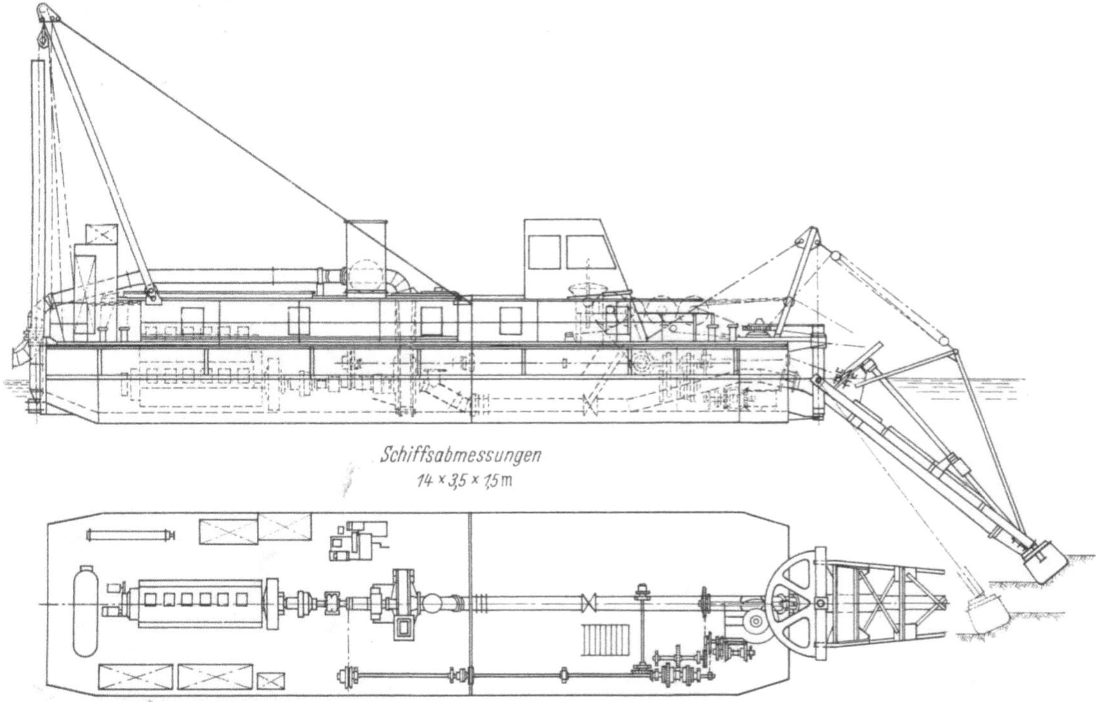

Abb. 153. Schneidkopfsauger „Pirat" von 250 mm Druckrohrweite mit kleinem zerlegbarem Schiffskörper und *einem* Dieselmotor von 230 PS für Baggerpumpe, Schneidkopf und Winden

antreibt. Er dreht außerdem eine seitlich angeordnete Welle, die nach vorn geführt ist zum Antrieb des Schneidkopfs und der Windenanlage mit 6 Trommeln. Das Gerät kann in üblicher Weise schwingend um einen Pfahl arbeiten, kann aber auch mit seinen Pfählen festgelegt werden. Dann führt die Schneidkopfleiter die Schwingbewegung aus mit einer Einrichtung ähnlich der des Baggers „Robbe II", der im folgenden Kapitel beschrieben wird.

Abb. 154 zeigt einen etwas größeren Schneidkopfsauger, Bauart IHC Holland, dessen Schiffskörper die Abmessungen $16 \times 6 \times 1,7$ hat, bei einem Tiefgang von 0,95 m und einer größten Baggertiefe von 8,0 m. Er hat einen Dieselmotor von 360 PS bei 500 U/min für die Baggerpumpe von 300 mm Druckrohrdurchmesser und einen weiteren, ebenfalls im Maschinenraum angeordneten von 90 PS, der über Riemenvorgelege den Schneidkopf und die an Deck stehende Winde mit 5 Seiltrommeln antreibt.

Abb. 155 zeigt Seitenansicht und Raumplan eines von der LMG 1958 für Paraguay gelieferten Schneidkopfsaugers mit den Schiffskörperabmessungen $20,5 \times 7 \times 2,2$ mit 1,2 m Tiefgang und einer größten Baggertiefe von 8,0 m. Der zerlegbare Schiffskörper besteht aus einem Hauptteil von 14,48 m Länge und 7,0 m Breite mit zwei angesetzten Teilen von 5,98 m Länge und 2,8 m Breite, welche zwischen sich einen Schlitz für die Schneidkopfleiter lassen.

Ein Dieselmotor von 500 PS bei 500 U/min treibt die Baggerpumpe unmittelbar an mit einem Durchmesser von 1130 mm für den Kreisel und 350 mm für Saugrohr und

Druckrohr. Außerdem steht noch ein Dieselmotor von 147 PS bei 1200 U/min im Maschinenraum zum Antrieb von zwei auf einer Welle sitzenden Generatoren. Der eine davon hat 60 kW bei veränderlicher Spannung (LEONARD) für den Schneidkopfmotor, und der andere ist ein Gleichstromverbundgenerator von 23 kW für die Windenanlage.

Der Elektromotor für den Schneidkopf sitzt auf der Leiter und hat ein Leistungsvermögen von 72 PS, wobei die Drehzahl der Schneidkopfwelle zwischen 15 und 24 U/min

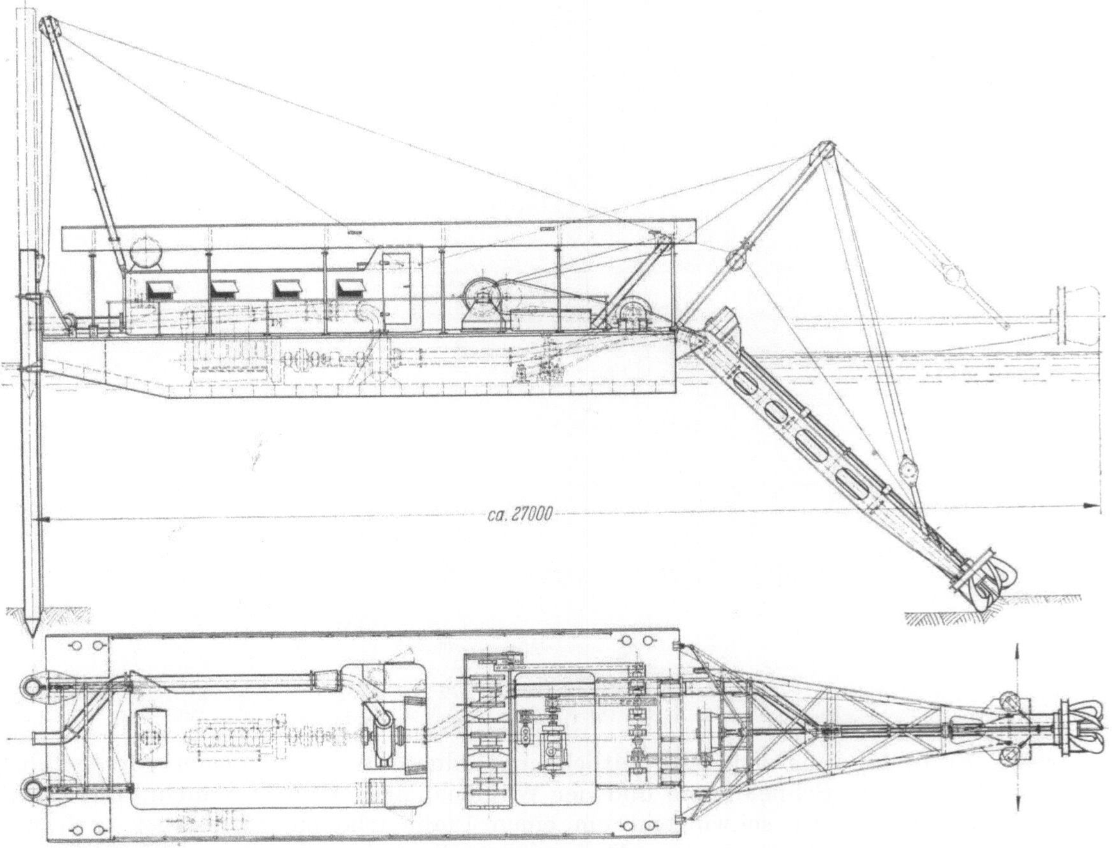

Abb. 154. Schneidkopfsauger von 300 mm Druckrohrweite mit einem Dieselmotor von 360 PS für die Baggerpumpe und einem zweiten von 90 PS für Schneidkopf und Winden

veränderlich ist. Ein Motor von 20 PS treibt die Winde an mit 6 Seiltrommeln von 268 mm Dmr., mit einer Seilzugkraft von 3000 kg und einer Seilgeschwindigkeit von 9 m/min. Auf jede Trommel gehen 200 m Drahtseil von 18 mm Dmr. Die Pfähle werden am doppelten Seil gehoben und bestehen aus Rohren von 445 mm Dmr. bei 16 mm Wanddicke und 11,2 m Länge.

Auf dem Dach des Maschinenraumaufbaus sitzt vorn das Steuerhaus für die Bedienung des Baggers und dahinter die Wohnräume für die Besatzung.

Abb. 156 zeigt als Lichtbild einen amerikanischen Schneidkopfsauger der Mittelgröße, der für Arbeiten in Florida bestimmt ist und viel in Korallenfels zu arbeiten hat. Der Schiffskörper hat die Abmessungen $28 \times 9 \times 2$ und besteht, wie in USA üblich, aus einem Mittelteil, in dem die ganze Maschinenanlage untergebracht ist, und seitlich angesetzten Teilen, welche Tanks, Vorratsräume u. dgl. enthalten. Der Tiefgang beträgt nur 1,2 m und die größte Saugtiefe 8,0 m.

Der Dieselmotor für die Baggerpumpe leistet 1040 PS bei 600 U/min. Die Pumpe hat einen Kreiseldurchmesser von 1230 mm, ein Saugrohr von 510 mm und ein Druckrohr von 400 mm Lichtweite. Ein weiterer Dieselmotor von 575 PS bei 600 U/min ist mit einem Drehstromgenerator von 400 kW, 480 Volt und 60 Hertz gekuppelt. Der

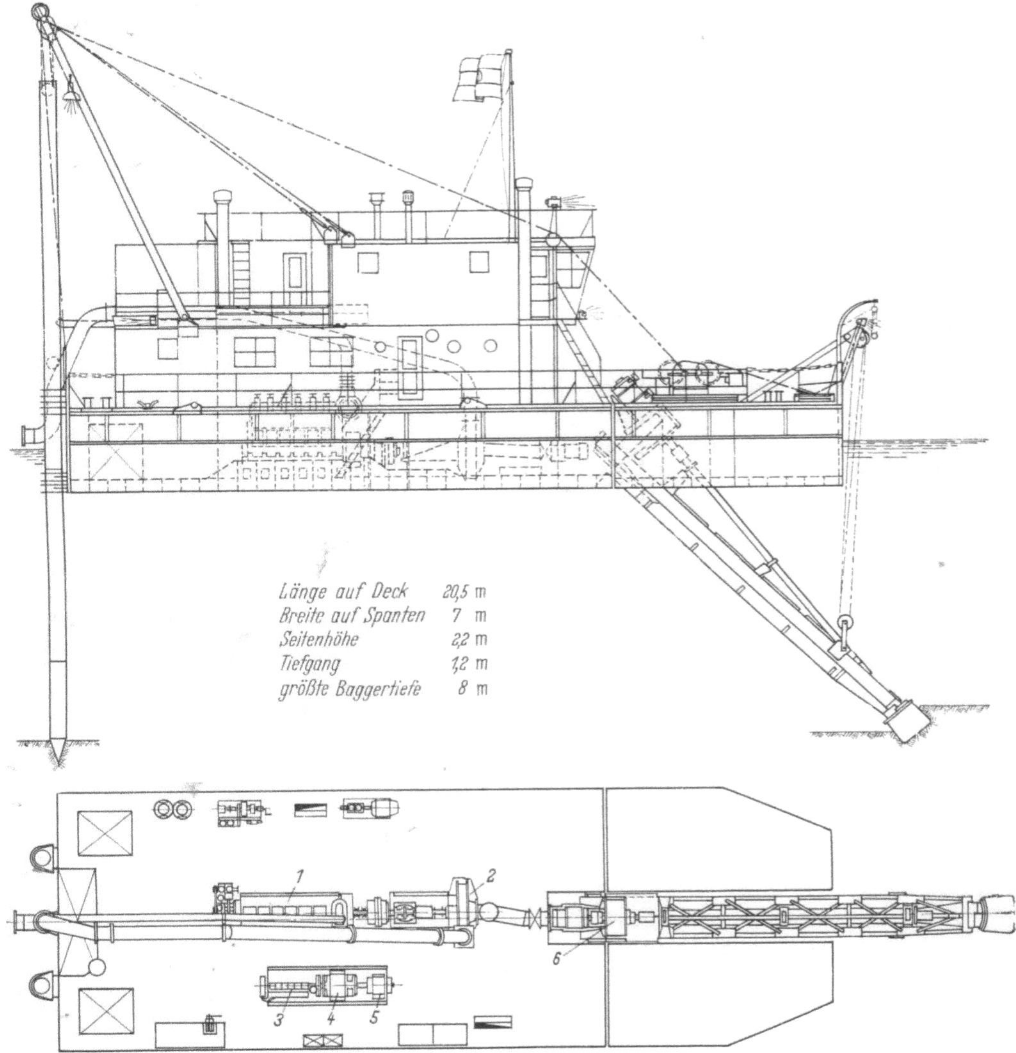

Abb. 155. Schneidkopfsauger von 350 mm Druckrohrweite für Paraguay mit einem Dieselmotor von 500 PS für die Baggerpumpe und einem Dieselgenerator von 147 PS für Antrieb von Schneidkopf und Winden

1 Dieselmotor 500 PS bei 500 U/min; *2* Baggerpumpe mit 350 mm Rohrweite; *3* Dieselmotor 147 PS bei 1200 U/min; *4* LEONARD-Generator 60 kW für Schneidkopfmotor; *5* Generator 23 kW für Winden; *6* Elektromotor 72 PS für Schneidkopfantrieb

Schneidkopfmotor leistet 360 PS und dreht über ein Getriebe die Schneidkopfwelle mit 28 bis 38 U/min. Ein Leistungsvermögen von 78 PS hat der Elektromotor für die Winde mit den üblichen 5 Seiltrommeln mit Bandkupplungen und Bandbremsen, welche durch Preßluft vom Führerstand aus betätigt werden. Außerdem ist noch ein sehr starker Hilfsgenerator mit einem Dieselmotor von 360 PS bei 720 U/min vorhanden.

Der Bagger hat mit 1980 PS eine hohe installierte Maschinenleistung und ist durch den Fortfall der Wohnräume in seinem Aufbau sehr einfach.

Tabelle 10. *Zahlentabelle mit den Hauptdaten*

		A	B	C	D
1	Name oder Bezeichnung Baujahr und Bauwerft	Caesar 1947 LMG	Kiessauger 1962 Schreiner	Hafen- saugbagger 1959 Mannheim	Robbe II 1950 LMG
2	Druckrohrweite in mm	175	250	240	250
3	Schiffskörper- abmessungen in m { Länge / Breite / Seitenhöhe	8 3,0 1,0	16,5 5,1 1,8	21 5,0 1,8	14 3,5 1,5
4	Produkt LBH in m³	24	150	190	74
5	Tiefgang in m	0,6	1,0	0,85	0,8
6	Gewicht in t	13	70	80	35
7	Größte Saugtiefe in m	2,5	10	6	4
8	Saugrohrweite in mm	200	300	240	250
9	Angaben über den Antriebsmotor der Baggerpumpe	Dieselmotor 50 PS 700 U/min	Elektromotor 140 kW 1000 U/min	Dieselmotor 74 PS 1060 U/min	Dieselmotor 200 PS 750 U/min
10	Kreiseldurchmesser und Drehzahl der Baggerpumpe	530 mm 750 U/min direkter Antrieb	900 mm 550 U/min Keilriemen	600 mm 600 U/min Zahnradantrieb	715 mm 750 U/min direkter Antrieb
11	Kreiselumfangsgeschwindigkeit in m/sek	20,8	26	19	28
12	Sonstige Motoren, Generatoren, Motoren für Schneidkopf und Winden u. a. m.	Baggerpumpenmotor treibt mechanisch Schneidkopf und Winde	Elektromotor 37 kW für Schneidkopf und 19 kW für Windenanlage	Dieselmotor 74 PS treibt Generator 57 kVA für Schneidkopf und Winden	Baggerpumpenmotor treibt mechanisch Schneidkopf und Winde
13	Installierte Leistung in PS	50	275	148	200

Abb. 156

Amerikanischer Schneidkopfsauger der Mittelgröße mit einem Dieselmotor von 1040 PS an der Baggerpumpe und einer Rohrleitung von 400 mm Weite auf querstehenden Röhrenschwimmern in Florida arbeitend

von Schneidkopfsaugern kleiner und mittlerer Größe

E	F	G	H	I	K
Pirat 1954 LMG	IHC Standard 12a	Ekuador 1956 Mannheim	Paraguay 1958 LMG	Florida 1956 Seward	Vlaanderen IX 1960 IHC Holland
250	300	305	350	400	450/650
14	16	25	20,5	28	37
3,5	6	6	7,0	9	9
1,5	1,7	2,4	2,2	2	2,6
74	163	360	316	500	870
0,9	0,95	1,6	1,2	1,2	1,65
40	80	220	165	250	550
5	8	8	8	8	12
250	300	320	350	510	500/650
Dieselmotor 230 PS 600 U/min	Dieselmotor 360 PS 500 U/min	Dieselmotor 430 PS 500 U/min	Dieselmotor 500 PS 500 U/min	Dieselmotor 1040 PS 600 U/min	Dieselmotor 1800 PS 750 U/min
880 mm 600 U/min direkter Antrieb	1050 mm 500 U/min direkter Antrieb	1100 mm 500 U/min direkter Antrieb	1130 mm 500 U/min direkter Antrieb	1230 mm 600 U/min direkter Antrieb	1750 mm 320 U/min 1400 mm 500 U/min Zahnräder
27,6	27,5	29	29,6	38,6	32 39
Baggerpumpen- motor treibt mechanisch Schneidkopf und Winde	Dieselmotor 90 PS für Schneidkopf und Winde	Dieselmotor 105 PS 600 U/min treibt mecha- nisch Schneid- kopf und Winde	Dieselmotor 147 PS treibt 2 Generatoren Schneidkopf- motor 72 PS Windenmotor 20 PS	Dieselmotor 575 PS treibt Generator 400 kW Schneidkopfmotor 360 PS Windenmotor 78 PS Reservegenerator 360 PS	Dieselmotor 650 PS treibt 2 Generatoren von 260 und 80 kW Schneidkopfmotor 310 PS Leiterwinde 40 PS Zentralwinde 60 PS
230	450	540	655	1980	2470

Da der Bock zum Heben der Pfähle so niedrig ist, daß die Seile nicht am oberen Ende angreifen können, ist eine Klemmvorrichtung angesetzt, die Abb. 157 zeigt. Ein Ring legt sich um den Pfahl und bildet den Haltepunkt für die lose Rolle des Pfahlseils. Durch einen Stift kann er in die gewünschte Höhenlage gebracht werden, wobei ihn der exzentrische Angriff des Hubseils kantet und damit die nötige Klemmwirkung erreichen läßt.

Die Daten der bisher beschriebenen Schneidkopfsauger von kleiner und mittlerer Größe sind in der Tab. 10 zusammengestellt. Hierin sind auch die Bagger „Caesar" und „Robbe II" aufgenommen, die im folgenden Kapitel G beschrieben werden, und noch weitere Geräte, für die keine Beschreibung gebracht wurde.

Abb. 157. Klemmvorrichtung zum Ansetzen des Hubseils auf halber Höhe des Schwingpfahls zur Vermeidung eines hohen Pfahlbocks

5. Ausführungsbeispiele für große Schneidkopfsauger

Die Daten der nachfolgend beschriebenen großen Schneidkopfsauger sind in der Tab. 11 am Schluß dieses Abschnitts der Größe nach geordnet zusammengefaßt.

Abb. 158 zeigt die Maschinenanordnung des 1960 bei der IHC Holland erbauten Schneidkopfsaugers „Vesdre". Der Schiffskörper hat einen Mittelteil von 7,15 m Breite, welcher die Maschinenanlage enthält, während die Seitenpontons von je 2,4 m Breite

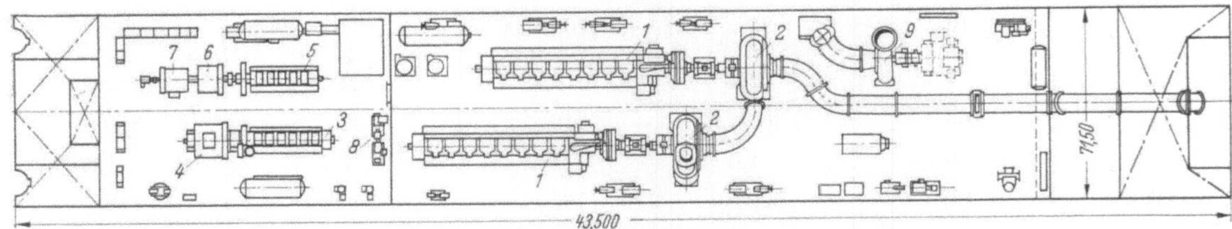

Abb. 158. Maschinenanordnung im Mittelteil des Schneidkopfsaugers „Vesdre" mit zwei in Reihe schaltbaren Baggerpumpen von je 650 mm Druckrohrweite

1 Dieselmotoren 1250 PS bei 310 U/min; *2* Baggerpumpen; *3* Dieselmotor 400 PS bei 750 U/min; *4* Generator für Schneidkopf; *5* Dieselmotor 200 PS; *6* Windengenerator 37,5 kW; *7* Bordnetzgenerator 90 kW; *8* Hilfsaggregat 45 PS; *9* Zusatzwasserpumpe für Schutensaugen

abnehmbar an ihn angesetzt sind. In zusammengebautem Zustand ist die Länge 44 m, die Breite 12,0 m und die Seitenhöhe 2,8 m. Der Tiefgang beträgt 1,9 m entsprechend einem Gewicht von etwa 900 t und die größte Saugtiefe 18 m. Der Durchmesser des in die Leiter eingebauten Saugrohrs beträgt 700 mm.

Zwei Baggerpumpen mit 650 mm Lichtweite für das Druckrohr haben 1600 mm Kreiseldurchmesser und werden von Dieselmotoren von 1250 PS bei 310 U/min unmittelbar angetrieben, wobei die Kreiselumfangsgeschwindigkeit 26 m/sek beträgt. Sie haben einen Wellenabstand von etwa 3,0 m und sind in der Längsrichtung etwas versetzt, um eine günstige Führung der Verbindungsrohre zu erreichen. Hinten stehen noch weitere Dieselmotoren. Der eine von 400 PS bei 750 U/min treibt einen Krämer-Generator für den Schneidkopfmotor an und ein weiterer von 200 PS den Windengenerator von 37,5 kW und den Bordnetzgenerator von 90 kW. Außerdem steht noch quer ein Dieselmotor von 45 PS bei 1350 U/min mit einem Hilfsgenerator von 25 kW.

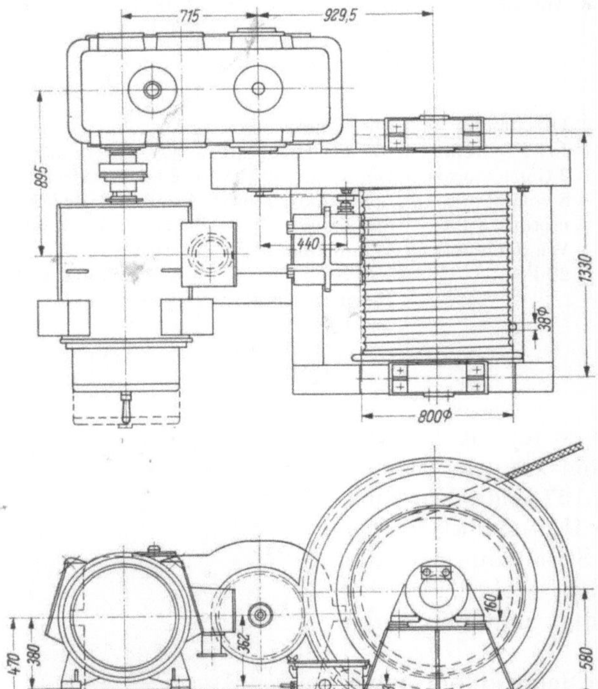

Abb. 159a. Leiterhebewinde mit Antrieb durch einen Elektromotor von 40 PS und 14 t Seilzugkraft bei einer Seilgeschwindigkeit von 11,25 m/min

Das Leistungsvermögen des Schneidkopfmotors beträgt 310 PS, und die Schneidkopfwelle läuft bei der Nenndrehzahl mit 12 U/min, wobei mit der Leonard-Krämer-Schaltung eine stufenlose Änderung möglich ist.

Die Schneidkopfleiter wird durch eine besondere Winde gehoben und gesenkt, die Abb. 159a zeigt. Die Hauptwinde, die Abb. 159b erkennen läßt, besitzt 4 Trommeln.

Der Bagger kann auch aus Schuten saugen, wobei dann der Schneidkopfmotor zum Antrieb der im Maschinenraum stehenden Zusatzwasserpumpe benutzt wird.

Abb. 160 ist ein Raumplan von dem bei der LMG im Jahre 1958 erbauten „Spüler V" mit den Schiffskörperabmessungen 51 × 11 × 4 und Einrichtungen für das Beladen und Entladen von Schuten. Die Seitenhöhe ist mit 4 m wesentlich größer als

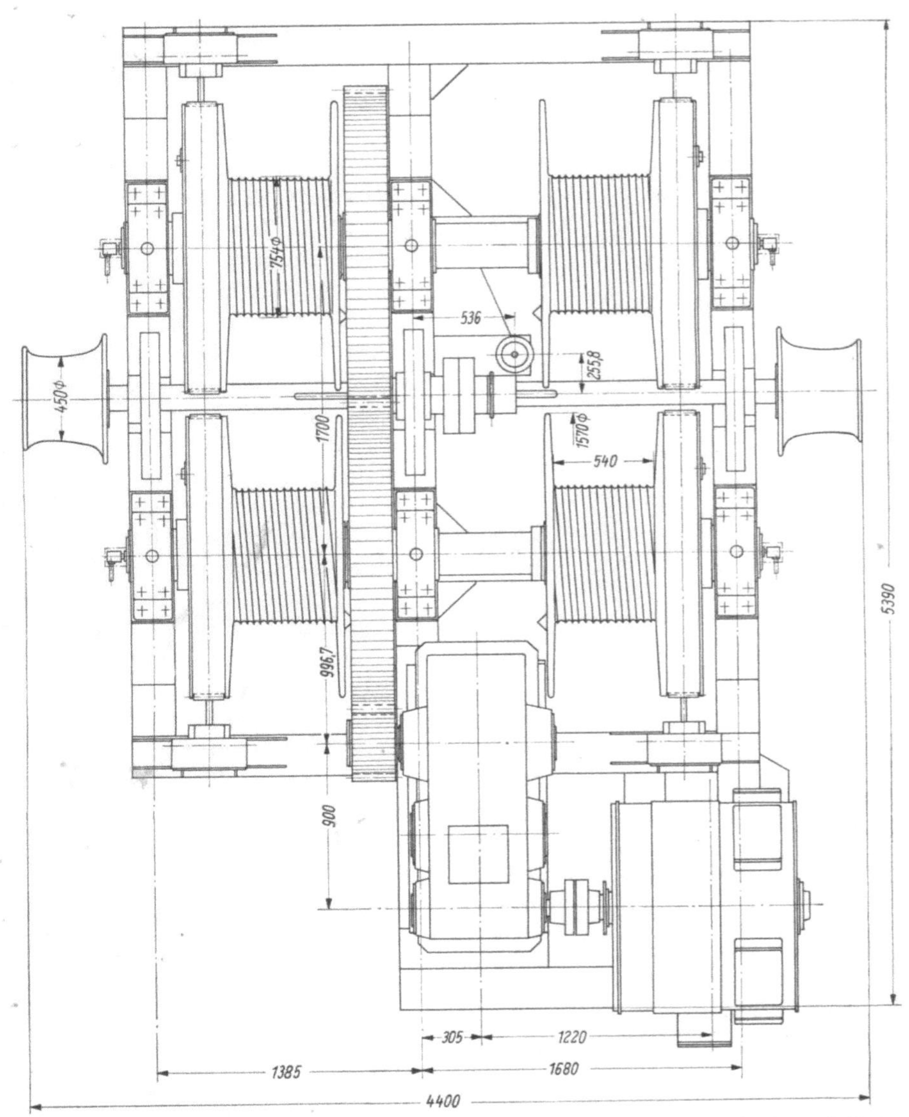

Abb. 159 b. Viertrommelwinde für Schwingseile und Pfahlseile mit 18,5 t Seilzugkraft und 12,4 m/min Seilgeschwindigkeit bei Antrieb durch einen Elektromotor von 60 PS

die von „Vesdre", wo sie für den Mittelteil nur 2,8 m und für die Seitenteile nur 2,2 m beträgt. „Spüler V" ist ohne Zerlegbarkeit für schwere Arbeit im Seegebiet gebaut und hat ein Gewicht von etwa 1200 t mit einem Tiefgang von 2,60 m. Die größte Saugtiefe beträgt 16 m.

Die Antriebsmotoren für die Baggerpumpen Fabrikat MAN, Type G 6 V 40/60, arbeiten im Viertakt mit Aufladung und leisten 1260 PS bei der Nenndrehzahl von 275 U/min. Als Sicherheitsglied ist hier eine elektromagnetische Kupplung eingeschaltet, deren Innenläufer mit geringem Schwungmoment auf der Pumpenwelle sitzt, während der

Außenläufer, der 12 Polschuhe hat und dem Stator eines Drehstrommotors ähnlich ist, mit dem Dieselmotor verbunden ist. Der Außendurchmesser der Kupplung beträgt 1455 mm, die Baulänge 640 mm und der Schlupf 1,3 %, wobei sie das Drehmoment der Motoren von $716 \cdot \frac{1260}{275} \sim 3300$ mkg überträgt. Sie kann vom Baggermeisterstand aus stoßfrei ein- und ausgeschaltet werden und rückt bei Überschreiten des 1,3fachen Wertes von obigem Nenndrehmoment selbsttätig aus, ohne daß unzulässige Stoßbelastungen auftreten.

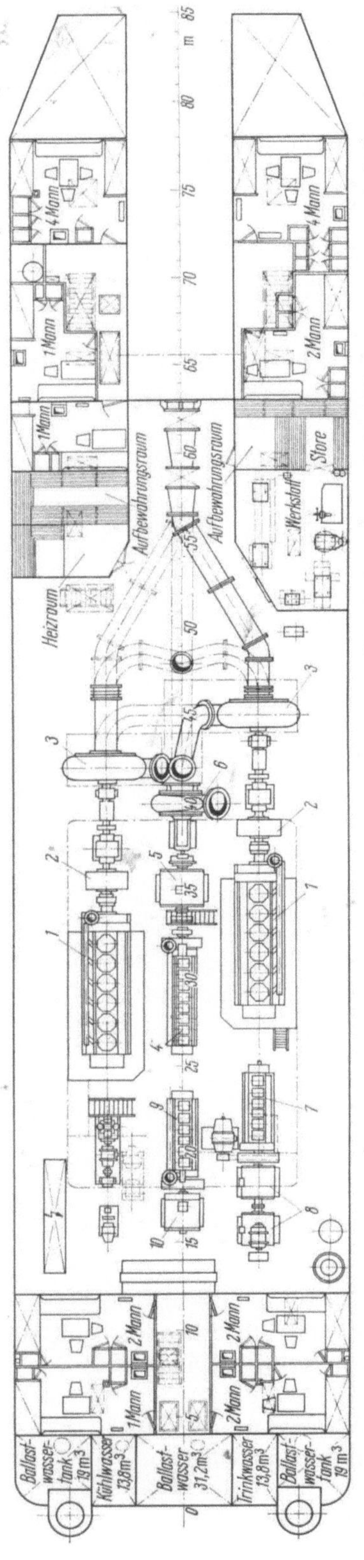

Die in Stahlguß ausgeführte Baggerpumpe hat 750 mm Weite für den Saugrohranschluß und 650 mm Weite für den Druckrohranschluß sowie einen geschlossenen Kreisel von 1900 mm Dmr. bei 350 mm Schaufelbreite, wobei ihr Gewicht etwa 20 t beträgt. Die Pumpe mit Antriebsmotor wurde in Abb. 82 gezeigt.

Die beiden Pumpenaggregate haben einen Wellenabstand von 5,0 m und sind in der Längsrichtung etwas versetzt. Bei geringer Förderweite kann sowohl beim Saugen aus dem Grund wie auch aus einer Schute entweder die eine oder die andere Pumpe benutzt werden. Sollen dagegen beide Pumpen in Reihe geschaltet werden, so geht die Saugleitung zunächst an die etwas weiter vorn stehende Steuerbordpumpe, deren Druckleitung dann an den Saugstutzen der Backbordpumpe führt. Die Druckleitung, in die beide Pumpen auswerfen können, geht in der Schiffsmitte senkrecht in die Höhe und dann waagerecht zum Schiffsende, wo eine Drehbuchse den Übergang in die Schwimmrohrleitung bildet. Für das Beladen von Schuten zweigt je eine Leitung nach beiden Seiten in querstehende Brauserohre ab, und beim Leersaugen von Schuten geht die Druckleitung in die querab führende Landrohrleitung über.

Bei 270 U/min beträgt bei Wasserförderung die Förderhöhe 46,0 m und der Förderstrom 1350 l/sek, was einer Fördergeschwindigkeit von 4 m/sek entspricht. Bei 210 U/min wird ein Betriebspunkt erreicht mit einem Förderstrom von etwa 2300 l/sek und einer Förderhöhe von 29,0 m. Dabei liegt hier die hydraulische Leistung mit 890 PS etwas höher als 800 PS bei 270 U/min.

Von den 4 Sperrwasserpumpen mit einer Förderhöhe von 58,0 m und einem Förderstrom von 11 l/sek lassen sich wahlweise je zwei parallel- oder hintereinanderschalten, um stets den erforderlichen Druck zu erzeugen.

Zwischen den beiden Baggerpumpen steht in Schiffsmitte ein Dieselmotor, Fabrikat MAN,

Abb. 160. Raumplan von Spüler V mit 2 Baggerpumpen von je 650 mm Druckrohrweite und Antriebsmotoren von 1260 PS

1 Dieselmotoren für Baggerpumpen 1260 PS bei 275 U/min; *2* Elektromagnetische Kupplung; *3* Baggerpumpen; *4* Dieselmotor 570 PS bei 500 U/min; *5* Generator für Schneidkopfmotor 325 kW; *6* Zusatzwasserpumpe für Schutensaugen; *7* Dieselmotor 262 PS bei 500 U/min; *8* Windengeneratoren; *9* Dieselmotor 430 PS bei 500 U/min; *10* Bordnetzgenerator

Type G 8 V 23,5/33, welcher mit Aufladung 570 PS bei 500 U/min leistet. Er treibt einen LEONARD-Generator von 325 kW für den Schneidkopfmotor an oder die Zusatzpumpe, die bei Schutensaugbetrieb eingekuppelt wird, während dann der Generator leer mitläuft. Die Pumpe gibt bei 15 m Förderhöhe einen Förderstrom von 2000 l/sek und kann nach einer Kennlinie gleicher Drehzahl arbeiten, da am Auslauf des drehbaren Spritzrüssels entsprechend einem Vorschlage des Verfassers eine Düse mit veränderlichem Querschnitt sitzt, welche Abb. 161 zeigt. Die äußere Düse mit einem Auslaufdurchmesser von 530 mm kann gegen die innere Düse verschoben werden, wenn in die zwischen ihnen liegenden Ringräume Drucköl eingeleitet wird. In der unteren Grenzlage wird der volle Querschnitt von 22 dm² freigegeben, während es in der gezeichneten Stellung nur 3,8 dm² sind. Wenn mit dieser Einrichtung die Zusatzwassermenge auf 1500 l/sek herabgesetzt wird, steigt die Förderhöhe auf 18 m an, während sie bei der sonst üblichen Herabsetzung der Drehzahl fast auf die Hälfte abfallen würde. Umgekehrt ist es möglich, mit etwas abfallendem Druck 2300 l/sek zu erreichen und der Baggerpumpe zu folgen, wenn diese bei geringer Förderweite sehr viel Wasser verlangt. Man kann ohne Abfall der Energie des Austrittsstrahles die Zusatzwassermenge auf das kleinstmögliche Maß einstellen und damit bei schwer löslichem Boden wirtschaftlich arbeiten.

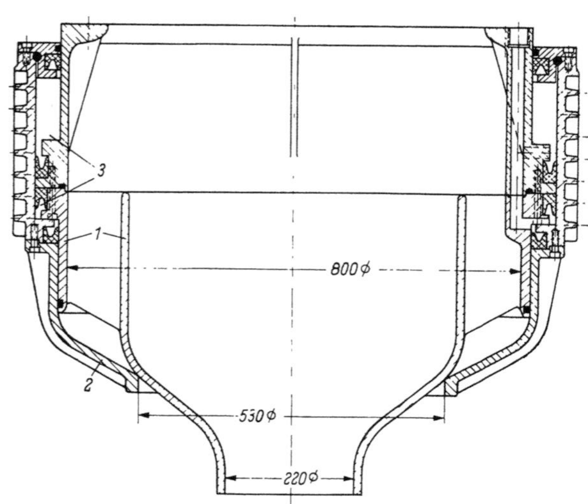

Abb. 161. Spritzdüse für Zusatzwasser beim Schutensaugen mit veränderlichem Auslaufquerschnitt

1 Feststehender Teil mit Auslaufdüse von 220 mm Dmr.; *2* Verschiebbarer Teil mit Auslaufdüse von 530 mm Dmr.; *3* Ringräume für Drucköl

Weiterhin steht im Maschinenraum ein Dieselmotor MAN, Type G 6 V 23,5/33, ohne Aufladung mit 262 PS bei 500 U/min, welcher 2 LEONARD-KRÄMER-Generatoren für die Motoren der Schwingwinden antreibt, und noch ein MAN-Motor Type G 6 V 23,5/33 mit Aufladung, welcher 430 PS bei 500 U/min leistet. Dieser treibt den Gleichstrombordnetzgenerator an, der die übrigen Winden und die elektrisch betriebenen Hilfsmaschinen mit Strom beliefert.

Die *Schneidkopfleiter* ist z. T. in einen Schlitz am vorderen Schiffskörperende von 13 m Länge und 3,75 m Breite eingelassen und hat ein Gewicht von 125 t. Der Antriebsmotor für den Schneidkopf leistet 400 PS und hat eine Nenndrehzahl von 600 U/min, die durch veränderliche Spannung bis auf 350 U/min herabgesetzt und durch Feldschwächung bis auf 1200 U/min heraufgesetzt werden kann. Die höchste Drehzahl der Schneidkopfwelle beträgt dabei 25 U/min. Bei der Nenndrehzahl sind es 12,5 und bei der kleinsten Drehzahl 7,5 U/min. Der Schneidkopf hat einen Durchmesser von 2700 mm bei etwa 2000 mm Länge und wiegt 10 t. Bei der Nenndrehzahl von 12,5 U/min ist seine Umfangsgeschwindigkeit $\pi \cdot 2,7 \cdot \frac{12,5}{60} = 1,75$ m/sek und seine Umfangskraft bei einem Wirkungsgrad von 80 % für das Schneidkopfgetriebe $P = \frac{320 \cdot 75}{1,75} = 13\,700$ kg. Ein weiterer Schneidkopf mit zahnbesetzten Messen für harten Boden ist außerdem vorhanden.

Die Leiterhebewinde ist, wie es bei der Schlitzanordnung möglich ist, auf dem Vorderbock aufgestellt und wird durch einen Gleichstromhebezeugmotor von 75 PS angetrieben, der durch 6 Schaltstellungen bei gleichbleibendem Drehmoment von 850 auf 450 U/min zu regeln ist. Von der Seiltrommel gehen 2 Hubseile mit Ausgleich ab, von denen jedes mit loser Rolle am Leiterende angreift. Dadurch wird dieses an vier Seilsträngen mit einer solchen Geschwindigkeit gehoben, daß der Schneidkopf von der Stellung bei größter Baggertiefe in 5 Minuten über Wasser kommt.

Die übrigen Winden stehen auf dem Dach des vorderen Deckshauses unter dem Bedienungshaus für Schneidkopfbetrieb. Abb. 162 läßt erkennen, daß jede der beiden

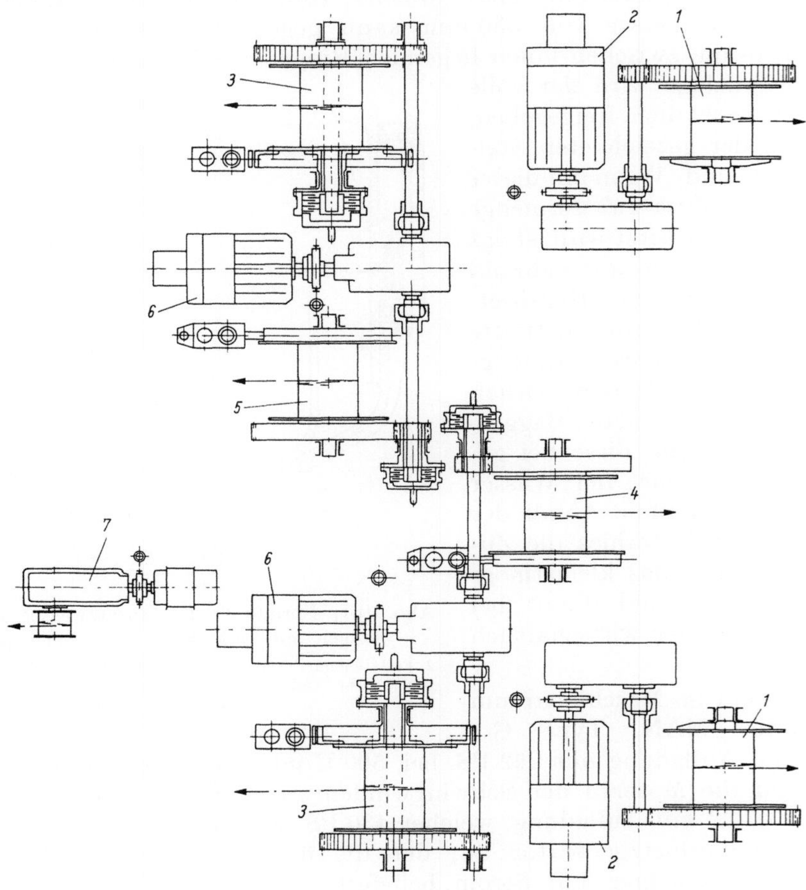

Abb. 162. Hauptwindenanlage von Spüler V mit gesondert angetriebenen Schwingwinden und 2 Gruppenwinden für Pfahlseile, Vortau und Achtertau

1 Trommeln für Schwingseile; *2* Elektromotoren 100 kW; *3* Trommeln für Pfahlseile; *4* Trommel für Vortau; *5* Trommel für Achtertau; *6* Elektromotoren 80 kW; *7* Hubwinde für Schutensaugrüssel

vorn liegenden Schwingwinden durch einen Gleichstromnebenschlußmotor von 100 kW Nennleistung angetrieben wird. Sie sind mit den erwähnten LEONARD-KRÄMER-Generatoren verbunden und ergeben bei der Nenndrehzahl von 600 U/min eine Seilgeschwindigkeit von 28,8 m/min = 0,38 m/sek bei einer Seilzugkraft von 21 000 kg. Die Drehzahl kann bis auf das Doppelte gesteigert werden und geht bei Entlastung sogar auf 1500 U/min entsprechend einer Seilgeschwindigkeit von 1 m/sek, während sie nach unten bis auf $^1/_{10}$ des Nennwertes, also 60 U/min herabgesetzt werden kann. Der Baggermeister stellt durch Feldsteller die gewünschte Seilgeschwindigkeit für die aktive Schwingwinde ein, die jedoch abfällt, wenn durch hartes Arbeiten des Schneidkopfs eine Überlastung eintreten will. Dabei hält die passive Winde ihr Seil steif und übt eine stärkere Bremskraft aus, wenn der Schneidkopf beim Aufsteigen auf harten Boden das Seil nach sich ziehen will. Durch das selbsttätige Arbeiten dieser Einrichtung ist der Baggermeister entlastet und kann sich der anderweitigen Überwachung des Baggervorganges widmen, kann aber auch bei besonderen Bodenverhältnissen oder beim Pfahlvorsatz wieder zur Handsteuerung übergehen.

Hinter den Schwingwinden stehen 2 Gruppenwinden, die von Motoren von je 80 kW-Leistung angetrieben werden. Jede hat 2 Seiltrommeln mit Kupplungen und Bandbremsen, die mit Druckluft betätigt werden. Dabei ist von jeder Winde eine Trommel für ein Pfahltau und die beiden anderen für Vortau und Achtertau bestimmt. Die beiden Schwingpfähle haben eine Länge von 24 m und einen Außendurchmesser von 900 mm bei 50 mm größter Wanddicke. Sie wiegen 24 000 kg und werden am zweifachen Seil gehoben, wobei eine größte Zugkraft von 70 000 kg für jeden Pfahl zum Losreißen aus dem Grund zur Verfügung steht. Der Hebebock für die Pfähle läßt sich niederlegen, wenn dies bei einer Seeüberführung notwendig wird. Vorn ist noch auf einer Schiffsseite ein Haltepfahl vorgesehen, der gemeinsam mit einem der Hinterpfähle das Schiff beim Schutensaugen festhält, so daß die sonst üblichen, besonders gerammten Dalben fortfallen können. Hinter den erwähnten Winden steht die Winde zum Heben des Schutensaugerüssels, und an anderen Stellen sind noch weitere Winden aufgestellt, die beim Schutensaugen und Schutenbeladen gebraucht werden. Hierfür befindet sich das Bedienungshaus auf der einen Schiffsseite neben dem Schornstein, während ein solches für den Betrieb als Schneidkopfsauger in größerer Höhe über der Windenanlage angeordnet ist, so daß diese mit ihrem Seilablauf überblickt werden kann. Es enthält auf einem Schaltpult Anzeiger für Druck und Unterdruck der Baggerpumpen, für die Seilgeschwindigkeit der Schwingwinden, einen Tiefenanzeiger für den Schneidkopf und Ablesegeräte für die Gemischgeschwindigkeit (Altoflux) und den Feststoffgehalt (Altocon), der allerdings eine genügend genaue quantitative Messung nicht erreicht. Außerdem ist ein Kreiselkompaß vorhanden, welcher die erforderlichen Winkel beim Schwingen und beim Pfahlvorsatz unabhängig von Baken, Bojen u. dgl. ablesen läßt.

Auf dem Vorderbock und beim Führerhaus sind Drehkräne mit Laufkatzenauslegern aufgestellt. Sie haben eine Tragfähigkeit von 10 t und Elektroantrieb für alle Bewegungen, so daß Arbeiten am Schneidkopf oder an den Baggerpumpen, Ausbauen von Teilen usw., bequem durchgeführt werden können. Auch eine Bordwerkstatt und Schweißeinrichtungen sind vorhanden.

Abb. 163 ist eine Seitenansicht des „Spülers V". Man erkennt, daß die Schiffsseite zwei eiserne, waagerechte Scheuerleisten hat, die durch senkrechte Stücke verbunden sind. Für europäische Schneidkopfsauger werden diese vielfach für notwendig gehalten, weil sie auch für das Beladen und Entleeren von Schuten eingerichtet sind und den Schiffskörper gegen die beim Anlegen auftretenden Beanspruchungen schützen sollen. Man erkennt ferner auf dem Vorderbock die Leiterhebewinde und den einen Drehkran mit Laufkatze, die erhöht aufgestellte Hauptwindenanlage mit dem darüberliegenden Bedienungshaus und dem zweiten Drehkran sowie am Hinterende den Pfahlhebebock.

Fast gleichzeitig mit dem vorangehend beschriebenen „Spüler V" wurde bei Vos & Zonen, Sliedrecht, der Schneidkopfsauger „Edax" gebaut. Seine Schiffsabmessungen sind mit 57 × 11,5 × 3,7 ähnlich, wobei die größere Länge durch einen Schlitz im Hinterschiff für die Anordnung eines verschiebbaren Pfahles begründet ist. Das Gewicht ist mit 1200 t das gleiche und auch die größte Baggertiefe beträgt 16 m, während der Tiefgang infolge der größeren Schwimmfläche mit 2,2 m geringer ist.

Im Maschinenraum sind auch 2 Baggerpumpen angeordnet, die durch Dieselmotoren von 1000 PS bei einer Nenndrehzahl von 375 U/min angetrieben werden. Die Umfangsgeschwindigkeit von 26,8 m/sek wird dabei mit einem Kreiseldurchmesser von 1370 mm erreicht, wodurch die Pumpen kleiner werden und nur etwa 12 t je Stück wiegen. Das Druckrohr hat 650 mm Weite, während das Saugrohr 700 mm Weite hat. Die Pumpen stehen mit einem Wellenabstand von 3,5 m dichter zusammen und sind auch hier etwas in der Längsrichtung versetzt, während die Motoren nebeneinanderstehen.

An der Backbordseite steht neben den beiden Pumpenanlagen ein Dieselmotor von 750 PS bei 375 U/min, der mit seinem einen Wellenende die Zusatzpumpe für Schutensaugbetrieb und mit dem anderen Wellenende einen LEONARD-KRÄMER-Generator für den Schneidkopfmotor antreibt. Weiter befinden sich im hinteren Teil des Maschinenraums noch 2 Generatoren von 140 kW Gleichstrom bei 220 V, welche durch Dieselmotoren von 230 PS bei 1500 U/min angetrieben werden. Sie liefern elektrische Energie für diejenigen Windenmotoren, die keine Drehzahlregelung benötigen, und einen Motor, der seinerseits 4 LEONARD-KRÄMER-Generatoren für die in der Drehzahl regelbaren Windenmotoren antreibt. Der Maschinenraum ist geräumig, was durch Fortfall der Sperrwasserpumpen und Freilassen von Hilfsmaschinen neben den Hauptmotoren, ferner besonders durch die hohe Drehzahl von 1500 U/min für die Diesel-

Abb. 163. Seitenansicht von Spüler V mit 650 mm Druckrohrweite und 3800 PS an installierter Maschinenleistung sowie Drehkränen mit Laufkatzenauslegern auf dem Vorderbock und am Führerhaus. Aufnahme LMG

generatoren erreicht worden ist. Die Geräusche sind aber dadurch stärker als bei „Spüler V", auf dem sie nur mit 600 U/min laufen.

Der Schneidkopfmotor hat mit 600 PS eine höhere Leistung und dreht bei seiner Nenndrehzahl die Schneidkopfwelle mit 20 U/min. Bei einem Durchmesser des Schneidkopfs von 2400 mm ist die Umfangsgeschwindigkeit 2,5 m/sek und die rechnerische Umfangskraft bei einem Getriebewirkungsgrad von 80% wird $P = \dfrac{75 \cdot 600 \cdot 0{,}8}{2{,}5}$ = 14 400 kg. Die Drehzahl kann durch Spannungsänderung am Generator von 20 U/min bis auf 0 feinstufig heruntergesetzt und durch Feldschwächung bis auf 30 U/min erhöht werden.

Die beiden Schwingwinden, die vorn an Deck stehen, werden auch hier durch besondere Motoren von je 70 PS angetrieben und ergeben bei der Nenndrehzahl einen Seilzug von 25 t bei einer Seilgeschwindigkeit von 12 m/min. Diese kann feinstufig bis auf 0 herabgesetzt und durch Feldschwächung bis auf 22 m/min erhöht werden. Die Leiterhebewinde steht an gleicher Stelle, hat aber einen besonderen Antriebsmotor von 90 PS Leistung. Das Gewicht der Schneidkopfleiter beträgt etwa 100 t. Sie ist nicht in einen Schlitz eingebaut, sondern vor das Schiffsende gesetzt mit einem darübersitzenden Hebebock.

Der Schiffskörper hat an beiden Enden Schlitze von 2 m Breite. Der vordere von 17,5 m Länge dient zur Aufnahme eines Grundsaugrohrs ohne Schneidkopfeinrichtung, wie es im Kapitel E für „Bevervijk 37" beschrieben wurde. Es hat 40 m Länge bei 700 mm Weite und läßt eine Saugtiefe bis 30 m erreichen. Über und unter ihm liegen Druckwasserrohre, welche mit der sonst für das Schutensaugen bestimmten Zusatzpumpe verbunden werden und zum Einspülen und Freispülen des Grundsaugrohrs dienen.

Die Einrichtung für das Verschieben des in der Schiffsmitte sitzenden Pfahles wurde in Abb. 147 gezeigt. Der dafür erforderliche Schlitz hat bei einer Breite von 2 m eine Länge von 12,5 m, und es sitzen an beiden Wänden je zwei Schienen, auf denen ein vom Elektromotor über Kettenräder und Ketten angetriebener Pfahlwagen läuft. Dieser enthält einen Führungszylinder für den einen der beiden 20 t schweren Schwingpfähle, während der andere in einem am hinteren Schiffsende festliegenden Führungsschacht gleitet. Hinten steht eine Winde mit einem Motor von 40 PS und 2 Seiltrommeln für die Pfähle sowie einer weiteren für ein Achtertau. Da das obere Ende des ver-

Abb. 164. Seitenansicht des Schneidkopfsaugers „Barbados" mit 610 mm Druckrohrweite in amerikanischer Konstruktion mit zwei langen Auslegerbäumen für Ankerverlegung. Aufnahme Haarlemsche Schiffsbau-Ges., Holland

schiebbaren Pfahles um etwa 6 m in der Längsschiffsrichtung wandert, kann es nicht von einem Seil gefaßt werden, das von einem Hebebock kommt, wenn dieser nicht übermäßig hoch sein soll. Das Hubseil geht infolgedessen nach unten zu einer über der Pfahlspitze sitzenden Seilrolle und dann nach oben. Es wird wieder in die Waagerechte abgelenkt und am Schiffsende festgelegt. Bei dieser Einrichtung kann der Pfahl mit dem Pfahlwagen verschoben werden, ohne daß seine Höhenlage sich ändert.

„Edax" kann auch Schuten beladen und leersaugen. Zum Antrieb der Zusatzwasserpumpe dient dann der gleiche Motor von 750 PS Leistungsvermögen, der mit seinem anderen Wellenende den Schneidkopfgenerator antreibt.

Der Schneidkopfsauger „Barbados", den Abb. 164 als Lichtbild zeigt, wurde im Jahre 1957 in Holland bei der Haarlemschen Schiffswerft für die Karibische Baggergesellschaft nach amerikanischen Entwürfen gebaut. Er liegt mit seinen Schiffskörperabmessungen von 51 × 11,9 × 3,35 in der Größe von „Spüler V" und „Edax". Bemerkenswert ist, daß er bei größerer Breite weniger Seitenhöhe hat, so daß bei etwa gleichem Gewicht deswegen sein Tiefgang nur etwa 2 m beträgt. Die Baggerpumpe mit 610 mm Rohranschluß hat einen Kreiseldurchmesser von 1830 mm, so daß bei einer Drehzahl von 400 U/min die Umfangsgeschwindigkeit 38,5 m/sek beträgt. Abb. 165 ist ein Querschnitt und läßt erkennen, daß die Baggerpumpe in einem Mittelteil des Schiffskörpers liegt. Dieser enthält weiter den Antriebsmotor, der mit einer Leistung von 3800 PS vorgesehen ist, und die sonstige Maschinenanlage. Zur Aufnahme der dadurch entstehenden Beanspruchungen ist der Mittelteil kräftig gebaut, während die Seitenteile, die in der Hauptsache Tanks aufnehmen, leichter gehalten werden können. Diese Bauart wird bei amerikanischen Schneidkopfsaugern fast durchweg angewandt. Mitunter sind die Seitenteile auch abnehmbar, um die Schiffsbreite für die Durchfahrt durch Schleusen herabsetzen zu können.

Bei der Erzeugung elektrischer Energie ist für Reserve dadurch gesorgt, daß 2 Dieselmotoren von je 400 PS mit Drehstromgeneratoren gekuppelt sind, die Strom liefern für die Winden, Pumpen, Kompressoren usw. Gewöhnlich läuft nur ein Satz, aber beide können auch parallel arbeiten. Ein Generator, der durch einen Dieselmotor von 900 PS angetrieben wird, liefert Gleichstrom für den Schneidkopfmotor, der 750 PS leisten kann und auf die Leiter aufgesetzt ist. Der Schneidkopf mit einem Gewicht von 7,5 t hat einen Durchmesser von 2000 mm und seine Messer sind in der für Korallenfels üblichen Weise reichlich mit Zähnen besetzt. Die Drehzahl der Schneidkopfwelle kann engstufig zwischen 0 und 30 U/min eingestellt werden. Die Umfangsgeschwindigkeit beträgt bei der Höchstdrehzahl $\pi \cdot 2 \cdot \dfrac{30}{60} = 3{,}15$ m/sek, und die Umfangskraft berechnet sich hierbei mit $P = \dfrac{750 \cdot 0{,}8 \cdot 75}{3{,}15} = 14\,500$ kg.

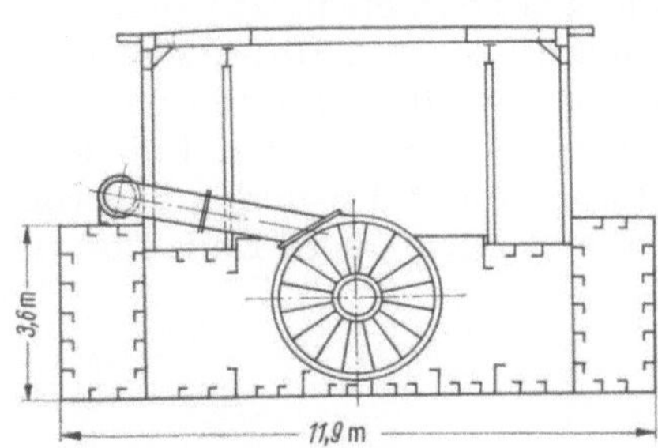

Abb. 165. Querschnitt von „Barbados" mit der Baggerpumpe im Mittelteil und seitlichen Tragkörpern

Bei Herabsetzung der Drehzahl ist für sie noch eine Steigerung möglich. Man hat auch beim Schneidkopfmotor mit einem Ausfall gerechnet und kann an seine Stelle einen Drehstrommotor setzen. Da dieser die nor-

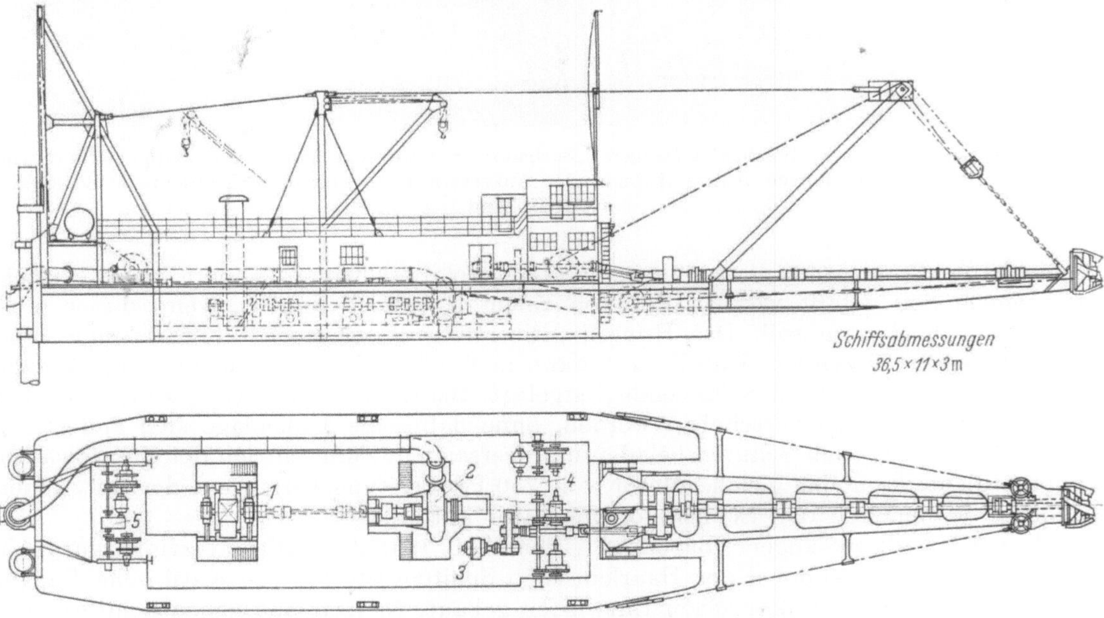

Abb. 166. Generalplan eines Schneidkopfsaugers mit einer Baggerpumpe von 685 mm Druckrohrweite und Elektroantrieb mit Landanschluß bei 4000 PS installierter Maschinenleistung

1 Drehstrommotor 2750 PS; *2* Baggerpumpe; *3* Schneidkopfmotor 1000 PS; *4* Winde mit Trommeln für Schwingseile und das Hubseil für die Schneidkopfleiter; *5* Winde für Pfahlseile

male Drehzahl von 1500 U/min hat, während der Gleichstrommotor nur langsam mit 225 U/min läuft, muß auch das Getriebe ausgewechselt werden. Durch besondere Vorkehrungen wird das erleichtert, indem die einzubauenden Zahnräder die gleichen sind, wie sie für Winden als Reserve vorgehalten werden.

Die Windenanlage wird durch einen Drehstrommotor von 175 PS unter Einschaltung einer dynamischen Kupplung und gekapselter Zahnräder angetrieben und hat 5 Trommeln. Davon sind zwei für die Schwingseile, deren Geschwindigkeit vom Baggermeisterstand zwischen 0 und 45 m/min eingestellt werden kann. Die beiden anderen Trommeln nehmen die Seile auf, welche nach Kopfrollen an den beiden langen Bäumen gehen, welche, wie Abb. 164 zeigt, beiderseitig am Gerüstaufbau angesetzt und für die Ankerverlegung bestimmt sind.

Für das Anheben der Schwingpfähle ist eine Dreitrommelwinde im Hinterschiff auf dem Oberdeck des Maschinenaufbaus aufgestellt, die durch einen Drehstrommotor von 125 PS angetrieben wird. Die Pfähle sind 19 m lang, haben einen Durchmesser von 915 mm und wiegen je 21 t. Die Hubseile greifen an einer Klemme an, welche den Pfahl umspannt. Dabei kann die Angriffshöhe durch Versetzen eines Bolzens geändert werden. Die dritte Trommel dieser Winde nimmt das Seil für einen Anker auf; denn bei schlechtem Wetter sollen die Pfähle hochgenommen und der Bagger elastisch in Seilen vertäut werden. Dies ist bemerkenswert, da sonst amerikanische Bagger nur ihre Pfähle dafür benutzen.

Die Kupplungen und Bremsen der Windentrommeln werden durch Preßluft vom Führerhaus betätigt, wobei man auch mit Umsteuerung der Motoren arbeiten kann.

Daß Geräte mit Elektroantrieb bei Landanschluß sehr einfach werden, wurde schon am Beispiel eines Kleinsaugers für Kiesgewinnung gezeigt. Für den Elektrosauger nach Abb. 166 ist die installierte Maschinenleistung mit 4000 PS etwa so groß wie die der vorangehend beschriebenen Dieselgeräte, aber sein Schiffskörper ist mit den Abmessungen $36,5 \times 11 \times 3$ kleiner. Das Produkt $L\,B\,H$ ist gleich 1200 m³ und damit nur etwa die Hälfte von „Spüler V" und „Edax". Das Gewicht beträgt 600 t, der Tiefgang 1,6 m und die Baggertiefe 15 m. Die Baggerpumpe hat eine Weite von 685 mm für das Druckrohr und 840 mm für das Saugrohr. Wie man aus dem Grundriß erkennt, wird das Neigungsgelenk durch einen sanften S-Bogen gebildet, der nicht seitlich, sondern in der Mitte liegt. Zum Antrieb der Baggerpumpe dient ein Drehstrommotor von 2750 PS, der am hinteren Schiffsende in größerer Entfernung von der Pumpe steht. Deren Druckleitung führt vom unteren Teil des Gehäuses schräg nach oben auf das Deck neben dem Maschinenhaus, dann seitlich nach hinten zu einem in der Mitte zwischen den Pfählen sitzenden Drehgelenk, das dem erwähnten Saugrohrgelenk ähnlich ist. Der Schneidkopfmotor hat mit 1000 PS ein hohes Leistungsvermögen, steht an Deck und treibt den Geradarmschneidkopf unter Einschaltung einer Kardanwelle an.

Zwei Windenanlagen befinden sich ebenfalls an Deck und werden durch 2 Motoren angetrieben. Die vordere hat 3 Seiltrommeln für die beiden Schwingseile und das Leiterhebeseil und die hintere 2 Trommeln für die Pfähle. Es scheint, daß der Elektroantrieb nachträglich eingebaut wurde; denn in dem Mittelteil des Schiffskörpers ist sehr viel freier Raum, und die angesetzten Seitenteile sind leer. Man könnte also noch mehr Maschinenleistung installieren oder den Schiffskörper kleiner machen.

Das zeigt der in der Tab. 11 nachfolgende russische Schneidkopfsauger mit Elektroantrieb. Dessen Schiffskörper hat mit den Abmessungen $37 \times 11 \times 2,45$ eine geringere Seitenhöhe, ein Produkt $L\,B\,H$ von 1000 m³, ein Gewicht von 400 t bei einem Tiefgang von nur 1,2 m, während die Baggertiefe mit 15 m die gleiche ist. Die Baggerpumpe, die ähnlich ausgeführt ist, wie die im Kapitel „Baggerpumpen" als Abb. 64 gezeigte, hat einen Druckstutzen von 600 mm Weite. Die gleiche Weite hat auch das Saugrohr, jedoch ist es am Pumpeneinlauf bis auf 570 mm verengt. Der Kreisel hat einen Durchmesser von 1330 mm bei einer Breite von 380 mm und einen Wellendurchmesser von 350 mm. Die Pumpe wird unter Einschaltung einer elastischen Kupplung von einem Drehstrommotor von etwa 2400 kW und 6600 V mit einer Drehzahl von 500 U/min angetrieben, so daß die Umfangsgeschwindigkeit 35 m/sek beträgt. Damit wurde in Wasser eine Förderhöhe von etwa 70 m bei einem Förderstrom von 1950 l/sek erreicht.

Der Schneidkopf hat einen Durchmesser von 2500 mm und eine Welle von 230 mm Dmr., welche in wassergeschmierten Preßstofflagern läuft. Er hat eine Regel-

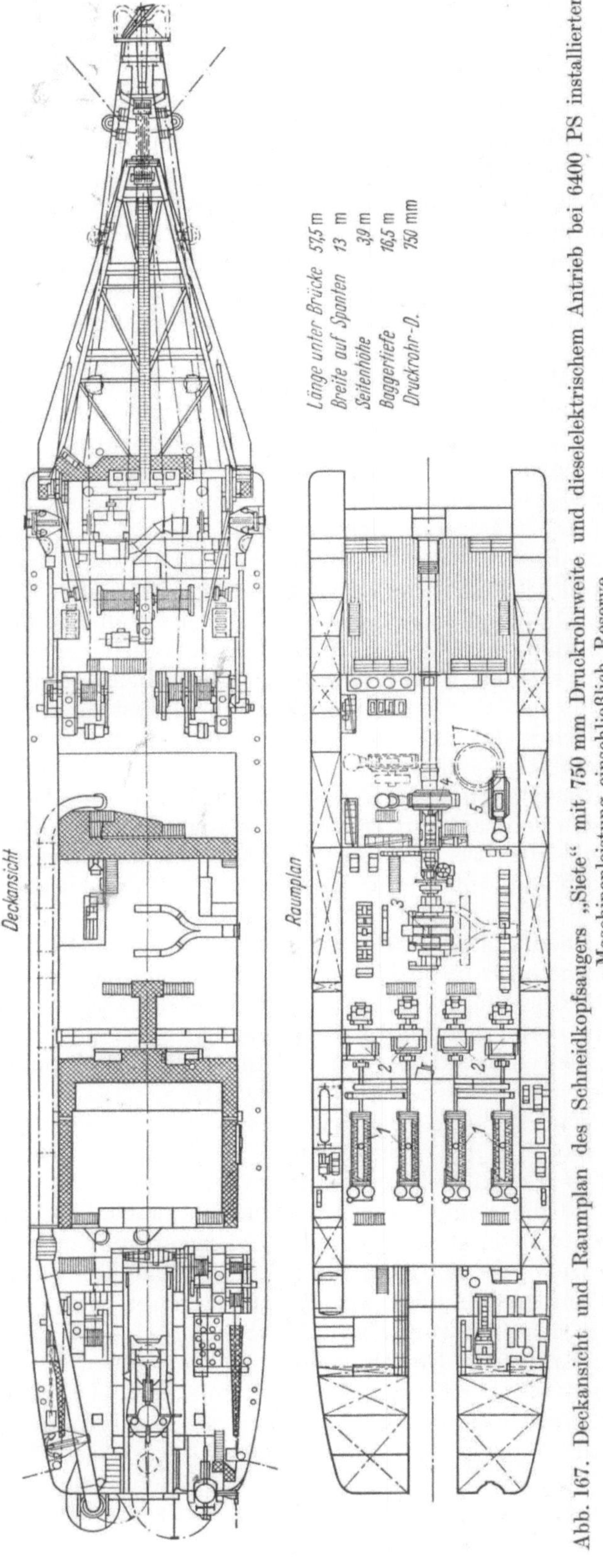

Abb. 167. Deckansicht und Raumplan des Schneidkopfsaugers „Siete" mit 750 mm Druckrohrweite und dieselelektrischem Antrieb bei 6400 PS installierter Maschinenleistung einschließlich Reserve

1 4 Dieselmotoren je 1600 PS bei 750 U/min; *2* 4 Gleichstromgeneratoren; *3* Antriebsmotor 2450 PS für die Baggerpumpe; *4* Baggerpumpe; *5* Reservebaggerpumpe

drehzahl von 18 U/min und wird durch einen Motor von 250 PS angetrieben. Das ist nur $^1/_4$ von dem vorangehend beschriebenen amerikanischen Elektrosauger und läßt die großen Unterschiede erkennen, die bei der Antriebsleistung für den Schneidkopf vorkommen.

Die Schneidkopfleiter mit allen eingebauten Teilen hat ein Gewicht von 76 t und wird von einer Elektrowinde an 4 Seilsträngen gehoben. Die Schwingwinden haben eine Seilzugkraft von 15 t und werden von Motoren mit 4 Drehzahlstufen angetrieben. Die Schwingpfähle haben einen Durchmesser von 1020 mm bei 25 mm Wanddicke. Sie sind 28 m lang und wiegen je 30 t. Sie werden am mehrsträngigen Seil mit einem niedrigen Hebebock angehoben.

Abb. 167 ist eine Deckansicht und ein Raumplan des bei der IHC Holland im Jahre 1956 für italienische Auftraggeber gebauten Schneidkopfsaugers „Siete", der später zum Suezkanal kam und einen anderen Namen erhielt. Er hat *diesel-elektrischen* Antrieb und einen Schiffskörper mit den Abmessungen 57,5 × 13 × 3,9. Das Gewicht beträgt etwa 1800 t, der Tiefgang 2,7 m und die größte Baggertiefe 16,5 m.

Die Maschinenanlage ist im wesentlichen in drei Räumen untergebracht, die durch wasserdichte Schotten getrennt sind. In der hinteren Abteilung stehen 4 Dieselmotore von je 1600 PS bei 750 U/min, wobei einer als Reserve dient. Die sich daran anschließende Abteilung enthält nur elektrische Maschinen, nämlich die 4 Gleichstromgeneratoren und den Antriebsmotor für die Baggerpumpe, der 2450 PS bei 300 U/min leistet, und außerdem Hilfsgeneratoren.

In der nächsten Abteilung steht die Baggerpumpe mit 750 mm Weite für das Druckrohr, 875 mm Weite für das Saugrohr und 1960 mm Kreiseldurchmesser. Das ergibt bei der Nenndrehzahl eine Umfangsgeschwindigkeit von 30,8 m/sek, womit eine Förderhöhe von etwa 60 m erreicht wird. Der Förderstrom beträgt dabei 1985 l/sek und ergibt im Druckrohr eine Fördergeschwindigkeit von 4,5 m/sek. Eine Reservepumpe ist in diesem Raum auch noch untergebracht und kann im Bedarfsfall schnell eingebaut werden. Das hat den Vorteil, daß bei Unbrauchbarwerden der Hauptpumpe durch Verschleiß oder Havarie diese ausgebaut und eine sachgemäße Reparatur

Abb. 168. Schneidkopfsauger „Siete" beim Arbeiten mit abgesenktem verschiebbarem Schwingpfahl und einer Schwimmrohrleitung von 750 mm Weite. Aufnahme IHC Holland

in einer Werkstatt durchgeführt werden kann. Behelfsreparaturen mit Bordmitteln, auch Schweißarbeiten zur Beseitigung des Verschleißes, die an Bord durchgeführt werden, sind meist sehr unvollkommen.

Der Schneidkopfmotor hat ein Leistungsvermögen von 750 PS und kann in der Drehzahl so geregelt werden, daß der Schneidkopf 8 bis 18 U/min macht.

Auf dem Vorschiff steht die Leiterhebewinde mit 2 Seiltrommeln und die beiden Schwingwinden, die durch regelbare Motoren angetrieben werden. Die eine hat eine zusätzliche Seiltrommel für das Vortau. Auch dieser Sauger hat eine Verschiebeeinrichtung für den einen Pfahl, wofür ein Schlitz im Hinterschiff von 12,5 m Länge und 2,75 m Breite eingebaut ist. Die Pfahlhebewinden stehen im Hinterschiff und haben noch weitere Trommeln, um den Schiffskörper bei angehobenen Pfählen in Seilen festlegen zu können. Neben dem Schlitz steht ein Hafendieselmotor, während sich sonst Tanks und Vorratsräume hier befinden. Die Wohnräume für die Besatzung liegen über dem Maschinenraumaufbau und das Bedienungshaus davor noch etwas höher.

Abb. 168 ist eine Luftaufnahme von „Siete" bei der Arbeit, mit Schwimmrohrleitung und der sich daran anschließenden Landrohrleitung. Man erkennt ferner, daß der eine Pfahl bei vorausgefahrenen Wagen abgesenkt ist, während der andere, seitlich in fester Führung sitzende Pfahl, angehoben ist.

Geräte mit diesel-elektrischer Maschinenanlage haben viele elektrische Maschinen und ein umfangreiches Kabelnetz. Wenn man dann noch Reservemaschinen vorsieht, sind die Anschaffungskosten höher als bei Anlagen mit unmittelbarem Antrieb der Baggerpumpen durch Dieselmotoren und Beschränkung des Elektroantriebs auf Schneidkopf, Winden und Hilfsmaschinen. Vorteile sind dagegen der Fortfall großer Maschineneinheiten, die gute Regelfähigkeit und das Vorhandensein von Reserve.

Diese Eigenschaften ermöglichen es, auch sehr große Geräte zerlegbar zu bauen, wofür „Western Chief" ein Beispiel ist. Dieser Bagger, dessen Daten in der Zahlentabelle 11 in Spalte J aufgenommen sind, wurde bereits 11 Monate nach Auftragserteilung auf einer Baustelle eingesetzt, die nicht auf dem Wasserweg erreichbar war. Sein Schiffskörper mit den Abmessungen $52 \times 14 \times 3{,}35$ hat Längsschotten und Querschotten und besteht aus 20 Teilen, die durch Bolzen von hochwertigem Stahl von 35 mm Dmr. und ölbeständigen Gummidichtungen verbunden sind. Dabei ist die Dicke der Außenhautplatten 12,7 mm und die der Innenwände 7,95 und 6,35 mm. Der durchschnittliche Tiefgang beträgt 2,3 m, wobei eine Trimmung um 153 mm eintreten kann.

Die Baggerpumpe hat ein einteiliges Innengehäuse, das in ein geteiltes Außengehäuse eingesetzt ist. Der Kreisel von 1830 mm Dmr. hat 4 oder 3 Flügel, wobei Festkörper bis 450 mm Dmr. hindurchgehen können. Er ist mit Gewinde auf die Welle von 355 mm Dmr. aufgeschraubt, die mit der Höchstdrehzahl von 425 U/min läuft, wenn alle 4 Elektromotoren, die über Ritzel das Zahnrad der Pumpenwelle antreiben, wirksam sind. Regelbarkeit und Reserve sind dabei reichlich vorhanden.

Der Schneidkopf wird durch einen Motor von 1520 PS angetrieben und macht 36 U/min bei dessen Höchstdrehzahl von 600 U/min. Die Welle des Schneidkopfs hat einen Durchmesser von 360 mm und ein Endlager mit Gummiauskleidung von 1525 mm Länge. Schneidköpfe im Gewicht von 13,6 t und 14,5 t für Fels mit Zähnen sind vorhanden. Die Schneidkopfleiter ist 19,8 m lang bei 1525 mm Trägerhöhe, hat ein Gesamtgewicht von etwa 200 t und kann für den Transport in 2 Teile zerlegt werden. Die größte Baggertiefe beträgt bei dieser Länge der Schneidkopfleiter 14,6 m.

Eine Fünftrommelwinde wird durch 2 Motore von je 120 PS angetrieben, wobei für die Schwingwinden der höchste Seilzug 34 000 kg beträgt und die Seilgeschwindigkeit bis auf 45 m/min feinstufig gesteigert werden kann. Die Leiter wird von einem 10strängigen Flaschenzug mit einer Geschwindigkeit von 6 m/min gehoben.

Die Schwingpfähle aus Siliziumstahl haben bei 18,3 m Länge und 1067 mm Dmr. ein Gewicht von 27 200 kg. Sie werden von einer Zweitrommelwinde, die einen Motor von 120 PS hat, mit einer maximalen Geschwindigkeit von 20 m/min gehoben. Für das Verlegen der Anker sind Auslegerbäume von 26 m Länge angeordnet, mit denen eine Hubkraft von 13 600 kg ausgeübt werden kann.

Die Anlage zur Erzeugung der Energie ist weitgehend unterteilt und besteht aus 6 Dieselmotoren von je 1620 PS, welche Wechselstromgeneratoren von 1200 kW antreiben, und 3 Dieselmotoren von je 456 PS, welche Generatoren von 300 kW antreiben, die teils Gleichstrom und teils Wechselstrom erzeugen.

Insgesamt sind auf dem Bagger etwa 11 000 PS installiert, jedoch ist beim Vergleich mit andersartigen Maschinenanlagen zu beachten, daß die ganze Leistung kaum gebraucht wird und viel Reserve darin enthalten ist.

Nachstehend werden Schneidkopfsauger mit *Dampfantrieb* beschrieben, bei denen im Gegensatz zum diesel-elektrischen Antrieb die Anlage für die Energieerzeugung auf wenige Einheiten beschränkt ist.

Die zunächst folgenden beiden Bagger sind für die Suezkanal-Gesellschaft tätig und haben ähnlich wie „Siete" ihre Namen geändert. Von den beiden unter sich gleichen Geräten hieß der eine ursprünglich „Gargamelle" und ist unter dieser Bezeichnung in Spalte K in die Tab. 11 übernommen worden.

Daß umfangreiche Baggerarbeiten am Suezkanal, dessen Querschnitt im Kapitel A gezeigt wurde, erforderlich sind, ist durch das Anwachsen der Zahl und Größe der durchfahrenden Schiffe begründet. Deren Zahl war im Jahre 1955 40 pro Tag und damit dreimal so hoch als im Jahre 1938. Dabei sind besonders die Tanker wichtig, deren Tragfähigkeit auf 40 000 t bei 30 m Breite und 10,7 m Tiefgang angestiegen war, während 10 Jahre vorher nur solche von 16 500 t Tragfähigkeit bei 20 m Breite und 9,2 m Tiefgang die regelmäßigen Benutzer waren.

Auswaschungen an den Böschungen infolge der Durchfahrt großer Schiffe und Sandstürme bringen Ablagerungen, welche beseitigt werden müssen, und außerdem muß mit Rücksicht auf die wachsende Größe der Tanker das Profil auch erweitert werden. Dabei handelt es sich um Material, das in situ eine Dichte von 1,6 bis 1,8 hat, wie sie auch bei den Lößablagerungen des Jangtseflusses zu finden ist. Es liegt in der Körnung unter dem Feinsand und kann als Grobschluff bezeichnet werden.

Wenn unberührtes Material zu baggern ist, kommt man auf Böden, die in ihrer Zusammensetzung stark variieren von Schwemmsanden bis zu festen Tonen und felsigen Kalkböden. Die Schneidkopfsauger, die jetzt an Stelle der früher tätigen Eimerkettenbagger treten, haben meist geringe Förderweiten bis etwa 200 m, aber auch an manchen Stellen bis zu 1500 m, mit geometrischen Höhen bis zu 22 m, wobei eine Länge bis zu 700 m auf Schwimmern liegen muß. Es sind außerdem Böschungen zu baggern, deren Neigung zwischen 5 : 1 und 3 : 1 liegt. Der Schiffsverkehr behindert die Arbeiten, während eine Erleichterung dadurch eintritt, daß die Schwingtaue an Pollern festgelegt werden könen.

Abb. 169 ist ein Raumplan von „Gargamelle", der für diese Arbeit bei der IHC Holland im Jahre 1955 erbaut wurde, mit den Schiffskörperabmessungen 60 × 13,5 × 4. Der Tiefgang beträgt 2,6 m und das Gewicht etwa 1900 t. Die normale größte Baggertiefe beträgt 14,0 m, jedoch kann sie im Bedarfsfall auf 18,0 m gesteigert werden.

Der Bagger hat Dampfantrieb mit drei ölgefeuerten Wasserrohrkesseln, System „Foster Wheeler", mit 30 atü Druck und 400° Dampftemperatur. Dabei ist die Heizfläche mit je 480 m² sehr reichlich bemessen, so daß ein Kessel in Reserve gehalten werden kann. Die beiden anderen können leicht den Dampf liefern, der für die beiden Turbinen erforderlich ist. Davon treibt die eine mit etwa 3300 PS die Baggerpumpe über ein Untersetzungsgetriebe an und die andere mit etwa 1050 PS die Generatoren, welche Strom für den Schneidkopfmotor, die Winden und sonstige Hilfsmaschinen liefern.

Die Baggerpumpe hat einen geschlossenen Kreisel von 2100 mm Dmr., so daß bei einer Drehzahl von 300 U/min die Umfangsgeschwindigkeit 33 m/sek beträgt. Bei geringer Förderweite, wie sie oft vorkommt, kann die

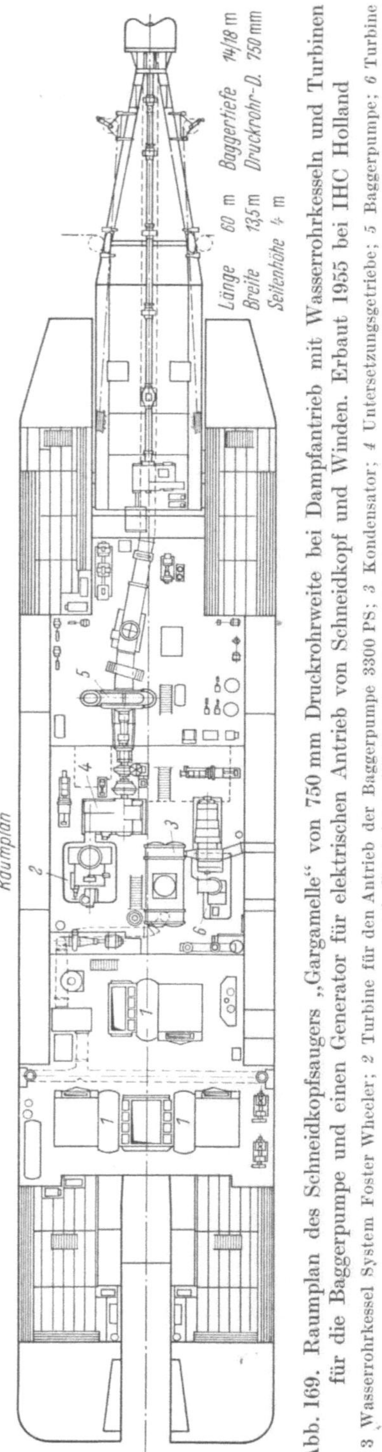

Abb. 169. Raumplan des Schneidkopfsaugers „Gargamelle" von 750 mm Druckrohrweite bei Dampfantrieb mit Wasserrohrkesseln und Turbinen für die Baggerpumpe und einen Generator für elektrischen Antrieb von Schneidkopf und Winden. Erbaut 1955 bei IHC Holland

1 Wasserrohrkessel System Foster Wheeler; 2 Turbine für den Antrieb der Baggerpumpe 3300 PS; 3 Kondensator; 4 Untersetzungsgetriebe; 5 Baggerpumpe; 6 Turbine mit Generatoren für Schneidkopf und Winden

Drehzahl auf 225 U/min heruntergehen. Die Druckrohrweite ist 750 mm und die Saugrohrweite 850 mm. Der Schneidkopfmotor, den Abb. 136 mit Getriebe und der nach unten gehenden Welle zeigte, kann 500 PS leisten und im Leonard-Betrieb so geregelt werden, daß die Drehzahl der Schneidkopfwelle zwischen 8 und 18 U/min liegt.

Vorn sind 3 Winden mit besonderen Antriebsmotoren aufgestellt, von denen die eine für Leiterheben und die beiden anderen für die Schwingbewegung bestimmt sind. Hinten sind beiderseits des Schlitzes, der den verschiebbaren Pfahlführungswagen aufnimmt, weitere Windengruppen angeordnet. Die Pfähle sollen, damit ihre Spitzen in den harten Feinsand genügend eindringen, frei abfallen können, was bei der Kuppeleinrichtung der Winden besonders berücksichtigt wurde. Die Winden haben noch weitere Seiltrommeln, um Verholmanöver, die infolge des starken Schiffsverkehrs häufig notwendig sind, durchführen zu können.

Der Bagger, der eine für 24 Stunden-Betrieb berechnete Besatzung von insgesamt 65 Mann an Bord hat, erreichte nach seiner Inbetriebnahme bei Vertiefungsarbeiten

Abb. 170. Seitenansicht des Schneidkopfsaugers „New Jersey" mit 685 mm Druckrohrweite der Baggerpumpe nach Umbau auf Dampfantrieb. Aufnahme Standard Dredging Co., New York

über 4 km Länge bei 2 m Abtragtiefe in hartem, unberührtem Boden eine Ertragsleistung von etwa 1000 m³/h. Dies bezieht sich auf Drehstunden, deren Zahl in dieser Zeit 250 war. Das sind 75 % der 330 Arbeitsstunden, wobei der Ausfall hauptsächlich durch den Schiffsverkehr verursacht war.

Als Reserve für Ausfall des Turbogenerators ist noch ein Kolbenmaschinengenerator von 60 PS vorgesehen, mit dem Winden aushilfsweise betätigt werden können. Zu erwähnen ist noch eine Entgasungsanlage für die Baggerpumpe und eine Altoanlage zur Überwachung der Gemischmenge und Gemischdichte.

Abb. 170 ist eine Seitenansicht vom Bagger „New Jersey" der Standard Dredging Co., New York, der auch am Suezkanal gearbeitet hat. Er hatte ursprünglich für die Energieerzeugung 4 Zweitaktdieselmotoren von je 1140 PS bei 180 U/min, mit denen Gleichstromgeneratoren von 800 kW bei 600 Volt Spannung gekuppelt waren. Baggerpumpe, Schneidkopf und Winden wurden von Elektromotoren angetrieben. Der Bagger war während des Krieges für die Marine im Pazifischen Ozean tätig, wobei er stark beansprucht wurde. Die neue Besitzerfirma hätte eine umfangreiche Grundreparatur an den Dieselmotoren vornehmen müssen, entschied sich jedoch für den Umbau auf Dampfantrieb, zumal hiermit eine erhebliche Leistungssteigerung zu erreichen war. Die langsam laufenden Dieselmotoren und Generatoren hatten so viel Platz eingenommen, daß für eine installierte Maschinenleistung von 4550 PS der Schiffskörper mit 75 m Länge, 15,2 m Breite und 4,65 m Seitenhöhe reichlich groß war und sich bei Dampfantrieb etwa das 1,5fache davon erreichen läßt.

Abb. 171 zeigt im Grundriß die Maschinenanlage, und zwar im oberen Teil die frühere diesel-elektrische Anlage und unten die neue Dampfanlage. Man erkennt, daß in dem gleichen Raum, in dem früher zwei der langsam laufenden Dieselmotoren mit ihren Generatoren standen, die Kesselanlage Platz fand. Diese besteht aus zwei ölgefeuerten Wasserrohrkesseln mit je 520 m² Heizfläche, 90 m² Überhitzerfläche und 308 m² Luftvorwärmerfläche. Jeder von ihnen soll pro Stunde 16 000 kg Dampf von 35 atü Druck und 400° Temperatur liefern, was einer mäßigen Forcierung von 30,1 kg pro m² Heizfläche und Stunde entspricht und sich im Bedarfsfall wesentlich steigern ließe. Der Heizölvorrat ist auf 400 t bemessen und reicht bei 24 Stunden-Betrieb für 16 Tage, was die Wirtschaftlichkeit der Anlage erkennen läßt.

Für den Antrieb der Baggerpumpe nahm man eine Turbine von 6000 PS bei 3600 U/min, welche einschl. des Untersetzungsgetriebes nicht mehr Raum einnimmt als der frühere langsam laufende Elektromotor. Die Baggerpumpe hat hier eine Nenn-

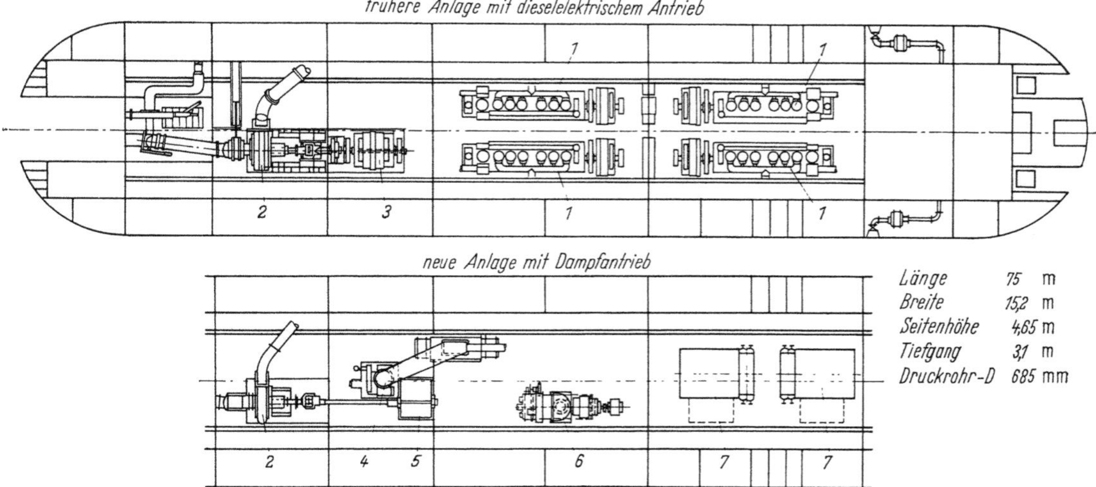

Abb. 171. Maschinenanlage von „New Jersey", oben in ursprünglicher Form mit diesel-elektrischem Antrieb bei 4550 PS und unten nach Umbau auf Dampfantrieb mit 7500 PS installierter Maschinenleistung

1 Dieselmotoren mit Generatoren (alter Antrieb); *2* Baggerpumpe; *3* Elektromotor für Baggerpumpe (alter Antrieb); *4* Turbine 6000 PS für Baggerpumpe (neuer Antrieb); *5* Untersetzungsgetriebe; *6* Turbogenerator 2000 kW mit darunterliegendem Kondensator; *7* Wasserrohrkessel

drehzahl von 350 U/min, die bei geringerer Förderweite auf 230 zurückgeht. Man braucht bei Turbinenantrieb kaum einen Leistungsabfall zuzulassen, wenn man ihn nicht wünscht.

In dem dann noch verbleibenden Raum, den die beiden restlichen Dieselgeneratoren eingenommen hatten, wurde die Kondensatorenanlage für die Pumpenturbine und die Energieerzeugungsanlage für den Schneidkopf und die Winden aufgestellt. Dabei wurde zunächst als Provisorium ein Generator noch an die Pumpenturbine angehängt. Da jedoch eine Abhängigkeit von der veränderlichen Pumpendrehzahl nachteilig ist, ist der Einbau eines neuen Turbogenerators von 2000 kW vorgesehen. Dieser wird erhöht aufgestellt mit dem darunterliegenden Kondensator, so daß wenig Platz beansprucht wird.

Der Schneidkopf erhält von einem Wechselstrommotor von 1500 PS über ein Mehrganggetriebe mit der gewünschten Drehzahl seinen Antrieb. Die Schwingwinden haben einen Gleichstrom-Leonard-Motor von 125 PS, der jedoch noch verstärkt werden soll. Die Leiterhebewinde steht an der gleichen Stelle, hat aber einen eigenen Antriebsmotor von 100 PS bei 600 Volt Gleichstrom und eine Seiltrommel von großem Durchmesser. Die Pfahlhebewinde steht hinten und hat einen Antriebsmotor, der auf 200 PS verstärkt werden soll. Er soll dann die Pfähle bei einem Gewicht von je 57 t mit einer Geschwindigkeit von 10 m/min heben. Sie haben quadratischen Querschnitt mit 1200 mm Kantenlänge und runder Spitze, so daß sich beim Schwingen diese im Boden dreht.

Tabelle 11. *Zahlentabelle mit den Hauptdaten von dreizehn großen*

		A	B	C	D	E
1	Name oder Bezeichnung, Bauwerft, Baujahr	Point Loma USA	Typ 500-60 Sowjetunion	Port Harcourt Haarlem 1958	Vesdre IHC 1960	Spüler V LMG 1958
2	Druckrohrweite in mm	685	600	610	650	650
3	Schiffskörperabmessungen in m { Länge / Breite / Seitenhöhe	36,5 / 11 / 3,0	37 / 11 / 2,45	43,2 / 11,9 / 3,0	44 / 12 / 2,8	51 / 11 / 4
4	Produkt $L\,B\,H$ in m³	1200	1000	1550	1480	2250
5	Tiefgang in m	1,6	1,2	1,9	1,9	2,6
6	Gewicht in t	600	400	950	900	1200
7	Größte Saugtiefe in m	15	15	12	18	16
8	Saugrohrweite in mm	840	600	610	700	750
9	Antriebsart	Elektroantrieb Landstrom	Elektroantrieb Landstrom	Dieselantrieb	Dieselantrieb	Dieselantrieb
10	Art und Leistung des Antriebsmotors für die Baggerpumpe, Art der Übertragung	Drehstrommotor 2750 PS direkt	Drehstrommotor 3300 PS direkt	Dieselmotor 3800 PS direkt	2 Dieselmotoren je 1250 PS direkt	2 Dieselmotoren je 1260 PS direkt
11	Kreiseldurchmesser in mm	2300	1330	1830	1600	1900
12	Drehzahl des Kreisels in U/min		500	400	310	275
13	Umfangsgeschwindigkeit in m/sek		35	38,5	2×26	$2 \times 27,3$
14	Angabe über Energieerzeugung, Motoren und Generatoren	Drehstrom von Land	Drehstrom von Land	Dieselgeneratoren 350 kVA und 450 kW	Diesel 400 PS für Schneidkopfgenerator Diesel 200 PS treibt Generator 37,5 kW und Generator 90 kW	Diesel 500 PS Generator 325 kW Diesel 262 PS 2 Generatoren Diesel 430 PS Bordnetzgenerator
15	Schneidkopfmotor in PS	1000	250	500	310	400
16	Installierte Maschinenleistung in PS etwa	4000	4000	5000	3200	3800

Beim Umbau wurde ein hoher Pfahlhebebock neu eingebaut, bei dem die Pfähle jetzt am 3fachen Seil gehoben werden.

„New Jersey" hat eine Besatzung von insgesamt 85 Mitgliedern, die infolge der großen Schiffslänge in *einem* Deck untergebracht werden konnten. Der Bagger wurde nach seinem Umbau durch einen Schlepper von 3000 PS nach dem Suezkanal übergeführt, wo er für schwerste Bodenverhältnisse angesetzt wurde.

Derartige Umbauten von Baggern werden in Amerika häufig ausgeführt, und ihre Beschreibung ist von besonderem Interesse. Im vorliegenden Fall ergab sich die Überlegenheit der Dampfanlage gegenüber der Energieerzeugung durch langsam laufende Dieselmotoren augenfällig, aber es zeigten sich auch Schwierigkeiten, die sich bei Umbauten nicht vermeiden lassen.

Schneidkopfsaugern mit verschiedenen Arten der Energieerzeugung

F	G	H	I	K	L	M	N	
Edax Vos e. Zonen 1958	Barbados Haarlem 1957	Siete IHC 1956	Western Chief USA 1950	Gargamelle IHC 1955	New Jersey Umbau USA 1954	Alameda USA 1958	Hydro-Quebek USA 1955	1
650	610	750	760	750	685	760	915	2
57	51	57,5	52	60	75	63,5	58	3
11,5	11,9	13	14	13,5	15,2	15,2	17,7	
3,7	3,35	3,9	3,35	4	4,65	4,28	4,6	
2420	2040	2920	2440	3240	5300	4130	4700	4
2,2	2	2,7	2,3	2,6	3,1	3,0	2,75	5
1200	1200	1800	1500	1900	3000	2600	2500	6
16	17	16,5	14,6	14/18	16,7	16	15,2	7
700	610	875	915	850	865	915	915	8
Diesel-antrieb	Diesel-antrieb	Diesel-elektro-antrieb	Diesel-elektro-antrieb	Dampfantrieb Turbinen	Dampf-antrieb Turbinen	Dampf Turboelektro-antrieb	Elektro-antrieb Landstrom	9
2 Diesel-motoren je 1000 PS direkt	Dieselmotor 3800 PS direkt	Elektro-motor 2450 PS direkt	4 Elektro-motoren je 1520 PS Zahnrad-übertragung	Turbine 3300 PS Zahnräder	Turbine 5000 PS Zahnräder	Elektromotor 8000 PS direkt	Drehstrom-motor 8000 PS direkt	10
1370	1830	1960	1830	2100	2300		etwa 3000	11
375	400	300	425	300	325		257	12
2 × 26,8	38,5	30,8	40,8	33	39		etwa 40	13
Diesel 750 PS für Schneid-kopf-generator 2 Diesel je 230 PS 2 Gene-ratoren je 140 kW	Diesel 900 PS für Schneid-kopf-generator 2 Diesel je 400 PS 2 Gene-ratoren für Drehstrom	4 Haupt-generatoren mit Diesel je 1600 PS einer Reserve	6 Haupt-generatoren mit Diesel je 1620 PS 3 Diesel je 456 PS mit Gene-rator	3 Kessel Wasserrohr je 480 m² 30 atü, einer Reserve Turbogenerator 1050 PS	2 Kessel Wasserrohr je 260 m² 35 atü, 300° Turbo-generator 2000 kVA	Kesselanlage für 62000 kg Dampf/h 44 atü, 440° Turbogenerator 12750 kW Diesel 400 kW	Drehstrom von Land	14
600	750	750	1520	500	1500	2000	1000/1500	15
3300	5500	6400 mit Reserve	11000 mit Reserve	4500	7500	17500	10000	16

Als großes Dampfgerät wurde 1958 in den Vereinigten Staaten von der Pacific Coast Engineering Company, Alameda (Kalifornien), für die Utah Construction Company zur Verwendung an der pazifischen Küste der Schneidkopfsauger „Alameda" gebaut, der in Tab. 11 in Spalte M aufgenommen ist. Der Schiffskörper, der mit den Abmessungen 63,5 × 15,2 × 4,28 etwas kleiner ist als der von „New Jersey", ist wie üblich in Sektionen gebaut mit Blechdicken von 12,5 bis 19 mm. Dabei ist das Hauptdeck 12,5 mm dick und die Tankdecke der Seitenteile 9,5 mm.

Die Kesselanlage erzeugt 62000 kg Dampf von 44 atü und 440° Dampftemperatur in der Stunde für eine de Laval-Turbine, die einen Drehstromgenerator von 12750 kW antreibt.

Als Reserve, um bei einer Störung an der Hauptmaschinenanlage die Winden betreiben zu können, ist ein Caterpillar-Dieselmotor mit einem Generator von 400 kW aufgestellt.

Die Baggerpumpe hat einen Durchmesser von 760 mm für das Druckrohr und 915 mm für das Saugrohr und wird von einem Motor von 8000 PS bei 4150 Volt Spannung und einem Gewicht von 42500 kg angetrieben. Eine volle Ausnützung dieses Leistungsvermögens würde bei einem Wirkungsgrad von 65 % für Wasser eine hydraulische Leistung von 5200 PS ergeben. Nimmt man die Kreiselumfangsgeschwindigkeit mit dem Höchstwert von 46 m/sek und eine Förderhöhe von 140 m an, so erhält man eine Fördermenge von 2800 l/sek und eine Fördergeschwindigkeit von 6,2 m/sek im Druckrohr von 760 mm. Man kommt damit auf eine Förderweite von 2500 m. Mit einer Druckleitung von größerem Durchmesser kommt man unter Abfall der Fördergeschwindigkeit auf 6500 m, was als Höchstwert angegeben wird.

Außer dem Baggerpumpenmotor ist noch ein Drehstrommotor von 2750 PS aufgestellt, welcher einen 2000 PS-Generator für den Schneidkopf, einen 250 PS-Generator für die Schwingwinden und einen 150 PS-Generator für die Pfahlhebewinden antreibt.

Der Schneidkopf hat einen Durchmesser von 2750 mm und ein Gewicht von 18 t. Er wird von einem Elektromotor von 2000 PS über ein Untersetzungsgetriebe, das etwa den Raum eines Würfels von 5 m Kantenlänge einnimmt und 58 t wiegt, angetrieben. Die 24 m lange Schneidkopfleiter, die eine Baggertiefe von 16 m erreichen läßt, wiegt allein 200 t. Sie wird an 12 Seilsträngen von 38 mm Seildicke mit einer Winde gehoben, die einen 250 PS-Motor zum Antrieb hat. Die Schwingpfähle haben einen Durchmesser von 1080 mm bei 29 m Länge und einem Gewicht von 65 t.

Die Schwingwinden haben Trommeln zur Aufnahme von 230 m Seil, wobei das Gewicht der Anker für die Schwingseile mit 8 t angesetzt ist.

Die Kosten des Gerätes werden mit 5 Millionen Dollar angegeben.

Als letztes Gerät in der Tab. 11 für Großsauger ist in Spalte N der 1955 gebaute „Hydro-Quebek" aufgeführt, der für die Ausbaggerung des Beauharnais-Kanals, eines Teiles des St.-Lorenz-Seewegs in Kanada, bestimmt ist und Elektroantrieb und Drehstromlieferung von Land bei 13 200 Volt und 60 Hertz erhalten konnte. Der Schiffskörper hat die Abmessungen 58 × 17,7 × 4,6. Der Baggerpumpenmotor hat ein Leistungsvermögen von 8000 PS und treibt die Baggerpumpe unmittelbar mit einer Nenndrehzahl von 257 U/min an. Durch die Pumpe können Steine von 950 mm Größe bei etwa 700 kg Gewicht, wie sie bei dem dortigen Boden vorkommen, hindurchgehen. Der Antriebsmotor kann bei gleichbleibendem Drehmoment bis auf 80 % der Nenndrehzahl zurückgehen, wobei diese durch einen in Flüssigkeit arbeitenden Widerstandslastregler eingestellt wird.

Der Schneidkopfmotor wird mit Gleichstrom von 600 Volt betrieben und ist ganz besonders für den Wechsel der Drehzahl zwischen 450 und 600 U/min und die sich dabei einstellende Änderung des Drehmomentes eingerichtet. Es ist in jeder Weise auf die Beanspruchungen durch die Veränderlichkeit des Bodens, der vom Sand über Ton bis zum Fels geht, Rücksicht genommen. Auch mit den starken Stoßbelastungen, die am Schneidkopf beim Auftreffen auf Steine eintreten, ist gerechnet. Die Welle hat einen Durchmesser von 390 mm, und der Motor kann 1000 PS als Dauerleistung, 1500 PS für 5 Minuten und 2000 PS für 1 Minute aufbringen.

Auch für bequeme Revision und Auswechselung verschlissener Teile am Schneidkopf mußte gesorgt werden, da die Kappen der Zähne, obwohl sie aus den härtesten und verschleißfestesten Legierungen hergestellt sind, an der Vorderseite an jedem Tag und an der Rückseite alle 3 Tage auszuwechseln sind.

Die Schwingwinden werden von 2 Motoren von je 187,5 PS bei 230 Volt Gleichstrom angetrieben, die mit dem 325 kW Schwingwindengenerator in Reihe geschaltet sind und ein momentanes Spitzenleistungsvermögen von 800 PS haben.

Die elektrische Energie kommt vom Beauharnais-Kraftwerk mit 44 000 Volt zu einer beweglichen Umformerstation auf einem 50 t Anhängewagen, der den Transformator, die Trennschalter und einen damit verbundenen Regler trägt. Vom Sekundärteil des

Transformators, der eine Spannung von 13 200 Volt abgibt, geht ein Unterwasserkabel von 115 mm Dmr. zu einer verankerten Schute mit einer Wickeleinrichtung und von dort aus zu den Verbraucherstellen auf dem Bagger.

Tab. 11 ist die wiederholt erwähnte Tabelle, welche die Hauptdaten der beschriebenen großen Schneidkopfsauger enthält. Diese sind in den Spalten A—N ungefähr der Größe nach aufgeführt, während die Daten in den Zeilen 1—16 enthalten sind. In Spalte C ist der Bagger „Port Harcourt", der „Barbados" ähnlich ist und auch bei der Haarlemschen Schiffswerft in Holland gebaut wurde, aufgeführt.

6. Förderweite, Fördergeschwindigkeit und Antriebsleistung bei Schneidkopfsaugern. Erfahrungen in Amerika. Zusammenfassende Zahlentabellen

Die unmittelbare Förderung des gebaggerten Bodens von der Entnahme zur Ablagerung ist der große Vorteil des Schneidkopfsaugers. Dabei bestimmen Förder-

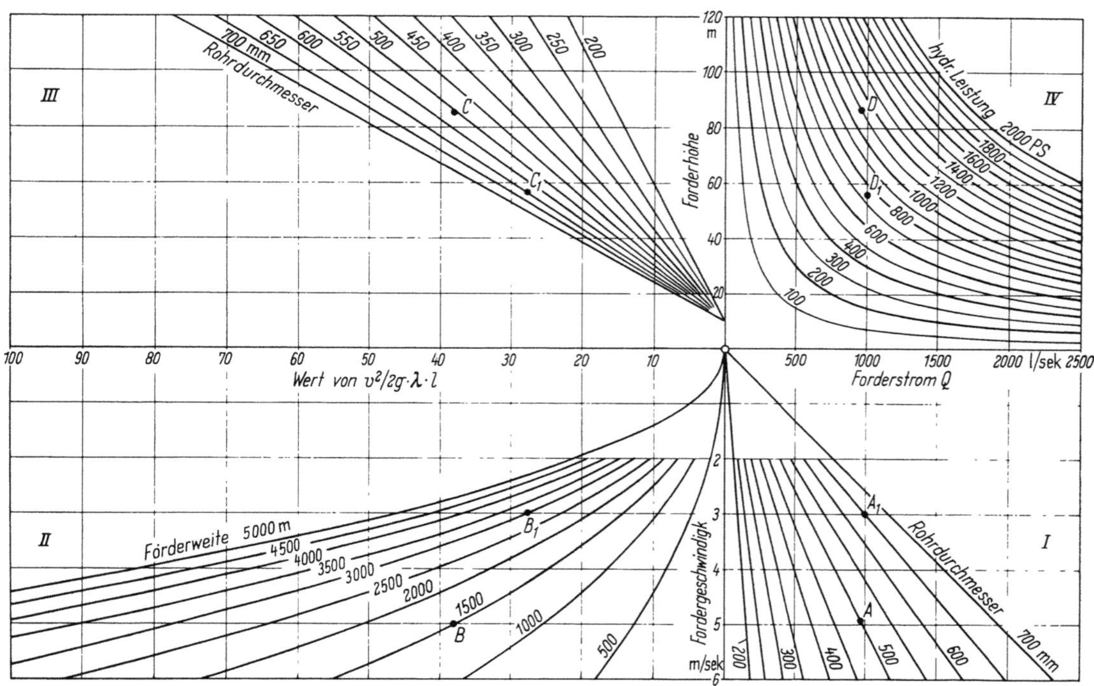

Abb. 172. Vierteiliges Kurvenblatt zur Bestimmung der hydraulischen Leistung der Baggerpumpe aus Rohrdurchmesser, Fördergeschwindigkeit und Förderweite

geschwindigkeit und Förderweiten die Antriebsleistung der Baggerpumpe, oder wenn diese gegeben ist, folgen daraus Fördergeschwindigkeit und Förderweite. Zwar sind, wie früher dargelegt, Berechnungen nur für Wasser und feinkörnige Bodenarten einigermaßen sicher, aber man bekommt durch sie doch einen gewissen Anhalt und Vergleichsmöglichkeiten für gröbere und ungleichmäßige Bodenarten.

Abb. 172 ist ein Kurvenblatt, das aus vier Teilen besteht. Der Teil IV, rechts oben, ist ein Q-H-Diagramm, wie es im Kapitel über Baggerpumpen vielfach gezeigt wurde, mit dem Förderstrom Q in l/sek als Abszisse und der Förderhöhe H als Ordinate. Dabei sind auch die Linien gleichen Produkts aus Q und H, also die Hyperbeln gleicher hydraulischer Leistung eingezeichnet. Die übrigen Teile des Kurvenblattes dienen zur Berechnung der Werte von Q und H aus Rohrdurchmesser, Fördergeschwindigkeit und Förderweite.

Vom Mittelpunkt 0 ist senkrecht nach unten zwischen den Teilen I und II die Fördergeschwindigkeit v aufgetragen, und man kann im Teil I, der den Rohrdurchmesser d als Parameter enthält, den Förderstrom Q in l/sek ermitteln. Geht man dagegen nach links in den Teil II hinein, welcher die Förderweite l als Parameter enthält, so bekommt man den Zwischenwert $\frac{v^2}{2g}\,\lambda\,l$. Dabei ist der Widerstandsbeiwert λ mit 0,02 angenommen. Wie in Kapitel C ausführlich dargelegt wurde, bedeutet dies gegen Wasser in gerader Rohrleitung etwa 50 % Erhöhung, womit Gemischförderung unter mittleren Verhältnissen mit einer Dichte von 1,15 erfaßt wird, besonders, wenn man als l die äquivalente Förderweite, die zusätzliche Wiederstandsursachen einschließt, etwa mit dem 1,2fachen Wert der tatsächlichen Förderweite ansetzt.

Wenn man mit dem hiernach gefundenen Zwischenwert $\frac{v^2}{2g}\,\lambda\,l$ in den Teil III hineingeht, der wieder den Rohrdurchmesser als Parameter enthält, so bekommt man als Reibungswiderstandshöhe $+10$ die Förderhöhe H in m. Man kann dann in Teil IV die hydraulische Leistung und nach Annahme eines Pumpenwirkungsgrades die Antriebsleistung bestimmen, wobei die Gemischdichte bereits im λ-Wert berücksichtigt wurde.

Nimmt man beispielsweise für einen Rohrdurchmesser von 500 mm die Fördergeschwindigkeit mit 5 m/sek an, so kommt man im Teil I in den Punkt A mit einem Förderstrom von etwa 970 l/sek. Will man eine Förderweite von 1500 m erreichen, so kommt man im Teil II auf den Punkt B mit einem Wert von 38 für $\frac{v^2}{2g}\,\lambda\,l$ und damit in den Punkt C im Teil III, wofür die Förderhöhe 88 m beträgt. Die hydraulische Leistung ist dann im Teil IV im Punkt D mit 1100 PS zu finden, was bei einem Wirkungsgrad von 60 % eine Antriebsleistung von 1840 PS ergibt. Genügt in einem anderen Fall für einen Rohrdurchmesser von 600 mm eine Fördergeschwindigkeit von 3 m/sek, so bekommt man A_1 mit etwa gleichem Förderstrom und findet, wenn man 3000 m weit fördern will, über B_1 und C_1 die Förderhöhe mit 57 m und die hydraulische Leistung in D_1 mit 750 PS. Man braucht also nur eine Antriebsleistung von 1250 PS, um die gleiche Menge auf die doppelte Entfernung zu bringen.

Man erkennt hieraus, wie stark die Fördergeschwindigkeit die hydraulische Leistung beeinflußt und kann dies in einfacher Weise auch unmittelbar aus einer Gleichung entnehmen, wenn man unter Vernachlässigung der Saughöhe die Förderhöhe gleich der Reibungswiderstandshöhe setzt, also $H = h_r = \frac{v^2}{2g}\,\frac{l}{d}\,\lambda$. Da

$$Q = \frac{\pi}{4}\,d^2\,v$$

ist, wird

$$Ne = \frac{\pi}{4}\,d^2\,v\,\frac{v^2}{2g}\,\frac{l}{d}\,\lambda\,\frac{1}{75}\,\frac{1}{\eta} = d\,v^3\,l\,\frac{\pi\,\lambda}{4\cdot 2g\cdot 75\,\eta}$$

Wenn man hierin

$$\frac{\pi\,\lambda}{4\cdot 2g\cdot 75\,\eta} = C_1$$

setzt, so wird

$$Ne = d\,v^3\,l\,C_1$$

Darin ist Ne die Antriebsleistung, d der Druckrohrdurchmesser, v die Fördergeschwindigkeit und l die Förderweite.

Danach ist die Antriebsleistung unter sonst gleichen Verhältnissen proportional dem Rohrdurchmesser, der Förderweite sowie der dritten Potenz der Fördergeschwindigkeit.

Es ist weiterhin noch wichtig, für die Kreiselumfangsgeschwindigkeit u einen Anhaltswert zu finden; denn sie ist ja die Größe, welche man den gestellten Forderungen anpassen muß.

Wieder mit der Vereinfachung $H = h_r$ findet man

$$\frac{u^2}{2g}\,\psi = \frac{v^2}{2g}\,\frac{l}{d}\,\lambda \qquad \text{oder} \qquad u^2 = v^2\,\frac{l}{d}\,\frac{\lambda}{\psi}$$

$$u = v\,\sqrt{\frac{l}{d}}\,C_2 \qquad \text{wobei} \qquad C_2 = \sqrt{\frac{\lambda}{\psi}}$$

ist. ψ ist die Druckziffer, die im Kapitel D eingehend behandelt wurde.

Hiernach ist die Kreiselumfangsgeschwindigkeit proportional der Fördergeschwindigkeit und der Wurzel aus $\frac{l}{d}$.

Man hat in den Vereinigten Staaten, die ja das Ursprungsland des Saugbaggers mit Schneidkopf sind, umfangreiche Erfahrungen bei allen Bodenarten gemacht, und diese finden ihren Niederschlag in Richtlinien für Konstruktion und Bau von Schneidkopfsaugern, die man in Zeitschriften und Vorträgen findet. Nachstehend soll im Anhalt an eine Veröffentlichung aus dem Jahre 1961 von O. ERICKSON, Tampa Florida, der die Entwurfs- und Vergabearbeiten für viele Schneidkopfsauger durchgeführt hat, einiges darüber gesagt werden.

Danach erhalten die *Schiffsrümpfe* bei kleinen Baggern zwei Längsschotten und drei oder mehr Querschotten, wodurch mindestens 9 Abteilungen entstehen, die durch Schotten wasserdicht und öldicht gegeneinander abgeschlossen sind. Bagger von 250 mm Druckrohrweite haben eine Länge von 18 bis 21 m, eine Breite von 6 bis 6,7 m und eine Seitenhöhe von 1,6 bis 1,8 m. Bei der Mittelgröße von 500 mm Druckrohrweite kommt man auf eine Länge von 38 bis 45 m, eine Breite von 10 bis 11,5 m und eine Seitenhöhe von 2,1 bis 3,3 m. Die Zahl der Querschotten wird weiter erhöht, so daß insgesamt etwa 20 bis 30 Abteilungen entstehen. Bei Großgeräten von 750 mm Druckrohrweite geht die Länge auf 52 bis 65 m, die Breite auf 14 bis 15 m und die Seitenhöhe auf 3,7 bis 4,3 m, wobei die Zahl der Abteilungen auf 20 bis 30 ansteigt. Man bevorzugt die einfache Schiffsform mit einer Schwimmfläche in Rechteckform mit abgerundeten Ecken, bei welcher der Boden hinten und vorn im Winkel von etwa 45° aufläuft, um das Schleppen über den Ozean zu erleichtern. Da dies bei den amerikanischen Baggern häufig notwendig wird, wird das Hinterende manchmal auch rund wie ein Schiffsbug ausgebildet, wobei jedoch die Pfahlführungen innerhalb des Schiffskörpers als Rohre angeordnet werden müssen.

Eine große Anzahl von Baggern, darunter auch sehr große, hat zerlegbare Schiffskörper. Die einzelnen Teile werden durch Bolzen hoher Festigkeit miteinander verbunden, wobei Unterlagsscheiben und Dichtungsringe aus Spezialmaterial benutzt werden, um eine Dichtheit gegen Öl und Wasser zu erreichen. Die Schiffskörperteile können durch Lastwagen, mit der Eisenbahn oder mit dem Schiff verfrachtet werden und an jedem Ort entweder schwimmend oder an Land zusammengebaut werden, nachdem die zu verbindenden Flächen vorher mit einem besonderen Anstrich versehen wurden. Auch der die Schneidkopfleiter tragende vordere A-Bock und das hintere Pfahlgerüst werden in Teilen hergestellt, die durch Bolzen verbunden sind. Die Festigkeit der Konstruktion ist selbst für Arbeiten in felsigem und sonstigen harten Material als ausreichend erprobt worden. Zwar werden die Herstellungskosten durch die Zerlegbarkeit um etwa 4 % erhöht, aber es ist ein großer Vorteil, daß man auch an Stellen, die nicht auf dem Wasserweg zugänglich sind, leistungsfähige Großgeräte ansetzen kann, und man macht von dieser Möglichkeit in den Vereinigten Staaten weitgehend Gebrauch.

Auf den kleinen Geräten bis zur Mittelgröße verzichtet man durchweg auf Wohnräume für die Besatzung und es heißt, daß man dies auch bei Großgeräten immer mehr tun will. Wohnräume vermehren die Schiffsgröße und sind teuer in der Unterhaltung. Die sehr starken Maschinenanlagen verursachen Geräusche und Erschütterungen, so daß die Besatzungen eine Unterbringung an Land oder auf einem Wohnschiff vorziehen, wo sie mitunter auch mit ihren Familien zusammen sein können.

Die Zahl der Besatzungsmitglieder ist fast durchweg für 24 Stunden-Betrieb bemessen und beträgt insgesamt 15 bis 18 Mann für einen kleinen Bagger von 250 mm Rohrweite, 40 bis 50 Mann für einen mittleren von 500 mm Rohrweite und 75 bis 100 Mann für einen großen Bagger von 750 mm Rohrweite.

Die Schneidkopfleitern, die auch als Baggerleitern bezeichnet werden, liegen im Gewicht zwischen 15 t und 250 t und in der Länge zwischen 7,5 und 65 m, womit eine Baggertiefe bis zu 45 m erreicht werden kann. Bei derartigen Tiefen wird allerdings die Anordnung einer Baggerpumpe innerhalb der Leiter erforderlich. Häufig hat man Stücke, die herausnehmbar sind, so daß man die Leiterlänge der Baggertiefe anpassen kann und immer eine Leiterneigung bekommt, die für den Schneidkopf günstige Arbeitsbedingungen schafft.

Die amerikanischen Bagger haben keine in den Schiffskörper gehenden Schlitze zur Aufnahme der Baggerleitern, sondern diese werden vor das vordere Schiffsende gesetzt und über auskragende A-Böcke an mehrsträngigen Flaschenzügen gehoben und gesenkt. An diese Gerüstböcke sind bei neueren Baggern auch die Bäume für die Ankerverlegung angesetzt, welche Längen von 20 bis 40 m haben. Man braucht dann keine Boote mehr dafür, sondern der Baggermeister kann sie ohne Betriebsunterbrechung durchführen. Man spart also an Besatzungsmitgliedern und hat eine Erhöhung der Drehstunden festgestellt, die manchmal bis zu 30 % betragen hat.

Die *Gerüste* für das Anheben der Pfähle haben Höhen zwischen 9,5 und 12 m, die außer von der Größe des Baggers auch davon abhängen, ob die Pfähle am oberen Ende oder mit Klemmringen weiter unten angefaßt werden. Sie sind dabei so eingerichtet, daß sie für Brückendurchfahrt und Seeüberführung leicht niedergelegt werden können.

Für die *Schwingpfähle* wird allgemein die Anordnung in zwei am Hinterschiffsende fest angesetzten Führungen bevorzugt, so daß Drehtrommeln und verschiebbare Führungen nicht zu finden sind. Die Durchmesser der Pfähle liegen zwischen 300 mm und 1200 mm. Letztere haben an den Spitzen eine Wanddicke von 65 mm, die nach dem oberen Ende auf 25 mm bis 38 mm abnimmt. Man stellt sie meist aus Walzmaterial her, mitunter aber auch aus legiertem Stahlguß.

Bei den *Baggerpumpen* geht man mehr zu der Bauart mit Innengehäuse und Außengehäuse über, wobei letztere in Schweißkonstruktion oder in Stahlguß hergestellt werden. Dabei kann das Innengehäuse einfach ausgebildet werden, so daß keine wesentliche Bearbeitung notwendig ist. Man kann es auch sehr weit abnutzen lassen, ohne daß ein Platzen bei hohem Pumpendruck zu befürchten ist, was häufig zur Beschädigung der Maschinenanlage und sogar manchmal zum Durchschlagen der Schiffswände geführt hat. Man rechnet mit einer Ersparnis bei den Betriebskosten bis zu 30 % gegenüber den Pumpen mit einfachem Gehäuse, bei denen mehr zu bearbeiten ist.

Die Kreisel werden im allgemeinen aus hochlegiertem Stahl ganz gegossen, doch wird bei großen Ausführungen manchmal nur die Nabe gegossen. Dann können die Scheiben und die Schaufeln aus verschleißfestem Sonderstahl hergestellt und durch Schweißung untereinander und mit der Nabe verbunden werden.

Die Drehzahlen der Kreisel liegen bei 900 U/min für eine Pumpe von 200 mm Druckrohrweite und fallen ab bis auf 300 U/min bei 900 mm Druckrohrweite. Dabei geht man mit der Umfangsgeschwindigkeit an den Flügelspitzen bis zu 40 m/sek und will diese neuerdings sogar auf 45 m/sek steigern, um höchste Antriebsleistungen ausnutzen zu können. Der Verschleiß ist dabei jedoch so hoch, daß eine weitere Steigerung nicht möglich erscheint. Die Winkel zwischen der Schaufelrichtung und der Umfangstangente liegen bei Austritt zwischen 20° und 30°, während sie beim Eintritt mit 16° bis 24° kleiner sind. Die Kreisel werden fast ausnahmslos auf die Pumpenwellen, deren Durchmesser zwischen 150 und 450 mm liegen, mit 2gängigem oder 3gängigem Spezialformgewinde aufgeschraubt und dabei gegen einen festen Ansatz gedrückt.

Die spezifischen Drehzahlen liegen zwischen 23 beim Bagger von 250 mm Rohrweite und 16 beim 900 mm-Bagger. Dementsprechend liegen die Pumpenwirkungsgrade zwischen 60 und 75 %. Die Antriebsleistungen kommen im Höchstfall auf 8000 bis 10 000 PS.

Für den Antrieb verwendet man bis 650 mm Rohrweite überwiegend Dieselmotoren, welche die Pumpenwelle unmittelbar oder über Reduktionsgetriebe drehen. Dabei läßt man mitunter wegen der Reserve 2 Motore mit Ritzeln auf ein Pumpenwellenzahnrad wirken, wie man es auch beim Schneidkopf macht.

Bei Baggern mit über 650 mm Druckrohrweite hat man vorwiegend Dampfanlagen mit ölgefeuerten Wasserrohrkesseln und Turbinen, wovon meist eine die Baggerpumpe und eine andere einen Generator antreibt, der elektrische Energie für den Schneidkopf, die Winden und sonstige Zwecke liefert. Mitunter wird auch die Baggerpumpe durch einen oder mehrere Elektromotore angetrieben, und eine Turbine mit einem Generator liefert dann den Gesamtstrom. Ähnlich arbeitet der diesel-elektrische Antrieb, jedoch besteht bei ihm die Kraftanlage aus 2 bis 6 Generatoren, die von schnelllaufenden Dieselmotoren angetrieben werden. Dabei wird die Baggerpumpe meist von mehreren Elektromotoren über Ritzel und Zahnrad angetrieben. Der diesel-elektrische Antrieb dieser Art ergibt die besten Regelmöglichkeiten, ist aber auch der teuerste. Der Dampfturboantrieb ist etwas billiger und der Dieselantrieb noch billiger, so daß er am meisten verwandt wird.

Die *Schneidköpfe* werden soweit wie möglich den großen Beanspruchungen angepaßt, die beim Baggern von harten Böden entstehen. Man setzt Schneidkopfsauger weitgehend bei Fels bis zur Härte 2 und 3 der Mohsskala an, die der von Gips und Kalkspat entspricht, ohne daß er vorher durch Sprengen oder Meißeln gelockert wurde, und geht sogar an Fels größerer Härte heran, wenn Sprengen nicht erlaubt ist. Am meisten wird die Kronenform verwendet mit 3 bis 6 Armen. Man geht vielfach von der Ausführung in Stahlguß wieder ab und setzt die Arme an die Nabe mit Elektrooder Thermitschweißung an. Auf die Arme kommen besondere Schneiden, die nach eingetretener Abnutzung erneuert werden können. Sie werden in Teilen in genau passender Form gegossen und mit Bolzen oder Punktschweißung oder durch beides auf den Armen befestigt. Auch sind häufig die Zähne an diese angesetzten Teile angegossen, in spitzer Form für harten Fels, als Meißelspitzen oder Spatenzähne für weicheren Fels, während für weicheres Material Schneiden ohne Zähne angesetzt werden.

Die Drehzahlen der Schneidköpfe liegen zwischen 12 und 36 U/min, wobei zum Antrieb entweder Gleichstrommotore mit Regelung durch veränderliche Spannung nach WARD-LEONARD oder polumschaltbare Drehstrommotore mit 2 bis 4 Drehzahlstufen genommen werden.

Die Schneidkopfwellen werden den hohen Beanspruchungen entsprechend bemessen und mit Durchmessern von 125 mm bis 450 mm aus hochwertigem Stahl hergestellt. Sie haben an ihrem Vorderende wie die Baggerpumpenwellen ein mehrgängiges Gewindestück, auf das der Schneidkopf aufgeschraubt wird, bis er sich gegen einen Ansatz legt. Durch Umsteuern der Motoren kann er schnell abgebaut werden. Das hinter dem Schneidkopf liegende Endlager wird gewöhnlich mit Gummi ausgekleidet oder hat eine Lagerbuchse aus Phenolicmaterial. Man sieht davon ab, hier auch den Axialdruck aufzunehmen, der beim Arbeiten entsteht, sondern legt das Drucklager in den Getriebekasten, der am oberen Leiterende sitzt.

Zum Antrieb nimmt man häufig zwei Motore, die über Ritzel ein großes, auf der Schneidkopfwelle sitzendes Zahnrad antreiben und kann auf diese Weise bei Ausfall eines Motors noch mit halber Kraft weiterarbeiten.

Seit mehreren Jahren geht man vielfach zu der bereits erwähnten Konstruktion über, bei welcher das Saugrohr als Schneidkopfwelle dient. Die Kostenersparnis soll bis zu 20 % betragen und eine Steigerung der Ertragsleistung vielfach ebenfalls bis zu dieser Höhe erreicht worden sein.

Die *Schwingwinden* erhalten sehr hohe Seilzugkräfte, die bei den größten Baggern bis auf 45 bis 55 t gehen. Hierbei betragen die Seilgeschwindigkeiten 6 bis 9 m/min, während sie sich bei verminderter Seilzugkraft bis auf 50 m/min steigern lassen. Die Leistung der Schwingwindenmotoren geht bis 300 PS auf großen Baggern von 750 mm Druckrohrweite. Die Kupplungen und Bremsen werden hydraulisch oder mit Preßluft vom Baggermeisterhaus bedient.

Man geht auch neuerdings von der früher allgemein üblichen Fünftrommelwinde, mit nur einem Motor für alle Funktionen, ab. Sehr häufig erhält die Leiterhebewinde einen besonderen Motor, so daß sie unabhängig von den Schwingwinden arbeiten kann. Auch setzt man die Pfahlwinden getrennt davon an das Hinterende in die Nähe der Pfähle, um die von vorn nach hinten gehenden Seile zu vermeiden. Diese Winde bekommt 3 Trommeln, da man bei Seegang in ungeschützten Gewässern und bei Baggertiefen über 30 m vom Schwingen um einen Pfahl abgeht und zum Schwingen um einen durch 3 Seile gebildeten Festpunkt übergeht, wie es Abb. 148 erkennen ließ. Die Schwingbewegung wird bei allen mittleren und großen Baggern, die in letzter Zeit gebaut wurden, durch Kreiselkompaßanlagen überwacht.

Die Saugrohrleitung innerhalb der Baggerleiter und das Stück vom Eingang in den Schiffskörper bis zur Pumpe erhält fast stets einen größeren Durchmesser als die Druckleitung mit einem Querschnittsverhältnis bis 1,6 : 1. Dabei hat bei einem Druckrohrdurchmesser von 610 mm die Saugrohrleitung einen Durchmesser von 765 mm. Dem Saugrohreinlauf, der innerhalb des Schneidkopfs liegt, gibt man eine glockenförmige Erweiterung um 20 bis 30 %. Als nachgiebiges Glied zwischen dem beweglichen Rohr in der Leiter und dem festen Teil innerhalb des Schiffskörpers nimmt man meist einen armierten Gummischlauch oder auch ein Kugelgelenk, dessen Mitte in Höhe der durchschnittlichen Schwimmebene liegt.

Durch die Erhöhung des Querschnittes und die gerade Führung der Saugleitung ist es gelungen, den für Wassersaugen erforderlichen Unterdruck, das sog. Wasservakuum, herabzusetzen, so daß es bei einer Geschwindigkeit von 3 bis 4,5 m/sek in der Saugleitung, die einer Geschwindigkeit von 5 bis 7 m/sek in der Druckleitung entspricht, nur etwa bei 2,5 m WS liegt und noch weiter heruntergehen kann. Die Baggerpumpen kommen auf einen Unterdruck von 9 m, so daß ein großer Differenzdruck zur Verfügung steht. Die dadurch erreichte gleichförmige Materialzufuhr ist besonders bei groben und ungleichmäßigen Bodenarten sowie großer Förderweite von ganz besonderer Wichtigkeit.

Die Druckleitung wird neben dem Decksaufbau verlegt und führt nach hinten, wo ein Drehgelenk oder ein Kugelgelenk den Übergang in die *Schwimmrohrleitung* bildet. Für diese bevorzugt man Flachschwimmer mit gerundeten Ecken und auflaufenden Enden, wobei das Rohr in einer Mulde liegt, die in das Deck eingelassen ist. Das ergibt eine feste Anordnung mit tiefliegendem Schwerpunkt, geringen Anströmungswiderstand und Widerstandsfähigkeit gegen Seegang. Bei kleinen Baggern macht man den Versuch, die Schwimmer aus Plastikmaterial herzustellen.

Da die Rohrleitung Drücke bis zu 14 kg/cm² aufzunehmen hat, liegen die Wanddicken zwischen 10 mm bei kleinen und 25 mm bei großen Baggern. Die Kugelgelenke müssen gegen den hohen Druck dicht halten und doch beweglich bleiben. Der Rückhaltering muß schnellstens gelöst werden können, damit man das Gelenk jederzeit nachsehen und etwaige Störungen beseitigen kann.

Abb. 173 zeigt eine neue Konstruktion, bei der sechs angeschweißte Knaggen über den Rückhaltering greifen, der sich mit schrägen Ansatzstücken in deren Haken hineinlegt. Der linke Kugelteil hat an seinem Umfang Zahnsegmente, in die ein als Ritzel wirkender Drehbolzen des Rückhalterings eingreift, so daß bei dessen Drehung die Keilflächen in die Hakenansätze hineingedrückt werden und dadurch eine feste Verbindung zustande kommt, die andererseits wieder leicht lösbar ist.

Abb. 174 zeigt die beiden zu verbindenden Teile nebeneinander. Die Ausbildung der Kugelgelenke ist auch deswegen besonders wichtig, weil man oft mit versenkter

Leitung in Längen bis zu 1500 m arbeitet, wenn die Schiffahrt dies erforderlich macht.

Die *Landrohrleitung* besteht aus Stücken von 5 bis 6 m Länge mit Wanddicken von 5 bis 8 mm, wobei gewöhnlich die im Kapitel H gezeigte Verbindung verwendet wird, mit Einführen des einen konisch ausgebildeten Rohrendes in das andere. Der erste Teil der Rohrleitung, der noch hohe Drücke aufzunehmen hat, erhält jedoch feste Flanschverbindungen. Man geht immer mehr dazu über, das Verlegen der Rohre und die damit zusammenhängenden Arbeiten zu mechanisieren und mit möglichst wenig Personal durchzuführen, so daß leichte, fahrbare Krane, Traktoren u. a. m. zur ständigen Ausrüstung gehören, ebenso wie eine drahtlose Telefonverbindung zwischen Bagger und Spülfeld.

Die *Geschwindigkeiten* in den Rohrleitungen schwanken stark und die Festsetzung ihrer Höhe bleibt vielfach dem Geschmack und der Erfahrung des Unternehmers überlassen. Für kleine Bagger von 200 bis 300 mm Rohrweite liegen sie zwischen 3 bis 5,5 m/sek, während man für größere auf 4 bis sogar 8 m/sek geht. Dabei hängt dies aber weitgehend vom Material ab, und es ist häufig vorgekommen, daß beim Hinausgehen über 5,5 m/sek Kavitation

Abb. 173. Kugelgelenk mit schnell lösbarer Verbindung des Rückhalterings zur Freilegung der Kugelfläche. Aufnahme Erickson, Florida

an der Pumpe den für Materialförderung verfügbaren Unterdruck absinken ließ, so daß der Feststoffertrag abnahm. Die Erfahrung hat gelehrt, daß man zwar die Geschwindigkeit genügend hoch ansetzen, aber nicht zu hoch treiben soll, da außer den erheblichen Reibungsverlusten auch eine Abnahme des Feststoffgehaltes die Folge sein kann. Auch die Berechnung des Reibungsverlustes bleibt weitgehend dem Gefühl überlassen. Vielfach wird die SCOBEY-Formel benutzt, welche ähnlich wie die in Kapitel C angegebenen von AISENSTEIN und BLASIUS besondere Exponenten für die Geschwindigkeit v und den

Abb. 174. Konvexteil des Kugelgelenks mit Schrägflächen rechts und Rückhaltering mit sechs Hakenknaggen und Zahnkranzteilen links in der Abbildung. Aufnahme Erickson, Florida

Rohrdurchmesser d ansetzt. Sie lautet $h_r = C \frac{v^{1,85}}{d^{1,25}}$. Hierin ist h_r der Druckabfall für eine Längeneinheit wie beispielsweise 100 m und C ein Beiwert, der alle Konstanten zusammenfaßt. Dieser ist aber nur für Wasser konstant, während für die Feststoffförderung ein Zuschlag bis zu 60 % gemacht wird. Dabei wird die Konzentration und Dichte, ferner die Art des Materials, die Verlegung der Rohrleitung und auch deren

Länge berücksichtigt. Es ist nicht ohne weiteres möglich, für eine beliebig lange Rohrleitung mit einem Vielfachen des Druckabfalls für die Längeneinheit zu rechnen, und weder die Fördergeschwindigkeit noch der Druckabfall lassen sich eindeutig durch Formeln bestimmen. Nur langjährige Erfahrung mit verschiedenen Bodenarten kann die vielen Variationsmöglichkeiten berücksichtigen und eine Berechnung ermöglichen, wieviel PS an der Pumpe man bei gegebenem Rohrdurchmesser und gegebener Förderweite ansetzen muß und darf.

Zum Schluß dieses Abschnittes sollen noch 2 Zahlentabellen gegeben werden, welche für Schneidkopfsauger bei laufend ansteigender Größe die wichtigsten technischen Daten enthalten. Dabei bilden ausgeführte Geräte den Anhalt, aber deren Zufälligkeiten werden ausgeschaltet und die Zahlenreihen sind systematisch nach der Größe aufgebaut. Auch sind hier Angaben über Ertragsleistungen und Förderweiten gemacht, wovon bei der Beschreibung ausgeführter Geräte meist abgesehen wurde.

Die Tab. 12a gilt für eine Fördergeschwindigkeit v von 3, 5 m/sek und eine Kreiselumfangsgeschwindigkeit u von 27 m/sek, entsprechend einer Förderhöhe der Baggerpumpe H von 44,5 m. Nach der Formel

$$v H = \frac{Ne}{\frac{\pi}{4} d^2} \cdot 3{,}75 \quad \text{(s. Kapitel D)}$$

ergibt dies die mäßige Querschnittsleistung von 41,6 PS pro dm² Rohrquerschnitt.

Die zweite Tab. 12b gilt für die Fördergeschwindigkeit von 5 m/sek und die Kreiselumfangsgeschwindigkeit von 36 m/sek. Das ergibt eine Förderhöhe von 80 m und die erheblich größere Querschnittsleistung von 107 PS pro dm² Rohrquerschnitt. Im einzelnen ist zu den Tabellen folgendes noch zu bemerken:

Zeile 1 enthält die Druckrohrdurchmesser d in mm in den Spalten A—G mit 200, 250, 300, 400, 500, 600 und 700 mm und in Zeile 2 ist der Kreiseldurchmesser D mit dem Dreifachen davon angenommen. In Zeile 3 sind die Nenndrehzahlen pro Minute aus der Kreiselumfangsgeschwindigkeit nach der Gleichung $n = \frac{u}{\pi D} \cdot 60$ berechnet. Zeile 4 enthält die Antriebsleistung Ne, die sich aus der angenommenen Querschnittsleistung berechnen läßt und Zeile 5 die Gemischmenge als Produkt aus Druckrohrquerschnitt und der Fördergeschwindigkeit von 3,5 bzw. 5 m/sek. In Zeile 6 ist die Ertragsleistung in m³ pro Drehstunde angegeben, und zwar für leichte Bedingungen mit 20%, für mittlere Bedingungen mit 10% und für schwere Bedingungen mit 3% der Gemischmenge. Das beruht auf amerikanischen Erfahrungen, die sich auf die verschiedenen Bodenarten beziehen.

Dabei können die Unterschiede sowohl in der Bodenentnahme wie auch in der Bodenförderung begründet sein. Es kann die Zufuhr des losgeschnittenen Bodens zum Saugrohr unvollkommen sein, oder man beschränkt sich wegen Schwierigkeiten bei der Förderung auf einen geringen Feststoffgehalt. Wie sich die jeweiligen Bodenarten dabei verhalten, wurde im Abschnitt F 3 ausgeführt. Auch die Verluste durch Pfahlvorsatz, Leerschwünge u. dgl. sind in jeweiliger Höhe zu berücksichtigen. Die bei den verschiedenen Bedingungen sich ergebende Ertragsleistung gilt für eine Drehstunde, und man muß, um für einen längeren Zeitabschnitt, wie pro Tag, Woche oder Monat, die Ertragsleistung zu erhalten, die Zahl der Arbeitsstunden und das Verhältnis der Drehstunden zu den Arbeitsstunden berücksichtigen. Das letztere liegt bei günstigen Bedingungen, wo nur Verlegen von Spülrohren, Ankern und dgl. Aufenthalte bringt, im 24 Stunden-Betrieb etwa bei 85%. Wenn aber Reparaturen an Pumpen, Schneidköpfen und Rohrleitungen weiteren Ausfall bringen, geht es auf 70% und noch weiter zurück. Bei jeder Berechnung der wirklich zu erzielenden Ertragsleistungen ist dies von großer Bedeutung. In Zeile 7 ist die ungefähre Förderweite ohne geometrische Förderhöhe angegeben. Dabei sind von den Förderhöhen H von 44,5 bzw. 80 m, welche

Tabelle 12a. Zahlentabelle mit berechneten Daten von Schneidkopfsaugern für eine Fördergeschwindigkeit von 3,5 m/sek und eine Kreiselumfangsgeschwindigkeit von 27 m/sek, entsprechend 41,6 PS/dm² Rohrquerschnitt

		A	B	C	D	E	F	G
1	Druckrohrweite in mm	200	250	300	400	500	600	700
2	Kreiseldurchmesser in mm	600	750	900	1200	1500	1800	2100
3	Nenndrehzahl in U/min	860	690	575	430	342	286	246
4	Antriebsleistung der Baggerpumpe in PS	130	204	294	522	818	1175	1600
5	Gemischmenge in m³/h	396	620	890	1580	2470	3560	4870
6	Ertragsleistung in m³/Drehstunde — leicht 20%	80	124	178	315	495	710	980
	mittel 10%	40	62	89	158	247	356	487
	schwer 3%	12	18	27	47,5	75	117	145
7	Förderweite ohne geometrische Höhe in m	550	690	825	1100	1380	1650	1930
8	Abzug für 10 m Höhe in m	160	200	240	320	400	480	560
9	Schiffskörperabmessungen in m — Länge	13	16	20	28	38	47	56
	Breite	5,0	6,0	7,0	9,0	10,5	11,5	12,5
	Seitenhöhe	1,2	1,4	1,6	2,0	2,8	3,2	3,8
10	Gewicht in t	45	65	100	270	540	900	1350
11	Tiefgang in m	0,7	0,8	0,9	1,2	1,5	1,8	2,1
12	Baggertiefe in m	5,6	6,8	8	9,6	11,5	13,2	15,2
13	Pfahlgewicht in t	2	3	4	8	12	18	25
14	Installierte Maschinenleistung in PS	200	300	450	800	1200	1800	2500

Tabelle 12b. Zahlentabelle mit berechneten Daten von Schneidkopfsaugern für eine Fördergeschwindigkeit von 5 m/sek und eine Kreiselumfangsgeschwindigkeit von 36 m/sek, entsprechend 107 PS/dm² Rohrquerschnitt

		A	B	C	D	E	F	G
1	Druckrohrweite in mm	200	250	300	400	500	600	700
2	Kreiseldurchmesser in mm	600	750	900	1200	1500	1800	2100
3	Nenndrehzahl in U/min	1150	920	765	570	458	380	328
4	Antriebsleistung der Baggerpumpe in PS	336	525	757	1350	2090	3020	4120
5	Gemischmenge in m³/h	565	885	1270	2260	3520	5070	6950
6	Ertragsleistung in m³/Drehstunde — leicht 20%	115	175	250	450	700	1000	1400
	mittel 10%	57	90	130	225	350	500	700
	schwer 3%	18	27	40	70	105	150	330
7	Förderweite ohne geometrische Höhe in m	550	690	825	1100	1380	1650	1930
8	Abzug für 10 m Höhe in m	80	100	120	160	200	240	280
9	Schiffskörperabmessungen in m — Länge	13,0	16,0	20,0	28,0	38,0	47,0	56,0
	Breite	5,0	6,0	7,0	9,0	10,5	11,5	12,5
	Seitenhöhe	1,2	1,4	1,6	2,0	2,8	3,2	3,8
10	Gewicht in t	50	75	120	300	600	1000	1500
11	Tiefgang in m	0,8	0,9	1,0	1,3	1,6	1,9	2,3
12	Baggertiefe in m	5,6	6,8	8,0	9,6	11,5	13,2	15,2
13	Pfahlgewicht in t	3,0	4,5	6,5	11,0	18,0	26,0	35,0
14	Installierte Maschinenleistung in PS	500	800	1150	2000	3000	4500	6000

die Pumpen bei der Nenndrehzahl erreichen, 10 m abgezogen. Dann ergibt sich die Förderweite aus der Gleichung $H - 10 = \frac{v^2}{2g} \frac{l}{d} \lambda$. Hierbei ist λ mit 0,02 angenommen, was bis zu einem gewissen Grad die Erhöhung der Dichte und Erschwernisse bei der

Feststoffförderung berücksichtigen soll, besonders wenn man l als äquivalente Länge höher als die wirkliche Förderweite ansetzt.

Für beide Zahlentafeln ergibt sich, begründet durch das angenommene Verhältnis zwischen der Kreiselumfangsgeschwindigkeit zur Fördergeschwindigkeit die gleiche Förderweite. Man erkennt, daß die erreichbare Förderweite für 200 mm Rohrweite 550 m beträgt und bei 700 mm auf 1930 m angestiegen ist. Zeile 8 läßt den Abzug l' erkennen, der für 10 m geometrische Höhe zu machen ist. Er berechnet sich nach der Formel $\dfrac{v^2}{2g}\dfrac{l'}{d}\lambda$, mit $l' = \dfrac{10}{\dfrac{v^2}{2g}\lambda}d$. Er steigt also proportional mit dem Rohrdurchmesser und umgekehrt proportional dem Wert $v^2/2g$, so daß er bei der niedrigen Fördergeschwindigkeit etwa doppelt so hoch ist wie bei der hohen.

In Zeile 9 sind in beiden Tabellen gleiche Schiffskörperabmessungen für Länge, Breite und Seitenhöhe im Anhalt an Ausführungen angegeben, wobei die Abweichungen aber insbesondere bei kleinen Größen erheblich sein können. Bei diesen wird der Schiffskörper wesentlich größer, wenn Wohnräume vorhanden sind. Die Art des Antriebs bringt weitere Unterschiede, wobei elektrisch angetriebene Geräte bei Landanschluß wesentlich kleinere Schiffskörper haben können. Man kann die einzelnen Hauptmaße nach Wunsch ändern, also Länge, Breite oder Seitenhöhe beschränken, oder bekommt eine Änderung des Tiefgangs. Bei Dieselantrieb sind schnellaufende Motore kleiner und leichter, was sich aber nur teilweise auswirkt, weil die Drehzahlen der angetriebenen Maschinen niedriger liegen und dann Untersetzungsgetriebe mit hohem Gewichtsbedarf erforderlich sind. Bei Dampfantrieb sind Anlagen mit kohlegefeuerten Zylinderkesseln und Kolbenmaschinen schwerer als ölgefeuerte Wasserrohrkessel mit hohem Druck, Überhitzung und Turbinen. Auch die Größe der Kessel, die das Gewicht stark beeinflussen, ist verschieden, da man vielfach bei Kohlefeuerung niedrige Heizwerte, schlechte Qualität und ungeübtes Personal berücksichtigt und außerdem noch Reserve für Ausfall von Kesseln vorsieht.

Die Gewichte der Tab. 12b sind höher angenommen, so daß, da Länge, Breite und Seitenhöhe nicht erhöht sind, der Tiefgang ansteigt. Er ist in Zeile 11 angegeben und kann als Konstruktionstiefgang angesehen werden. Der Betriebstiefgang liegt um etwa 10% höher, wobei infolge von Trimmung die Eintauchungen stellenweise noch höher sein können.

Schneidkopfsauger sind Geräte, bei denen die Maschinenanlage eine bedeutende Rolle spielt und mehr PS als bei Hoppersaugern oder Eimerkettenbaggern bei gleichem Schiffsgewicht installiert sind. Ungefähr kommt bei ihnen ein Drittel des Gesamtgewichtes auf den Schiffskörper, das zweite Drittel auf die Maschinenanlage und das dritte Drittel auf die Baggereinrichtung, zu der die Schneidkopfleiter, die Böcke für das Heben der Leiter und der Pfähle, die Pfähle selbst, die Rohrleitung im Schiff u. a. m. zu rechnen sind.

In Zeile 12 ist noch, für beide Tabellen gleich, die größte Baggertiefe angegeben, die bei 45°-Neigung der Schneidkopfleiter erreicht wird. Dieses Maß ist aber weniger mit der Schiffsgröße zwangsläufig verbunden als beispielsweise beim Eimerbagger, und es können besonders bei kleinen Größen erhebliche Abweichungen auftreten, wie die Ausführungsbeispiele erkennen ließen.

Zeile 13 enthält Anhaltswerte für das Gewicht eines Pfahles und für den Seilzug der Schwingwinden, die unter sich gleichgesetzt sind, aber in Tab. 12b höher angenommen sind.

G. Sonderausführungen für Schneidkopfsauger und Sauger mit verschiedenen Einrichtungen für die Bodenlösung

1. Schneidkopfsauger für enge Gewässer mit Schiffskörperteilung oder schwingender Schneidkopfleiter

Für das Arbeiten in engen Gewässern ist der Schneidkopfsauger mit seiner Schwingbewegung und der Bodenförderung durch eine Rohrleitung ohne Schuten an sich schon gut geeignet und kann dieser Einsatzart durch Sonderausführung noch weiter angepaßt werden.

Abb. 175 zeigt den bei der IHC Holland im Jahre 1956 erbauten Schneidkopfsauger „Arlesienne", der auch Schuten beladen und aus Schuten saugen kann, mit 500 mm Druckrohranschluß und 600 PS an der Baggerpumpe. Er hat 2 Schwimmkörper von je 30,0 m Länge, 7,0 m Breite und 2,8 m Seitenhöhe und einen Tiefgang von etwa 1,8 m. Jeder Schwimmkörper besteht aus einem Hauptponton und einem Stützponton, nach dessen Abnahme die Breite nur noch 5,0 m beträgt. Für Durchfahrt durch niedrige Brücken kann der Bagger bis auf eine Höhe von 3,4 m über der Wasserlinie abgebaut werden.

Der eine Schwimmkörper enthält die Kraftstation, bestehend aus zwei 6zylindrigen Dieselmotoren von je 360 PS bei 375 U/min, mit 2 Gleichstromgeneratoren von je 240 kW, welche hintereinandergeschaltet die Energie für den Elektromotor der Baggerpumpe liefern. Außerdem steht im Maschinenraum noch ein Dieselmotor mit 5 Zylindern, der 320 PS bei 375 U/min leistet. Er treibt einen Gleichstromgenerator von 125 kW an, welcher die Energie für den Schneidkopfmotor von 150 PS oder den Antriebsmotor der Zusatzpumpe für das Schutensaugen liefert. Außerdem ist mit ihm ein Generator von 90 kW für Winden, Hilfsmaschinen, Beleuchtung usw. gekuppelt. Schließlich ist noch ein Hafendieselmotor von 15 PS bei 750 U/min vorhanden, der einen Generator von 9 kW für Beleuchtung und einen Kompressor für Anlaßluft antreibt. Der Maschinenraum hat bei 5,0 m Breite eine Länge von 17,5 m, und die restliche Schiffslänge ist für Wohnräume verwendet.

Der andere Schwimmkörper von gleichen Abmessungen enthält die Baggerpumpe mit dem Antriebsmotor, der 600 PS leistet. Die Saugleitung hat einen Durchmesser von 530 mm und die Druckleitung einen von 500 mm. Sie geht unter Zwischenschaltung eines Drehgelenks und eines Ausgleichstücks mit 2 Kugelgelenken zum anderen Schwimmkörper nach dessen Hinterende, an dem ein weiteres Drehgelenk den Übergang in die Schwimmrohrleitung bildet.

Seitlich der Baggerpumpe steht die Zusatzpumpe für Schutensaugen, die von einem Elektromotor von 150 PS angetrieben wird. Ein gleicher Motor mit einer Welle quer zur Schiffsrichtung treibt über Riemen und Zahnräder eine in der Neigungsachse der Schneidkopfleiter liegende Welle an, die in einen Getriebekasten führt, von dem die Schneidkopfwelle abgeht.

Die Schneidkopfleiter befindet sich in einem Schlitz von 1,25 m Breite und 7,0 m Länge und ergibt bei 45° Neigung gegen die Horizontale eine Baggertiefe von 7,0 m. Damit die Leiter bei ihrer geringen Breite die seitlichen Kräfte aufnehmen kann, trägt sie eine nach oben gehende Hilfsleiter, die an den Schlitzwänden gleitet. Das Saugrohr hat am oberen Ende einen nach unten gerichteten Krümmer, an den sich ein Bogenstück ansetzt, das um die Neigungsachse der Schneidkopfleiter herumgeführt ist. Bei Änderung der Leiterneigung gleitet es mit seinem Ende in einer Stopfbuchse, die mit dem feststehenden Teil der Saugrohrleitung verbunden ist. Die Einrichtung stellt wie ein Saugschlauch die bewegliche Verbindung zwischen der sich neigenden Saugrohrleiter und der festen Saugrohrleitung her.

Am anderen Schiffsende befinden sich die beiden Pfähle mit der Rotortrommel, System THELE, die im vorangehenden Abschnitt beschrieben wurde und durch einen besonderen Elektromotor von 26 PS über eine Triebstockverzahnung gedreht wird.

Die Saugrohrhebewinde ist an Deck neben dem Schlitz angeordnet und wird durch einen Motor von 30 PS angetrieben. In der Nähe des Bedienungshauses ist die Zentralwinde aufgestellt, welche durch einen Elektromotor von 26 PS angetrieben wird und 5 Seiltrommeln hat. Davon sind zwei für die Schwingseile bestimmt, die entweder über 2 Seilrollen am vorderen Ende der Schneidkopfleiter oder an Deck in die seitliche Richtung abgelenkt werden. Von 2 Trommeln gehen die Pfahlseile nach hinten ab, sind über Rollen im Kopf eines Hebebockes geführt und heben die Pfähle mit loser Rolle an 2 Strängen. Die fünfte Seiltrommel ist für ein Vortau bestimmt.

Die Einrichtung für das *Beladen* von Schuten befindet sich auf dem Schwimmkörper der Kraftstation. Von dem über ihn geführten Druckrohr der Baggerpumpe gehen nach

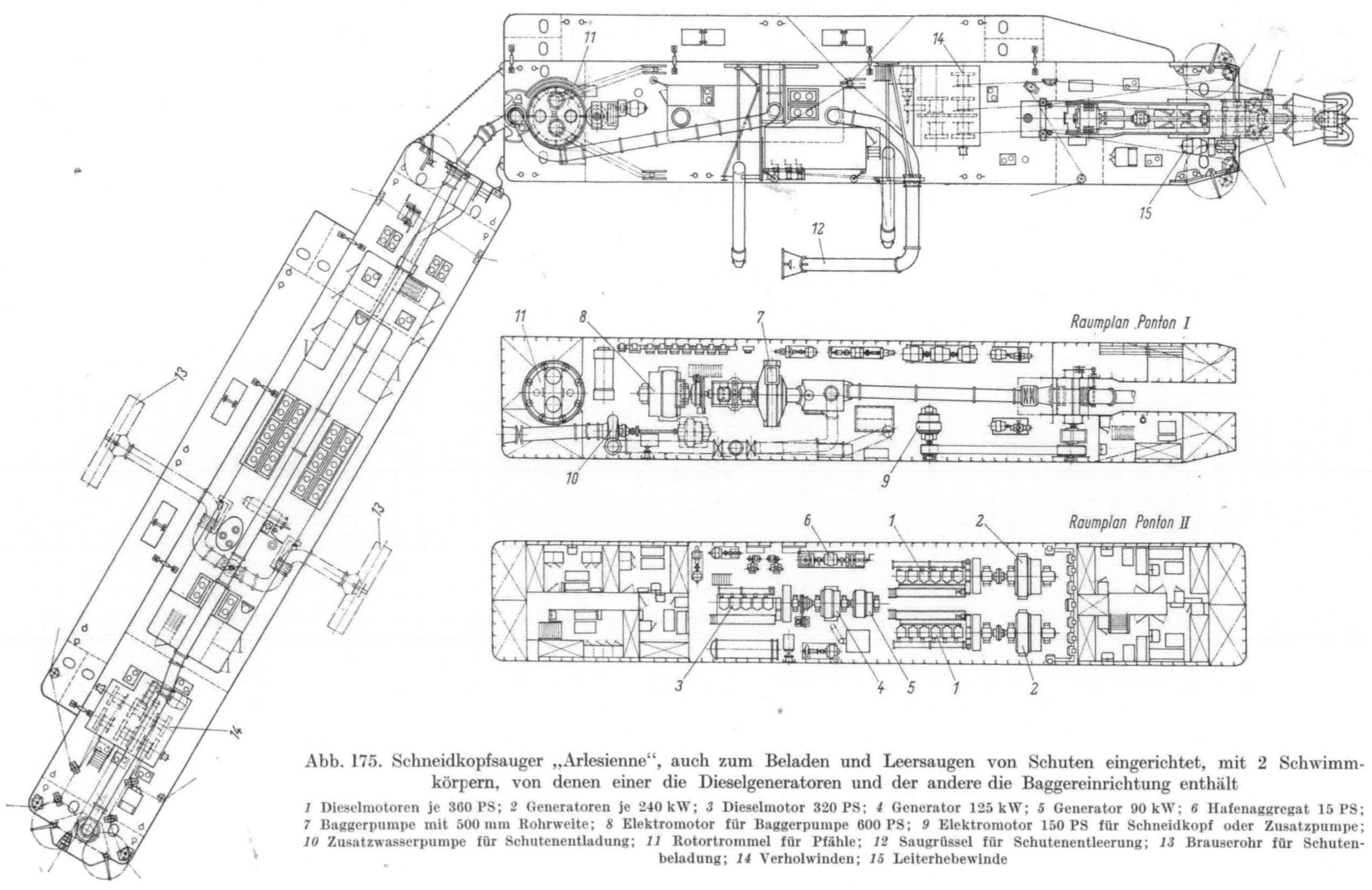

Abb. 175. Schneidkopfsauger „Arlesienne", auch zum Beladen und Leersaugen von Schuten eingerichtet, mit 2 Schwimmkörpern, von denen einer die Dieselgeneratoren und der andere die Baggereinrichtung enthält

1 Dieselmotoren je 360 PS; *2* Generatoren je 240 kW; *3* Dieselmotor 320 PS; *4* Generator 125 kW; *5* Generator 90 kW; *6* Hafenaggregat 15 PS; *7* Baggerpumpe mit 500 mm Rohrweite; *8* Elektromotor für Baggerpumpe 600 PS; *9* Elektromotor 150 PS für Schneidkopf oder Zusatzpumpe; *10* Zusatzwasserpumpe für Schutenentladung; *11* Rotortrommel für Pfähle; *12* Saugrüssel für Schutenentleerung; *13* Brauserohr für Schutenbeladung; *14* Verholwinden; *15* Leiterhebewinde

beiden Seiten absperrbare Rohre, die unter Einschaltung von Drehbuchsen zu den beiden heb- und senkbaren Schutenbeladerohren mit den quer gestellten Brauserohren führen.

Die Einrichtung für das *Leersaugen* von Schuten befindet sich auf dem Baggerpumpenschwimmkörper. Von der hier im Maschinenraum angeordneten Zusatzpumpe führt die Druckleitung waagerecht nach vorn, und es gehen von ihr 2 Leitungen senkrecht nach oben zu den beiden verziehbaren Spritzrüsseln sowie außerdem die Verbindungsleitung nach dem Saugrohr der Baggerpumpe ab, um diese beim Schutensaugen auffüllen zu können. Der Baggerpumpe ist ein Steinkasten vorgeschaltet, in welchen die von oben kommende Schutensaugleitung sowie die aus dem Schlitz kommende waagerechte Grundsaugleitung eingeführt sind. Auch der Schiffskörper, welcher die Kraftstation trägt, hat eine Windenanlage mit mehreren Trommeln und kann durch Seile beim Schneidkopfbetrieb in der gewünschten Lage gehalten werden. Das beim Beladen und Entladen von Schuten erforderliche Verziehen kann durch diese Anlage oder die des anderen Schwimmkörpers durchgeführt werden.

Bei anderen Schneidkopfsaugern geht man, wenn sie in engen Rinnen arbeiten, von der Schwingbewegung des Schiffskörpers um einen Pfahl ab, benutzt die Pfähle nur zur Festlegung des Schiffskörpers und läßt die Schneidkopfleiter eine Schwingbewegung ausführen. Dann braucht die Rinne nur wenig breiter zu sein als es der Schiffskörper ist.

Abb. 176 zeigt den Saugbagger „Caesar", der so arbeitet. Er ist ein sehr kleines Gerät mit einem Schiffskörper von 8,0 m Länge, 3,0 m Breite und 1,0 m Seitenhöhe mit einem Tiefgang in betriebsfertigem Zustand von 0,6 m, wobei die größte Baggertiefe 2,5 m beträgt. Ein Dieselmotor von 50 PS bei 750 U/min treibt die Baggerpumpe mit einem Kreiseldurchmesser von 530 mm bei 110 mm Breite an, deren Druckrohr einen Durchmesser von 175 mm bei 200 mm Saugrohrdurchmesser hat. Der gleiche Motor treibt über Riemen und eine in der Längsschiffsrichtung liegende Vorgelegewelle den Schneidkopf und die Windenanlage an, die aus zwei auf jeder Schiffsseite an Deck angeordneten Einheiten von je 3 Trommeln besteht. Wenn das Gerät durch seine Pfähle festgelegt ist und mit der Schwingleiter arbeitet, dient die Windenanlage zum Verholen in die neue Arbeitsstellung. Man kann aber auch die Schwingleiter festsetzen und den Bagger um einen Pfahl in der üblichen Weise schwingen lassen, wenn die Arbeitsbreite nicht beschränkt ist.

Die Druckleitung der Baggerpumpe geht in die Höhe und von hier nach beiden Seiten in Auswurfrohre. Außerdem geht eine Leitung nach hinten, wo sich die Schwimmrohrleitung anschließen läßt. Man hat außerdem eine Strahlpumpe zum Fahrantrieb vorgesehen. Deren Strahl ist schwenkbar, so daß eine Steuerung möglich ist.

Die schwingende Schneidkopfleiter zeigt Abb. 177. Vom Hauptmotor wird über Riemen und Vorgelegewelle eine waagerechte, in der Neigungsachse der Schneidkopfleiter liegende Welle angetrieben. Diese dreht über Kegelräder eine senkrecht dazu abgehende Welle, welche die Neigung der Schneidkopfleiter mitmacht. Sie steht in der Abbildung senkrecht, kommt jedoch bei der größten Baggertiefe in eine Schrägstellung. Über Kegelräder wird von ihr die Schneidkopfwelle angetrieben und von dieser über Stirnräder unter Einschaltung eines Wendegetriebes mit Ritzel die Triebstockverzahnung des Schwingsegmentes. Das Wendegetriebe wird vom Führerstand gesteuert und so die Schwingbewegung der Schneidkopfleiter erzeugt. Am oberen Ende des Saugrohrs sitzt ein Kugelgelenk und bildet das Zwischenglied zwischen dem festen Teil des Saugrohrs im Schiffskörper und dem beweglichen Saugrohr der Schneidkopfleiter.

Abb. 178 zeigt die Schwingleiter des 1950 bei der LMG erbauten, etwas größeren Baggers „Robbe II" ähnlicher Art, mit den Schiffskörperabmessungen 14×3,5×1,5, Tiefgang 0,8 m und größter Baggertiefe 4,0 m. Der Hauptmotor hat hier 200 PS bei 750 U/min, die Baggerpumpe einen Kreiseldurchmesser von 715 mm bei 160 mm Breite. Auch hier wird vom Hauptmotor über Vorgelegewellen, Zahnräder, Ketten usw. die Windenanlage, die Schneidkopfwelle und das Schwingwerk für die Schneidkopfleiter angetrieben, das hier etwas anders ausgebildet ist. Die Schwingachse bleibt senkrecht stehen, und das mit ihr verbundene Schwingsegment kann durch einen an Deck angeordneten Triebstock von einem Ritzel angetrieben werden, dessen Welle von unten kommt und durch Einschaltung eines unter Deck angeordneten Wendegetriebes sich in beiden Richtungen drehen kann. Die Schneidkopfwelle wird über ein durch 2 Kardan-

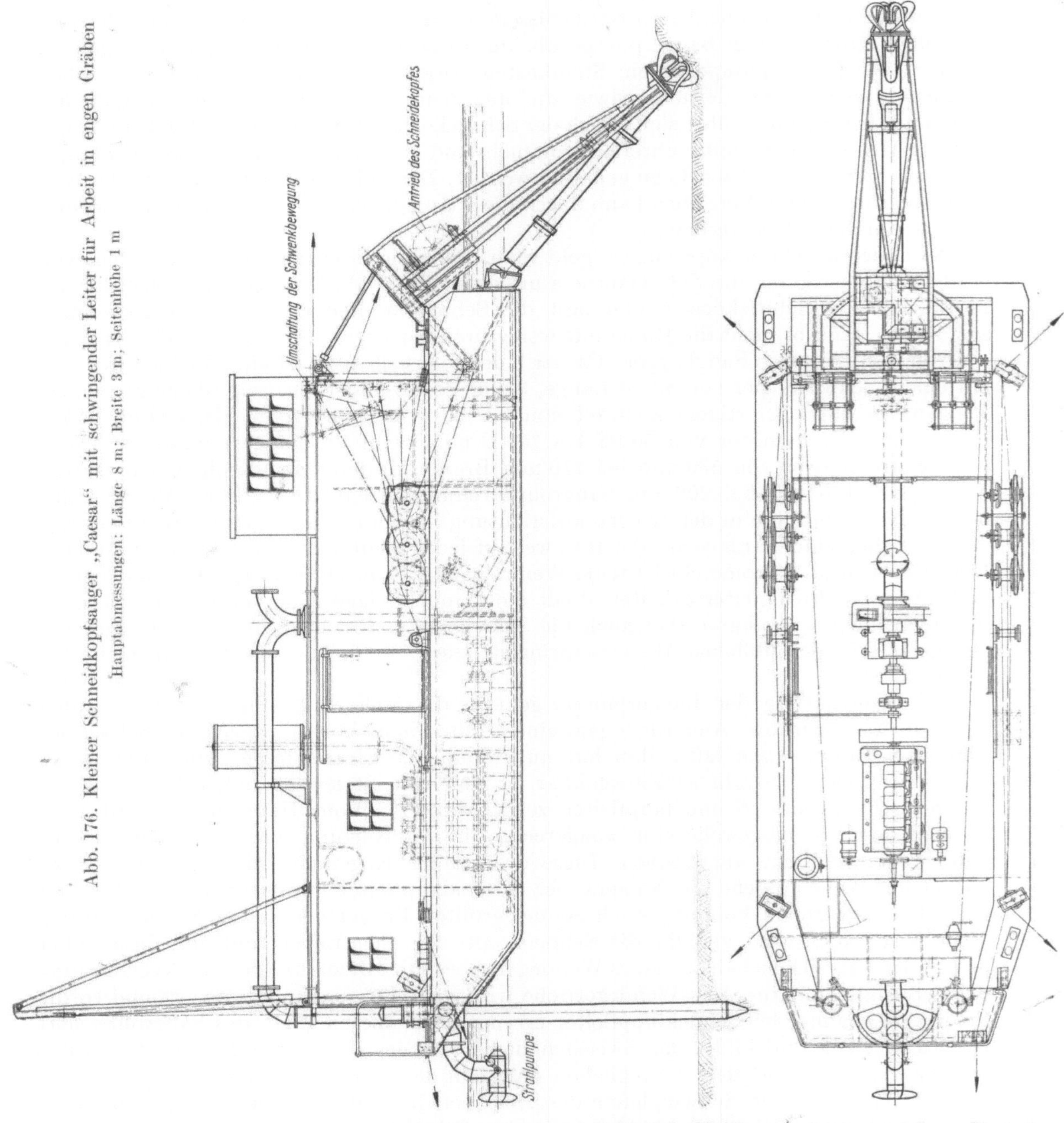

Abb. 176. Kleiner Schneidkopfsauger „Caesar" mit schwingender Leiter für Arbeit in engen Gräben
Hauptabmessungen: Länge 8 m; Breite 3 m; Seitenhöhe 1 m

gelenke bewegliches und in seiner Länge veränderliches Wellenstück angetrieben. Dabei kann die Schneidkopfleiter sowohl um die senkrecht bleibende Achse schwingen als auch um eine weitere waagerechte Achse sich neigen. Damit das Saugrohr sich diesen Bewegungen anpassen kann, ist ein Saugschlauch mit einer anschließenden Schiebestopfbuchse eingeschaltet. Für die Bedienung ist ein erhöhter Baggermeisterstand vorhanden mit Handhebeln für die Kupplungen der Winden, das Wendegetriebe der Schwingleiter usw.

Wesentlich einfacher werden derartige Bagger, wenn man den mechanischen Antrieb durch einen hydraulischen ersetzt. Abb. 179 zeigt einen amerikanischen Bagger der Ellicot Dragon-Type mit 200 mm Druckrohrdurchmesser. Der Schiffskörper hat die Abmessungen $12 \times 4,9 \times 1,2$, Gewicht 45 t, Tiefgang etwa 0,8 m mit einer installierten Maschinenleistung von 165 PS. Die Baggerpumpe wird über ein Untersetzungsgetriebe durch einen Dieselmotor angetrieben, der Schneidkopf dagegen durch einen Drucköl-

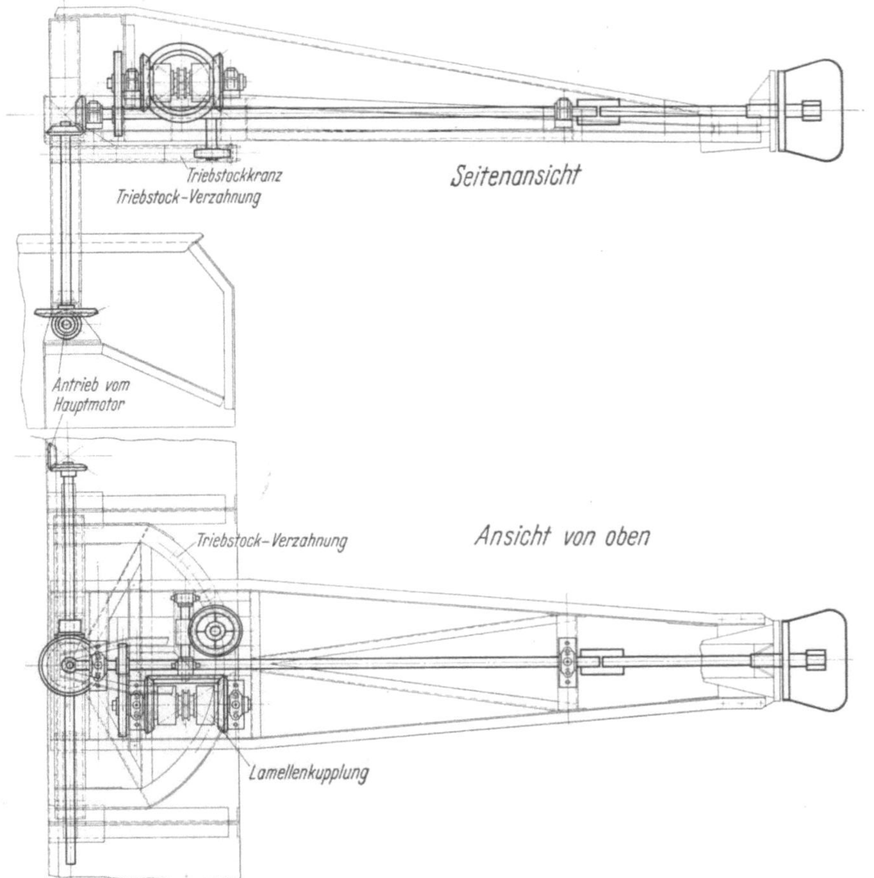

Abb. 177. Triebwerk für die Schwingbewegung der Schneidkopfleiter des Baggers „Caesar" mit kippender Schwingachse

motor. Öldruckzylinder heben und senken die Schneidkopfleiter und lassen sie nach beiden Seiten schwingen. Die 4 Pfähle werden durch Öldruckmotore gehoben und gesenkt, wobei ihre Bewegungen vom Baggermeisterstand gesteuert werden können. Während die beiden vorderen Pfähle zum Festhalten des Baggers beim Arbeiten mit schwingender Leiter dienen, können die hinteren durch Schwenkbewegungen ihn nach vorn oder nach den Seiten bewegen. Es kann auf diese Weise eine Rinne in Schiffsbreite gebaggert werden, während bei der üblichen Schwingbewegung des ganzen Schiffskörpers um einen Pfahl mindestens 9 bis 10 m erforderlich sind.

Abb. 180 zeigt als Lichtbild einen Schreitbagger ähnlich dem vorangehend beschriebenen bei der Ausbaggerung eines Grabens, dessen Breite die des Baggerpontons nur wenig überschreitet.

Abb. 181 zeigt den Weri-Bagger, Fabrikat Riedemann, Ütersen. Er ist ein Sondergerät mit einem Rohrdurchmesser von 150 mm zum Ausbaggern von Gräben, Teichen u. dgl. bei leichten Bodenverhältnissen. Der Schwimmkörper hat einschließlich eines

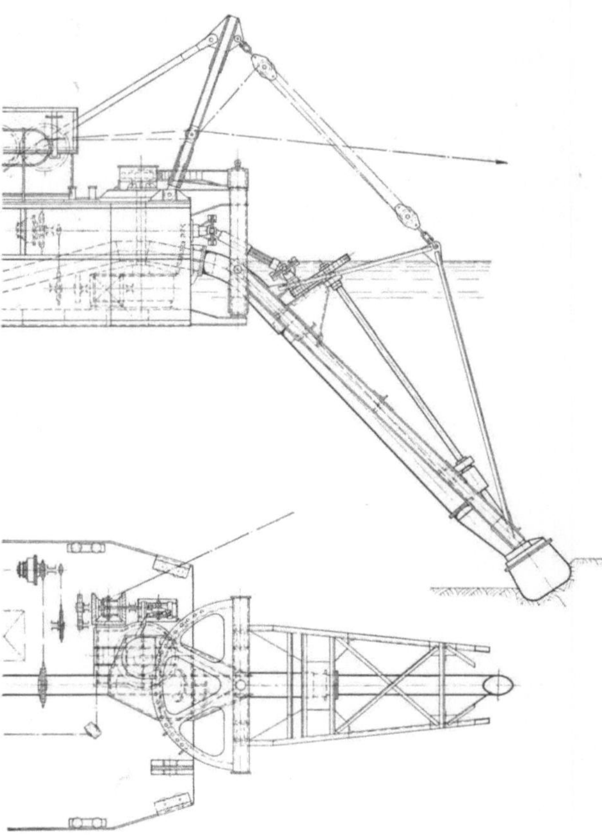

Abb. 178. Triebwerk für die Schwingbewegung der Schneidkopfleiter des Baggers „Robbe II" mit fester senkrechter Schwingachse und Kardanwellenantrieb für den Schneidkopf

Abb. 179. Schneidkopfsauger für Arbeiten in engen Gewässern mit Schreitpfählen und schwingender Leiter bei ölhydraulischem Antrieb für Schneidkopf und Pfahlbewegung sowie Heben und Schwingen der Leiter. Ellicot Dragon-Type

1 Schneidkopf in Korbform; *2* Schneidkopfleiter; *3* Vorderpfähle zum Festhalten des Baggers beim Arbeiten mit schwingender Leiter; *4* Baggermeisterstand für zentrale Bedienung; *5* Hinterpfähle für Fortschritt nach vorne und nach den Seiten; *6* Dieselmotor für Antrieb der Baggerpumpe über ein Untersetzungsgetriebe; *7* Baggerpumpe; *8* Einrichtung für Heben und Senken sowie Schwingen der Schneidkopfleiter durch Öldruckzylinder; *9* Druckrohrleitung

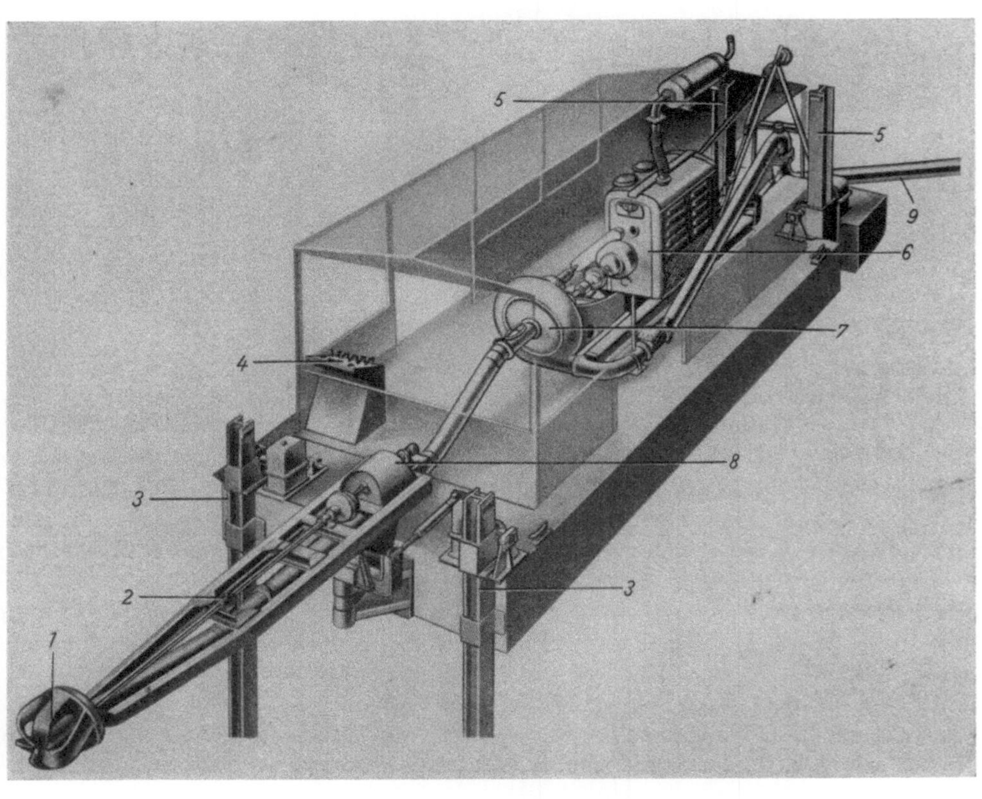

abnehmbaren Seitenpotons eine Breite von 3,2 m und mit vorgestreckter Leiter eine
Gesamtlänge von etwa 6,4 m. Er kann auf einem Fahrgestell mit luftbereiften Rädern
auf der Straße befördert werden und bei seinem geringen Gewicht von 4500 kg leicht

Abb. 180. Schneidkopfsauger mit Schreitpfählen und schwingender Leiter bei Herstellung eines schmalen
Grabens unter Gemischauswurf über dem Ufer

zu Wasser gebracht werden, wonach sein Tiefgang 0,32 m beträgt. Ein Dieselmotor von
50 PS treibt über Gelenkwellen die Baggerpumpe an, die am vorderen Ende der Leiter
sitzt und unter Wasser kommt. Der Kreisel hat einen zylindrischen Ansatz, der durch die
Gehäusewand ragt und mit Schneid-
messern besetzt wird. Pumpe und
Schneidkopf bilden eine Einheit, wie sie
in Abb. 124 ähnlich an einem Beispiel aus
älterer Zeit gezeigt wurde. Tiefeneinstel-
lung der Leiter und deren Schwingbewegung besorgen hydraulische Zylinder.
Das Gerät liegt während der Arbeit in Seilen, wird mit diesen verholt und erreicht
mit seiner Rohrleitung von 150 mm
Weite eine Förderentfernung von etwa
300 m. Es kann nur Bodenarten baggern,
die sich mit der hohen Drehzahl der
Schneideinrichtung, die der von der
Pumpe gleich ist, bearbeiten lassen.

Abb. 181. Straßenfahrbarer Grabenbagger mit versenk-
barer Baggerpumpe und Schneidmessern auf einem
zylindrischen Ansatz des Kreisels

2. Schneidkopfsauger für die Ausbaggerung von Stauseen und große Baggertiefe

Die Beseitigung von Ablagerungen aus Stauseen, die beim Bau von Talsperren entstehen, ist eine Aufgabe, die an Bagger zukünftig immer häufiger herantreten wird.
Erfahrungsgemäß lagert sich an der Stauwurzel grobes Material ab sobald die Strömungsgeschwindigkeit infolge der Erweiterung des Querschnitts absinkt. Das der Menge nach
überwiegende Feinmaterial wird noch weiter getragen und setzt sich an verschiedenen
Stellen, insbesondere am Ende des Sees vor der Staumauer, ab. Man versucht, durch
Dämme, Leitwerke und andere bauliche Maßnahmen unter Verwendung des abgelagerten
Grobmaterials zu erreichen, daß zum mindesten bei Hochwasser eine Selbstreinigung
eintritt, indem dann durch die stärkere Strömung die abgelagerten Materialien wieder
aufgenommen und über das Wehr auf die Unterstromseite befördert werden.

Das ist nur möglich bei Talsperren an Flüssen mit entsprechender Wasserführung
und hat den Nachteil, daß die flußabwärts gelegenen weiteren Stauseen dann die Ablagerungen bekommen. Sehr ungünstig liegen die Verhältnisse bei Talsperren, die Wasser-
vorräte speichern sollen. Bei ihnen ist der Zufluß meist nur gering und auch bei Hochwasser für eine Selbstreinigung nicht ausreichend. Außerdem will man gerade das Wasser
speichern und nicht in größerer Menge über das Wehr laufen lassen. Hat sich im Laufe

der Jahre der Stausee durch die Ablagerungen zugesetzt, so ist der eigentliche Zweck der Sperre, einen größeren Wasservorrat für die Bewässerung von landwirtschaftlich genutzten Flächen oder Trinkwasserversorgung von Städten zu speichern, nicht mehr erreicht, und die Beseitigung der Ablagerungen ist nicht leicht. Es handelt sind um

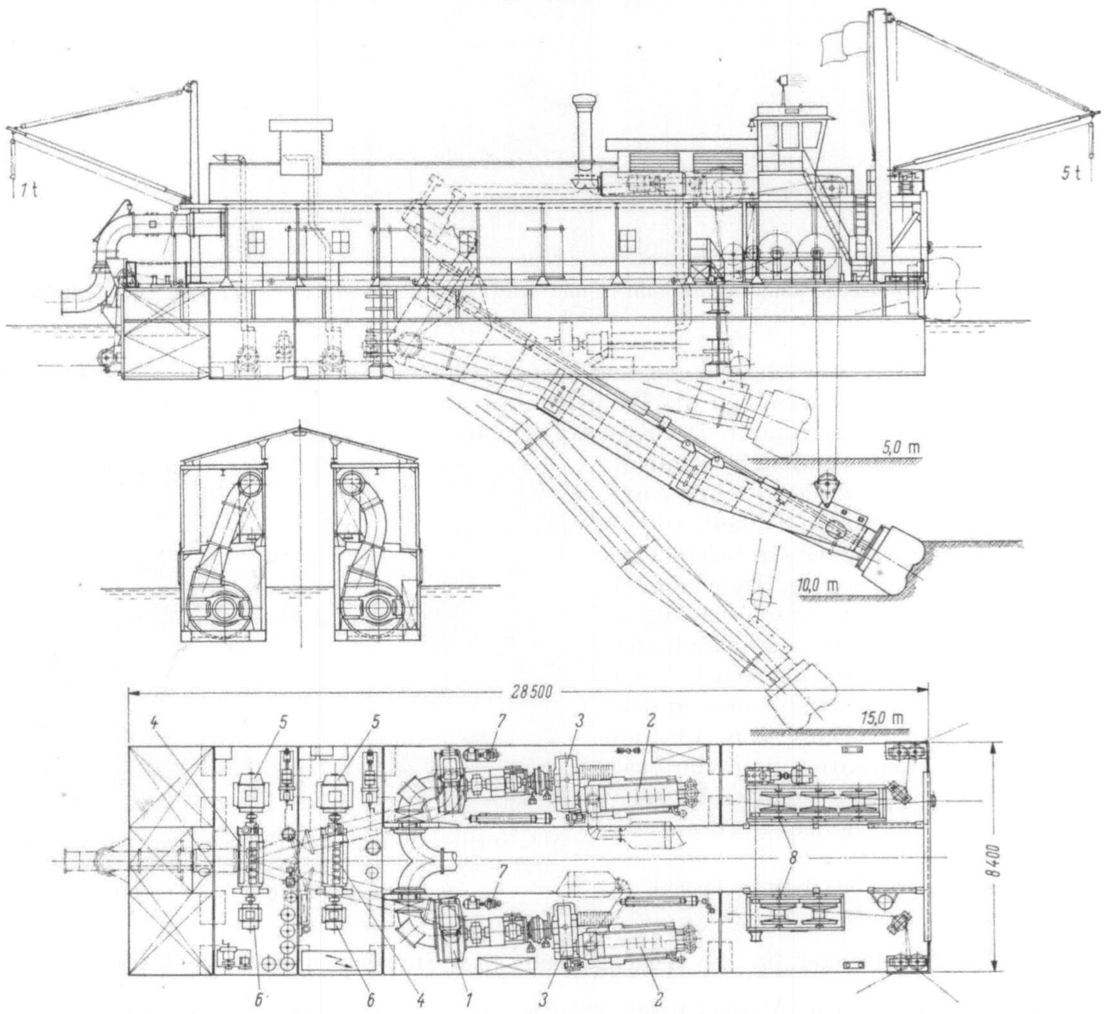

Abb. 182. Schneidkopfsauger für Beseitigung von Ablagerungen aus Stauseen mit zerlegbarem Schiffskörper bei starker Baggerpumpenanlage

1 Baggerpumpen mit 700 mm Rohrweite; *2* Dieselmotoren je 840 PS; *3* Zahnradgetriebe; *4* Dieselmotoren je 340 PS; *5* Leonard-Generatoren 165 kW für Schneidkopfmotoren; *6* Bordnetzgeneratoren 65 kW; *7* Hilfsaggregate 16,5 PS; *8* Windenanlagen

Feinmaterial, das durch hohe Überlagerung fest geworden ist, und es sind große Mengen, die in kurzer Zeit abgebaggert werden müssen. Dabei wäre die Baggertiefe sehr groß, wenn man den ursprünglichen Gewässergrund annähernd wieder freilegen wollte. Schwierig ist es auch, Ablagerungsfelder zu finden, da auf der Unterstromseite des Wehres größere Mengen ohne schädliche Wirkung nicht abgelagert werden können. Meist haben Stauseen steile Ufer, und Flächen, die Ablagerungen aufnehmen können, liegen dann weit von der Baggerstelle entfernt. Der Einsatz eines Saugbaggers mit Schneidkopf und Rohrleitungsförderung ist vorteilhaft, da ein kontinuierliches Arbeiten ohne viele Nebengeräte möglich wird. Dafür ist allerdings Voraussetzung, daß während der Baggertätigkeit genügend Wasser für die hydraulische Förderung zuläuft. Andernfalls muß eine Rückleitung vom Ablagerungstafel nach dem Stausee vorgenommen werden.

Abb. 182 zeigt den Generalplan des 1959 bei der LMG für Talsperren in Algerien gebauten Schneidkopfsaugers „Lucien Dumay". Da Stauseen auf dem Wasserwege nicht zu erreichen sind, muß der Schiffskörper zerlegbar sein und besteht aus 2 Stücken von 19,5 m Länge, 3,0 m Breite und 3,3 m Seitenhöhe, die im Abstand von 2,40 m voneinander angeordnet sind und zwischen sich einen Schlitz lassen für die Aufnahme der Schneidkopfleiter. Eine weitere Unterteilung ergibt 2 Pontons von 12,0 m Länge, in welche die beiden Baggerpumpenanlagen eingebaut sind, während die beiden Teile von 7.5 m Länge den das Führerhaus enthaltenden Überbau tragen.

Am anderen Schiffsende wird durch drei querliegende Pontons von je 3,0 m Breite eine Verbindung der beiden Schiffsteile hergestellt, und es ergibt sich zusammengebaut ein Schiffskörper von 28,5 m Länge, 8,4 m Breite und 3,3 m Seitenhöhe mit einem Schlitz von 19,5 m Länge und 2,4 m Breite. Der Tiefgang beträgt 2,0 m, entsprechend einem Gewicht des Baggers von etwa 390 t.

In beiden Schiffsteilen ist je eine Baggerpumpe aufgestellt mit einem Durchmesser von 700 mm für Saug- und Druckleitung und 1275 mm für den Kreisel. Sie wird angetrieben von einem Dieselmotor von 840 PS bei 750 U/min über ein Untersetzungsgetriebe 1 : 2,24, so daß die Nenndrehzahl der Pumpe 335 U/min beträgt. Die beiden Querpontons enthalten je einen Dieselmotor von 340 PS bei 1000 U/min, der auf der einen Seite einen Leonard-Generator von 165 kW für den Schneidkopfmotor und auf der anderen Seite einen Bordnetzgenerator von 65 kW antreibt. Außerdem sind noch 2 Hilfsdieselmotoren von 16,5 PS bei 1500 U/min für einen 5,8 kW-Generator und einen Kompressor für Anlaßluft vorhanden.

Die Forderung, daß der Schiffskörper aus einzelnen, für sich abgeschlossenen Teilen bestehen und eine leistungsfähige Baggerpumpenanlage aufnehmen soll, hat dazu geführt, daß die Pumpenräume eng werden und Reparaturen schwierig durchzuführen sind. Mit aus diesem Grund hat man 2 Anlagen vorgesehen, die wechselseitig in Betrieb genommen werden können. Elektroantrieb würde weniger Raum beanspruchen, jedoch handelt es sich bei den Stauseen in Algerien um Wasserspeicher, die keine Kraftwerke haben. Aber auch bei Talsperren mit Kraftwerken ist der Elektroantrieb nicht immer vorteilhaft. Man muß den Bagger an die günstigste Stelle legen und umsetzen können; eine Rücksichtnahme auf die Stromzufuhr, die bei den meist hohen Ufern nicht einfach ist, ist störend.

Die Schneidkopfleiter ist im Schlitz untergebracht und ermöglicht eine Baggertiefe von 5 bis 15 m, letzteres bei 54° Neigung. Nach Einsatz eines Zwischenstücks können bis zu 20,0 m erreicht werden. Der Schneidkopf von der Korbform hat einen Durchmesser von 2200 mm und wird durch einen Elektromotor von 200 PS über ein Stirnraduntersetzungsgetriebe angetrieben. Das Saugrohr gabelt sich an seinem oberen Ende in 2 Rohrstränge, die um 90° abbiegen und in der Neigungsachse der Schneidkopfleiter in Drehstopfbuchsen in den Schiffskörper und weiter zu den beiden Baggerpumpen führen.

Die Windenanlage befindet sich im Vorschiff, ihr Antriebsmotor von 30 PS steht auf der Backbordseite vom Schlitz und treibt über ein Schneckengetriebe eine Vorgelegewelle an, die auch nach der anderen Schiffsseite führt. Der Bagger hat keine Schwingpfähle, sondern arbeitet in Seilen. Von den 5 Seiltrommeln sind je zwei auf jeder Schiffseite für die vorderen und hinteren Seitendrähte bestimmt, die fünfte für ein Vortau.

Die Leiterhebewinde steht hinter dem Bedienungshaus auf dem oberen Traggerüst. Sie wird durch einen besonderen Elektromotor angetrieben und hebt die Schneidkopfleiter an 4 Seilsträngen. Der Angriffspunkt der Seilflasche kann jeweils der Leiterlänge angepaßt werden.

Jeder der beiden Baggerpumpensätze hat eine Verbindung nach dem am hinteren Schiffsende liegenden Drehgelenk, welches den Übergang in die Schwimmrohrleitung bildet. Dabei kann der backbordseitige Pumpensatz benutzt werden, während die Steuerbordanlage als Reserve dient und umgekehrt. Man hält eine derartige Reserve für notwendig, weil die Stauseen meist sehr entlegen und schwer erreichbar sind.

Die Pumpe erzeugt im Nennpunkt einen Förderstrom von 1300 l/sek, der in der Rohrleitung von 700 mm Weite eine Fördergeschwindigkeit von 3,36 m/sek ergibt. Diese ist für das feine Schwebstoffmaterial ausreichend und läßt bei Fehlen einer geometrischen Höhe eine Förderweite von etwa 1850 m erreichen. Wenn diese noch größer werden soll, kann eine Verstärkerpumpenanlage hinzugeschaltet werden. In einem aus 3 Teilen bestehenden Schiffskörper von 12,0 m Länge, 7,0 m Breite und 3,3 m Seitenhöhe ist die gleiche Pumpenanlage eingebaut, die sich in 2facher Ausfertigung auf dem Bagger befindet. Auch das Hilfsaggregat mit dem 16,5 PS-Motor findet sich hier wieder.

Man muß den Sauger an die Stelle legen, an der er die günstigsten Baggerbedingungen vorfindet, d. h. große Abtragshöhe bei nicht übermäßiger Baggertiefe. Dann ist die

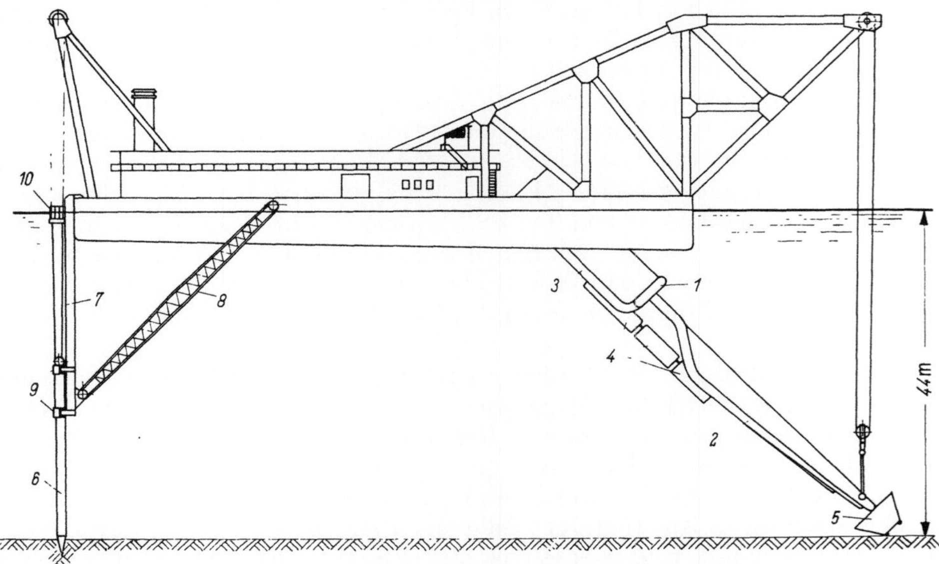

Abb. 183. Projekt eines großen Schneidkopfsaugers für etwa 44 m Baggertiefe, bestimmt für künftige Arbeiten am Panamakanal

1 Baggerpumpe in der Schneidkopfleiter; *2* Saugrohrleitung von 1170 mm Weite; *3* Druckrohrleitung von 1020 mm Weite; *4* Auftriebtanks; *5* Schneidkopf mit Antriebsmotor 2000/2500 PS; *6* Schwingpfähle; *7* Pfahlrahmen; *8* Stützträger; *9* Pfahlschacht; *10* Obere Pfahlführung
Schiffsabmessungen: 85 × 18,2 × 6/7,5 Gewicht etwa 8000 t, installierte Maschinenleistung etwa 20 000 PS

Förderweite gegeben durch die Lage der Ablagerungsflächen, und man muß die Schaltung der Pumpen entsprechend vornehmen. Das Feinmaterial, aus dem diese Ablagerungen bestehen, macht bei Reihenschaltung von mehreren Pumpen keine Schwierigkeiten, und auch der Verschleiß hält sich in mäßigen Grenzen. Trotzdem sind die Kosten für eine Förderung auf weite Entfernung nicht zu unterschätzen.

Man erkennt hieraus die Notwendigkeit, beim Anlegen von Stauseen die künftige Beseitigung der Ablagerungen gleich mit einzuplanen. Man muß versuchen, die Ablagerungen durch bauliche Maßnahmen an eine Stelle zu bringen, an der die Baggerbedingungen günstig sind und die Förderweite nach den Ablagerungsfeldern nicht zu groß wird. Unter Umständen ist ein zweimaliges Baggern mit Zwischenablagerung des Materials günstiger als Baggern und Fördern auf große Entfernung unter Reihenschaltung von 3 Pumpenanlagen.

Bei den Naßbaggerarbeiten, die bei einem Umbau des *Panamakanals* durchzuführen sind, ist mit großen Baggertiefen zu rechnen, und Projekte für die erforderlichen Geräte liegen vor, darunter auch für einen Schneidkopfsauger, der alles bisherige an Größe übertrifft.

Abb. 183 zeigt diesen als Entwurfsskizze und läßt erkennen, daß eine Baggertiefe von 44,0 m vorgesehen ist. Der Schiffskörper ist 85,0 m lang, 18.2 m breit und ist mit steigender Seitenhöhe ausgeführt. Sie beträgt am hinteren Ende, an dem die Pfähle sitzen, 6,0 m und steigt nach dem Vorderende bis auf 7,5 m an, um das Gewicht der Schneidkopfleiter aufzunehmen. Der Tiefgang liegt dabei zwischen 3,8 und 5,5 m, und das Gewicht des Gerätes kann mit 8000 t geschätzt werden. In etwa 9,0 m Tiefe unter dem Wasserspiegel ist die eine Baggerpumpe angeordnet, welche durch einen Elektromotor von 8000 PS bei Stromzufuhr von Land angetrieben wird. Die Saugleitung hat 1170 mm und die Druckleitung 1020 mm Dmr. Die Pumpe ist in einem besonderen Raum innerhalb der Schneidkopfleiter untergebracht, so daß sie mit ihrem Antriebsmotor frei vom Wasser und zugänglich bleibt. Die 60,0 m lange Schneidkopfleiter hat noch Auftriebtanks, die das Gewicht vermindern, aber noch genügend nachlassen, damit die Umfangskräfte des Schneidkopfs, die beim Antrieb durch einen Elektromotor von 2000 bis 2500 PS entstehen, aufgenommen werden.

Die Hauptpumpe ist im Schiffskörper aufgestellt und erhält ihren Antrieb durch eine Dampfturbine von 8000 bis 10000 PS Leistung. Für die Winden und sonstigen Hilfsmaschinen ist ein Turbogenerator vorgesehen.

Ein besonderes Problem entstand bei den Pfählen von etwa 50,0 m Länge. Da die durch den Schiffskörper gegebene Einspannlänge nicht ausreichend ist, ist eine besondere Stützkonstruktion vorgesehen, die durch einen schrägen Gitterträger gehalten wird. Dabei sind die Pfähle auf etwa 30,0 m Länge eingespannt.

Der Entwurf in dieser Form wurde bisher noch nicht verwirklicht, jedoch hält man ihn in den USA ausführbar, zumal inzwischen der im vorangehenden Kapitel beschriebene Schneidkopfsauger „Alameda" mit den Schiffskörperabmessungen $64 \times 15,3 \times 4,3$ mit einer Dampfturbinenanlage von 12500 kW gebaut wurde.

An weiteren Geräten für den Umbau des Panamakanals sind noch ein Eimerkettenbagger von 1540 l Eimerinhalt und ein Löffelbagger von 15 bis 23 m³ Löffelinhalt — beide auch für große Baggertiefe ausreichend — vorgesehen.

3. Schneidkopfsauger mit eigenem Fahrantrieb

Schneidkopfsauger mit Rohrleitungsförderung erhalten selten eigenen Fahrantrieb. Wenn sie indessen Unterhaltungsarbeiten auf Flüssen durchführen und hierbei Ablagerungen schnell beseitigen sollen, die an verschiedenen Stellen des Flußlaufs sich bilden können, dann ist eigener Fahrantrieb doch zweckmäßig. Damit werden sowohl die Schneidkopfsauger als auch die im nächsten Abschnitt beschriebenen Dustpansauger auf dem *Mississippi* ausgerüstet. Der Fluß entspringt in 514 m Höhe über dem Meeresspiegel auf den Schwarzen Hügeln, einer unbedeutenden Wasserscheide zwischen Hudsonbay und Golf von Mexico, fließt in 100 km Abstand am Lake Superior vorbei und mündet in 4209 km Entfernung von der Quelle in einem Delta unterhalb von New Orleans in den Golf von Mexico. Er wird bei Minneapolis, 3200 km von der Mündung für größere Schiffe und im Unterlauf bei Baton Rouge, in 300 km Entfernung von der Mündung sogar für Seeschiffe befahrbar. Seine Breite beträgt nach der Einmündung des Ohio, die 340 km unterhalb des bei St. Louis einmündenden Missouri liegt, bei mittlerem Wasserstand etwa 1370 m, geht dann aber wieder auf 920 m zurück und beträgt unterhalb von New Orleans etwa 750 m bei großer Tiefe. Der *Missouri* entspringt auf 1250 m Höhe im Gebirge, in einer Entfernung von 6755 km von der Mündung des Mississippi und führt bei Hochwasser große Schlamm- und Sandmassen mit. Auf der 340 km langen Strecke zwischen der Mündung des Missouri und der des Ohio beträgt die Wasserführung des Mississippi bei Niedrigwasser 1275 m³/sek und erreicht 24000 m³/sek bei Hochwasser mit einem Anstieg des Wasserspiegels um 11 m. Im Unterlauf nach Einmündung des Ohio und weiterer Zuflüsse steigt dieser Unterschied und ergibt für Hochwasser eine Wasserführung von 56700 m³/sek bei einem um 16 m höheren Wasserspiegel gegen Niedrigwasser, bei dem die Wasserführung 1850 m³/sek beträgt.

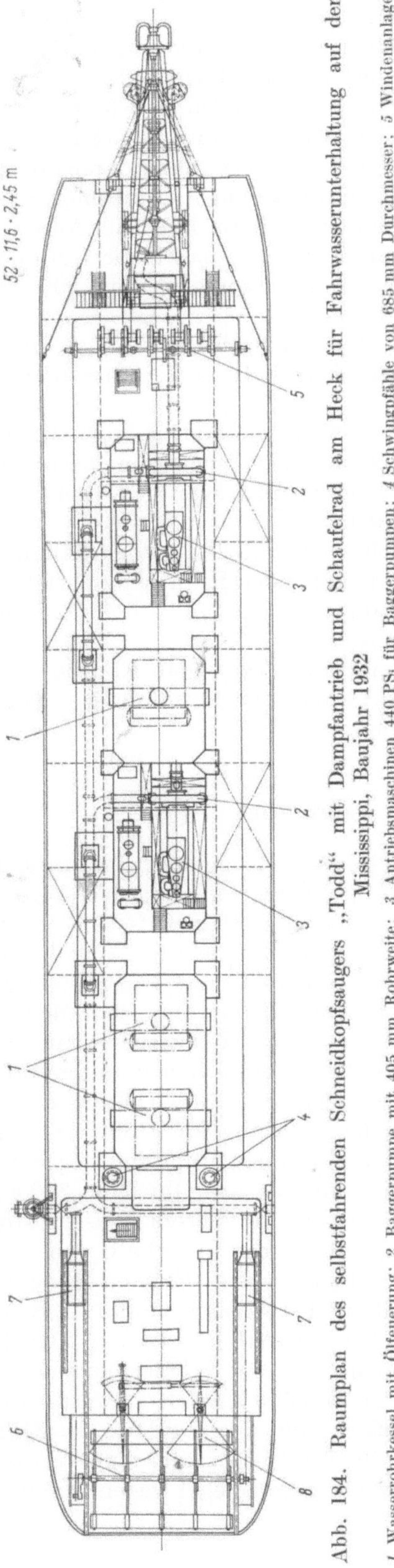

Abb. 184. Raumplan des selbstfahrenden Schneidkopfsaugers „Todd" mit Dampfantrieb und Schaufelrad am Heck für Fahrwasserunterhaltung auf dem Mississippi, Baujahr 1932

1 Wasserrohrkessel mit Ölfeuerung; *2* Baggerpumpe mit 405 mm Rohrweite; *3* Antriebsmaschinen 440 PS; für Baggerpumpen; *4* Schwingpfähle von 685 mm Durchmesser; *5* Windenanlage; *6* Schaufelrad für Fahrbewegung; *7* Fahrmaschinen; *8* Ruder. — Schiffsabmessungen 52 × 11,6 × 2,45

Die bei Hochwasser mitgeführten Sand- und Schlammassen setzen sich an Stellen geringer Stromgeschwindigkeit, hauptsächlich in Stromerweiterungen und Stromkrümmungen ab, so daß nach Abziehen des Hochwassers das Flußbett vollkommen verändert ist. Es bilden sich Hügelrücken von einem Ufer zum anderen, die aus dem Wasser herausragen und von einer größeren Zahl von Rinnen durchfurcht sind, von denen keine die für die Schiffahrt erforderliche Tiefe hat. Es muß dann eine neue Fahrrinne hergestellt werden, und zwar sehr schnell, da nur dann ein erneutes Zusetzen verhindert und eine Selbsträumung erreicht werden kann.

Schon frühzeitig ging die Regierung der Vereinigten Staaten an die Aufgabe der Schifffahrtsicherung heran, und gegen Ende des vorigen Jahrhunderts wurden hierfür leistungsfähige Baggergeräte, insbesondere Saugbagger, gebaut. Es wurden systematische Versuche über Ertragsleistung und Wirtschaftlichkeit der verschiedenen Methoden vorgenommen und hier die Grundlagen für die Saugbaggerei geschaffen, die in der Neuen Welt seitdem vorherrschend ist. Es ist interessant festzustellen, daß fast alles damals schon versucht wurde, was heute vielfach wieder neu erscheint, wie beispielsweise die verschiedenen Arten der Bodenauflockerung zur Erleichterung des Ansaugens und des Förderns in Rohrleitungen, besondere Ausführungen der Schwimmrohrleitungen, Sicherungen gegen Verschleiß in Pumpen, Rohrleitungen u. a. m.

Man hat inzwischen versucht, durch bauliche Maßnahmen die Sandablagerungen zu vermindern, aber es sind auch heute noch Baggergeräte erforderlich, die lange Zeit in Bereitschaft liegen, bei Eintreten des Bedarfsfalls schnell an die Baggerstelle fahren und in kurzer Zeit große Mengen abbaggern müssen. Neben den Furchensaugern, die im nächsten Abschnitt behandelt werden, soll hier der fahrbare Schneidkopfsauger „Todd" erwähnt werden, den Abbildung 184 zeigt. Er ist im Jahre 1932 erbaut und hat einen Schiffskörper von 52 m Länge zwischen den Loten, 11,6 m Breite auf Spanten und 2,45 m Seitenhöhe. Seine Verdrängung beträgt bei voller Ausrüstung in betriebsfertigem Zustand 825 t bei einem Tiefgang von 1,53 m.

Er hat Dampfantrieb und dafür 3 Wasserrohrkessel mit Ölfeuerung, zwei am hinteren Schiffsende und den dritten zwischen den beiden Baggerpumpenanlagen. Diese werden von Dreifach-Expansions-Maschinen mit den Zylinderabmessungen $\frac{280 + 460 + 790}{460}$ angetrieben, die 440 PS$_i$ bei 160—180 U/min leisten. Die Pumpen haben einen Druckrohrdurchmesser von 405 mm und Kreiseldurchmesser zwischen 1980 und 2140 mm.

Die Schneidkopfleiter ist 14,5 m lang und ermöglicht eine größte Baggertiefe von 10,7 m, während die geringste 2,45 m ist. Das in die Leiter eingebaute Saugrohr hat 435 mm und der Schneidkopf etwa 2000 mm Dmr. Er wird angetrieben durch

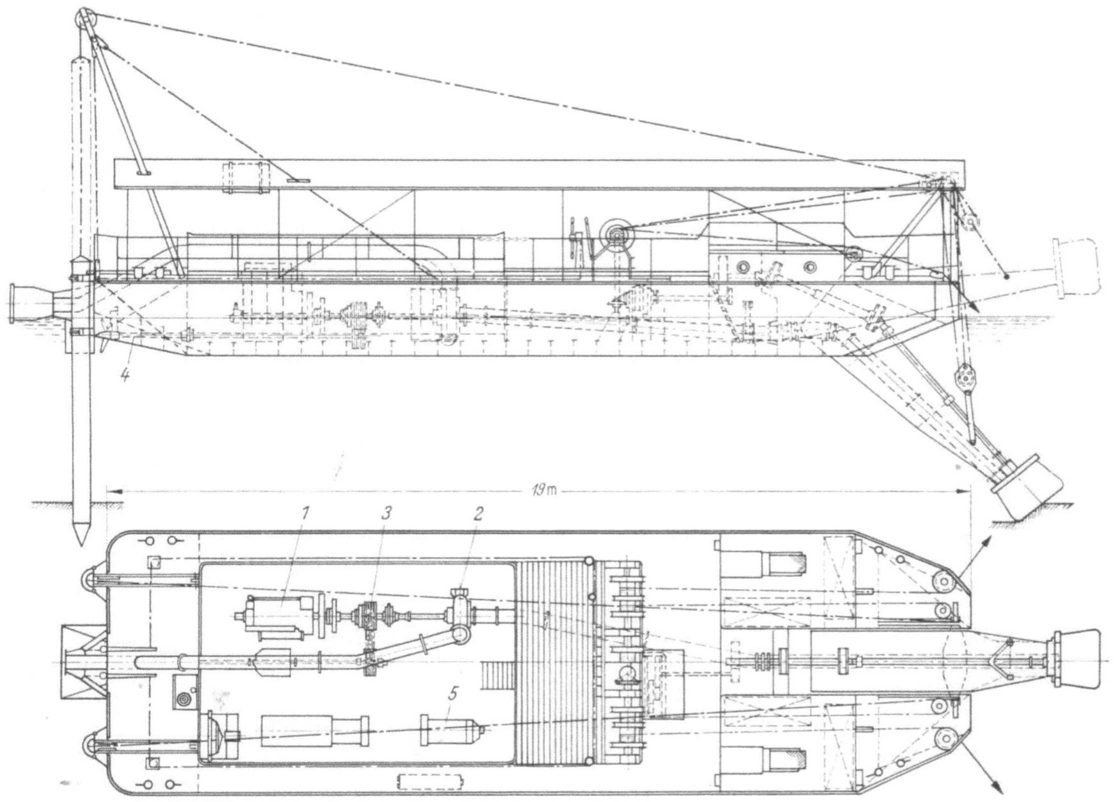

Abb. 185. Kleiner selbstfahrender Schneidkopfsauger mit Dieselantrieb für Unterhaltungsarbeiten in Gewässern von Pakistan

1 Dieselmotor 105 PS; *2* Baggerpumpe mit 300 mm Druckrohrweite; *3* Keilriemenantrieb; *4* Propellerwelle; *5* Dieselmotor 45 PS zum Antrieb von Schneidkopf und Winden. — Schiffsabmessungen: 19 × 6 × 1,7 m

eine liegende Zwillingsmaschine mit Zylinderdurchmesser und Hub von 305 mm. Das Druckrohr der ersten Pumpe geht an dem zwischen den Pumpen liegenden Kessel vorbei zur zweiten Pumpe, und weiter nach hinten zu einem Hosenrohrstück mit Abzweigungen nach beiden Seiten zu Drehgelenken, welche den Übergang zur Schwimmrohrleitung bilden.

Die Pfähle liegen innerhalb des Schiffskörpers zwischen den Kesseln und der Fahrmaschinenanlage und haben einen Durchmesser von 685 mm bei einer Länge von 14,5 m. Man hat einen Abstand von 45 m vom Schwingpfahl bis zum Schneidkopf bei mittlerer Baggertiefe und erreicht damit eine größte Schnittbreite von 46,5 m und eine kleinste von 23 m. Zum Antrieb der vorn liegenden Winde mit 5 Seiltrommeln dient eine Zwillingsmaschine von 210 mm Zylinderdurchmesser und 254 mm Hub.

Die Fahrbewegung besorgt ein am Heck angeordnetes Schaufelrad von 5620 mm Dmr. bei 7350 mm Breite mit 14 Schaufeln von 815 mm Höhe. Es sitzt auf einer

Welle von 310 mm Dmr. mit beiderseitigen Kurbeln. An diesen greifen unmittelbar die Pleuelstangen der beiden Verbundfahrmaschinen mit den Zylinderabmessungen $\frac{356 + 710}{1840}$ an. Sie leisten 250 PS_i bei 18 bis 22 U/min und ergeben eine Geschwindigkeit von etwa 12 km/h. Zwei Ruder von großer Fläche dienen zur Steuerung.

In neuerer Zeit sind in Ostpakistan, im Bereich des Deltas von Ganges und Brahmaputra, Schiffahrtsrinnen zu unterhalten und neue zu schaffen, wofür bei der IHC Holland im Jahre 1951 eine Flotte von Baggergeräten bestellt wurde. Hierzu gehören außer dem im folgenden Abschnitt behandelten Furchensauger „Aminul Bahr" ein Schneidkopfsauger mittlerer Größe und 18 kleine Schneidkopfsauger. Sämtliche Geräte erhielten Fahrantrieb, damit sie bequem an die verschiedenen, in großer Entfernung voneinander liegenden Baggerstellen herankommen können.

Die 18 kleinen Schneidkopfsauger nach Abb. 185 haben Dieselantrieb, und ihre Schiffskörper sind 19,0 m lang, 6,0 m breit und 1,7 m hoch mit 0,8 m Tiefgang. Der seitlich stehende Hauptdieselmotor leistet 105 PS und treibt die Baggerpumpe mit 300 mm Druckrohrweite unmittelbar sowie die Propellerwelle über einen Keilriemen an, wobei eine Fahrgeschwindigkeit von 9,25 km/h erreicht wird. Ein Dieselmotor von 45 PS treibt über Vorgelegewellen mit Zahnrädern sowohl den Schneidkopf wie auch die Fünftrommelwinde an, während ein Dieselgenerator Strom für Beleuchtung und Hilfsmaschinen liefert.

Zum Schluß dieses Abschnitts sei noch erwähnt, daß sehr viele Hoppersauger mit Schneidkopfeinrichtung ausgestattet werden, so daß sie zu selbstfahrenden Schneidkopfsaugern werden. Sie arbeiten dann aber nicht im Umlaufverfahren unter Füllung ihres Laderaumes, sondern baggern, am Ort bleibend, mit Förderung über eine Schwimmrohrleitung.

Näheres darüber wird im Kapitel „Hoppersauger" berichtet.

4. Schneidkopfsauger in pflügender Arbeitsweise für Furchenbaggerung

Die Schwingbewegung um einen Pfahl ist bei Schneidkopfsaugern die Regel, aber man läßt sie manchmal auch „pflügend" arbeiten. Dann werden die Bagger an einem Vortau vorausgeholt, wie die Amsterdamer Moddermühle, und ziehen mit mehreren nebeneinanderliegenden Schneidköpfen eine Furche.

Abb. 186 zeigt eine von der Berliner Firma Brodnitz & Seydel um 1880 erbaute Rührwerkseinrichtung. Zwei Wellen neben dem Saugrohr, das unten einen erweiterten Einlauf hat, tragen an ihren unteren Enden Rührwerke, die im Bereich des einlaufenden Saugstroms liegen. Oben biegt das Saugrohr in die Neigungsachse um, in der auch die von der anderen Seite kommende Antriebswelle liegt. Diese dreht über Kegelradpaare und 3 Stirnräder die beiden Rührwerkswellen. Infolge der großen Einlauföffnung ist hier der Saugstrom schwach und die Erfassung des losgeschnittenen Materials unsicher.

Es wurde erwähnt, daß man in den Vereinigten Staaten schon um die Jahrhundertwende begann, die Schiffahrt auf dem Mississippi zu sichern. Durch die dabei auftretenden großen Aufgaben wurde die Saugbaggerei stark gefördert und viele Methoden zur Auflockerung des Sandes erprobt. Nach einigen Versuchen mit dem Aufrührverfahren, bei dem man den Boden durch Wasserstrahlen oder mechanische Einrichtungen aufrührt und die Körner dann der Strömung überläßt, kam man zur Schwimmrohrleitung von einigen hundert Metern Länge, mit der es besser gelang, den Boden an geeigneten Stellen abzulagern.

Es wurde eine Reihe von Saugbaggern gebaut, welche die Namen der griechischen Buchstaben Alpha, Beta, Gamma usw. bis Jota erhielten. Davon hatte der erste im Jahre 1893 noch einen Holzrumpf, während 2 Jahre später der von dem Chicagoer Ingenieur Lindon W. BATES in Eisen konstruierte Bagger „Beta" der erfolgreichste war.

Bei dem Ablagerungssand gehen, wie es heißt, im Durchschnitt 300 Körner auf einen Zoll, so daß es Feinsand mit etwas mehr als $^1/_{10}$ mm Korngröße ist, der sich im reinen Saugverfahren kaum lösen läßt. Bates ging deswegen zur mechanischen Bodenlösung über und baute dafür den in Abb. 127 bereits gezeigten Schneidkopf, während die übrigen Bagger Schneiden, schwingende Rechen, Messertrommeln und auch Druckwasser verwandten, wovon später noch die Rede sein wird.

Der Bagger „Beta", den Abb. 187 zeigt, war für die damalige Zeit ungewöhnlich groß mit den Schiffsabmessungen $52,5 \times 12,2 \times 2,8$, Tiefgang etwa 2 m. Er hat 2 Baggerpumpen mit doppelseitigem Wassereintritt und Antriebsdampfmaschinen von je 1000 PS bei 135 U/min. Je 3 Saugrohre von 500 mm Dmr. mit den vorgesetzten Schneidköpfen werden in die beiden nach den Pumpen führenden Saugrohre von 840 mm Dmr. zusammengeleitet. Die beiden Druckrohre der Baggerpumpen von gleichem Durchmesser gehen am Schiffsende in die schwimmende Rohrleitung über. Die Baggerpumpen nach Abb. 188, die an die Bazinsche Bauart erinnern, haben 2100 mm Kreiseldurchmesser, und erreichen bei einem Unterdruck von 5,5 m eine Druckhöhe von 9 m WS. Bei einem Wirkungsgrad der Pumpen von 55 % soll bei einem Bodenanteil, der bis zu 20 % ging, eine Ertragsleistung von 1500 m³/h mit jeder Pumpe erreicht worden sein, also insgesamt 3000 m³/h bei einer Förderweite von etwa 300 m. Dies ist ein bemerkenswertes Ergebnis und zeigt, daß der um die Saugrohrachse sich drehende Schneidkopf eine gute Bodenzufuhr und hohen Feststoffanteil bringt. Eigenen Fahrantrieb hatte „Beta" nicht und wurde bei der Arbeit mit Winden gegen den Strom geholt, wobei er eine Furche etwa gleich breit wie das Schiff zog.

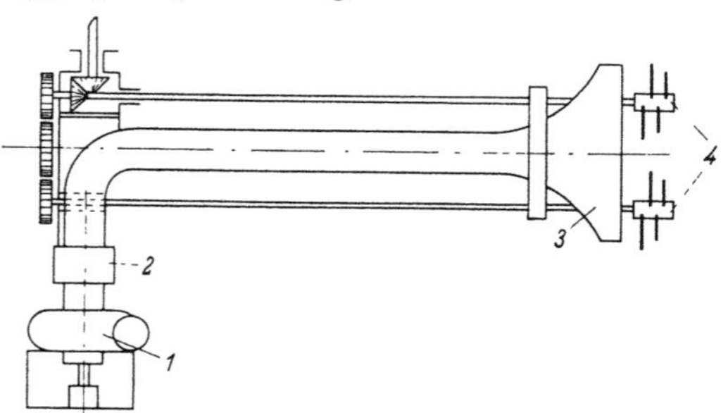

Abb. 186. Bodenlockerungseinrichtung von Brodnitz & Seydel, Berlin, mit 2 Rührflügelsätzen vor einem in die Breite gezogenen Saugrohreinlauf. Baujahr etwa 1885

1 Baggerpumpe; *2* Drehbuchse; *3* Erweiteter Saugrohreinlauf; *4* Rührwerke

Die Konstruktion von Bates war ein großer Erfolg und hat die Entwicklung des Sandsaugens auf unregulierten Flüssen zur Erhaltung und Verbesserung einer Schiffahrtsrinne maßgebend beeinflußt.

Der größte Bagger dieser Bauart wurde für die Wolga entworfen und von Cockerill in Lüttich 1899 gebaut. Er mußte wegen der Überführung aus zwei gleichen Teilen zusammengesetzt werden, von denen jeder eine Länge von 66,0 m und eine Breite von 9,6 m bei 1,42 m Tiefgang besitzt. Die beiden Teile werden dann zusammengekuppelt und ziehen mit ihren 8 Schneidköpfen eine 19,2 m breite Furche. Sie haben bei der Probebaggerung bei einer Förderweite von 350 m eine Ertragsleistung von 5400 m³/h erreicht.

In neuerer Zeit wurde für Regulierungsarbeiten auf Gewässern von Ostpakistan außer den bereits beschriebenen selbstfahrenden Schneidkopfsaugern von der IHC Holland im Jahre 1953 der Bagger „Aminul Bahr" gebaut, der ebenfalls pflügend eine Furche baggert. Abb. 189 ist ein Raumplan des Gerätes mit Dampfantrieb und folgenden Hauptdaten:

Länge über alles 72,0 m, zwischen den Loten 64,0 m, Breite 14,15 m, Höhe bis zum 1. Deck 3,05 m, bis Hauptdeck 5,75 m, Tiefgang unbeladen 2,10 m, betriebsfertig 2,24 m, größte Baggertiefe 7,3 m. Die beiden ölgefeuerten Wasserrohrkessel arbeiten mit 15 atü Dampfdruck, die gesamte installierte Maschinenleistung beträgt 2660 PS$_i$ und das Konstruktionsgewicht des Fahrzeugs etwa 1650 t.

Ebenso wie die nachfolgend beschriebenen Furchensauger mit Dustpanrüssel auf dem Mississippi hat dieses Fahrzeug eigenen Antrieb mit einer Geschwindigkeit von 9,7 Knoten $=$ 18 km/h. Die beiden Hauptmaschinen sind von geschlossener Bauart und

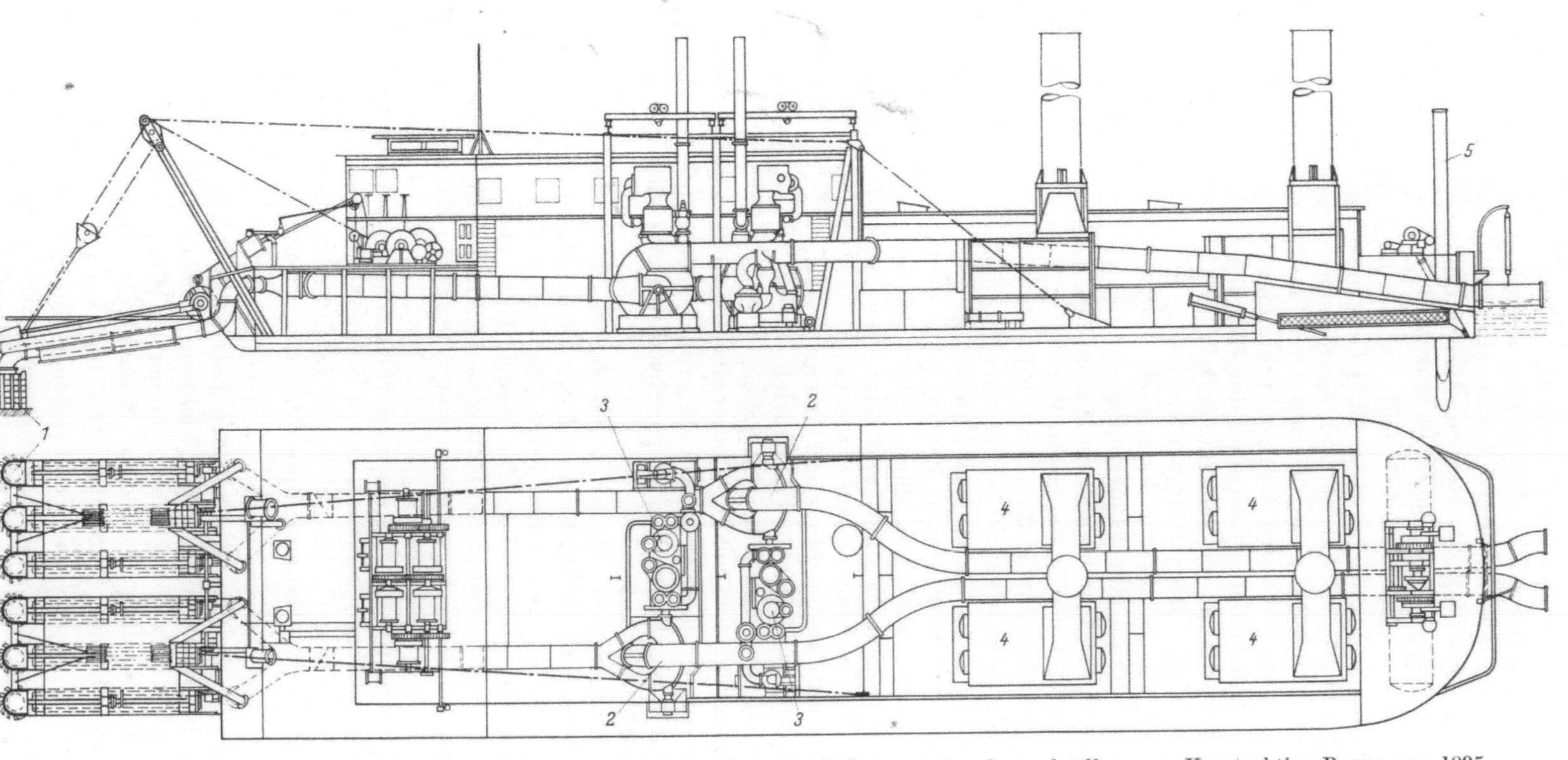

Abb. 187. Furchensauger „Beta" für den Mississippi mit 6 Schneidmesserzylindern vor den Saugrohröffnungen. Konstruktion BATES von 1895

1 Schneidmesserzylinder 6 Stück;   2 Baggerpumpen mit 840 mm Druckrohrweite 2 Stück;   3 Dampfmaschinen von 1000 PS$_i$ 2 Stück;   4 Wasserrohrkessel 4 Stück;   5 Haltepfähle
Schiffsabmessungen: 52,5 × 12,2 × 2,8 m

haben 3fache Expansion mit einem Leistungsvermögen von 850 PS$_i$ bei 300 U/min. Sie treiben über ausrückbare Kupplungen die beiden Propeller von je 1600 mm Dmr. und die Baggerpumpen an. Diese haben geschlossene Kreisel von 1300 mm Dmr. mit 5 Flügeln, und ihre Druckrohrausläufe münden in eine gemeinsame Druckleitung von 1100 mm Weite, die in der Schiffsmitte über dem Hauptdeck nach hinten geführt ist, wo ein Gummischlauch den Übergang in die schwimmende Rohrleitung bildet.

Am vorderen Schiffsende sind 3 Saugleitern angeordnet, die je 2 Rührschneidköpfe mit vier propellerartigen Flügeln tragen. Die 3 Saugrohre haben 600 mm Dmr. und werden in der auf der Abbildung erkenntlichen Weise in 2 Rohre von 800 mm Dmr. übergeführt, die nach den Pumpen gehen. Die 6 Schneidkopfwellen werden durch 3 Elektromotore von je 200 PS über Zahnräder angetrieben. Die Energie für diese Motoren und die der Winden sowie für Licht und andere Zwecke wird von 3 Gleichstromgeneratoren geliefert, die von Dampfmaschinen von 480 PS angetrieben werden. Davon arbeiten zwei im Betrieb parallel, während die dritte in Reserve bleibt. Für Hafenbetrieb ist noch ein Hilfsgenerator vorgesehen.

Abb. 190 zeigt ein Lichtbild des Gerätes und Abb. 191 läßt seine Arbeitsweise beim Furchensaugen erkennen. Der Bagger bewegt sich dabei in Richtung seiner Achse, und von den 3 Schneidkopfpaaren wird eine Rinne derart geschaffen, daß das 14 m breite Fahrzeug nachfolgen kann, auch wenn der Boden vor der Baggerung über die Wasserfläche hinausragte. Der Bagger kann sich also in pflügender Arbeitsweise freischneiden.

Die Schwimmrohrleitung liegt dabei, wie die Abbildung erkennen läßt, im Bogen und läßt einen Fortschritt des Fahrzeugs von 3 Schiffslängen = etwa 200 m zu. Die Rohrleitung hat 320 m Länge und besteht aus 22 Stücken von je 13,5 m Länge, die durch Kugelgelenke verbunden sind. Dabei wird jedes Rohrstück durch einen scheibenförmigen Rundschwimmer getragen, mit dem es in seiner Mitte kardanisch verbunden ist. Bei dieser Bauart

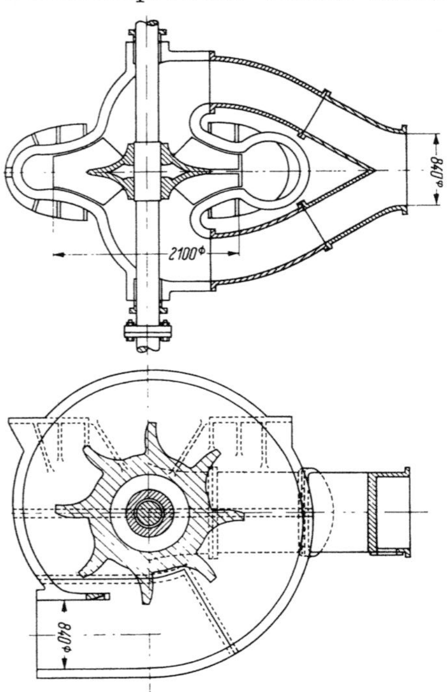

Abb. 188. Baggerpumpe des Mississippifurchensaugers „Beta" mit doppelseitigem Saugrohreinlauf

gleicht die Schwimmrohrleitung einer Gelenkwelle, die jede Form annehmen kann, während die Schwimmkörper sich wieder unabhängig von ihr je nach den Strömungsverhältnissen einstellen können. „Aminul Bahr" hat eine durch Elektromotor angetriebene Zentralwinde mit 5 Trommeln für einen Bugdraht sowie zwei vordere und zwei hintere Seitendrähte, während für das Heben der Schneidkopfleitern eine weitere Winde mit 3 Trommeln vorgesehen ist. Die Winden werden vom Baggermeisterstand gesteuert, wobei unter Heben und Senken der Schneidkopfleitern das Gerät an dem Bugdraht vorausgeholt und mit den Seitendrähten gehalten wird. Von diesem Baggermeisterstand aus wird auch der Bagger mit 2 Rudern gesteuert, wenn er mit eigener Kraft von einer Arbeitsstelle zur anderen fährt. Dabei geben ihm die beiden, dann mit den Propellern gekuppelten Hauptmaschinen von 850 PS$_i$ eine Geschwindigkeit von 18 km/h.

Die Kreiselumfangsgeschwindigkeit beträgt bei 300 U/min 20,5 m/sek, womit eine Förderhöhe von etwa 23,5 m erreicht wird. Man kommt bei etwa 500 m Förderweite auf die für den Mississippibagger „Beta" berechnete Ertragsleistung von 3000 m³ pro Drehstunde. Die Fördergeschwindigkeit beträgt etwa 3,5 m/sek.

14*

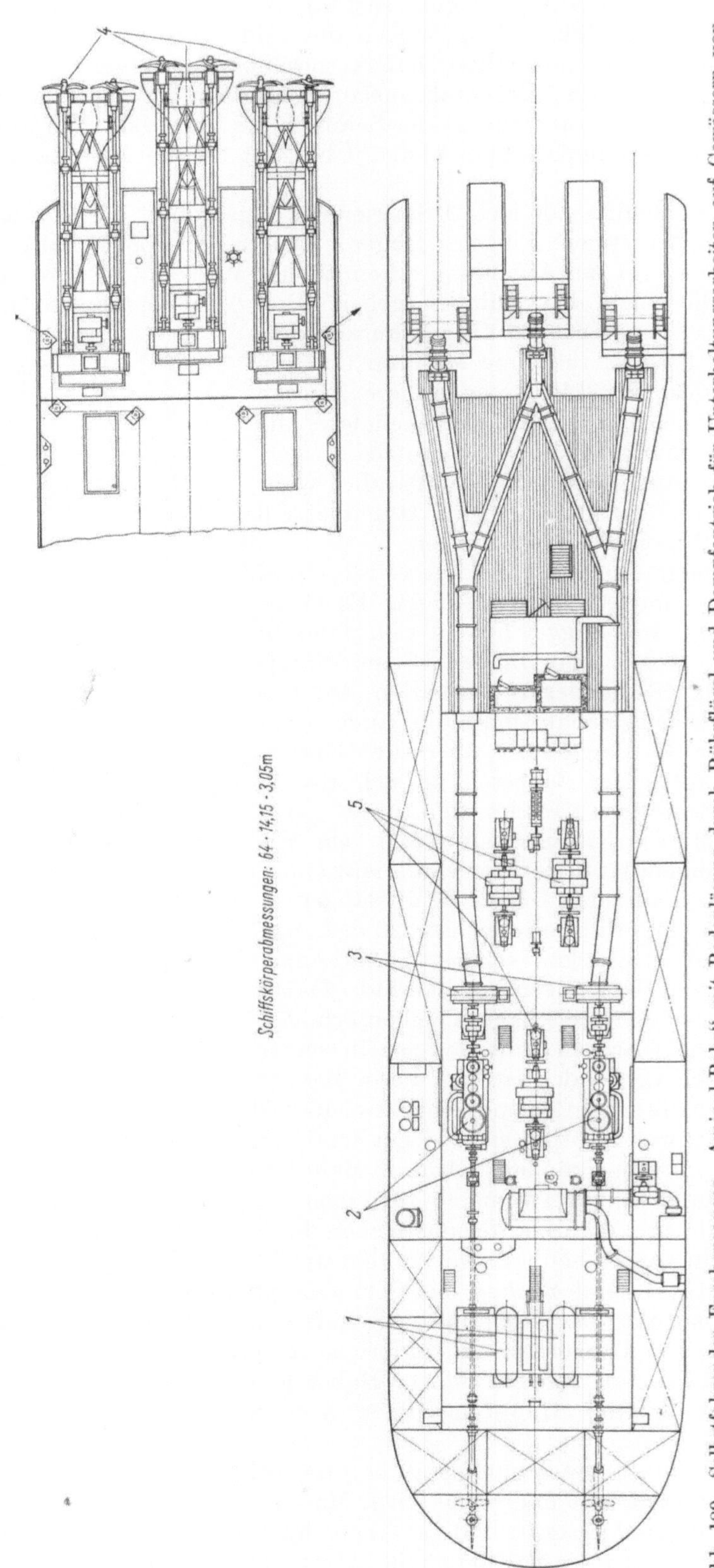

Abb. 189. Selbstfahrender Furchensauger „Aminul-Bahr" mit Bodenlösung durch Rührflügel und Dampfantrieb für Unterhaltungsarbeiten auf Gewässern von Pakistan. Baujahr 1953

1 Wasserrohrkessel mit Ölfeuerung; 2 Hauptmaschinen von 850 PS_i für Baggerpumpen und Propeller; 3 Baggerpumpen und Propeller; 4 Rührschneidköpfe; 5 Gleichstromgeneratoren. Installierte Maschinenleistung etwa 2660 PS; Gewicht etwa 1650 t

Abb. 190. Furchensauger „Aminul-Bahr" mit 3 Saugrohrleitern und je 2 Rührflügeln für Bodenlösung.
Aufnahme IHC Holland

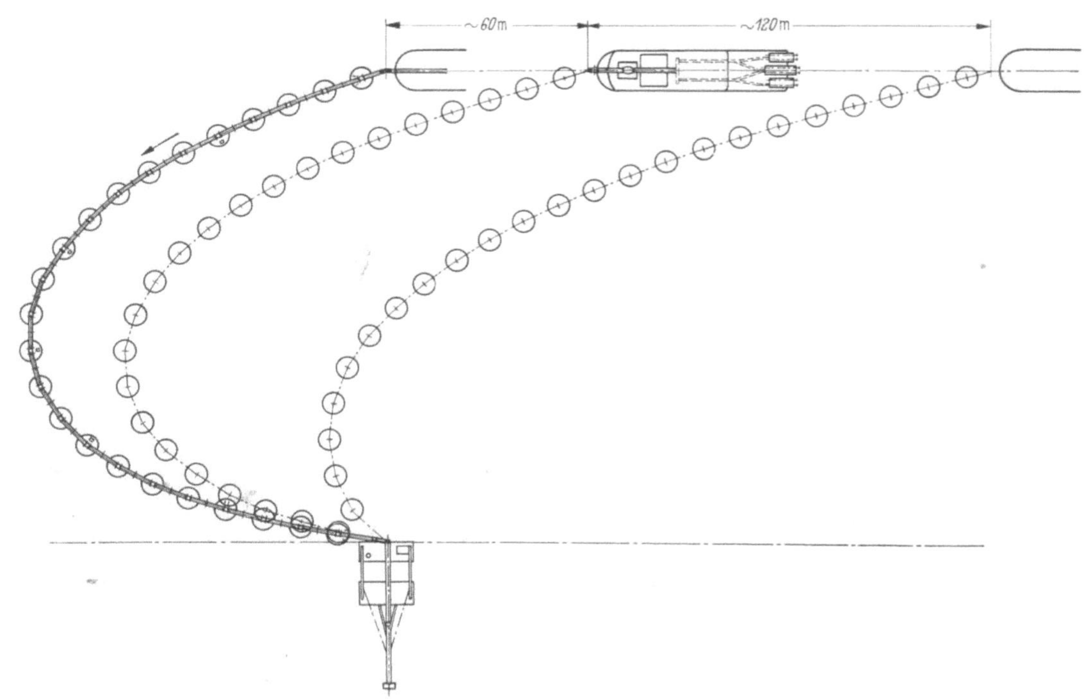

Abb. 191. Arbeitsweise des „Aminul-Bahr" beim Pflügen von Furchen und seitlichem Abgang der Schwimmrohrleitung zum Endponton mit Auswurfrohr

5. Saugbagger mit Bodenlösung durch Schaufelräder.
Hindernisschutz durch Wanderrost (Swintekleiter)

Als weitere Einrichtung für die Bodenlösung ist noch das Schaufelrad zu nennen,
das als mechanisches Baggergerät schon von LEONARDO DA VINCI vorgeschlagen wurde.
Bei ihm sollen die Schaufeln das Erdreich aus dem Grunde des Wasserarms, dessen
Schiffbarmachung geplant war, baggern und es über Wasser in Förderprähme schütten.
Der Bagger wird dabei verholt, da sich beim Drehen des Schaufelrades durch die Arbeits-
kurbel ein Seil um das als Welle dienende Rundholz aufwickelt, dessen anderes Ende
an Land fest liegt. Dabei wird eine Furche gezogen, Grabdruck und Fortschritt liegen
in der Richtung des Vortaus. Der Radbagger ist später weiterentwickelt worden; man
hat die Einrichtung für Graben und Füllen der Schaufel unter Wasser und Entleeren

über Wasser besser durchgebildet, kam aber bei steigenden Baggertiefen auf übermäßige Raddurchmesser. Beim Trockenbagger wird heute das Schaufelrad viel angewendet, weil es gegenüber einem Eimerkettenbagger den Vorzug hat, daß nur wenige Gefäße Grabarbeit leisten und die Förderung des Bodens einem Gummigurt übertragen wird. Zwar wird der Schaufelraddurchmesser auch hier groß, steigt aber nicht mit der Baggertiefe derart, daß man übermäßige Abmessungen bekommt.

Ein Förderband kann aber nur über Wasser arbeiten, so daß man bei der Naßbaggerung für den vom Schaufelrad losgeschnittenen Boden die Rohrförderung im Saugverfahren verwendet.

Abb. 192 zeigt ein etwa um die Jahrhundertwende von der Lübecker Maschinenbau-Gesellschaft gebautes Gerät. In einem Schlitz ist das Saugrohr mit der darüberliegenden

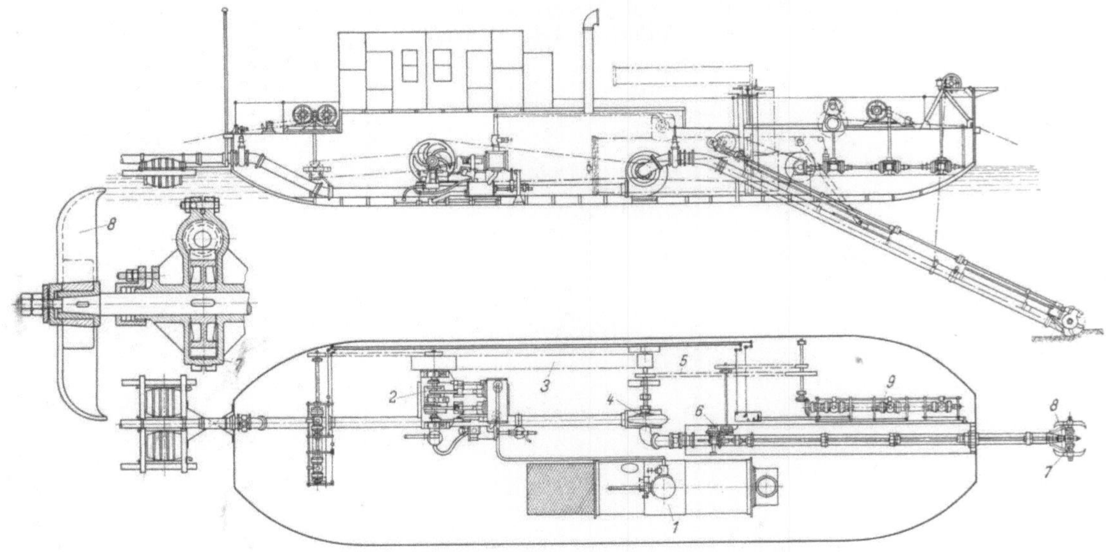

Abb. 192. Älterer Saugbagger mit Bodenlockerung durch ein doppeltes Schaufelrad und Dampfantrieb. Erbaut etwa 1900 in Lübeck

1 Kessel in Lokomotivbauart; 2 Liegende Dampfmaschine etwa 35 PS; 3 Riemen für Baggerpumpenantrieb; 4 Baggerpumpe; 5 Riemen für Schneidwerk und Winden; 6 Getriebe für Schaufelräder; 7 Schneckengetriebe; 8 Schaufelräder; 9 Welle mit Wendegetrieben für Winden

Welle angeordnet, die an ihrem unteren Ende mit Schnecke und Schneckenrad die beiderseits des Saugrohreinlaufs liegenden Schaufelräder von 720 mm Dmr. antreibt. Das Getriebe ist gekapselt und die Welle für die beiden Schaufelräder tritt beiderseits, durch Stopfbuchsen gedichtet, aus. Auch die von oben kommende Antriebswelle wird bei ihrem Eintritt in den Getriebekasten durch eine Stopfbuchse gedichtet. Am Saugrohr ist ein Balken gelenkig angesetzt, der in den Schlitz hineinragt und beim Verholen des Schiffskörpers nach der Seite die Seilkräfte auf die Schneidkopfleiter überträgt. Diese ist an ihrem oberen Ende um eine waagerechte Achse neigbar, und in das Saugrohr wird an dieser Stelle ein Gummischlauchstück eingeschaltet. Da die Schaufelradantriebswelle über dem Saugrohr liegt, muß das auf ihr sitzende Kegelrad auf Längsnuten verschiebbar sein, damit es bei allen Stellungen mit dem auf der Querwelle sitzenden Kegelrad im Eingriff bleibt. Eine liegende Dampfmaschine von 35 PS treibt über einen Riemen die Welle der Baggerpumpe mit 560 U/min an. Von der Pumpenwelle geht ein Riemen nach vorn zu einer Vorgelegewelle, die ihrerseits mit einem weiteren Riemen die erwähnte Querwelle treibt. Diese überträgt ihre Drehung auf die Schaufelradwelle, die 80 U/min macht und damit den Schaufeln eine Schnittgeschwindigkeit von 2,5 m/sek gibt. Unter Deck liegt eine weitere Querwelle, die über Kegelräder eine neben dem Schlitz laufende Längswelle antreibt mit Wendegetrieben für die verschiedenen Winden, die an Deck angeordnet sind. Auf dem Achterdeck wird eine Winde über Riemen und Wendegetriebe in gleicher Weise angetrieben. Die Druckleitung der Baggerpumpe geht unten ab und führt an dem seitlich angeordneten Kessel vorbei zum Hinterende des Schiffes, an dem sie unter Einschaltung eines Schiebers in die Schwimmleitung übergeht.

Abb. 193. Neuerer Saugbagger mit doppeltem Schaufelrad für Bodenlockerung. Erbaut 1946. Aufnahme IHC Holland

Das Gerät wird beim Arbeiten nach der Seite verholt, arbeitet also scherend wie ein Eimerbagger.

In neuerer Zeit sind in Holland wieder Versuche mit Schaufelrädern gemacht worden.

Abb. 193 zeigt einen im Jahre 1946 gebauten Bagger mit dieser Einrichtung mit den Schiffskörperabmessungen $30 \times 9 \times 2,8$ mit 2 Schaufelrädern von 4000 mm Dmr. bei einem Saugrohrdurchmesser von 600 mm.

Der Bagger braucht nicht um Drehpfähle schwingend zu arbeiten, sondern kann wie ein Eimerkettenbagger scherend und sich selbst parallel bleibend nach der Seite gehen. Der Schneiddruck fällt in die Längsschiffsrichtung und wird von einem Vortau aufgenommen. Der Querschnitt der Schnittfurche ist größer als beim gewöhnlichen Schneidkopf. Dabei schneidet vorwiegend das nach der Verholrichtung liegende Schaufelrad, aber auch das nachfolgende andere erhält Boden und läuft nicht leer.

Für moorige Böden sind Schaufelräder geeignet und haben auch in Feinsand teilweise besser gearbeitet als der Schneidkopf in Normalbauart. Unbefriedigend waren aber die Ergebnisse bei festen Bodenarten, wie Ton, Lehm, Mergel usw., bei denen durch den hohen Schneiddruck und den großen Durchmesser der Schaufelräder hohe Drehmomente auftreten. Die

Abb. 194. Schaufelrad mit Zylinderkörper bei Umlauf der eimerförmigen Schaufeln um dessen Mantel und Saugrohranschluß an der Stirnfläche. Aufnahme LMG

Stelle, an der die Schaufeln schneiden, kann in große Entfernung vom Saugrohr kommen, mit entsprechender Unsicherheit der Erfassung des losgeschnittenen Bodens durch den Saugstrom. Die Schaufelräder mit ihren starken Antriebswellen und dem Getriebekasten ergeben große Gewichte, die an das Ende der Schaufelradleiter kommen und es schwierig machen, derartige Bagger in richtiger Trimmlage zu halten.

Man hat auch versucht, nach Abb. 194 nur ein Rad zu nehmen und dessen Schaufeln wie Baggereimer auszubilden. Der gebaggerte Boden geht mit Wasserzusatz in den Zylinder, um dessen Mantel die Eimer herumlaufen, und weiter in die Saugleitung der Baggerpumpe, die an die Stirnwand des Zylinders herangeführt ist. Das ergibt eine zwangsläufige Zuführung des Bodens, wobei aber doch viel freier Wasserzutritt möglich ist und wieder Verstopfungsgefahr im Zylinder besteht. Außer einer Versuchseinrichtung, die bei hartem und klebrigem Mergelboden nicht befriedigt hat, sind weitere Schaufelräder dieser Bauart nicht ausgeführt worden.

Bei einem Schaufelradsauger für 30,0 m Baggertiefe hat man die Leiter als Schwimmkasten ausgebildet, der durch seinen Auftrieb das Gewicht teilweise ausgleicht. Im Gegensatz zum Schneidkopf graben die Schaufelräder immer von unten nach oben, so daß die Leiter heruntergedrückt wird und ein Aufsteigen nicht eintritt. Man beläßt einen Wasserballast von solcher Größe, daß beim Auspumpen die Leiter nach oben kommt und die

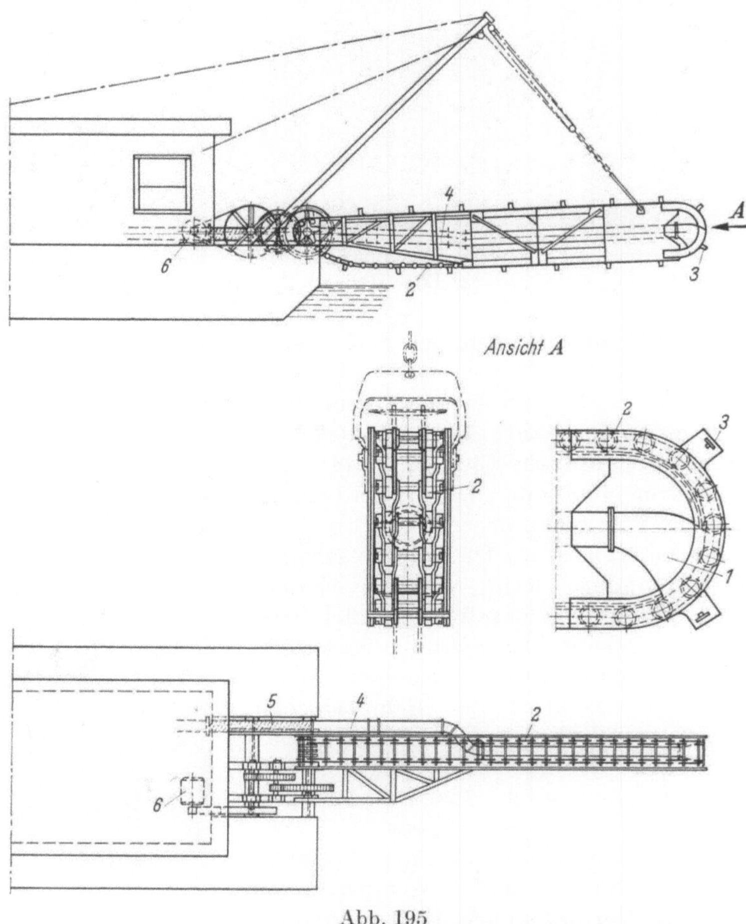

Abb. 195

Swintekkette mit Bogenführung um den Saugrohreinlauf als Wanderschutzrost und Aufreißeinrichtung

1 erweiterter Saugrohreinlauf; *2* Umlaufende Kette; *3* Aufreißer; *4* Saugrohr; *5* Saugschlauch; *6* Antriebsmotor für die Kette

Schaufelräder über Wasser bringt. Daß der Bagger nicht an Pfählen zu arbeiten braucht, ist bei dieser Baggertiefe ein großer Vorteil. Gegenüber einem Eimerbagger ist es günstig, daß trotz großer Baggertiefe die Zahl der Grabgefäße nicht ansteigt. Dadurch wird der Nachteil vermieden, daß außer der Grabarbeit hohe Leistungsanteile für die Hubarbeit und Reibungsarbeit aufzubringen sind. Somit dürfte in diesem Sonderfall der großen Baggertiefe das Schaufelrad Vorteile haben, die mit dem Eimerbagger und auch mit dem Schneidkopf nicht zu erreichen sind.

Die „Eagle Swintek" Baggerleiter, die Abb. 195 zeigt, ist eine Einrichtung, die ebenfalls die Bodenlösearbeit des Saugstroms mit mechanischen Mitteln erleichtert und in Amerika vielfach bei Sandsaugern und Kiessaugern angewendet wird. Wie man sieht, ist auch hier das Saugrohr in eine Leiter eingebaut. Sie ist ein Fachwerkträger, an dessen unterem Ende die beiden Gurtungen durch einen Halbkreisbogen verbunden sind, während am oberen Ende, wie bei einer Eimerleiter, die Trägerhöhe abnimmt und Lager für die Neigungsachse angeordnet sind. In Höhe der Neigungsachse sitzt ein Kettenrad, das den Oberturas für die Kette bildet. Diese läuft nach unten entlang der Führungsbahn, die durch die untere Gurtung des Leiterträgers gebildet wird. Dann geht sie wie beim Unterturas des Eimerbaggers um das Bogenende herum und auf der Führungsbahn der Obergurtung wieder hinauf nach dem Kettenrad. Im unteren Teil des Bogenstücks liegt die rechteckige Saugrohröffnung mit einem trichterförmigen Übergang in das runde Saugrohr. Dieses führt innerhalb der Leiter nach oben, biegt vor deren oberen Ende nach der Seite aus und endet im Saugschlauch, der neben dem Kettenrad mit seiner Mitte in der Neigungsachse liegt.

Die Kette ist wie ein Wanderrost mit Stäben ausgebildet, die im Abstand der Kettenteilung liegen. Sie gehen mit einer Geschwindigkeit von etwa 10 m/min an der Saugrohröffnung vorbei und schirmen diese ab, so daß Steine und Hinderniskörper ferngehalten werden. Man hat bei dieser Einrichtung Vorteile gegenüber festen Roststäben vor der Saugrohröffnung. Bei festen Stäben klemmen sich leicht Steine fest und anderes Material bleibt hängen, so daß bald eine Verstopfung eintritt. Bei der Swintekkette werden dagegen Hinderniskörper und Steine mitgenommen und kommen schließlich oben an Deck an, wo man sie abfangen kann. Sie werden getrennt durch eine Klappschute oder dgl. abgefahren und kommen nicht wieder in den Bereich der Saugrohröffnung. Die Kette kann auch noch eine bodenlösende Wirkung ausüben, denn sie hat etwa an jedem vierten Glied Aufreißer, die Feinsand und nichtrolligen Kies und sogar härtere Bodenarten auflockern können, wenn sie nicht in zu mächtiger Schicht anstehen. Auch bei Bodenarten, die an sich rollig sind, tritt eine günstige Wirkung ein, da das Gemisch über den erweiterten Querschnitt der Saugrohröffnung verteilt und die Konzentration erhöht wird.

Beim Aufgehen auf der die Führungsbahn bildenden oberen Gurtung der Leiter gleitet die Kette nicht, da auf den Enden der Querstäbe Rollen sitzen. Der Kraftbedarf liegt niedriger als beim Schneidkopf und beträgt etwa 10 PS für die kleinen Größen von 150 bis 200 mm Rohrdurchmesser, ansteigend bis etwa 50 PS bei 400 mm Rohrdurchmesser. Für den Antrieb nimmt man zweckmäßig einen eigenen Motor, Elektromotor oder Dieselmotor; er kann aber auch vom Pumpenmotor abgeleitet werden. Die erforderliche Untersetzung von etwa 1 : 100 besorgen 2 Stirnradpaare, denen noch ein Riemen vorgeschaltet ist, dessen Elastizität von großem Vorteil ist. Ein Kettenspannrad drückt den abgehenden Teil der Kette an, so daß diese auch nach Abnutzung der Bolzen und Lager straff bleibt.

Eine derartige Kratzerkette, die durch den Boden hindurchgezogen.wird und Teile von ihm nach oben mitnimmt, neigt natürlich sehr zum Verschleiß, so daß auf widerstandsfähiges Material großer Wert zu legen ist. Die Führungsbahnen haben auswechselbare Schleißplatten, die aus verschleißfestem Material bestehen.

Gegenüber dem Arbeiten mit Schneidkopf hat die Swintekleiter den Vorteil des geringen Kraftbedarfs, während sie andererseits nicht so einfach ist wie die Grundsaugeinrichtung ohne mechanische Vorlockerung.

6. Saugbagger mit Bodenlockerung durch Druckwasser. Dustpanrüssel und andere Saugköpfe

Schon frühzeitig wurde versucht, Boden durch Druckwasser zu lösen, wobei dann eine Strömung die gelösten Körner wegtragen sollte. Beim Hydroerdbau, bei dem Boden *über* Wasser durch Aufspritzen von Hochdruckstrahlen gelöst wird, stellt man fest, daß für härtere Bodenarten so viel Antriebsleistung aufzuwenden ist, daß ein mechanisches Lösen wirtschaftlicher ist. Unter Wasser verliert ein aus einer Düse kommender Hochdruckwasserstrahl sehr schnell seine Energie, so daß erfahrungsgemäß schon in geringer

Entfernung kaum eine Wirkung vorhanden ist. Man kann also nur einen Erfolg haben, wenn man mit der Düse in den Boden geht, wobei dann aber der Wirkungsbereich von Hochdruckstrahlen mit engem Querschnitt sehr begrenzt ist. Bei amerikanischen Hoppersaugern hat man die Reißzähne als Hohlkörper ausgebildet und Druckwasser durch sie in den Boden geleitet. Obwohl hier die Energie des Wasserstrahls direkt an den Boden kommt, wurde trotz vieler Versuche nicht der geringste Erfolg erzielt. Man weiß auch aus Erfahrungen beim Einspülen von Rammpfählen, daß es mit Lanzen und Düsen nicht gelingt, harte bindige Böden so weit aufzulockern, daß die Pfähle eindringen, und ebenso-

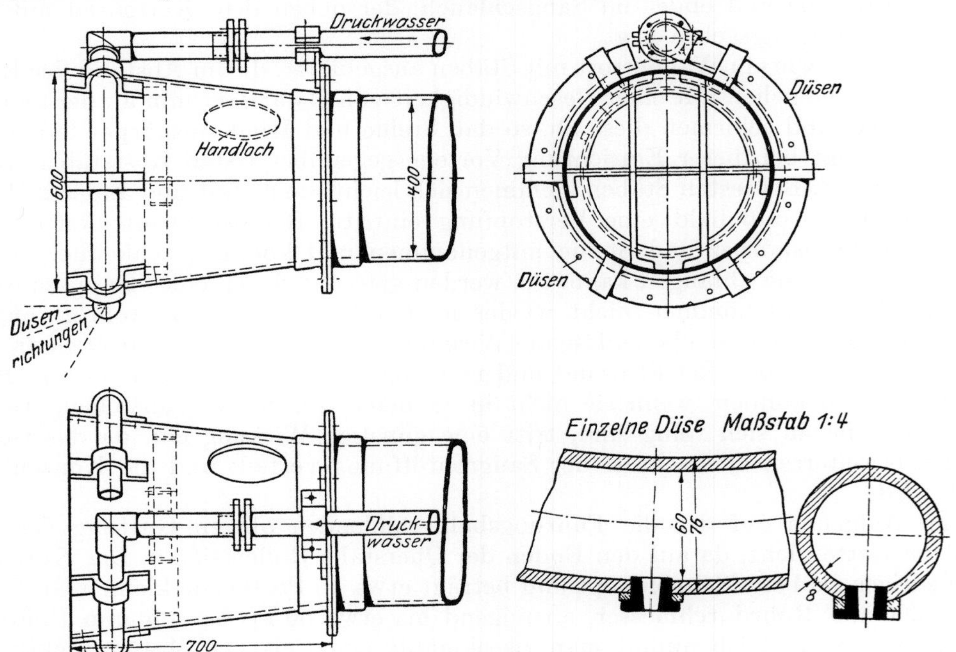

Abb. 196. Saugkopf mit ringförmigem Druckwasserkanal und Spüldüsenkranz

wenig gelingt dies bei Kies mit größeren Steinen. Ein Erfolg ist hier nur bei Feinsand zu erreichen, und das ist auch bei der Bodenlockerung unter Wasser der Fall.

Dabei darf aber die Einführung des Druckwassers nicht die Saugwirkung beeinträchtigen, so daß in vielen Fällen ein gleichzeitiges Spülen und Saugen nicht möglich ist und das Druckwasser nur dazu benutzt wird, den Saugkopf in den Boden so weit einzuspülen, bis eine Bodenmitnahme durch den Saugstrom einsetzt.

Abb. 196 zeigt einen Saugkopf der von einem Ringrohr umgeben ist. Diesem wird Druckwasser zugeführt, das durch mehrere Düsen austritt. Dabei würde es dem Saugstrom aber entgegenwirken und kann daher nur angewandt werden, um den Kopf einzuspülen und bei etwaigem Verstopfen eine Lockerung herbeizuführen. Die gleiche Einrichtung hatten auch die ersten FRÜHLINGschen Saugköpfe für Hoppersauger, aber auch bei ihnen erwies sich die Druckwasseranwendung während des Saugens als zwecklos.

Auf dem Mississippi wurden um die Jahrhundertwende außer den beschriebenen Baggern von BATES mit mechanischer Bodenlösung durch Schneidzylinder die Bagger „Alpha" und „Gamma" erprobt, bei denen man für die Sandauflockerung Wasserstrahlen anwandte. In mühsamer Versuchsarbeit wurde von der Mississippi-River-Commission, die zum Corps of Engineers gehört, der „Dustpan suction head", der Müllschaufelsaugkopf, entwickelt, so genannt wegen seiner Ähnlichkeit mit einer Haushaltmüllschaufel.

Abb. 197 zeigt einen älteren Bagger mit Namen „Harrod", Baujahr 1907, im Grundriß, wobei man am Vorderende des Gerätes den Dustpansaugrüssel erkennt. Die Lösewasserpumpe ist durch eine stehende Dampfmaschine mit 2facher Expansion angetrieben und die Baggerpumpe mit Rücksicht auf den doppelten Saugrohreinlauf durch zwei seitlich liegende Dampfmaschinen, ebenfalls mit 2facher Expansion. Dahinter liegen die beiden Fahrmaschinen, die über Untersetzungsgetriebe die seitlichen Schaufelräder antreiben, und dann kommt die Kesselanlage. Ganz rechts am hinteren Schiffsende sieht man das Kugelgelenk, das den Übergang von der Druckleitung der Baggerpumpe zur Schwimmrohrleitung bildet. Auf Deck sind die verschiedenen Winden aufgebaut, die dem Bagger beim Arbeiten mit ihren Seilen die erforderliche Bewegung und Steuerung geben.

Die Hauptdaten des Baggers sind die folgenden:

Länge zwischen Loten 64,0 m, Breite auf Spanten 13,4 m, ganze Breite über Radabweiser 24,0 m, Seitenhöhe mittschiffs 2,8 m. Die vordere Breite des Saugrüsselbrunnens

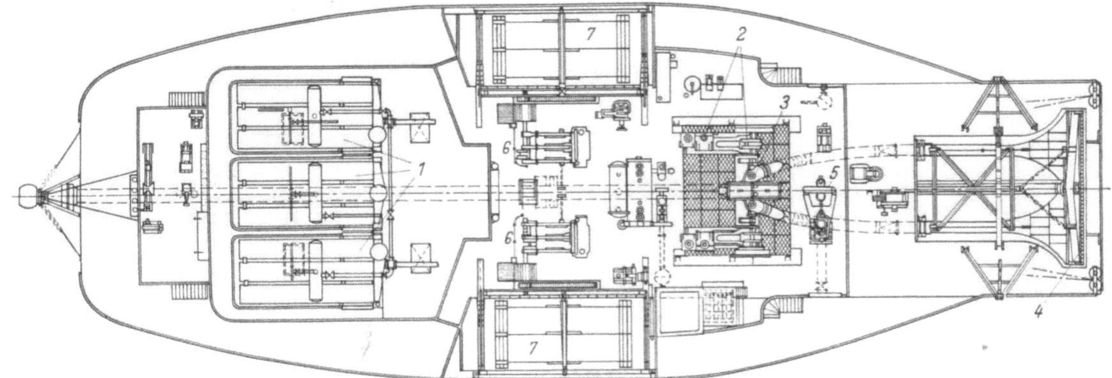

Abb. 197. Raumplan des 1907 gebauten Mississippifurchensaugers „Harrod" mit Dustpansaugrüssel und Fahrantrieb durch Seitenräder

1 Kesselanlage; *2* Antriebsmaschinen für die Baggerpumpe; *3* Baggerpumpe mit 915 mm Druckrohrweite; *4* Dustpansaugrüssel; *5* Lösewasserpumpe; *6* Fahrmaschinen; *7* Schaufelräder. — Schiffsabmessungen: 64 × 13,4/24 × 2,8

beträgt 10,0 m, der Tiefgang des Baggers ist betriebsfertig etwa 1,9 m bei einem Gewicht von 1300 t, Besatzungsstärke 47 Personen.

Die Pumpe für das Lösewasser bringt einen Förderstrom bis zu 500 l/sek bei 18 m Förderhöhe, wofür etwa 180 PS$_i$ entsprechend 14 % der Baggerpumpenantriebsleistung erforderlich sind. Die Verholwinden, die den Bagger beim Saugen seiner Furche gegen den Strom nach vorn holen, werden von liegenden Zwillingsmaschinen angetrieben und ergeben eine Seilgeschwindigkeit zwischen 4,5 und 10,5 m in der Minute bei etwa 10 t Zug an den 300 m langen Seilen.

Die Seilenden werden dabei nicht wie sonst durch Anker festgelegt, sondern durch Rohre von 300 mm Weite mit düsenenthaltenden Spitzen. Man nennt diese Rohre, die in den Sand eingespült werden und dann einen festen Halt für die Seilenden geben, hydraulische Pfähle. Herausgezogen werden sie über Hebeböcke durch Dampfwinden.

Die schwimmende Rohrleitung hat zehn scheibenförmige Tragpontons — ähnlich wie „Aminul Bahr" — von 8500 mm Dmr. bei gewölbter Deckfläche, wodurch in der Mitte die Höhe 1600 mm und am Umfang 700 mm beträgt. Sie tragen die 30 m langen Stücke der Rohrleitung von 920 mm Weite und 8 mm Wanddicke mit zwischengeschalteten Kugelgelenken.

In neuerer Zeit sind zahlreiche Bagger dieser Gattung gebaut worden, da der Dustpanrüssel sich bei den auf dem Mississippi gegebenen Bodenverhältnissen gut bewährt hat. Man hat umfassende Versuche im Wasserbaulaboratorium Vicksburg vorgenommen und die günstigste Ausgestaltung für eine gute Ertragsleistung bei geringstem Aufwand ermittelt.

Abb. 198 zeigt den Dustpanrüssel angehoben waagerecht im Schlitz des Baggers liegend. Man sieht die Oberkante der Saugöffnung mit dem Verteilerrohr für das Druckwasser und die in seiner Mitte mündende Zuführungsleitung. Beiderseits dieser Leitung liegen die beiden Saugtrichter, die in die runden Saugrohre übergehen.

Abb. 199 zeigt, wie sich der Furchensauger „Black" durch eine Sandbarre, die über den Wasserspiegel hinausragt, hindurcharbeitet.

Abb. 198. Dustpanrüssel mit etwa 10 m breiter Saugrohröffnung, aufgeholt im Schlitz des Mississippifurchensaugers „Black". Aufnahme C. of E.

Die Furchensauger liegen erklärlicherweise die meiste Zeit des Jahres still im Bereitschaftszustand, bis durch Hochwasser die Notwendigkeit für ihren Einsatz eintritt und sie dann intensiv mit höchster Ertragsleistung im 24 Stunden-Dienst arbeiten müssen. Nach Berichten hat „Harrod" in der Zeit von 1914 bis 1918, also in 5 Jahren nur 120 Tage

Abb. 199. Furchensauger „Black" mit Dustpansaugrüssel bei der Herstellung eines Kanaldurchstichs. Aufnahme C. of E.

gearbeitet, was nur eine Ausnutzung von 8 % bedeutet, wenn man das Jahr zu 300 Arbeitstagen rechnet. Im Höchstfall waren es nur 32 Arbeitstage im Jahr, so daß Privatfirmen derartige Geräte nicht betreiben können. Sie sind vielmehr im Besitz von Wasserstraßenverwaltungen, welche den Aufwand, der zur Aufrechterhaltung der Schiffahrt notwendig ist, tragen müssen.

Abb. 200 zeigt den neueren, im Jahre 1934 erbauten, mit Schrauben angetriebenen Dustpansauger mit Namen „Jadwin". Er hat gewaltige Schiffskörperabmessungen mit 74,0 m Länge, 16,0 m Breite und 2,75 m Seitenhöhe und Dampfantrieb.

Der Dampf wird durch vier ölgefeuerte Wasserrohrkessel mit einem Druck von
25 kg/cm² und Überhitzung auf 273° erzeugt.

Für den Fahrantrieb sind zwei stehende Dreifachexpansionsmaschinen im Hinterschiff hinter den Kesseln mit einem Wellenabstand von 10 m angeordnet, welche je
1100 PS$_i$ bei 190 U/min leisten und die beiden Schrauben von 2400 mm Dmr., die in
Tunneln liegen, antreiben.

Die Baggerpumpe steht in der Schiffsmitte mit einer Welle in der Längsschiffsrichtung
und hat einen hinten liegenden Saugrohranschluß. Das Druckrohr geht von der Pumpe
schräg in die Höhe, tritt an Steuerbordseite aus dem Maschinenhaus aus und ist in einiger
Höhe über dem Deck zum hinteren Schiffsende geführt, an dem eine Drehstopfbuchse
für den Übergang in die Schwimmrohrleitung sitzt. Die Baggerpumpe wird von einer

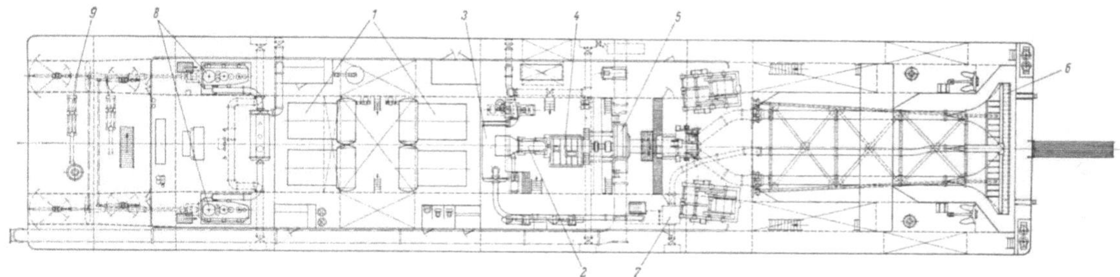

Abb. 200. Raumplan des 1934 gebauten Mississippifurchensaugers „Jadwin" mit Dustpansaugrüssel und
2 Tunnelpropellern bei Dampfantrieb

1 Wasserrohrkessel mit Ölfeuerung; *2* Turbine 1800 PS für Baggerpumpenantrieb; *3* Hauptkondensator; *4* Untersetzungsgetriebe; *5* Baggerpumpe mit 965 mm Saugrohrweite; *6* Dustpansaugrüssel; *7* Lösewasserpumpe mit Antriebsturbine; *8* Fahrmaschinen von 1110 PS$_i$; *9* Propeller. — Schiffsabmessungen: 74 × 16 × 2,75 m

Turbine, die 1800 PS bei 3600 U/min leistet, über ein Untersetzungsgetriebe angetrieben.
Der Kreiseldurchmesser ist 3000 mm, was bei 120 U/min eine Umfangsgeschwindigkeit
vou 19 m/sek ergibt.

Die Einlauföffnung des Dustpanrüssels hat eine Breite von 9,8 m und eine Höhe
von 280 mm, so daß der Querschnitt 274 dm² beträgt. Zwei rechteckige Trichter gehen
von ihm ab und leiten in zwei runde Saugrohre von je 685 mm Dmr. entsprechend
2 · 37 dm² Querschnitt über. Diese sind dann zusammengeführt in das gemeinsam zur
Baggerpumpe führende Saugrohr von 965 mm Dmr. bei 74 dm² Querschnitt, in dem
die Fördergeschwindigkeit 5,4 m/sek beträgt. Da der Einlaufquerschnitt des Dustpanrüssels im Verhältnis $\frac{274}{74} = 3,7$ größer ist, ist bei ihm die Einlaufgeschwindigkeit nur
1,35 m/sek. Das reicht für die Bodenlösung nicht aus, da es sich meist um Feinsand von
300 Körnern auf einen Zoll, also eine mittlere Korngröße von 0,12 mm handelt. Um
doch die Lösung des Sandes und einen guten Bodengehalt zu erreichen, wurde der
Dustpanrüssel mit Druckwasserzufuhr ausgerüstet. Das zwischen den Saugrohren
liegende Zufuhrrohr hat einen Durchmesser von 450 mm mit einem Querschnitt von
15,4 dm². Es führt in die Mitte des an der Oberkante des Dustpaneinlaufs liegenden,
senkrecht nach den Seiten gehenden Verteilerrohrs, von dem 32 Düsenrohre im Abstand
von je 305 mm abgehen.

Die Wassermenge wird mit 400 l/sek und der Druck mit 1,3 kg/cm² angegeben,
so daß man unter Berücksichtigung des Rohrreibungsverlustes und des Pumpenwirkungsgrades mit einem Leistungsaufwand von 140 PS rechnen kann, was etwa 8 % der Antriebsleistung für die Baggerpumpe ist. Das wirtschaftliche Optimum wurde sogar bei einem
noch niedrigeren Düsendruck von 0,6 kg/cm² festgestellt, war jedoch mit einer Abnahme
der angesaugten Bodenmenge verbunden, die andererseits bei einer Drucksteigerung
über 1,4 kg/cm² kaum noch zunahm.

Die Ertragsleistung beträgt im Durchschnitt 2500 m³ pro effektive Saugstunde. Die
Gemischmenge berechnet sich bei einer Fördergeschwindigkeit von 5 m/sek im Saugrohr

von 965 mm Dmr. mit $74 \cdot 50 = 3700$ l/sek $= 13\,600$ m³/h. Danach beträgt der Bodengehalt (Konzentration) $\frac{2500}{13\,600} \sim 18,5\,\%$.

Als günstigste Fortschrittsgeschwindigkeit wurden 90 m/h $= 1,5$ m/min $= 2,5$ cm/sek festgestellt. Der Schnittquerschnitt ergibt sich hiernach zu $\frac{2500}{90} = 27,8$ m². Wenn er bei 9,8 m Breite rechteckig wäre, würde die Abtragshöhe $\frac{27,8}{9,8} = 2,83$ m sein. Da man mit etwas Böschung rechnen muß, ergibt sich die Abtragshöhe etwas niedriger mit etwa 2,5 m. Dabei kann die Baggertiefe bis zu 10 m gesteigert werden. Die Nennhöhe der Ertragsleistung ist in 24 Stunden $24 \cdot 2500 = 60\,000$ m³. In Wirklichkeit geht diese Leistung durch zeitweise geringere Konzentration, Störungen im Betrieb u. dgl., auf die Hälfte zurück und wird mit 27 000 bis 30 000 m³ pro Tag angegeben.

Beim Arbeiten fährt der Bagger zunächst auf die Oberstromseite der Barre, durch welche er Furchen ziehen soll. Damit dies möglich ist, muß sein Tiefgang gering sein.

Er spült dann auf der Oberstromseite seine beiden hydraulischen Pfähle in den Grund und geht unter Ablaufen der Seile von den Trommeln der Verholwinden mit dem Strom wieder auf die Unterstromseite der Sandbarre, deren durchschnittliche Länge mit 600 m angegeben wird. Dann senkt er seinen Rüssel ab und verholt sich bei gekreuzten Seilen gegen den Strom, wobei die Geschwindigkeit je nach Abtragshöhe gegen die mit 90 m pro Stunde angegebene zu verändern ist. Das Druckwasser, das aus den Düsen kommt, rührt den Sand leicht auf, so daß die Körner aufsteigen. Sie sollen aber nicht weggespült, sondern unter Mitwirkung der Flußströmung in den Rüssel hineingetragen werden.

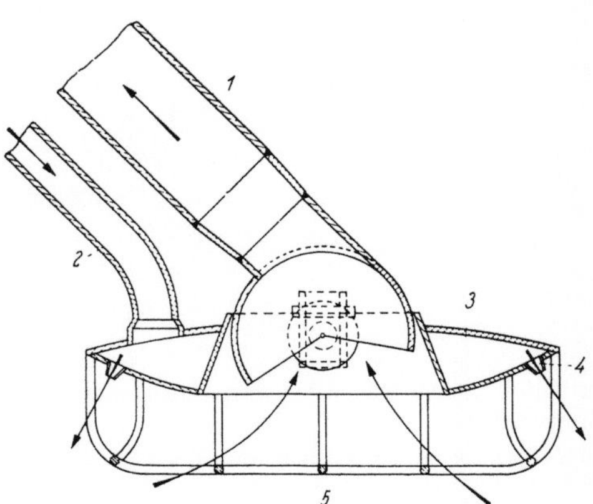

Abb. 201. Saugkopf mit Druckwasserlösung, Bauart Körste, mit beweglich an das Saugrohr angesetzter Hohlkörperplatte und Düsenkranz an deren Rand

1 Saugrohr; *2* Rohr für Zuführung des Lösewassers; *3* Kammer für Lösewasser; *4* Dusen für Austritt des Lösewassers; *5* Schutzgitter

Man sieht, daß es sich um eine Spülung mit verhältnismäßig großen Wassermengen handelt, die mit mäßigem Druck unmittelbar in den Boden eingehen, und kann erkennen, daß die oft vorgeschlagene Methode mit einzelnen Hochdruckwasserstrahlen festgelagerten Feinsand oder gar harten bindigen Boden zu lösen, keinen Erfolg haben kann.

Es kommt alles darauf an, daß beim Furchensaugen ein großer Ertrag in kurzer Zeit erreicht wird, damit durch die geschaffene Rinne ein genügend großer Wasserstrom hindurchgeht. Ist dies nicht der Fall, so bleibt der Fluß bei seinem selbstgewählten Verlauf, und die Rinne in der Barre setzt sich wieder zu.

In neuerer Zeit ist der Saugkopf, Bauart „Körste", aufgekommen, den Abb. 201 zeigt. Hier ist an das Saugrohr, ähnlich wie bei manchen Saugköpfen von Hopperbaggern, eine Platte angesetzt, die sich mit ihrer Unterfläche auf den Boden legt. Sie ist als Hohlkörper ausgebildet und hat an der Unterseite ein Schutzgitter, das Fremdkörper von der Saugrohröffnung abhalten soll. In den Hohlraum der Platte wird Druckwasser eingeleitet, das aus Spritzdüsen an ihrem Rande austritt. Dabei sind diese so weit von der Saugrohröffnung entfernt, daß der Saugstrom nicht beeinträchtigt wird, zumal auch hier nur Niederdruckwasser verwendet wird. Eine Verstopfung des Schutzgitters tritt nicht so leicht ein wie bei Stäben, die unmittelbar in der Saugrohröffnung liegen, da immer ein Teil der Gitterfläche frei bleibt und das Druckwasser lockernd wirkt.

Da alles in allem die Bedingungen denen des Dustpanrüssels ähnlich sind, kann mit einer Steigerung des Bodengehaltes beim Saugen von Feinsand aus dem Grunde gerechnet werden. Beim Saugen aus dem Laderaum von Schuten tritt dagegen bei grobkörnigem Material eine Steigerung des Bodengehaltes ein. Hier wird nicht wie sonst das Zusatzwasser mit einem Strahl an eine Stelle gespritzt, die weit vom Saugrüssel entfernt ist, so daß grobes Material nicht an diesen herangetragen wird. Bei Versuchen mit Elbsand in der Nähe von Wittenberg, der schon recht grob ist und für gewöhnlich nur mit einem etwa 10fachen Wasserzusatz zu saugen ist, wurde eine wesentliche Herabsetzung dieses Wasserzusatzes mit einem Anstieg der Konzentration bis auf 25 % und mehr erreicht. Aber auch hier ist man wie immer bei der Druckwasserlösung sehr stark von der Bodenart abhängig, und es müssen Wassermenge und Druck, Anordnung der Düsen usw. den jeweiligen Verhältnissen angepaßt werden. Man kann auch nicht damit rechnen, daß man bei harten, bindigen Böden, wie Ton, Lehm u. dgl., oder auch bei Kies mit großen Steinen, verkitteten Körnern oder festen Einlagerungsschichten viel erreichen kann.

H. Die Rohrleitung als Fördereinrichtung des Saugbaggers

1. Allgemeines über die Rohrleitung und Beschreibung der Saugrohrleitung

Bei einem Pumpenbagger mit Förderung des Baggermaterials als Gemisch ist die *Rohrleitung* ein wesentlicher Bestandteil, was schon aus einem Vergleich ihres Gewichtes mit dem des Baggers erkennbar ist. Ein Schneidkopfsauger mit 650 mm Rohrdurchmesser und einer installierten Maschinenleistung von 3800 PS wiegt 1300 t. Die Schwimmrohrleitung für dieses Gerät hat eine Länge von 220 m und wiegt 145 t. Wenn auf eine Entfernung von 3000 m gefördert werden soll, was bei manchen Bodenarten möglich ist, so kämen noch 2780 m Landrohrleitung hinzu, die bei 650 mm Dmr. und 6,5 mm Wanddicke 105 kg/m und damit 286 t wiegen. Das ergibt 145 t + 286 t = 431 t für die Rohrleitung. Das Gewicht wird aber noch größer, weil bei den hohen Anfangsdrücken, die der Sauger mit seinen 2 Pumpen erzeugen kann, die Wanddicke teilweise größer sein muß. Man kommt insgesamt auf nahezu 500 t, das ist das 0,383fache des Baggergewichtes und etwa gleich dem Gewicht von 3 Schuten von 375 m³ Laderauminhalt, die sonst als Fördergeräte dienen würden.

Die Rohrleitung muß mit der Pumpe abgestimmt sein, denn diese soll in ihr eine Strömung erzeugen, die von der Saugrohrmündung bis zum Auslauf auf der Ablagerungsstelle, dem Spülfeld, führt. Dabei muß die Strömungsgeschwindigkeit so groß sein, daß die Bodenteile mitgenommen werden, die durch den Saugstrom selbst oder eine mechanische Vorrichtung gelöst worden sind. Um diese Geschwindigkeit aufrechtzuhalten und die gewünschte Förderweite zu erreichen, muß die Förderhöhe genügend groß sein. Das Produkt aus der Förderhöhe und dem Förderstrom, der sich aus Rohrquerschnitt und Fördergeschwindigkeit ergibt, bestimmt die hydraulische Leistung und unter Berücksichtigung des Pumpenwirkungsgrades die Antriebsleistung.

Es gehört nicht ohne weiteres zu jeder Baggerpumpe *eine* Druckrohrleitung von bestimmtem Durchmesser, sondern man kann diesen den jeweiligen Verhältnissen anpassen. Hat man Feinmaterial, das geringe Fördergeschwindigkeiten verträgt, so kann man sehr große Rohrdurchmesser nehmen und hat nur eine Begrenzung dadurch, daß die Rohrleitung nicht zu teuer und auch nicht zu schwer und unhandlich werden darf. Spült man dagegen grobes Material, das eine hohe Fördergeschwindigkeit erfordert, so geht man mit dem Durchmesser herunter, wobei aber auch hier Grenzen gegeben sind.

Beispielsweise ist bei einem Saugbagger mit einem Rohrdurchmesser von 450 mm, der bei 1000 m Förderweite eine Fördergeschwindigkeit von 5 m/sek erreichen soll, der Förderstrom $\frac{\pi}{4} \cdot 4{,}5^2 \cdot 50 = 800$ l/sek. Die Reibungswiderstandshöhe ergibt sich aus

$$h_r = \frac{v^2}{2g} \frac{l}{d} \lambda = \frac{25}{19{,}6} \frac{1000}{0{,}45} \cdot 0{,}02 = 56{,}5 \text{ m}$$ und mit einem Zuschlag von 10 für Saughöhe

und ganz geringe geometrische Höhe wird die Förderhöhe 66,5 m. Das ergibt eine hydraulische Leistung $= \dfrac{800 \cdot 66,5}{75} = 710$ PS und bei einem Wirkungsgrad von 60 % eine Antriebsleistung von etwa 1200 PS. Im Diagramm (Abb. 202), das für eine Förderweite von 1000 m gilt, geht die Widerstandslinie für 450 mm Rohrdurchmesser in den Punkt A. Geht man auf andere Rohrdurchmesser über, die kleiner oder größer sind, so ändert sich die Fördergeschwindigkeit nicht einfach proportional dem Querschnitt, sondern man muß auch die veränderten Verhältnisse beim Reibungswiderstand beachten. Im Diagramm sind für die gleiche Förderweite von 1000 m für die Rohrdurchmesser 350, 400, 450, 500 und 550 mm die Rohrwiderstandslinien eingetragen, deren Höhenlagen umgekehrt proportional dem Rohrdurchmesser sind. Nimmt man an, daß die Pumpe die gleiche hydraulische Leistung von 710 PS beibehält, so bewegen sich die Betriebspunkte auf der Linie I I, und es werden dabei folgende Werte erreicht:

Rohrdurchmesser	mm	350	400	450	500	550
Förderhöhe	m	100	80	66,5	57,5	50
Förderstrom Q	l/sek	530	665	800	930	1075
Fördergeschwindigkeit	m/sek	5,5	5,30	5	4,75	4,5

Man erkennt hieraus, daß die rechnungsmäßig sich ergebende Steigerung der Fördergeschwindigkeit bei Verringerung des Rohrdurchmessers auf 350 mm nicht bedeutend ist. Um sie zu erreichen, muß die Kreiselumfangsgeschwindigkeit von 32,5 m/sek in Punkt A auf 35,5 für 400 mm Rohrdurchmesser und sogar 40 m/sek bei 350 mm Rohrdurchmesser erhöht werden. Wenn dies nicht geschieht, liegen die Betriebspunkte auf der Kennlinie gleicher Drehzahl, welche einer gleichbleibenden Umfangsgeschwindigkeit von 32,5 m/sek entspricht. Diese würde unter der Kennlinie I I bleiben und die Fördergeschwindigkeit auf etwa 4,7 m/sek abfallen lassen.

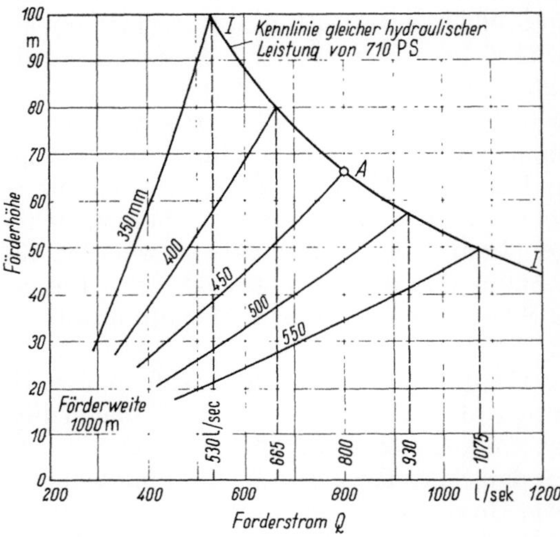

Abb. 202. Einfluß der Veränderung des Rohrdurchmessers zwischen 350 und 550 mm auf die Fördergeschwindigkeit bei 1000 m Förderweite und 1200 PS Antriebsleistung für die Baggerpumpe

Ob die Kennlinie gleicher hydraulischer Leistung links von A tatsächlich erreicht werden kann, ist nicht sicher, da bei Zunahme der Förderhöhe und Abnahme des Förderstroms der Wirkungsgrad sinkt. Weiter ist es noch zweifelhaft, ob bei der errechneten, nur geringfügig größeren Fördergeschwindigkeit wirklich mehr Material mitgenommen wird, und ob nicht nur der Verschleiß entsprechend der höheren Umfangsgeschwindigkeit stark anwächst, so daß Betriebsunterbrechungen eintreten und die Zahl der wirksamen Drehstunden abfällt. Des weiteren sinkt bei gleichbleibender Konzentration die Ertragsleistung, da ja der Förderstrom zurückgeht.

Rechts von A bei steigendem Rohrdurchmesser liegen die Verhältnisse umgekehrt, so daß die Fördergeschwindigkeit bei Zunahme des Rohrdurchmessers nur wenig absinkt. Wenn, wie es vorkommt, die Kennlinie gleicher Steuerstellung trotz Abfall der Drehzahl infolge Erhöhung des Pumpenwirkungsgrades über der Kennlinie gleicher hydraulischer Leistung liegt, werden die Verhältnisse noch günstiger. Bei Antrieb von Baggerpumpen durch Turbinen oder Gleichstrommotoren ist es sogar möglich, eine Kennlinie gleicher Antriebsleistung annähernd zu erreichen, und man kann dann auch bei großen Rohrdurchmessern die gleiche Fördergeschwindigkeit einhalten. Man fördert dabei infolge größeren Querschnittes eine größere Menge und braucht dazu keinen hohen Druck, weil der größere Rohrdurchmesser den Rohrreibungswiderstand herabsetzt.

Im übrigen hängt die „kritische Geschwindigkeit", d. h. die Geschwindigkeit, welche bei der jeweiligen Bodenart zur Vermeidung von Ablagerungen eingehalten werden muß, von vielen weiteren Bedingungen ab, wie im Kapitel C dargelegt wurde. Die Erfahrungen gehen in Amerika dahin, daß es für die Fördergeschwindigkeit neben einer unteren Grenze, unter die man nicht gehen darf, auch eine obere gibt, über die man nicht hinausgehen soll.

Die Rohrleitung hat bei der Baggerpumpe einen viel größeren Einfluß auf den Erfolg als bei einer gewöhnlichen Kreiselpumpe, die Wasser oder eine andere Flüssigkeit fördert.

Hier handelt es sich meist darum, eine gewisse Menge auf eine bestimmte Höhe zu bringen, und man macht den Rohrdurchmesser so groß, daß die Reibungsverluste gering bleiben. Bei der Baggerpumpe muß man aber sogar in der Saugleitung eine hohe Strömungsgeschwindigkeit zulassen. Als früher die Fördergeschwindigkeiten in der Druckleitung bei 3 m/sek lagen, machte man den Saugrohrdurchmesser gleich dem Druckrohrdurchmesser. Nachdem aber die Geschwindigkeiten in der Druckrohrleitung stark angestiegen waren, würde

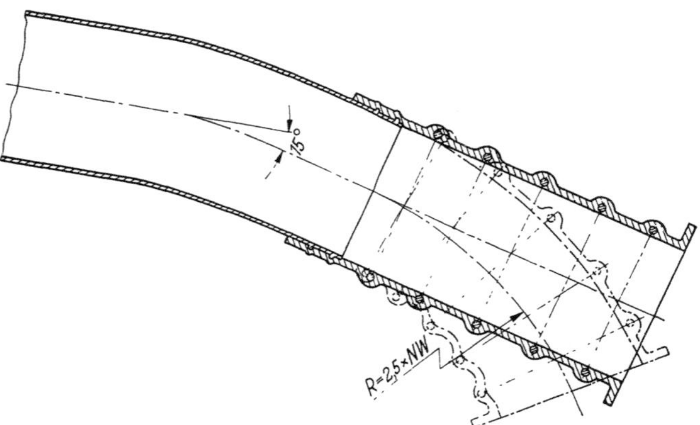

Abb. 203. Gummischlauchstück mit Stahleinlagen als beweglicher Teil des Saugrohrs im Bereich von dessen Neigungsachse

der Reibungswiderstand im Saugrohr unzulässig hoch werden. Da hier die Materialmitnahme infolge der Schräglage günstiger ist als in dem waagerechten Druckrohr, konnte man den Durchmesser der Saugrohrleitung vergrößern und geht in Amerika etwa auf das 1,1fache bis 1,2fache des Druckrohrdurchmessers, was einer Querschnittserhöhung von 20 bis 40 % entspricht und die Fördergeschwindigkeit in gleichem Verhältnis herabsetzt.

Trotzdem bekommt man in der Saugleitung noch Geschwindigkeiten bis zu 5 m/sek und muß deshalb die Rohrleitung möglichst kurz halten und gerade führen. Das Saugrohr wird entweder für sich oder eingebaut in eine Trägerkonstruktion, die man als Leiter bezeichnet, nach oben geführt. Dabei hat es für die größte Baggertiefe eine Neigung gegen die Horizontale, die etwa bis 50° gehen kann, also etwas höher als bei der Leiter eines Eimerkettenbaggers.

Die Materialmitnahme am Saugrohreinlauf ist bei senkrecht stehendem Rohr besonders gut und die Verschiebung nach allen Seiten leicht möglich, aber man könnte sich dann einer Veränderung der Baggertiefe nicht mehr anpassen. Man kommt beim Saugen ohne mechanische Vorlockerung vielfach dazu, das Saugrohrende abzuknicken, so daß dieses fast senkrecht zum Gewässergrund steht, während das übrige Rohr schräg verläuft.

Vor dem Eintritt in den Schiffskörper ist ein *gelenkiges* Glied nötig, um für die Neigungsveränderung die erforderliche Beweglichkeit zu erreichen. Am meisten wird hier der Saugschlauch verwandt, ein Gummischlauch, der durch Stahleinlagen gegen Außendruck widerstandsfähig gemacht ist. Früher wurde der Schlauch wie ein Wellrohr gestaltet, die Stahlringe in Rillen eingelegt und mit Bolzen gehalten, welche durch den Gummi gingen und außen Muttern trugen. Neuerdings werden diese Stahlringe, wie Abb. 203 zeigt, einvulkanisiert. Damit der Schlauch nicht zu stark geknickt wird, erhält die Saugleitung beim Austritt aus dem Schiffskörper einen Krümmer, der um etwa 15° nach unten abbiegt. Dann bekommt der Schlauch bei der größten Baggertiefe, auf der nur selten gearbeitet wird, eine Biegung um 30° nach unten, und ist bei geringerer Baggertiefe weniger nach unten oder leicht nach oben gekrümmt. Wenn das Saugrohr in eine

Leiter eingebaut ist, muß deren Neigungsachse etwa durch die Mitte des Schlauches gehen. Wenn der Schlauch sich bei der Biegung verkürzt, muß nötigenfalls eine Schiebestopfbuchse dies ausgleichen.

Eine andere Konstruktion zur Anpassung an die Baggertiefe ist die *Drehstopfbuchse*, wie sie Abb. 204 zeigt. Das Saugrohr biegt rechtwinklig ab, wobei die Mittellinie des abgebogenen Stückes in der Neigungsachse der Saugrohrleiter liegen muß. Da man kaum die Pumpe so anordnen kann, daß die Leitung nach dem Umbiegen um 90° unmittelbar an den Sauganschluß geht, muß das Saugrohr noch einmal um 90° in die ursprüngliche Richtung zurückgebogen werden, was zusätzlichen Reibungswiderstand bringt.

Eine weitere Möglichkeit zeigt Abb. 205. Hier sitzt am oberen Ende des Saugrohrs ein Kreisbogenstück, dessen Mittelpunkt in die Neigungsachse fällt. Das Bogenstück bewegt sich unter Abdichtung durch eine Stopfbüchse in einem anderen von etwas größerer Weite, das mit dem festen Saugrohr verbunden ist. Bei Änderung der Leiterneigung geht das eine Bogenstück in das andere hinein oder rückt aus ihm heraus.

Beim Grundsauger liegen alle diese Gelenkteile unter Wasser und werden meist auf Gleitstücke aufgesetzt, damit sie zwecks Revision und Beseitigung von Undichtigkeiten zugänglich gemacht werden können. Dabei müssen diese Gleitstücke dicht anliegen und wenn sie aufgeholt werden, muß die Rohrleitung mit Schiebern abzusperren sein. Diese Schieber hatten früher eine Holzabdichtung, die für gemischführende Rohre einfach und zweckmäßig ist.

Manchmal legt man Teile des Saugrohrs auch etwas über den Wasserspiegel, wobei die Abdichtung besonders gut sein muß, weil sonst bei Undichtigkeit Luft angesaugt und der Unterdruck vermindert wird. Unter Wasser schaden kleine Undichtigkeiten wenig und nur größere bringen den Nachteil, daß zusätzliches Wasser ohne Bodenmitnahme eintritt.

Bei *Schutensaugern* liegt die Mündung des Saugrüssels im Laderaum der Schute, etwa in Höhe des Außenwasserspiegels, und das Saugrohr muß dann so hoch geführt werden, daß die Schuten durchfahren können. Dann liegt ein Teil von ihm über dem Wasserspiegel und jede Undichtigkeit läßt Luft eintreten, so daß alle Dichtungen in diesem Bereich einwandfrei sein müssen. Das Saugrohr geht

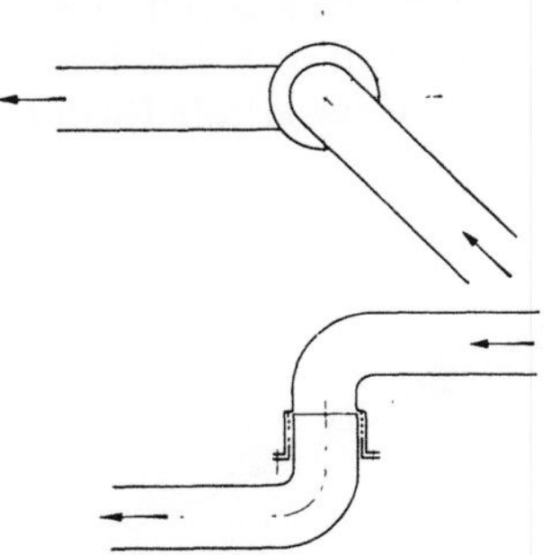

Abb. 204. Drehstopfbuchse in der Neigungsachse des Saugrohrs mit Krümmern von 90° davor und dahinter

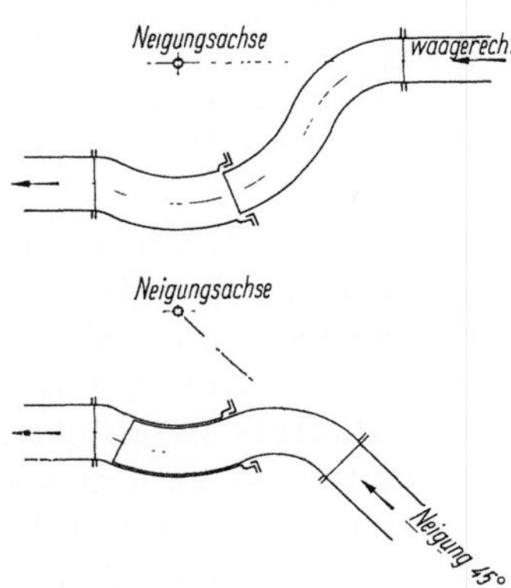

Abb. 205. Kreisbogenstück am Ende des beweglichen Saugrohrs mit Mittellinie in der Neigungsachse gleitet beim Neigen in der Stopfbuchse eines feststehenden Bogenstücks

dann wieder nach unten durch das Deck hindurch zum Sauganschluß der Baggerpumpe. Infolge der zum großen Teil über Wasser liegenden Saugleitung ist ein Ansaugen nicht ohne weiteres möglich. Man schafft infolgedessen eine Verbindung zwischen der Druckleitung der Zusatzwasserpumpe und der Saugrohrleitung der Baggerpumpe und gibt in diese Wasser durch Umstellen einer Klappe, bis die Saugwirkung erreicht ist und kann dies auch später wiederholen, wenn ein Abreißen des Saugstroms eintreten will.

Zum Fernhalten von Steinen und Hinderniskörpern wird meist ein *Steinkasten* in die Saugleitung eingeschaltet. Bei Schutensaugern ist dies notwendig, weil der Boden mit Baggereimern, Greifern oder Löffeln gefördert wurde und dabei die schädlichen Teile in den Laderaum der Schute gelangen können, ohne daß eine Schutzvorrichtung dies verhindert. Man stellt einen solchen Steinkasten, den Abb. 206 zeigt, an Deck auf, läßt das waagerecht geführte Saugrohr oben hineingehen und führt die Rohrleitung nach der Pumpe unten ab. Dabei findet eine Richtungsänderung statt die das Ausfallen von

Steinen begünstigt, und man schaltet auch noch einen Rost vor. Wichtig ist es, daß der Kasten bequem entleert werden kann, wofür man große Klappen oder dgl. schnell öffnen muß, so daß das Wasser abläuft und die Steine herausgeholt werden können. Man lädt sie in eine Klappschute oder sonstiges Fahrzeug und muß sie an einer Stelle versenken, wo sie nicht mehr schäd-

lich sind, oder sie einer besonderen Verwendung zuführen.

Abb. 207 zeigt eine französische Konstruktion, bei welcher die Steine, die von dem Rost abgewiesen werden, auf einer Klappe liegen-bleiben. Diese läßt, wenn sie geöff-net wird, die Steine in einen größeren Auffangraum fallen, der besondere Auslaßöffnungen hat. Wenn die Klappe geschlossen ist, kann eine größere Menge der Steine aus dem Auffangraum ohne Unterbrechung des Betriebes entfernt werden.

Das Verladen der Steine in eine Schute oder dgl. wird besonders bequem bei dem Steinkasten nach Patent IHC erreicht, den Abb. 208 zeigt. Hier sitzt innerhalb des ge-schlossenen Kastens ein zylindrischer Käfig, in dem sich die Steine sammeln, während das sonstige Ge-misch zwischen den Stäben durch-treten und zur Pumpe gelangen kann. Hat sich der Käfig gefüllt,

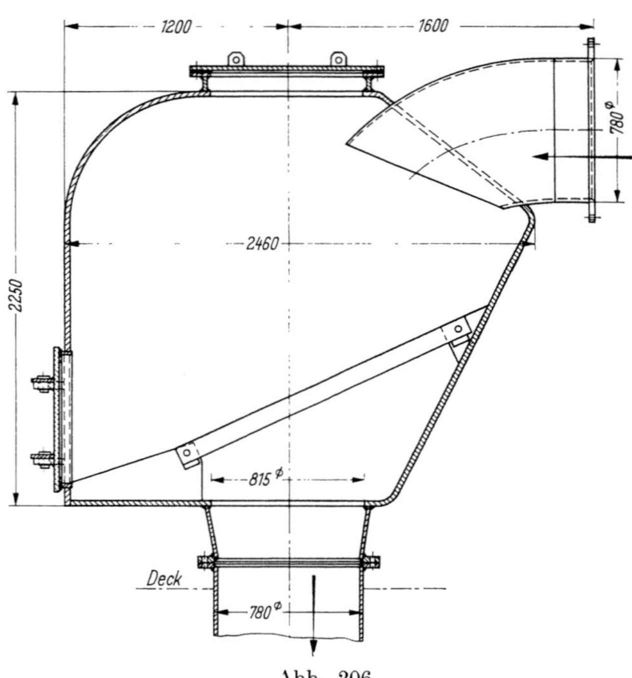

Abb. 206
Steinkasten eines Schutensaugers, an Deck stehend, Eintritt oben und Austritt unten mit Roststäben dazwischen

dann werden die Verbindungsschrauben, mit denen der Deckel auf dem zylindrischen Mantel sitzt, gelöst, und es kann der mit Steinen gefüllte Korb mit einem Derrikbaum

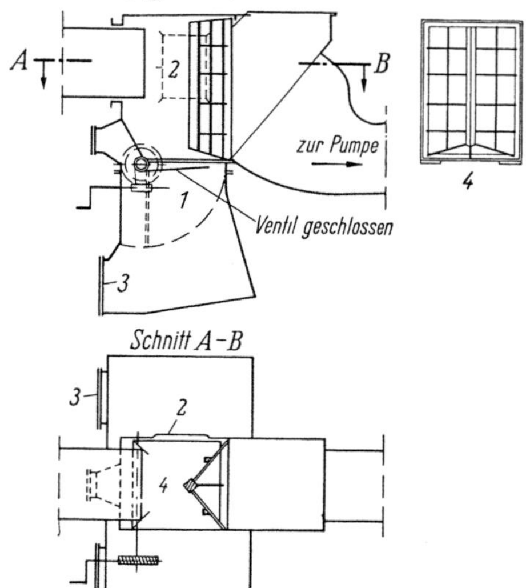

Abb. 207. Steinkasten in der Schutensaugleitung mit großem Auffangraum, bei Leerung ohne Betriebsstörung
1 Luftdichte Klappe; 2 Seitenöffnung; 3 Steinauslaßöffnun-gen; 4 Roststäbe

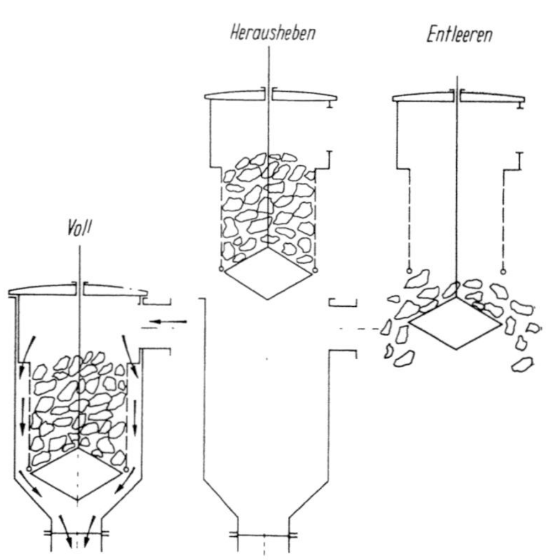

Abb. 208. Steinkasten Patent IHC Holland mit zylindrischem Steinfangkorb und greifkorbähnlicher Entleerung

15*

herausgehoben werden, wie Abb. 209 zeigt. Er wird dann herumgeschwenkt und kommt über den Laderaum der Klappschute, welche die Steine aufnehmen soll. Man hält mit einem Seil den Korb fest und senkt mit dem anderen Seil den Boden ab, so daß die Steine herausfallen können. Dann wird der Boden wieder angehoben und nimmt den Korb, dessen Aufhängung inzwischen gelöst wurde, mit. Der Derrikbaum wird herumgeschwenkt und das Ganze wieder in den Zylinderkörper eingesetzt. Auf diese Weise wird ein schnelles Entleeren des Kastens und Abführen der Steine erreicht. Das ist besonders beim Saugen von tonigen Böden mit eingelagerten Findlingen wichtig, bei denen das Entleeren unter Umständen mehrmals während einer Schutenentleerung notwendig ist. Ein Abkürzen der dadurch entstehenden Pause ist in diesem Fall für die Ertragsleistung von entscheidender Bedeutung.

Abb. 209. Herausheben des Steinfangkorbes, der dann ausgeschwenkt und durch Absenken des Bodens bei Festhalten des Korbes entleert wird. Aufnahme IHC Holland

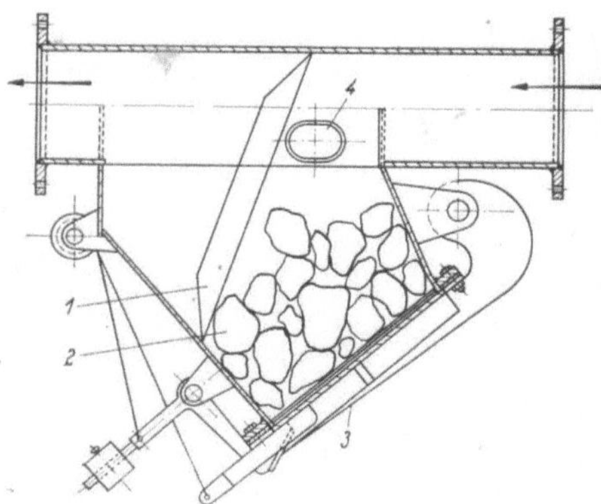

Abb. 210. Steinfangkasten in der Saugleitung eines Schneidkopfsaugers mit Auffangkasten (Aus Alfjorow)

1 Roststäbe; *2* Steinfangraum; *3* Klappe für Steinauslaß; *4* Seitenöffnung

Während ein Steinfangkasten bei Schutensaugern die Regel ist, wird er bei Grundsaugern seltener angewandt und ist insbesondere in den USA kaum bekannt. Bei Saugbaggern mit Schneidkopf sieht man diesen als einen sich drehenden Steinfänger an, der übergroße Teile von der Pumpe fernhält. Mitunter setzt man zwischen die Messer noch Stäbe, um die Durchtrittsöffnung dem anzupassen, was die Pumpe vertragen kann. In den USA sind Baggerpumpen nicht mit eng anliegendem Gehäuse und insbesondere auch fast immer ohne Spitzkopf gebaut worden, so daß ein Festschlagen von Kreiseln viel weniger vorgekommen ist. Man kennt auch kaum die in Europa üblichen Überlastungskupplungen, Rutschkupplungen, Bruchbolzenkupplungen u. dgl.

Man soll auf den Steinfangkasten beim Grundsaugen möglichst verzichten, da er einen zusätzlichen Widerstand bringt, der hier, wo im Gegensatz zum Schutensaugen das Äußerste an Unterdruck verlangt wird, sehr störend ist. Außerdem kommt der Steinfangkasten, da er unter dem Wasserspiegel liegen soll, in den Maschinenraum vor die Pumpe, wo er nicht leicht zu öffnen ist und die herausgefallenen Steine nur mit besonderen Mitteln an Deck zu bringen sind. Auch in Holland kommt man bei Grundsaugern, die meist in unberührtem Boden arbeiten, vom Steinfangkasten ab. Das ist um so bemerkenswerter, als er früher gerade hier für unumgänglich notwendig gehalten wurde. Abb. 47 gab ein typisches Beispiel dafür, zu welchen gewaltigen Abmessungen man dabei teilweise gekommen ist.

Abb. 210 zeigt eine russische Ausführung. Das Gemisch kommt von rechts hinein und trifft auf ein schräg gestelltes Rostgitter, das die Steine abweist und in den Erweiterungsraum fallen läßt, aus dem sie nach Öffnen der Klappe entfernt werden können. Dabei muß aber der Kasten, der unter Wasser liegt, durch Schließen von Schiebern in der Saugrohrleitung abgetrennt werden, da sonst mit den Steinen auch Wasser in den Maschinenraum eintreten würde.

Wenn man diese besondere Absperrung beim jedesmaligen Öffnen des Steinfangkastens vermeiden will, muß man ihn über die Wasseroberfläche legen.

Abb. 211 zeigt eine französische Konstruktion für Grundsauger. Hier ist der Kasten etwas über der Wasserlinie angeordnet, und die Steine fallen in einen unter Wasser befindlichen Auffangbehälter. Dieser ist unten durch eine Klappe verschlossen, die durch den Unterdruck der Pumpe und einen Auftriebskörper nach oben gedrückt wird, so daß sie sich nicht öffnet, wenn die Steine darauffallen. Das wird noch dadurch unterstützt, daß die Öffnungseinrichtung für die Klappe Gegengewichte enthält, welche diese auch noch andrücken. Wenn der Auffangraum voll ist und der Unterdruck nach Abstellen der Pumpe aufhört, tritt Gewichtsausgleich ein, so daß die Klappe geöffnet werden kann und die Steine herausfallen.

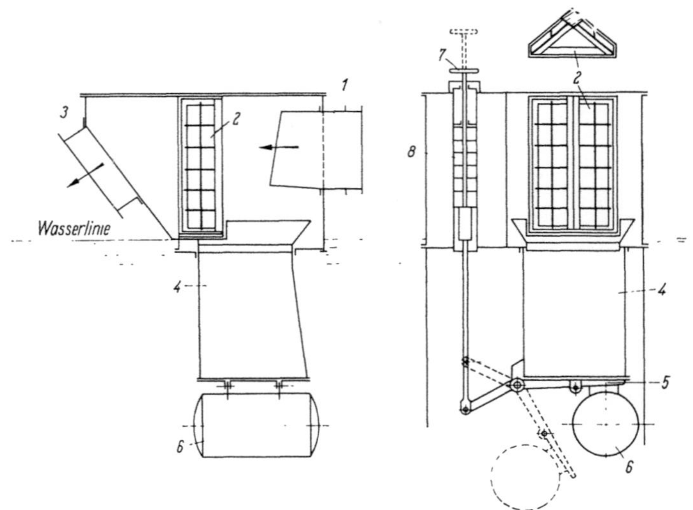

Abb. 211. Steinfangkasten für die Grundsaugleitung dicht über den Wasserspiegel angeordnet, mit einem unter Wasser für leichte Entleerung eingerichteten Auffangraum

1 Saugrohreintritt; *2* Auffangrost; *3* Saugrohraustritt; *4* Auffangraum für Steine; *5* Auslaßklappe; *6* Entlastungsschwimmer; *7* Handrad zum Öffnen der Auslaßklappe; *8* Gegengewichte

2. Die Druckrohrleitung, insbesondere die Entwicklung der Schwimmrohrleitung

Die Rohrleitung, die sich an den Druckstutzen der Baggerpumpe anschließt, bezeichnet man angelsächsisch als „discharge pipe", also Auswurfleitung, in Holland als Preßleitung und bei uns meist als Druckleitung. Sie kann von der Pumpe in waagerechter Richtung oben oder unten abgehen. Am häufigsten ist der schräge Abgang, während ein senkrechter selten ist. Man fürchtet hierbei ein Zurückfallen von Steinen, was bei den früher üblichen geringen Geschwindigkeiten im Druckrohr und den Baggerpumpen mit eng anliegendem Spitzkopf berechtigt war. Bei Schutensaugern wird nach Abgang von der Baggerpumpe die Leitung auf eine Höhe geführt, die auch bei niedrigem Wasserstand über dem Auslaufende auf dem Spülfeld liegt. Wegen der Anpassung an veränderliche Wasserstände ist ein bewegliches Ausgleichrohr eingeschaltet, bevor die Rohrleitung auf Gerüstböcken so weit geführt wird, daß sie ohne Wiederansteigen an Land verlegt werden kann. Die Einzelheiten sind aus den Abbildungen des Kapitels E zu entnehmen.

Da Grundsauger sich beim Arbeiten bewegen, ist im allgemeinen die Einschaltung einer auf Schwimmern verlegten beweglichen Rohrleitung, der *Schwimmrohrleitung*, erforderlich. Nur in Ausnahmefällen, beim Arbeiten in einer engen Rinne ist es möglich, eine schwebende Auswurfleitung zu verwenden. Sonst wird die von der Baggerpumpe abgehende Druckrohrleitung zum hinteren Schiffsende geführt, wo der Übergang in die Schwimmrohrleitung vor sich geht. Dabei läßt man bei den amerikanischen Schneidkopfsaugern die Leitung neben dem Maschinenhaus an Deck nach hinten gehen, während man sie in Europa meist in der Schiffsmitte nach hinten führt. Damit die hier abgehende Schwimmrohrleitung sich in jedem Winkel zur Schiffsrichtung einstellen kann, ordnet man meist ein Drehgelenk mit Stopfbuchse an, muß aber noch ein bewegliches

Stück haben, um den Unterschied zwischen der durch die Schwimmer gegebenen Höhe der Rohrleitung und derjenigen, welche durch die Lage des Schiffskörpers gegeben ist, auszugleichen. Man findet häufig auch Kugelgelenke oder eine Reihenschaltung von Gummischlauchstücken, wie es Abb. 212 zeigt.

Die Schwimmrohrleitung ist im allgemeinen das Zwischenglied zwischen dem beweglichen Grundsauger und der festen Landrohrleitung, während in manchen Fällen nur eine Schwimmrohrleitung vorhanden ist. Abb. 213 zeigt, daß dann ihr Ende über dem Wasserspiegel liegt, so daß die Bodenkörner in der Nähe davon auf dem Gewässergrund absinken oder durch die Strömung bis zur endgültigen Ablagerungsstelle getragen werden. Da indessen ein Zurücklaufen an eine unerwünschte Stelle nicht immer mit Sicherheit zu verhindern ist, bringt man meistens den Boden an Land. Wenn die Ablagerung in der Nähe des Ufers möglich ist, genügt nach Abb. 214 ein schweben-

Abb. 212. Beweglicher Übergang in die Schwimmrohrleitung unter Einschaltung von mehreren Gummischlauchstücken

des Rohrauslaufende, getragen durch einen größeren Schwimmkörper. Soll er aber auf eine weiter vom Ufer entfernt liegende Ablagerungsfläche, das Spülfeld, gebracht werden,

Abb. 213. Schneidkopfsauger beim Durchstich einer Schleife des Red River im Bezirk New Orleans mit Schwimmrohrleitung bei Gemischaustritt aus deren Ende. Aufnahme C. of E.

so muß eine Landleitung dahin führen, und zwischen dieser und der beweglichen Schwimmrohrleitung ein Übergangsstück eingeschaltet werden.

Die Auslaufstelle auf dem Spülfeld muß wieder beweglich sein, da man ja nicht einen Hügel aufschütten, sondern den Boden auf eine größere Fläche verteilen will. Das erfordert bei Feinmaterial, insbesondere bei Schluff, wegen der geringen Sinkgeschwindigkeit große Felder und besondere Maßnahmen, wenn ein Damm von beschränkter Breite herzustellen ist. Man versucht auf jede Weise den Boden in die endgültige Lage zu bringen und die gewünschte Fläche in richtiger Höhe eben herzustellen. Eine Weiterförderung mit Landgeräten oder sonstige zusätzliche Bodenbewegungsarbeiten, ausgenommen geringfügiges Nachplanieren, soll vermieden werden. Die Ablagerung der Körner auf dem Spülfeld unter Ablauf des überflüssigen Wassers hat den Vorteil, daß der Boden sich ohne Anwendung von Verdichtungsgeräten mit geringem Porenvolumen absetzt. Dieser Vorteil würde bei nachfolgender Trockenschüttung verlorengehen. Man hebt mitunter als Nachteil der Naßförderung hervor, daß mit großem Aufwand an Maschinenleistung eine Wassermenge mitgepumpt werden muß, die ein Vielfaches der Bodenmenge ausmacht. Wohl steigt der Wasserzusatz bis zum 10fachen

Abb. 214. Schneidkopfsauger im Bezirk New Orleans mit kurzer Schwimmrohrleitung und schwebendem Rohrauslauf über dem Ufer. Aufnahme C. of E.

und mehr, aber die Vorteile der hydraulischen Bodenbewegung wiegen diese Nachteile vielfach auf, was insbesondere in den Vereinigten Staaten zu ihrer großen Verbreitung geführt hat.

Die bewegliche Schwimmrohrleitung macht man nicht länger als unbedingt notwendig, weil pro Längeneinheit ihr Gewicht etwa das 6fache und der Preis etwa das 10fache der fest verlegten Rohrleitung erreicht. Außerdem bietet sie wegen der vielen Krümmungen, Kugelgelenke, Drehgelenke usw. einen höheren Widerstand. Man beschränkt sich auf 100 m bei kleinen Saugbaggern, geht bis auf etwa 300 m bei den größeren und legt, wenn man damit noch nicht das Ufer erreicht, die Rohre auf Gerüstböcke, wobei sie bei wechselndem Wasserstand zeitweilig unter Wasser kommen können. Wenn die bewegliche Schwimmrohrleitung die Schiffahrt stört, wählt man in den Vereinigten Staaten häufig eine versenkte Rohrleitung, die auf dem Gewässergrunde liegt und vom Saugbagger hin- und hergezogen wird. Durch Einblasen von Preßluft ist es möglich, sie wieder an die Oberfläche zu bringen.

Für die Ausbildung der Schwimmrohrleitung ist es wesentlich, ob sie in ruhigem oder bewegtem Wasser arbeitet. Dabei kann es sich um waagerechte Wasserbewegung, also Strömung, handeln oder um senkrechte Wellenbewegung oder um beides zugleich. Hat man ganz ruhiges Wasser, wie z. B. bei einem Teich, den sich ein Kiessauger selbst geschaffen hat, so kann man längere Teile der Schwimmrohrleitung starr ausbilden

und braucht nur einige Drehgelenke mit senkrechter Drehachse für eine größere Winkel-
bewegung einzuschalten. Meist besteht aber die Schwimmrohrleitung doch aus kurzen
Stücken, die beweglich durch Kugelgelenke oder Gummischläuche miteinander verbunden sind. Dadurch wird sie im ganzen nachgiebig und hat nur einen festen Punkt
beim Übergang an Land. Man muß sie aber meist an einigen Stellen, etwa alle 50 m, an
verankerte Drahtseile legen, die mit Seilwinden betätigt werden.

Die Tragfähigkeit der Schwimmer muß so groß sein, daß noch genügend Freibord
verbleibt für den Fall, daß ein Rohr sich ganz mit abgesetztem Boden füllt. Röhrenschwimmkörper dürfen nur bis etwa zur Hälfte ihres Durchmessers eintauchen, da sonst
nicht viel Reserve vorhanden ist. Das ist besonders nachteilig bei der gebräuchlichen
Ausführung mit einem in einiger Höhe über zwei Röhrenschwimmern liegenden Rohr.
Kommt nämlich beim Bewegen der Rohrleitung ein stärkeres Kippmoment hinzu, so
kann der eine Röhrenschwimmer unter Wasser gedrückt und damit das ganze Leitungs-
stück zum Kentern gebracht werden.

Einzelheiten der beweglichen Schwimmrohrleitung sollen in den nachfolgenden
Abschnitten behandelt werden.

3. Bewegliche Schwimmrohrleitung mit Tragkörpern von geringem Strömungswiderstand und solchen mit Einstellung in der Stromrichtung

Die ersten Saugbagger auf dem Mississippi hatten keine Landleitung, sondern nur
eine Schwimmrohrleitung von 200 bis 300 m Länge, nachdem man die ursprünglichen

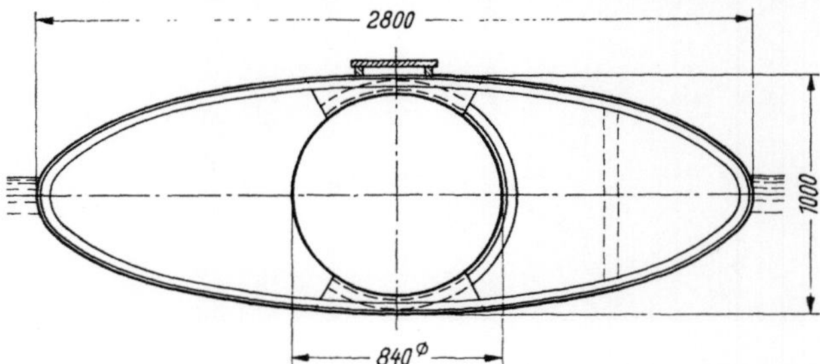

Abb. 215. Tragschwimmer mit elliptischem Querschnitt bei
14 m Länge mit eingebautem Rohr von 840 mm Lichtweite.
Konstruktion Bates

Versuche, den Sand nur aufzurühren und dann der Strömung zu überlassen, aufgegeben hatte. Für den Bagger „Beta" und dessen Nach-
folger verwandte BATES eine Schwimmrohrleitung nach Abb. 215.
Für den im Kapitel G beschriebenen Wolgabagger hatte diese 840 mm
Lichtweite und war 340 m lang. Sie bestand aus 20 Teilen mit zwischengesetzten Kugelgelenken mit 10° Ausschlagmöglichkeit. Jedes Rohr-
stück ist in einen Tragkörper mit elliptischem Querschnitt von 2800 mm Breite und 1000 mm Höhe eingebaut, der
bei 14 000 mm Länge einen Tiefgang von 600 mm hat, wenn das Rohr mit Gemisch von
der Dichte 1,2 gefüllt ist.

Wenn das Rohr sich ganz mit Sand zusetzt, sinkt es um 160 mm ab, was nichts
schadet, zumal bei dieser Bauart kein Kippmoment auftritt.

Abb. 216 zeigt das verbindende Kugelgelenk mit Kugelflächenstücken an den Enden,
die sich ineinanderlegen. Sie werden von einem außenliegenden Ring umgeben, der durch
ein Drehbolzenpaar mit dem einen Rohrende und durch ein zweites mit dem anderen
Ende verbunden ist, so daß ein Kardangelenk gebildet wird, das die Zug- und Druck-
kräfte aufnimmt und die Kugelflächen entlastet. Dabei wird die Dichtung an Stelle
einer Stopfbuchse durch einen Hohlgummiring erreicht, der in eine Rille der konvexen
Kugelfläche eingelegt ist.

Die elliptische Querschnittsform der Schwimmkörper hat den Vorteil, daß sie ohne
besonderen Laufsteg bequem begangen werden können, daß bei Anströmung durch
Wasser und Wind nur geringe Kräfte erzeugt werden, die Schwerpunktslage tief, die
Stabilität groß und die feste Verbindung zwischen Rohr und Tragkörper zulässig ist.
Nachteilig ist es aber, daß bei Undichtwerden eines Rohres durch Verschleiß Wasser
in den Ellipsenkörper eintritt, wobei dies von außen kaum erkennbar und die Auswechs-

lung eines unbrauchbaren Rohres sehr schwierig ist. Der Feinsand des Mississippi brachte wenig Abnutzung, so daß dieser Nachteil hier nicht störte.

Bei dem Mississippifurchensauger „Harrod", der bereits erwähnt wurde, besteht die Schwimmrohrleitung aus 10 Teilen von 30 m Länge mit 920 mm lichter Weite und 8 mm

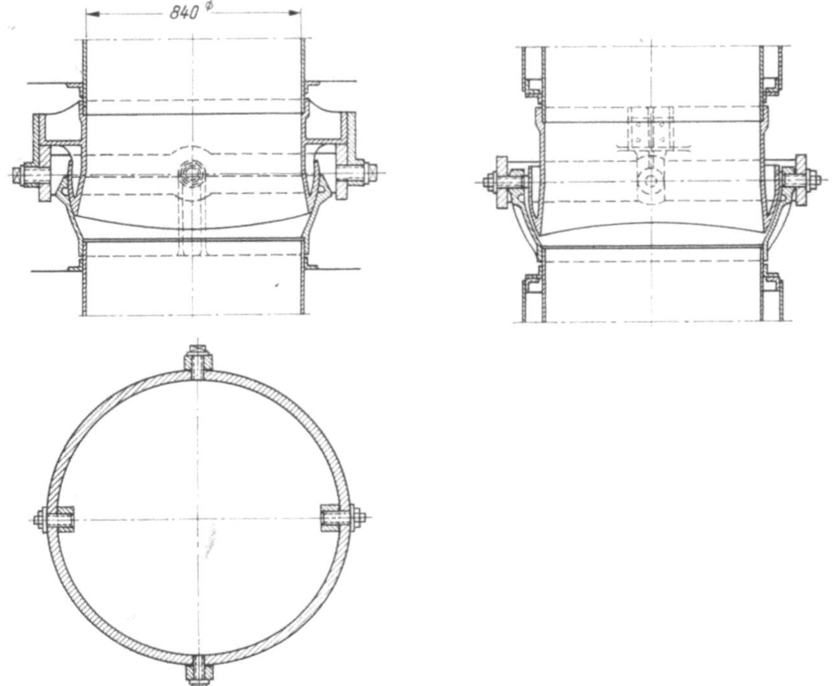

Abb. 216. Gelenkverbindung mit Kugelstück zwischen den Tragschwimmern mit Ellipsenquerschnitt bei Entlastung durch außenliegende Kardanzapfen

Wanddicke mit verbindenden Kugelgelenken. Jedes Rohrstück ist auf einen tellerförmigen Schwimmkörper mit 8500 mm Durchmesser und gewölbter Deckfläche aufgelegt mit einer Höhe von 1600 mm in der Mitte und 700 mm am Rande. Derartige Körper mit kreisförmiger Schwimmfläche haben den Vorteil, daß jede Anströmrichtung gleiche Kräfte ergibt und nicht wie bei einem rechteckigen Tragkörper unzulässig hohe Kräfte durch Queranströmung entstehen.

Man kann auch beim Arbeiten im Strom die Schwimmkörper so ausbilden, daß sie sich unter Drehung gegen die Rohrleitung in Stromrichtung einstellen können. Abb. 217 zeigt einen Tragkörper mit einer linsenförmigen Schwimmfläche und einem Drehkranz von 3600 mm Durchmesser, auf dem sich ein das Rohr tragender Rohrwagen mit Rollen dreht. An einem Ende des Schwimm-

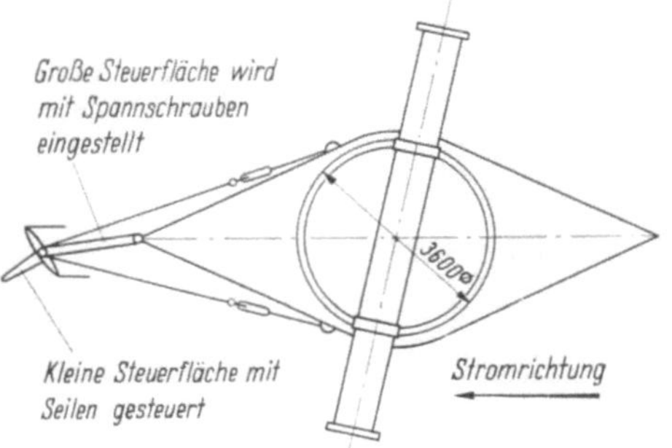

Abb. 217. Tragschwimmer mit linsenförmiger Schwimmfläche und Steuereinrichtung zur Einstellung in die Stromrichtung unter Drehung gegen die Rohrleitung

körpers befindet sich eine größere Steuerfläche, die mit Seilen und Spannschrauben eingestellt wird, und eine zweite kleinere, die mit einer Traverse und Drahtseilen betätigt werden kann. Mit dieser Einrichtung kann man den Schwimmer in die gewünschte Richtung bringen und noch Kräfte auf die Schwimmrohrleitung ausüben.

Abb. 218 zeigt einen Doppelschwimmkörper, bei dem zur Steuerung *zwei* Ruder angeordnet sind, die mit Pinnen und Segmenten so eingestellt werden können, daß der Schwimmkörper die gewünschte Lage einnimmt. Dabei hat auch er in der Mitte eine Drehscheibe, auf der sich das aufgelegte Rohr drehen kann. Derartige Einrichtungen sind für eine wirksame Steuerung notwendig, während ein Ruder wirkungslos bleibt, wenn es im Totraum hinter einem breiten Schwimmkörper liegt.

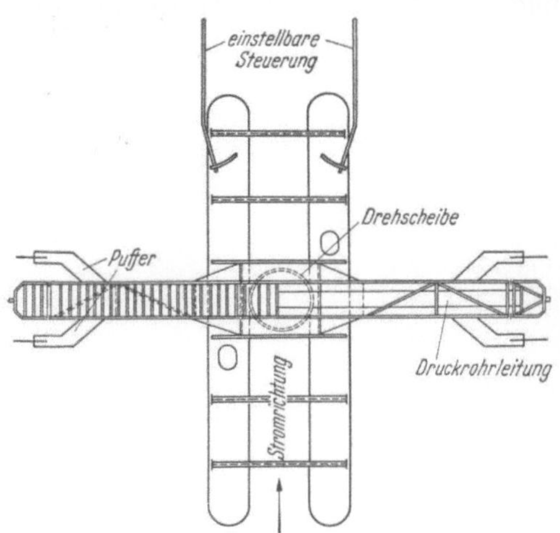

Abb. 218. Doppelschwimmer mit Steuerung durch zwei Ruder zur Einstellung in die Stromrichtung sowie Drehscheibe für Druckrohr

Abb. 219 zeigt ein Saugschiff (pumpbarge) auf dem Mississippi mit einer quer zum Strom liegenden Schwimmrohrleitung. Sie hat eine lichte Weite von 815 mm und liegt auf flachen Schwimmern von 14,5 m Länge, 5,5 m Breite und 0,91 m Seitenhöhe.

Diese haben einen Schienenkranz mit einem Zapfen in dessen Mitte, um den sich die Rohrleitung drehen kann. Man hat, wie man auf dem Bilde sieht, keine Gelenkverbindung zwischen den Rohrstücken, sondern diese sind fest mit Flanschen verbunden, und die ganze Leitung steht in flachem Bogen. Dabei liegen die Tragkörper in der Stromrichtung und werden gegen die Rohrleitung mit einer einfachen Klemmvorrichtung, die auf den Drehkranz wirkt, festgelegt.

Der Auswurfstrahl trifft auf eine Prallplatte, die von dem Bedienungshaus auf dem Endponton mit Seilen gesteuert wird. Man stellt sie dabei so ein, daß der Rückdruck

Abb. 219. Schwimmrohrleitung eines Saugbaggers (pumpbarge) auf dem Mississippi mit Druckwirkung des Auswurfstrahls, welche die bogenförmige Leitung ohne Verankerung quer zur Stromrichtung hält. Aufnahme C. of E.

die ganze Leitung leicht gebogen quer zur Stromrichtung hält. Dabei ist der Anströmungswiderstand, den die flachen Tragkörper mit auflaufendem Boden erfahren, so gering, daß die Haltekraft ausreichend ist. Eine Überschlagsrechnung ergibt, daß bei der Rohrleitung von 815 mm Weite bei einer Fließgeschwindigkeit von 4,5 m/sek die sekundliche Menge 2330 l und bei einer Dichte von 1,15 deren Masse $\dfrac{2330 \cdot 1,15}{9,8} = 237$ kg beträgt. Bei einer Umlenkung um 90° entsteht hierbei ein Rückdruck von $237 \cdot 4,5$ = 1170 kg.

Die beschriebenen Schwimmkörper mit flachem Boden und einer Rohrleitung, deren Schwerpunkt tief bleibt, sind in vieler Beziehung günstiger als die nachfolgend beschriebenen Doppelröhrenkörper.

4. Schwimmer mit Doppelröhren-Tragkörpern

Die heute gebräuchlichste Ausführung der Schwimmrohrleitung hat zwei parallel in Richtung der Rohrachse gerichtete Röhrenschwimmer mit Verbindung durch Querträger, auf welche die Rohre aufgelegt sind. Dabei sind die einzelnen Teile der Rohrleitung durch Gummischläuche oder Kugelgelenke verbunden.

Abb. 220 zeigt einen derartigen Tragkörper mit 2 Röhrenschwimmern von je 700 mm Durchmesser und 5000 mm Länge, die an ihren Stirnflächen durch U-Eisen Profil 20 so verbunden sind, daß ihre Mitten 2000 mm voneinander entfernt sind. Auf diesen Querträgern liegt das Förderrohr von 300 mm Lichtweite, 4 mm Wanddicke und 6000 mm Länge, und zwar zwischen 2 Kanthölzern mit Auskehlungen, die durch Spannschrauben zusammengehalten werden. Durch das Holz bleibt eine gewisse Nachgiebigkeit zwischen Rohr und Tragkörper erhalten. Zwischen je 2 Rohrstücken, die auf die Tragkörper aufgelegt sind, sitzen Gummischlauchstücke von 750 mm Länge, die Abb. 221 zeigt. Sie können, wie im oberen Teil zu sehen ist, mit ihren Enden auf Tüllen sitzen und durch Schellen gehalten werden, oder es können auch, wie unten erkennbar ist, Gummiflanschen angesetzt sein, die zwischen Stahlflanschen sitzen. Die Schläuche bauchen sich unter dem Einfluß des Innendrucks etwas auf und können Zug und Druck aufnehmen. Dabei ist aber der Biegungswinkel beschränkt, so daß man meist zwischen die Schwimmer Stangen, Ketten oder dgl. setzt, die diesen Winkel begrenzen und die Schläuche gegen unzulässige Beanspruchung schützen.

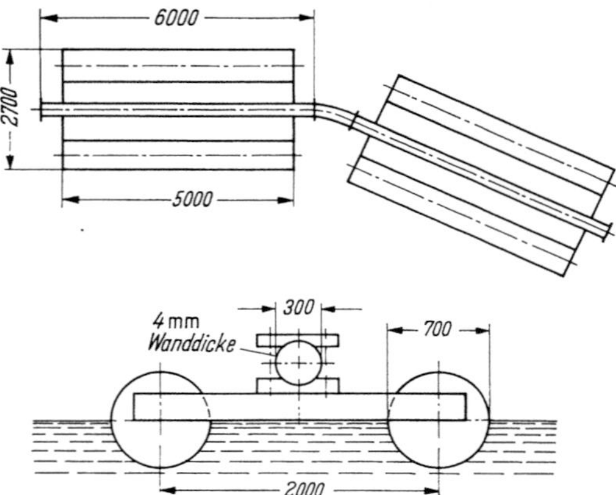

Abb. 220. Schwimmrohrleitung von 300 mm Lichtweite auf Doppelröhrenschwimmern von 700 mm Dmr. und 5000 mm Länge mit zwischengesetzten Gummischläuchen

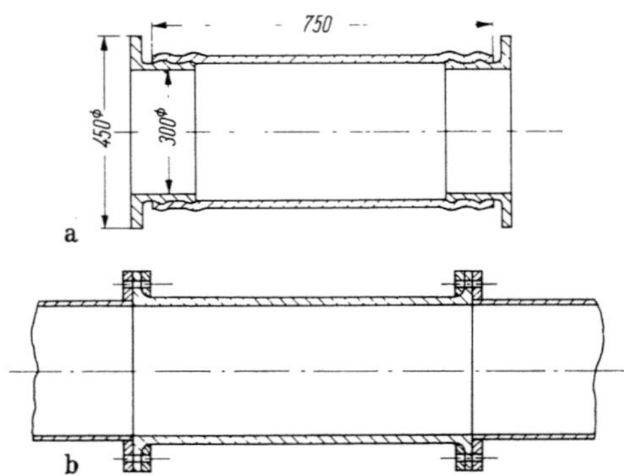

Abb. 221 a u. b. Gummischlauchstück von 300 mm Lichtweite und 750 mm Länge in Ausführung mit Flanschtüllen oder Gummiflanschen

Nachfolgend wird eine Gewichtsaufstellung mit Berechnung der Eintauchtiefe gegeben:

Vollständiger Doppelröhrenschwimmer	1350 kg
Aufgelegtes Rohr 300 mm Lichtweite, 4 mm Wanddicke, 6 m lang	210 kg
Gummischlauch 750 mm lang mit Schlauchtüllen	60 kg
Summe = Gewicht für 6,75 m Schwimmrohrleitung	1620 kg
Rohrinhalt $= \frac{\pi}{4} \cdot 3^2 \cdot 67,5 = 478$ l. Gew. $478 \cdot 1,2 =$	575 kg
	2195 kg

Die Verdrängung bei halber Tauchung würde sein: $\frac{\pi}{4} \cdot 7^2 \cdot 50 = 38{,}5 \cdot 50 = 1925\,\mathrm{l}$. Somit taucht der Schwimmer bei Füllung des Rohres mit Gemisch von $\gamma = 1{,}2$ etwas über die Hälfte ein.

Die ganze Leitung besteht aus 14 Schwimmern und ist demnach $14 \cdot 6{,}75 \sim 96$ m lang.

Das Gewicht wird $1620 \cdot 14 = 22\,700\,\mathrm{kg} = \dfrac{22\,700}{96} = 236\,\mathrm{kg/m}$ und mit Zuschlag für Zubehör 250 kg/m. Eine einfache Rohrleitung von 300 mm Lichtweite mit 3,5 mm Wanddicke wiegt 30 kg/m und mit 4 mm Wanddicke 35 kg/m; die Schwimmrohrleitung wiegt also das 8,35- bzw. das 7,15fache davon.

Gegenüber der Bauart von BATES ist es hier vorteilhaft, daß das Förderrohr allseitig zugänglich bleibt, gedreht und bei Unbrauchbarkeit ausgewechselt werden kann. Kipp-

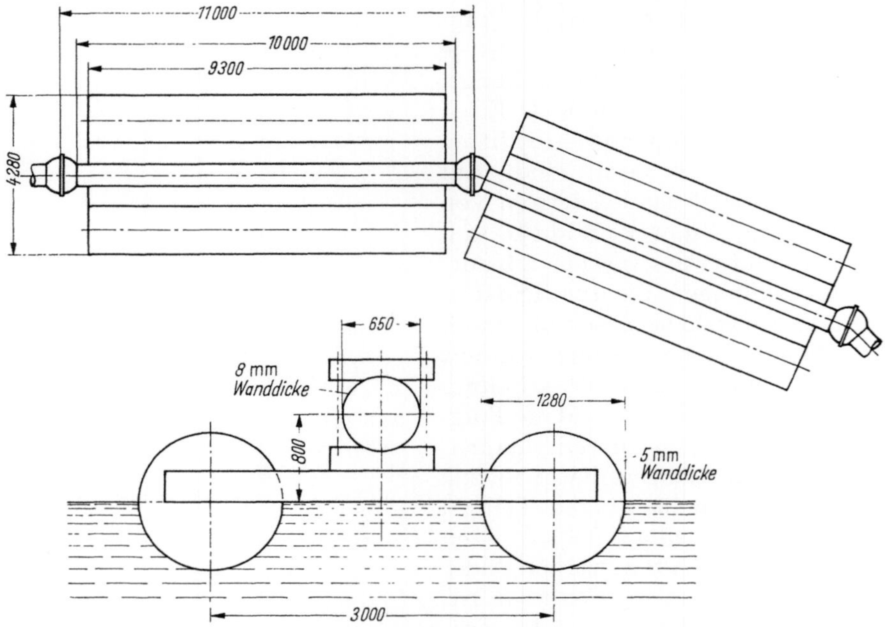

Abb. 222. Schwimmrohrleitung von 650 mm Lichtweite auf Doppelröhrenschwimmern von 1280 mm Dmr. und 9300 mm Länge mit zwischengesetzten Kugelgelenken

momente treten aber auf, und man legt, um sie klein zu halten, das Förderrohr möglichst tief und biegt manchmal die Querverbindung zwischen den beiden Röhrenschwimmern nach unten ab. Weiterhin soll der Abstand der beiden Röhrenkörper genügend groß sein, was auch wegen des Laufstegs, der neben dem Rohr einherläuft, erforderlich ist. Die sehr einfache Herstellung derartiger Röhrenkörper und ihre Widerstandsfähigkeit gegen Einbeulungen haben dazu geführt, daß diese Ausführungsart am häufigsten genommen wird. Man gibt manchmal den Rohren verschiedenen Durchmesser und schließt die Stirnflächen durch Flanschen, die nicht festgeschweißt sondern angeschraubt sind. Dann kann man sie zum Versand losnehmen und einen Röhrenkörper in den anderen schieben, was jedoch die Abnahme der Querverbindungen erfordert und sich nur bei großen Rohrleitungen lohnt. Nachteilig ist es bei den Röhrenkörpern mit kreisförmigem Querschnitt, daß sie erst nach größerer Eintauchung tragfähig werden und ein Doppelröhrenkörper großen Anströmungswiderstand erfährt, besonders wenn seine Querverbindung ins Wasser eintaucht. Bei starken Strömungen sind infolgedessen die vorher behandelten Ausführungsarten vorzuziehen.

Abb. 222 zeigt eine Schwimmrohrleitung von 650 mm Lichtweite auf Doppelröhrenschwimmern. Diese haben einen Durchmesser von 1280 mm bei 9300 mm Länge und kommen durch die Querträger aus U-Eisen Profil 30 auf einen Mittenabstand von 3000 mm. Die auch hier in Kanthölzern ruhenden Förderrohre haben 10 000 mm Länge bei 650 mm Lichtweite und 8 mm Wanddicke, können einen Innendruck bis 10 kg/cm² aushalten und sind durch Kugelgelenke miteinander verbunden. Die Wandungen der Röhrenkörper haben 5 mm und ihre Stirnflächen 6 mm Dicke, wobei man mit Rücksicht auf geringes Gewicht schon an die untere Grenze dessen gegangen ist, was die Einbeulfestigkeit verlangt.

Von einer gewissen Durchmessergröße ab gehen die Vorteile des Röhrenschwimmers verloren, während der Nachteil des starken Anströmungswiderstandes sich immer mehr bemerkbar macht.

Die ganze Schwimmrohrleitung besteht aus 20 Doppelröhrenschwimmern mit aufgelegtem Rohr von 11 m Baulänge einschließlich des Kugelgelenks, hat also insgesamt 220 m Länge. Dabei sind 3 Schwimmer eingeschaltet, die zur Aufnahme von Kabelwinden für die Ankerseile eingerichtet sind.

Die zwischen 2 Rohrstücke gesetzten Kugelgelenke aus Stahlguß zeigt Abb. 223. An das eine Rohrende ist mit einer Flanschverbindung das Konvexkugelstück angesetzt mit einem Durchmesser von 1010 mm für seine bearbeitete Außenfläche. Es legt sich in das um $^1/_{10}$ mm im Durchmesser größere Konkavkugelstück ein, das an dem anderen Rohrende sitzt. Festgehalten wird es durch den

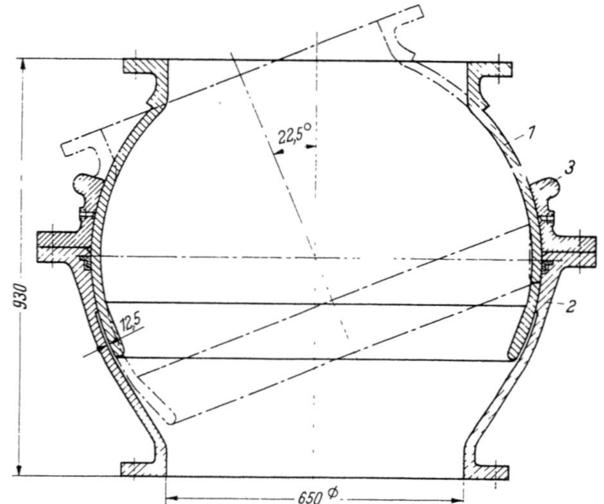

Abb. 223. Kugelgelenk für 650 mm Rohranschluß und 10 atü Betriebsdruck mit einem Ausschlagwinkel von 22,5°
1 Konvexkugelteil; *2* Konkavkugelteil; *3* Rückhaltering

Rückhaltering, der eine Konkavkugelfläche von gleichem Durchmesser besitzt und mit dem anderen Rohrende durch einen kräftigen Flansch mit Bolzen verbunden ist. Die Dichtung besorgt eine Gummimanschette mit Winkelquerschnitt, deren einer Schenkel sich unter dem Einfluß des Innendrucks fest gegen die konvexe Kugelfläche legt. Die Baulänge des Kugelgelenks ist 1000 mm und der größte Ausschlagwinkel 22,5°.

Die Gewichtsberechnung für diese Schwimmrohrleitung ergibt folgendes:

Vollständiger Doppelröhrenschwimmer	4250 kg
Aufgelegtes Rohr 650 mm Lichtweite, 8 mm Wanddicke, 10 m lang	1520 kg
1 Kugelgelenk für 22,5° Ausschlag	1050 kg
Summe = Gewicht für 11 m Schwimmrohrleitung	6820 kg
Rohrinhalt $\frac{\pi}{4} \cdot 6,5^2 \cdot 110 = 3640$ l. Gewicht $3640 \cdot 1,2$	4370 kg
	11190 kg

Verdrängung bei halber Tauchung wäre:

$$\frac{\pi}{4} \cdot 12,8^2 \cdot 93 \cdot \frac{1}{2} \cdot 2 \sim 12\,000 \text{ l.}$$ Somit taucht der Schwimmer bei Füllung des Rohres mit Gemisch von der Dichte 1,2 fast zur Hälfte ein.

Die ganze Leitung besteht aus 20 Schwimmern, darunter 3 Ankerschwimmern, ist 220 m lang und hat ein Gewicht einschließlich Laufgang, Winden für Ankerseil, Anker u. dgl. von 145 000 kg.

Das sind $= \dfrac{145\,000}{220} = 660$ kg/m.

Einfache Rohrleitung mit 6 mm Wanddicke wiegt 105 kg/m und mit 8 mm Wanddicke 145 kg/m; die Schwimmrohrleitung wiegt also das 6,3- bzw. das 4,45fache der gewöhnlichen Rohrleitung.

Je nach Größe kommt man somit bei Schwimmrohrleitungen auf das 5- bis 8fache des Metergewichtes der einfachen Rohrleitung und im Preis auf das 8- bis 10fache.

Abb. 224. Hochliegende Druckrohrleitung eines Grundsaugers mit Holzgerüst auf den Schwimmkörpern

Um die Kosten von Schwimmrohrleitungen herabzusetzen, werden sie manchmal ganz einfach ausgeführt, wie es beispielsweise Abb. 212 zeigte. Man sieht vorn links die Ecke des Schneidkopfsaugers mit der abgehenden Rohrleitung, wobei zunächst vier kurze Gummischlauchstücke mit dazwischensitzenden Rohrstücken eine Drehbewegung der Schwimmrohrleitung gegenüber dem Bagger ermöglichen. Die Rohrleitung, deren Knickstellen auch weiterhin durch Gummischläuche gebildet werden, liegt dann auf Kanthölzern, die sich mit Auskehlungen auf die faßartigen Tragkörper legen und mit ihnen durch Spannschrauben verbunden sind. Dabei ist durch die Hölzer überall eine gewisse Nachgiebigkeit erreicht. In ähnlicher Weise werden mitunter Schwimmrohrleitun-

Abb. 225. Schwimmrohrleitung von 685 mm Lichtweite mit Teilen von 10 m Länge auf je zwei quergestellten Röhrenschwimmern mit zwischenliegenden Kugelgelenken

gen mit kleinen Rohrweiten noch einfacher unter Verwendung von Ölfässern oder Holztonnen zusammengebaut.

Abb. 224 zeigt eine hochliegende Leitung, bei der auf die Schwimmkörper ein Holzgerüst aufgebaut ist. Man kann damit erreichen, daß die Leitung am Sauger ansteigt und von da an ständig abfällt, was den Rohrreibungswiderstand herabsetzt. Außerdem läuft die Rohrleitung bei Unterbrechung der Förderung von selbst leer, so daß bei Schutensaugern mit ihren durch den Schutenwechsel bedingten Pausen diese Verlegungsart immer gewählt wird. Bei einer Schwimmrohrleitung treten aber infolge ihrer hohen Lage starke Kippmomente auf, die nur durch große Schwimmkörper aufzunehmen sind. Auf diese Weise kann deswegen nur bei ruhigem Wasser gearbeitet werden.

In den USA legt man die Röhrenschwimmkörper meist mit ihrer Achse senkrecht zur Förderrohrleitung.

Abb. 225 zeigt eine große Leitung von 685 mm Lichtweite, die aus Teilen von je 10 m Länge besteht, wobei die Röhrenkörper beiderseits an ihren Enden noch durch U-Eisen verbunden sind und in der Mitte über dem Rohr die Laufplanke mit Geländer liegt. Die Rohre haben 14 mm Wanddicke und kräftige Flanschverbindungen, damit sie dem hohen Innendruck, der bei amerikanischen Schneidkopfsaugern teilweise über 10 kg/cm^2 hinausgeht, standhalten.

Abb. 226 zeigt ein Kugelgelenk, das zwischen 2 Rohrleitungsteilen angeordnet ist. Bei ihm haben die Flanschen des Konkavkugelstücks keine Gewindebolzen mit Muttern, sondern Klappbolzen mit Schlitzen, in die Keile eingeschlagen werden, wodurch ein schnelles Lösen und Freilegen aller Kugelflächen möglich ist.

Abb. 227 zeigt eine Kugelgelenkkonstruktion, bei der das Lösen noch einfacher ist. Hier hat der Rückhaltering Schrägflächenstücke, die sich bei Drehung in entsprechende Ansätze des Konkavkugelteils eindrücken. Um eine Lösung und ein Freisetzen der

Abb. 226. Kugelgelenk mit Festlegung des Rückhalterings durch Klappbolzen nach Eintreiben von Keilen. Aufnahme C. of E.

Kugelflächen herbeizuführen, ist nur eine Drehung des Rückhalterings um einen kleinen Winkel notwendig, die durch Hammerschläge herbeigeführt wird und die Schrägflächen voneinander abgleiten läßt. Bei den sehr großen Zugkräften, welche auf die Kugeln bei Innendrücken über 10 kg/cm² kommen, setzen sie sich häufig fest, wobei dann ein Losnehmen notwendig ist. Wenn eine große Anzahl Muttern zu lösen ist, die nach einiger Zeit doch festsitzen, ist das Auseinanderbauen sehr zeitraubend. Es ist daher erklärlich, daß die Amerikaner, welche große Erfahrungen über hochbelastete Kugelgelenke besitzen, besonderen Wert darauf legen, daß eine schnelle Lösung des Rückhalterings möglich ist. Abb. 173 zeigte eine neuere Ausführung, bei der dies durch besondere Mittel erreicht wird.

Drehgelenke lassen einen größeren Ausschlagwinkel zu als Kugelgelenke und Gummischläuche.

Abb. 228 zeigt eine ältere Ausführung, bei der man den Drehteil zu einer Kugel

Abb. 227. Kugelgelenk bei Festlegung des Rückhalterings durch drei ringverbundene Keilflächen, die mit Hammerschlag angedrückt und gelöst werden können

erweitert hat. Das Gewicht eines derartigen Drehgelenks mit den anschließenden Rohrbögen ist nicht unerheblich, so daß es von den Tragschwimmern der beiden sich anschließenden waagerechten Rohrleitungsstücke kaum aufgenommen werden kann, zumal diese, um einen genügenden Drehwinkel zu ermöglichen, in einiger Entfernung bleiben müssen. Es ist infolgedessen ein besonderer zylindrischer Schwimmkörper von 3300 mm Dmr. unter das Drehgelenk gesetzt, dessen Mitte mit der Drehachse des Gelenkes zusammenfällt. Boden und Deck des Zylinderschwimmkörpers sind nach unten gewölbt, und in die dadurch oben entstehende Mulde ist das Drehgelenk eingesetzt. Sein Schwerpunkt liegt tief und das Deck des Tragkörpers kommt unter den Wasserspiegel. In ihrer

Mitte hat die Mulde ein zylindrisches Rohr, in dem das untere Außenlager des Drehgelenks angeordnet ist, während das obere auf einem Querbalken sitzt, der sich auf 2 Rohrsäulen stützt. Diese beiden Außenlager sollen die Kräfte aufnehmen, die auf das Drehgelenk kommen, und die Drehstopfbüchse entlasten, damit sie leichtgängig bleibt. Die Winkeländerung der beiden abgehenden Rohrteile kann 270° erreichen. Wenn auch in der gezeichneten Stellung ein solches Drehgelenk mit seiner S-förmigen Führung keinen allzu großen Widerstand bringt, so wird sich dieser jedoch bei anderen Winkelstellungen stark erhöhen.

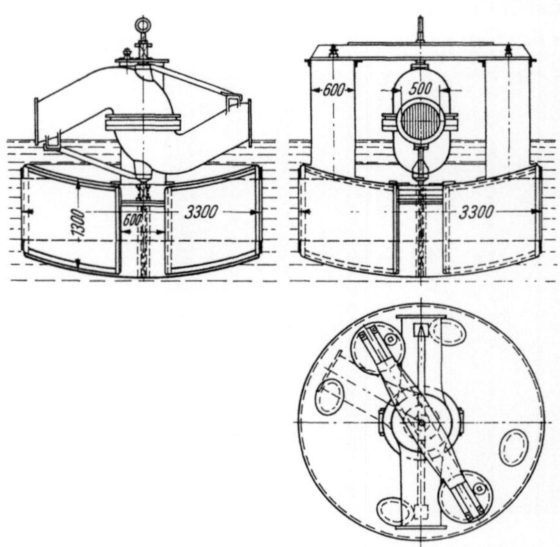

Abb. 228. Drehgelenk mit erweitertem Mittelteil und geringer Bauhöhe mit untergesetztem rundem Tragschwimmer für 270° Anschlag

Abb. 229 zeigt ein Drehgelenk, bei dem die Teile des S-Bogens große Krümmungsradien haben, so daß bei allen Winkelstellungen die Umlenkung sanft bleibt. Damit bei der dadurch bedingten großen Bauhöhe der Schwerpunkt tief liegt, geht das von rechts ankommende Rohr zunächst unter Wasser, was durch einen zweiteiligen Schwimmkörper ermöglicht wird, in dessen Zwischenraum das Rohr verläuft. Um die Verdrehung zu ermöglichen, ist ein Kugelgelenk oder eine Drehstopfbüchse in den senkrechten Teil des S-Bogens eingebaut. Die Tragschwimmer der beiden sich anschließenden Rohrleitungsteile sind so weit zurückgesetzt, daß eine Drehung um 270° möglich ist. Durch entsprechende Außenlager kann man wieder die Drehstopfbüchse oder das Kugelgelenk entlasten und sie leichtgängig erhalten.

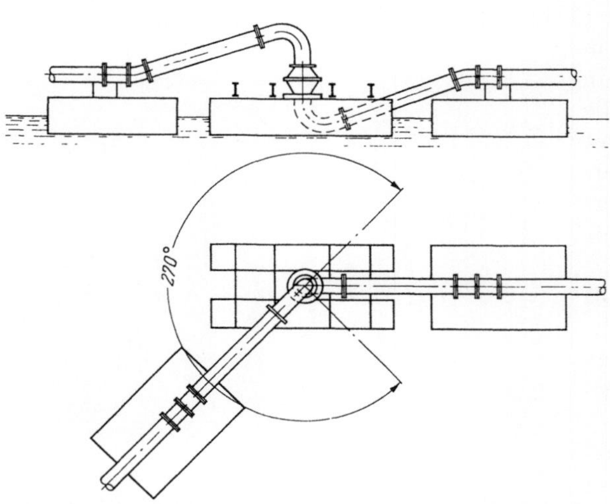

Abb. 229. Drehgelenk mit S-Bogen von großer Bauhöhe auf Doppelschwimmer aufgesetzt, wobei eine Drehung um 270° möglich ist

5. Rohrauslauf über Wasser oder schwebend über dem Ufer, sowie Übergang in eine Landrohrleitung

Um bei einer Schwimmrohrleitung mit Austritt über Wasser eine Bodenverteilung zu bekommen, muß man die Stelle des Austritts verändern können und erreichte dies auf dem Mississippi durch eine besondere Steuerung, die schon erwähnt wurde und in Abb. 230 zu erkennen ist. Das Auslaufstück des Rohres von 840 mm Lichtweite ist auf einen Schwimmkörper von 8,5 m Länge und 4,5 m Breite gesetzt, und der Auslaufstrahl trifft eine Prallplatte besonderer Form. Diese lenkt in der gezeichneten Schrägstellung den Strahl so ab, daß der Rückdruck von mehr als 1000 kg in der Pfeilrichtung wirkt und in Verbindung mit dem Druck, den die Flußströmung auf die ganze Leitung ausübt, dem Austrittsende die gewünschte Lage gibt. Für die Einstellung der Prallplatte sind hier 2 Gelenkstangen angesetzt, deren andere Enden an

2 Muttern angreifen. Diese sitzen auf Gewindespindeln, die durch umsteuerbare Elektromotoren in der einen oder anderen Richtung gedreht werden können.

Damit auch bei Stillstand der Baggerpumpe eine Steuerkraft ausgeübt werden kann, sind am anderen Ende des Schwimmkörpers 2 Propeller von 500 mm Dmr. mit schrägen Wellen angeordnet, die von Drehstrommotoren von je 30 PS angetrieben werden. Die Motoren erhalten ihren Strom von einem auf dem Bagger aufgestellten Generator und werden von dort angelassen und umgesteuert oder von einem auf den Schwimmkörper gesetzten Steuerhaus, das eine bessere Beobachtung zuläßt. In neuerer Zeit ist die Einrichtung dadurch vereinfacht worden, daß man die Propeller wegläßt und die Prallplatte mit Drahtseilen steuert. Die Steuerung durch Propeller ist aber bemerkenswert, weil damit eine Schwimmrohrleitung bei Durchfahrt eines Schiffes aus der Fahrtrichtung gebracht werden kann.

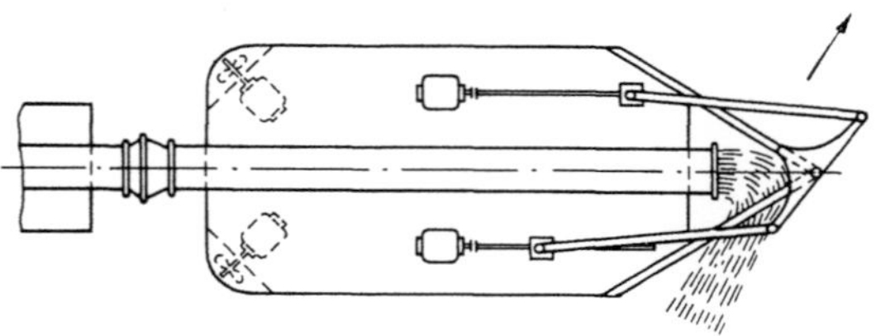

Abb. 230. Tragschwimmer für Auslaufrohr mit einstellbarer Prallplatte zur Erzeugung einer Richtkraft zum Halten der Schwimmrohrleitung ohne Verankerung bei zusätzlicher Steuerung durch zwei Propeller mit Elektroantrieb

Wenn man das Gemisch auf Land bringen will, um den Boden in Ufernähe abzulagern, muß man ein schwebendes Auslaufrohr verwenden. Abb. 231 zeigt die Einrichtung für den im vorangehenden Kapitel behandelten Furchensauger „Aminul Bahr" mit einem 2 teiligen, in Richtung der Flußströmung liegenden Schwimmkörper. Die vom Bagger kommende Schwimmrohrleitung liegt mit einem Kugelgelenk auf dem letzten Tellerschwimmkörper auf, und es kommt

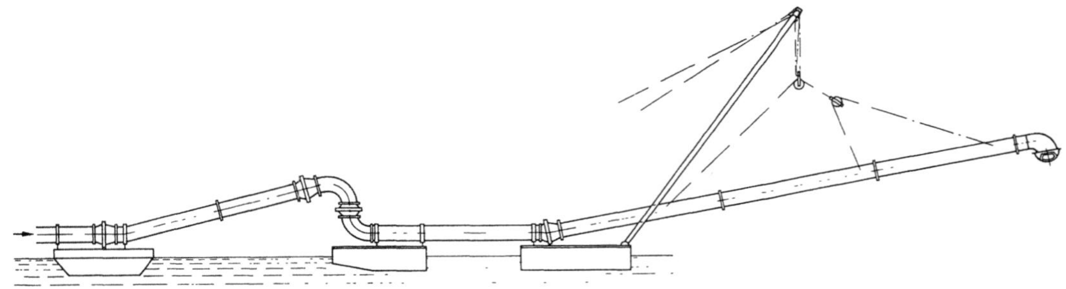

Abb. 231. Doppelschwimmkörper mit A-Bock zum Tragen der schwebenden Auswurfleitung auf der Landseite und Drehgelenk an der Wasserseite, auch als 60 t-Kran verwendbar

dann ein ansteigendes Ausgleichrohr mit einem weiteren Kugelgelenk am anderen Ende. Auf den Doppelschwimmkörper ist ein Drehgelenk aufgebaut, von dem die Rohrleitung waagerecht abgeht. Sie steigt dann wieder an bis zum Auslaufende, das in der gezeichneten Stellung bei 35 m Ausladung gegenüber der landseitigen Schwimmkörperwand in einer Höhe von 8 m über dem Wasserspiegel liegt. Die schwebende Rohrleitung wird durch einen schräggestellten und verspannten A-Bock an mehreren Stellen unter Verwendung von Seilausgleichrollen getragen, um unzulässige Biegungsbeanspruchungen zu vermeiden. Der A-Bock hat eine Tragfähigkeit von 60 t, und die Einrichtung kann auch als Schwimmkran verwendet werden.

Meist genügt aber der schwebende Rohrauslauf nicht, sondern es ist eine längere Landrohrleitung nach dem Ablagerungsfeld zu führen. Für den festliegenden Schutensauger ist dies die Regel, wobei wegen der immer gegebenen Änderungen der Wasserspiegelhöhe gegenüber der festen Landrohrleitung besondere Ausgleichseinrichtungen erforderlich sind, die bereits beschrieben wurden. Auch bei Übergang von Schwimmrohrleitungen in Landrohrleitungen sollte man dies beachten und einen genügend großen Schwimmkörper vorsehen, der bequem zu verlegen ist und ein Übergangsrohr trägt, das ein Anpassen an Wasserstandsänderungen zuläßt. Wenn dies nicht geschieht, sind häufige Störungen und Betriebsunterbrechungen eine unliebsame Folge.

6. Landrohrleitung und Spülfeld, Ausführungsarten und Verschleißfragen

Es ist von Vorteil, wenn die Landrohrleitung möglichst ohne Krümmungen in senkrechter oder waagerechter Richtung in der geraden Verbindungslinie zwischen dem Landübergang und der Ablagerungsstelle verlegt wird. Wenn dies möglich ist, werden

Abb. 232. Rohrleitung von 600 mm Lichtweite auf eisernen Rohrböcken hochliegend mit Verspannung

sehr niedrige Werte für die Reibungswiderstandszahl, bei feinkörnigen Bodenarten nicht über denen von Wasser liegend, erreicht. Hierzu muß allerdings die Rohrleitung meist ganz oder teilweise auf Gerüsten verlegt werden, was dann unumgänglich wird, wenn Straßen, Schienenwege, Kanäle u. dgl. zu überqueren sind.

Dies ist beispielweise in Emden notwendig, wo der Schutensauger Hafenablagerungen, die von einem Eimerbagger ausgehoben und in Schuten geladen sind, auf große Ent-

Abb. 233. Rohrleitung von 600 mm Lichtweite auf 20 m freitragend über einem Schiffahrtsweg in Fachwerkträger eingebaut

fernung zu spülen hat. Dabei geht das Druckrohr gleich auf eine große Höhe und muß dann, wie Abb. 232 zeigt, auf hohen, eisernen Rohrstützen verlegt werden. Es ist auch nach Abb. 233 ein Schiffahrtsweg und dahinterliegend eine Straße zu überqueren. Die für den Schiffahrsweg erforderliche freitragende Spannweite von etwa 20 m wird dadurch erreicht, daß das Rohr in einen Fachwerkträger mit 3 Rohrgurten eingebaut wird, während für die Straßenüberquerung, wie auch sonst zwischen den tragenden Böcken, eine Drahtseilverspannung angeordnet ist.

Am Ende der Überquerung des Schiffahrtswegs geht die Leitung steil herunter auf Geländehöhe und führt dann nach den Ausgleichsbecken vor der elektrischen Verstärkerpumpenanlage, die in Kapitel D bei der Reihenschaltung von Baggerpumpen behandelt wurde. Sie noch bis zum Becken in großer Höhe weiterzuführen, ist nicht notwendig, da das Gelände eben und ohne Hindernisse ist und ein einmaliger Abfall ohne nachfolgenden Wiederanstieg kaum einen Verlust bringt.

Ein Wiederansteigen der Rohrleitung nach einem Abfall bringt außer dem Druckhöhenverlust auch die Gefahr der Verstopfung mit sich, so daß man einen solchen „Rohr-

Abb. 234. Rohrleitung von 600 mm Lichtweite waagerecht und gerade auf Holzgerüstböcken durch die Sanddünen von Norderney führend

sack" auch dann vermeidet, wenn die Rohrleitung nicht wie in Emden fest verlegt ist. Man setzt sie dann auf Holzböcke, wie Abb. 234 erkennen läßt. Hier geht sie waagerecht durch die Dünenhügel von Norderney und läßt die in Kapitel C angegebenen niedrigen Werte für den Reibungswiderstand erreichen.

Abb. 235 zeigt die Überquerung eines Kanals, wobei die Höhe nicht so groß ist, daß alle Schiffe durchfahren können. Man kann für Schiffsdurchfahrt ein Stück aus der Rohr-

Abb. 235. Überquerung eines Kanals durch eine Spülrohrleitung mit Ausbaumöglichkeit eines Stückes für Schiffsdurchfahrt

leitung ausbauen oder ausschwenkbar machen, entweder nach der Seite wie eine Drehbrücke oder nach oben wie eine Klappbrücke.

Abb. 236 zeigt noch eine Rohrleitung, die für eine Sandaufspülung in einem Seebad in größerer Höhe verlegt wurde, wobei man ein Stahlrohrgerüst, das aus dem Hochbau bekannt ist, verwandt hat.

Die in den Abbildungen gezeigten hochliegenden Rohrleitungen fördern Feinmaterial mit geringer Verschleißwirkung. Hat man aber stark schleißendes Grobmaterial, dann ist eine hochliegende, über Straßen, Schienenwege und bebautes Gelände hinüberführende

Leitung schon wegen der Verunreinigung durch Leckagen und der Schwierigkeit, die Rohre zu drehen oder auszuwechseln, ungünstig. Auch hier zeigt sich wieder, daß eine kleine Änderung der Bodenart weitreichende Folgen hat und viele Berechnungen und Annahmen über den Haufen wirft. Was bei Feinmaterial nicht die geringste Schwierigkeit

Abb. 236. Spülrohrleitung für Strandaufspülung in der Höhe auf einem Stahlrohrgerüst verlegt

macht, wird bei Grobmaterial zu einer kaum lösbaren Aufgabe, so daß der Übergang zur Trockenförderung mitunter das einzig mögliche ist.

An der Ablagerungsfläche, dem Spülfeld, sollen die Körner aus dem Gemisch ausfallen und das Wasser ablaufen. Aus dem folgenden Kapitel über die Hoppersauger ist zu entnehmen, daß dies bei der beschränkten Laderaumoberfläche schwierig ist und bei manchen Bodenarten dazu führt, daß man mit dem Pumpen aufhört, wenn der Überlauf beginnt. Wenn auch ein Spülfeld eine größere Oberfläche hat, kommt man bei feinen Schluffkörnern doch zu einem ähnlichen Verfahren. Man ordnet mehrere Felder nebeneinander an und füllt sie nacheinander, damit die Bodenkörner bei

Abb. 237. Auslauf eines auf Holzböcken gelegten Spülrohrs von 685 mm Lichtweite mit einer Geschwindigkeit des Auslaufstrahls von 6 m/sek

ihrer geringen Sinkgeschwindigkeit genügend Zeit zum Absetzen finden. Abb. 21 ließ eine derartige Anlage erkennen.

In manchen Fällen kann man das Spülgut ungehindert aus dem Rohr auslaufen lassen, wobei die Leitung, wie Abb. 237 zeigt, im letzten Teil auf Holzböcke erhöht verlegt ist, weil sonst die Auskolkung im Bereich des Auslaufs dem Rohr die Unterstützung entziehen würde. Der dabei in einem Parabelbogen austretende Strahl läßt eine Schätzung der Fördergeschwindigkeit zu. Der Aufschlag auf den Boden liege in einer waagerechten Entfernung a und einer senkrechten Entfernung b vor der Rohrmündung. Ist v die gesuchte Fördergeschwindigkeit und t die Zeit, die vom Austritt aus dem Rohrende bis zum Auftreffen auf den Boden vergeht, so gilt zunächst die Gleichung

$$a = t\,v \qquad t = \frac{a}{v} \qquad t^2 = \frac{a^2}{v^2}$$

Weiter ist nach dem Fallgesetz

$$b = \frac{1}{2}\,g\,t^2$$

und somit

$$b = \frac{1}{2}\, g\, \frac{a^2}{v^2} \qquad v^2 = \frac{1}{2}\, g\, \frac{a^2}{b}$$

$$v = a\,\sqrt{\frac{g}{2b}}$$

Man benutzt in Amerika eine mit *Gerig-Stick* bezeichnete Einrichtung, eine Meßlatte, die auf das Rohr gelegt wird und an ihrem Ende eine weitere mit rechtem Winkel nach unten abgehende Meßlatte trägt. Damit können die Längen von a und b ermittelt werden. Man sieht aber, daß der Strahl weit auseinandergeht und ein Auftreffpunkt nicht vorhanden ist. Das Wasser mit den feinen Bestandteilen strömt im oberen Teil des Rohres mit größerer Geschwindigkeit als die gröberen Bestandteile, die sich z. T. nur rutschend auf dem Boden des Rohres bewegen. Schätzungsweise ergibt sich für den Auslauf nach Abb. 237 die Strecke a mit 2,4 m und b mit 0,8 m. Dann ist

$$v = 2,4\,\sqrt{\frac{9,8}{1,6}} = 2,4 \cdot 2,46 \sim 6 \text{ m/sek.}$$

Diese Geschwindigkeit verkörpert eine erhebliche Energie, die man in vielen Fällen herabsetzen muß. Man ordnet zu diesem Zweck in den Rohren vor dem Auslaufende Löcher an oder lockert die Flanschverbindungen so weit, daß hier schon ein Teil des Gemisches austreten kann.

Abb. 238 zeigt den aus der Rohrleitung einer großen amerikanischen Pumpe mit hoher Geschwindigkeit austretenden Strahl, der nach oben abgelenkt ist, damit die Energie vermindert wird und sich die Bodenkörner unter Ausbreitung auf eine größere Fläche besser absetzen. Man verwendet dazu einen Krümmer oder eine durchlochte Prallplatte. Durch diese Maßnahmen der Energievernichtung wird eine Auskolkung vor dem Rohrauslauf vermieden und das Vorstrecken der Rohre erleichtert. Das Gemisch

Abb. 238. Auslaufstrahl eines tiefliegenden Spülrohrs mit hoher Geschwindigkeit bei Umlenkung nach oben zur Dämpfung der Kolkwirkung

läuft dann, dem Gefälle des Spülfeldes entsprechend, beruhigt ab. Von den mitgeführten Bodenkörnern setzen sich zunächst die gröberen in der Nähe des Rohrauslaufs ab, während die feineren weitergetragen werden. Sie fallen erst bei weiterer Abnahme der Geschwindigkeit aus und die ganz feinen bleiben zunächst in der Schwebe. Der Böschungswinkel einer Sandart vermindert sich dabei mit Erhöhung des Wasserzusatzes, so daß die entstehende Feldfläche nahezu eine waagerechte Ebene werden kann. Feines Schluffmaterial bildet keine Böschung, sondern läßt sich wie Wasser bis zum Überlaufen der Umfassungsdeiche in das Spülfeld pumpen. Der sich einstellende Böschungswinkel hängt also von der Bodenart, der Gemischdichte und in gewissem Umfang auch von der gewählten Art des Rohrauslaufs ab, und man kommt auf dem Spülfeld im Durchschnitt auf folgende Böschungsneigungen:

Feiner Sand	1 : 100
Mittlerer Sand	1 : 50
Grober Sand	1 : 25
Kies	1 : 10 bis 1 : 5

Wenn man einen Damm im Spülverfahren herzustellen hat, ist das Spülfeld eine in die Länge gezogene Rechteckfläche, von der drei Seiten durch Spüldeiche eingefaßt sind, während die vierte Seite frei bleibt. Dabei darf die Breite des Feldes im Verhältnis zur austretenden Spülgutmenge nicht zu gering sein und beispielsweise bei 600 mm Rohrweite und 3 m/sek Fördergeschwindigkeit nicht unter etwa 35 m heruntergehen. Der Untergrund eines Spülfeldes bleibt nur bei Kies und Grobsand für Wasser durchlässig, so daß dieses nach unten abgehen kann. Bei Feinsand ist dies nicht der Fall und alles fließt nach der offenen vierten Seite ab. Bei zu geringer Spülfeldbreite bleibt die Fließgeschwindigkeit so groß, daß die seitlichen Spüldeiche ausgewaschen werden und schließlich durch Deichbrüche unerwünschte Aufenthalte entstehen. Wie man ein Flußufer durch Buhnen schützt, ver-

Abb. 239. Dammaufspülung mit beiderseitigen Spüldeichen mit Schutz gegen Auswaschung durch quergestellte Holztafeln

wendet man hier Blechtafeln von 2 m Länge, 1 m Höhe und 3 mm Dicke mit einem Gewicht von 48 kg, oder entsprechend leichtere Holztafeln und setzt diese senkrecht zu den Einfassungsdeichen, so daß zwischen ihnen eine Beruhigung eintritt, die zur Materialablagerung führt und einen Schutz des Dammfußes bringt. Dabei kann das abgesetzte Material zur Aufhöhung der Deiche benutzt werden, die mit Ansteigen der Spülfeldoberfläche erforderlich wird.

Abb. 239 zeigt eine Dammspülung, bei der man im Vordergrund das Rohr mit dem abgelenkten Gemischauslauf und im Hintergrund die offene Seite des Spülfeldes mit Austritt in die freie Wasserfläche sieht. Auf beiden Seiten erkennt man die Spüldeiche und die Holztafeln, die von der Spülfeldmannschaft in der beschriebenen Weise zur Deichsicherung eingesetzt werden.

Hat man nicht einen Damm herzustellen, sondern eine Fläche aufzuhöhen, so wird das Ablagerungsfeld allseitig durch Spüldeiche eingefaßt und das Wasser muß an einer besonders eingerichteten Stelle möglichst ohne Bodenmitnahme ablaufen können.

Abb. 240 zeigt eine Einrichtung, welche in Rußland angewandt wird, um bei Frost ein Einfrieren der Rohrleitung zu vermeiden. Dabei werden die Rohre mit frei bleibender Oberkante im Schnee eingebettet. Oben befinden sich in einer Entfernung von 1,5 bis 2,0 m Verstärkungen mit Gewindelöchern

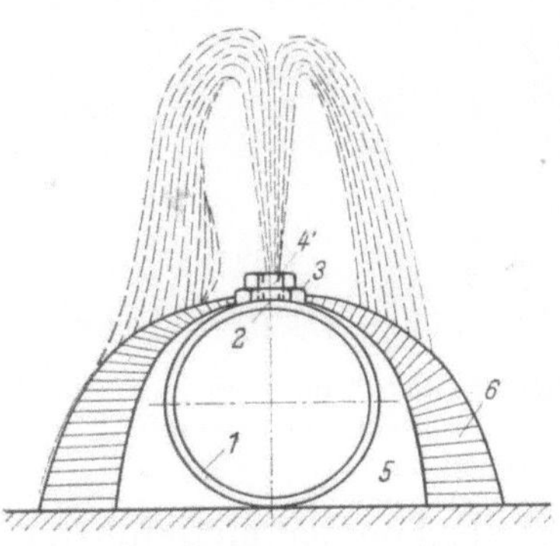

Abb. 240. Schutz gegen Einfrieren der Spülrohrleitung durch eine Luftschicht zwischen dem Rohr und einer Hülle aus Eis und Schnee nach ALFJOROW

1 Spülrohr; *2* Bohrung für Wasserdurchlaß; *3* Aufgeschweißte Mutter; *4* Eingedrehte Schraube; *5* Luftzwischenschicht; *6* Poröses Eis

von 6 mm Dmr., in die zunächst Schrauben eingesetzt werden, die axiale Bohrungen haben. Man gibt erst Wasser auf die Leitung, das dann aus diesen Löchern ausfließt und an der Oberfläche des Rohres innerhalb der Schneeumhüllung nach unten fließt und gefriert. Dann werden die Lochschrauben durch solche ohne Löcher ersetzt, und wenn nun Wasser oder Gemisch durch die Rohrleitung fließt, so hat es eine Temperatur, die über dem Gefrierpunkt liegt, erwärmt also die Leitung und taut die das

Rohr umgebende Eisschicht auf. Dadurch entsteht zwischen Rohr und Schnee eine isolierende Luftschicht, welche ein Einfrieren der Rohrleitung verhindert.

Wenn auf diese Weise die Rohrleitung bei Frost weiterarbeiten kann, muß man auch den Saugbagger vom Eis frei halten und um ihn herum zunächst das Eis aufhacken. Dann muß ein Freibleiben dadurch erreicht werden, daß Wasser aus einer Tiefe von mehr als 5 m, wo es eine Temperatur von etwa 5° behält, heraufgepumpt wird. Es wird durch besondere Verteilerrohre, die in etwa 1 m Abstand angeordnet sind und an ihren Enden Düsen von 6 bis 7 mm Dmr. haben, in dünnen Strahlen schräg gegen die Schiffswand gespritzt und verhindert ein Festfrieren. Weiterhin wird die Rohrleitung auf Schlitten oder Balken verlegt, die auf dem Eis gleiten.

Die Landrohrleitung wird mit einem Gefälle von 1,5 bis 2 % in Richtung auf den Auslauf verlegt und enthält in etwa 40 m Entfernung seitliche Öffnungen, die durch Flanschen verschlossen sind. Wenn die Rohrleitung doch eingefroren ist, verwendet man ein besonderes wärmeaktives Gemisch aus 1 Teil gebranntem Kalk, 2,5 Teilen Sägemehl und 0,7 Teilen Wasser, um sie aufzutauen. Es soll mit diesen Maßnahmen gelungen sein, bis zu 20° Frost und mehr den Betrieb eines Saugbaggers mit Rohrförderung aufrechtzuhalten, was ein großer Vorteil gegenüber anderen Förderarten ist.

In den Teilen der Leitung, die besonders hohen Druck auszuhalten haben, werden bei kleinem Durchmesser mitunter nahtlose Rohre verwendet, während man sonst geschweißte Blechrohre nimmt und die gewöhnliche Länge eines Rohrstücks bei etwa 5 m liegt. Dabei verwendet man Blechtafeln von dieser Länge, um nur eine geschweißte Längsnaht und keine Quernähte zu erhalten. Auch spiralförmig aus Blechstreifen gewundene Rohre mit Spiralnähten werden manchmal gewählt.

Abb. 241 zeigt ein Spülrohr von 650 mm Licht-

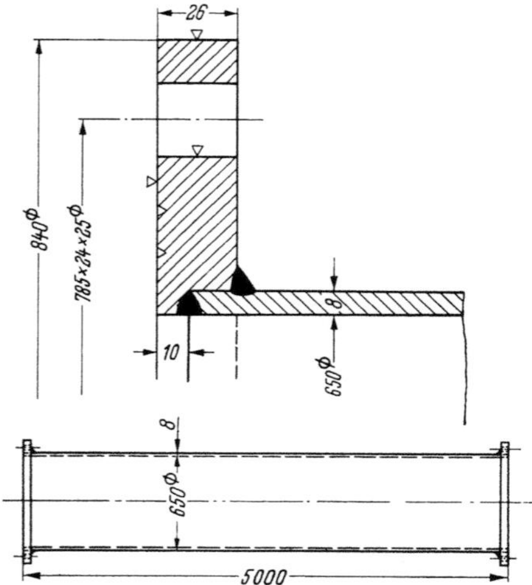

Abb. 241. Spülrohr von 650 mm Lichtweite mit festen Flanschen aus Blech von 8 mm Dicke ohne Quernaht geschweißt

weite in gewöhnlicher Ausführung mit angeschweißten Flacheisenflanschen. Vielfach gibt man dem einen Ende auch einen losen Flansch, um das Drehen zu erleichtern. Für die Dichtung nimmt man Ringe aus Pappe oder Gummi oder mit Hanf umwickelte Flacheisenringe, was aber nur für Feinmaterial mit wenig Verschleiß bei mäßigem Innendruck ausreichend ist. Die Flanschen müssen steif mit den Rohren verbunden sein, um die bei der Verbindung auftretenden Kräfte aufzunehmen.

Die nachstehende Zahlentabelle gibt eine Übersicht über die Rohrweiten von 150 bis 750 mm mit den bisher üblichen Wanddicken und Gewichten für einen Meter und 5 m-Stücke einschließlich einer leichten Blechflanschverbindung.

Rohrdurchmesser in mm .	150	200	250	300	350	400	450	500	550	600	650	700	750
Wanddicke in mm	2,5	3	3,5	3,5	4	4,5	4,5	5	5,5	6	6,5	7	7,5
Gewicht pro m in kg . .	10	16	24	30	38	46	56	66	76	88	105	116	125
Gewicht pro 5 m-Stück in kg	50	80	120	150	190	230	280	330	380	440	525	580	625

Die angegebenen Wanddicken genügen für einen Innendruck bis etwa 4 kg/cm^2 und ergeben genügende Widerstandsfähigkeit gegen die Beanspruchungen beim Aufladen, Abladen, Rollen auf dem Spülfeld, usw. Die Rohre, die auf den Schwimmern liegen und die daran anschließenden Rohre der Landrohrleitung haben aber erheblich höhere Drücke auszuhalten. Für einen großen amerikanischen Schneidkopfsauger haben sie bei einer Lichtweite von 685 mm eine Wanddicke von 14 mm und sind mit kräftigen Flanschen gut dichtend miteinander verbunden. Auf dem Spülfeld geht dann die Wanddicke auf 8 mm und weniger herunter. Dabei verwendet man für die Verbindung der Rohre keine Flanschen, sondern steckt die Rohre ineinander, wie Abb. 242 zeigt. Das Ende des rechten Rohres geht über eine Länge von 300 mm auf eine Lichtweite von 650 mm zurück und bildet damit einen sich verjüngenden Konus, über den sich das zylindrische Ende des anderen Rohres, das mit einem Verstärkungsring versehen ist, hinüberschiebt.

Abb. 243 zeigt die Rohrverbindung von außen und läßt erkennen, daß die Rohre durch Rödeldraht zusammengehalten werden.

Abb. 244 zeigt eine ähnliche Verbindung für Rohre von 710 mm Lichtweite und 6 mm Wanddicke. Dabei ist hier das Ende des linken Rohres auf 300 mm Länge konisch auf 730 mm Lichtweite erweitert und mit einem Verstärkungsring versehen. Das Ende des rechten Rohres ist in diesen Konus eingeführt und

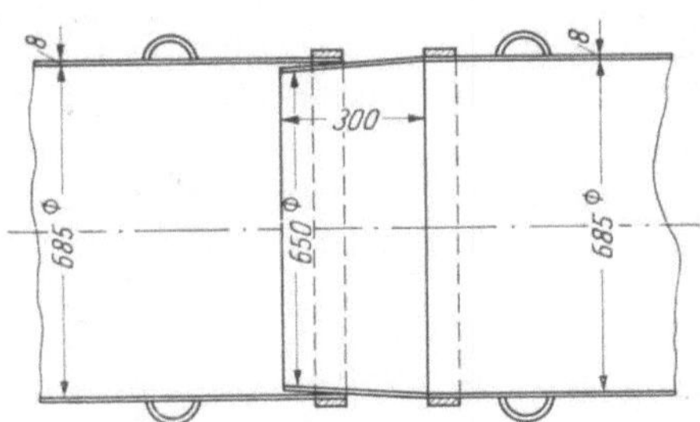

Abb. 242. Amerikanische Spülrohrverbindung mit Einführung vom konisch verengten einen Rohrende in das andere, durch einen Ring verstärkt

wird, wie Abb. 245 zeigt, hier durch Spannschrauben festgehalten, die sich an einem Ende mit einem Haken um einen Verstärkungsring legen, während auf dem anderen Ende eine Hülse mit Hakenansatz sitzt, der sich um den Verstärkungsring am Ende der Konuserweiterung legt. Durch Anziehen der Muttern werden die Rohre ineinandergedrückt, wobei auch größere Innendrücke aufgenommen werden können. Diese Rohrverbindungen sind einfach und ergeben eine bemerkenswerte Dichtheit, auch wenn die Achsen der beiden

Abb. 243. Außenansicht der Spülrohrverbindung mit ineinandergeschobenen Enden unter Zusammenhalt durch Rödeldraht

zu verbindenden Rohre nicht genau in einer Flucht liegen, sondern ein Knick an dieser Stelle gebildet werden soll. Das Ende ohne Verstärkungsring verformt sich dabei ein wenig, so daß es sich dicht an die Wandung des verstärkten Endes anlegt und auch einen glatten Übergang ohne verschleißerzeugende Wirbel ergibt. Um die Verbindung zu lösen, müssen allerdings die Rohre auseinandergezogen werden, was Schwierigkeiten macht, wenn eine Verstopfung zu beseitigen ist. Diese kommt aber bei den in Amerika verwendeten Fördergeschwindigkeiten kaum vor, und außerdem können in solchen Fällen die stets vorhandenen Planierraupen eingreifen. Man hat in Europa früher Muffenverbindungen verwendet, bei denen die Rohre um ein geringes Maß ineinandergesteckt und die Verbindungen mit

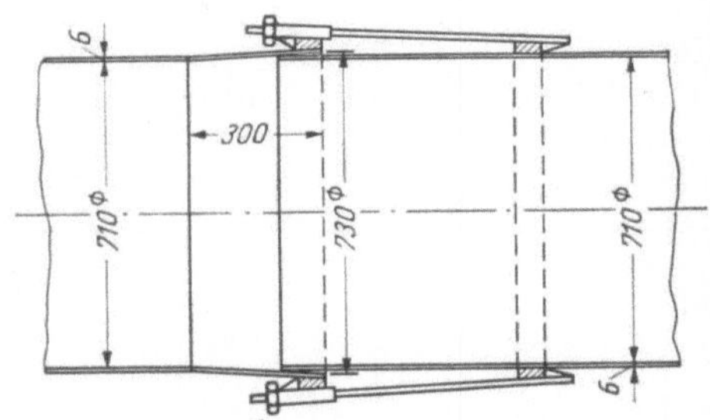

Abb. 244. Amerikanische Spülrohrverbindung mit Übergreifen des an einem Ende konisch erweiterten Rohrstückes über das andere

Werg gedichtet sind. Man kann auch damit eine Führung der Rohrleitung in sanftem Bogen erreichen, aber die Dichtheit ist nicht so gut wie bei der Konusverbindung.

Abb. 246 zeigt das Heranrollen eines neuen Rohres durch eine Caterpillar-Raupe der Type D 6 und Abb. 247 das Ineinanderstoßen der Konusverbindung, wobei auch die Unterfüllung mit Sand von der Planierraupe vorgenommen wird.

Abb. 248 zeigt eine amerikanische Rohrweiche für Rohre von 685 mm Weite, bei der die beiden abgehenden Rohrzweige durch hydraulisch betätigte Schieber wechselseitig abgesperrt werden können, um in den einen oder anderen Strang zu spülen. Diese Umschaltmöglichkeit ist stets erforderlich, wenn keine Unterbrechung des Spülbetriebes eintreten soll. Die Schieber können von Hand betätigt werden, aber man lehnt sich bei größeren Rohrweiten zweckmäßig an die bei Hopper-

Abb. 245. Außenansicht der Spülrohrverbindung mit übergreifendem Konusende und Zusammenhalt durch Zuganker

saugern verwendeten Konstruktionen an und wählt den Kraftbetrieb, wie ihn die Abbildung zeigt. Man hat früher auch Klappen verwendet, die in zwei Stellungen gelegt werden können, so daß entweder der eine oder der andere Strang freigegeben wird. Spülweichen dieser Art sind einfach und leicht, aber nur für geringe Drücke geeignet. Sie dichten nicht vollständig und versanden leicht; auch können durch Herumschlagen des Bedienungshebels Personen gefährdet werden.

Abb. 249 zeigt einen 60°-Krümmer aus vier geraden Rohrstücken durch Schweißung zusammengesetzt, für eine Rohrleitung von 600 mm Lichtweite mit einem Krümmungsradius von 2000 mm. Derartige Krümmer mit verschiedenen Krümmungswinkeln gehören als Zubehör zu jeder Rohrleitung.

Abb. 246. Heranrollen eines Spülrohrstückes von 685 mm Lichtweite und 5 m Länge durch eine Caterpillar-Raupe Type D 6 auf einem Spülfeld am Eriesee

Zu bedenken ist, daß die Rohrleitung nicht nur Innendruck bekommt, sondern auch Außendruck, wenn beim Schutensaugbetrieb während einer Schutenpause das Wasser ausläuft und ein Unterdruck entsteht. Man muß infolgedessen Ventile in nicht zu großen Abständen einbauen, welche sich nach innen öffnen und Außenluft einlassen, so daß der Unterdruck beseitigt wird.

Abb. 250 zeigt ein derartiges Ventil auf einem Rohr von 650 mm Lichtweite. Dabei wird der Ventilkörper mit aufgelegter Lederscheibe nach oben gegen den Ventilsitz durch eine außensitzende Spiralfeder gedrückt, wobei noch der Druck im Rohr hinzukommt. Läßt dieser aber nach und verwandelt sich in Unterdruck, dann drückt der Außendruck entgegen der Federwirkung die Scheibe nach unten und läßt Luft in das Rohr eintreten. Manchmal werden derartige Ausgleichsventile auch mit Gewichtsbelastung ausgeführt.

Abb. 251 zeigt ein Luftsaugeventil mit einer Hartgummikugel. Diese wird von dem inneren Druck in der Rohrleitung auf einen Sitz gedrückt und schließt damit 2 Kanäle, die in die Außenluft führen. Entsteht in der Rohrleitung Unterdruck, so wird die Kugel vom Druck der Außenluft angehoben und läßt diese in die Rohrleitung eintreten.

Abb. 247. Einstoßen eines herangerollten Spülrohrstückes von 685 mm Lichtweite und 5 m Länge in das Ende der Rohrleitung durch eine Caterpillar-Raupe

Im Bereiche einer Verstärkerpumpenanlage ist die Gefahr, daß Unterdruck und Überdruck auftreten, groß, und man muß daher nicht nur Unterdruckventile, sondern auch Sicherheitsventile, die nach außen öffnen, anordnen.

Zum Schluß sei auf die Frage des *Rohrleitungsverschleißes* eingegangen, der zwar nicht so groß wie bei den Pumpen ist, aber in manchen Fällen auch große Schwierigkeiten bringt. Man rechnet für Spülrohre mit einer Nutzungsdauer von 5 Jahren und kommt bei 300 Arbeitstagen im Jahr zu je 12 Stunden auf $5 \cdot 300 \cdot 12 = 18\,000$ Betriebsstunden.

Nimmt man wie auch sonst für Naßbaggergeräte einen Beschäftigungsgrad von 50 % an und rechnet für ein Rohr von 600 mm lichter Weite mit einem Materialdurchgang von 500 m³/h, so kommt man auf $18\,000 \cdot 0,5 \times \times 500 = 4,5$ Millionen m³ Feststoff, die durch die Rohrleitung während der Nutzungsdauer gehen. Für ein Rohr von 300 mm Lichtweite kommt man auf etwa 1,5 Millionen m³ und für andere Rohrdurchmesser auf entsprechende Werte. Dabei handelt es sich nur um eine Größenordnung, und erhebliche Abweichungen von der so berechneten Durchlaufmenge sind möglich. Noch größer sind die Unterschiede bei dem tatsächlich eintretenden Verschleiß, der wieder weitgehend von der Bodenart abhängig und wie bei den Pumpen schwer zu übersehen ist. Die feinen Körner von Feinsand und Schluff, bei denen schwebende Mitnahme die Regel ist, ergeben nur geringe Abnutzung, so daß die oben berechneten Durchlaufmengen ohne weiteres erreicht und auch noch überschritten werden. Auch Mittelsand mit mäßigem Steinanteil läßt die Abnutzung in erträglichen Grenzen, besonders, wenn durch rechtzeitiges Drehen für gleichmäßigen Verschleiß gesorgt wird. Wie bei den Pumpen muß dies erreicht und das Dünnwerden und Durchschlagen von einzelnen Stellen unbedingt

Abb. 248. Amerikanische Spülrohrweiche in der Leitung von 685 mm Lichtweite mit zwei hydraulisch durch eine aufgebaute Handpreßpumpe bestätigten Schiebern

vermieden werden. Bei grobem Material ist es günstig, wenn schwebende Förderung wenigstens annähernd erreicht wird, so daß die hohen Fördergeschwindigkeiten, wie man sie in Amerika findet, in bezug auf den Verschleiß weniger schädlich sind als man glaubt. Aber es können durch rutschende Bewegung und Wirbel, die sich an einzelnen Stellen besonders bei den Rohrverbindungen bilden, sowie bei Krümmern und an sonstigen Stellen, an denen die Steine und größere Feststoffteile nicht der Strömung folgen und auf die Rohrwandungen schlagen, lokale Abnutzungen entstehen. Wird dies rechtzeitig erkannt, so können die Rohre durch Drehen oder Flicken für eine weitere Verwendung erhalten werden. Man muß verhindern, daß sie zuviel an Wanddicke verlieren und durch Einbeulungen und Aufreißen unbrauchbar werden, was sich dann meist schon beim Transport zeigt.

LAVAL berichtet in seinem Vortrag auf dem Schiffahrtskongreß in Rom 1953 von einer Rohrleitung von 800 mm lichter Weite, zur Förderung eines Gemisches von feinem Silikatsand von 0,12 mm durchschnittlicher Korngröße mit einer Fördergeschwindigkeit von 4 m/sek. Dabei war nach Durchgang von 3 Millionen m³ bei Verwendung von Stahl 42 eine Abnutzung von 1 mm festzustellen, während bei Stahl 52 nach Durchgang der gleichen Menge kaum Abnutzung feststellbar war. Dagegen war eine Rohrleitung von 380 mm Weite bei Förderung von grobem Material mit großem Ungleichförmigkeitsgrad und Steinen bis 100 mm bei einer Geschwindigkeit von 3 bis 4 m/sek nach Durchgang von 150 000 m³ schon praktisch unbrauchbar. Der Verschleiß war wiederum beim Spülen von runden Kieselsteinen von etwa 65 mm Größe ohne Feinmaterial in einer Rohrleitung von 300 mm Weite nach Durchgang von 80 000 m³ noch erträglich.

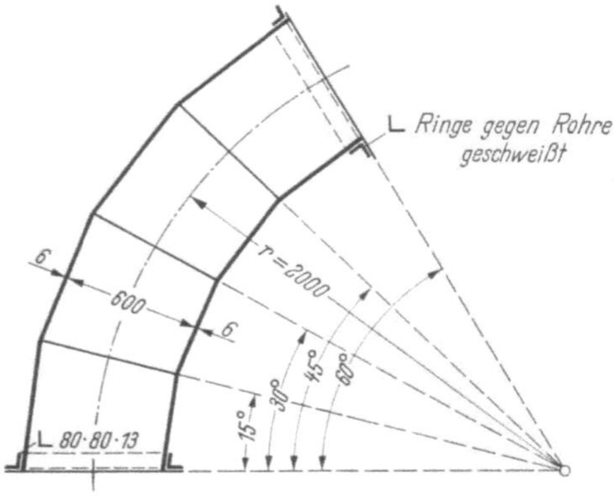

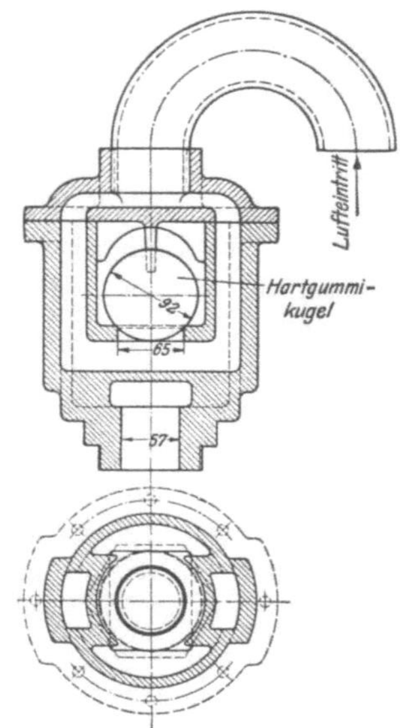

Abb. 249. Krümmer von 60° mit 600 mm Lichtweite aus 4 Rohrstücken zu einem Bogen mit etwa 2000 mm Radius zusammengeschweißt

Es scheint also auch hier so zu sein, daß der Verschleiß bei Grobmaterial von großer Ungleichförmigkeit, der bei natürlichem Vorkommen gegeben ist, besonders groß ist. Große Förderweiten ergeben bei den Pumpen hohe Drücke und Umfangsgeschwindig-

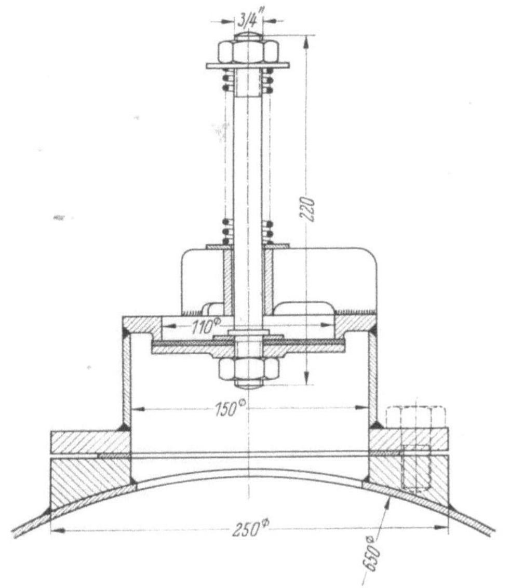

Abb. 250. Lufteinlaßventil mit einer lederbesetzten Scheibe, die sich bei Unterdruck in der Rohrleitung nach innen öffnet

Abb. 251. Lufteinlaßventil mit einer Hartgummikugel, die bei Überdruck abschließt und bei Unterdruck Luft in die Rohrleitung einläßt

keiten mit hohen Kosten für Verschleißteile und sonstige Ersatzteile. Wenn dann noch eine lange und teure Rohrleitung nach kurzer Zeit ersetzt werden muß, kann die Wirtschaftlichkeit der hydraulischen Förderung fraglich werden. Man muß dies berücksichtigen und versuchen, die großen Förderweiten bei derartigem Material zu vermeiden.

Häufig ist in solchen Fällen die Förderung mit rollenden Wagen auf der Straße oder der Schiene wirtschaftlicher. Die Rohrleitung hat bei der Baggerpumpe eine Bedeutung, die bei Förderung von Wasser und sonstigen Flüssigkeiten nicht gegeben ist. Dabei ist wieder die Bodenart von ausschlaggebender Bedeutung und eine äußerlich nicht ohne weiteres erkennbare Änderung kann einen vollständigen Wechsel der Bedingungen herbeiführen.

I. Hoppersauger, selbstfahrender Saugbagger mit Laderaum. Entwicklung und Beschreibung seiner Einrichtungen

1. Historische Entwicklung des Hoppersaugers und Ausführungsbeispiele aus der Zeit nach der Jahrhundertwende

Wenn ein Saugbagger nicht die Möglichkeit hat, das aus seiner Pumpe austretende Gemisch unmittelbar durch die Rohrleitung zur Ablagerungsstelle zu bringen, kann er auch Schuten beladen, aber man gibt ihm meist einen eigenen Laderaum wegen besonderer Vorteile, die damit verbunden sind. Er muß dann auch eigenen Antrieb erhalten, um seine Ladung selbstfahrend zur Ablagerungsstelle zu bringen, an der sie ins Wasser verstürzt oder auch manchmal an Land gespült wird. Nach Entleerung des Laderaums fährt der Bagger zur Baggerstelle zurück, und das Spiel beginnt von neuem. Er arbeitet nicht stationär wie ein Rohrleitungssaugbagger, sondern im Umlaufverfahren. Man hat somit ein Baggerschiff, das ins Seegebiet fahren und in Fahrrinnen arbeiten kann, die für Seeschiffe bestimmt sind. Es behindert dabei die Schiffahrt wenig und kann auch bei Seegang und Dünung arbeiten, während für Saugbagger mit Rohrleitung eine Wellenhöhe von 0,6 m und für Eimerkettenbagger die Hälfte davon als Grenzwert gilt.

Der Laderaum ist meist nicht ungeteilt wie bei einer Schute, sondern besteht aus einzelnen Abteilungen, die man als Ladungsbehälter bezeichnet, was der Bedeutung des englischen Wortes „hopper" entspricht, nach dem diese Baggerart ihren Namen erhalten hat. Die Ansammlung der Behälter wird „Laderaum" genannt, und man bezeichnet die Gattung als selbstfahrenden Saugbagger mit eigenem Laderaum oder Laderaumsauger mit Fahrantrieb.

Weiterhin sollen auch die gebräuchlichen Bezeichnungen *Hoppersauger* und *Hopperbagger* gebraucht werden, wobei der letztgenannte Ausdruck aber auch andere Bagger mit Laderaum umfaßt. Es gibt Greifbagger und vereinzelt Löffelbagger und gab früher auch Eimerkettenbagger mit eigenem Laderaum. Dieser muß sich aber bei Beginn der Baggerung an seine verankerten Seile legen und nach Füllung des Laderaums von ihnen lösen, so daß er beim Umlaufverfahren viel Zeit verliert. Deswegen werden Eimerbagger mit Laderaum nur für Sonderfälle gebaut, in denen für Schuten keine Einsatzmöglichkeit gegeben ist. Auch ein Schneidkopfsauger (Cutter) ist für das Arbeiten mit eigenem Laderaum im Umlaufverfahren nicht geeignet, weil er wieder an den gleichen Schwingpunkt kommen müßte, um seine Schnittfurche richtig an die vorangegangene anzuschließen. Wohl gibt es Hoppersauger, die auch mit Schneidkopf arbeiten können, aber sie tun es dann kaum im Umlaufverfahren, sondern sind eine Kombination von selbstfahrenden Saugbaggern mit eigenem Laderaum und am Ort bleibenden Schneidkopfsaugern mit Rohrförderung. Auch zum Beladen und Entladen von Schuten kann man Hoppersauger einrichten.

In Europa gilt als erster Hoppersauger das 1859 für Schlickentfernung im Hafen von St. Nazaire gebaute Baggerschiff, das Abb. 252 zeigt. Im Hinterschiff liegen der Kessel und die Dampfmaschine, die sowohl die nach hinten gehende Propellerwelle als auch die nach vorn führende Pumpenwelle dreht. Die Kolbenpumpenanlage, die Abb. 253 zeigt, sitzt in der Mitte der 4 Ladungsbehälter und hat zwei senkrechte seitliche Zylinder.

Die beiden außerhalb der Schiffswand schräg nach hinten in die Tiefe gehenden Saugarme sind unten durch ein waagerechtes Rohrstück verbunden, das durchlöchert ist und
den Saugkopf bildet. Der Auswurf der beiden Pumpenzylinder geht in Rinnen, die mit

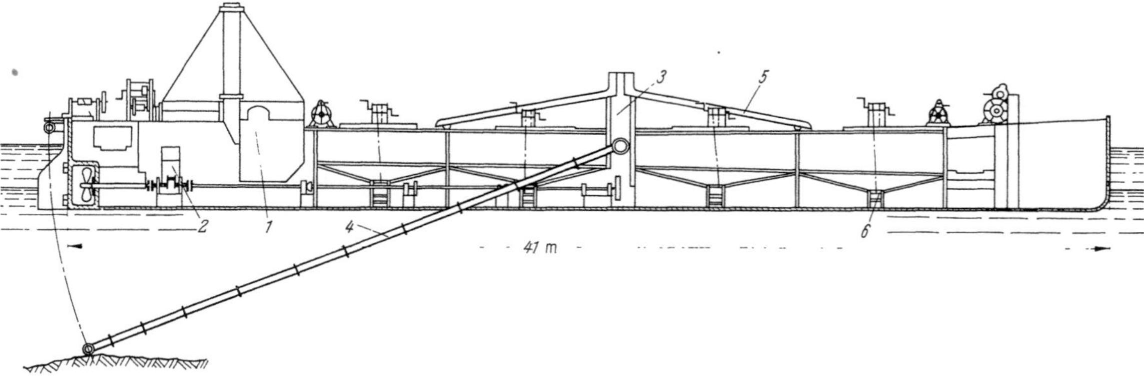

Abb. 252. Erster europäischer Hoppersauger, erbaut 1859 für Schlickbeseitigung in St. Nazaire, mit
Dampfantrieb und Kolbenpumpen

1 Dampfkessel; *2* Dampfmaschine; *3* Pumpenanlage; *4* Saugarme; *5* Beladerinnen; *6* Bodenverschlüsse

Neigung nach vorn und hinten führen, so daß alle Ladungsbehälter gefüllt werden.
Entleert werden sie durch Bodenverschlüsse, die durch Handkabelwinden betätigt
werden.

In anderen europäischen Ländern versuchte man vielfach, vorhandene Schiffe durch
Einbau von Ladungsbehältern, Pumpen und sonstigen Einrichtungen umzubauen,
woraus sich dann allmählich der Hoppersauger als selbständige Baggerart entwickelte. Er nahm die Form eines Frachtschiffes an und wird mitunter als Bodentanker bezeichnet.

Etwa um die Jahrhundertwende hatte
der Hoppersauger mit Dampfantrieb in
Europa einen gewissen Abschluß in seiner
Entwicklung erreicht und wurde vorwiegend für die Unterhaltung von Seehäfen
eingesetzt. Dabei waren die Bodenarten
und die Gewässerbedingungen recht verschieden, so daß die Ausführung nicht so
einheitlich wurde wie beim Eimerbagger,
und eine Einteilung und Übersicht schwierig ist.

Abb. 254 zeigt einen Hoppersauger der
am meisten ausgeführten Bauart. Die
Länge über alles beträgt 56 m und zwischen
den Loten 54 m, so daß das Verhältnis beider

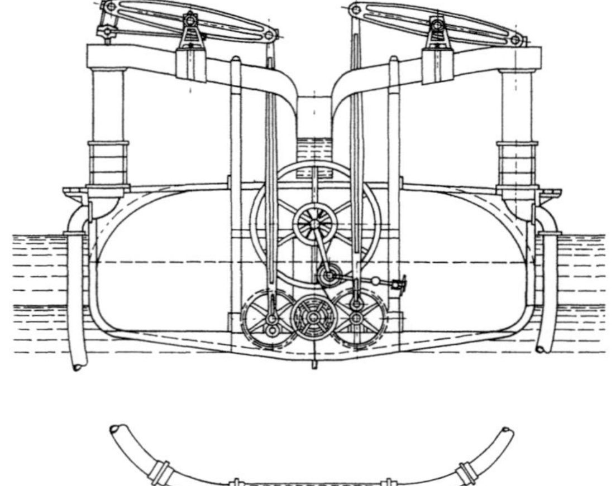

Abb. 253. Kolbenpumpenanlage des Schlicksaugers
für St. Nazaire mit einem Schlitzrohrstück zwischen
den Saugarmen und Auswurfrinnen nach den
Ladungsbehältern

Maße 1,04 : 1 ist. Die Breite auf Spanten beträgt 9,5 m und die Seitenhöhe mittschiffs
4,9 m. Der Laderaum hat bis zum Deck ein Fassungsvermögen von 475 m³ und 500 m³
bis zur Überlaufkante. Sein Querschnitt beträgt etwa die Hälfte des Hauptspantquerschnittes und seine Länge ungefährt $^1/_3$ der Schiffslänge. Das Konstruktionsgewicht des
Schiffes einschl. Baggereinrichtung und Maschinenanlage liegt bei 720 t, der Kohlenvorrat bei 60 t, so daß mit Speisewasser, Ausrüstung usw. die Zuladung etwa 100 t
beträgt. Mit einem Gewicht der Ladung von 500 · 1,8 = 900 t wird das Gesamtgewicht
720 + 100 + 900 = 1720 t und der Tiefgang 4,3 m, entsprechend einem Völligkeitsgrad

der Verdrängung von $\delta = \dfrac{1720}{2200} = 0{,}785$. Das Verhältnis des Ladungsgewichtes zur Verdrängung ist $\dfrac{900}{1720} = 0{,}532$.

Vor dem Laderaum befinden sich die Wohnräume für die Mannschaft und hinter ihm die Maschinen- und Kesselanlage. Vor dem Schornstein liegt das Steuerhaus, von dem man den Laderaum überblicken kann.

Es sind 2 Kessel für 13 atü Betriebsdruck mit je 2 Flammrohren eingebaut, von denen jeder eine Heizfläche von 125 m² hat. Die davorliegende Hauptmaschine hat die Zylinderabmessungen $\dfrac{340 + 540 + 880}{520}$. Wenn sie mit der Propellerwelle gekuppelt ist,

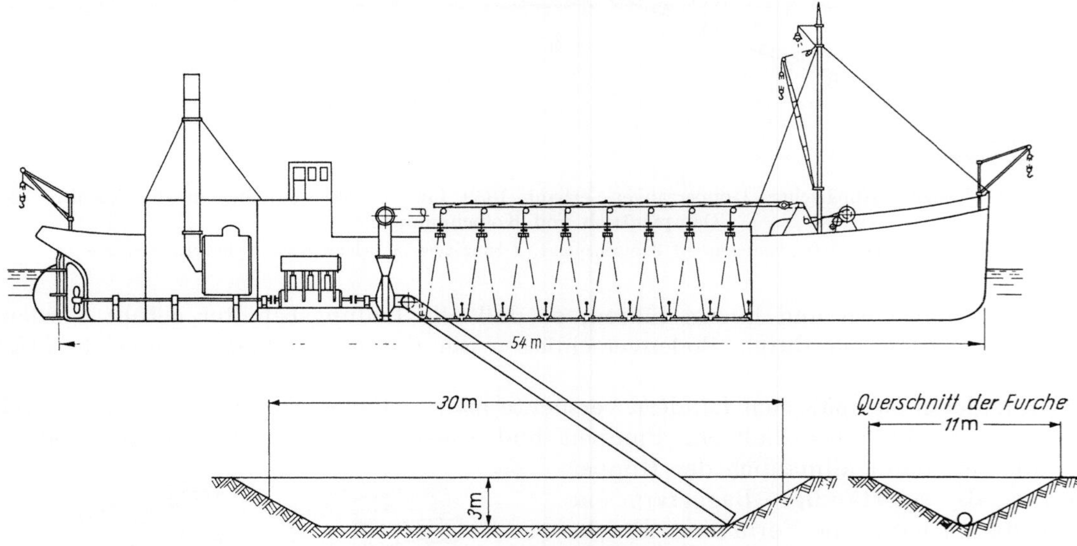

Abb. 254. Verholsauger, auch Stoßsauger genannt, mit 500 m³ Laderaumvolumen in Regelbauart bei Antrieb von Propeller und Baggerpumpe durch *eine* Dampfmaschine

dient sie als Fahrmaschine, leistet bei 150 U/min 500 PS$_i$ und gibt dem Schiff in beladenem Zustand eine Geschwindigkeit von 8 Knoten.

Die Bezeichnung Knoten ist beibehalten worden, da sie bei Schiffen und auch bei Hoppersaugern allgemein üblich ist. Dabei ist ein Knoten gleich einer Geschwindigkeit von einer englischen Seemeile = 1,8532 km/h = $\dfrac{1{,}8532}{3600}$ = 0,515 m/sek.

Wenn die Fahrmaschine mit der davorliegenden Baggerpumpe gekuppelt wird, muß ihre Drehzahl, welche die Gemischmenge bestimmt, so bemessen sein, daß der Boden sich gut absetzt. Wenn die Ladung abgesaugt und an Land gedrückt wird, kann die Maschine bis zu 170 U/min gehen und dabei 550 PS$_i$ leisten. Man kommt so mit der Landleitung von 600 mm Dmr. auf eine Förderweite von etwa 500 bis 600 m.

Der Saugarm von 650 mm lichter Weite geht seitlich außerhalb des Schiffskörpers nach vorn und in die Tiefe. Man bleibt dabei etwas unter der bei Schneidkopfleitern und Leitern von Eimerbaggern übliche Neigung von 45° gegen die Horizontale, da dieser Winkel auch bei nichtgefülltem Laderaum und Baggern mit Übertiefe nicht überschritten werden soll. Auch bei Hochwasser und Hebung des Schiffskörpers durch Dünung soll dies nicht eintreten. Die größte Saugtiefe beträgt für den abgebildeten Bagger 20 m. Ein besonders ausgebildeter Saugkopf ist bei Hoppersaugern dieser Type nicht vorhanden.

Für die Entleerung sind Bodenklappen vorhanden, die an der Schüttstelle geöffnet werden. Der Bagger kann aber auch an ein Gerüst heranfahren und seine Pumpendruckleitung mit einer Landleitung verbinden. Dann wird die Ladung unter Wasserzusatz von der Baggerpumpe abgesaugt und als Gemisch an die auf Land gelegene Ablagerungsstelle gebracht. Die Einrichtung hierfür wird später genauer beschrieben.

Wenn die Baggerpumpe mit der Hauptmaschine gekuppelt ist, ist die Propellerwelle abgekuppelt und abgebremst. Beim Saugen wird das Schiff vor Anker gelegt, wobei je nach Richtung des Stromes, des Windes und der Baggerachse Buganker sowie Heckanker benutzt werden. Auf dem Vorschiff und dem Hinterschiff ist je eine Ankerwinde aufgestellt mit je 2 Kettennüssen und Antrieb durch Zwillingsdampfmaschinen mit den Zylinderabmessungen $\frac{175 + 175}{250}$ für die Bugankerwinde und $\frac{150 + 150}{220}$ für die Heckankerwinde. Der Bagger fährt also beim Saugen nicht, sondern wird ähnlich wie ein stationärer Sauger verholt.

Das abgesenkte und nach vorne gerichtete Stoßrohr erzeugt eine Furche, deren Querschnitt von der Eindringtiefe und dem Böschungswinkel abhängt und in der Abb. 254 etwa 16,5 m² beträgt. Da das Produkt aus Furchenquerschnitt und Verholstrecke gleich dem Laderauminhalt sein muß, kommt man auf eine Länge von ungefähr 30 m für die Verholstrecke. Wenn die Füllzeit 30 Minuten beträgt, verholt sich der Bagger mit einer Geschwindigkeit von 1 m/min. Bei den später behandelten Fahrsaugern liegt die Arbeitsgeschwindigkeit mit etwa 1 m/sek wesentlich höher.

Der Vorteil des Saugens bei Festlegung durch Anker und Bewegung durch Einholen der Ankerkette besteht darin, daß man das Saugrohr mit Sicherheit an die gewünschte Stelle bringen kann. Der Boden muß bei diesem Verfahren aber rollig sein und zulaufen. Nur dann tritt auch später ein ungefährer Ausgleich der Furchen durch die Wasserströmung ein. Der Verholsauger behindert die Schiffahrt und braucht viel Zeit für das Auslegen und Wiederaufnehmen der Verankerung. In der Neuen Welt wird er kaum verwendet, während man in Europa noch viele Bagger dieser Art vorfindet und wahrscheinlich auch in der Zukunft nicht ganz auf sie verzichten wird.

Der abgebildete Bagger ist der Typ des nach der Jahrhundertwende entwickelten Verholsaugers oder Stoßsaugers. Er selbst ist im Jahre 1929 erbaut und erhielt ursprünglich den Namen „Chile", der später auf „Halvor" umgeändert wurde. Er hat lange Zeit im Bereich von Helgoland gearbeitet und Sand für Aufhöhen von Gelände, Hinterfüllen von Ufermauern u. dgl. geliefert.

Dabei spielte sich ein Umlauf im Durchschnitt wie folgt ab:

Vollsaugen des Laderaums	35 Minuten
Anker einholen und Fahrt von der Saugstelle zur 6 km entfernten Spülstelle	40 Minuten
Leerspülen des Laderaums mit Drücken auf etwa 300 m Entfernung einschl. Anlegen und Ablegen sowie Herstellung der Landrohrverbindnng	65 Minuten
Rückfahrt zur Saugstelle einschl. Auslegen der Anker	40 Minuten
Summe:	180 Minuten

Bei einer Arbeitszeit von 18 Stunden macht der Bagger 6 Umläufe mit einer Ertragsleistung von 3000 m³, also etwa 165 m³/h. Man erkennt hieraus, wie stark eine lange Umlaufzeit die Ertragsleistung abfallen läßt. Würde die Ladung verklappt und die Fahrentfernung verkürzt werden, könnte man auf die doppelte Anzahl von Umläufen und damit auf die doppelte Ertragsleistung pro Stunde kommen. Die Daten des Baggers „Chile" wie auch die der nachfolgenden Geräte sind in der Tab. 13 zusammengefaßt.

Das außenliegende Seitenrohr bildete die Regelausführung, jedoch ist beispielsweise von der LMG ein Bagger „Seegatt" für Memel mit einem in einem Mittelschlitz liegenden, nach vorn gehenden Saugarm im Jahre 1901 gebaut worden.

Abb. 255 zeigt die Maschinenanlage der Bagger XIV und XV, die im Jahre 1908 von den Stettiner Oderwerken für Verwendung im Bereich des Hamburger Hafens gebaut wurden. Sie haben mit den Abmessungen 57,5 × 10,8 × 4,8 ein Laderaumvolumen von 600 m³. Die Raumanordnung ist dem vorangehend beschriebenen „Chile" ähnlich und auch hier ein nach vorn gehendes Seitensaugrohr vorhanden, das eine Lichtweite von 720 mm besitzt und eine Saugtiefe von 15 m zuläßt. Es werden aber 2 Propellerwellen von je einer Maschine angetrieben, wodurch das Schiff bessere Manövereigenschaften erhält. Es sind auch 2 Baggerpumpen eingebaut, von denen jeweils eine beim Saugen benutzt wird, während die andere in Reserve bleibt. Wenn man die Backbordpumpe verwendet, kann man die Steuerbordmaschine mit der Propellerwelle gekuppelt als Fahrmaschine laufen lassen. Da auf dieser Seite auch der Saugarm liegt, wird dessen

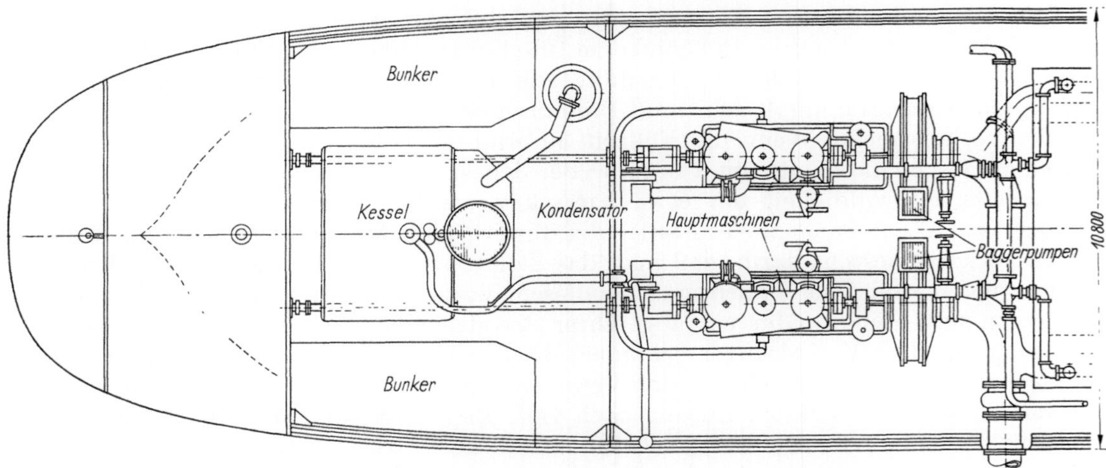

Abb. 255. Maschinenanlage der 1908 für Hamburg gebauten Hoppersauger XIV und XV mit 2 Dampfmaschinen für die Propeller und die Baggerpumpen. Laderaumvolumen 600 m³

einseitiger Rückdruck z. T. aufgehoben, und das Schiff kann auch ohne Verankerung saugen. Dabei hält es sich bei langsam laufender Propellerwelle in Richtung der Baggerachse, wenn keine stärkere Querströmung vorhanden ist.

Abb. 256 zeigt den Bagger „Stolpmünde", der im Jahre 1901 von den Stettiner Oderwerken gebaut wurde und einen Saugarm von 730 mm Dmr. hat, der nach hinten gerichtet in einen Schlitz im Hinterschiff liegt. Die Schiffsabmessungen sind $55 \times 10,7 \times 5,1$ und die weiteren Daten in der Tab. 13 enthalten. Auf beiden Schiffsseiten liegt je ein Kessel und je eine Fahrmaschine, welche ihre Propellerwelle dreht. Vor dem Schlitz und hinter dem Laderaum von 500 m³ Fassungsvermögen liegt ein durchgehender Maschinenraum, in dem die Baggerpumpe in Querstellung mit ihrer Antriebsmaschine angeordnet ist. Da hier Fahrantrieb und Pumpenantrieb voneinander unabhängig sind, braucht das Schiff beim Saugen nicht an Ankern festliegend verholt zu werden, sondern kann mit rückwärts laufenden Maschinen sein Stoßrohr gebrauchen, wobei eine gute Manövrierfähigkeit gegeben ist. Da das Stoßrohr bei geringer Neigung gegen die Waagerechte aus dem Hinterschiff herausragt, kann es auch außerhalb der Schwimmfläche des Schiffes saugen und dieses freibaggern.

Der Saugarm ist, abweichend von der Regelausführung, bis zur Schwimmfläche des beladenen Schiffes heraufgeführt und geht unter Einschaltung eines Schlauchstücks dann abwärts zur Pumpe. Auf diese Weise kann das Schlauchstück über Wasser gebracht werden, ohne daß eine Gleitplatte vorhanden ist.

Bemerkenswert ist auch, daß für die Entleerung keine Klappen eingebaut sind, sondern Ventile der Bauart Lyster, einer englischen Konstruktion, auf die später noch näher eingegangen wird.

Abb. 257 zeigt einen von der Firma Schichau, Elbing, zu Beginn des Jahrhunderts für Wilhelmshaven gelieferten Hoppersauger der Bauart Frühling bei einem Fassungs-

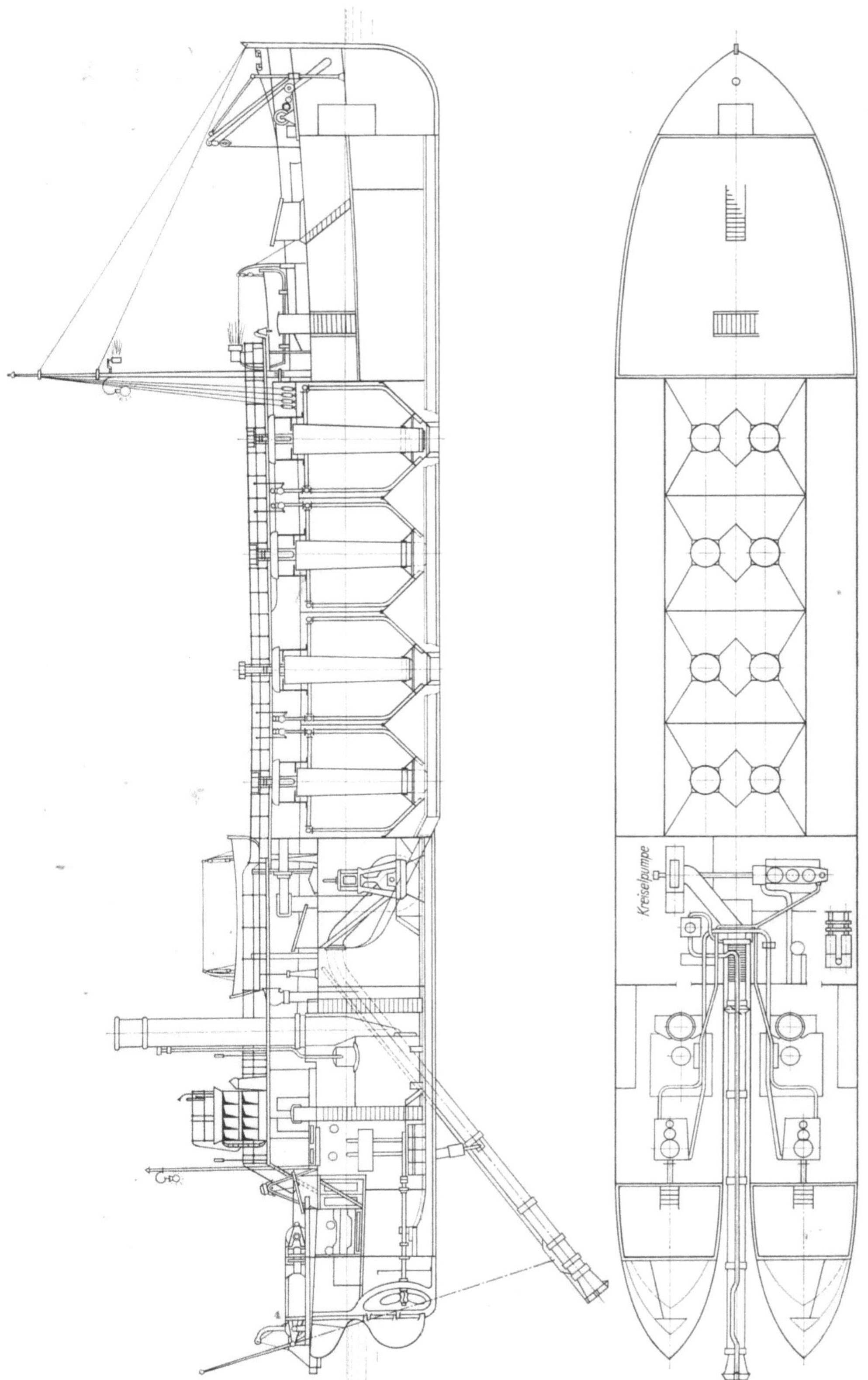

Abb. 256. Hoppersauger „Stolpmünde", erbaut 1901, mit einem Saugarm im Hinterschlitz, einer Pumpenmaschine und 2 Fahrmaschinen. Laderaumvolumen 500 m³. Hauptabmessungen: Länge zwischen Loten 55 m; Breite auf Spanten 10,7 m; Seitenhöhe 5,5 m

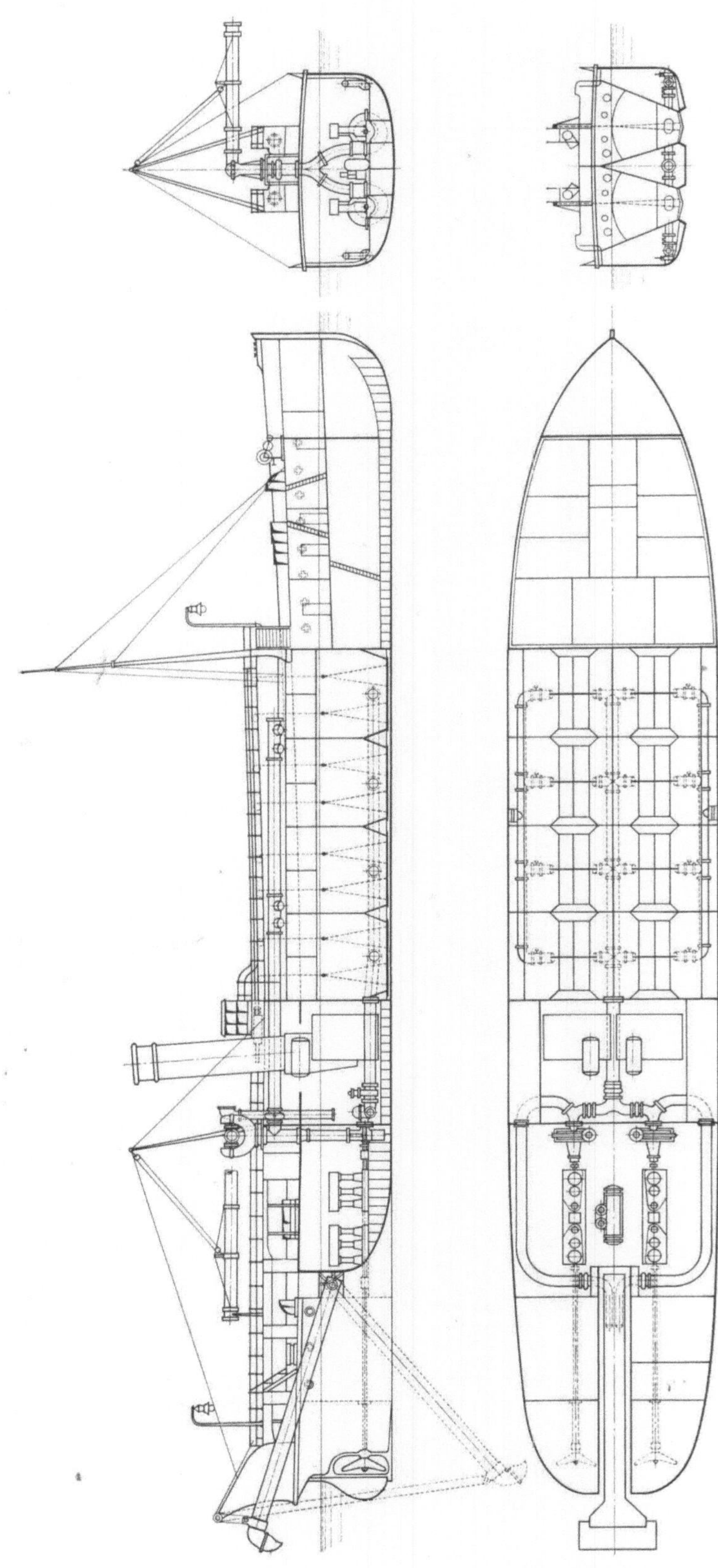

Abb. 257. Hoppersauger der Bauart Frühling, um 1908 für Wilhelmshaven gebaut, mit Hinterschlitz und Schleppsaugekopf sowie Einrichtungen für Verstürzen und Absaugen der Ladung. Laderaumvolumen 1500 m³

Hauptabmessungen: Länge zwischen Loten 80 m; Breite auf Spanten 14,5 m; Seitenhöhe 5,5 m

vermögen von 1500 m³ und einer Ladefähigkeit von 2500 t bei 4,9 m Tiefgang mit den
Schiffskörperabmessungen 80 × 14,5 × 5,5. Der abgekrümmte Saugkopf hat eine Breite
von 5 m und enthält 2 Abteilungen, von denen je ein Saugrohr abgeht. Die beiden Saug-

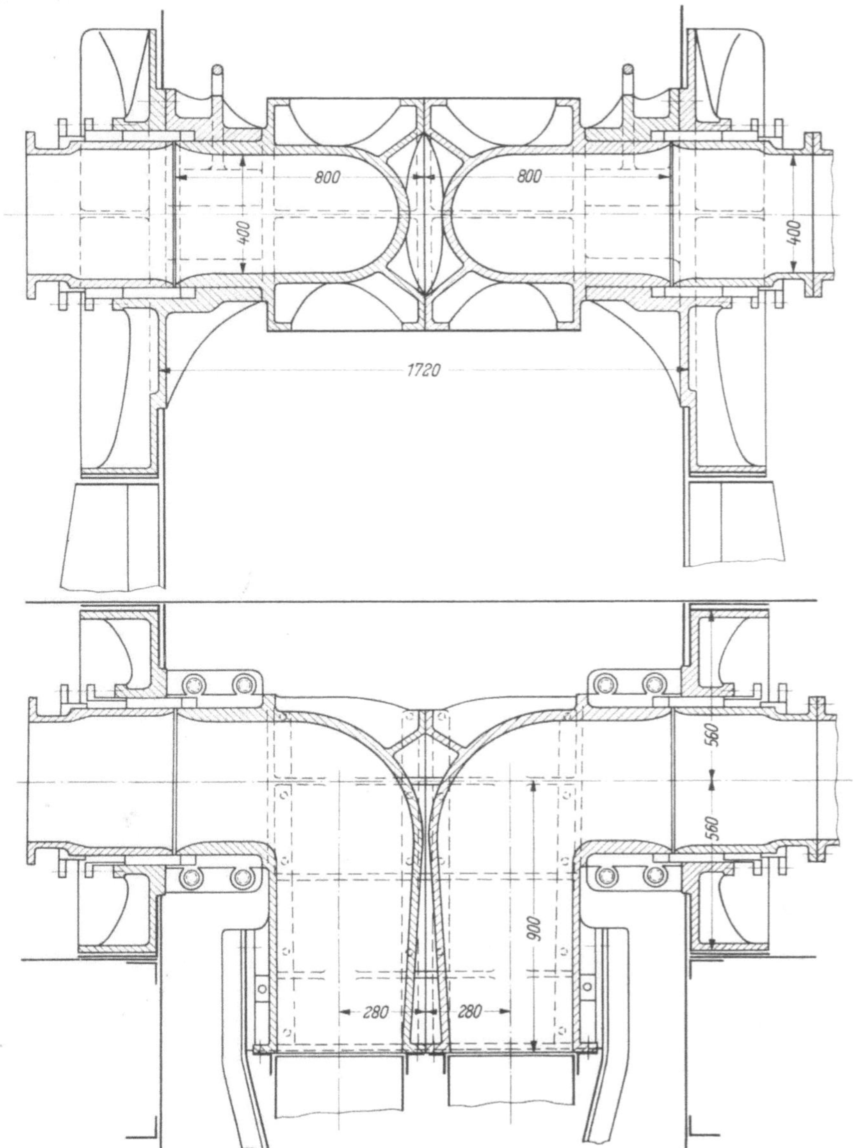

Abb. 258. Gelenkzapfen mit Stopfbüchsen für das Doppelsaugrohr im Heckschlitz eines Hoppersaugers
der Bauart Frühling

rohre werden parallel zueinander nach oben geführt und sind in eine Saugrohrleiter
eingebaut, die in einem Schlitz des Hinterschiffs liegt. Sie macht eine Neigungsbewegung
um kräftige Drehzapfen, welche durch die beiden um 90° abgebogenen und mit großer
Wanddicke ausgeführten Saugrohre gebildet werden. Abb. 258 zeigt, daß das Ganze als
kräftiges Stahlgußstück ausgebildet ist, an das die Saugleiter mit ihren beiden Rohren
angesetzt ist. Nach Umlenkung um 90° und Einschaltung von Drehstopfbüchsen gehen
dann die beiden Saugrohre in den Schiffskörper zu den Baggerpumpen. Hinter diesen
liegen auf jeder Seite 2 Dreifachexpansionsmaschinen, deren Kurbelwellen über Zahn-

17*

kupplungen verbunden und getrennt werden können. Bei Entkupplung treibt die hintere Maschine die Propellerwelle und die vordere die Baggerpumpe an. Während auf diese Art beim Saugen gearbeitet wird, können für Überführungsfahrten von einem Seehafen zum anderen oder längeren Fahrten zur Klappstelle beide Kurbelwellen miteinander gekuppelt werden, so daß dann mit größerer Maschinenleistung eine höhere Fahrgeschwindigkeit erreicht wird. Zwischen dem Maschinenraum und dem Laderaum liegt der Heizraum mit 2 Zylinderkesseln.

Die beiden Druckrohre der Baggerpumpen sind zu einem senkrecht nach oben gehenden Rohr zusammengeführt, von dem die beiden über den Laderaum laufenden Beladerohre abgehen. Die Ladung kann durch Bodenklappen verstürzt werden, jedoch ist auch die Absaugeinrichtung nach dem System FRÜHLING eingebaut. Es befindet sich in dem mittleren Luftkasten zwischen den beiden Laderaumteilen eine Rohrleitung, welche zu den Baggerpumpen führt. In diese Leitung münden abschließbare Rohrstücke, die vom Unterteil der Ladungsbehälter abgehen. Ihnen gegenüber liegen auf der Außenseite absperrbare Stutzen, die aus 2 Rohrleitungen kommen, die durch die äußeren Luftkästen geführt sind und an einer Stelle eine Verbindung mit dem Außenwasser haben. Durch Öffnen der Schieber für je zwei nebeneinanderliegende Ladungsbehälter wird ein Wasserstrom erzeugt, der quer zur Schiffsrichtung in die zur Baggerpumpe gehende mittlere Rohrleitung führt. Dadurch wird die Ladung unten gelöst, fällt in den Wasserstrom und geht als Gemisch zu der Baggerpumpe. Von der nach oben gehenden Druckleitung zweigt dann ein Rohr nach der Seite ab und geht in die Landleitung über. Diese Einrichtung wird neben anderen, die später beschrieben werden, auch heute noch viel angewandt.

In ähnlicher Bauart wurde von Schichau im Jahre 1912 nach den Vereinigten Staaten der Bagger „New Orleans" mit einem Fassungsvermögen von 2370 m³ und den Schiffskörperabmessungen $96 \times 15,3 \times 8$ geliefert. Bei ihm hat man aber im Jahre 1947 von den 4 Dampfmaschinen die beiden hinteren ausgebaut und durch zwei stärkere der Gleichstrombauart ersetzt. Die beiden vorderen Maschinen treiben dann ganz unabhängig von ihnen die Baggerpumpen an.

Außer den Baggern der Bauart FRÜHLING, bei denen die Saugarme nach hinten gehen und abgekrümmte Saugköpfe haben,

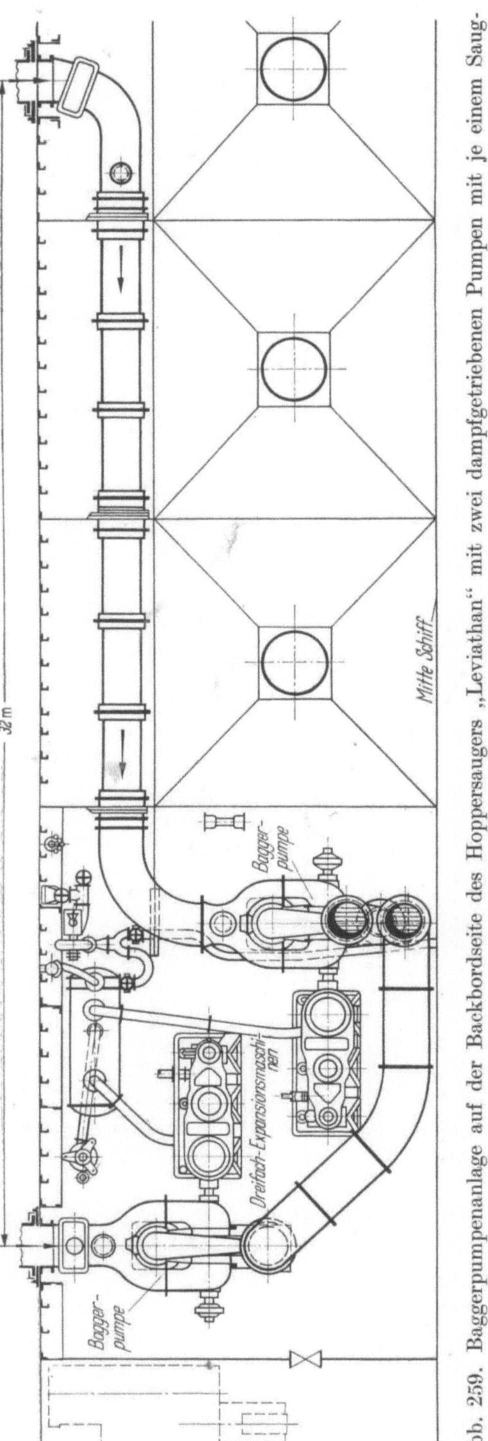

Abb. 259. Baggerpumpenanlage auf der Backbordseite des Hoppersaugers „Leviathan" mit zwei dampfgetriebenen Pumpen mit je einem Saugrohr. Laderaumvolumen 5500 m³

hat man auch Fahrsauger mit nach vorn gerichteten Saugarmen gebaut. Einen Höhepunkt der Entwicklung bildete der große englische Bagger „Leviathan", der 1909 für die Merseyhafenbehörde gebaut wurde und mit einem Fassungsvermögen von 5500 m³ für Jahrzehnte das größte Baggerschiff war. Die Abmessungen sind $142 \times 21 \times 9,6$ und die weiteren Daten in der Zahlentabelle 13 enthalten.

Tabelle 13. *Zahlentabelle mit den Hauptdaten von älteren Hoppersaugern mit Dampfantrieb*

		A	B	C	D	E	F	G
1	Name des Baggers	Chile	Seegatt	XIV und XV	Stolp-münde	W'haven	New Orleans	Leviathan
2	Baujahr	1929	1901	1908	1901	1905	1912	1909
3	Länge zwischen Loten in m	54	55	57,5	55	80	96	142
4	Breite auf Spanten in m	9,5	11	10,8	10,7	14,5	15,3	21
5	Seitenhöhe in m	4,9	4,4	4,8	5,1	5,5	8	9,6
6	Produkt LBH in m³	2520	2670	2980	2940	6400	11700	28700
7	Laderaumvolumen in m³	500	520	600	500	1500	2370	5500
8	Tiefgang, beladen, in m	4,3	4,1	4,5	4,0	4,9	6,75	7,0
9	Verdrängung in m³	1720	1930	2180	1840	4450	7700	16250
10	Zahl der Saugarme	1	1	1	1	2	2	4
11	Bauart und Anordnung der Saugarme	Seiten-arm nach vorn	Mittel-arm nach vorn	Seiten-arm nach vorn	Heck-schlitz-arm	Rohre in Heck-schlitz-leiter	Rohre in Heck-schlitz-leiter	Seiten-arme nach vorn
12	Saugarmweite in mm	650	650	720	730	550	660	1060
13	Größte Saugtiefe in m	20	11	15	10	14	17	21,3
14	Fahrleistung in PS$_i$	500	500	2×395	2×200		2×565	2×2000
15	Geschwindigkeit, beladen, in km/h	15	13	16	16		18,5	19,5

Der Bagger soll im Seegebiet vor der Merseymündung arbeiten und bei jedem Umlauf möglichst große Mengen an Sand aus dem Fahrwasser entfernen. Er besitzt vier seitliche, nach vorn gerichtete Saugarme von 1060 mm Weite mit Saugköpfen der Bauart „Lyster". Der Laderaum wird damit in etwa 50 Minuten gefüllt, worauf die Saugarme aufgeholt und an Deck gebracht werden.

Hinter dem Laderaum sind 4 Baggerpumpen angeordnet, die von Dampfmaschinen 3facher Expansion von je 700 PS$_i$ Leistung angetrieben werden.

Abb. 259 zeigt die Baggerpumpenanlage der Backbordschiffsseite von „Leviathan". Man erkennt, daß die hintere Pumpe dort steht, wo der hintere Saugraum in den Schiffskörper hineingeht, mit unmittelbarer Weiterführung zur Pumpe. Der Eintritt des vorderen Saugarms liegt etwa 32 m davor, so daß für die andere Pumpe die große Saugrohrleitung durch den Luftkasten neben dem Laderaum geführt werden mußte. Bemerkenswert ist, daß die Pumpen beiderseitigen Einlauf haben. Jedes Druckrohr ist für sich über den Laderaum geführt, mit Auslaßöffnungen an der Unterseite.

Der Laderaum besteht aus 12 Ladungsbehältern, von denen jeder durch ein Ventil der Bauart „Lyster" mit 1700 mm Dmr. entleert wird. Die ganze Ladung kann nach Öffnen der Ventile in 10 Minuten verstürzt werden.

Hinter dem Maschinenraum, der die Pumpen mit ihren Antriebsmaschinen enthält, liegt der Kesselraum und dahinter der Raum für die beiden Fahrmaschinen von je 2000 PS$_i$, die unabhängig von der Pumpenanlage beim Saugen in Tätigkeit bleiben und dem Schiff in beladenem Zustand eine Geschwindigkeit von 10,5 Knoten = 19,5 km/h geben.

Man hat später für diese Arbeiten keine Bagger solcher Größe mehr gebaut, sondern sich in den Jahren 1933 und 1935 auf 2 Schiffe von etwa 2000 m³ Fassungsvermögen beschränkt, zumal inzwischen die Menge der Ablagerungen durch Bau von Leitdämmen u. dgl. vermindert worden war.

Die Daten der bisher behandelten Hoppersauger aus der Zeit nach der Jahrhundertwende sind in der Zahlentabelle 13 zusammengestellt.

Fast unabhängig von der europäischen Entwicklung verlief die in der Neuen Welt, wo schon 10 Jahre vor dem Kolbenpumpenbagger von St. Nazaire ein Hoppersauger mit 100 m³ Fassungsvermögen, hölzernem Schiffskörper und Kreiselpumpe mit Namen „Moultrie" für den Hafen von Galveston in Südcarolina bis zum Ausbruch des Bürgerkrieges gearbeitet haben soll. Dieser unterbrach die Entwicklung, die aber dann fortgesetzt wurde, als die steigenden Tiefgänge der Seeschiffe Vertiefungsarbeiten im Hafen von New York und dessen Zufahrtsrinne, dem Ambrosechannel, erforderlich machten. Die Arbeiten wurden erstmalig im Jahre 1885 vergeben und zunächst Versuche mit schrapperähnlichen Geräten und Ejektoren mit Syphonwirkung zur Entfernung des festgelagerten Barrensandes gemacht. Jedoch führten diese Verfahren und auch die Saugbaggerung mit nach vorn gerichteten Stoßrohren, die sich in England auf dem Mersey gut bewährt hatten, hier zu keinem Erfolg.

Um 1900 wurden die Arbeiten vom Corps of Engineers, im folgenden C. of E. abgekürzt, übernommen. Dies ist ein Pionierkorps, das zur US-Army gehört, aber in den Vereinigten Staaten die Aufgaben der Wasserstraßenverwaltung durchführt. Bald kamen Vertiefungsarbeiten für andere Häfen hinzu, wie z. B. Philadelphia und New Orleans und später an der Westküste San Francisco, Los Angeles u. a. m. Die Bagger „New Orleans" und „Minquas" wurden von Schichau in der Bauart FRÜHLING geliefert und die damit gemachten Erfahrungen ausgewertet. Insgesamt sind vom C. of E. bis heute 50 Hoppersauger gebaut worden, von denen z. Z. etwa 15 aktiv tätig sind. Hierbei wurden besonders wertvolle Erfahrungen gesammelt, da diese Bagger nicht nur in Amerika, sondern während des zweiten Weltkriegs auch in europäischen Ländern und im Pazifischen Ozean unter vielseitigen Bedingungen und bei den verschiedensten Bodenarten zu arbeiten hatten. Die Erfahrungen sind in einem 1954 in Washington erschienenen Buch: „The Hopper Dredge pp. by Frederick C. Scheffauer", niedergelegt, in dem über die geschichtliche Entwicklung, die Arbeitsaufgaben und die Erfahrungen berichtet wird. Ausführlich werden alle Einrichtungen der Bagger beschrieben sowie ihre Vorteile und Nachteile aufgeführt. Es zeigt sich dabei, wie auch sonst im Baggerwesen, daß fast jede Lösung eines Problems neue Aufgaben bringt und endgültige Lösungen, für alle Bodenarten passend, nicht zu finden sind. Dabei war hier der große Vorteil gegeben, daß die Erfahrungen zentral gesammelt und systematische Versuche an Modellen und den Geräten selbst durchgeführt werden konnten, was sonst kaum zu erreichen ist. Das erwähnte Buch, auf das sich die folgenden Ausführungen z. T. stützen, soll abgekürzt als Scheffauer bezeichnet werden.

2. Saugköpfe und Saugarme
Anordnung seitlich außerhalb des Schiffskörpers und im Schlitz

Der bewegliche Teil der Saugrohrleitung außerhalb des Schiffskörpers wird *Saugarm* genannt und dessen Ende, das auf dem Boden aufliegt und besonders ausgestaltet wird, *Saugkopf*. Bei der Beschreibung der älteren Ausführungsbeispiele im vorhergehenden Abschnitt wurden schon verschiedene Anordnungen der Saugarme erwähnt. Sie können seitlich der Schiffswände liegen, einseitig oder beiderseitig, und können nach vorn oder nach hinten gerichtet sein. Dabei liegt die Anzahl zwischen eins und vier. Sie können aber auch innerhalb des Schiffskörpers liegen und sind dann in einen Schlitz eingebaut, der entweder im Hinterschiff liegt und nach hinten geöffnet ist oder in einem allseitig geschlossenen Mittelschiffsschlitz oder im Vorschiff. Man hat die Bezeichnungen Heckschlitz, Mittelschlitz und Bugschlitz.

Die Saugköpfe richten sich nach der Anordnung der Saugarme, an deren Enden sie sitzen, ferner nach der Bodenart und nach der Bewegung beim Saugen, die langsam durch Verholwinden oder durch Fahrmaschinen mehr oder weniger schnell erzeugt werden kann. Auch die Stärke des Stromes an der Baggerstelle und dessen Richtung im Verhältnis zur Baggerrichtung ist dabei von Bedeutung. Das sog. Stoßrohr, d. h. ein nach vorn gehendes starres Rohr, hat keinen besonderen Saugkopf, sondern endet rund mit einer geringen Erweiterung oder ohne eine solche. Zum Schutze gegen das Eindringen von Steinen und Fremdkörpern setzt man vor die runde Einlaßöffnung Stäbe, die jedoch wegen der Gefahr der Verstopfung nicht zu dicht beieinander liegen dürfen. Manchmal erhalten auch die nach vorn gehenden Rohre besonders ausgebildete Saugköpfe, wie am Beispiel des „Leviathan" zu erkennen war. Man wendet für die Saugköpfe von solchen Saugarmen, die nach vorn oder nach hinten in den Boden gestoßen werden, auch die Bezeichnung Stechkopf an.

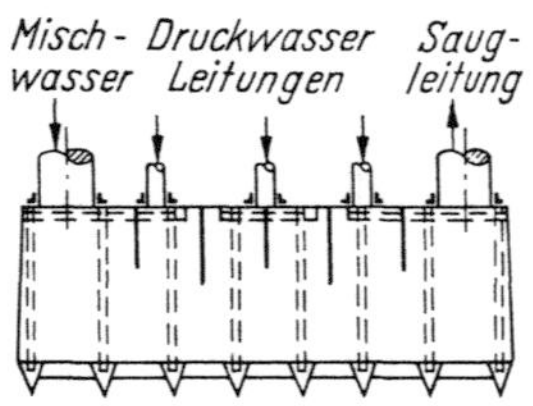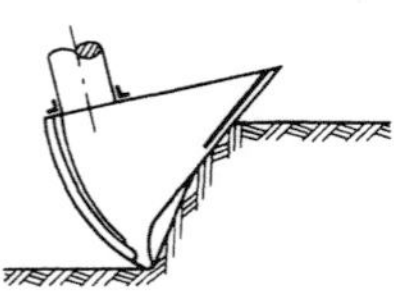

Abb. 260. Saugkopf von FRÜHLING in ursprünglicher Form mit gezahnter Schneide bei Wassereintritt auf der einen und Gemischabgang auf der anderen Seite

Eine besondere Entwicklung wurde durch die Erfindung von FRÜHLING zu Beginn dieses Jahrhunderts herbeigeführt.

Nach Abb. 260 hat dabei der Saugkopf die Form eines Baggereimers und ist mit einer gezahnten Schneide ausgerüstet. Er dringt durch sein Gewicht in den Boden ein und schneidet diesen in einer horizontalen Schicht, wobei der abgetragene Boden in den Saugkopf gedrückt wird. An dessen einem Ende befindet sich der Mischwasserzutritt, während am anderen Ende die zur Baggerpumpe führende Saugleitung abgeht. Um den Mischvorgang zu unterstützen, sind noch Scheidewände eingebaut. Die Vorderseite des Saugkopfs hat nur unten eine Öffnung, die durch Roststäbe vor dem Eindringen von Fremdkörpern geschützt ist. Im oberen Teil befindet sich dagegen eine Blechwand, gegen die sich beim Graben der Boden legt, und die verhindern soll, daß hier Wasser ohne Bodenmitnahme eindringt. Dieses soll nur durch die Mischwasserleitung gehen, die von oben kommt und am Eintrittsende einen Schieber hat, mit dem die eintretende Wassermenge geregelt werden kann. Es war außerdem noch vorgesehen, Druckwasser zur Bodenlösung heranzuziehen, das in ein waagerecht liegendes Verteilrohr und von diesem in mehrere Einzelrohre geht, deren Austrittsenden im Bereich der Schneide liegen. Der Erfinder hat noch zahlreiche Varianten vorgeschlagen, bei denen durch mechanische Rührwerke, Schneideinrichtungen u. dgl. fester Boden vor oder im Saugkopf gelockert werden sollte.

Der FRÜHLINGsche Saugkopf führte zu dem im Fahren arbeitenden Hoppersauger, im Angelsächsischen mit *trailing Hopper Dredge* bezeichnet, bei dem der Saugkopf mit einer Geschwindigkeit von etwa 1 m/sek über den Grund gehend eine Längsfurche zieht. Dabei konnte auch Boden, der nicht rollt und nicht zuläuft, gebaggert werden, weil der Saugkopf an ihn herangeht. Dazu gehört insbesondere der Schluffboden, der sich vielfach in den Zufahrtsrinnen der Seehäfen absetzt. Da ein im Fahren arbeitender Hoppersauger die Schiffahrt weniger behindert als ein an Ankern liegender Verholsauger, war diese Gattung für die Fahrwasserunterhaltung besonders geeignet.

Man entfernte sich jedoch von der ursprünglichen Form des Saugkopfs, wie es bei Erfindungen fast stets eintritt. Die Entwicklung in den Vereinigten Staaten läßt dies besonders gut erkennen. Die Fa. Schichau, Elbing und Danzig, welche das Ausführungsrecht für die FRÜHLING-Bagger erworben hatte, lieferte solche in alle Länder, darunter im Jahre 1912 die Bagger „New Orleans" und „Minquas" an die Vereinigten Staaten mit Saugköpfen nach Abb. 261, bei denen die Neigung gegen das abgehende Saugrohr einstellbar war. Da der abgekrümmte Saugkopf beim Festhaken seiner Schneide an Steinen und Hinderniskörpern sehr große Kräfte auf den Saugarm übertragen würde,

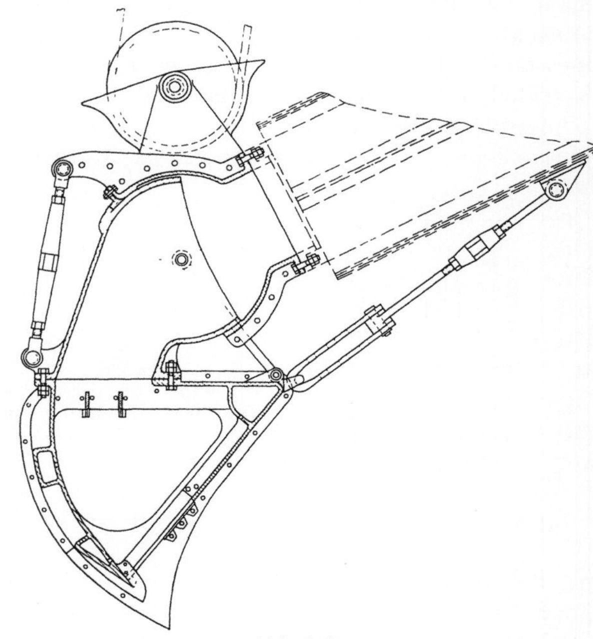

Abb. 261
Saugkopf Bauart FRÜHLING mit einstellbarer Schneidkante und Reißglied gegen Beschädigung bei Festhaken

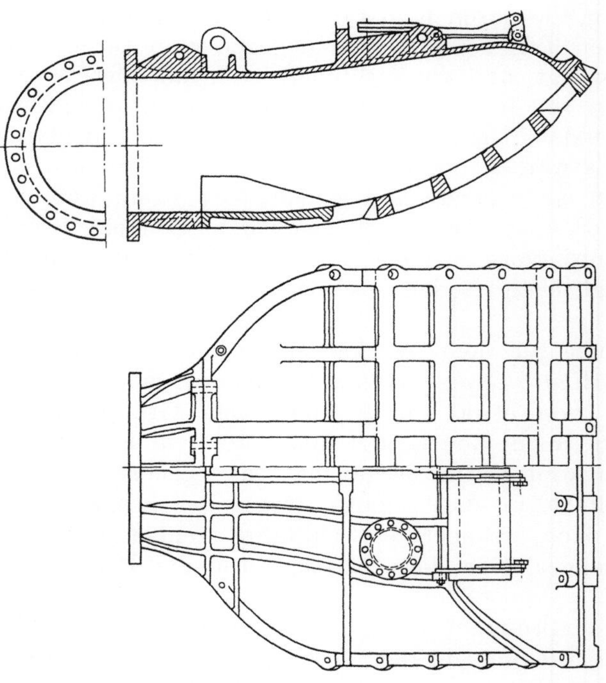

Abb. 262
Amerikanischer Saugkopf der Ambrosetype in Tatzenform mit gewölbter Unterfläche und Schutz durch Stabgitter

hat man, wie die Abbildung zeigt, ein Reißglied eingeschaltet, das den Saugkopf in diesem Falle abklappen läßt. Es zeigte sich jedoch bald, daß der abgekrümmte Saugkopf mit seiner Schneide zwar bei weichem Schluffboden gut in den Boden eindrang, nicht dagegen bei festgelagertem Feinsand und anderen harten Bodenarten, die in den USA angetroffen wurden. Dann verbleibt eine freie Öffnung, in welche das Wasser fast ohne Bodenmitnahme eintreten kann. Für eine gewisse Bodenhärte läßt sich dies durch Herunterziehen des Bleches an der Vorderseite des Saugkopfs verhindern, aber die Härte des Bodens ändert sich ständig. Man stellte außerdem fest, daß eine in harten Boden gedrungene Schneide der Bewegung in waagerechter Richtung einen bedeutenden Widerstand entgegensetzt, und daß der dafür notwendige Propellerschub unverhältismäßig großen Aufwand an Maschinenleistung erfordert.

Bei den Arbeiten in der Zufahrtsrinne des Hafens von New York entwickelte man den *Ambrose-Saugkopf*, den Abb. 262 zeigt. Dieser legt sich flach auf den Boden mit seiner Unterseite, die durch längs- und querlaufende Grätingstäbe in einzelne Felder von solcher Größe aufgeteilt ist, daß hindurchgehende Festkörper der Baggerpumpe nicht schaden. Dabei ist diese Unterfläche nicht eben, sondern gewölbt. Dies ist notwendig wegen der großen Unterschiede in der Neigung des Saugarms bei wechselnder Baggertiefe, zu denen noch die Änderung des Tiefgangs während der Beladung, der Gezeitenhub und etwaige Dünung hinzukommen. Man setzt außerdem noch zwischen Saugarm und Saugkopf ein Krümmerstück, mit dem man die Grobeinstellung

für eine gewisse Baggertiefe vornimmt, so daß die gewölbte Tatzenfläche nur die
zusätzlichen Unterschiede auszugleichen hat.

Von der Saugleiter im Hinterschlitz ging man auch bald ab und kam in den USA
durchweg zu zwei seitlichen Saugarmen, deren Neigungsachse so weit vorn liegt, daß die
Saugköpfe etwa bei der Schiffsmitte auf den Gewässergrund kommen und die Steuerfähigkeit des Fahrzeugs erhalten bleibt.

Als man dazu überging, die Zufahrtsrinnen der Häfen an der pazifischen Küste zu
vertiefen, kam man stellenweise
auf sehr harten Feinsand. Hierbei
ließ die gewölbte Unterfläche des
Ambrose-Kopfs doch so viel Wasser
frei zutreten, daß die geförderte
Bodenmenge ungenügend war. Man
mußte den Abschluß gegen eindringendes Wasser verbessern und kam
nach vielen Versuchen mit Modellen
und in Naturgröße zu dem in
Abb. 263 gezeigten *California-Saug-
kopf*. Statt des Krümmerstücks
befindet sich hier ein Gelenk zwischen
Saugarm und Saugkopf, das nicht
festgelegt wird und eine satte Auflage
der Unterseite des Saugkopfs ermöglicht. Dabei ist deren Umfang,
wie die Abbildung im Grundriß erkennen läßt, durch eine Einbuch-
tung noch vergrößert, damit der
Wasserstrom möglichst viel Gelegen-
heit zur Bodenlösung findet. Abb. 264
zeigt eine Ansicht dieses Saugkopfs,
der auf vielen neueren amerikanischen Hoppersaugern, darunter
„Comber", „Essayons" u. a. m., eingebaut ist. Man erkennt vorn auf den
beiden vorkragenden Teilen rechteckige Öffnungen, die zusätzliches

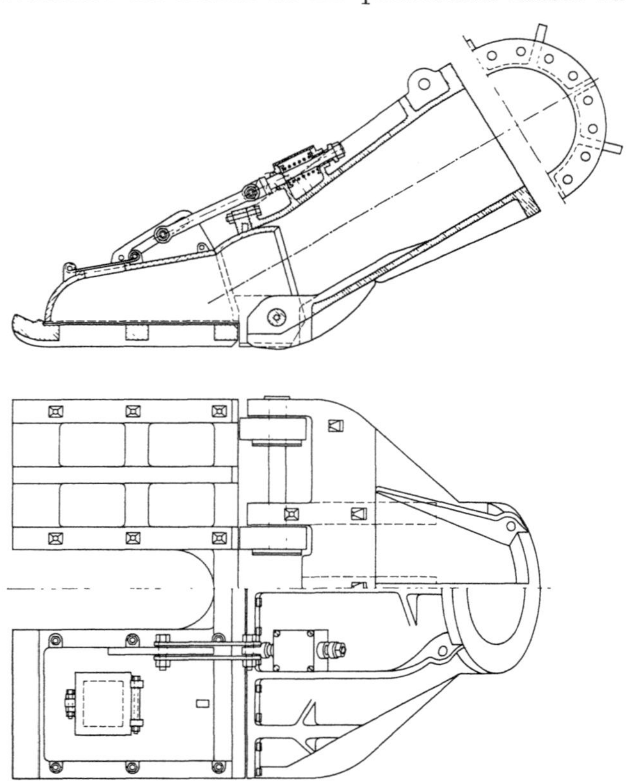

Abb. 263. Amerikanischer Saugkopf der Californiatype mit
beweglich abgelenkter Tatze zur Anpassung an den
Gewässergrund

Wasser in den Saugkopf eintreten lassen. Wenn es notwendig ist, können noch weitere
Öffnungen freigegeben werden. Diese Einrichtung fußt auf dem ursprünglichen
FRÜHLINGschen Gedanken der Zugabe des Mischwassers durch eine besondere Zuleitung.

Bei sehr harten Bodenarten und gesprengtem Korallenfels zeigte sich aber, daß der
gelenkige Teil des Saugkopfs auswich, und Versuche, ihn durch zusätzliche Gewichte
oder Druckluftzylinder an den Boden zu drücken, hatten keinen Erfolg. Deswegen wurde
für diese Bodenverhältnisse der *Koral-Saugkopf* nach Abb. 265 entwickelt, bei dem der
Krallenteil am Saugarm festsitzt, so daß er nicht ausweichen kann. Mit ihm ist durch
Gelenkzapfen eine segmentartige Klappe verbunden, die so eingestellt wird, daß sie bei
der jeweiligen Eindringtiefe des Saugkopfs sich an den Boden anlegt und Wassereintritt
ohne Bodenmitnahme verhindert. Abb. 266 ist eine Ansicht des Koral-Saugkopfs von
unten, die auch die Abnutzung der Zähne erkennen läßt, die bei harten Bodenarten unvermeidlich ist. Er gehört zu den Baggern der „Hofman"-Klasse, die später besonders
beschrieben werden.

Die vorstehend abgebildeten Köpfe sind Grundformen, von denen es mancherlei
Abwandlungen gibt. Es sind auch noch Versuche mit besonderen Zerkleinerungseinrich-
tungen innerhalb des Saugkopfs ähnlich den FRÜHLINGschen Entwurfszeichnungen

gemacht worden, aber ohne Erfolg. Für das Arbeiten auf steilen Böschungen wurde noch eine Type gebaut, welche dabei nicht abrutschen soll. Aus dem erwähnten Buch von Scheffauer ist zu entnehmen, wie umfangreich und sorgfältig die Versuche zur Entwick

Abb. 264. Ansicht des Saugkopfs der Californiatype vom Hoppersauger „Comber"

lung der Saugkopftypen in Amerika vorgenommen wurden. Außer Modellversuchen wurden auch Vergleichsversuche an Baggern in der Weise durchgeführt, daß der vordere Laderaum mit einem Saugkopf der einen Art und der hintere Laderaum durch einen Saugkopf der anderen Art gefüllt wurde. So war bei gleicher Bodenart und gleichen Bedingungen ein einwandfreier Vergleich möglich, und den bei diesen Versuchen gewonnenen Erkenntnissen ist große Bedeutung beizumessen. Ausführlich sind auch Versuche mit Bodenlösung durch Druckwasser beschrieben, das in einem Fall durch die hohlgehaltenen Reißzähne der Tatzenfläche unmittelbar an den Boden herangeführt wurde. Es wurde aber bei diesen und ähnlichen

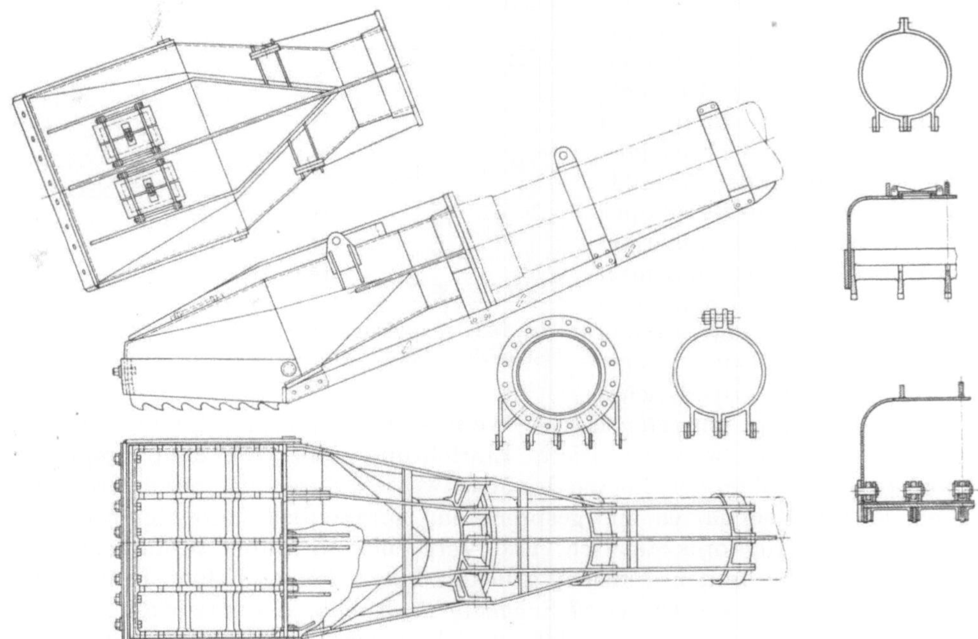

Abb. 265. Amerikanischer Saugkopf der Koraltype mit fester krallenbewehrter Tatze zur Bodenlösung und Begrenzung des Wasserzutritts durch einen einstellbaren Rahmenteil

Versuchen keinerlei Erfolg erzielt und nur eine erhöhte Abnutzung der Zähne bei großem Energieaufwand für die Erzeugung des Druckwassers festgestellt. Der wiederholt gemachte Vorschlag, harten Boden durch einzelne Druckwasserdüsen auf einer größeren Fläche zur Lösung zu bringen, kann keinen Erfolg bringen, und im Kapitel G wurde schon darauf hingewiesen, daß auch bei mittelhartem Sand der Wirkungsbereich begrenzt ist.

In weichen Schluffböden ist jeder Saugkopf brauchbar und auch Mittelsand, Grobsand und sogar Kies und Steine machen wenig Schwierigkeiten. Feinsand und harte bindige Bodenarten erfordern aber immer neue Überlegungen, so daß es nach einer englischen Veröffentlichung nach wie vor eine sportliche Betätigung ist, den richtigen Saugkopf zu finden.

Die Saugköpfe sind an die *Saugarme* angesetzt, die in ihrer Ausführung auch sehr unterschiedlich sind. Der große Durchmesser der 4 Saugarme des „Leviathan" von 1060 mm wurde bereits erwähnt. Im Gegensatz dazu bemißt man in den USA die seitlichen Saugarme in der Weite gering, so daß hier hohe Geschwindigkeiten von 5 bis 6 m/sek in Kauf genommen werden müssen.

Der Krümmer, der den Übergang vom Saugarm zur Saugleitung

Abb. 266. Ansicht von unten auf den Koralsaugkopf der Hofman-Klasse mit festem Krallenteil und einstellbarer Segmentklappe

innerhalb des Schiffes bildet, sitzt meist auf einem Schlitten, der in senkrechten, auf die Außenhaut gesetzten Schienen gleiten kann. Beim Saugen sitzt er in der tiefsten Stellung und wird dabei durch Keilstücke gegen die Eintrittsöffnung der zur Pumpe

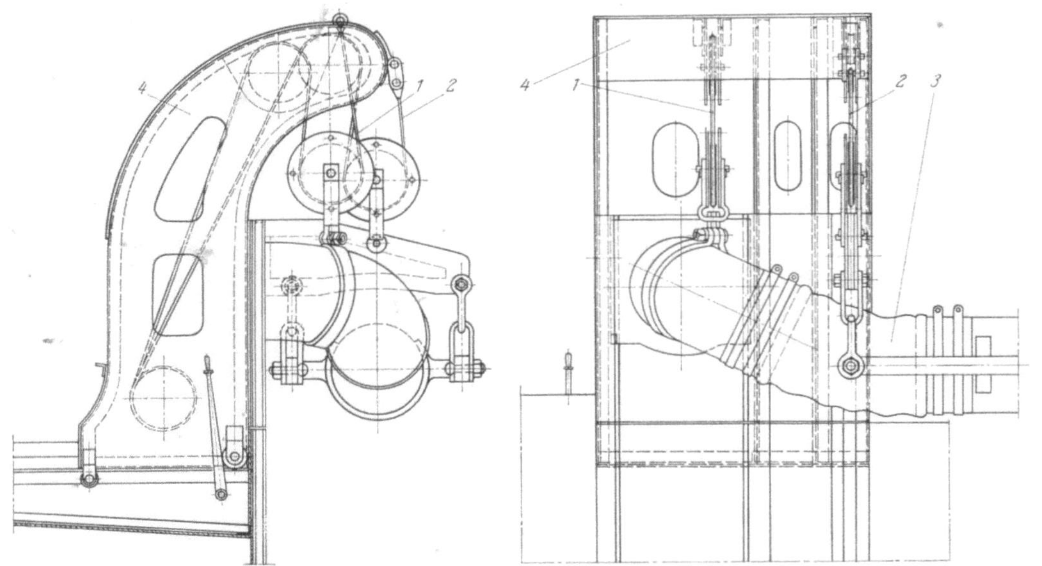

Abb. 267. Hubeinrichtung für den Gleitschlitten vom Saugarmellbogen und dem hinteren Saugrohrende mit zwischensitzendem Schlauchstück. Aus Pons, Baggermateriell

1 Hubseil für den Saugarmellbogen; *2* Hubseil für das Saugarmende; *3* Schlauchstück; *4* Verfahrbarer Ausleger

führenden Saugrohröffnung gedrückt. Nach Füllung des Laderaums wird der dahintersitzende Schieber geschlossen, der Gleitschlitten nach oben geholt und mit einem Laufwagen nach innen gefahren, so daß er die Bordwand nicht überragt.

Abb. 267 zeigt diese Einrichtung für einen Verholsauger, wobei der Krümmer sich über Deck befindet. Man sieht ihn im rechten Teil der Abbildung auf seiner Gleitplatte sitzend und erkennt, daß das in den Saugarm unter Einschaltung eines armierten Schlauchstücks übergehende Ende um 22,5° gegen die Waagerechte geneigt ist. Der Schlauch hat bei der größten Baggertiefe einen mäßigen Knick nach unten und bei waagerechter Lage des Saugrohrs den gleichen Knickwinkel nach oben. Da das Schlauchstück nicht durch das Gewicht des Saugarms beansprucht werden darf, wird dessen Ende unter Einschaltung einer Gabel von einem Halter gefaßt, der auch auf der Außenwand in Führungsschienen gleitet. Durch 2 Hubseile wird der den Krümmer tragende Gleitschlitten

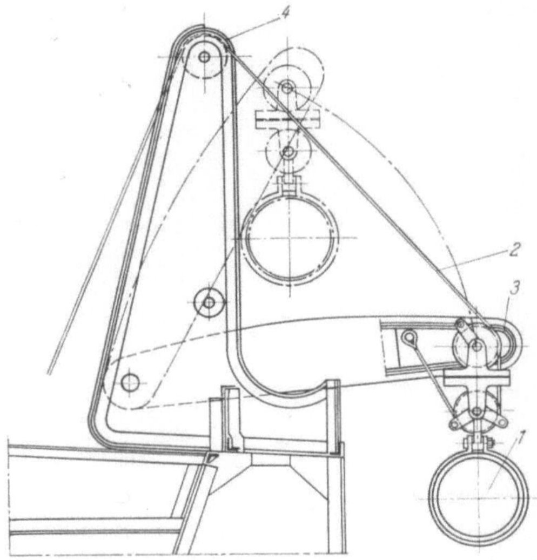

Abb. 268. Hubeinrichtung für das Vorderende des Saugarms mit Wippausleger und Tragmulde. Aus Pons, Baggermaterieel

1 Saugarmvorderende; 2 Hubseil; 3 Wippausleger; 4 Feststehender Bock mit Saugarmsattel

und gleichzeitig der Schlitten des Halters nach oben geholt, bis beide in Schienen hineingehen, die an dem Auslegerbock sitzen. Dieser kann durch Drehen von Spindeln auf einer waagerechten Bahn, die auf das Deck gesetzt ist, nach innen eingefahren werden.

Auch das Vorderende des Saugrohrs wird mit einer Hubeinrichtung gehoben und eingefahren, wie Abb. 268 zeigt. Sie besteht aus einem neigbaren Ausleger, der beim Saugen waagerecht liegt und mit seinem Kopfende über die Bordwand ragt. Nach Füllung des Laderaums wird das Saugarmende mit einer Geschwindigkeit aufgeholt, die größer ist als die des Krümmergleitschlittens, so daß der Saugarm in die waagerechte Lage kommt. Wenn dann sein Ende an den Kopf des Auslegers anstößt, wird dieser aufgerichtet, so daß auch das Rohrende innerhalb der Bordwand liegt. In dieser Lage wird der Ausleger durch einen Bolzen festgesetzt und das Rohrende durch Nachlassen des Hubseils in einem Tragsattel abgesetzt. Es sind also insgesamt 3 Hubseile in Tätigkeit, deren Geschwindigkeiten durch entsprechende Bemessung der Seiltrommeln für den geschilderten Vorgang abgestimmt sind.

Abb. 269. Biegsamer Saugarm mit drei Schlauchstücken nach Bauart GUILLAUX für Saugen bis 23 m Tiefe bei Wellenhöhen bis 3 m. Aufnahme LMG

Man ging bald vom starren Saugarm ab, um eine Elastizität beim Arbeiten im Seegang zu haben. Neben holländischen Konstruktionen sind hier insbesondere auch französische zu nennen.

Abb. 269 zeigt einen im Jahre 1928 bei der LMG hergestellten Saugarm, der für eine Saugtiefe von 23 m bestimmt ist. Er besteht aus 4 Teilen und dazwischensitzenden Gummischlauchstücken nach der Bauart „*Guillaux*", so daß hier insgesamt 4 Heveböcke mit ihren Hubseilen erforderlich sind. Eine Gleitplatte für den Krümmer ist nicht vorhanden.

Eine vereinfachte Ausführung des nachgiebigen Zwischenteils zeigt Abb. 270. Das Schlauchstück wird von einem Ring umgeben mit vier um 90° gegeneinander versetzten Bolzen. An diesen greifen paarweise die Enden von 2 Gabeln an, mit denen die sich anschließenden Rohre verbunden sind. Dabei wird durch Federn das ganze Kardan-

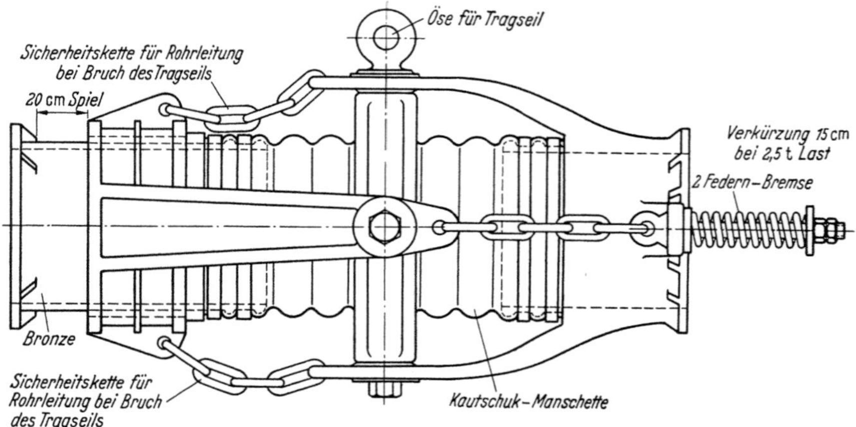

Abb. 270. Schlauchzwischenstück im Saugarm mit Kardanring sowie Einrichtung gegen Stauchung und Knickung

gelenk nach rechts gezogen und nimmt das linke Rohr mit. Dieses kann bei einer Stauchung in einer Schiebemuffe noch weiter nach rechts gleiten und bei Zugbeanspruchung auch nach links gehen unter Mitnahme des Kardanrings, bis dieser in die Grenzlage kommt, die durch Steifkommen der beiden Ketten zwischen Kardanring und der linken Gabelmuffe gegeben ist.

In den USA ist man durchweg zu zwei seitlich angeordneten, nach hinten gerichteten Saugarmen übergegangen, die an ihrem Ende einen der beschriebenen Saugköpfe haben.

Abb. 271 zeigt diese Anordnung. Die beiden Saugköpfe liegen etwas hinter der Schiffsmitte und sind um die 1,4 fache Schiffsbreite voneinander entfernt. Die beiden Tragdavits, deren Halteseile gleich hinter den Saugköpfen unter Einschaltung von Ketten angreifen, haben eine entsprechende Ausladung. Ursprünglich war sie kleiner, und man mußte sie so weit vergrößern, daß die Saugköpfe nicht bei Bewegungen des

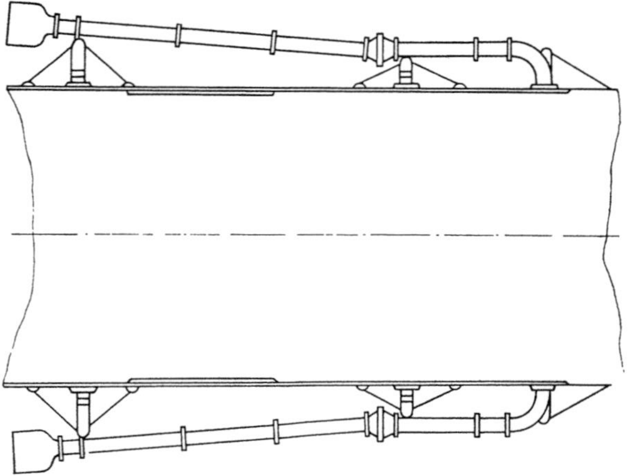

Abb. 271. Seitliche Saugarme eines amerikanischen Hoppersaugers mit Ambrosesaugkopf, Kugelgelenk und Drehellbogen

Schiffskörpers durch Stromversetzung oder Manöver unter ihn kommen und dadurch Beschädigungen verursachen. Der Saugarm besteht aus Stücken von etwa 5 m Länge in kräftiger Bauart mit widerstandsfähigen Flanschverbindungen und verläuft auf etwa $^2/_3$ seiner Länge schräg zur Schiffswand bis zu dem Kugelgelenk, hinter dem das zweite Halteseil angreift, das zu einem Tragdavit von entsprechend geringerer Ausladung führt. Dann kommt ein Rohrstück parallel zur Schiffswand mit anschließendem 90°-Krümmer, Ellbogen genannt, und einer an dessen anderem Schenkel angesetzten Drehstopfbüchse, die den Übergang in die zur Baggerpumpe führende Saugrohrleitung bildet. Die Ellbogen sitzen nicht auf Gleitplatten, und wenn der Saugkopf angehoben ist, bleibt,

wie Abb. 272 zeigt, ein großer Teil des Saugarms unter Wasser, wodurch ein zusätzlicher Widerstand erzeugt wird, der die Hälfte des Schiffswiderstandes erreichen kann.
Durch entsprechende Ausbildung der Ellbogen und Fortfall eines ursprünglich vorhandenen äußeren Lagers, das am Ellbogen angesetzt war und die Drehstopfbüchsen
entlasten sollte, hat man den Widerstand zu vermindern versucht. Da der Erfolg hierbei nicht genügend war, ist man in neuester Zeit auch zu der Einrichtung übergegangen, bei welcher der Ellbogen mit seinem Drehgelenk auf eine Gleitplatte gesetzt ist, die in Führungsschienen am Schiffskörper gleitet. Diese Konstruktion war bei
früheren Baggern schon versucht worden, wurde aber erst bei „Essyaons" wieder
eingeführt. Die Widerstandsquelle ist durch diese Bauart nicht vollständig ausgeschal -

Abb. 272. Angehobener Seitensaugarm eines amerikanischen Hoppersaugers mit unter Wasser bleibendem
Ellbogen und hohem Zusatzwiderstand

tet, denn die Taschen, die beim Saugrohreintritt verbleiben und besonders die beiden
Führungsschienen auf jeder Schiffsseite, bilden Widerstände von etwa $^1/_3$ der ursprünglichen Größe. Diese Tatsache und die Schwierigkeit, diese Einrichtung gegen die großen
Kräfte des Saugkopfs und der Saugarme widerstandsfähig auszubilden und dicht zu
halten, haben die Amerikaner lange davon abgehalten, die gleitenden Ellbogen zu verwenden. Auch das dabei erforderliche dritte Hebezeug bedeutet eine Komplikation. Bei den
niedrigen Geschwindigkeiten der älteren Bagger, die zwischen 16 und 20 km/h lagen, war
der zusätzliche Widerstand des unter Wasser bleibenden Ellbogens noch erträglich, bei
den höheren Geschwindigkeiten der neueren Bagger, die bis 25 km/h gehen, dagegen
nicht mehr. Für „Essayons" stellte man durch Modellversuche fest, daß bei Drehzapfenellbogen, die über Wasser lagen, eine Geschwindigkeitserhöhung um 2,4 km/h erreicht
werden konnte.

Abb. 273 zeigt die Konstruktion von „Essayons". Man erkennt die beiden Führungsschienen für den Gleitschlitten, auf denen das Drehgelenk für den Ellbogen sitzt. Dieser
kann sich also zur Anpassung an die Baggertiefe drehen und wird vor Antritt der Fahrt
mit dem Gleitschlitten nach oben geholt.

Das Kugelgelenk in dem Saugarm ist ein wichtiger Teil, da es eine Knickung des
Saugarms ermöglichen soll und außerdem seine Drehung, damit sich der Saugkopf
auch auf Böschungsneigungen des Gewässergrundes einstellen kann. Es hat große Kräfte
aufzunehmen, die auf 25% des Auflagedrucks geschätzt werden, mit dem der Saugkopf
an den Gewässergrund angedrückt wird. Beim Festhaken im Boden erhöhen sich die
Kräfte, wenn sie auch die Höhe, die beim abgekrümmten Kopf ein Bruchglied erforderlich
macht. nicht erreichen.

Abb. 274 zeigt das in den Saugarm des Hoppersaugers „Pacific" eingebaute Kugelgelenk. Auf den Konvexkugelteil ist ein Gummiüberzug aufgetragen, der nachträglich durch Schleifen in genaue Kugelform gebracht wird, so daß er in die Konkavkugel paßt. Diese enthält noch einen besonderen Gummidichtungsring mit einem Luftraum dahinter, so daß er elastisch ausweichen kann, was bei Gummi immer erforderlich ist. Mit dieser Ausführung wurde vollständige Abdichtung erreicht und die früher bei Stahlguß aufgetretene Abnutzung verhindert. Aber bei „Essayons" traten infolge der Größe der Gelenke und infolge der bei Gleitgelenkanordnung nicht immer ausreichenden Wasserschmierung Schwierigkeiten auf und führten wieder zu der Stahlgußkonstruktion. Hier wie bei der Baggerpumpe zeigte es sich, daß Gummi in vielen Fällen gute Hilfe leistet, in manchen Fällen aber doch wieder versagt.

Die Hubeinrichtung bei einem gelenkigen Saugarm muß so arbeiten, daß er beim Heben und Senken im wesentlichen gerade gestreckt bleibt. Hierzu sind bei der Einrichtung ohne gleitendes Drehgelenk 2 Hubseile und bei der mit Gleitgelenk 3 Hubseile erforderlich, deren Geschwindigkeiten entsprechend abgestimmt sein müssen. Da das Geschwindigkeitsverhältnis nicht während des ganzen Hubvorgangs konstant bleibt, müssen teilweise konische Seiltrommeln verwendet werden. Alles in allem ist die Einrichtung nicht einfach und es hat viel Mühe gekostet, sie betriebssicher auszubilden mit den erforderlichen Sicherungen und Endabschaltern, damit sie automatisch ohne Störungen arbeitet. Die Seilrollen an den Enden der Auslegerdavits sind in Federn aufgehängt, um eine Elastizität bei gleichzeitiger Stoßdämpfung zu erreichen.

Wenn das gleitende Drehgelenk in die Höhe gefahren wird, muß vorher das zur Pumpe gehende Saugrohr abgeschlossen werden. Auch sonst sind bei Hopperbaggern Abschlußschieber notwendig, die bei Durchgang von Gemisch einwandfrei arbeiten müssen. Abb. 275 zeigt links eine Bauart ähnlich der eines normalen Schiebers für Wasserleitungen, bei der eine Scheibe aus Stahlguß durch Drehen einer Spindel vor das abzusperrende Rohr gebracht wird. Dabei läßt es sich nicht vermeiden, daß sowohl bei geöffnetem als auch bei geschlossenem Schieber Wirbel entstehen und Bodenkörner die Dichtungsflächen angreifen.

Dies wird vermieden durch die Bauart nach Abb. 275 rechts, die von C. of E. für Hoppersauger besonders entwickelt wurde. Eine dünne Scheibe aus rostfreiem Stahl wird zwischen

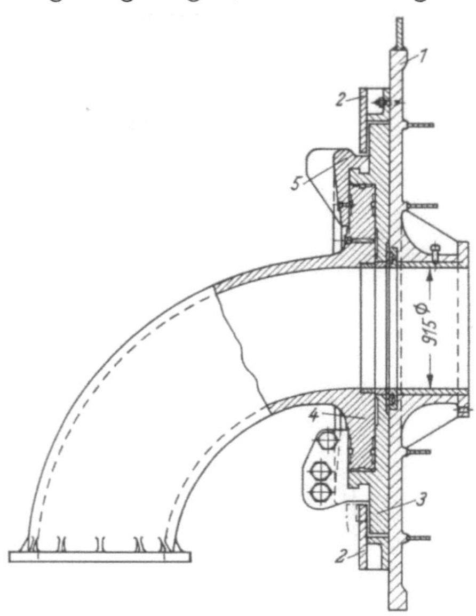

Abb. 273. Drehellbogen auf Gleitschlitten für den Hoppersauger „Essayons" des C. of E.
1 Verstärkte Außenhautplatte; *2* Gleitschienen; *3* Gleitschlitten; *4* Saugarmellbogen. drehbar im Gleitschlitten; *5* Zweiteiliger Haltering

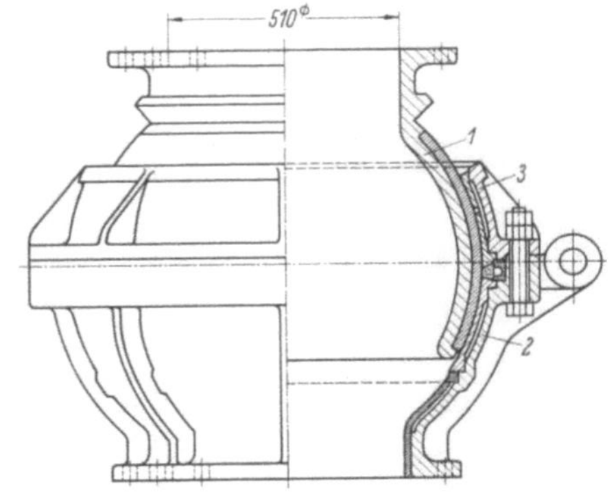

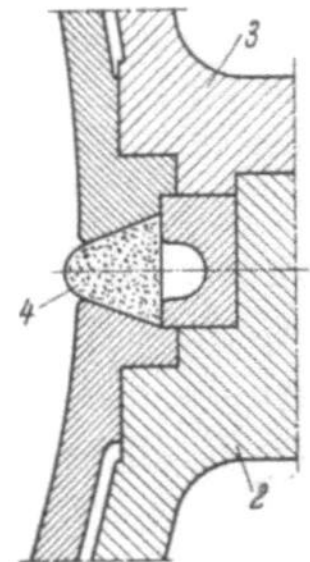

Abb. 274. Kugelgelenk im Saugarm des amerikanischen Hoppersaugers „Pacific" mit Gummiüberzug auf der Konvexkugel und Dichtung durch einen Gummiring
1 Konvexteil mit Gummiüberzug; *2* Konkavkugelteil; *3* Rückhaltering; *4* Gummidichtungsring

2 Gummiringe gedrückt und damit eine vollständige Abdichtung erreicht. Wird die Scheibe durch Drehen der Spindel in ihre obere Lage gebracht, so kommt sie vollständig aus den Gummiringen heraus, so daß diese sich aneinanderlegen und der Gemischstrom glatt durch den Kreisquerschnitt hindurchgeht. Diese Schieber haben sich bei allen Materialien, wie scharfen Sanden, Granitbruch, Steinen und Muscheln, gut bewährt. Nur bei gebrochenem Korallenfels mit seinen scharfen Zacken an den Bruchflächen zeigte sich auch hier, daß Gummi dagegen nicht genügend widerstandsfähig ist.

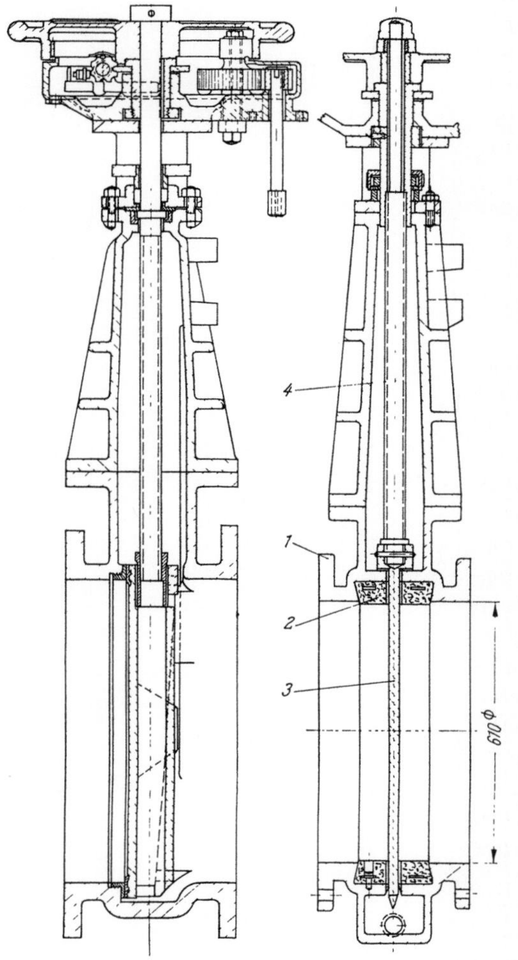

In Holland wurde der gelenkige, nach hinten gehende Saugarm ganz besonders sorgfältig entwickelt. Diese Konstruktion wird in den späteren Abschnitten, welche Ausführungsbeispiele bringen, beschrieben werden.

Bei Aufkommen des FRÜHLINGschen Saugkopfs baute man zuerst die Bagger mit *Heckschlitz* in der Art, wie es Abb. 257 zeigte. Dabei waren die beiden Saugrohre in eine Trägerkonstruktion eingebaut, die auch bei den anderen Schlitzanordnungen meist gewählt wird. Man geht dann zur Bezeichnung Saugleiter statt Saugarm über.

Die Anordnung der Saugleiter in einem Schlitz im Hinterschiff ist dadurch günstig, daß man dabei die ganze Maschinenanlage hinter den Laderaum setzen kann. Eine Erhöhung des Fahrwiderstandes tritt kaum ein und wird durch den guten Zulauf des Wassers zu den beiden Propellern, deren Wellen neben dem Schlitz liegen, ausgeglichen. Aber die Steuerfähigkeit beim Saugen ist beeinträchtigt, weil das Schiff durch seinen Saugkopf, der dann ungefähr unter dem Heck am Boden liegt, festgelegt ist. Das Ruder hat damit seine Wirkung verloren, und nur durch Arbeiten mit den beiden Fahrmaschinen ist eine Steuerung möglich. Wenn das Schiff bei Seegang stampft, führt das Heck starke Bewegungen in senkrechter Richtung aus, so daß die Berührung des Saugkopfs mit dem Boden schwer zu halten ist und eine Beschädigung der starren Saugleiter

Abb. 275. Absperrschieber für die Saugrohrleitung bei amerikanischen Hoppersaugern, rechts in neuer Bauart mit dünner Scheibe zwischen Gummiringen
1 Schiebergehäuse; *2* Gummiringe; *3* Verschlußscheibe; *4* Schließspindel

eintreten kann. Aus diesen Gründen ist der Heckschlitzbagger beim Arbeiten im Seegebiet kaum zu verwenden, besonders dann nicht, wenn eine Strömung mit einer gegen die Baggerungsachse abweichenden Richtung vorhanden ist.

Diese Nachteile haben zu der *Mittelschlitz*-Anordnung geführt, bei welcher der Saugkopf etwas hinter der Schiffsmitte auf den Grund kommt, so daß er von Stampfbewegungen des Schiffes wenig in Mitleidenschaft gezogen wird und das Schiff seine Steuerfähigkeit behält. Dabei kommt aber die Baggerpumpe vor den Laderaum, so daß eine Unterteilung der Maschinenanlage notwendig ist.

Auch mit einem Schlitz im Vorderschiff, *Bugschlitz* genannt, baut man Hoppersauger. Die Berührungsstelle des Saugkopfs mit dem Grunde liegt dann nur um $^1/_3$ der Schiffslänge hinter dem Bug, und das Schiff ist im Strom stabil, weil der Angriffspunkt des Anströmungswiderstandes hinter dem Saugkopf liegt. Nachteilig ist aber, daß der Drehpunkt der Saugleiter weit nach vorn kommt und man das Saugrohr mit Umlenkungen an die Baggerpumpe heranführen muß. Das gibt größere Widerstände in der Saugleitung als beim Heckschlitz oder Mittelschlitz, bei denen die gerade Führung des Saugrohrs als besonderer Vorteil anzusehen ist. Es können aber an der Arbeitsstelle Stromverhältnisse gegeben sein, welche ein Halten des Baggers nur bei der Bugschlitzanordnung ermöglichen.

Ob die Anordnung einer Saugleiter in einen Schlitz vorteilhafter ist als die außenliegenden seitlichen Saugarme, darüber ist in Aufsätzen, Vorträgen und Erörterungen in Fachkreisen viel gestritten worden. Das C. of E. ist von der Schlitzanordnung ganz abgegangen und baut seine Bagger durchweg mit zwei seitlichen, nach hinten gerichteten Saugarmen. Zwar ist für die Bedienung je ein Mann notwendig, aber man kann das herabführende Seil gut beobachten und hat damit einen Anhalt für die Tätigkeit des Saugkopfs. Dieser kann jederzeit leicht angehoben werden und ist dann gut zugänglich, so daß Verstopfungen und Hinderniskörper beseitigt, Beschädigungen erkannt und Reparaturen ausgeführt werden können. Es ist nicht schwer, Saugköpfe auszutauschen und sich veränderten Bodenverhältnissen anzupassen, wie es auch ohne großen Aufwand möglich ist, die Saugarme zu verlängern oder zu verkürzen, um sie der jeweiligen Baggertiefe anzugleichen. Mit den Seitenarmen können Barren abgetragen werden, über denen zunächst die für das Schiff erforderliche Wassertiefe nicht vorhanden ist; auch ist es eher möglich bei beschränkten Raumverhältnissen, wie vor Ufermauern, in Docks oder Schleusenkammern, an die Stellen heranzukommen, wo der Boden abzutragen ist. Die Zweiteiligkeit der Pumpenanlage und der Rohrleitung ergibt eine Reserve bei Ausfall der einen Seite. Man kann die seitlichen Saugarme nachgiebig ausbilden, so daß die Saugköpfe mit dem Gewässergrund in Berührung bleiben, auch wenn das Schiff bei Seegang und Dünung starke Bewegungen macht. Die Erhöhung des Schiffswiderstandes ist gering, wenn die seitlichen Saugarme beim Fahren aus dem Wasser gehoben und an Deck gelegt werden, während die Schlitzanordnung zusätzlichen Schiffswiderstand bringen kann.

Demgegenüber wird als Vorteil der Anordnung im Schlitz angeführt, daß man den Saugwiderstand niedrighalten kann. Das Rohr führt ohne Umlenkungen unmittelbar zur Baggerpumpe, wobei der Bugschlitz allerdings diesen Vorteil nicht ergibt. Die starre Saugleiter hat zwar keine Nachgiebigkeit beim Arbeiten im Seegang, aber andererseits werden wieder bei der Mittelschlitzanordnung die Bewegungen des Schiffes beim Stampfen und Schlingern weniger auf die Saugleiter übertragen als bei den außenliegenden Saugarmen. Man geht übrigens in neuerer Zeit dazu über, auch den Saugleitern eine gewisse Nachgiebigkeit zu geben.

Die z. Z. geltende Meinung ist die, daß die Seitenarme für Unterhaltungsarbeiten bei unterschiedlichen Bodenarten und veränderlichen Gewässerbedingungen für Hoppersauger die günstigste Baggereinrichtung darstellen. Das schließt jedoch nicht aus, daß in Einzelfällen die Schlitzanordnung vorteilhafter ist. Es ist auch hier so, wie es in der Einleitung zu Kapitel A gesagt wurde, daß im gegebenen Falle *ein* Vorteil oder *ein* Nachteil einer Einrichtung so entscheidend sein kann, daß andere Nachteile oder Vorteile demgegenüber nicht in Erscheinung treten.

3. Die Baggerpumpe des Hoppersaugers

Auch beim selbstfahrenden Laderaumsauger ist die Baggerpumpe ein Kernstück, arbeitet aber unter wesentlich anderen Bedingungen als beim Rohrleitungssauger. Ihr Förderstrom muß in einem gewissen Verhältnis zur Größe des Laderaums und dessen Oberfläche stehen. Die Anforderungen an die Förderhöhe sind gering, aber die Saugfähigkeit wird bis zum äußersten ausgenutzt. Die Saugleitung hat eine nicht unbeträchtliche Länge und ist im Querschnitt beschränkt, weil die Saugarme nicht zu schwer und unhandlich werden sollen. Man muß, wie auch sonst bei Baggerpumpen, große Geschwindigkeiten in der Saugleitung zulassen, so daß schon bei Wasserförderung erhebliche Widerstände auftreten, die auf die folgenden Ursachen zurückzuführen sind:

1. Beschleunigung des in den Saugkopf und in den Saugarm einlaufenden Wassers.
2. Reibung im Saugkopf.
3. Oberflächenreibung im Saugarm und der Saugleitung.
4. Wirbel in Krümmungen, Gelenken, Schiebern, Klappen und sonstigen Abweichungen gegenüber dem glatten Rohr.
5. Wirbel beim Eintritt in die Pumpe und den Kreisel, Kavitations- und Gasverluste.

Die hierdurch bedingte Saughöhe, auch Wasservakuum genannt, erreicht bei amerikanischen Baggern, welche in ihren seitlichen Saugarmen Strömungsgeschwindigkeiten von 5 bis 6 m/sek haben, eine Höhe bis zu 5 m und mehr, so daß für die Gemischförderung, wenn man einen Unterdruck von 8 m als praktische Grenze annimmt, noch eine Differenz von 3 m verbleibt. Die Dichte des Gemisches hat sehr verschiedene Werte und liegt bei Schluff und Feinsand niedrig bei 1,1 bis 1,2. Sie kann aber bei Kornbreien, wie sie bei Mittelsand und besonders auch bei Lößschlamm entstehen, auf eine Höhe bis zu 1,6 kommen. Diese Werte gelten über Wasser, während sie unter Wasser nach den Ausführungen von Kapitel C nur etwa bei 1,1 bis 1,25 liegen, so daß die für eine Baggertiefe von 15 m aufzubringende zusätzliche Unterdruckhöhe 1,65 bis 3,75 m beträgt. Bei Seewasser tritt noch eine Erleichterung ein, jedoch kann man auch bei Hoppersaugern nicht immer damit rechnen.

Der Unterdruckanteil für die Gemischhebung ist nicht so bedeutend wie es meist angenommen wird, da sonst die Baggertiefen, die bei Hoppersaugern verlangt werden, gar nicht zu erreichen sein würden. Es bleibt aber die Forderung bestehen, daß der Überschuß gegen das Wasservakuum möglichst groß sein muß, da nur dann auch bei den unvermeidlichen Änderungen der Bodenart und der Eindringtiefe der Saugköpfe und weiter noch trotz Bewegungen des Schiffes eine gute Bodenzufuhr zu erreichen ist. Ein Tiefersetzen der Pumpenmitte bringt nicht viel Erleichterung, während aber eine Erhebung über den Wasserspiegel eine große Erschwernis bringt, so daß eine dahinführende Trimmlage bei leerem Laderaum vermieden werden muß.

Den Förderstrom der Baggerpumpe will man möglichst groß machen, um eine schnelle Füllung des Laderaums zu erreichen, muß ihn aber doch beschränken, um Wirbel zu vermeiden, welche das Absetzen von Feststoffen erschweren. Es besteht eine Beziehung zwischen der Größe der Laderaum*oberfläche* und der des Förderstroms. Man kann diesen nicht proportional zum Laderaumvolumen ansteigen lassen und muß für die Füllung mit Wasser eine mit der Laderaumgröße wachsende Zeit zulassen. Nach amerikanischen Erfahrungen soll für einen Quadratmeter Laderaumoberfläche ein Förderstrom von 10 l/sek = 600 l/min die richtige Menge sein. Wenn die Wände im oberen Teil des Laderaums senkrecht verlaufen und der Überlauf noch nicht eingetreten ist, würde dann die Wasseroberfläche in einer Minute um 600 mm ansteigen.

Die Bedingungen für die Druckförderhöhe sind bei der Pumpe des Hoppersaugers wesentlich anders als beim Rohrleitungssauger, der auf eine große Entfernung drücken muß. Beim Hoppersauger ist eine geometrische Höhe vorhanden von der Pumpenmitte bis zum höchsten Punkt der Auswurfleitung, die etwa das 1- bis 1,3fache der Seitenhöhe des Baggers beträgt und zwischen 5 und 12 m liegt. Da die Rohrleitungslänge gering ist, bleibt der Rohrreibungsverlust niedrig und die Förderbedingungen nähern sich denen einer Pumpe für Wasserförderung. Nach Addition von 10 m für den Unterdruck ergibt sich hiernach die Gesamtförderhöhe der Pumpe und damit die hydraulische Leistung.

In der Zahlentabelle sind für Laderauminhalte von 500 m³ bis 3000 m³ in 5 Stufen die Werte für den Förderstrom und die hydraulische Leistung berechnet. Die Antriebsleistung ist mit dem 1,8fachen davon angesetzt, was einem Wirkungsgrad von 70%

und einer Gemischdichte von 1,25 entspricht. Man entnimmt daraus, daß bei einem Bagger von 500 m³ Laderauminhalt die Antriebsleistung der Baggerpumpe 540 PS beträgt, und daß der Laderaum bis zur Überlaufkante in 6,75 Minuten gefüllt ist. Bei 2500 m³ Laderauminhalt sind die entsprechenden Zahlen 1950 PS und 11,5 Minuten.

Tabelle 14. *Zahlentabelle mit ungefähren Größen der Förderströme, Förderhöhen, Füllzeiten und Antriebsleistungen für Baggerpumpen von Hoppersaugern*

	A	B	C	D	E
Laderaumvolumen in m³	500	750	1100	1650	2500
Laderaumoberfläche in m²	160	210	270	350	465
Pumpenmenge pro Minute in m³	95	125	160	215	280
Füllzeit mit Wasser in min	6,75	7,75	8,8	10	11,5
Pumpmenge pro Stunde in m³	5700	7500	9700	12800	16700
Förderstrom in l/sek	1580	2050	2700	3550	4650
Ungefähre Förderhöhe in m	15	16	17	18	19
Antriebsleistung in PS etwa	540	735	1000	1400	1950

Die spezifische Drehzahl liegt bei den Baggerpumpen der Hoppersauger hoch mit etwa 30, so daß in neuwertigem Zustand beim Pumpen von Wasser Wirkungsgrade von 80 % erreicht werden können. Der oben angenommene Wirkungsgrad von 70 % entspricht demnach schon einem gewissen Abnutzungszustand.

Wegen der geringen Umfangsgeschwindigkeit unter 20 m/sek ist der Verschleiß geringer als bei Rohrleitungssaugern, kann aber doch bei manchen Bodenarten, wie insbesondere Korallenfels, erheblich werden. Beim C. of E. führte die Entwicklung der Pumpe des Hoppersaugers, die durch Modellversuche und durch Erfahrungen mit den Hochdruckpumpen der Rohrleitungssauger des C. of E. gefördert wurde, zu der in Abb. 276 im Querschnitt gezeigten Konstruktion der Comberklasse, die 1947 in Bau gegeben wurde. Sie hat einen beiderseitig durch gewölbte Scheiben geschlossenen Kreisel von 1830 mm Dmr. und 5 Schaufeln. Diese haben 432 mm Breite, das ist das 0,57fache der Saugrohrleitung von 760 mm Weite mit Eintrittswinkeln von 45° und Austrittswinkeln von 37° gegen die Tangenten. Das ist mehr als bei der Pumpe der Rohrleitungssauger und dadurch begründet, daß die Umfangsgeschwindigkeit geringer ist, während die axiale Eintrittsgeschwindigkeit etwa die gleiche Höhe hat. Der Kreisel ist mit Gewinde auf seine Welle aufgesetzt, wobei durch Anlage gegen eine aufgezogene und mit einem Keil gesicherte Stahlmuffe eine genaue Einstellung in axialer Richtung erreicht wird, und die bei Konusbefestigung den Strömungsverlauf hindernde Befestigungsmutter wegfällt. Der Kreisel, aus hartem legiertem Stahlguß mit hohem Kohlenstoffgehalt und Zusätzen von Molybdän oder Chrom-Nickel-Molybdän, hat noch eine Auftragsschweißung aus Hartmetall am äußeren und inneren

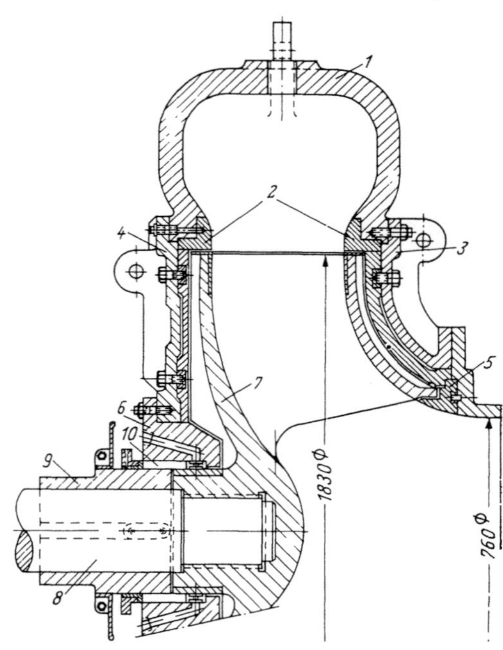

Abb. 276. Baggerpumpe der Comberklasse des C. of E. mit 760 mm Saugrohranschluß, 710 mm Druckrohranschluß, 1840 mm Kreiseldurchmesser und 1050 PS Antriebsleistung

1 Zweiteiliges Pumpengehäuse; *2* Gummiringe mit Stahleinlage; *3* Saugseitige Gehäusewand mit Schleißplatte; *4* Wellenseitige Gehäusewand mit Schleißplatte; *5* Gummiring mit Stahleinlage; *6* Stopfbüchsengehäuse; *7* Kreisel mit fünf Schaufeln; *8* Kreiselwelle; *9* Stahlmuffe; *10* Stopfbüchse mit Sperrwasserzugabe

Umfang. Er legt sich gegen Dichtungsringe aus Gummi mit Stahleinlage, die aus mehreren Teilen bestehen und mit Bolzen befestigt sind. Früher ragte er an seinem Umfang meist in das Gehäuse hinein.

Das Gehäuse ist ebenfalls aus legiertem Stahlguß hergestellt. Es hat keine Spitzkopfzunge, sondern der Kanal behält an seiner engsten Stelle immer noch einen Querschnitt von 60 % des Druckrohrquerschnitts. Die Gehäusewandungen neben dem Kreisel sind mit Verschleißscheiben belegt, wobei die Scheibe auf der Stopfbüchsenseite ebenflächig ist und die auf der Saugseite die gleiche Wölbung hat wie die Kreiselscheibe. Diese Verschleißscheiben sind aus einer Stahlgußlegierung einer Brinellhärte von 500 und einer Zugfestigkeit von 42 kg/mm² hergestellt. Man macht sie bei wenig schleißendem Material jedoch aus weichem Stahl und hat auch die Anwendung von Gummi erwogen. Man ist aber davon abgekommen, weil Gummi bei Korallenfels durch dessen scharfzackige Bruchflächen in Fetzen zerrissen wird, was auch bei den Dichtungsringen eintritt. Für die Befestigung der Schleißplatten verwendet man keine durchgehenden Bolzen

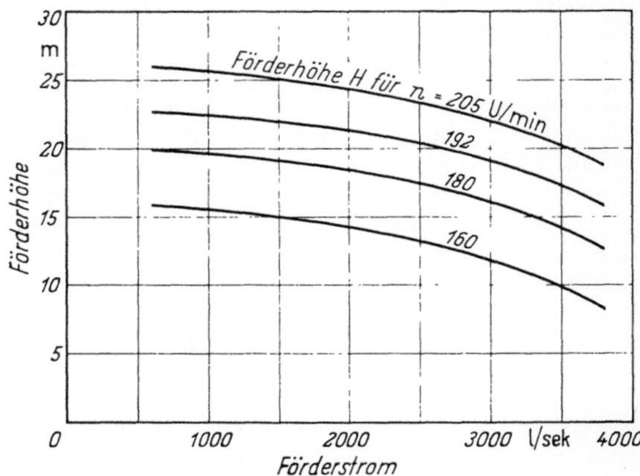

Abb. 277. Kennlinien der Förderhöhen in Abhängigkeit vom Förderstrom für die Drehzahlen von 160 bis 205 U/min bei Wasserförderung der Baggerpumpen der Comberklasse

mehr, sondern läßt ihren Gewindeteil in schwalbenschwanzförmige Stücke aus Weichstahl hineingehen, die in den Schleißplatten sitzen.

Besonderer Wert ist auch hier auf eine gut dichtende Stopfbüchse gelegt, die mit ihrer Packung auf einer auf die Kreiselnabe aufgesetzten Muffe schleift. Dabei wird Sperrwasser zugeführt, das aus der Druckwasserversorgungsanlage des Schiffes entnommen ist und einen Druck von 2,8 kg/cm² hat. Das aus der Stopfbüchse austretende Sperrwasser gelangt in den Zwischenraum zwischen der Verschleißscheibe des Gehäuses und den radial verlaufenden Rippen des Kreisels, wodurch es nach außen geworfen wird, mit Erzeugung einer Sperrwirkung gegen den Eintritt von Gemisch. Im neuwertigen Zustand wird durch die Dichtungen die Rücklaufmenge auf etwa 2 % beschränkt, während sie nach Abnutzung leicht auf 5 bis 10 % ansteigen kann.

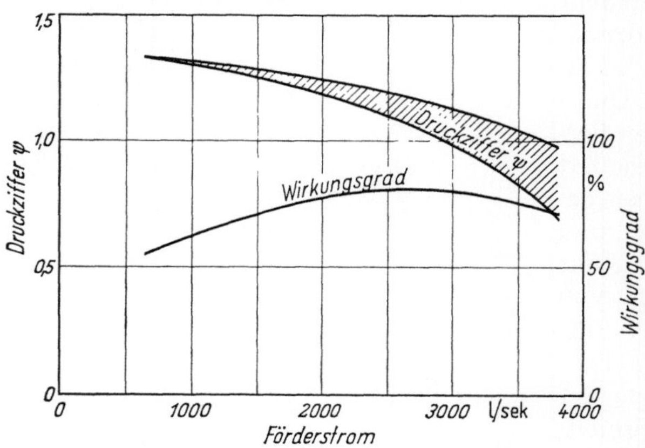

Abb. 278. Druckziffern und Wirkungsgrade der Baggerpumpen der Comber-Klasse bei Wasserförderung in Abhängigkeit vom Förderstrom

Abb. 277 zeigt Q-H-Kurven für die Drehzahlen von 160, 180, 192 und 205 U/min bei der beschriebenen Pumpe. Dadurch berechnen sich die in Abb. 278 erkennbaren Kurven für die Druckziffer und den Wirkungsgrad. Dieser kommt auf etwa 80 % für eine neuwertige Pumpe bei Wasserförderung, während er im Betriebe nur mit etwa 70 % angesetzt wird. 30 % gehen also, worauf auch von Scheffauer hingewiesen wird, durch hydraulische Verluste infolge von Wirbeln, Stößen und Flüssigkeitsreibung, Mengenverlust durch Rücklauf und mechanische Verluste durch Reibung in Lagern usw., verloren. Man kann diese durch strömungsgerechte Ausbildung und andere Maßnahmen vermindern, findet dabei aber immer eine wirtschaftliche Grenze. Denn bei der Baggerpumpe sind nicht nur hydraulische Anforderungen, sondern ebenso der Durchgang von Feststoffen sowie Festigkeit und Widerstand gegen Abnutzung maßgebend. Auch muß das Aufnehmen einer Baggerpumpe immer leicht und schnell vor sich gehen.

Im Betrieb arbeitet eine Hoppersaugerpumpe anders als die eines Rohrleitungssaugers, die sich den großen Unterschieden in der Förderweite anpassen muß, was eine weitgehende Änderung der Drosselstufe bedeutet. Bei der Pumpe eines Hoppersaugers bleibt dagegen die Drosselstufe gleich und es wird die Drehzahl geregelt, wobei Förderstrom, Förderhöhe und Leistungsbedarf sich einstellen.

Abb. 279 zeigt für die Comberpumpe ein Diagramm, bei dem in Abhängigkeit von der Drehzahl Förderstrom und Leistungsaufnahme aufgetragen sind.

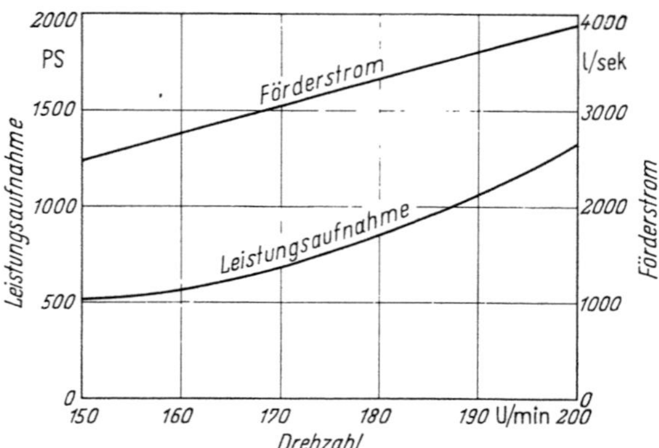

Abb. 279. Förderstrom und Leistungsaufnahme für die Baggerpumpe der Comberklasse in Abhängigkeit von der Drehzahl bei Wasserförderung

Die Pumpe wird durch einen Elektromotor mit einer Nennleistung von 1150 PS angetrieben. Er ist mit seinem Generator in LEONARD-Schaltung verbunden, so daß eine feinstufige Drehzahleinstellung möglich ist.

Tabelle 15. *Zahlentabelle mit Daten und Rechnungswerten für die Baggerpumpen von 6 Hoppersaugern des Corps of Engineers*

		A	B	C	D	E	F
1	Name des Baggers	Goethals	Pacific	Harding	Hains	Comber	Essayons
2	Baujahr	1937	1937	1939	1942	1947	1949
3	Laderaumvolumen in m³	4800	380	1900	535	2300	6120
4	Saugrohrdurchmesser in mm	815	510	560	535	760	915
5	Druckrohrdurchmesser in mm	760	460	510	510	710	815
6	Kreiseldurchmesser in mm	1900	1520	1420	1300	1830	2130
7	Flügelbreite in mm	460	255	305	330	430	535
8	Antriebsleistung in PS	1300	340	650	410	1150	1850
9	Höchstdrehzahl in U/min	175	210	250	240	205	180
10	Umfangsgeschwindigkeit in m/sek	17,5	16,7	18,6	16,2	19,6	20,5
11	Förderstrom in l/sek	2600	1000	1220	1100	2280	3280
12	Schaufelwinkel am Eintritt	45°	37°	45°	49°	45°	45°
13	Schaufelwinkel am Austritt	40°	37°	35°	41°	37°	35°
14	Spezifische Drehzahl, metrisch	30,8	31,8	29	35	33,6	32,5
15	Ungefährer Axialschub in kg	7500	2400	3850	3000	7700	9500
16	Anzahl der Pumpen	2	1	2	1	2	2

Tab. 15 ist eine Zahlentabelle, welche die Daten der Baggerpumpen von sechs amerikanischen Hoppersaugern enthält, darunter auch die von der Comberklasse. Der Förderstrom in Zeile 11 ist dabei für eine Geschwindigkeit im Saugrohr von 5 m/sek berechnet.

Bei europäischen Hoppersaugern wurden früher wie auch sonst vielfach Pumpen mit offenem Flügelrad und einem zylindrischen, mit Schleißplatten belegten Kastengehäuse verwendet. Der offene Kreisel ist bei Hoppersaugern weit verbreitet, da bei den geringen Umfangsgeschwindigkeiten der Verschleiß erträglich und die Strömungsführung befriedigend ist. Dabei ist eine derartige Pumpe erheblich einfacher als die amerikanische Konstrukt on des C. of E. und ergibt einen wesentlich kleineren Axialdruck.

Abb. 280 ist eine Ansicht des 4 flügeligen halboffenen Kreisels der Pumpe von ,,Pierre Durepaire" von 1400 mm Durchmesser, der bei einer Nenndrehzahl von 240 U/min eine Umfangsgeschwindigkeit von 17,6 m/sek hat und mit einer Druckziffer $\psi = 1,08$ eine Förderhöhe von 17 m ergibt. Dabei wird ein Wirkungsgrad von 80% bei Wasserförderung erreicht, und die Abnutzung des Kreisels ist mäßig, so daß erst nach Durchgang von etwa 1 Million m³ eine Auftragsschweißung erforderlich ist. Das Gehäuse hat Schneckenform und eine Wanddicke von 80 mm, die nach Durchgang von 6 Millionen m³ an Mittelsand und anderem Material bei gleichmäßiger Abnutzung auf 50 mm zurückgegangen ist, so daß es noch weiter verwendet werden kann. Neuerdings werden von der IHC Holland die Pumpen auch für Hoppersauger mit ganz geschlossenem Kreisel ausgeführt.

Die *Aufstellung* der Baggerpumpe im Schiff richtet sich nach der Lage der Saugarme oder der Saugrohrleiter, wobei die Entfernung zwischen dem Eintritt der Rohrleitung in den Schiffskörper und dem Saugrohranschluß der Baggerpumpe möglichst gering sein soll. Die Pumpe mit ihrer Antriebsmaschine hinter den Laderaum zu legen, ist bei nach vorn gehenden Stoßrohren möglich, während es bei nach hinten gehenden Saugarmen dazu führen würde, daß die Saugköpfe in den Bereich der Propeller kommen. Liegen dagegen die Saugarme so, daß die Saugköpfe im Bereich der Schiffsmitte auf den Grund kommen, dann liegen ihre Ellbogenkrümmer so weit vorn, daß die Baggerpumpe mit ihrer Antriebsmaschine in einen besonderen Maschinenraum gesetzt werden muß, der vor dem Laderaum liegt. Der Elektroantrieb macht bei dieser Anordnung wenig Schwierigkeiten, während bei Dieselantrieb und Dampfantrieb die vom Hauptmaschinenraum getrennte Aufstellung nicht so günstig ist. Liegt der Drehkrümmer des Saugrohrs und damit der Eingang der Saugrohrleitung in den Schiffskörper neben dem Laderaum, so ist, wie Abb. 259 für ,,Leviathan" zeigte, eine Führung der Saugrohrleitung durch die Luftkästen neben dem Laderaum bis nach hinten zum Maschinenraum erforderlich. Auch bei der Bugschlitzanordnung ist eine längere und gekrümmte Führung der Saugrohrleitung unvermeidlich.

Abb. 280
Halboffener Kreisel von 1400 mm Durchmesser mit vier Flügeln der Baggerpumpe des Hoppersaugers ,,Pierre Durepaire"

Bei der Anordnung der Saugrohrleiter in einem Schlitz und bei einem seitlichen Saugarm hat man nur *eine* Baggerpumpe, während bei zwei seitlichen Saugarmen fast immer 2 Pumpen erforderlich sind. Sie sind bei fast allen amerikanischen Hoppersaugern zu finden, und nur die kleinen Bagger der Hofman-Klasse machen eine Ausnahme.

Die *Druckleitung* der Baggerpumpen geht in der Regel senkrecht in die Höhe und die Beladerohre zweigen in waagerechter Richtung davon ab. Es sind meist zwei vorhanden, so daß eine Gabelung erforderlich ist. Die Ausgestaltung der Beladeeinrichtung ist im einzelnen sehr verschieden und wird in einem besonderen Abschnitt behandelt.

Weiterhin sind noch etwaige zusätzliche Funktionen der Baggerpumpe zu berücksichtigen, wie Entleeren des Laderaums und Anlanddrücken der Mischung, ferner Beladen von Schuten und in Ausnahmefällen auch Entladen von Schuten. Die erforderlichen Rohrleitungen gehen von der senkrecht aufsteigenden Druckrohrleitung unter Einschaltung von Absperrschiebern ab und sind ähnlich den Einrichtungen bei Geräten ohne Laderaum, wie Grundsauger, Schutensauger u. dgl.

Zum Schluß sei noch die Einrichtung zum Entfernen von Gasen aus dem Saugteil der Baggerpumpe behandelt, welche für die amerikanischen Hoppersauger vom C. of E. entwickelt worden ist. Man stellte dort beim Baggern von Schluffböden, die als ,,Mud" und ,,Silt" bezeichnet werden, ein häufiges Abschlagen der Pumpe fest. Dies tritt auch sonst ein, wenn der Saugkopf so tief in den weichen Boden einsinkt, daß kein Wasser zutreten kann. Die Verstopfung wird beseitigt, indem man entweder den Saugkopf anhebt oder durch Einlaßrohre Wasser in den Saugkopf bringt. Es zeigte sich aber, daß in manchen Fällen dies nicht die Ursache für das Abschlagen der Pumpe war, sondern vielmehr Gase, die im Boden enthalten waren und infolge des Unterdrucks so weit expandierten, daß dieser aufgehoben wurde und die Saugwirkung aussetzte. Auch hier konnte man durch Einlassen von Wasser Abhilfe schaffen, jedoch wird durch zu große Mengen an zusätzlichem Wasser die Ladung in unzulässiger Weise verdünnt. Nachdem man die Zusammensetzung und die Menge der sich bildenden Gase untersucht hatte, wurden verschiedene Einrichtungen zum Absaugen erprobt. Man kann dafür Vakuumpumpen, Dampfejektoren oder Wasserejektoren ansetzen.

Abb. 281 zeigt ein Prinzipbild der Absaugeeinrichtung mit einem Dampfejektor. Von dem Saugteil der Baggerpumpe, in dem sich die Gasansammlung befindet, geht das Absaugrohr zum Ejektor, während dessen Druckrohr durch die Schiffswand geführt und so abgebogen ist, daß seine Öffnung unter Wasser liegt. Es muß dabei bis unter die Leerwasserlinie geführt sein, damit auch beim Beginn der Beladung kein Dampf in die Luft geblasen und die Sicht behindert wird. Der Dampfverbrauch wird mit 16 kg pro Stunde und dm² Rohrquerschnitt angegeben, so daß er für 600 mm Rohrdurchmesser mit einem Querschnitt von 28,3 dm² eine Höhe von 450 kg pro Stunde erreicht.

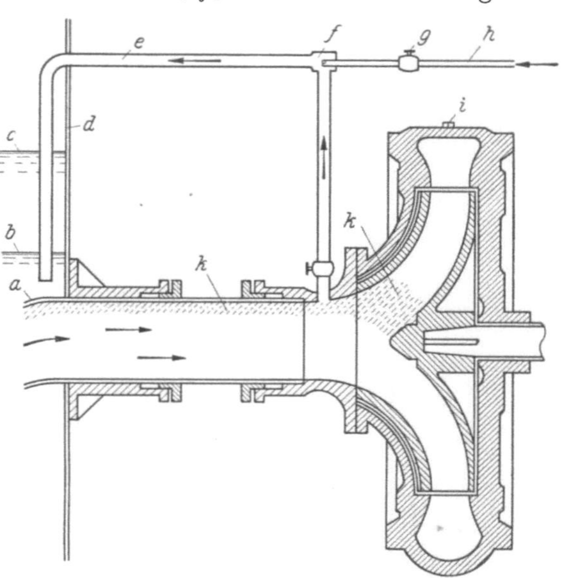

Abb. 281. Einrichtung für das Absaugen von Gasen aus dem Saugteil einer Baggerpumpe durch einen Dampfejektor

a Saugarmkrümmer; *b* Wasserlinie mit Ladung; *c* Wasserlinie ohne Ladung; *d* Außenwand des Baggers; *e* Auswurfleitung des Ejektors; *f* Absaugeejektor; *g* Zudampfventil; *h* Zudampfleitung; *i* Baggerpumpe; *k* Gasansammlung

Es kommt noch hinzu, daß man den Abdampf nicht in den Kondensator leiten kann, da er stark verunreinigt ist. Man muß also die dadurch verlorengegangene Menge des umlaufenden Speisewassers wieder ersetzen, was zusätzlichen Dampfverbrauch erfordert, wenn man einen Verdampfer dazu benutzt. Vakuumpumpen und Wasserejektoren, die außer Dampfejektoren verwendet werden, sind empfindlich gegen Verunreinigungen und müssen besonders geschützt werden. Bei manchen Gasen besteht die Gefahr der Explosion, deren Vermeidung auch besondere Maßnahmen erfordert. So wird schließlich die Gasabsaugeanlage zu einer sehr verwickelten Einrichtung, deren brauchbare und wirtschaftliche Ausgestaltung schwierig ist. Bei manchen Schluffböden fällt aber die Ertragsleistung durch Gasgehalt so stark ab, daß man ohne Absaugeeinrichtung kaum arbeiten kann. Im Kapitel F wurde erwähnt, daß Schneidkopfsauger, die am Suezkanal zu baggern haben, damit ausgerüstet werden. Es ist aber noch weitere Entwicklungsarbeit zu leisten, bis eine brauchbare Einrichtung geschaffen ist.

4. Einrichtung für das Beladen und das Entladen durch Klappen oder Absaugeeinrichtungen

An die Druckleitungen der Baggerpumpe schließen sich die Verteilleitungen an, die das Gemisch auf die einzelnen Ladungsbehälter verteilen sollen, damit sich die Feststoffe möglichst vollständig absetzen und weder eine Schlagseite noch eine ungünstige Trimmlage entsteht. Zunächst füllen sich dabei die Behälter mit Gemisch bis der Überlauf einsetzt, der nur Wasser enthalten soll, während sich die Feststoffe weiter absetzen

Dies ist manchmal schon bei einem Spülfeld nicht einfach und bei der viel kleineren Oberfläche des Laderaums von einem Hoppersauger mit besonderen Schwierigkeiten verbunden.

Die einfachste und am meisten angewandte Verteileinrichtung besteht aus zwei in der Längsrichtung des Schiffes parallel zueinander über den Laderaum geführten Rohren, die man von der Druckleitung der Baggerpumpe abzweigen läßt. Wenn 2 Pumpen vorhanden sind, hat nicht jede ein Verteilrohr, da sich dann Unterschiede in der Menge des abgesetzten Materials auf beiden Seiten ergeben können. Man führt vielmehr die Druckleitungen beider Pumpen zu einer gemeinsamen Leitung zusammen und läßt von dieser die beiden Verteilrohre abgehen. Da beim Beginn des Pumpens meist Wasser

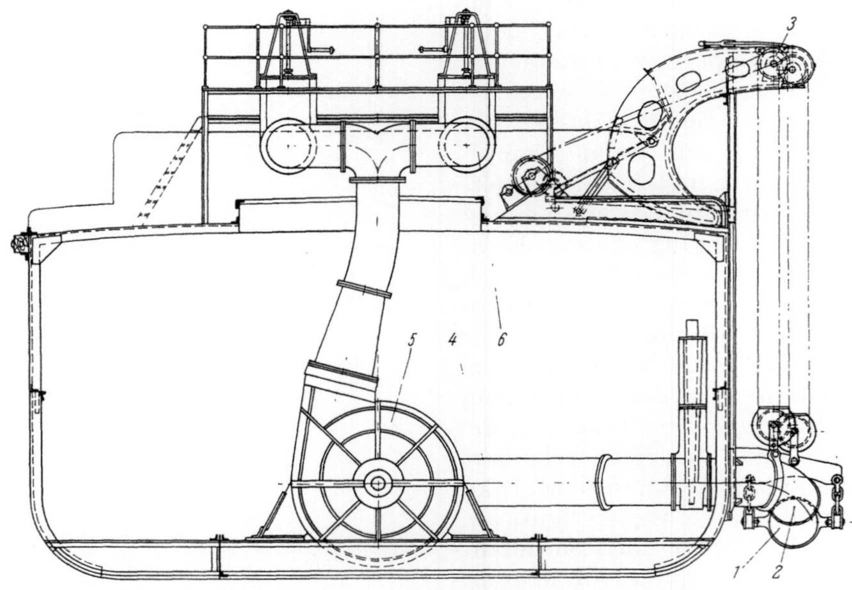

Abb. 282. Querschnitt durch den Pumpenraum eines Hoppersaugers mit einem seitlichen Saugarm und waagerechter Saugleitung sowie aufsteigendem Druckrohr bei Abzweigung von zwei Beladerohren. Aus Pons Baggermaterieel

1 Saugarm; *2* Saugarmkrümmer; *3* Ausleger für den Saugarm; *4* Saugleitung mit Absperrschieber; *5* Baggerpumpe; *6* Verteilrohre

gesaugt wird, gibt man dem von der Pumpe senkrecht aufsteigenden Druckrohr häufig eine wagerechte Abzweigung, welche durch die Schiffswand in das Außenwasser führt. In ihr geht so lange Wasser ab, bis die Bodenförderung einsetzt. Durch Betätigung von Schiebern wird dann der Gemischzufluß umgeleitet und geht in den Laderaum. Bei den neuesten amerikanischen Baggern arbeitet diese Einrichtung automatisch.

Abb. 282 zeigt für einen einfachen Hoppersauger mit einer Pumpe den Verlauf der Rohrleitung. Man sieht rechts den Saugarm und die von dessen Ellbogen durch einen Schieber absperrbare Saugleitung, die waagerecht zur Pumpe geführt ist. Von dieser geht die Druckleitung senkrecht nach oben und gabelt sich in die beiden Verteilrohre, von denen jedes durch einen Schieber absperrbar ist. Die in das Außenwasser führende Abzweigleitung ist bei diesem einfachen Bagger nicht vorhanden.

Abb. 283 zeigt den Querschnitt eines Verteilrohrs mit einem schräg nach unten gehenden Stutzen, dessen Austrittsöffnung durch einen Segmentschieber in verschiedener Größe eingestellt werden kann. Aus ihm gelangt der Auswurf bei Vorschaltung von Prallblechen, Beruhigungsplatten u. dgl. in die Ladungsbehälter. Diese sollen nur Feststoffe aufnehmen, während das im Gemisch enthaltene Wasser abgeführt werden muß. Der Überlauf geht über die Kanten der Laderaumwand, deren Süll häufig als Reuse ausgebildet wird, damit Wirbelbildung vermieden und eine bessere Zurückhaltung von kleinen Feststoffteilen erreicht wird. Über das Laderaumsüll geht der Überlauf auf den danebenliegenden Deckstreifen und von diesem in das Außenwasser.

Abb. 284 läßt das Überlaufen erkennen. Man sieht hier die Backbordseite eines Hoppersaugers, bei dem die Pumpe hinter dem Laderaum, im Bilde rechts, unter der Kommandobrücke angeordnet ist. Das Backbordverteilrohr kommt von deren Druckleitung und ist über den Laderaum geführt. Die beiden ersten Auslässe sind geöffnet, und man kann hier den Gemischaustritt sehen. Die Hauptmenge geht nach vorn und tritt aus der fächerförmigen Erweiterung mit rechteckigem Querschnitt aus.

Dieses System ist einfach und hält durch den Druck in den geschlossenen Verteilrohren eine genügende Geschwindigkeit aufrecht, um auch grobkörniges Material zu fördern. Indessen ist eine gleichmäßige Verteilung schwer zu erreichen, wenn bei Veränderung des Materials grobe Körner schon aus den ersten Öffnungen austreten und nicht bis zum Ende der Verteilrohre kommen.

Als mit Einführung des FRÜHLINGschen Saugkopfs die Fahrsauger bei Unterhaltungsarbeiten feiner gekörnte Materialien saugten, wurde die Zurückhaltung der Feststoffe schwieriger. Die Wege zwischen Einlauf des Materials und dem Überlauf müssen lang und die Strömungsgeschwindigkeiten dabei gering sein, um Tur-

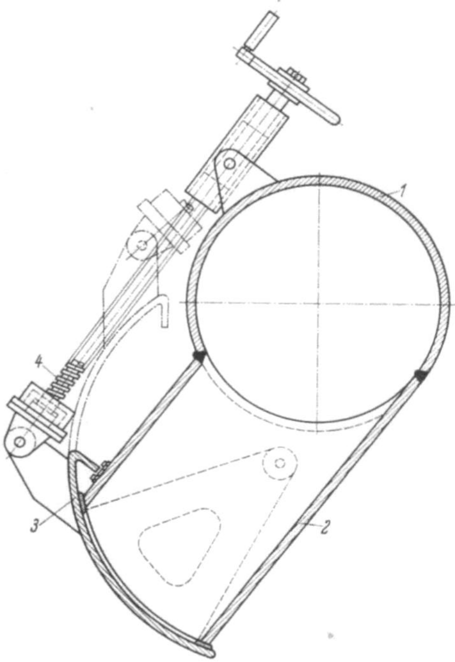

Abb. 283. Querschnitt durch ein Beladerohr mit Abgangstutzen und einstellbarem Segmentverschluß

1 Verteilrohr; *2* Austrittstutzen; *3* Segmentschieber; *4* Einstelleinrichtung

bulenz auszuschalten und das Absetzen von feinen Teilchen so vollkommen wie möglich zu erreichen. Man kam zu dem System der offenen Verteilrinnen, in die das Gemisch aus der Auswurfleitung der Baggerpumpe eintritt und dann in diesen mit einer durch das

Abb. 284. Beladerohr an Backbordseite eines Hoppersaugers mit erweitertem Auslaufende bei Überlauf über die Laderaumkante auf das Deck und ins Außenwasser. Aufnahme J.H.C. Holland

Gefälle gegebenen Geschwindigkeit weiterfließt. Die groben Bestandteile, die auf dem Boden der Rinnen rutschen, treten durch Öffnungen auf der Unterseite aus, während die Feinteile weiter in Schwebe bleiben, an den Enden der Rinnen auslaufen und dann auf langem Weg zu dem am anderen Ende liegenden Überlauf kommen, der durch ein in der Höhe verstellbares Wehr gebildet wird. Dieses System hat viele Vorteile, nur fehlt ihm die Zwangsläufigkeit, so daß, wenn einer der unteren Austrittsstutzen durch Steine, Bodenklumpen oder Unrat verstopft ist, die Mischung darüberläuft, ohne daß, wie beim geschlossenen Rohr, eine Drucksteigerung eintritt, welche die Verstopfung zu beseitigen sucht.

Beim C. of E. ist man bei neueren Baggern zu einer Beladeeinrichtung übergegangen, die als „Manifold"-System bezeichnet und in Abb. 285 gezeigt wird. Hier befindet sich

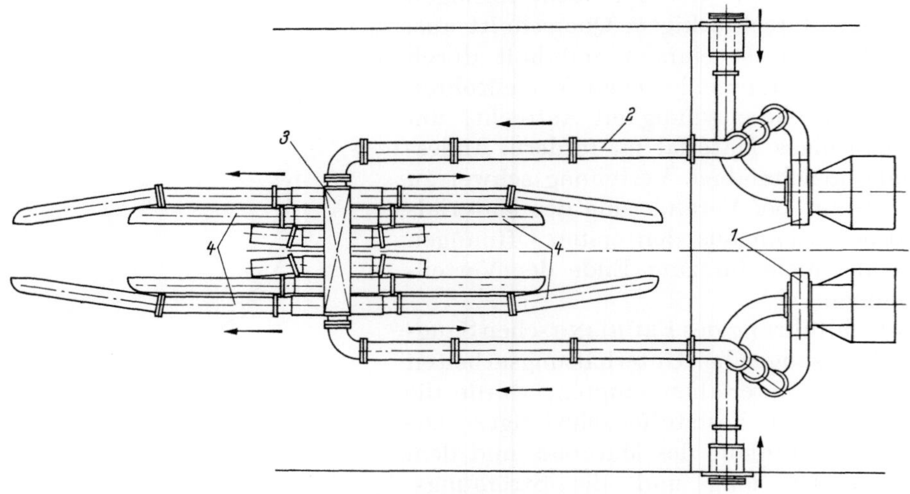

Abb. 285. Beladeeinrichtung des Hoppersaugers „Comber" mit Einschaltung eines Verteilkastens zwischen den Baggerpumpen und den Beladerohren
1 Baggerpumpen; *2* Druckrohre; *3* Verteilkasten; *4* Rohre nach den Ladungsbehältern

in der Mitte des Laderaums ein Verteilkasten, in den die Auswurfrohre der beiden Baggerpumpen hineinführen. Von diesem Behälter gehen rechteckige geschlossene Rohre — je sechs im Falle des Beispiels — nach vorn und nach hinten in die einzelnen Ladungsbehälter, wo sie Austrittsöffnungen haben mit Regelungsklappen und vorgesetzten Prallplatten. Hierbei ist eine gleichmäßige Verteilung auf alle Ladungsbehälter leichter zu erreichen. Dieses System hat sich bewährt und ist auch bei „Essayons", dem größten Bagger der Vereinigten Staaten, angewandt worden.

Die Erfahrung beim C. of E. ist aber nach vielen Versuchen, Erprobungen und Änderungen doch die, daß sich wohl für eine Materialart ein befriedigendes Verteilsystem finden läßt, daß aber bei Materialänderung, die oft und schnell sogar während der Beladung eintritt, ungleichmäßige Füllung nicht immer zu vermeiden ist. Es bleibt nichts anderes übrig, als daß man sich mit Abwandlung und Änderung der vorhandenen Einrichtung den jeweiligen Verhältnissen anpaßt.

Auch der *Überlauf* kann in seiner Höhe nur unverändert bleiben, wenn das Material das gleiche bleibt, muß dagegen verändert werden, wenn man bei verschiedenen Dichten der Ladung die Tragfähigkeit des Schiffes ausnutzen will oder das Ladungsgewicht und den Tiefgang über ein bestimmtes Maß nicht hinauskommen lassen will. Die Ladungsdichten liegen zwischen 1,2 und 2,2, wobei die extremen Werte selten sind und man im Durchschnitt mit 1,4 bis 1,8 rechnet. Hat ein Bagger von 1000 m³ Fassungsvermögen eine Tragfähigkeit von 1400 t für die Ladung entsprechend einer Dichte von 1,4, so wäre er bei größerer Ladungsdichte schlecht ausgenutzt. Besteht die Füllung aus Sand mit einer Dichte von 1,8, dann würden 500 m³ schon 900 t wiegen und mit den darüberstehenden 500 t Wasser wäre die Tragfähigkeit erreicht. Wenn man den Überlauf nicht verändern kann, hätte man nur die halbe Füllung und eine Wassermasse auf der Ladung, welche die Stabilität stark beeinträchtigt. Senkt man aber die Überlaufkante so weit ab, daß das Fassungsvermögen auf 780 m³ beschränkt ist, so bekommt man das volle Ladungsgewicht von 780 · 1,8 = 1400 t. Man hat also 780 m³ gegen 500 m³ und ein stabiles Schiff. Besteht der Überlauf in einer Wehröffnung von beschränkter Ausdehnung, so kann man die Kante durch Spindeln, Öldruckzylinder oder dgl. in verschiedene Höhenlagen bringen. Sehr häufig hat man auch Trichter, deren Oberkante sich in der Höhe verstellen läßt, oder Zylinder mit einem Zylindereinsatz, der teleskopartig gehoben und gesenkt wird.

Bei den Baggern des C. of E. vermeidet man indessen den Überlauf in beschränkten Querschnitten über Wehre, Trichter u. dgl. und läßt ihn über die Kanten der Ladungsbehälter treten, wodurch eine gleichmäßige Überlaufgeschwindigkeit ohne Wirbelung erreicht werden soll. Hinter den Laderaumkanten sind Rinnen, Tröge oder Kanäle angeordnet, die den Überlauf auffangen und ihn an bestimmten Stellen in das Außenwasser austreten lassen. Bei „Essayons" mußte eine besondere Anordnung gewählt werden, da hier drei Reihen von Ladungsbehältern vorhanden sind. Sie können nur durch Querrinnen erfaßt werden, die den Überlauf nach der einen Schiffsseite leiten, damit die andere, auf der die Einläufe für das Kondensatorkühlwasser liegen, rein bleibt.

Wenn man den Überlauf über die Laderaumkanten gehen läßt, ist es schwierig, die Höhe zu verändern. Man hat bei den amerikanischen Baggern Aufsätze verwendet, teilweise mehr oder weniger behelfsmäßig aus Holz, und auch eiserne Tafeln. Das Aufsetzen und Abnehmen derartiger Tafeln ist aber umständlich, eine Dichtung bei Schluffmaterial schwierig und obendrein nur eine Veränderung des Fassungsvermögens etwa in Höhe von 5 bis 10% zu erreichen. Man hält beim C. of E. eine starke Veränderung beim Überlauf deswegen für ungünstig, weil damit seine Höhe gegen die Beladeanlage geändert wird, was Wirbelbildung und mangelhafte Beruhigung zur Folge hat. Da man die Bagger in ihrer Tragfähigkeit für eine Ladungsdichte von *zwei* bemißt und diese nur in seltenen Fällen erreicht, muß man besondere Lösungen finden, um diesen Unterschied zu überbrücken. Ein Vorschlag geht u. a. dahin, den Laderaum dem Volumen nach groß genug für die Aufnahme der leichtesten Ladung unter Ausnutzung der Tragfähigkeit zu machen und bei schwerem Material dann nur einen Teil der Behälter zu füllen, wobei eine gute Trimmlage erhalten bleiben muß. Man verändert dann nicht den Laderaum in seiner Höhe sondern in seiner Grundfläche.

Abschließend ist zu sagen, daß für die Gestaltung zweckmäßiger Einrichtungen für Füllung und Überlauf noch große Aufgaben vorliegen. Das Ziel ist dabei, auch für Feinmaterial, das bei Unterhaltungsarbeiten viel vorkommt, ein besseres Absetzen der Feststoffe zu erreichen. Das jetzt angewandte Verfahren, bei dem nur so lange gepumpt wird, bis der Überlauf einsetzt oder das Verfahren, bei dem noch eine Zeitlang weitergepumpt wird, ergeben doch nur eine sehr unvollkommene Füllung des Laderaums, wie am Schluß des nachfolgenden Kapitels K noch näher erläutert wird. Man hat erwogen, die Absetzwirkung der Schwerkraft durch stärkere Zentrifugalkräfte zu ersetzen, jedoch bisher dafür noch keine praktisch brauchbaren Konstruktionen gefunden.

Die *Entleerung* des Laderaums von einem Hoppersauger wird meist durch Verstürzen der Ladung durch Freigabe von Bodenöffnungen vorgenommen, während in selteneren Fällen die Ladung abgesaugt und durch eine Rohrleitung als Gemisch an Land auf ein Spülfeld gebracht wird. Vielfach sind beide Einrichtungen vorhanden.

Die Fläche der Versturzöffnungen, die in den meisten Fällen Klappen sind, die sich um Scharniere drehen, ist kleiner als die Laderaumoberfläche. Bei europäischen Baggern ist das Verhältnis etwa 1 : 4.

Dagegen hat nach Abb. 286 der amerikanische Bagger „Comber" eine Laderaumoberfläche von 337 m² und 2 Reihen von je 6 Klappen mit einem Öffnungsquerschnitt von je 1,86 m², insgesamt also 22,4 m² Öffnungsquerschnitt, was nur $\frac{1}{15}$ der Laderaumoberfläche ist. Bei der Kleinheit der Klappen kann erreicht werden, daß sie beim Öffnen nicht unter dem Schiffsboden herausragen, was bei Hoppersaugern deswegen von großer Bedeutung ist, weil beim Arbeiten im Seegang herausragende Klappen sehr leicht beschädigt werden. Dafür hat man aber bei den kleinen Klappen den Nachteil, daß die nnter ihnen entstehenden Taschen, die auch der Abnutzung durch das sich durchzwängende Material ausgesetzt sind, den Schiffswiderstand um 6 bis 10 % erhöhen, einen

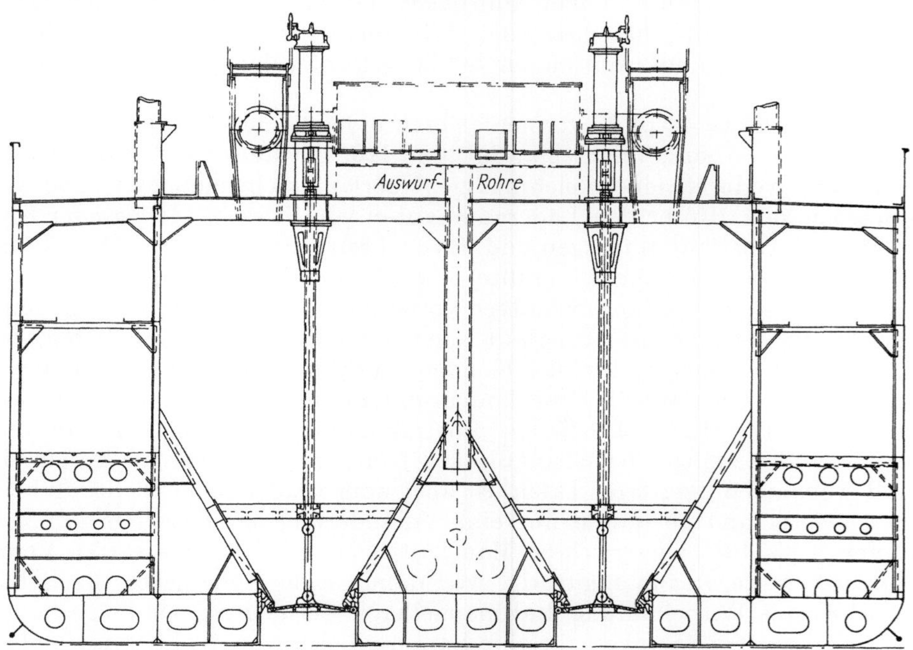

Abb. 286. Querschnitt durch den Laderaum des Hoppersaugers „Comber" mit senkrechten Wänden im Oberteil und hochsitzenden Klappen, deren Öffnungsquerschnitt 1/15 der Laderaumoberfläche beträgt

wenn auch kleinen Verlust bei der Verdrängung bringen und durch den entstehenden Doppelboden den Schwerpunkt der Ladung heraufsetzen.

Insbesondere wird aber die Entleerung erschwert. Während diese bei Klappen mit großem Querschnitt im allgemeinen in 2 bis 4 Minuten durchgeführt ist, dauert es bei den kleinen Klappen der amerikanischen Bagger wesentlich länger. Manchmal löst sich nur ein Zylinderkörper in der Mitte, wobei ringsherum der verhärtete Boden stehenbleibt, und es dauert Stunden, bis durch Wasser und in besonders hartnäckigen Fällen durch Preßluft eine Lockerung erreicht wird, die schließlich zur Entleerung führt.

Bei manchen Baggern sind statt der Klappen Ventile nach der Bauart „Lyster", die Abb. 287 zeigt, verwendet worden. Der Boden des Ladungsbehälters hat dann eine kreisförmige Öffnung, auf die sich das Ventil aufsetzt und einen guten Abschluß ergibt. Darüber befindet sich ein Zylinderkörper oder, genauer gesagt, ein schwach sich nach oben erweiternder Kegelstumpf, der einen ganz in die Ladung eingebetteten Hohlkörper ergibt. Dadurch ist ein Anheben des Ventils durch einen Öldruckzylinder mit einem nicht in die Ladung eingeschlossenen Gestänge möglich. Die Zylinderkörper sind unten offen, so daß Wasser eindringen kann. Wenn wie bei einer Tauchglocke in ihnen der Luftdruck etwas erhöht wird, können die Dichtungsflächen kontrolliert werden, ohne daß der Bagger ins Dock muß. Die Ventile ragen beim Öffnen nicht unter dem Boden heraus und haben gegenüber den Klappen nach amerikanischem System noch den Vorteil, daß schon ein geringer Hub einen ringförmigen Querschnitt ohne Behinderung durch das Betätigungsgestänge freigibt und keine exzentrische Beanspruchung auftritt, da die

Zylinderkörper geführt sind. Die Entleerung hat beim Bagger „Leviathan" unter Zuhilfenahme einer Laderaumwandspülung nur etwa 10 Minuten für 5500 m³ erfordert, wobei es sich allerdings um rolligen Mittelsand handelte. Bei feinem Sand und klebrigem Material bleibt leicht Boden hängen, da das Verhältnis der frei werdenden Öffnungen gegen die Laderaumoberfläche auch hier nur klein ist. Die Ventile sind außerdem teuer in der Herstellung und nehmen bis zu 8% des Laderaumvolumens in Anspruch.

In den USA hat man Versuche mit Ventilen einfacherer Bauart nach Abb. 288 gemacht. Wohl kommen diese beim Öffnen unter dem Schiffsboden heraus, ergeben aber eine gute Entleerung durch die Auswasch- und Saugwirkung des Fahrtstroms. Das Betätigungsgestänge geht durch die Ladung, macht aber beim Öffnen nur eine senkrechte Bewegung, die bei den meisten Bodenarten keinen wesentlichen Widerstand findet. Es wird kein Laderaum fortgenommen, wie bei der Bauart „Lyster", und das Material kann gut nachstürzen.

Man ist aber beim C. of E. doch bei den Klappen geblieben und hat versucht, diese zu verbessern. Neuerdings werden sie nach Abb. 289 ausgeführt. Hier sitzt die Klappe schräg in der

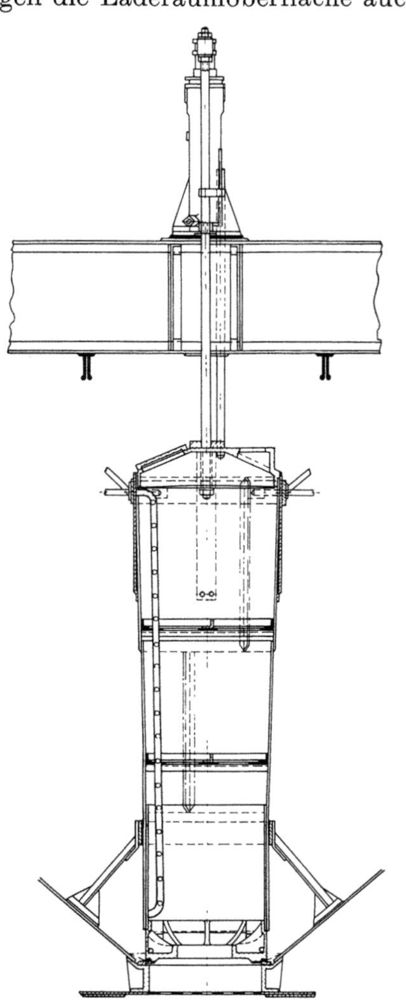

Abb. 287. Entladeventil mit einem darübersitzenden hohlen Rundkörper, dessen Durchmesser nach oben zunimmt, Bauart „Lyster"

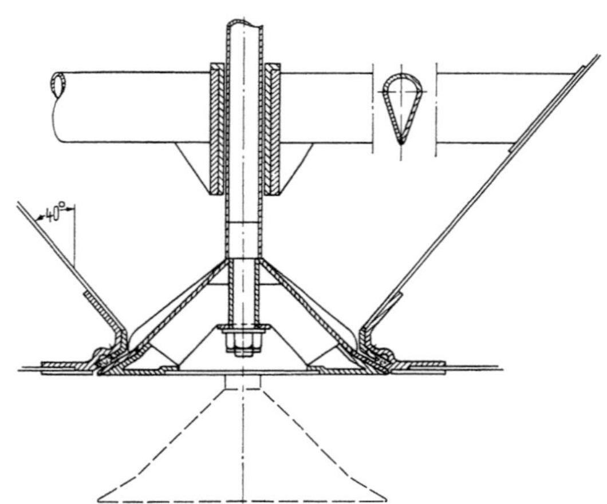

Abb. 288. Entwurf des C. of E. für ein nach außen öffnendes Entladeventil mit Gummiabdichtung

Laderaumwand und schwingt wie bei den früheren Konstruktionen um Scharnierzapfen. In der Tasche außerhalb der Klappe liegt das Schließgestänge. Eine an der gegenüberliegenden Taschenwand gelagerte Welle ist durch die Seitenwand in den Luftkasten geführt und trägt auf ihrem Ende eine Kurbel, welche durch die Kolbenstange eines hydraulischen Zylinders um einen Winkel von 80° gedreht wird. Dabei schwingt die in der Klappentasche auf die Welle gesetzte zweite Kurbel ebenfalls um diesen Winkel und bildet in der Schließstellung mit dem an sie angesetzten Lenkerhebel eine fast gerade Linie, so daß mit Kniehebelwirkung ein starker Anpreßdruck auf die Klappe ausgeübt wird. Es ist noch eine Blattfeder eingeschaltet, so daß eine Nachgiebigkeit besteht, wenn sich Steine oder sonstige Hinderniskörper auf der Klappendichtung befinden und ein vollständiges Andrücken nicht zulassen.

Die geschilderte Bauart ist bei dem neuesten Hoppersauger „Markham" des C. of E. und auch bei dem Bagger „Zulia" mit 6500 m³ Laderaumvolumen, der in Venezuela arbeitet, verwendet. Das Gestänge ist hierbei nicht in die Ladung eingeschlossen, so daß ein leichtes Öffnen möglich ist und das Herausfallen der Ladung nicht behindert wird.

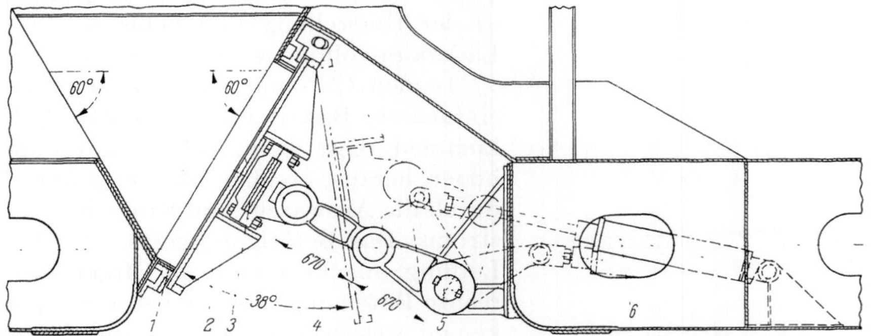

Abb. 289. Klappen in schräger Laderaumwand mit außensitzendem Schließgestänge, das durch Drehen einer in den Luftkasten geführten Welle von Öldruckzylindern betätigt wird

1 Klappenöffnung; *2* Klappe; *3* Blattfeder; *4* Schließhebel; *5* Welle ins Schiffsinnere führend; *6* Hydraulischer Zylinder

Die Klappen liegen geschützt gegen Seegangseinwirkung in ihren Taschen. Diese erhöhen allerdings wieder den Fahrwiderstand, und Reparaturen am Gestänge sind nur im Dock möglich.

Erwähnt sei hier noch der amerikanische Bagger „Absecon", der mit Seitenklappen ausgerüstet wurde, was man sehr selten findet. Er wurde im Jahre 1914 gebaut und ist ein kleines Gerät mit einem Laderauminhalt von nur 260 m³; seine Abmessungen sind 49 × 11 × 3,65 und sein Tiefgang in beladenem Zustand 3,2 m. Er hatte nur ein Seitensaugerohr von 410 mm Dmr. und konnte auf 7,6 m Tiefe baggern. Er hatte Dampfantrieb mit einer Maschine von 250 PS$_i$ für die Baggerpumpe und zwei gleichen Maschinen für das Fahren, wobei die Geschwindigkeit 13,3 km/h in beladenem Zustand und 15,8 km/h unbeladen war. Einen Querschnitt des Baggers zeigt Abb. 290. Man

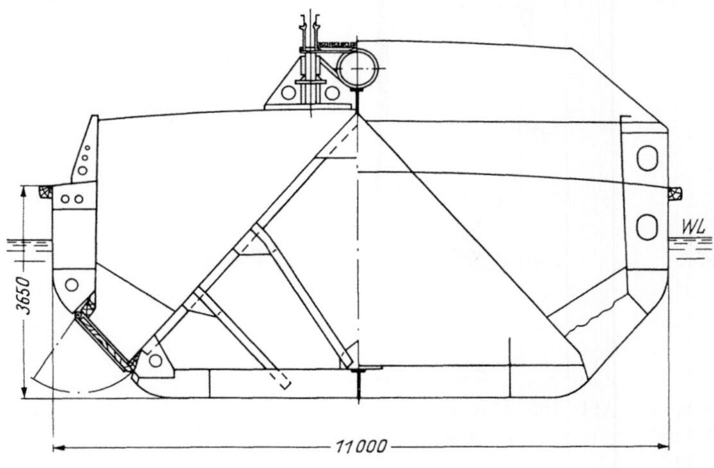

Abb. 290

Querschnitt durch den Laderaum des Hoppersaugers „Absecon" mit 260 m³ Laderaumvolumen und schräg sitzenden Seitenklappen

erkennt den Luftkasten in der Mitte mit Dreiecksquerschnitt und die beiden Laderaumteile auf jeder Seite. Diese waren in der Längsrichtung auch unterteilt, so daß im ganzen 4 Behälter mit je 65 m³ Inhalt vorhanden waren. Sie sind durch die schräg liegenden, um eine obere Achse drehbaren Seitenklappen verschlossen, von denen jeder Behälter zwei hatte. Das Betätigungsgetriebe bestand aus Ketten, Stangen und Scheiben, die mit einem hydraulisch betätigten Schiebebalken verbunden waren. Es war nur ein Beladerohr vorhanden, das in der Mitte des Laderaums über der Luftkastenkante lag. Über ihm befand sich ein Laufgang und seitlich von diesem die Schiebebalken für die Klappenbetätigung.

Ein Hoppersauger mit Seitenklappen hat den Vorteil, daß er seinen Laderauminhalt bei einer Wassertiefe verklappen kann, die nur ganz wenig größer ist als sein Tiefgang und dies auch dann noch tun kann, wenn er auf eine Untiefe aufgelaufen ist. Nachteile sind aber der verhältnismäßig geringe Querschnitt des Laderaums, der große Schiffsabmessungen erfordert. Sehr schwierig ist es, die nötige Stabilität zu erreichen, da der Schwerpunkt der Ladung hoch liegt, besonders wenn man den Ladungsbehältern die für glattes Verstürzen erforderliche große Neigung in den Wänden gibt. Bei nicht gleichzeitigem Abgehen der Ladung auf beiden Seiten ist die erforderliche Sicherheit gegen Kentern nur durch große Breite zu erreichen, was aber erst recht eine große Hauptspantfläche im Vergleich zum Laderaumquerschnitt ergibt. Aus diesen Gründen sind solche Bagger später nicht mehr gebaut worden.

Klappenbetätigung. Die einfachste und am meisten verwendete Einrichtung für das Betätigen der Klappen ist die bei Klappschuten allgemein gebräuchliche mit einem waagerechten Schiebebalken, der über den Laderaum in der Längsrichtung läuft, mit Bolzen für die Befestigung der Ketten. Diese laufen ein Stück waagerecht in Richtung des Schiebebalkens, werden dann durch eine Kettenrolle, die auch gleichzeitig als Tragrolle für den Schiebebalken dient, senkrecht nach unten abgelenkt und haben am anderen Ende ein Querstück, an dem 2 Ketten angreifen, die an die beiden Ecken einer jeden Klappe führen. In der Abb. 254 war diese Einrichtung angedeutet. Bei 2 Klappenreihen sind 2 Schiebebalken erforderlich, und bei großen Baggern mit je 2 Klappenreihen greifen am Ende des Hauptkettenstücks 4 Ketten an, die an die 4 Ecken eines jeden Klappenpaares führen. Die Schiebebalken werden bei kleineren Baggern wie bei Schuten durch eine Seilflasche betätigt, deren Seil auf die Trommel einer Dampfwinde läuft. In der Schließstellung wird der Schiebebalken durch einen Querkeil gesichert, so daß das Seil entlastet ist. Beim Öffnen wird zunächst das Seil mit der Dampfwinde ein wenig angeholt und die Trommel abgebremst, so daß der Keil nach der Seite herausgeschlagen werden kann. Man kann nach Auskuppeln der Trommel und Lösen der Bremse das Seil schnell ablaufen lassen und ein plötzliches Öffnen der Klappen erreichen, was für das Nachstürzen des Bodens vorteilhaft ist. Allmähliches Öffnen tritt bei Öldruckzylindern ein, wenn man diese an Stelle der Seilflaschen an die Schiebebalken setzt.

Diese Einrichtung arbeitet bei rolligen Bodenarten und Schluffmaterial einwandfrei, macht aber Schwierigkeiten bei festgepacktem Feinsand und Mischungen von Sand, Steinen, Bodenklumpen usw. Die Kette mit ihrer Gabelung, die in derartige Bodenarten eingebettet ist, geht nicht ohne weiteres nach unten, wenn der Schiebebalken in die Öffnungsstellung gebracht wird. Dies ist besonders nachteilig, wenn die Ladung auf der einen Schiffsseite hängenbleibt, während sie auf der anderen Seite herausgeht. Bei kleinen Baggern ist die Stabilität meist groß genug, um das dadurch entstehende Kippmoment aufzufangen, aber bei großen Baggern ist dies nicht immer möglich.

Man nimmt infolgedessen jetzt meist einzelne, senkrecht stehende Druckölzylinder, von deren Kolbenstangen Ketten cder Gestänge abgehen, die zwangsläufig nach unten gedrückt werden. Dabei kann man, wenn die Gefahr des Hängenbleibens der Ladung besteht, einzelne Klappen in den beiden Klappenreihen nacheinander öffnen, damit ein großes Kippmoment gar nicht auftritt. Bei den Baggern des C. of E., die in sehr verschiedenen Materialarten zu arbeiten haben, erkannte man bald die Nachteile des Schiebebalkens und ging zu den senkrechten Ölzylindern für jede Klappe über. Infolge der Kleinheit der Klappen genügte der Angriff einer Stange in der Mitte, so daß die Gabelung vermieden wurde. Die Stange wird am unteren Ende geführt und hat hier ein Gelenkstück, so daß nur dieses und nicht die ganze Stange beim Öffnen der Klappen eine Seitenbewegung zu machen hat.

Das Verhalten der einzelnen Bodenarten beim Verstürzen ist verschieden. Die rolligen Bodenarten, wie Mittelsand und Grobsand, gehen erklärlicherweise beim Öffnen der Klappen glatt hinaus. Bei Schluffboden ist dies auch der Fall, da er beim Hoppersauger durch Hinzutritt von Wasser und Durchwirbelung in der Pumpe einer Flüssigkeit ähnlich ist. Feinsand setzt sich im Laderaum fest, so daß er bei der Entleerung Schwierigkeiten macht. Man muß durch die Fahrt des Schiffes eine Auswaschwirkung herbeiführen, die ihn zum Ausfließen bringt. Schwer vorauszusehen ist die Entleerung bei ungleichförmigen Bodenarten, wie beispielsweise Kies, bei dem Steine, in Feinmaterial eingebettet, eine Brücke zwischen den Laderaumwänden bilden können, welche die Entleerung aufhält. Das gleiche kann bei Tonklumpen, Lehm und ähnlichen Materialien auftreten. Die Neigung der Laderaumwände und die Größe der durch Öffnung der Klappen freigegebenen Fläche ist von Einfluß. In manchen Fällen vergeht lange Zeit, bis eine durch Fahren erzeugte Auswaschwirkung unter Zugabe von Wasser die Entleerung herbeiführt. Beim C. of E. macht man die Laderaumwände im oberen Teil senkrecht und gibt ihnen unten über den Klappen eine Neigung. Eigenartigerweise hat sich bei Versuchen gezeigt, daß die Entleerung schlechter wird, wenn die Wände hier zu steil sind.

Entwässerung des Laderaums. Im allgemeinen ist es schwierig, die Bodenklappen gewöhnlicher Bauart wasserdicht zu machen. Auch wenn sich dies für neuwertigen Zustand einigermaßen erreichen läßt, so treten im Laufe der Zeit durch Einklemmen von Steinen, Unrat u. dgl. Verbiegungen und Verwerfungen ein. Man erreicht nicht mehr ein

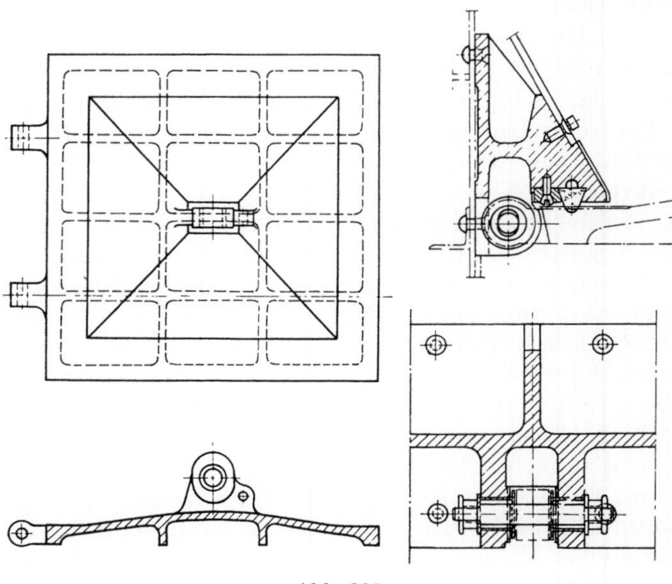

Abb. 291
Gummidichtung bei den Klappen der Hoppersauger des C. of E.

dichtes Anliegen an den Kanten, ohne das auch eine Gummidichtung wirkungslos bleibt. Beim Verklappen der Ladung tritt durch die geöffneten Klappen Wasser in den Laderaum ein und läßt sich, wenn nach dem Schließen größere Spalten und Öffnungen verbleiben, nicht wieder abpumpen. Dies hat bei Schluffböden den Nachteil, daß zu dem meist schon sehr großen Wassergehalt noch dieses Wasser hinzukommt. Dessen Menge ist nicht unerheblich und beträgt beispielsweise für den Bagger „Comber" mit 2300 m³ Laderauminhalt 765 m³, also ein Drittel des Inhaltes. Für den Bagger „Chien-She" mit 3200 m³ Laderauminhalt bis zum Überlauf war die eingefangene Wassermenge 700 m³, was beim Jangtseschlamm dazu führt, daß dessen Dichte, wenn er mit 1,5 angesaugt wird, im Laderaum auf 1,38 zurückgeht.

Bei den kleinen Klappen der USA-Bagger gelang es, die Wasserdichtigkeit zu erreichen. Die Klappe wird hier nur durch eine in der Mitte angreifende Schließstange gefaßt und, da die Scharniere Langlöcher haben, gleichmäßig gegen die rechteckige Öffnung gedrückt, die von einem Gummiring eingefaßt ist.

Abb. 291 läßt erkennen, daß dieser in einer schwalbenschwanzförmigen Nute sitzt mit einem Hohlkanal darüber, so daß er bei Druck in diesen ausweichen kann. Das Ausweichen ist bei Gummi immer erforderlich, wenn er seine Elastizität zur Geltung bringen soll.

Abb. 292 zeigt eine von der LMG angewandte Konstruktion, die ebenfalls eine gute Dichtung erreichen läßt. Hier ist ein Profilgummi von Flacheisen eingefaßt und wird durch waagerechte Bolzen zwischen diesen gehalten. Die Klappe, die als steifer Kasten ausgebildet ist, legt sich dagegen, wobei der Gummi elastisch ausweichen kann.

Das Absaugen des Restwassers ist nur bei der Baggerung von Schluffboden erforderlich und bei anderen Bodenarten nicht einmal nützlich, da grobes Material, wie Kies und Steine, bei Beginn der Laderaumfüllung durch das Wasser aufgefangen und das Aufschlagen auf die Laderaumwände gemildert wird. Das Auspumpen führt zu einer Verminderung des Tiefgangs, die für den Propeller nicht immer günstig ist und

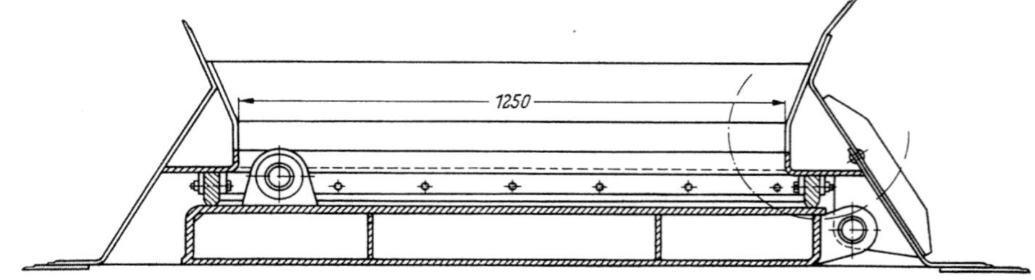

Abb. 292. Klappe mit Abdichtung durch Profilgummi, der nachgiebig zwischen Flacheisen sitzt
Konstruktion der LMG

auch die Pumpenmitte über den Wasserspiegel bringen kann. Es tritt bei solchen Materialien auch keine zusätzliche Verdünnung ein, da alles Wasser, sowohl das eingefangene wie auch das mitgepumpte, als Überlauf abgeht.

Wesentlich anders als bei der Entfernung des eingedrungenen Wassers muß man vorgehen, wenn man den in den Laderaum eingebrachten Boden nicht verklappen,

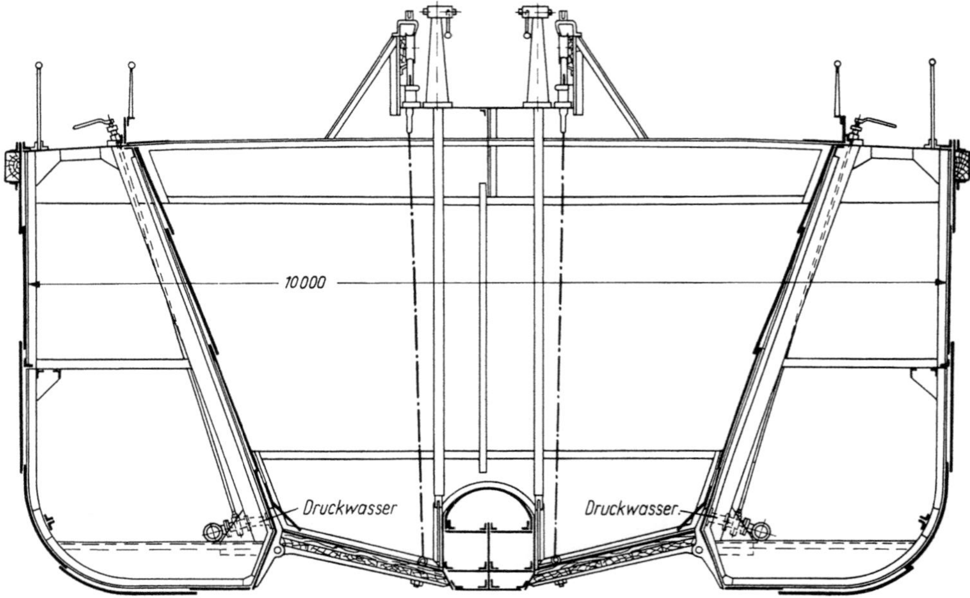

Abb. 293. Einrichtung für das Absaugen einer Ladung von plastischem Bodenmaterial durch das Mittelkielschwein bei Druckwasserzugabe von außen

sondern an Land bringen will. Dann muß man Wasser zugeben und ein pumpfähiges Gemisch erzeugen, das durch die Baggerpumpe abgesaugt wird. Die dafür von FRÜHLING entwickelte Einrichtung wurde in Abb. 257 gezeigt und dort auch beschrieben. Außer ihr gibt es noch verschiedene andere Möglichkeiten.

Eine Einrichtung der Fa. J. u. K. Smit, Kinderdyk, nach Abb. 293 arbeitet ähnlich, nur ist hier das ganze Mittelkielschwein als Saugrohr ausgebildet mit seitlichen Öffnungen, die durch Schieber zu schließen und zu öffnen sind. Ihnen gegenüber auf den Außenseiten des Laderaums in den seitlichen Luftkästen liegen Druckwasserrohre, die eine

Lockerung des Bodens herbeiführen sollen. In dieser Form ist die Einrichtung nur für Schluff brauchbar, der durch geringen Wasserzusatz pumpfähig wird.

Bei anderen Einrichtungen wird der Entleerungsstrom in der Längsschiffsrichtung unter die Ladungsbehälter geführt.

Abb. 294 zeigt eine Konstruktion der Werft Conrad nach einem Vorschlag von GOEDKOP. Hierbei sind, wie der Querschnitt erkennen läßt, die Klappen als Hohlkörper

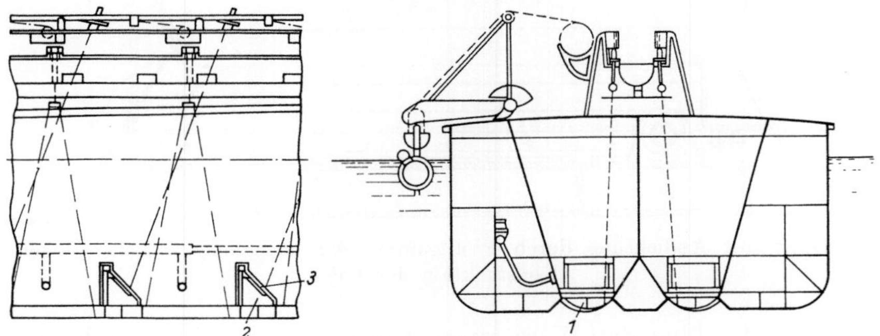

Abb. 294. Einrichtung für das Absaugen der Ladung durch den Strom in einem Hohlklappenkanal mit schräg sitzenden Oberklappen in den Querträgern des Laderaums

1 Kanalbildende Hohlkörperklappen; *2* Querträger; *3* Oberklappen

mit Segmentquerschnitt ohne Stirnwände gestaltet und bilden in geschlossener Stellung 2 Längskanäle, deren vorderes Ende mit dem Außenwasser nach Öffnung eines Schiebers in Verbindung gebracht wird, während hinten eine Leitung nach der Baggerpumpe führt. Die Querträger im Laderaumunterteil, gegen die die Hauptklappen von unten anschlagen,

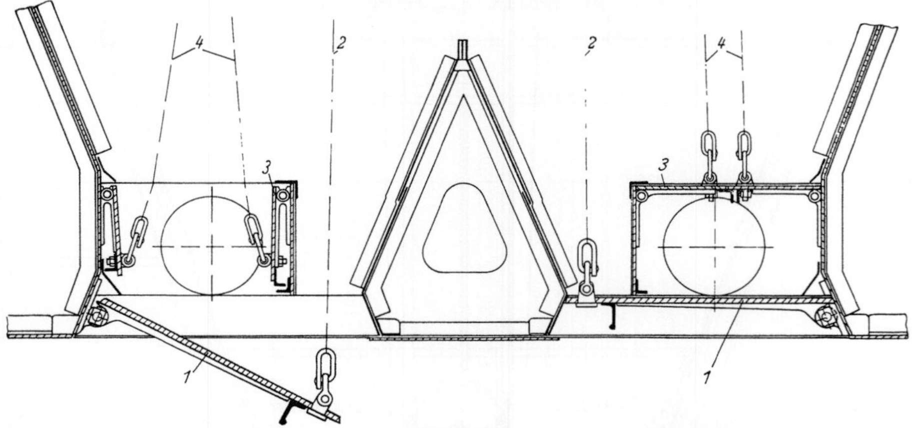

Abb. 295. Absaugeeinrichtung System L. Smit & Zoon mit einem durch Oberklappen abgedeckten Kanal über den Hauptklappen

1 Hauptklappen; *2* Ketten für Hauptklappen; *3* Oberklappen; *4* Ketten für Oberklappen

sind, wie der Längsschnitt erkennen läßt, Hohlprismen mit Dreiecksquerschnitt, und die schräg liegende Seitenfläche hat eine Öffnung, die durch eine Oberklappe verschlossen ist. Wird diese durch Nachlassen einer von oben kommenden Kette geöffnet, so kann der Boden durchfallen und kommt in den durch die Hohlklappen hindurchgehenden Entladestrom.

Diese beiden Einrichtungen wurden der Vollständigkeit halber erwähnt, obwohl sie wenig ausgeführt wurden, im Gegensatz zu der nachfolgenden Konstruktion der Fa. L. Smit & Zoon, Kinderdyk, die neben der FRÜHLING schen am meisten verwendet wird.

Abb. 295 zeigt im Querschnitt diese Einrichtung. Über den Hauptklappen befindet sich ein rechteckiger Kanal, dessen eine Seitenwand durch die äußere Laderaumwand gebildet wird, während die andere in eine solche Entfernung vom Mittelkielschwein gesetzt ist, daß die Ketten für die Hauptklappen durch den Zwischenraum hindurchgehen können. Oben ist der rechteckige Kanal durch 2 Reihen von Oberklappen verschlossen, deren Ketten an den aneinanderstoßenden Kanten angreifen. Bei der Füllung des Laderaums legt sich der Boden auf diese Klappen und läßt den unter ihnen liegenden rechteckigen Kanal frei. Dieser hat wieder eine Verbindung mit dem Außenwasser und mit der Baggerpumpe, so daß ein Wasserstrom in der Längsrichtung unter der Ladung hindurchgesaugt wird. Die Oberklappen unter der zu entleerenden Abteilung werden durch Nachlassen der Ketten nach unten geöffnet und legen sich an die Seitenwände des Kanals an. Dadurch ist die Öffnung für das Hineinrutschen des Bodens in den Wasserstrom freigegeben und das Gemisch wird dann wieder von der Pumpe in die Landleitung übergeführt. Die Klappen dieses Systems sind bei Sand einfacher zu bedienen und instand zu halten als Schieber, nur ist bei 2 Reihen von Doppelklappen, wie sie größere Bagger haben, das Vorbeiführen der Hauptklappenketten an den Kanälen schwierig.

Pumpenleistung beim Anlandspülen. Beim Anlandspülen der Ladung ist es, wie auch sonst beim Spülverfahren, wünschenswert, auf große Entfernungen zu kommen. Dazu muß man aber hohen Druck haben, den die Baggerpumpe eines Hoppersaugers nicht erzeugen kann und auch bei ihrer gewöhnlichen Tätigkeit der Laderaumfüllung nicht haben soll. Dadurch ist die Förderweite beschränkt, und man muß besondere Mittel anwenden, um sie zu erhöhen. Durch entsprechende Bemessung der Antriebsmaschine kann man die Baggerpumpe beim Entleeren schneller laufen lassen als beim Füllen des Laderaums oder eine weitere Pumpe nachschalten.

Beim Bagger „Pierre Durepaire" der im Kapitel K beschrieben wird, können die beiden vor dem Laderaum angeordneten Pumpen, die durch je einen Elektromotor von 750 PS angetrieben werden und bei der Beladung parallel arbeiten, bei der Entladung in Reihe geschaltet werden, um auf eine größere Förderweite zu kommen.

Beim C. of E. werden die Hopperladungen fast nur verklappt, so daß die Bagger wohl Einrichtungen für die Entwässerung aber nicht für das Bodenabsaugen haben.

Bei den Unterhaltungsarbeiten für die Fahrrinne von Philadelphia ist aber ein Verklappen in See nicht möglich, da die Baggerstelle bis 150 km von der Mündung des Delawareflusses entfernt liegt. Im letzten Vierteljahrhundert wurde hier eine Fahrrinne für Seeschiffe gebaggert, die jetzt eine Tiefe von 12 m besitzt. Für ihre Unterhaltung sind jährlich etwa 7,5 Millionen m³ an sehr feinkörnigen Materialien mit nur 0,02 mm Durchschnittsgröße zu baggern. Am Flußufer wurden zwei hintereinanderliegende Becken von 150 m Länge, 45 m Breite und 15 m Tiefe ausgehoben, die durch einen Damm voneinander getrennt sind. Die Größe dieser Becken entspricht dem Bodenertrag des Hopperbaggers in 24 Stunden, und der in dieser Zeit verklappte Boden wird am nächsten Tag von einem Schneidkopfsauger wieder aufgenommen und an Land gespült, während der Hopperbagger das andere Becken auffüllt mit wieder anschließendem Wechsel der Geräte usw. Bei der Feinheit des Materials war aber der Verlust durch Forttragen mit der Strömung und dem Propellerstrahl so groß, daß nur 35 bis 50 % zurückbehalten wurden. Um eine Besserung zu erreichen, hätte man die Becken vergrößern und völlig vom übrigen Wasser abschließen müssen. Das hätte einen großen Aufwand erfordert, der sich deswegen nicht lohnte, weil die Becken nach einiger Zeit hätten verlegt werden müssen. Auch wären dann die Manöver für die Zufahrt der Hoppersauger noch schwieriger geworden, so daß man zu einem anderen Verfahren überging. Der zu einer schwimmenden Pumpenanlage umgebaute ehemalige Hoppersauger „New Orleans" liegt, wie Abb. 296 links erkennen läßt, fest und hat eine auf Schwimmern liegende und an Land führende Spülrohrleitung. Rechts sieht man den Bagger „Goethals" mit seiner breiten Brückenanlage an ihn heranfahrend mit einem herausragenden Auswurfrüssel.

Dieser Rüssel kann mit seinem gekrümmten Mundstück in den Schacht der Pumpenanlage abgesenkt werden. Eine so genaue Lage des Schiffes, wie sie für die Her-

19*

stellung einer direkten Rohrverbindung erforderlich wäre, ist nicht notwendig. Schwere Dalben erleichtern weiterhin das Anlegen, so daß es schnell vor sich geht. Auf der schwimmenden Pumpenanlage, die bereits im Kapitel D beschrieben wurde, sind 2 Pumpen eingebaut, von denen jede durch 2 Elektromotoren von 1500 PS angetrieben wird. Insgesamt sind somit 6000 PS installiert. Man hielt dies für notwendig, weil man den Hoppersauger in seiner Umlaufzeit nicht lange aufhalten wollte. Sonst hätte bei dem feinen Material eine geringe Fördergeschwindigkeit genügt, und man hätte die Antriebsleistung der Pumpen wesentlich herabsetzen können. Die Dichte der zu pumpenden Mischung hängt in diesem Falle nur vom Hoppersauger ab, da kein weiteres Wasser

Abb. 296. Hoppersauger „Goethals" (rechts) fährt an den zur festliegenden Pumpenanlage umgebauten ehemaligen Hoppersauger „New Orleans" heran. Aufnahme C. of E.

zugesetzt wird. Die in den Bildern erkennbare Art des Überpumpens ist nur bei Material mit schwebenden Feinteilen, das Flüssigkeitscharakter hat, möglich, während eine Sandladung nur unter Wasserzusatz an Land gespült werden kann.

Die Entleerung des Laderaums durch Anlandspülen dauert länger als das Verklappen, aber es tritt keine Erhöhung der Umlaufzeit ein, wenn man dadurch den Fahrweg verkürzt und insbesondere ein Verklappen im Seegebiet erspart. Man hat auch die unbedingte Sicherheit beim Anlandspülen, daß kein Boden in die Fahrrinne zurückläuft, während man beim Verklappen in der Nähe der Baggerstelle damit rechnen muß, und auch beim Verklappen in See nicht vollständig dagegen gesichert ist. Man muß dafür sorgen, daß das Anlegen des Baggers und Herstellung der Rohrverbindung schnell vor sich geht und muß die Kosten für das Schlagen von Dalben, Ansetzen von Hebezeugen und besonderen Rohrverbindungen aufwenden.

Wenn sich Spülfelder finden und besonders dann, wenn nutzbares Land gewonnen wird, dann ist das Aufspülen der Ladung ein großer Vorteil.

Bei kleinen Hoppersaugern, die Kies oder Sand gewinnen sollen, ist eine Entladung unter Wasserzusatz ungünstig. Man versucht vielmehr, schon während der Fahrt das Wasser aus der Ladung durch Abpumpen zu entfernen und nimmt die Entladung trocken vor. Man verwendet dazu Greifer, Elevatoren u. dgl., die an Land stehen und das Material in Schütttrichter laden, von denen es durch Lastwagen abgefahren wird. Dafür muß der Laderaum frei sein, was durch Beiseiteschwenken der beim Saugen verwendeten Beladeeinrichtung oder auf anderem Wege erreicht wird.

Bei dem anwachsenden Bedarf an Kies und Sand für Straßenbau, Betonherstellung und andere Bauzwecke gewinnen diese Verfahren immer mehr an Bedeutung, besonders in Ländern des Küstengebietes, in denen solches Material im wesentlichen nur aus dem Wasser im Naßbaggerverfahren zu gewinnen ist.

5. Schiffskörper und Maschinenanlage
Antriebsarten und Anordnung der Maschinen

Hoppersauger sind Frachtschiffen ähnlich und befördern eine Bodenladung, deren Gewicht ungefähr die Hälfte der Verdrängung ausmacht. Die andere Hälfte wird durch den Schiffskörper, die Maschinenanlage, die Baggereinrichtung und die Zuladung gebildet. Diese enthält Brennstoff, Wasser, Vorräte, Ersatzteile, Mannschaft und deren Effekten u. a. m. Sie ist bei Hoppersaugern mitunter bedeutend, kann aber beim Arbeiten niedriger gehalten werden als bei Überführungsfahrten. Der Tiefgang bei der Baggertätigkeit soll bei gefülltem Laderaum nicht zu groß werden, da Hoppersauger meist an Stellen beschränkter Wassertiefe arbeiten, was auch bei der zu erreichenden Fahrgeschwindigkeit zu beachten ist.

Die Schiffskörper werden den Anforderungen der Klassifikationsgesellschaften und anderen behördlichen Vorschriften entsprechend gebaut, wobei weiterhin die baggertechnischen Anforderungen zu beachten sind. Das Produkt aus den Hauptabmessungen: Länge, Breite und Seitenhöhe $L\,B\,H$ steht in Beziehung zur Laderaumgröße und zum Ladungsgewicht. Im Anhalt an zahlreiche Ausführungen ist die Länge L etwa $= 4{,}3 \cdot \sqrt[3]{L\,B\,H}$ zu setzen. Das Verhältnis L/B hat den Durchschnittswert 5,85 und B/H 2,25. Der Völligkeitsgrad der Verdrängung δ liegt nach SCHEFFAUER zwischen 0,68 und 0,81, wobei aber die niedrigen und hohen Werte Ausnahmen sind und 0,79 als Durchschnittswert gelten kann.

Die Anforderungen an die Festigkeit des Schiffskörpers sind hoch, weil das spezifische Gewicht der Ladung größer ist als bei Frachtschiffen oder Tankern und auf $^1/_3$ der Schiffslänge konzentriert ist. Daß es zwischen 1,2 und 2,2 schwankt, ergibt eine Unsicherheit in der Bemessung der Schiffskörpergröße. Die Beanspruchungen durch die Ladung sind so groß, daß für die Bagger des C. of E. bei Festigkeitsrechnungen das Widerstandsmoment um 40 bis 60 % höher angesetzt wird, als es sich nach der Regelrechnung für Frachtschiffe ergeben würde. Dabei ist diese Forderung nicht leicht zu erfüllen, weil der Schiffsboden durch die Klappenöffnungen und das Deck durch den Laderaum unterbrochen ist. Bei ganz großen Baggern mit Laderauminhalten über 4000 m³ werden diese Schwierigkeiten besonders groß, und das hat beim Bagger „Essayons" mit 6100 m³ Laderauminhalt zur Anordnung eines besonderen Oberdecks geführt, was baggertechnisch nachteilig ist, da die Oberfläche der Ladung dadurch teilweise unsichtbar und unzugänglich wird. Die Durchbiegung des Schiffskörpers kann ein Maß erreichen, das man ungefähr mit $\dfrac{1}{1000}$ der Schiffslänge ansetzen kann.

Da Hoppersauger vielfach in Fahrrinnen mit starkem Schiffsverkehr arbeiten, ist die Gefahr von Zusammenstößen niemals auszuschalten, und man ist bestrebt, die für Passagierschiffe geltende Vorschrift, daß bei Vollaufen von zwei benachbarten Abteilungen das Schiff noch schwimmfähig bleibt, zu erfüllen. Das ist bei großen Baggern möglich, führt aber bei kleinen zu einer unzulässigen Beschränkung der Größe des Maschinenraums. Auch die Gefahr des Aufgrundkommens besteht, da Hoppersauger viel auf flachem Wasser fahren und besonders auf dem Wege zur Klappstelle leicht in solches kommen.

Auf der Oberfläche der Ladung befindet sich häufig eine bewegliche Flüssigkeitsmenge, deren spezifisches Gewicht größer ist als Wasser. Um die Stabilität des Schiffes nicht unzulässig zu vermindern, teilt man den Laderaum in einzelne Behälter auf, wobei Querschotten und Längsschotten auch aus Festigkeitsgründen erforderlich sind. Sie verhindern aber wieder den Ausgleich bei der Beladung, so daß dabei Schlagseite entstehen kann. Es wurde bereits erwähnt, daß es besonders gefährlich ist, wenn nach Öffnen der Klappen nur eine Seite entleert wird.

Eine Verringerung der metazentrischen Höhe und entsprechende Abnahme der Stabilität tritt als Regelfall dadurch ein, daß nach Öffnen der Klappen und Abgang einer Teilmenge der Ladung Wasser in den Laderaum kommt und dadurch das Trägheitsmoment der Wasserlinie kleiner wird. Alles in allem ist bei einem Hoppersauger die Stabilitätsfrage nicht einfach und eine genaue Gewichtskontrolle beim Bau unerläßlich.

Auch die Trimmlage macht bei einem Laderaumsauger Schwierigkeiten. In beladenem Zustand soll er auf ebenem Kiel schwimmen, weil hierbei nicht zusätzliche Propulsionskraft gefordert werden darf. Wenn der Bagger leer ist, geht er hinten meist tiefer, was für die Eintauchung des Propellers günstig ist, aber nicht dazu führen soll, daß die Steuerfähigkeit zu sehr beeinträchtigt und der Fahrwiderstand in leerem Zustand größer wird als in beladenem. Früher hatten Hoppersauger mitunter 2 Laderäume, einen vor und einen hinter der Maschinenanlage. Diese Anordnung läßt wohl leichter bei allen Beladungszuständen gleichen Tiefgang vorn und hinten erreichen, hat aber doch viele Nachteile, so daß man davon abgekommen ist. Man baut jetzt fast ausschließlich die sogenannte Tankertype, bei der nur ein Laderaum vorhanden ist, der etwas vor der Schiffsmitte liegt. Dahinter liegt die Maschinenanlage mit Ausnahme der Baggerpumpen und deren Antriebsmaschinen, die häufig vor den Laderaum gesetzt sind.

Das Steuerhaus ist beim Hoppersauger besonders wichtig, weil er fast stets zu manövrieren hat. Es liegt bei amerikanischen Baggern vor dem Laderaum, geht von der einen Schiffsseite zur anderen und hat sogar einen Überhang über die Außenwände des Schiffskörpers. Infolge der dadurch bedingten großen Erstreckung in der Querschiffsrichtung braucht es nur geringe Länge und ermöglicht eine Übersicht nach vorn für die Navigierung und nach hinten für die Überwachung der Laderaumfüllung, für die außerdem das Bedienungspersonal der Saugköpfe sorgt. Auf europäischen Baggern liegt das Steuerhaus meist hinter dem Laderaum. Zugunsten dieser Anordnung wird angeführt, daß die Überwachung der Füllung und Entleerung des Laderaums für die Schiffsleitung unter Beibehaltung der Blickrichtung nach vorn und ein besseres Steuern in engen Gewässern möglich ist, so daß der Nachteil, daß man nicht unmittelbar vor den Bug des Schiffes sehen kann, demgegenüber nicht ins Gewicht fällt. Der Steuerstand mit Kompaß befindet sich in der Schiffsmitte und daneben ein Maschinentelegraf oder ein Fernsteuerstand für direkte Regelung der Propellermotoren. Bei größeren Baggern werden mitunter auch an den Seiten des Steuerhauses Fernsteuerstände eingerichtet. Außer sonstigen Einrichtungen für die Schiffsführung sind noch die besonderen Instrumente für die Überwachung des Baggervorgangs, die Steuerventile für die Betätigung der Schieber in den Rohrleitungen für die Beladung und Entladung, Anzeiger für Tiefgang und Trimmlage des Schiffskörpers, Tiefenanzeiger für die Saugköpfe usw. im Steuerhaus eines Hoppersaugers enthalten. Auch hier zeigt sich das Bestreben, die ganze Bedienung auf der Brücke zusammenzufassen und alles in die Hände der Schiffsleitung zu bringen, während früher die Besatzungsmitglieder an vielen Stellen des Schiffes Bedienungshandgriffe vorzunehmen hatten.

Die Zahl der Besatzungsmitglieder wird durch die Größe des Baggers, seine baggertechnische Ausrüstung und die Art der Maschinenanlage bestimmt, wobei er meist für 24 Stunden-Dienst und 5 Arbeitstage pro Woche eingerichtet wird. Für den im Jahre 1924 gebauten amerikanischen Bagger „Mackenzie" mit 1250 m³ Laderauminhalt und 2400 PS an installierter Maschinenleistung ist bei diesel-elektrischer Energieerzeugung durch 4 Hauptgeneratoren eine Besatzung von 54 Mann erforderlich, darunter Kapitän, Chefingenieur und Zahlmeister als Führungskräfte, 24 Mann Decksbesatzung, 19 Mann im Maschinenraum und 6 Mann für Verpflegung und Messedienst. Der neue turbo-elektrische Bagger „Comber" aus dem Jahre 1947 mit 2300 m³ Laderauminhalt und 6000 kW installierter Maschinenleistung hat unter gleichen Arbeitsbedingungen

78 Mann, darunter die gleichen 3 Führungskräfte, 33 Mann Decksbesatzung, 31 Mann in der Maschine und 11 Mann für Verpflegung und Messe. Man kann den „Comber" unter Berücksichtigung von Laderauminhalt und Maschinenleistung sowie des Produktes $L\,B\,H$ von 17 900 m³ gegen 8350 m³ bei „Mackenzie" als doppelwertig ansehen, während der Personalbestand nur auf das 1,45 fache ansteigt. Hierdurch ergibt sich ein Vorteil des großen Baggers gegenüber dem kleinen, wobei jedoch für das wirtschaftliche Endergebnis auch noch andere Faktoren maßgebend sind. Durch fortschreitende Automatisierung der Bedienung und ihre Zentralisierung im Steuerhaus wird weniger Personal gebraucht, aber die Zahl der Führungskräfte wächst.

Auf die Ausgestaltung der Unterkunftsräume wird beim C. of E. großer Wert gelegt, da die Besatzung eines Hoppersaugers einen anstrengenden Dienst dadurch hat, daß neben den navigatorischen auch die baggertechnischen Arbeiten durchzuführen sind.

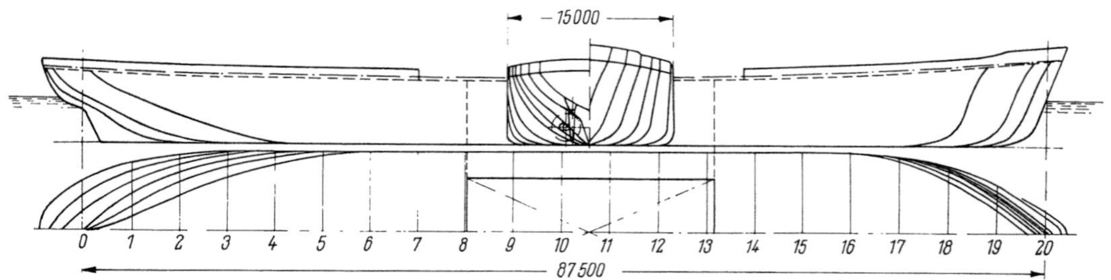

Abb. 297. Linienriß des Hoppersaugers „Pierre Durepaire" mit 2 Seitenarmen und einem Völligkeitsgrad der Verdrängung von $\delta = 0{,}79$ in beladenem Zustand

Um das Personal zum Verbleiben an Bord auch an verschiedenen Einsatzorten zu veranlassen und schädlichen Personalwechsel zu vermeiden, werden deswegen die Kammern wohnlich gestaltet und angenehme gemeinsame Aufenthaltsräume vorgesehen. Auch in der großen Zahl des Personals für Verpflegung und Messedienst drückt sich dieses Bestreben bereits aus.

Die *Maschinenanlage* eines Hoppersaugers umfaßt die Antriebsmaschinen für die Baggerpumpe und die Fahrmaschinen, ferner die Winden und Hilfsmaschinen. Wie im Abschnitt I 3 ausgeführt, macht man die Antriebsleistung der Baggerpumpe möglichst groß, um den Laderaum schnell zu füllen, aber doch wieder nicht so groß, daß Unruhe und Wirbel das Absetzen der Bodenkörner erschweren.

Die Fahrmaschinen sollen dem Schiff eine bestimmte Geschwindigkeit in beladenem und unbeladenem Zustand und eine gute Manövrierfähigkeit geben. Die Zeit des Fahrens ist als nicht aktiv anzusehen; denn ein Bagger soll, wie es heißt, in der Hauptsache baggern und nicht fahren. Eine große Antriebsleistung erhöht die Geschwindigkeit und kürzt die Fahrzeit ab, jedoch ist hier eine Grenze gesetzt, da man einem Hoppersauger nicht die Form eines schnellfahrenden Schiffes geben kann. Vorsprünge und Rauhigkeit an der Außenhaut sind nicht zu vermeiden, und die Erhöhung des Schiffswiderstandes durch Flachwassereinfluß ist nicht auszuschalten.

Abb. 297 ist der Linienriß von „Pierre Durepaire" und läßt einen parallelwandigen Mittelteil von fast rechteckigem Querschnitt erkennen, in dessen Bereich der Laderaum liegt. Er nimmt etwa $^1/_3$ der Schiffslänge ein und liegt etwas vor der Schiffsmitte, so daß der Vorschiffsteil kürzer ist als der Hinterschiffsteil. Dieser muß guten Wasserzulauf zu den Propellern und Rudern geben, soll aber nicht so scharf geformt sein, daß der Raum für die Maschinenanlage, die hierhin kommt, zu eng wird. Der Völligkeitsgrad der Verdrängung von 0,79, wie er für Hoppersauger den Durchschnitt bildet, ermöglicht keine hohen Fahrgeschwindigkeiten. Über die zusätzlichen Widerstände werden bei SCHEFFAUER einige Angaben gemacht und 6 bis 10 % für die Taschen unter den Klappen und bis zu 60 % für die Drehzapfenellbogen der Saugarme angegeben, wenn diese unter Wasser bleiben. Durch eine bessere Formgebung ist eine Herabsetzung auf etwa 30 % erreicht worden, aber damit ist die Widerstandserhöhung immer noch größer als bei dem Drehellbogen, der mit einem Gleitschlitten über Wasser gebracht wird.

Abb. 298 ist ein Linienriß des Hoppersaugers „Goeker" mit Hinterschlitz, der im Kapitel K beschrieben wird. Bei dieser Anordnung tritt ein zusätzlicher Widerstand kaum auf, zumal er durch besseren Wasserzulauf zu den Propellern ausgeglichen sein dürfte. Wenn beim Mittelschlitz mit der darin enthaltenen Saugrohrleiter eine abgeschlossene Kammer gebildet und bei der Fahrt keine nennenswerte Wirbelbildung erzeugt wird, ist der zusätzliche Widerstand nicht groß, während er beim Bugschlitz wieder höher sein dürfte. Man kann mit einer Erhöhung des Widerstandes von 10 bis 15 %, also etwas mehr wie bei den Klappentaschen, rechnen.

Wie erheblich die Widerstandserhöhung durch *Flachwasser* werden kann, geht aus einer Angabe über „Essayons" hervor. Bei diesem Bagger war in beladenem Zustand

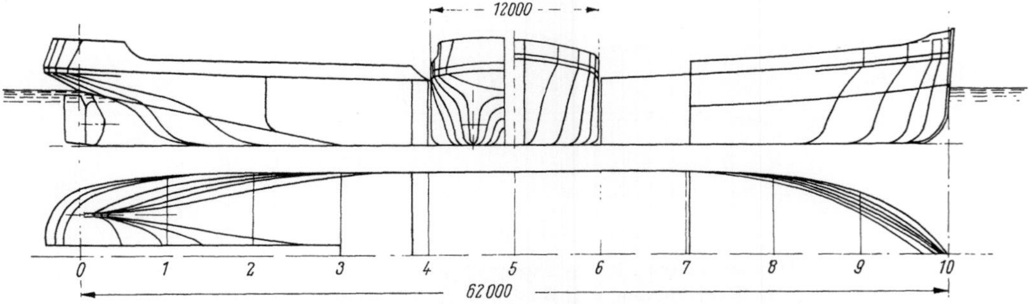

Abb. 298. Linienriß des Hoppersaugers „Geheimrat Goeker" mit Heckschlitz

mit 8,2 m Tiefgang bei einer Fahrwassertiefe von 13 m der Leistungsbedarf für eine Geschwindigkeit von 15 Knoten = 28 km/h um 43 % größer und bei gleichem Leistungsaufwand die Geschwindigkeit um 1,4 Knoten = 2,6 km/h geringer als bei tiefem Wasser. Der Ausgleich trat erst bei 20,5 m Wassertiefe, also dem 2,5fachen des Baggertiefgangs ein. Auf ähnliche Werte kam man bei den Modellversuchen des 1960 gebauten Hoppersaugers „Rudolf Schmidt". Für ihn wurde bei einer Verdrängung von etwa 8000 t und einem Tiefgang von 5,86 m bei 12 m Wassertiefe, also etwa dem 2fachen des Tiefganges, ein Propellerschub von 26,9 t festgestellt und damit um 36 % mehr als bei unbeschränkter Wassertiefe, bei der es nur 19,8 t waren.

Aus diesen Darlegungen ist zu entnehmen, wie schwer und unsicher bei Hoppersaugern die Bestimmung des Fahrwiderstandes und der Geschwindigkeit ist. Wenn man für ausgeführte Bagger den Beiwert der Widerstandsformel, die im Schiffsbau „Admiralitätsformel" genannt wird, nachrechnet, kommt man auf große Streuungswerte. Die Formel lautet:

$$C = \frac{V^{2/3}\,v^3}{EPS}$$

Hierin ist:

C der nicht dimensionsfreie Beiwert
V die Verdrängung in t
v die Geschwindigkeit in Knoten
EPS die Widerstandsleistung, d. h. das Produkt aus Propellerschub und Geschwindigkeit.

Die dieser Formel entsprechende dimensionslose Gleichung, bei der mit Widerständen statt mit Leistungen gerechnet wird, lautet:

$$c_v = \frac{V^{2/3}\,\dfrac{v^2}{2g}\cdot 1000}{W}$$

Hierin ist:

c_v der dimensionslose Beiwert der Verdrängungsformel als Verhältnis zwischen rechnerischem und wirklichem Widerstand

V die Verdrängung des beladenen Schiffes in m³

v die Schiffsgeschwindigkeit in m/sek

W der wirkliche Widerstand in kg.

Zwischen den beiden Beiwerten c_v und C besteht die Beziehung

$$C = 10,8\,c_v \quad \text{und} \quad c_v = \frac{C}{10,8}$$

Nach Angaben über ausgeführte Hoppersauger findet man c_r zwischen 20 und 40 liegend. Der Widerstand ist bei ihnen höher als bei ähnlichen Handelsschiffen und im übrigen stark streuend. Dies kommt schon durch die Unsicherheit in den Angaben über die Geschwindigkeit, die manchmal eine bei der Probefahrt in tiefem Wasser erreichte, manchmal eine Konstruktionsgeschwindigkeit, die nicht gemessen wurde, und manchmal eine unter Betriebsverhältnissen im Flachwasser festgestellte ist. Auch bei der Maschinenleistung ist nicht sicher, ob es die Nennleistung oder eine bei der Probefahrt zeitweise erreichte höhere Leistung ist. Weiterhin ist die Streuung bedingt durch die Verschiedenheiten der Schiffskörper und besonders der widerstandserhöhenden Anhänge. Als Mittelwert für Überschlagsrechnungen kann man mit $c_v = 30$ rechnen.

Der Widerstandsbeiwert c_f der Flächenformel, bei welcher der auf die eingetauchte Hauptspantfläche Fh wirkende Staudruck als Bezugsgröße genommen wird, ist

$$c_f = \frac{W}{Fh\,\dfrac{v^2}{2g} \cdot 1000}$$

Nach den Verhältniszahlen für die Hauptabmessungen für Hoppersauger, die zu Beginn dieses Abschnittes gegeben wurden, findet man als Durchschnittswert $c_f = 0,135$.

Nach diesen Formeln kann man den Schiffswiderstand schätzen und findet die Widerstandsleistung

$$EPS = \frac{W\,v}{75}\ \text{in PS}$$

Um hieraus die aufzuwendende Maschinenleistung Ne zu erhalten, muß der Propellerwirkungsgrad bekannt sein. Man hat für dessen Höhe einen Anhalt aus dem Verhältnis zwischen eingetauchter Hauptspantfläche und Propellerkreisfläche. Der Durchmesser des Propellers muß etwas unter dem Leertiefgang bleiben, und so wird die Propellerkreisfläche für ein Einschraubenschiff etwa ¹/₈ von der eingetauchten Hauptspantfläche mit einem Propellerwirkungsgrad von etwa 50 %. Für ein Zweischraubenschiff geht das Verhältnis auf ¹/₄ und der Propellerwirkungsgrad auf 60 bis 70 % herauf, worin der Einfluß des Sogs enthalten sein soll.

Beim Verholsauger hat man die gleiche Maschine für die Baggerpumpe und den Propeller und kommt damit auf eine Geschwindigkeit von 8,2 Knoten = 15,2 km/h in beladenem Zustand. Würde man auch für Fahrsauger mit besonderen Maschinen für Propellerantrieb und Pumpenantrieb die gleiche durch den Pumpenförderstrom begrenzte Antriebsleistung nehmen, so würde bei jeder Laderaumgröße die Geschwindigkeit gleich sein, da der Leistungsbedarf proportional der Potenz ²/₃ der Verdrängung für beide Antriebe gleichförmig ansteigt. Bei den Fahrsaugern hat man aber immer 2 Maschinen mit 2 Propellern und 2 Rudern, da sich nur dann die erforderliche Wendigkeit erreichen läßt. An diese werden große Anforderungen gestellt, da das Heranfahren an die Baggerstelle, Wiederabfahren und Heranfahren an die Klappstelle mit vielen Manövern verbunden ist und dabei der Schiffsverkehr nicht gestört werden darf. Die beiden Propellerwellen laufen in möglichst großem Abstand, meist parallel zueinander, jedoch wird bei holländischen Schiffen der Abstand nach vorn gehend manchmal größer, um ein möglichst großes Wendemoment beim Manövrieren zu erhalten. Neuerdings baut man auch Bugstrahlanlagen ein, um auch im Stillstand und bei langsamer Fahrt eine querschiffs laufende Steuerkraft zu haben, die das gewöhnliche Heckruder nicht gibt.

Wenn man jeder Fahrmaschine die gleiche Leistung gibt, die für die Baggerpumpe vorgesehen ist, so bekommt man eine Geschwindigkeit, die in beladenem Zustand etwa bei 10 Knoten = 18,5 km/h liegt. Zu einer mit der Schiffsgröße und damit mit der Laderaumgröße ansteigenden Geschwindigkeit kommt man bei gleicher FROUDE-Zahl, d. h. wenn man das Verhältnis zwischen Geschwindigkeit und Wurzel aus der Schiffslänge gleich hält.

Wenn der Bagger von der Klappstelle zur Baggerstelle zurückfährt, ist er ohne Ladung. Wenn auch noch das beim Verklappen eingedrungene Wasser ausgepumpt ist, wird die Verdrängung nur noch durch das Schiffsgewicht und die Zuladung bestimmt und ist dann im Durchschnitt gleich der Hälfte der Verdrängung in beladenem Zustand. In diesem Verhältnis müßte auch der Tiefgang zurückgehen, wenn die waagerechte Schwimmlage erhalten bliebe. Da aber das Restwasser meist nicht abgepumpt und der Völligkeitsgrad um etwa 4 bis 5 % kleiner wird, ist der wirkliche Tiefgang in unbeladenem Zustand etwa das 0,6 fache, und man kann den Propellerdurchmesser etwa mit der Hälfte des Tiefgangs in beladenem Zustand ansetzen.

Obwohl somit die Verdrängung bei der Entladung auf etwa die Hälfte zurückgeht, tritt bei leerem Fahrzeug keine dementsprechende Erhöhung der Geschwindigkeit ein. Bei den Hoppersaugern des C. of E. beträgt sie im Durchschnitt nur etwa 10 %. Auch sonst liegt die Differenz zwischen beiden Geschwindigkeiten etwa in dieser Höhe, wie die später gegebenen Ausführungsbeispiele erkennen lassen.

Dampfantrieb war bei Hoppersaugern vorherrschend und auch in neuerer Zeit findet man noch viele Anlagen mit Zylinderkesseln und Kolbenmaschinen. Man hält das für die zuverlässigste Betriebsart, da im Ausland Reparaturen an Dieselanlagen und besonders an elektrischen Anlagen schwierig durchzuführen sind.

Für die Hoppersauger des C. of E. wurde für installierte Maschinenleistungen über 5000 PS bisher Dampfantrieb mit ölgefeuerten Wasserrohrkesseln, Heißdampf und Turbinen genommen. Dabei treiben diese in Tandemanordnung je 3 Generatoren für die Fahrmaschinen, die Baggerpumpen und das Bordnetz an. Die Schrauben werden dann durch Elektromotoren gedreht, wobei die Regelfähigkeit und die Bedienung vom Steuerhaus leichter zu erreichen ist. Insbesondere ist aber maßgebend, daß die Umsteuerung bei Turbinenantrieb nicht einfach ist. Bei Fracht- und Fahrgastschiffen kann man sich mit einer Rückwärtsturbine von beschränkter Leistungsfähigkeit und Wirtschaftlichkeit begnügen, da ein Manövrieren nur gelegentlich erforderlich ist. Bei Hoppersaugern ist es aber bei den kurzen Fahrwegen, die man anstrebt, eine Dauererscheinung, und es besteht dann die Gefahr der Schaufelbeschädigung bei den Turbinen.

Am häufigsten wird der diesel-elektrische Antrieb verwendet, bei dem man als Kraftzentrale eine größere Zahl von schnellaufenden Dieselgeneratoren nehmen kann. Beim C. of E. bevorzugt man jedoch, ähnlich wie bei Dampfturbinenantrieb, die Anordnung von 2 Dieselmotoren von mäßiger Drehzahl, die eine Welle antreiben. Auf dieser sitzen 3 Generatoren hintereinander in der sogenannten Tandemanordnung, wobei Gleichstrom bevorzugt wird.

Schließlich ist noch der direkte Dieselantrieb zu erwähnen, bei dem die Propellerwelle und die Baggerpumpen durch je einen Dieselmotor angetrieben werden. Dabei wird für die Fahrmaschinen bequemes Umsteuern unter Bedienung vom Steuerhaus gefordert. Dies ist für kleine Anlagen durch ein Wendegetriebe mit Öldruckbetätigung oder durch Propeller mit verstellbaren Flügeln zu erreichen, während bei großen Maschinen die unmittelbare Umsteuerung notwendig ist, die dann aber schnell, zuverlässig und mit geringem Luftverbrauch durchgeführt werden muß. Sind diese Bedingungen erfüllt, so wird der größte Teil der installierten Leistung unmittelbar und ohne Verlust auf die

Abnehmer übertragen, und man braucht nur Dieselgeneratoren für die Winden und die sonstigen Hilfsmaschinen. Wie beim Cuttersauger ergibt auch beim Hoppersauger der direkte Dieselantrieb die einfachste Maschinenanlage.

Von ganz besonderer Bedeutung sind für einen Hopperbagger die Propulsionsverhältnisse *beim Saugen*, bei dem die Propeller mehr oder weniger im Stand laufen. Als Beispiel sei hier der Bagger „Chien-She" gewählt, der im Seegebiet von Shanghai vor der Mündung des Jangtseflusses zu arbeiten hat, wo ein Gezeitenstrom bis zu 6 Knoten $= 11$ km/h $= 3{,}1$ m/sek läuft, dessen Richtung bis zu $45°$ gegen die Schiffahrtsrinne geneigt ist. Der Bagger hat 2 Fahrmaschinen von je 1500 PS$_i$, die Propeller von 3500 mm Dm. antreiben und dem Schiff in beladenem Zustand bei 5,5 m Tiefgang eine Geschwindigkeit von 19 km/h (10,25 Knoten) $= 5{,}28$ m/sek erteilen. Hierfür läßt sich der Propellerschub berechnen, der gleich dem Schiffswiderstand W ist. Es ist $\frac{W\,v}{75} = EPS$, worin v die Schiffsgeschwindigkeit in m/sek und EPS die Widerstandsleistung ist. Wenn der mechanische Wirkungsgrad der Maschine mit 0,85 und der Propellerwirkungsgrad mit 0,65 angenommen wird, so ist $EPS = 1500 \cdot 0{,}85 \cdot 0{,}65 = 830\ PS$ und $W = \frac{830 \cdot 75}{5{,}28}$ $= 11\,800$ kg für jeden Propeller. Beim Übergang auf das Arbeiten im Stand steigt der Slip von etwa 30% auf 100%, während die effektive Maschinenleistung infolge Drehzahlabfall auf 70% der Freifahrtsleistung zurückgeht und mit No bezeichnet wird. Es ist $No = 1500 \cdot 0{,}85 \cdot 0{,}7 = 890$ PS$_e$, und dafür läßt sich der Schub So des im Stand arbeitenden Propellers berechnen nach der Gleichung

$$So = \sqrt[3]{F\,No^2} \cdot 75, \quad \text{wobei } F \text{ die Propellerkreisfläche} = \frac{\pi}{4} \cdot 3{,}5^2 = 9{,}6 \text{ m}^2 \text{ ist.}$$

$$No^2 = 890^2 = 792\,100 \quad So = \sqrt[3]{7\,600\,000} \cdot 75 = 197 \cdot 75 = 14\,800 \text{ kg.}$$

Abb. 299 zeigt ein Diagramm, in dem über der Geschwindigkeit gegen das Wasser der annähernd mit dem Quadrat ansteigende Schiffswiderstand eingetragen ist, der in A bei der Freifahrtsgeschwindigkeit von 19 km/h gleich dem Schub der beiden Propeller von $2 \cdot 11\,800$ kg $= 23\,600$ kg ist. Der Propellerschub im Stand ist in B $2 \cdot 14\,800$ kg $= 29\,600$ kg. Nimmt man zunächst ruhiges Wasser ohne Strom an und eine Geschwindigkeit beim Saugen gegen den Grund von 1 m/sek $= 3{,}6$ km/h, so ist in C ein Schub von $28\,500$ kg vorhanden, von dem für die Überwindung des Schiffswiderstandes nur 1500 kg abgehen, so daß noch $27\,000$ kg für das Schürfen verfügbar sein würden. Kommt aber nun der Strom hinzu, von dem eine Komponente von 7,4 km/h als in die Baggerrichtung fallend angenommen wird, so hat der Bagger eine Geschwindigkeit von 11 km/h gegen das Was-

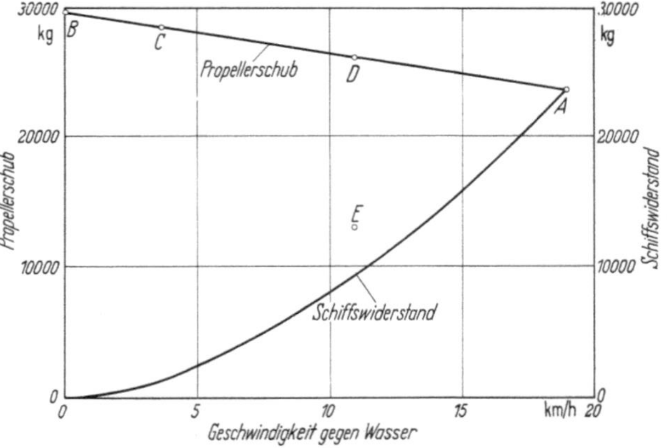

Abb. 299. Propellerschub, Schiffswiderstand und beim Saugen verfügbarer Schürfdruck für den Hoppersauger „Chien-She" mit einer Leistung der Fahrmaschinen von je 1500 PS$_i$

ser und dabei einen Widerstand von 9500 kg zu überwinden. Der Gesamtschub beider Propeller beträgt in D $26\,000$ kg, so daß noch $26\,000 - 9500 = 16\,500$ kg an Schürfdruck verfügbar wären. Um sich aber gegen den von der Seite kommenden Strom zu halten, kann der Bagger nicht mit beiden Maschinen voraus arbeiten, so daß in der Baggerrichtung vielleicht nur eine Maschine als wirksam angenommen werden kann mit einem Schub in E von $13\,000$ kg. Dann stehen als Schürfdruck nur 3500 kg zur Verfügung und der Schürfwiderstand, der für den abgekrümmten FRÜHLINGschen Saugkopf bei Feinsand mit 8000 kg berechnet wird, könnte nicht überwunden werden.

Wenn auch die Verhältnisse nicht immer so ungünstig liegen, wie bei der Rechnung angenommen wurde, so bleibt doch das Ergebnis bestehen, daß die Maschinenleistung bei „Chien-She" zeitweise nicht ausreichend war, und aus diesem Grunde der später gebaute Bagger „Fu-Shing" 2 Fahrmaschinen von je 2250 PS$_i$ erhielt, welche die Freifahrtsgeschwindigkeit auf 21,5 km/h erhöhten und beim Saugen einen entsprechend größeren Schürfdruck aufbringen konnten. Wenn man aber die effektive Schürfleistung als Produkt von Kraft und Geschwindigkeit gegen den Grund rechnet, so bekommt man nur

$$\frac{8000 \cdot 1}{75} = 106,5 \text{ PS},$$ was der Schneidkopf eines am Ort bleibenden Rohrleitungssaugers

mit einer Antriebsleistung von 200 PS leicht erreichen würde, während bei Hopperbaggern während der Baggertätigkeit die 10fache Leistung aufzuwenden ist.

Auch beim C. of E. stellte man bei dem von Schichau gelieferten Heckschlitzbagger „New Orleans" bald fest, daß der abgekrümmte FRÜHLINGsche Saugkopf bei harten Bodenarten einen Schürfdruck erforderte, den die beiden Fahrmaschinen nicht aufbringen konnten. Dies führte zu einem Umbau mit stärkeren Maschinen, aber auch zum Abgehen von dieser Art Saugköpfen; denn man ist der Ansicht, daß der Aufwand an Maschinenleistung in keinem Verhältnis zum Erfolg steht und hält es für richtiger, zu Saugköpfen überzugehen, die sich tatzenförmig auf den Grund legen und vom Propellerschub nur eine Kraft erfordern, die auf etwa $^1/_4$ ihres Auflagegewichtes zu schätzen ist.

Weitere Ausführungen über die Maschinenanlagen werden im Kapitel K bei der Beschreibung ausgeführter Anlagen gebracht.

K. Der Hoppersauger in vielseitiger Ausführungsart

1. Hoppersauger kleiner Größe mit Fassungsvermögen bis zu 1000 m³

Erstes Beispiel eines kleinen Fahrzeugs sei der von der Werft Holland, Hardingxfeld, im Jahre 1954 gebaute Hoppersauger nach Abb. 300. Er ist für die Gewinnung von Sand und Kies bestimmt und hat die Abmessungen $46 \times 7 \times 2,1$ m, ein Laderaumfassungsvermögen von 230 m³ und eine Tragfähigkeit von 350 t bei 100 mm Freibord. Ein Dieselmotor von 200 PS bei 430 U/min gibt, mit der Propellerwelle gekuppelt, dem Schiff eine Geschwindigkeit von $8^1/_4$ Knoten = 15,3 km/h. Beim Saugen wird die Propellerwelle abgekuppelt und die vor dem Motor stehende Baggerpumpe angetrie-

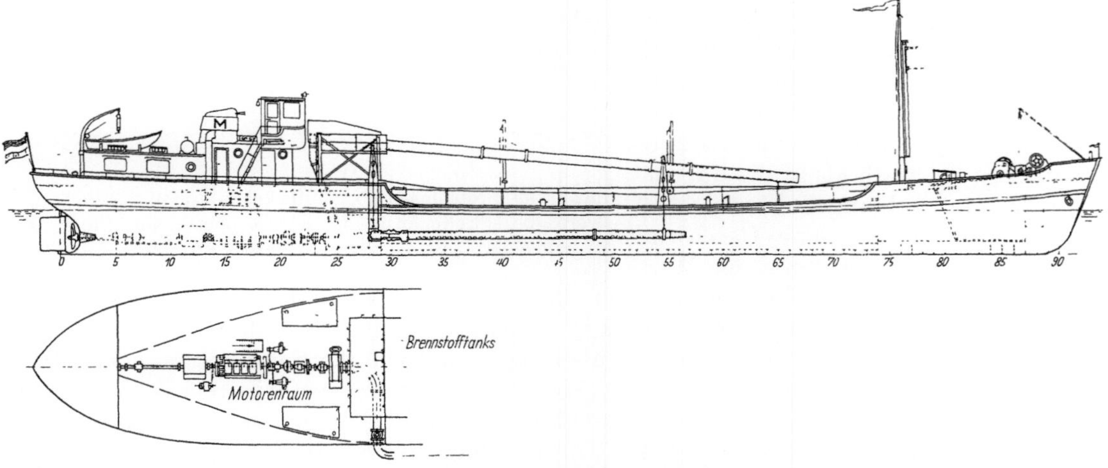

Abb. 300. Selbstfahrender Saugbagger für Sandgewinnung mit einem Laderaumfassungsvermögen von 230 m³ bei 350 t Ladungsgewicht und einem Antriebsmotor von 200 PS

ben. Der nach vorn gerichtete Saugarm an der Steuerbordseite hat eine Weite von 300 mm und läßt eine Saugtiefe von 11 m erreichen. Auf Nachgiebigkeit ist verzichtet, da ein derartiges Fahrzeug nicht im Seegang zu arbeiten hat. Das Gemisch geht von der Pumpe nach oben in eine Rinne, die schräg abfallend über den Laderaum geführt ist und auf ihrer Unterseite Verteilklappen besitzt. Die Hauptspantzeichnung Abb. 301 läßt erkennen, daß keine Bodenklappen vorhanden sind, da das Fahrzeug zur Gewinnung und Verwertung von Material bestimmt ist. Deswegen ist auch ein Absaugen unter Hinzutritt von Wasser unerwünscht, und das in der Ladung enthaltene Wasser soll soweit wie möglich entzogen werden. Der Laderaum hat senkrechte Wände und in der Mitte seines Bodens einen Lochstreifen. Unter diesem liegt ein Kanal mit rechteckigem Querschnitt, der in halber Höhe durch ein weiteres Lochblech geteilt ist. Das

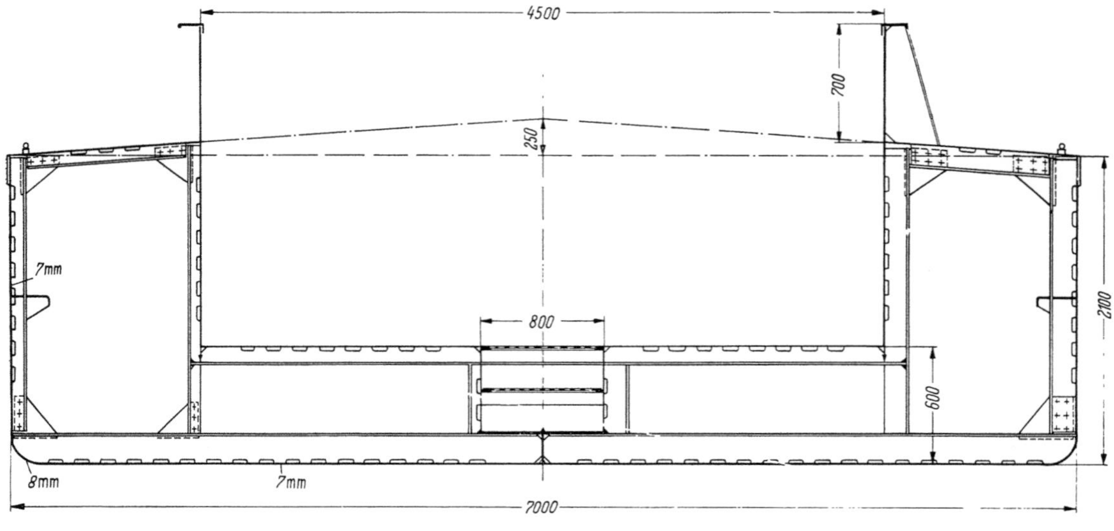

Abb. 301
Hauptspant des selbstfahrenden Sandsaugers mit senkrechten Laderaumwänden und Entwässerungskanal

Wasser, das in den Poren der Ladung enthalten ist, geht bei Zurückhaltung von Feststoffteilen durch die Lochblechstreifen in den unteren Teil des Kanals und kann hier durch Pumpen, die von der Hauptmaschinenwelle angetrieben werden, abgesaugt werden. Auf diese Weise wird Sand und Kies während der Fahrt zur Entladestelle getrocknet und dann durch einen an Land stehenden Greifer entladen. Vorher muß die über den Laderaum gehende Beladerinne nach der Seite geschoben werden, damit der Greifer ungehindert arbeiten kann. Er schüttet seinen Inhalt in Silos, aus denen ihn Lastwagen entnehmen und an die Verbraucherstelle bringen. Für diesen Straßentransport ist nur Material zu verwenden, dem das Wasser weitgehend entzogen ist.

Wenn man die Ladung in der sonst üblichen Weise unter Hinzutritt von Wasser absaugt, muß man das Gemisch erst auf eine Halde bringen, wo es austrocknet, ehe es von Greifern aufgenommen und in Lastwagen verladen wird. Wenn Kies gesaugt wird, ist meist auch eine Sortieranlage erforderlich.

Abb. 302 ist der Raumplan eines Verholsaugers mit Dampfantrieb, der im Jahre 1954 von der IHC Holland für die Türkei geliefert wurde und den Namen „Akdeniz" führt. Die Hauptabmessungen sind 61,65 × 11,65 × 4,85, das Fassungsvermögen des Laderaums 600 m³ und der Tiefgang in beladenem Zustand 4,1 m.

Im Hinterschiff liegen 2 Zylinderkessel von je 165/182 m² Heizfläche, welche mit Kohle befeuert werden und Sattdampf von 14 atü liefern. Die Hauptmaschine ist von geschlossener Bauart, System „Smit-Brouwer", und hat ein Leistungsvermögen von 1000 PS$_i$ bei 190 U/min. Sie treibt wie üblich die nach hinten gehende Welle mit einem

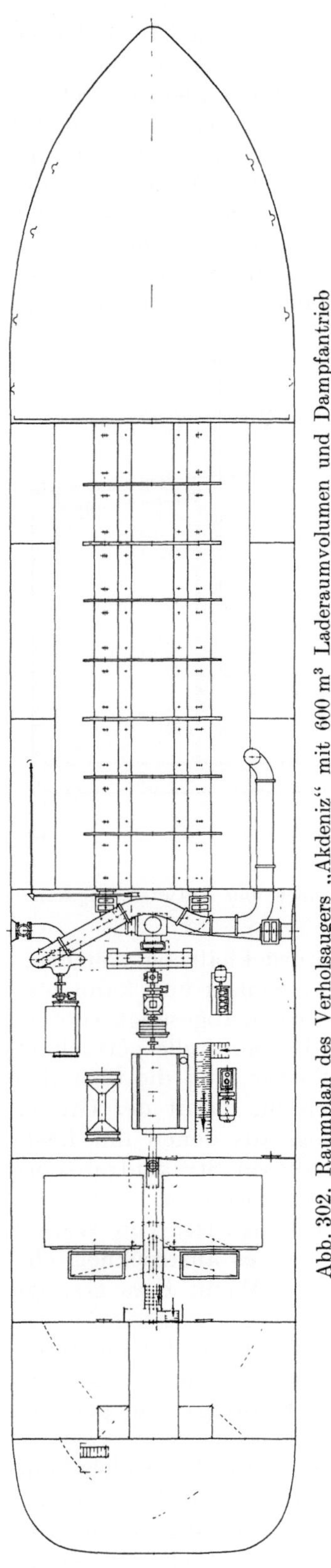

Abb. 302. Raumplan des Verholsaugers „Akdeniz" mit 600 m³ Laderaumvolumen und Dampfantrieb

Propeller von 2850 mm Dmr. an, wobei die Geschwindigkeit in beladenem Zustand 10,1 Knoten = 18,7 km/h beträgt.

Die Baggerpumpe steht vor der Hauptmaschine und hat einen 4flügligen offenen Kreisel von 2000 mm Durchmesser mit einem Kastengehäuse in Schneckenform.

Der an Steuerbordseite sitzende Saugarm hat 600 mm Lichtweite und ist gelenkig ausgebildet. Wie Abb. 303 erkennen läßt, steht bei der größten Saugtiefe von 15 m das untere Ende fast senkrecht zum Gewässergrund, während das sich daran anschließende Saugarmstück etwa um 30° gegen die Horizontale geneigt ist. An der Knickstelle befindet sich ein armiertes Gummischlauchstück, eingefaßt von Gabelstücken, deren Enden mit Drehbolzen verbunden sind. Auf diese Weise entsteht eine waagerechte Achse, welche die Einstellung auf die richtige Tiefe ermöglicht, ohne daß der Gummischlauch zu stark geknickt oder gestaucht wird. Ein gleiches Gummischlauchstück befindet sich oben am Drehellbogen, jedoch bilden hier die Bolzen, welche die Enden der Gabelstücke verbinden, eine senkrechte Drehachse, so daß eine seitliche Bewegung des Saugarms möglich ist. Das Ellbogenstück ist auf seiner Gleitplatte drehbar, so daß es sich im Winkel einstellen kann. 3 Hubseile sind vorhanden, die am Saugrobrende, an der Knickstelle und am Drehellbogen angreifen. Die Hubeinrichtung, die sonst ähnlich wie bei einem starren Saugarm ausgebildet ist, bringt diesen in die waagerechte Lage, holt ihn nach innen und setzt ihn auf dem Deck ab, so daß er nicht über die Bordwand hinausragt.

Der Saugarm kann, wie die Abbildung zeigt, auch nach hinten gerichtet werden, so daß sein Ende dann über das Heck des Schiffes hinausragt und für dieses eine Schwimmfläche geschaffen werden kann. Das Hinterschiff ist breit gehalten, so daß die Ausleger für die Hubeinrichtung, die dann von vorn nach hinten umgesetzt werden, in die richtige Stellung kommen.

Vom Druckrohr der Baggerpumpe, das senkrecht nach oben geführt ist, gehen wie üblich 2 Verteilrohre über den Laderaum. Die Zeit für dessen Füllung mit Sand ist auf 40 bis 50 Minuten angesetzt. Die Ladung kann auch abgesaugt werden, und zwar durch die früher beschriebene, von der Firma L. Smit & Zoon entwickelte Einrichtung mit Oberklappen. Dabei kann die Leistung der Hauptmaschine von 1000 PS$_i$ ausgenutzt und eine Förderweite von etwa 750 m bei einer geometrischen Höhe von 5 m mit der Druckleitung von 600 mm Weite erreicht werden.

Man kann Schuten beladen und entladen, wie Abb. 123 zeigte. Hierfür steht im Maschinenraum eine weitere Dampfmaschine geschlossener Bauart von 350 PS$_i$, welche die Zusatzwasserpumpe antreibt. Die sonstigen Einrichtungen sind die bei Schutensaugern üblichen. Vorn und hinten steht je eine doppelte Dampfankerwinde, und außerdem sind die bereits erwähnten Hubwinden für den Saugarm je nach dessen Lage im vorderen oder hinteren Schiffsteil aufgestellt.

Abb. 304 zeigt das Hinterschiff mit Heckschlitz des Hoppersaugers „Geheimrat Goeker", im folgenden abgekürzt mit „Goeker" bezeichnet, der im Jahre 1939 von

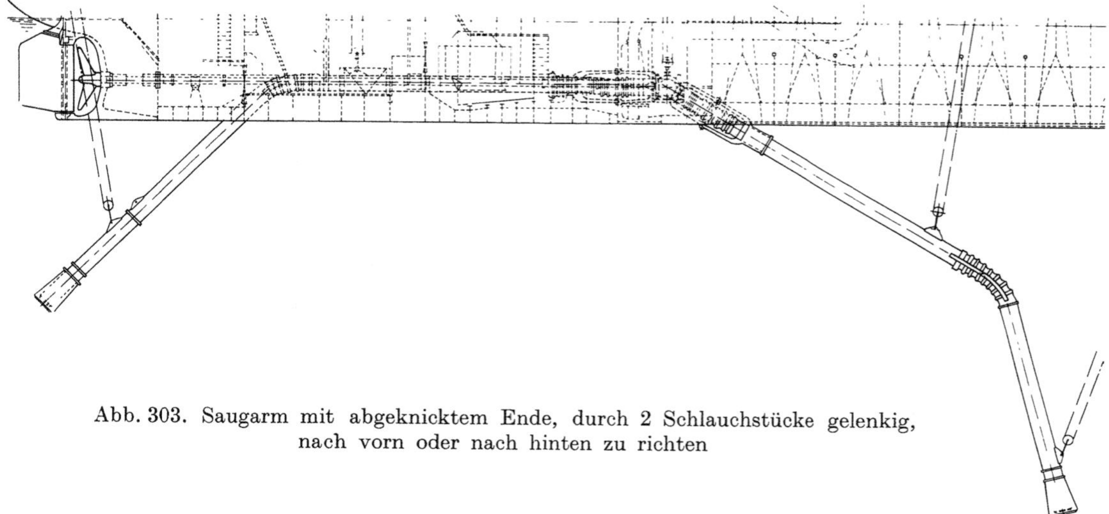

Abb. 303. Saugarm mit abgeknicktem Ende, durch 2 Schlauchstücke gelenkig, nach vorn oder nach hinten zu richten

der LMG für die deutsche Marine geliefert wurde. Er hat diesel-elektrischen Antrieb und folgende Hauptdaten: Länge zwischen den Loten 62 m, Breite auf Spanten 12 m, Seitenhöhe 4,7 m. Die Tragfähigkeit beträgt 1000 t und der Tiefgang in beladenem Zustand bei einer Verdrängung von 2300 t 4,0 m. Der Überlauf geht über Trichter,

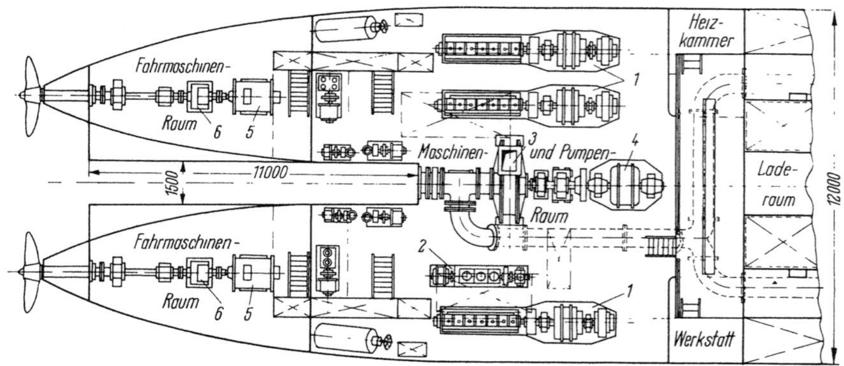

Abb. 304. Hinterschiff des Hoppersaugers „Geheimrat Goeker" mit 1000 t Ladungsgewicht in Heckschlitzanordnung mit der Maschinenanlage

1 Dieselmotoren 390 PS mit 2 Generatoren; *2* Hilfsgenerator 80 PS; *3* Baggerpumpe; *4* Baggerpumpenmotor; *5* Fahrmotoren 275 PS; *6* Untersetzungsgetriebe

deren Abflußrohre seitlich ins Außenwasser führen. Die Höhe der Trichter wird so eingestellt, daß bei Sand die Laderaumfüllung 500 m³ beträgt, während sie bei leichterem Material bis auf 700 m³ erhöht werden kann. Der Tiefgang in unbeladenem Zustand beträgt im Mittel 2,6 m.

Die ganze Maschinenanlage liegt hinter dem Laderaum. Zur Energieerzeugung dienen 3 Viertaktdieselmotoren von je 390 PS bei 450 U/min, von denen jeder zwei auf seiner Welle sitzende Gleichstromgeneratoren antreibt, nämlich einen Hauptgenerator von 218 kW und einen Netzgenerator von 50 kW. Die beiden Fahrmotoren mit 275 PS bei 1200 U/min treiben über Untersetzungsgetriebe die Propeller bei einem

Durchmesser von 2800 mm mit 120 U/min an, wobei das Schiff eine Geschwindigkeit von 9 Knoten = 16,5 km/h im beladenen Zustand erhält.

Die Baggerpumpe hat einen 3flügligen Kreisel von 1250 mm Dmr. und 375 mm Breite mit Rohranschlüssen von 650 mm und wird durch einen Motor von 750 PS$_e$ bei 350 U/min unmittelbar angetrieben. Sie sitzt dicht vor dem Schlitz und hat eine kurze gerade Saugrohrleitung, was ein Vorteil der Heckschlitzanordnung ist. Die Baggertiefe ist mit maximal 18 m für diese Schiffsgröße bedeutend.

Unter Anwendung des Konstantstromsystems sind Generatoren und Motoren in Reihe geschaltet, wobei die Leistung der Generatoren je nach Bedarf auf die Fahr-

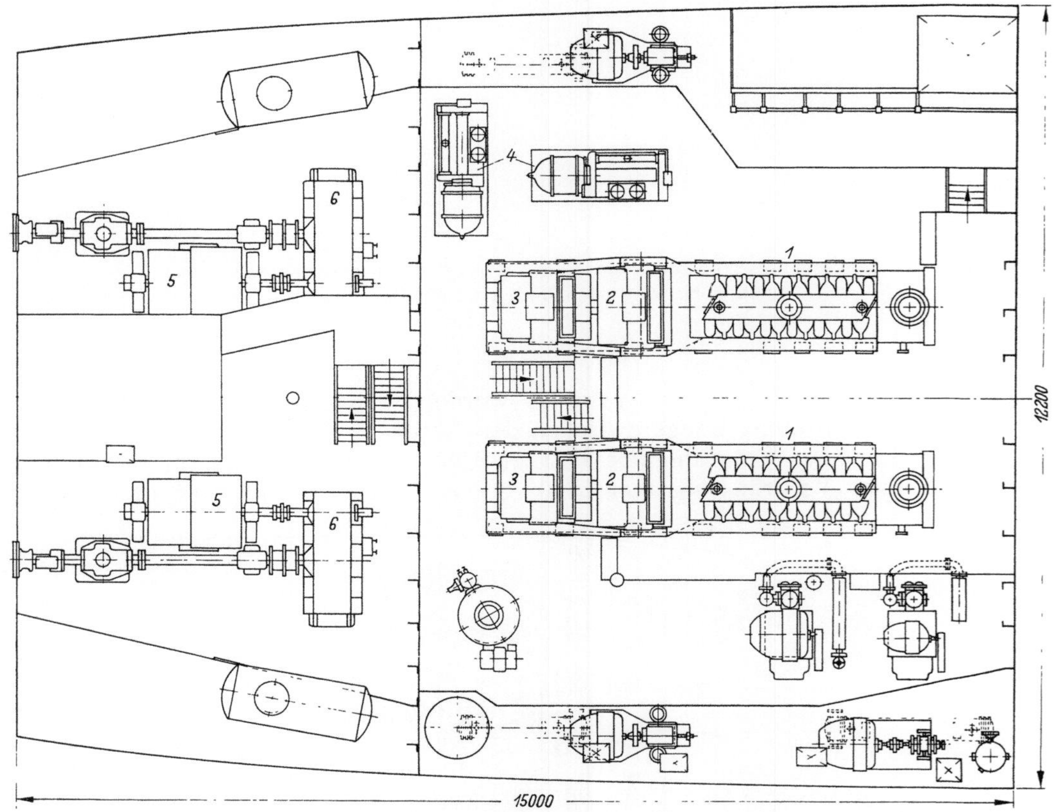

Abb. 305. Diesel-elektrische Maschinenanlage der Hofman-Klasse des C. of E. mit 535/615 m³ Laderaumfassungsvermögen

1 Dieselmotoren 950 PS; *2* Fahrgeneratoren 565 kW; *3* Netzgeneratoren 310 kW; *4* Hilfsgeneratoren 60 kW; *5* Propellermotoren 700 PS; *6* Untersetzungsgetriebe

motoren und den Pumpenmotor zu verteilen ist. Die Fahrmotoren können unabhängig voneinander in Drehzahl und Drehrichtung und der Baggerpumpenmotor auch wieder unabhängig davon in seiner Drehzahl geregelt werden. Die Regler, welche die Erregerfelder beeinflussen, können sowohl auf der Brücke als auch im Maschinenraum betätigt werden. Die Netzgeneratoren sind parallelgeschaltet und liefern den Strom für das Bordnetz, aus dem auch die Erregerwicklungen der Motoren und Generatoren unter Einschaltung der erwähnten Regler gespeist werden.

Ein Hilfsgenerator mit einem Dieselmotor von 80 PS und ein Notstromgenerator mit 16 PS Antriebsleistung sind außerdem noch vorhanden.

Der ursprüngliche stark abgekrümmte breite Saugkopf des nach hinten gerichteten Saugarms befriedigte bei Feinsand nicht und wurde durch einen anderen ersetzt. Der hat, ähnlich wie der amerikanische Koralsaugkopf, einen festen Teil mit Reißzähnen und eine Klappe in Segmentform, die je nach der Baggertiefe so eingestellt wird, daß die rechteckige Unterfläche auf dem Grunde aufliegt und kein Wasser ohne Bodenmitnahme eintreten kann.

Bei dem festgelagerten Feinsand auf der Weser bei Bremerhaven wird so gearbeitet, daß das Schiff sich nach Ablassen des Saugkopfs auf den Grund von der Strömung treiben läßt und dabei eine Geschwindigkeit annimmt, die nicht viel größer als beim Verholen durch Winden ist. Dabei ist die Konzentration mit 20 % befriedigend, aber ein gewisser Überlaufverlust läßt sich nicht vermeiden. Da dieser mit zunehmender Füllung des Laderaums ansteigt, pumpt man etwa 1 bis $1^1/_2$ Stunden und begnügt sich mit einer unvollständigen Füllung. Der Bagger arbeitet so als *Treibsauger* bei diesem undankbaren Material befriedigend, und die Nachteile der Heckschlitzanordnung, nämlich mangelnde Steuerfähigkeit und Empfindlichkeit gegen Seegang, treten hier nicht in Erscheinung.

Der Linienriß des Schiffes mit der durch die Heckschlitzanordnung gegebenen Form wurde in Abb. 298 gezeigt.

Auch in den USA beim C. of E. sind in neuerer Zeit kleine Hoppersauger gebaut worden, die außer und neben den großen immer gebraucht werden. Sechs Einheiten der Hofman-Klasse, die in den Jahren 1942 bis 1947 fertiggestellt wurden, haben eine Länge von 66 m über alles, 12,2 m Breite und 4,6 m Seitenhöhe. Der Laderaum faßt 535 m³ bei Sand und 615 m³ bei Schluff. Die Baggertiefe ist hier 13,7 m gegen 18 m bei „Goeker". Bei gefülltem Laderaum ist der Tiefgang vorn 3,8 m und hinten 4,1 m, was einer Verdrängung von etwa 2500 t entspricht. Bei ungefülltem Laderaum ist der Tiefgang vorn 2,45 m und hinten 3,05 m.

Abb. 305 zeigt die Maschinenanlage mit 2 Zweitakt-Dieselmotoren, Fabrikat GMC, mit je 12 Zylindern in V-Anordnung bei 222 mm Bohrung und 266 mm

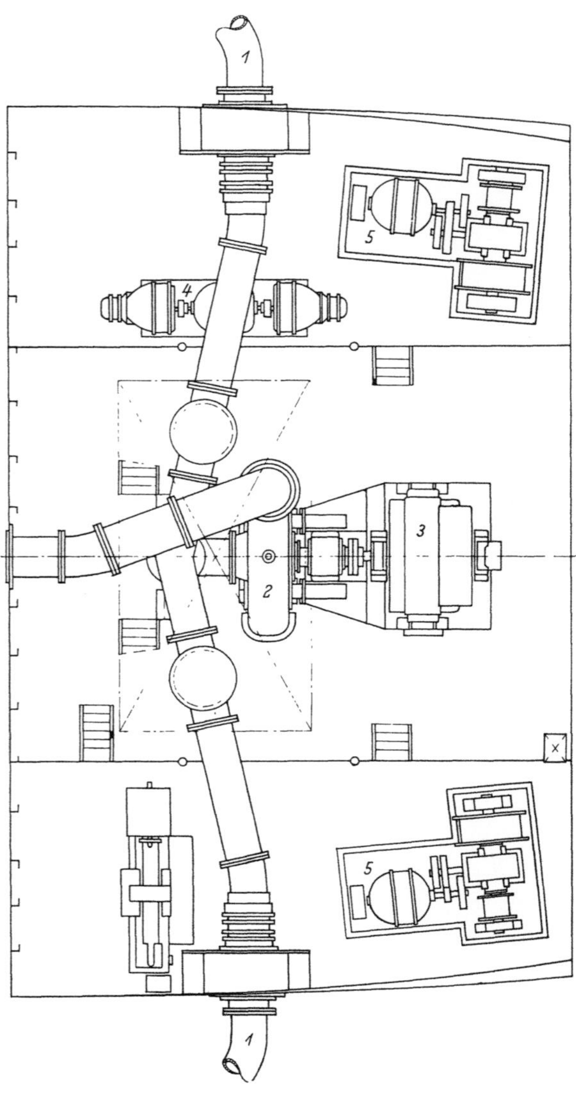

Abb. 306. Vorderer Maschinenraum der Hofman-Klasse mit *einer* durch beide Saugarme saugenden Baggerpumpe mit Antrieb durch Elektromotor

1 Ellbogen der Saugarme; *2* Baggerpumpe; *3* Baggerpumpenmotor 410 PS; *4* Windengenerator; *5* Saugarmwinden

Hub. Bei einem mittleren effektiven Druck von 4,65 kg/cm² haben sie ein Leistungsvermögen von 950 PS bei 750 U/min. Jeder Motor treibt zwei auf einer Welle sitzende Gleichstromgeneratoren an, wovon der vordere Fahrmaschinengenerator 565 kW bei 600 Volt und der hintere Netzgenerator 310 kW bei 240 Volt leistet. Die Summe dieser Leistungen ist mit 875 kW größer als die des antreibenden Dieselmotors von 710 kW. Da die Spitzenleistung nicht gleichzeitig auftritt, ist dies möglich und wird als Vorteil der Tandemanordnung angesehen.

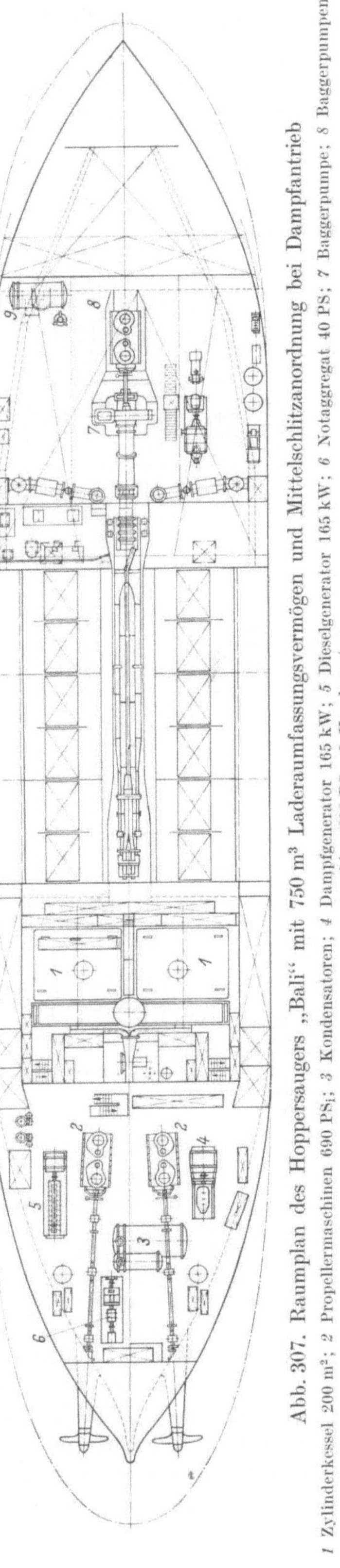

Abb. 307. Raumplan des Hoppersaugers „Bali" mit 750 m³ Laderaumfassungsvermögen und Mittelschlitzanordnung bei Dampfantrieb

1 Zylinderkessel 200 m²; *2* Propellermaschinen 690 PS$_i$; *3* Kondensatoren; *4* Dampfgenerator 165 kW; *5* Dieselgenerator 165 kW; *6* Notaggregat 40 PS; *7* Baggerpumpe; *8* Baggerpumpenmaschine 690 PS$_i$; *9* Kondensator

Weiterhin sind noch 2 Hilfsdieselgeneratorsätze von je 60 kW bei 240 Volt und 1200 U/min aufgestellt.

In der Abteilung dahinter liegen die beiden schnell laufenden Propulsionsmotore von je 700 PS bei 600 Volt, die mit den beiden vorderen Generatoren in Leonard-Schaltung verbunden sind. Sie drehen die Propellerwellen über Getriebe mit 6 facher Untersetzung maximal mit 200 U/min bei feinstufiger Regelmöglichkeit bis auf Stillstand und Umsteuerung. Die Fahrgeschwindigkeit ist beladen 10,5 Knoten = 19,5 km/h und leer 11,3 Knoten = 21 km/h.

Die vor dem Laderaum liegende Baggerpumpenanlage zeigt Abb. 306. Der Bagger hat, wie beim C. of E. üblich, zwei seitliche, nach hinten gehende Saugarme von 460 mm lichter Weite mit Saugköpfen der Koraltype. Man hielt es nicht für zweckmäßig, zwei Baggerpumpen zu installieren und nahm *eine* Pumpe mit 510 mm Saugrohranschluß, in den beide Saugrohre eingeführt sind. Der Kreisel hat 1300 mm Dmr., und die Drehzahl liegt zwischen 190 und 240 U/min, entsprechend einer Umfangsgeschwindigkeit von 13 bis 16,4 m/sek. Der Antriebsmotor leistet 410 PS und wird von den Netzgeneratoren mit Gleichstrom gleichbleibender Spannung von 230 Volt beliefert. Dabei kann die Drehzahl durch Feldveränderung in 15 Stufen zwischen 190 und 240 U/min eingestellt werden.

Man hat vorher umfangreiche Versuche vorgenommen, wonach es möglich sein sollte, mit einer Pumpe durch 2 Saugarme genügend gleichmäßig zu saugen. In der Praxis zeigt sich aber doch, daß dies schwierig ist.

Abb. 307 ist ein Raumplan des von der LMG im Jahre 1957 für Indonesien gelieferten Hoppersaugers „Bali" mit Mittelschlitz und Dampfantrieb bei 750 m³ Fassungsvermögen des Laderaums. Der Schiffskörper hat eine Länge von 73 m über alles und 69,2 m zwischen den Loten, 13,2 m Breite auf Spanten und 5 m Seitenhöhe bis zum Hauptdeck. Die größte Baggertiefe beträgt 13 m. Bei einem Völligkeitsgrad von 0,765 ist bei einem Tiefgang von 4,15 m die Verdrängung 2900 t, wovon auf die Ladung bei einer Dichte von 1,8 ein Anteil von 1350 t kommt. Die Heizölbunker haben ein Fassungsvermögen von 220 m³. Weiter sind Tanks für Speisewasser, Frischwasser u. a. m. mit einem gesamten Fassungsvermögen von etwa 400 m³ vorhanden. Die Zuladung hat den hohen Wert von 1550 t.

Zwei Zylinderkessel von 4200 mm Dmr. und 3520 mm Länge mit je 3 Flammrohren von 1000/1100 mm Durchmesser sind eingebaut. Sie haben eine Heizfläche von je 200 m² und liefern überhitzten Dampf von 280° bei 16 atü. Für jeden Kessel ist mit 10 000 kg/h, also mit 20 kg Dampf pro m² Heizfläche und Stunde gerechnet. Sie haben eine Ölfeuerungsanlage in der Bauart Deutsche Werft, Hamburg.

Die beiden Maschinen zum Antrieb der Propeller von 2380 mm Dmr. und 1500 mm Steigung sind Doppelverbundmaschinen der Bauart Christiansen & Meyer, mit den Zylinderabmessungen $2 \cdot \frac{240 + 520}{520}$. Mit je 690 PS$_i$ bei 240 U/min geben sie dem Schiff in beladenem Zustand eine Geschwindigkeit von 10 Knoten = 18,5 km/h. Sie werden über Verstellexzenter durch eine besondere Maschine umgesteuert. Ein

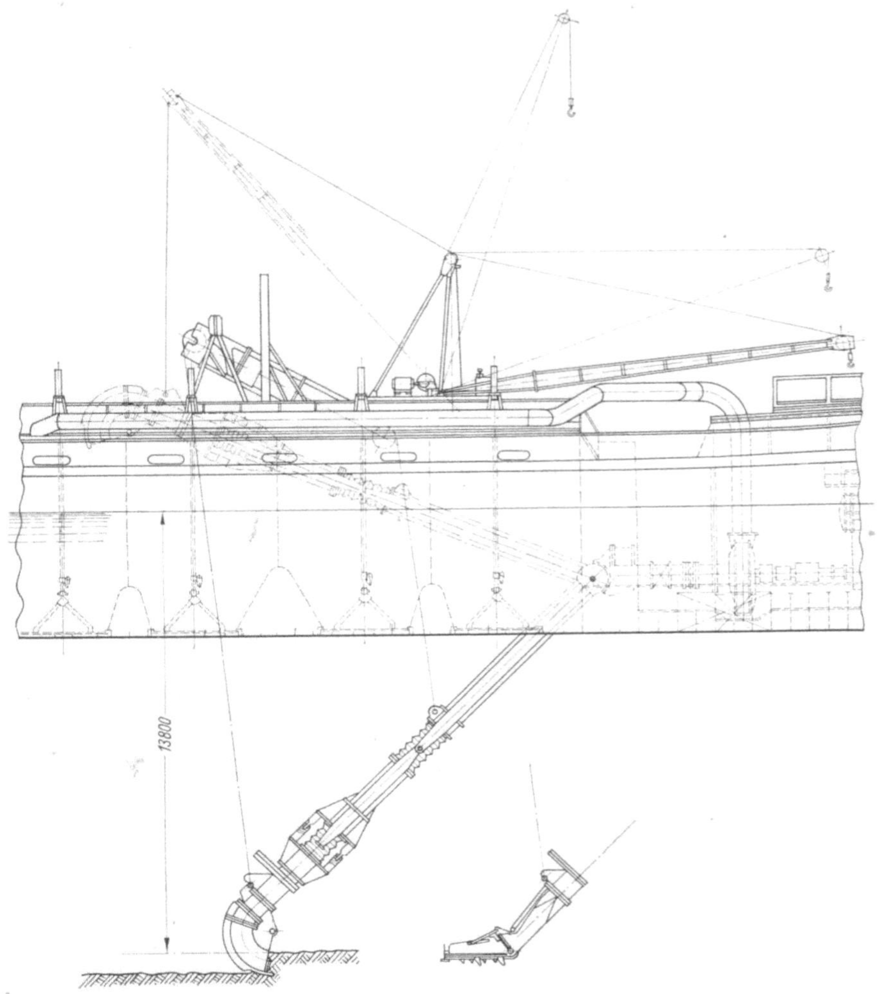

Abb. 308. Gelenkiger Saugarm in Mittelschlitzanordnung für den Hoppersauger „Cauverry" mit 800 m³ Laderaumfassungsvermögen und Dampfantrieb

Kondensator von 210 m² Kühlfläche und ein Hilfskondensator von 30 m² Kühlfläche mit den erforderlichen Pumpen usw. stehen außerdem im Maschinenraum. Die Hilfsmaschinen werden teils mit Dampf, teils elektrisch angetrieben. Hierfür liefert die Energie ein Generator von 165 kW bei 230 Volt, der durch eine geschlossene Verbundmaschine mit den Zylinderabmessungen $\frac{250 + 460}{200}$ mit einer Leistung von 260 PS bei 600 U/min angetrieben wird und weiter noch ein Generator von gleicher Leistung mit Antrieb durch einen Dieselmotor von 350 PS$_e$ bei 700 U/min. Ein Notdieselaggregat von 40 PS ist außerdem noch vorhanden.

Die Baggerpumpe steht, der Mittelschlitzanordnung entsprechend, vor dem Laderaum. Sie hat einen geschlossenen Kreisel von 1540 mm Dmr. Das Gehäuse ist in Kastenform geschweißt und hat Schleißplatten von 20 mm Dicke. Die Nenndrehzahl liegt bei 200 U/min, wobei eine Gemischmenge von 5650 m³/h bei 13 m Förderhöhe erreicht wird. Die Pumpe wird durch eine Dampfmaschine angetrieben, welche den Fahrmaschinen gleich ist, aber keine Umsteuerung hat und bei ihrer Nenndrehzahl von 200 U/min mit größerer Füllung die gleiche Leistung von 690 PS$_i$ entwickelt. Ein Kondensator von 125 m² Kühlfläche und alle erforderlichen Hilfsmaschinen stehen außerdem in diesem Maschinenraum.

Der Bagger ist mit Mittelschlitz gebaut und hat einen Saugarm von 700 mm Weite. Dieser hat große Wanddicke und eine Festigkeit, die eine Leiterkonstruktion überflüssig macht, zumal ein in den Schlitz ragender Balken Seitenkräfte aufnehmen soll.

Tabelle 16. *Zahlentabelle mit Daten von neueren Hoppersaugern kleiner Größe mit einem Fassungsvermögen bis zu 1000 m³*

		A	B	C	D	E	F
1	Name des Baggers	Hardingsfeld	Akdeniz	Geheimrat Goeker	Hofman	Bali	Cauverry
2	Baujahr	1954	1954	1939	1942	1957	1961
3	Länge zwischen Loten in m	46	61,65	62	66	69,2	82,5
4	Breite auf Spanten in m	7	11,65	12	12,2	13,2	14,35
5	Seitenhöhe in m	2,1	4,85	4,7	4,6	5	5,9
6	Produkt $L\,B\,H$ in m³	677	3500	3500	3700	4550	7000
7	Laderaumvolumen in m³	230	600	500/700	535/615	750	850
8	Ladungsgewicht in t	350	1100	1000	1070	1050	1500
9	Tiefgang, beladen, in m	2,0	4,1	4	4	4,15	4,4
10	Verdrängung in m³	500	2700	2300	2500	2900	4010
11	Zahl der Saugarme	1	1	1	2	1	1
12	Bauart und Anordnung der Saugarme	Seitenarm starr nach vorn	Seitenarm gelenkig nach vorn oder hinten	Saugleiter im Hinterschlitz	Seitenarme gelenkig nach hinten	Saugleiter im Mittelschlitz	Gelenkiger Saugarm im Mittelschlitz
13	Saugarmweite in mm	300	600	650	460	700	700
14	Größte Saugtiefe in m	11	15	18	13,7	13	14
15	Angaben über die Erzeugung der Energie	1 Dieselmotor 200 PS für Fahren und Pumpen	2 Dampfkessel je 165/182m² Heizfläche 14 atü	3 Dieselmotore je 390 PS mit je 2 Generatoren Hilfsgenerator 80 PS	2 Dieselmotore je 950 PS mit je 2 Generatoren Hilfsgenerator 60 kW	2 Zylinderkessel je 200 m² Heizfläche Dampf- und Dieselgenerator je 165 kW	4 Zylinderkessel je 150 m² Heizfläche Dampfgenerator 150 PS Dieselgenerator 76 PS
16	Propulsionsleistung in PS	200	1000 PS$_i$	2 × 375	2 × 700	2 × 690 PS$_i$	2 × 930 PS$_i$
17	Geschwindigkeit, beladen, in Knoten	8,3	10,1	9	10,5	10	10,5
18	Leistung des Pumpenmotors in PS	200	1000 PS$_i$	750	410	690 PS$_i$	765 PS$_i$
19	Installierte Leistung in PS	220	1400	880	2000	2300	2600
20	Bauwerft	Holland	IHC Holland	LMG	Corps of Engineers	LMG	LMG

Der Saugkopf ist 1200 mm breit und abgekrümmt. Ein Bruchglied, das beim Einhaken in einen Festkörper den Saugkopf nach oben abklappen läßt, ist vorhanden, ferner eine Spülleitung mit einem Durchmesser von 200 mm, die nach dem Saugkopf führt. Die größte Baggertiefe beträgt 13 m.

Der Laderaum wird durch 2 Rohre von 550 mm Weite beladen, die von dem senkrecht nach oben führenden Druckrohr der Pumpe abgehen und je 3 Beladeschieber enthalten. Zwei Reihen von je 6 Klappen, welche über Zugstangen von senkrecht stehenden Öldruckzylindern betätigt werden, dienen zur Entleerung.

Die LMG hat nach „Bali“ noch einen ähnlichen, etwas größeren Bagger „Cauverry“ für den Hafen von Madras geliefert. Er hat die Abmessungen 80 $\times$ 14,35 $\times$ 5,9 m und ein Fassungsvermögen von 800 m³. Bemerkenswert ist der Saugarm, den Abb. 308 zeigt. Er liegt auch in einem Mittelschlitz, ist jedoch abweichend von „Bali“ und der sonst üblichen Ausführung gelenkig ausgebildet. Ähnlich wie bei „Akdeniz“ sind 2 Gummischlauchteile eingesetzt mit Gabelstücken, die für das untere Gelenk eine senkrechte und für das obere Gelenk eine waagerechte Drehachse ergeben, wodurch die Kardanbeweglichkeit erreicht wird. Zwei Saugköpfe, einer abgekrümmt wie bei „Bali“ und einer in Tatzenform, sind vorhanden. Bei Benutzung des letzteren fehlt fast jede Umlenkung in der Saugrohrleitung, und das Wasservakuum muß besonders niedrig liegen. Man hat außerdem die Elastizität bei Bewegungen des Schiffskörpers im Seegang, wobei Schlingerbewegungen sich auf das Mittelrohr nicht so stark übertragen wie auf seitliche Saugarme. Eine derartige Anlage dürfte somit ganz besondere Vorteile aufweisen.

Die Tab. 16 enthält die Hauptdaten der in diesem Abschnitt beschriebenen Bagger.

2. Kombinationsbagger und Hoppersauger der Mittelgröße

Man baut vielfach Hoppersauger mit Heckschlitz, die Kombinationsgeräte sind. Sie können nach hinten sich verholend mit einem Stechkopf oder nach vorn fahrend mit Schleppkopf arbeiten. Dabei füllen sie ihren Laderaum und arbeiten im Umlaufverfahren. Sie können außerdem einen Schneidkopf ansetzen, um härtere Böden hiermit zu lösen. Dabei schwingen sie um einen Pfahl oder einen Seilfestpunkt und bringen den gebaggerten Boden über eine Schwimmrohrleitung und eine Landrohrleitung auf ein Ablagerungsfeld. Das Umlaufverfahren ist kaum anzuwenden, da nach Rückkehr zur Baggerstelle der Schneidkopf seine Schnittfurche neben die vorangegangene legen soll. Dazu müßte der Schwingpfahl oder der Seilfestpunkt genau an die erforderliche Stelle kommen, was kaum zu erreichen ist. Kennzeichnend für solche Schiffe sind manchmal außen angesetzte Pfähle, die Abb. 309 erkennen läßt. Man sieht hier auch die nach vorn gehende Druckleitung der Baggerpumpe, von der am Bug des Schiffes die Schwimmrohrleitung abgeht.

Dabei wird mitunter im Vorschiff noch eine weitere Pumpe mit ihrem Antriebsmotor angeordnet, um eine größere Förderweite zu erreichen.

Abb. 310 ist ein Generalplan von „Sandon I“ mit Dampfantrieb, der im Jahre 1939 von der IHC Holland für Bangkok in Siam geliefert wurde. Für diesen Hafen ist eine Fahrrinne auf die nötige Tiefe zu bringen und zu halten, wobei der Boden zum großen Teil das Arbeiten im Fahren mit Schleppsaugkopf ermöglicht. Teilweise besteht er aber aus hartem Ton, der nur durch einen Schneidkopf zu lösen ist.

Der Schiffskörper hat 85 m Länge zwischen den Loten, 13 m Breite und 6,4 m Seitenhöhe. Der Tiefgang beträgt beladen 4,5 m und leer 2,45 m. Der Laderaum hat ein Fassungsvermögen von 1000 m³, die Tragfähigkeit beträgt 1600 t und die größte Baggertiefe 11 m.

Hinter dem Laderaum sind zwei ölgefeuerte Zylinderkessel von 13 atü Betriebsdruck aufgestellt. In dem dahinter angeordneten Maschinenraum stehen 3 Maschinen von

3 facher Expansion, welche je 750 PS bei 150 U/min leisten. Die beiden äußeren Maschinen treiben die Propellerwellen an und geben dem Schiff eine Geschwindigkeit von 10 Knoten = 18,5 km/h in beladenem Zustand. Sie können aber außerdem mit den Kreiselwellen von zwei vor ihnen stehenden Baggerpumpen gekuppelt werden. Eine dritte Baggerpumpe steht hinten vor dem Schlitz und wird durch eine Mittelmaschine angetrieben.

Außer den 3 Hauptmaschinen und den zu ihnen gehörenden Hilfsmaschinen steht noch ein Dampfgenerator im Maschinenraum, der elektrische Energie für den Schneid-

Abb. 309. Schwingpfähle am Vorschiff eines Hoppersaugers, der auch als stationärer Schneidkopfsauger arbeiten kann. Aufnahme IHC Holland

kopf, die Verholwinden und die Pfahlwinden liefert. Dabei ist Leonard-Schaltung verwendet, um ein sanftes und anpassungsfähiges Arbeiten zu erreichen. Die beiden Pfähle sind hier innerhalb des Schiffes vor dem Laderaum angeordnet.

Der Schiffskörper hat einen Hinterschlitz von 2,5 m Breite und 8 m Länge, in dem die Saugrohrleiter sitzt. Unter Fortlassung des Schneidkopfs und nach Aufsetzen eines Schleppsaugkopfs kann im Fahren gesaugt, der Laderaum gefüllt und im Umlaufverfahren gearbeitet werden. Dabei treiben die beiden äußeren Maschinen ihre Propellerwellen und die Mittelmaschine die hintere Baggerpumpe an, welche das Gemisch über Verteilrohre in den Laderaum bringt. Die Stelle, an welcher der Boden durch Klappen entleert werden kann, liegt in See und erfordert einen Fahrweg von etwa 12 km. Aus dem Laderaum kann der Boden als Gemisch durch die Backbordpumpe abgesaugt und durch die Steuerbordpumpe entweder unmittelbar oder über eine Schwimmrohrleitung an Land gebracht werden.

Abb. 311 zeigt das Hinterschiff von „Silm". Dies ist ein ähnlicher Kombinationsbagger, der von der IHC Holland 1954 an eine italienische Baggerfirma geliefert wurde. Die Anlage ist einfach und stark ausgenutzt. Die Hauptabmessungen liegen mit 65 × 12 × 5,4 unter denen von „Sandon I", aber der Laderaum hat das gleiche Fassungsvermögen von 1000 m³. Wenn er ganz mit Material von hoher Dichte gefüllt ist,

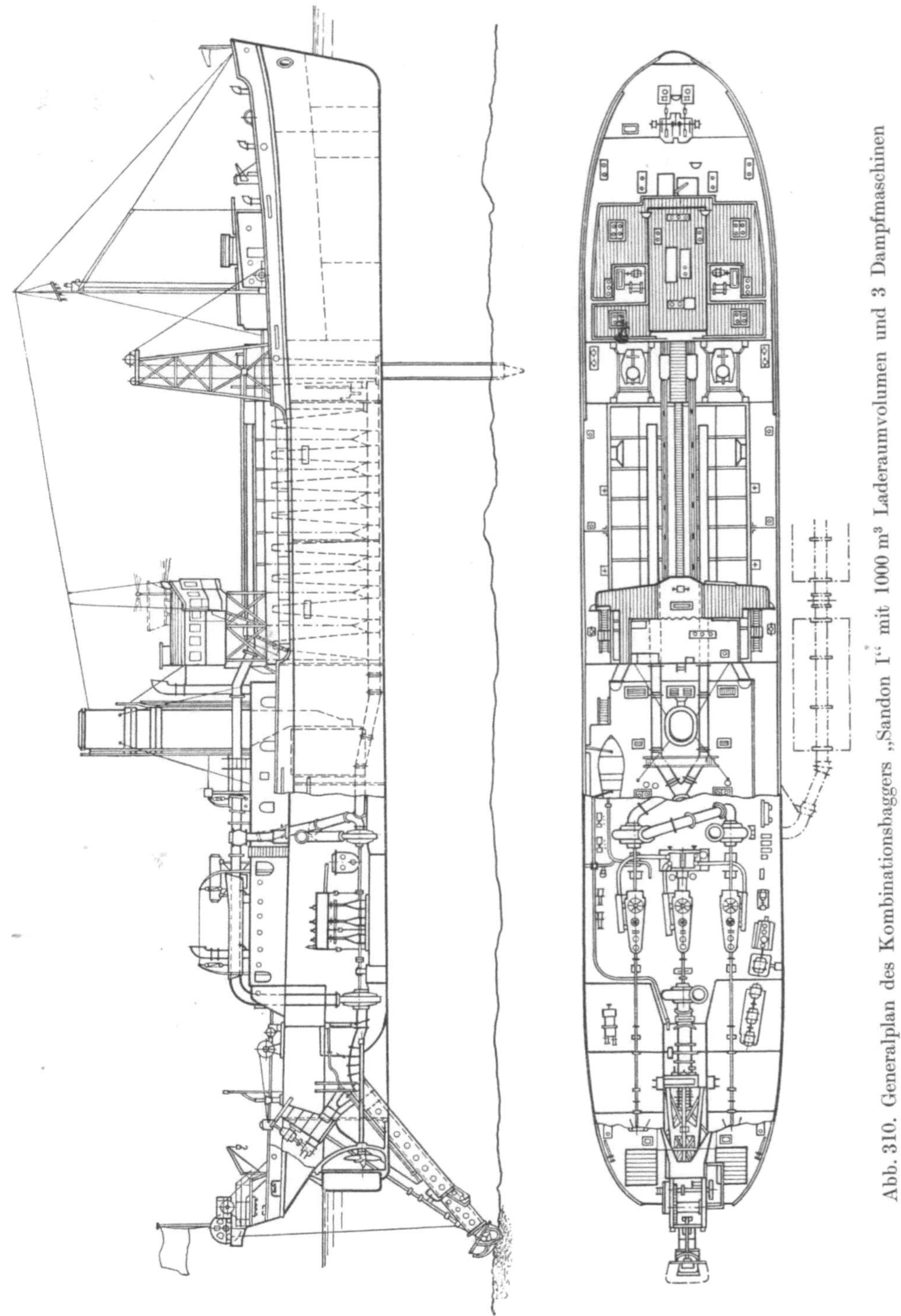

Abb. 310. Generalplan des Kombinationsbaggers „Sandon I" mit 1000 m³ Laderaumvolumen und 3 Dampfmaschinen

bekommt das Schiff einen Tiefgang von 5,3 m und hat wenig Freibord, so daß dann nur ein Arbeiten in ruhigem Gewässer möglich ist. Wenn man mit dem Tiefgang nicht so weit gehen kann, darf man den Laderaum nicht ganz füllen oder muß Material von geringerer Dichte haben. Das Schiff hat einen Heckschlitz, in den beim Arbeiten als Verholsauger ein elastischer Saugarm, ähnlich dem bei „Ardeniz" beschriebenen, eingesetzt wird. Bei Verwendung als Fahrsauger hat man eine Saugleiter mit Schlepp-saugkopf, womit man 16 m Saugtiefe erreichen kann. Als Verholsauger mit biegsamem Saugarm und Stechkopf kann man bis auf eine Tiefe von 18 m kommen. In diesen beiden Fällen arbeitet das Schiff unter Füllung seines Laderaums im Umlaufverfahren und verklappt den Boden. Wenn ein Schneidkopf auf die in der Saugleiter eingebaute Welle gesetzt wird, erreicht man eine Baggertiefe von 15 m. Dabei arbeitet der Bagger stationär in Schwingbewegung um einen Seilfestpunkt und bringt das Gemisch über eine Schwimmrohrleitung an Land.

Auch hier hat man Dampfantrieb mit Lieferung von Dampf bei 13 atü durch zwei ölgefeuerte Zylinderkessel von je 190 m² Heizfläche mit 3 Flammrohren.

Im Maschinenraum stehen 2 Dampfmaschinen von 3facher Expansion mit den Zylinderabmessungen $\frac{370 + 610 + 1000}{500}$. Sie treiben beim Fahren die Propellerwellen an, leisten dabei 2 × 560 PS$_i$ bei 140 U/min und geben dem Schiff eine Geschwindig-

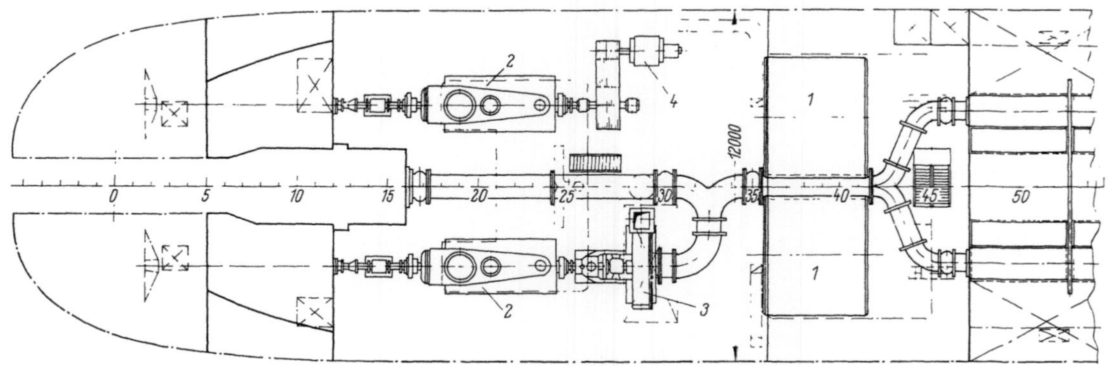

Abb. 311. Hinterschiff von „Silm" mit Schleppsaugkopf und Stechkopf zur Füllung des Laderaums von 1000 m³ Volumen und Schneidkopf für stationäres Arbeiten. Dampfantrieb

1 Zylinderkessel; *2* Dampfmaschinen 560 PS; *3* Baggerpumpe; *4* Generator für Schneidkopf

keit von 10 Knoten = 18,5 km/h. Auch nach vorn gehen Abtriebswellen von den beiden Maschinen ab, und zwar dreht die Steuerbordmaschine die Baggerpumpe, wobei sie in der Drehzahl bis auf 200 U/min kommen und eine Leistung von 800 PS$_i$ entwickeln kann. Beim Arbeiten als Schneidkopfsauger treibt dann die Backbordmaschine über einen Riemen den Generator an, der den Strom für den Schneidkopfmotor liefert.

Beim Arbeiten als Fahrsauger mit Schleppkopf treibt die Steuerbordmaschine ihren Propeller und die Baggerpumpe an, während die Backbordmaschine nur ihre Propellerwelle dreht. Wenn das Schiff vor Anker liegend als Verholsauger arbeitet, läuft nur die Pumpenmaschine, während die andere stillsteht. Nach Füllung des Lade-raums kann das Schiff in beiden Fällen seine 2 Maschinen zum Propellerantrieb be-nutzen und nach Wunsch mit ihnen manövrieren. Die Ladung kann verklappt oder auch an Land gespült werden. Die Pumpenmaschine kann dabei mit voller Leistung von 800 PS$_i$ bei 200 U/min arbeiten, um eine möglichst große Förderweite mit der Leitung von 750 mm Dmr. zu erreichen. Erwähnt sei, daß bei einem ähnlichen Bagger im Vorschiff noch eine weitere Baggerpumpe mit Antrieb durch einen Diesel-motor eingebaut ist, um die Förderweite zu erhöhen.

Die Leiterhebewinde und die Schwingwinden, die beim Arbeiten als Schneidkopf-sauger in Tätigkeit treten, stehen an Deck und haben Dampfantrieb durch Zwillings-maschinen.

Daß die beiden Maschinen beim Arbeiten als Fahrsauger nicht unabhängig sind, bringt Schwierigkeiten, besonders dann, wenn das Schiff gegen größere Querkräfte infolge von Strom und Wind in der Baggerachse gehalten werden muß. Andererseits ist die Maschinenanlage von „Silm" im Vergleich mit der von „Sandon I" wesentlich einfacher und genügt doch in den meisten Fällen.

Abb. 312 zeigt „Silm" in Fahrt in beladenem Zustand und läßt erkennen, daß kaum noch Freibord vorhanden ist. Man sieht weiter im Vordergrund die schräge Beladerinne der einen Schiffsseite. Das Gemisch der Baggerpumpe wird in diese Rinne geleitet, wobei das gröbere Material aus den in der Abbildung erkennbaren Stutzen an der Unterseite abgeht. Das Feinmaterial kommt bis nach vorn und läuft auf langem Wege zurück nach dem Überlaufwehr, das man auf der Abbildung als rechteckige Öffnung in der Schiffsmitte erkennen kann.

Bei Dieselantrieb ist es leichter, die verschiedenen Anforderungen bei Kombinationsgeräten zu erfüllen. Von der LMG wurde im Jahre 1959 für die Hafenverwal-

Abb. 312. Kombinationsbagger „Silm" in Fahrt bei gefülltem Laderaum und wenig Freibord mit der schrägen Beladerinne im Vordergrund. Aufnahme IHC Holland

tung von Callao (Peru) der Laderaumsauger „Oficial de Mar Landa", abgekürzt *Landa* geliefert. Er hat eine Länge über alles von 70,5 m und 65 m zwischen den Loten bei 11,5 m Breite und 5,1 m Seitenhöhe. Der Laderaum hat ein Fassungsvermögen von 800 m³, und die Tragfähigkeit von 1120 t entspricht einer Ladungsdichte von 1,4. Die Verdrängung in beladenem Zustand beträgt 2400 t und der Tiefgang dabei 4,1 m. Die größte Baggertiefe für das Arbeiten mit Schleppsaugkopf und mit Schneidkopf beträgt 15,3 m.

Abb. 313 zeigt die Maschinenanlage und läßt erkennen, daß 3 Hauptmotore, Fabrikat MAN, von der gleichen Type G 6 V30/45 mit Aufladung vorhanden sind. Davon haben die beiden Propellermotore eine Drehzahl von 325 U/min und leisten dabei je 590 PS$_e$. Sie treiben die vierflügligen Propeller über ein Getriebe mit Untersetzung und Wendeeinrichtung mit der maximalen Drehzahl der Schraubenwellen von 136 U/min an. Die Geschwindigkeit in beladenem Zustand beträgt in tiefem Wasser 11,2 Knoten = 21 km/h. In der Schiffsmitte, etwas weiter voraus, steht der dritte Motor von gleicher Type, der bei 375 U/min eine Leistung von 735 PS$_e$ hat. Er treibt über eine Doppelkonuskupplung die dahinter liegende Baggerpumpe an, die Abb. 314 zeigt. Sie hat einen 5flügligen Kreisel aus verschleißfestem Stahlguß mit einem Durchmesser von 1200 mm. Dies ist nur das 2,2fache des Saugrohrdurchmessers und erfordert besondere Formung der Schaufeln. Das sehr geräumige Gehäuse ist eckig in geschweißter Kastenform hergestellt und mit Schleißplatten ausgelegt. An der Stopfbüchse und an der saugseitigen Dichtung wird Sperrwasser zugeführt. Beim Füllen des Laderaums läuft die Pumpe mit einer Drehzahl von etwa 300 U/min und hat dabei einen Förderstrom von 1850 l/sek = 6650 m³/h. Es ist nur ein Beladerohr von 700 mm Weite mit vier beider-

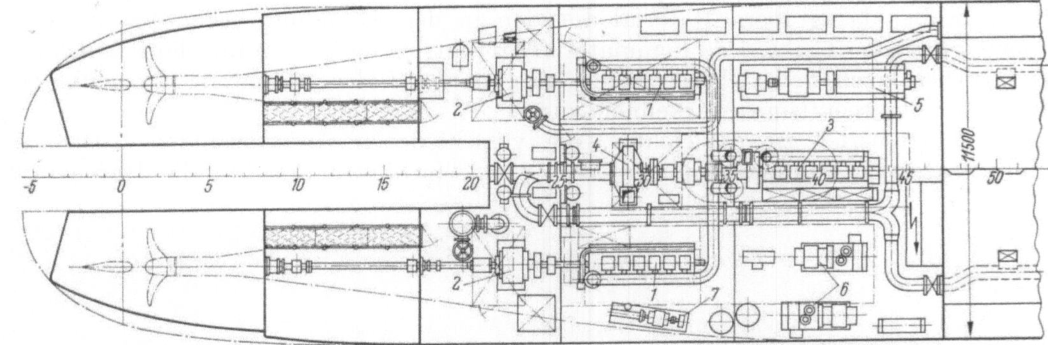

Abb. 313. Maschinenanlage eines Kombinationssaugers für Peru mit 800 m³ Fassungsvermögen und 3 Hauptdieselmotoren

1 Fahrmotoren 590 PS; *2* Umsteuergetriebe mit Untersetzung; *3* Baggerpumpenmotor 735 PS; *4* Baggerpumpe; *5* Dieselgenerator 305 PS; *6* Bordnetzgeneratoren; *7* Hafenaggregat

seitigen Ausläufen vorhanden. Die Füllzeit beträgt bei Schlick 10 bis 15 Minuten und bei Sand 30 bis 40 Minuten.

Im Maschinenraum steht weiter vor dem Backbordfahrmotor ein MAN-Diesel-motor der Type W 8 V 17,5/22 mit Aufladung, der bei 750 U/min 305 PS leistet und

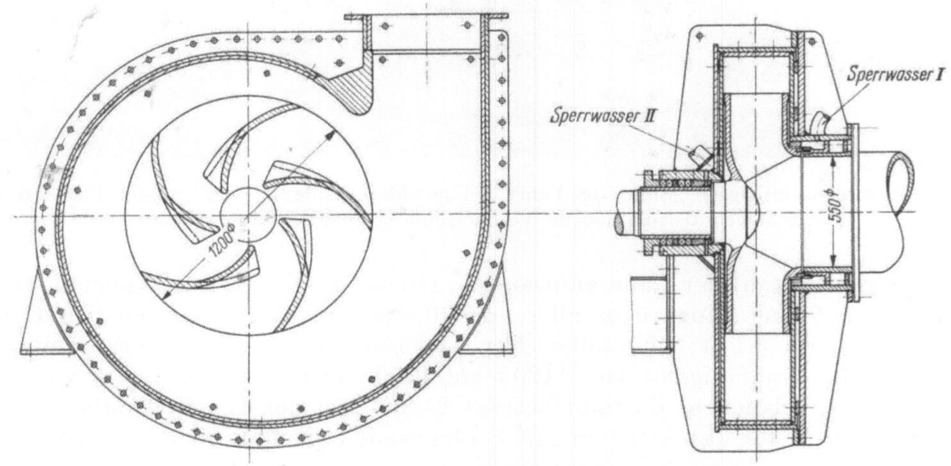

Abb. 314. Baggerpumpe für den Peru-Hoppersauger mit fünfflügligem Stahlgußkreisel von kleinem Durchmesser und großem erweitertem Kastengehäuse

2 Generatoren in Tandemanordnung antreibt, einen von 145 kW für den Schneidkopf und einen von 40 kW für die Winden. An Steuerbordseite stehen 2 Bordnetzgenera-toren für Drehstrom von je 90 kVA, die von MAN-Motoren Type D 15/48 M mit einer Leistung von 125 PS$_e$ bei 1800 U/min angetrieben werden. Die Aufteilung in 2 Ein-heiten bietet Reserve. Schließlich steht an Steuerbordseite noch ein Hafenaggregat mit einem Dieselmotor von 48 PS bei 1200 U/min und einem Generator von 35 kVA. Es sind hiernach insgesamt etwa 2520 PS$_e$ installiert.

Für das Heben und Senken der beiden Schwingpfähle von 600 mm Dmr. ist eine Winde mit 2 Seiltrommeln und Antrieb durch einen Elektromotor von 28 kW vorhanden. Ein Motor von etwa gleicher Stärke treibt die Schwingwinden an, bei denen durch Leonard-Schaltung die Seilgeschwindigkeit zwischen 11,6 m und 7,2 m/min regelbar ist. Auf der Back sind zwei elektrisch angetriebene Ankerwinden mit abkuppelbaren Spillköpfen aufgestellt.

Abb. 315 ist eine Ansicht des Schiffes, das als Fahrsauger mit Schleppkopf im Umlaufverfahren und mit einem Schneidkopf von 1800 mm Dmr. in Schwingbewegung mit Schwimmrohrleitung arbeiten kann. Man sieht aus dem Heck des Schiffes den Saugkopf herausragen und vorn das Gerüst, das die beiden Schwingpfähle trägt.

Die vorstehend beschriebenen Kombinationsgeräte haben Vorteile und Nachteile. Die Vorteile liegen darin, daß man ein selbstfahrendes Schiff auch an entlegene Arbeitsstellen bringen und dann den Bodenverhältnissen und sonstigen Arbeitsbedingungen entsprechend mit den verschiedenen Einrichtungen arbeiten kann. Diese Vorteile gelten

Abb. 315. Kombinationsbagger für Peru „Official de Mar Landa" mit hinten herausragendem Schleppsaugkopf und Gerüst mit Schwingpfählen für Schneidkopfbetrieb. Aufnahme LMG Lübeck

nicht nur für Hafenbehörden bei Unterhaltungsarbeiten, sondern manchmal auch für Unternehmerfirmen, welche in Ländern mit ausgedehnten Küsten und Inseln, wie beispielsweise Italien und Spanien, sich mit Vorteil solcher Kombinationsbagger bedienen können.

Die Nachteile sind allen Kombinationsgeräten eigen und liegen darin, daß eine Einrichtung die andere stört und keine die Vollkommenheit erreicht, die bei einem Spezialgerät gegeben ist. Es kommt häufig vor, daß eine Einrichtung jahrelang nicht benutzt wird, so daß sie im Falle des Einsatzes nicht mehr brauchbar ist. Auch erfordert das Arbeiten mit Schneidkopf in Schwingbewegung, wie im Kapitel F dargelegt, eine große Beweglichkeit, die bei einem Hoppersauger infolge des durch den Laderaum bedingten großen Schiffskörpers nicht zu erreichen ist. Er hat eine bedeutende Masse, starken Anströmungswiderstand und große Windfangfläche, so daß das Arbeiten in Schwingbewegung meist nur als Behelf bei geringen Bodenmengen anwendbar ist. Man muß die Anforderungen an derartige Kombinationsgeräte beschränken und sie nicht mit Einrichtungen überfüllen.

Es kann Fälle geben, in denen 2 Geräte, nämlich ein einfacher Hoppersauger und ein Schneidkopfsauger, vorteilhafter sind. Wenn auch die Kosten zusammen höher sind als die des Kombinationsgerätes, so hat man den Vorteil, daß jeder Bagger seinem Verwendungszweck entsprechend gut geeignet ausgestaltet werden kann und man nicht auf die Kombination Rücksicht zu nehmen braucht. Man hat vor allem dann auch zwei Einheiten, die man gleichzeitig an verschiedenen Stellen für verschiedene Arbeiten einsetzen kann. Wenn die Küstenstrecken nicht lang sind, wie beispielsweise in Ländern wie Deutschland oder Holland, dann dürften die Vorteile der getrennten Geräte die der Kombinationsgeräte doch überwiegen.

In den Jahren 1949/50 wurden für französische Hafenbehörden von der IHC Holland 2 Hoppersauger der *Mittelgröße* mit Namen „Pierre Durepaire" und „Pierre Henry Watier" mit diesel-elektrischem Antrieb geliefert. Sie haben zwei seitliche, nach hinten gehende gelenkige Saugarme und sollen in allen Häfen Frankreichs und seiner Kolonien arbeiten können, wobei mit Wellenhöhen von 3,5 bis 4,5 m und Stromgeschwindigkeiten bis zu 9 km/h zu rechnen ist. Die Fahrzeugtype, die im folgenden abgekürzt mit „Durepaire" bezeichnet wird, hat folgende Hauptabmessungen:

Länge über alles	92,0 m
Länge zwischen den Loten	87,5 m
Breite auf Spanten	15,0 m
Seitenhöhe	6,0 m
Fassungsvermögen des Laderaums bei Sand	1000 m³
Größtes Fassungsvermögen bei Leichtmaterial	1300 m³
Zulässiges Ladungsgewicht	1950 t
Tiefgang, beladen, etwa	4,4 m
Größte Baggertiefe	18,0 m

Das Schiffsgewicht einschl. Maschinenanlage und Baggereinrichtung beträgt 2600 t. Als Zuladung sind 220 t Kraftstoff, 10 t Schmieröl und 25 t Frischwasser gerechnet. Die Verdrängung wird $2900 + 1950 = 4850\,t$, und das Verhältnis des Ladungsgewichtes zur Verdrängung liegt mit $\frac{1950}{4850} = 0,4$ niedrig.

Abb. 316 zeigt den Hauptmaschinenraum hinter dem Laderaum mit 3 Hauptmotoren. Zwei Viertaktdieselmotore „Smit-MAN" von je 1680 PS bei 250 U/min sind mit je einem fremderregten Generator von 980 kW Gleichstrom bei 415 Volt gekuppelt und treiben außerdem über Keilriemen einen Hilfsgenerator von 165 kW an. Ein dritter

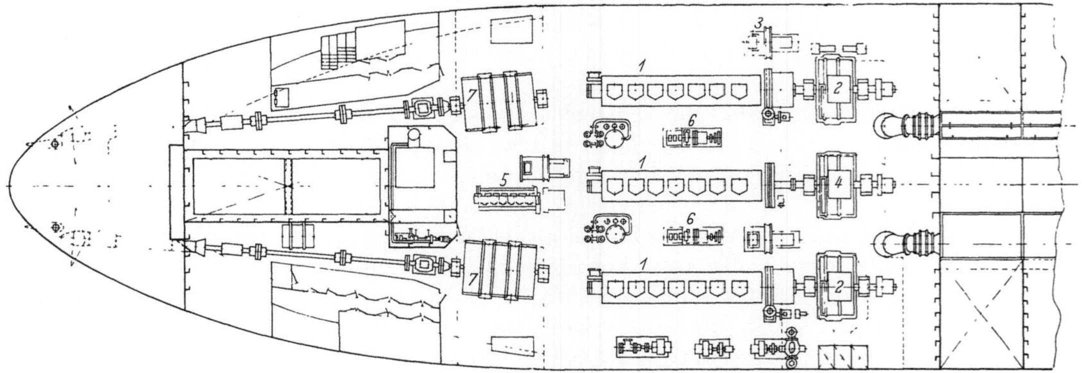

Abb. 316. Hauptmaschinenraum des Hoppersaugers „Pierre Durepaire" von 1000/1300 m³ Fassungsvermögen mit 3 Dieselgeneratoren und 5400 PS an installierter Maschinenleistung

1 Dieselmotoren 1680 PS; *2* Generatoren 980 kW; *3* Hilfsgeneratoren 165 kW mit Keilriemenantrieb; *4* Generator 1160 kW; *5* Dieselgenerator 200 PS; *6* Hilfsaggregate; *7* Fahrmotoren 1950 PS

gleicher Dieselmotor, der in der Mitte steht, treibt nur einen Gleichstromgenerator von 1160 kW bei direkter Kupplung an. Weiterhin steht in diesem Raum noch ein Dieselmotor von 200 PS, der einen Nebenschlußgenerator von 120 kW bei 220 Volt antreibt und 2 Hilfsdiesel mit Generatoren von 12 kW und Kompressoren. Für Landanschluß befindet sich noch ein Umformersatz von 25 PS an Bord. Die gesamte installierte Maschinenleistung ist mit 5270 PS für die Laderaumgröße hoch.

Die beiden Fahrmotoren hinter den Hauptmaschinen mit einem Leistungsvermögen von je 1950 PS treiben die beiden Schraubenwellen mit einer Nenndrehzahl von 250 U/min unmittelbar an, wobei diese nach vorn stark auseinanderlaufen, um ein kräftiges Wendemoment beim Manövrieren zu erhalten. Als Geschwindigkeit sind

12,5 Knoten = 23,5 km/h in beladenem Zustand bei einer Wassertiefe von 10 m angesetzt.

Die beiden Baggerpumpen stehen in dem Maschinenraum vor dem Laderaum, den Abb. 317 zeigt, und werden durch Elektromotore von je 715 PS mit einer Nenndreh-

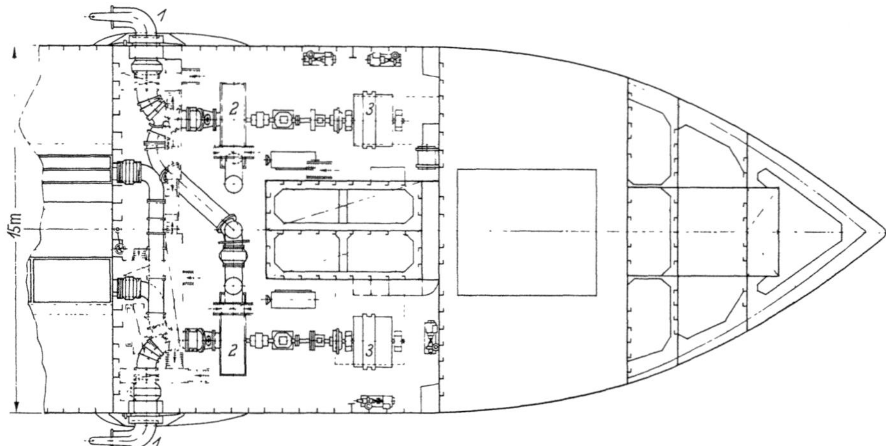

Abb. 317. Vorderer Maschinenraum von „Pierre Durepaire" mit 2 Baggerpumpen und Elektromotoren für deren Antrieb

1 Ellbogen der Saugarme; *2* Baggerpumpen; *3* Antriebsmotoren 715 PS

zahl von 240 U/min angetrieben. Jede von ihnen ist mit dem zugehörigen Saugarm von 700 mm Lichtweite verbunden, so daß sie bei der Füllung des Laderaums paralle arbeiten und wie üblich in eine gemeinsame Druckleitung fördern, von der die Verteil

rohre abzweigen. Beim Absaugen der Ladung können die Pumpen aber auch hintereinandergeschaltet werden, um eine größere Förderweite zu erreichen. Die Pumpen haben gegossenes Gehäuse und einen halboffenen Kreisel von 1400 mm Dmr., der in Abb. 280 gezeigt wurde. Dabei wurde erwähnt, daß auch mit dieser einfachen Bauart bei Wasserförderung ein Wirkungsgrad von 80 % erreicht wurde und der Verschleiß gering war.

Abb. 318 ist ein Schaltschema und läßt erkennen, daß die Konstantstromschaltung angewendet ist, bei welcher die 3 Generatoren und die 4 Motoren für die beiden Propeller und die beiden Pumpen hintereinander in Reihe liegen. Dabei kann man durch Regelung der Felder für jeden Motor das Drehmoment und damit zwangsläufig die Drehzahl in der gewünschten Höhe einstellen.

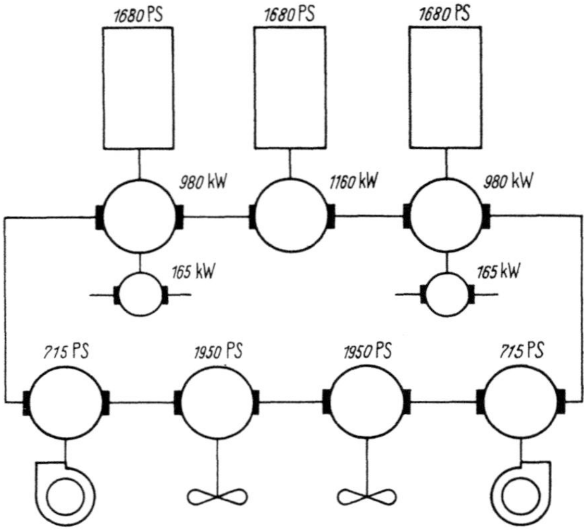

Abb. 318. Schaltschema der Konstantstromanlage mit 3 Dieselgeneratoren, 2 Fahrmotoren und 2 Propellermotoren in Reihenschaltung

Abb. 319 zeigt vom Saugarm das obere Schlauchstück, das hinter dem auf seiner Gleitplatte drehbaren Ellbogenstück angeordnet ist. Man sieht die Gabelarme mit dem sie verbindenden oberen Drehbolzen, der mit dem unteren eine senkrechte Achse bildet. Der Saugarm wird mit 3 Hubseilen gehoben, von denen eins am Saugkopf, eins am mittleren Schlauchstück und eins an der Gleitplatte des Drehellbogens angreift.

Die zu der Einrichtung gehörenden Dünungsausgleicher werden später bei „Rudolf Schmidt" näher beschrieben.

Der Laderaum hat bis zum Überlauf über die Seitenwände ein Fassungsvermögen von 1300 m³. Dabei wird mit einer Dichte von 1,5 das Ladungsgewicht von 1950 t erreicht. Außerdem sind noch Zylinderschächte eingebaut, die den Überlauf durch das Mittelkielschwein unter den Schiffsboden gehen lassen. Im oberen Teil der Zylinder sitzt ein Einsatz, der mit hydraulischer Kraft in verschiedener Höhe eingestellt werden kann und sich dabei teleskopartig in den anderen hineinschiebt. Man kann hierdurch das Fassungsvermögen bis auf 1000 m³ herunterbringen, womit Material mit der Dichte 1,95 geladen werden kann. Dabei kann man den Laderaum bis auf 1300 m³ füllen und nachträglich durch Absenken der Zylinder das Wasser ablassen.

Die Geschwindigkeit des Schiffes wurde in beladenem Zustand mit einer Verdrängung von 4780 t und einem Tiefgang von 4,5 m bei 9 m Wassertiefe mit 12,6 Knoten = 23,5 km/h gemessen, wobei beide Fahrmaschinen zusammen 4130 PS bei Drehzahlen von 260 und 235 U/min entwickelten. Dies entspricht Widerstandsbeiwerten von $c_r = 21,5$ und $c_f = 0,2$ und läßt damit einen starken Flachwassereinfluß erkennen. Bei unbegrenzter Wassertiefe würde der Widerstand um etwa 35 % zurückgehen und die Geschwindigkeit auf 14 Knoten ansteigen.

Der in Abb. 297 gezeigte Linienriß läßt erkennen, daß es sich um ein Schiff in der Normalform des Hoppersaugers handelt, bei der eine hohe Geschwindigkeit nur mit erheblichem Aufwand an Maschinenleistung zu erreichen ist. Die hohe FROUDE-Zahl von $\dfrac{v}{\sqrt{gL}} = \dfrac{7,21}{29,3} = 0,245$ bringt auch noch eine Erschwernis.

Abb. 319. Oberes armiertes Gummischlauchstück neben dem auf der Gleitplatte sitzenden Drehkrümmer und den Gabelenden mit Drehbolzen. Aufnahme IHC Holland

Es wurde auch noch die Geschwindigkeit gemessen, nachdem beide Saugarme etwa 2 m unter die Wasserlinie in waagerechte Stellung gebracht waren. Sie ging auf 9,8 Knoten zurück, wobei die Drehzahl der Fahrmaschinen die gleiche blieb und die Leistung mit 3900 PS auch kaum abfiel. Die Wassertiefe war die gleiche, so daß auch der Flachwassereinfluß in gleicher Höhe wirksam blieb. Das bedeutet einen Anstieg des Widerstandes auf das Doppelte und läßt den großen Zusatzwiderstand der Anhänge, d. h. der über die Bordwand hinausragenden Teile, erkennen. Durch das Herausheben der Saugarme aus dem Wasser wird diese Widerstandsquelle vermindert, und es bleibt nur ein Rest durch die Schienen für die Gleitplatten und das Saugrohrloch mit seinen Vorsprüngen, wie es auf der späteren Abb. 327 zu erkennen ist.

Erwähnt sei noch, daß die Geschwindigkeiten durch mehrere Fahrten mit und gegen den Strom festgestellt wurden, und sich die angegebenen 12,6 Knoten als Mittel aus mehreren Messungen, die zwischen 10 und 16,2 Knoten lagen, ergaben. Diese Rechnung ist aber nur dann richtig, wenn der Strom konstant bleibt und der Kurs genau eingehalten wird. Hieraus ist zu entnehmen, daß die Auswertung und Beurteilung von Geschwindigkeitsangaben bei Hoppersaugern sehr schwierig und ein Vergleich zwischen 2 Schiffen nur dann möglich ist, wenn man weiß, wie die Geschwindigkeitsangaben zustande gekommen sind.

„Durepaire" arbeitet seit Inbetriebnahme in Bordeaux. Diese Hafenstadt liegt an der Garonne, die sich 30 km flußabwärts mit der Dordogne zur Gironde vereinigt und etwa 100 km von Bordeaux entfernt in den Golf von Biscaya mündet. Der Baggerboden besteht größtenteils aus Mittelsand von 0,3 mm durchschnittlicher Korngröße, der als gut saugbar und mäßig verschleißend gilt. Dabei werden zeitweise Konzentrationen von 40 bis 50 % mit Höchstwerten bis zu 60 % erzielt und die Füllung des Laderaums bei einer Dichte von 1,87 bei 13 m Baggertiefe in 27 Minuten erreicht, während 30 bis 35 Minuten als Durchschnittszeiten gelten. Weiterhin kommen noch Kies und festere bindige Bodenarten vor, bei denen die Füllzeit bis auf 45 Minuten ansteigt.

In einem Jahr hat bei einer effektiven Arbeitszeit von 9 Monaten bei 10 Stunden am Tag der Bagger 2,7 Millionen m³ erbracht und 2300 Umläufe gemacht, also pro Umlauf 1170 m³. Dabei dauerte ein Umlauf im Durchschnitt nur 65 Minuten, wovon etwa die Hälfte auf die Füllung und der Rest auf Fahren, Verklappen und Zurückfahren einschl. aller Manöver entfiel. Das konnte nur dadurch erreicht werden, daß der in der Fahrrinne gebaggerte Boden seitlich in geringer Entfernung von ihr in Ufernähe verklappt wurde. Man rechnet dabei mit einer Rücklaufmenge bis zu 30 %, hat aber trotzdem einen Vorteil gegenüber dem Arbeiten mit langen Umläufen. Wenn diese ins Seegebiet führen, sind Ausfallzeiten wegen schlechten Wetters unvermeidlich und der Rücklauf auch nicht unbedingt auszuschließen.

Vor Einsatz von „Durepaire" waren für die Fahrwasserunterhaltung zwei große Eimerkettenbagger von 900 l Eimerinhalt und zwei mittlere von 400 l Inhalt mit Schuten, Schleppern und Entladegeräten tätig, so daß hier der Vorteil des Hoppersaugers deutlich erkennbar ist und die Anschaffungskosten des aufwendigen und teuren Schiffes herausgeholt werden können.

Die Einrichtung zum Absaugen der Ladung nach dem System L. Smit u. Zoon wurde bei den Erprobungen vorgeführt und 1000 m³ Feinsand in 30 bis 40 Minuten abgesaugt, wobei eine Konzentration von fast 25 % festgestellt wurde. Beide Pumpen waren in Reihe geschaltet und brachten zusammen eine Förderhöhe von etwa 40 m. In dem Druckrohr von 700 mm Weite ließ sich damit bei einer Fördergeschwindigkeit von 4,5 m/sek eine Förderweite von 1200 m erreichen. Gegenüber dem Verklappen würde man hierbei die Umlaufzeit um etwa eine Stunde verlängern, da das Anlegen und Ablegen, Anschließen der Rohrleitung u. a. m. auch noch Zeit beansprucht. Wenn man aber dadurch einen weiten Fahrweg vermeidet, gleicht sich das wieder aus, zumal man beim Anlandspülen gegen jeden Rücklauf gesichert ist und manchmal noch Gelände zur Verwertung gewinnen kann. Wenn dieses bei Privatarbeiten bezahlt wird, ist die Einnahme häufig so groß, daß allein dadurch die Wirtschaftlichkeit zu erreichen ist.

In den Abmessungen kleiner als „Durepaire" hat der nachstehend beschriebene „Batavus" einen wesentlich größeren Laderaum. Er ist von der IHC Holland im Jahre 1947 für eine holländische Baggerfirma gebaut, die in der Fahrrinne für Rotterdam mit ihm arbeitet.

Die Stadt liegt am Delta von Rhein und Maas und hatte ursprünglich eine gute Verbindung mit der Nordsee. Um die Mitte des 17. Jahrhunderts begann diese aber zu verschlammen, während andererseits die Tiefgänge der Seeschiffe ständig größer wurden. Über 2 Jahrhunderte wurden Pläne ausgearbeitet, um die Gefahr der Abschneidung vom Weltverkehr zu bannen, und es wurde schließlich zu Beginn des jetzigen Jahrhunderts der neue Wasserweg geschaffen, der eine Breite von 250 m in der Sohle und eine Tiefe von 12 m hat. Um diese zu erhalten, sind ständig Baggerarbeiten erforderlich, die zum großen Teil mit Hoppersaugern von Privatfirmen durchgeführt werden.

Die Schiffskörperabmessungen von „Batavus" sind 78 × 13 × 5,7 und damit das Produkt $L\,B\,H$ nur 5800 m³ gegen 7900 m³ von „Durepaire". Dabei hat der Lade-

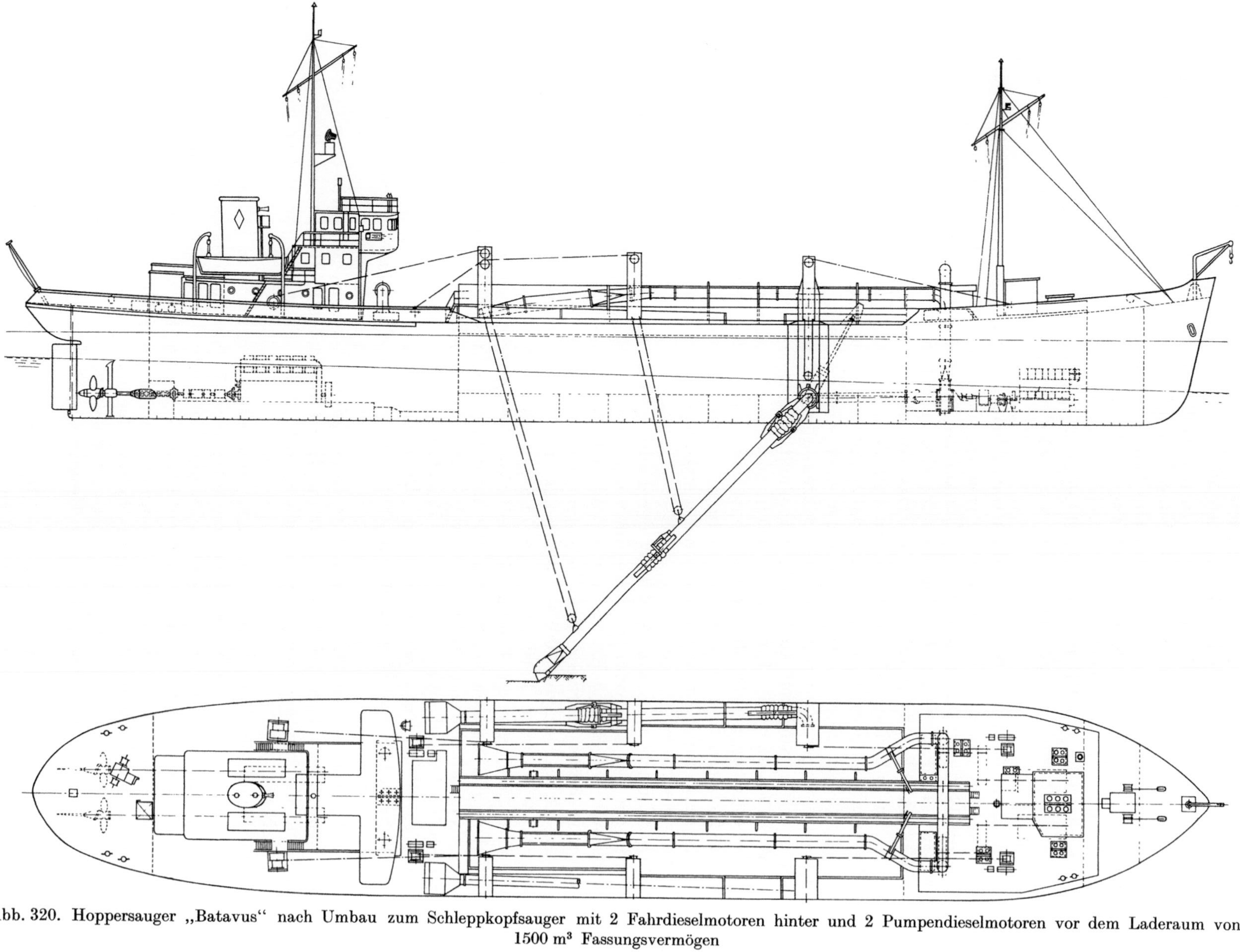

Abb. 320. Hoppersauger „Batavus" nach Umbau zum Schleppkopfsauger mit 2 Fahrdieselmotoren hinter und 2 Pumpendieselmotoren vor dem Laderaum von 1500 m³ Fassungsvermögen

Tabelle 17. *Zahlentabelle mit Daten von Hoppersaugern mit Schneidkopfeinrichtung und Baggern der Mittelgröße*

		A	B	C	D	E
1	Name des Baggers	Sandon I	Silm	Official de Mar Landa	Pierre Durepaire	Batavus
2	Bauwerft	IHC Holland	IHC Holland	LMG	IHC Holland	IHC Holland
3	Baujahr	1939	1954	1959	1950	1947
4	Länge zwischen den Loten in m	85	65	65	87,5	78
5	Breite auf Spanten in m	13	12	11,5	15	13
6	Seitenhöhe mitschiffs in m	6,4	5,4	5,1	6,0	5,7
7	Produkt $L\,B\,H$ in m³	7060	4210	3800	7900	5800
8	Laderaumvolumen in m³	1000	1000	800	1000/1300	1500
9	Ladungsgewicht in t	1600	1920	1120	1950	2500
10	Tiefgang, beladen, in m	4,5	5,3	4,1	4,4	4,9
11	Verdrängung in m³	3900	2830	2400	4850	4000
12	Angaben über Saugarme und Saugköpfe	1 Saugleiter im Heckschlitz mit Schleppkopf, Stechkopf, Schneidkopf	1 Saugleiter im Heckschlitz mit Schleppkopf, Stechkopf, Schneidkopf	1 Saugleiter im Heckschlitz mit Schleppkopf, Stechkopf, Schneidkopf	Zwei gelenkige Seitenarme mit Schleppköpfen	Zwei gelenkige Seitenarme mit Schleppköpfen
13	Saugarmweite in mm		800	550	700	700
14	Größte Saugtiefe in m	11	18/16/15	15,3	18	20
15	Angaben über die Erzeugung der Energie	2 Zylinderkessel 13 atü Ölfeuerung	2 Zylinderkessel je 190 m² Heizfläche 13,5 atü 2 Dampfmaschinen maximal je 800 PS$_i$	2 Dieselmotoren je 590 PS 1 Dieselmotor 735 PS Dieselgenerator 305 PS 2 Generatoren je 125 kW Hafengenerator 48 PS	3 Dieselmotoren je 1680 PS Hilfsgenerator 200 PS Hafengenerator 48 PS	2 Fahrdiesel je 1000 PS 2 Dieselmotoren für Baggerpumpen je 665 PS
16	Propulsionsleistung in PS	2×750 PS$_i$	2×560 PS$_i$	2×590 PS$_e$	2×1950 PS$_e$	2×1000 PS$_e$
17	Geschwindigkeit, beladen, in Knoten	10	10	11,2	12,5	12
18	Leistung der Pumpenmaschinen	1×750 PS$_i$	1×560 PS$_i$	1×735 PS$_e$	2× 715 PS$_e$	2× 665 PS$_e$
19	Installierte Maschinenleistung in PS	2250	1600	2520	5270	3400

raum ein Fassungsvermögen von 1500 m³, das bei Material von geringer Dichte sogar auf 1750 m³ gesteigert werden kann. Das Ladungsgewicht beträgt 2500 t und die Verdrängung 4000 t, so daß das Verhältnis $\frac{2500}{4000} = 0{,}625$ sehr hoch liegt.

Der Bagger war ursprünglich als Verholsauger mit nur einem seitlichen, nach vorn gerichteten starren Saugarm gebaut worden. Zwei hinter dem Laderaum stehende Hauptdieselmotoren von je 900 PS bei 250 U/min konnten entweder die beiden nach hinten gehenden Schraubenwellen oder die beiden nach vorn gehenden Wellen der Baggerpumpen antreiben.

Im Jahre 1960 wurde der Bagger umgebaut und erhielt unter Beibehaltung des Schiffskörpers die in der Abb. 320 erkennbare Baggereinrichtung und Maschinenanlage. Er hat jetzt zwei seitliche, nach hinten gehende Saugarme von 700 mm Lichtweite mit Schlaucheinsätzen und Schleppsaugköpfen. Die Baggerpumpen sind vor dem Laderaum aufgestellt und haben zwei eigene, von der Propulsionsanlage unabhängige Antriebsmotoren erhalten. Diese leisten je 665 PS bei 400 U/min und treiben die Pumpen über Ketten mit einer Untersetzung 2 : 1 an, wobei ihre Nenndrehzahl 210 U/min ist. Die beiden Fahrmotoren im hinteren Maschinenraum leisten je 1000 PS und haben eine Nenndrehzahl von 250 U/min. Es sind Verstellpropeller mit 4 Flügeln und einem Durchmesser von 2400 mm eingebaut, wobei das Umsteuern von Voraus auf Rückwärts 8 Sekunden dauert. Die Geschwindigkeit des Schiffes in beladenem Zustand beträgt 12 Knoten. Hinter dem Laderaum, wo früher die Baggerpumpen standen, hat man jetzt die Wohnräume eingebaut, die früher an der Stelle des jetzigen Pumpenraums gelegen haben.

Das Schiff ist auf diese Weise zu einem vollwertigen Fahrsauger geworden, und durch die gelenkigen Schleppsaugarme ist auch das Arbeiten bei Seegang möglich. Die Ausfalltage haben sich vermindert und die effektiven Arbeitstage erhöht. So kommt es, daß die Umbaukosten und der höhere Kraftstoffverbrauch, der beim Saugen durch das Arbeiten mit 4 Motoren entsteht, durch eine erhöhte Ertragsleistung doch wieder aufgewogen worden ist.

Die Daten der in diesem Abschnitt beschriebenen Hoppersauger sind in der Zahlentab. 17 zusammengestellt.

3. Ausführungsbeispiele großer Hoppersauger mit Fassungsvermögen über 2000 m³

Zu Beginn dieses Abschnitts werden 5 Fahrzeuge verschiedener Nationalität behandelt, welche ein Fassungsvermögen des Laderaums von etwas mehr als 2000 m³, jedoch verschiedenartige Maschinenanlagen, haben. Ihre Daten sind in der Zahlentab. 18 zusammengestellt, die außerdem noch die später beschriebenen größeren Bagger enthält.

Der Bagger „Comber" bildet mit drei anderen eine Klasse der 1947 gebauten Schiffe des C. of E. mit 2300 m³ Laderauminhalt und einer Dampfturbinenanlage. Er hat eine Länge von 107 m über alles und 100 m zwischen den Loten, 18,3 m Breite auf Spanten und 9,15 m Seitenhöhe mittschiffs. Der Tiefgang in beladenem Zustand ist 6,75 m und die größte Baggertiefe 19 m. Er hat wie alle neueren amerikanischen Hoppersauger zwei seitliche, nach hinten gerichtete Saugarme mit Drehellbogen und Kugelgelenken. Die lichte Weite beträgt 760 mm und die Saugköpfe sind von der Californiatype.

Hinter dem Laderaum stehen zwei ölgefeuerte Wasserrohrkessel mit einer Stundenleistung von je 17300 kg überhitztem Dampf bei einem Betriebsdruck von 31,5 atü und 400°. Die dahinterliegenden Maschinenräume haben ein Oberteil und ein Unterteil. In dem an dem Kesselraum anschließenden Oberteil befinden sich 2 Turbinen von je 3000 kW bei 5400 Umdrehungen, und darunter liegen deren Kondensatoren. Die Turbinen drehen über Untersetzungsgetriebe die Generatorwellen mit 514 U/min. Hinter dem Schott sitzen im Oberteil auf den beiden von vorn kommenden Wellen je 3 Gleichstromgeneratoren hintereinander. Die vorderen sind die Propulsionsgeneratoren von je 2450 kW bei 600/720 Volt, die mittleren die Baggerpumpengeneratoren von je 925 kW bei 600 Volt und die hinteren die Bordnetzgeneratoren von je 300 kW bei 120/240 Volt. Diese speisen die Erregerfelder sowie weitere Hilfsmaschinen im Maschinenraum und an Deck, die Hubwinden für die Saugköpfe und Saugarme, die Einrichtung für das Öffnen und Schließen der Klappen u. a. m.

Im Raum unter den Generatoren liegen die beiden Propellermotoren von je 3000 PS, welche langsam laufend die beiden Schraubenwellen unmittelbar antreiben. Sie sind mit den beiden Fahrgeneratoren in Leonard-Schaltung verbunden und können in beiden Richtungen feinstufig von 0 bis 120 U/min geregelt werden mit Bedienung vom Steuer-

Abb. 321. Hoppersauger der Comberklasse beim Wenden in einer eingedeichten Fahrrinne im Bereich des Mississippideltas. Aufnahme C. of E.

haus oder vom Maschinenraum. Die Fahrgeschwindigkeit beträgt beladen 12,6 Knoten und leer 15,3 Knoten.

Die beiden Baggerpumpen liegen in dem Maschinenraum vor dem Laderaum und werden durch Elektromotoren von je 1150 PS Leistung mit einer Nenndrehzahl von 200 U/min unmittelbar angetrieben. Im Kapitel I wurde ein Querschnitt der Pumpen und verschiedene Kennlinien gezeigt.

Abb. 321 zeigt ein Schiff dieser Klasse beim Manövrieren in einer eingedeichten Fahrrinne im Bereich der Mississippimündung.

Für die Comberanlage wird der Dampfverbrauch mit 3,5 kg und der Heizölverbrauch mit 0,32 bis 0,39 kg pro Wellenpferdestärke und Stunde angegeben. Die Hoppersauger des C. of E. arbeiten gewöhnlich durchgehend 24 Stunden am Tag im 1 Wochen-Betrieb oder 2 Wochen-Betrieb, aber mit Vollast nur während des Fahrens, das im Gegensatz zu einem Frachtschiff nur zeitweise stattfindet. Beim Saugen, Manövrieren und Verklappen wird mit Teillasten gefahren, wobei die Maschinenanlage ebenfalls wirtschaftlich arbeiten muß. Betriebssicherheit und Reserve sind beim Hoppersauger so wichtig, daß bei der Ökonomie nicht das letzte herausgeholt werden kann. Der Brennstoffverbrauch ist bei einer Dampfturbinenanlage der Menge nach fast das 3 fache von dem einer Dieselanlage, so daß man beim C. of E. neuerdings auch bei mehr als 5000 PS an installierter Maschinenleistung zum Dieselantrieb übergeht.

Das zeigt der Hoppersauger „Markham", der im Jahre 1960, also 10 Jahre nach „Essayons", nach Entwürfen vom C. of E. auf einer Werft in New Orleans gebaut wurde und vorwiegend für Verwendung im Gebiet der großen Seen bestimmt ist. Mit den Hauptabmessungen 96,5 × 18,9 × 8,55 hat er gegen „Comber" weniger Länge und Seitenhöhe, aber etwas mehr Breite, so daß sein Tiefgang beladen nur 5,8 m gegen

6,75 m bei „Comber" ist. Das Fassungsvermögen des Laderaums ist mit 2070 m³ etwas kleiner, desgleichen auch die Baggertiefe mit 13,3 m. Die beiden Saugarme haben Koralköpfe und mit 585 mm eine wesentlich geringere Weite als bei „Comber". Sie haben Kugelgelenke, und ihre beiden Drehellbogen sitzen auf Gleitplatten. Die beiden Baggerpumpen, in ähnlicher Ausführung wie bei „Comber", stehen vor dem Laderaum und werden von Elektromotoren von je 1000 PS in einem Drehzahlbereich von etwa 325 bis 375 U/min unmittelbar angetrieben.

Abb. 322 zeigt die Maschinenanlage hinter dem Laderaum. Zwei Dieselmotoren, Fabrikat Cooper-Besserer, mit 16 Zylindern und einem Dauerleistungsvermögen von je 4250 PS bei 327 U/min, sind hier aufgestellt. Ihre Kolbengeschwindigkeit ist 6,15 m/sek

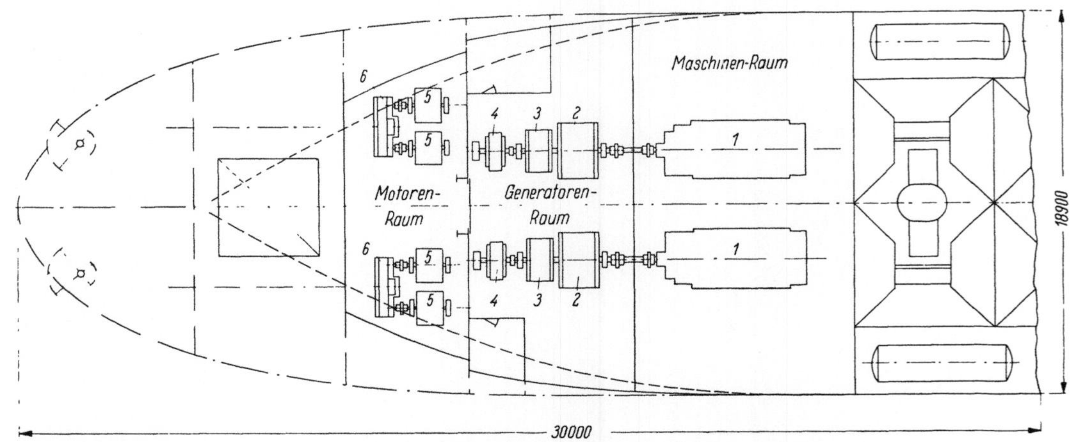

Abb. 322. Maschinenanlage des Hoppersaugers „Markham" vom C. of E. mit 2 Dieselmotoren von je 4250 PS und 3 Generatoren in Tandemanordnung sowie je 2 Elektromotoren für Fahrantrieb

1 Dieselmotoren 4250 PS; *2* Propulsionsgeneratoren 2100 kW; *3* Baggerpumpengeneratoren 800 kW; *4* Bordnetzgeneratoren 350 kW; *5* Vier Fahrmotoren je 1325 PS; *6* Untersetzungsgetriebe

und der mittlere effektive Druck 10,1 kg/cm². Die Motoren sind für das Arbeiten mit Schweröl eingerichtet, gehen jedoch bei geringerer Belastung selbsttätig auf Dieselkraftstoff über.

Wie bei „Comber" gehen die beiden Wellen durch das Schott und treiben je 3 Generatoren an. Bei Tandemanordnung sind auch hier die vorderen die Propulsionsgeneratoren mit je 2100 kW bei 600/700 Volt Gleichstrom. Dann kommen die Baggerpumpengeneratoren mit 800 kW bei 600 Volt Gleichstrom und weiter die Bordnetzgeneratoren mit 350 kW bei 450 Volt Wechselstrom. Es ist außerdem noch ein Reservegenerator von 350 kW, 450 Volt Wechselstrom bei 900 U/min und ein Notgenerator von 150 kW aufgestellt.

Dahinter liegt der Fahrmaschinenraum, in dem je 2 Elektromotoren von je 1325 PS bei 600/715 U/min über Westinghouse-Zahnradgetriebe die beiden 4 Flügel-Propeller mit 3900 mm Dmr. und 3400 mm Steigung antreiben. Mit insgesamt 5300 PS wird in beladenem Zustand eine Geschwindigkeit von 12,5 Knoten = 23 km/h und leer eine solche von 14,5 Knoten = 27 km/h erreicht. Die Wendigkeit des Schiffes wird noch durch eine Bugstrahlanlage erhöht, die Abb. 323 zeigt. 2 Elektromotoren von je 75 PS bei 1755 U/min treiben über Ketten die beiden 4flügligen Propeller von 1220 mm Dmr. und 915 mm Steigung an, die in einem kurzen Kanal sitzen, der quer durch das Vorschiff geht. Die Querkraft der Anlage ist geringer als die des nachfolgenden „Rudolf Schmidt", aber es muß beachtet werden, daß die Manövrierfähigkeit durch die beiden starken Fahrmaschinen mit weit auseinanderliegenden Wellen schon groß ist. Die Doppelruderanlage besitzt einen Schnellgang für das Überlegen von einer Hartlage in die andere.

Der Überlauf geht beim Beladen nach hinten in einen gemeinsamen, mit Gummi ausgekleideten Kanal, der durch die Maschinenräume geführt ist. Er hat am Heck seinen Auswurf, so daß das Wasser seitlich des Schiffskörpers nicht verunreinigt wird.

Die Klappen liegen in der schrägen unteren Wand des Laderaums und werden von außen angedrückt. Die Einrichtung wurde im Kapitel I beschrieben und abgebildet. Während die früheren Bagger des C. of E. meist keine Einrichtung zum Absaugen und Anlandbringen der Ladung hatten und vielfach erst nachträglich und behelfsmäßig dazu umgebaut wurden, hat Markham sie in einer verbesserten Form erhalten. Vier senkrecht stehende Zylinderschächte von 1,5 m Dmr. sind in der Schiffsmitte im Laderaum angeordnet, so daß sie bei dessen Füllung von der Ladung

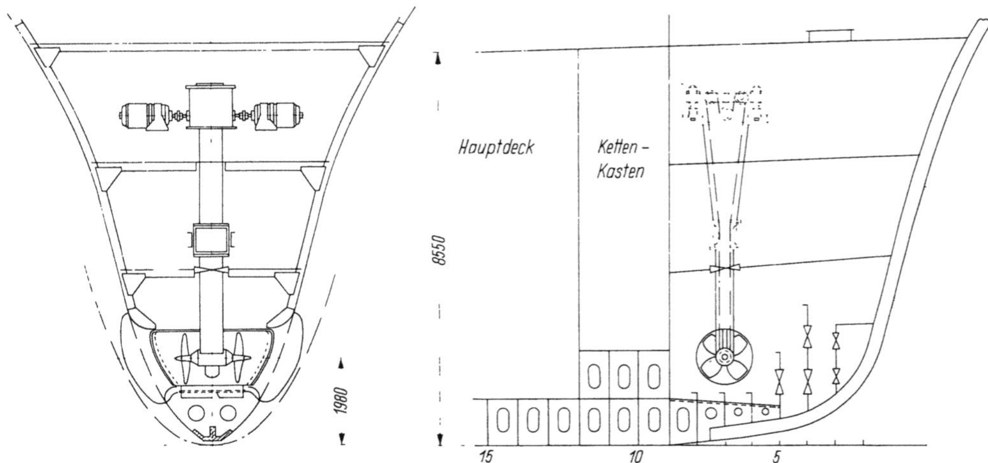

Abb. 323. Bugstrahlanlage von „Markham" mit 2 Elektromotoren von je 75 PS bei Kettenantrieb der Propeller von 1220 mm Durchmesser

umgeben sind. Um diese pumpfähig zu machen, wird Lösewasser mit einem Druck von 6 kg/cm² durch Rohre von 200 mm Weite in die unteren schrägen Teile der Laderaumwände zugeführt. Außerdem kann noch weiteres Lösewasser mit gleichem Druck durch Düsen von 100 mm Weite, die über der Ladung schwenkbar angeordnet sind, zugegeben werden. Das hierdurch erzeugte pumpfähige Gemisch tritt in die Zylinderschächte durch Öffnungen in deren Mänteln und wird unten durch eine Rohrleitung abgesaugt, die nach den Baggerpumpen geführt ist. Diese Einrichtung wurde beim ersten Einsatz von Markham im Gebiet der großen Seen, für die er hauptsächlich bestimmt ist, in Betrieb genommen.

Das Steuerhaus befindet sich vor dem Laderaum. Von hier werden die Fahrmotoren und die Pumpenmotoren gesteuert. Neben vielen anderen Instrumenten ist u. a. ein Konzentrationsanzeiger vorhanden, der automatisch den Auswurf über Bord einschaltet, wenn die Dichte der gepumpten Mischung zu weit heruntergeht.

Auch bei Vertiefungsarbeiten in den Zufahrtsrinnen der deutschen Seehäfen wird vielfach mit Hoppersaugern gearbeitet und in den Jahren 1892 bis 1915 sind zahlreiche Schiffe gebaut, zu denen 1939 bis 1941 noch zwei hinzukamen. Als Ersatz für die veralteten und mit Rücksicht auf den in Zukunft zunehmenden Arbeitsumfang wurden in den Jahren 1959 bis 1961 zwei neue Bagger in Gemeinschaftsarbeit der IHC Holland mit der Orenstein-Koppel und Lübecker Maschinenbau AG für das Verkehrsministerium gebaut, welche die Namen „Rudolf Schmidt" und „Johannes Gährs" erhielten. Im folgenden wird in Abkürzung die Bezeichnung „Schmidt" gebraucht. Über die beiden Schiffe ist eine ausführliche Veröffentlichung in der Zeitschrift „Schiffstechnik" 43. Heft Hamburg September 1961 erschienen, aus der die nachfolgenden Abbildungen entnommen sind.

Die Hauptdaten sind:

Länge über alles	113 m
Länge zwischen den Loten	104 m
Länge in der Konstruktionswasserlinie	108 m
Breite auf Spanten	18 m
Seitenhöhe bis zum Hauptdeck	8 m
Fassungsvermögen bei Ladungsdichte 2	2100 m³
Fassungsvermögen bei Ladungsdichte 1,5	2800 m³
Höhe des Laderaumsülls über Deck	3,074 m
Gewicht der Ladung	4200 t
Konstruktionstiefgang	5,875 m
Verdrängung dabei	8325 t
Völligkeitsgrad der Verdrängung	0,731
Länge × Breite × Seitenhöhe $L\,B\,H =$	15000 m³

Schiffsgewichte:

Stahl	1686 t
Einrichtung und Ausrüstung	533 t
Maschinenanlage	387 t
Baggereinrichtung	794 t
Schiff fertig, leer	3400 t
Ladungsgewicht	4200 t

Zuladung:

Bunker	600 t
Frischwasser	115 t
Proviant, Vorräte	25 t
Besatzung und Effekten	10 t
	750 t

Ladung + Zuladung	4950 t
Verdrängung bei etwa 6 m Tiefgang	8350 t

Abb. 324 ist ein Generalplan des Schiffes und läßt die bei seitlichen Saugarmen gegebene Raumanordnung erkennen. Vier aufgeladene Viertaktmotore in V-Anordnung, Fabrikat Maybach, mit je 1200 PS bei 1400 U/min, erzeugen die Energie. Dabei beträgt das Gewicht eines Motors 5110 kg und somit nur 4,25 kg pro PS. Jeder Motor ist mit seinem Generator von 810 kW Leistung unmittelbar gekuppelt und in einen schalldämpfenden Kasten eingebaut. Zwei weitere Maybachmotore von je 600 PS bei 1400 U/min, ebenfalls schalldicht gekapselt, sind mit Bordnetzgeneratoren gekuppelt. Außerdem ist ein Hafenaggregat mit einem Dieselmotor von 230 PS bei 1500 U/min und ein Notaggregat mit einem Dieselmotor von 57 PS bei 1500 U/min aufgestellt. Die an beiden Schiffsseiten punktiert gezeichneten Dieselgeneratoren sollen hinzukommen, wenn die Geschwindigkeit auf 14 Knoten erhöht wird. Die beiden Fahrmotoren von je 1500 PS bei 800 U/min treiben die Propeller von 3200 mm Dmr. über Untersetzungsgetriebe mit einer Vollastdrehzahl von 160 U/min an. Dabei beträgt die Konstruktionsgeschwindigkeit 12 Knoten. Zur Erhöhung der Manövrierfähigkeit ist eine Bugstrahlanlage, System Jastram, eingebaut. Sie ist wesentlich stärker als die von „Markham" und besteht aus einem Elektromotor von 1000 PS, der mit seiner senkrechten Welle über ein Kegelradgetriebe die beiden Propeller von 1760 mm Dmr., die in einem Abstand von 3500 mm stehen, mit 330 U/min antreibt und eine Querkraft von 10 t nach beiden Seiten erzeugen kann. Der Motor ist in Konstantstromschaltung in den gleichen Stromkreis gesetzt wie die Fahr-

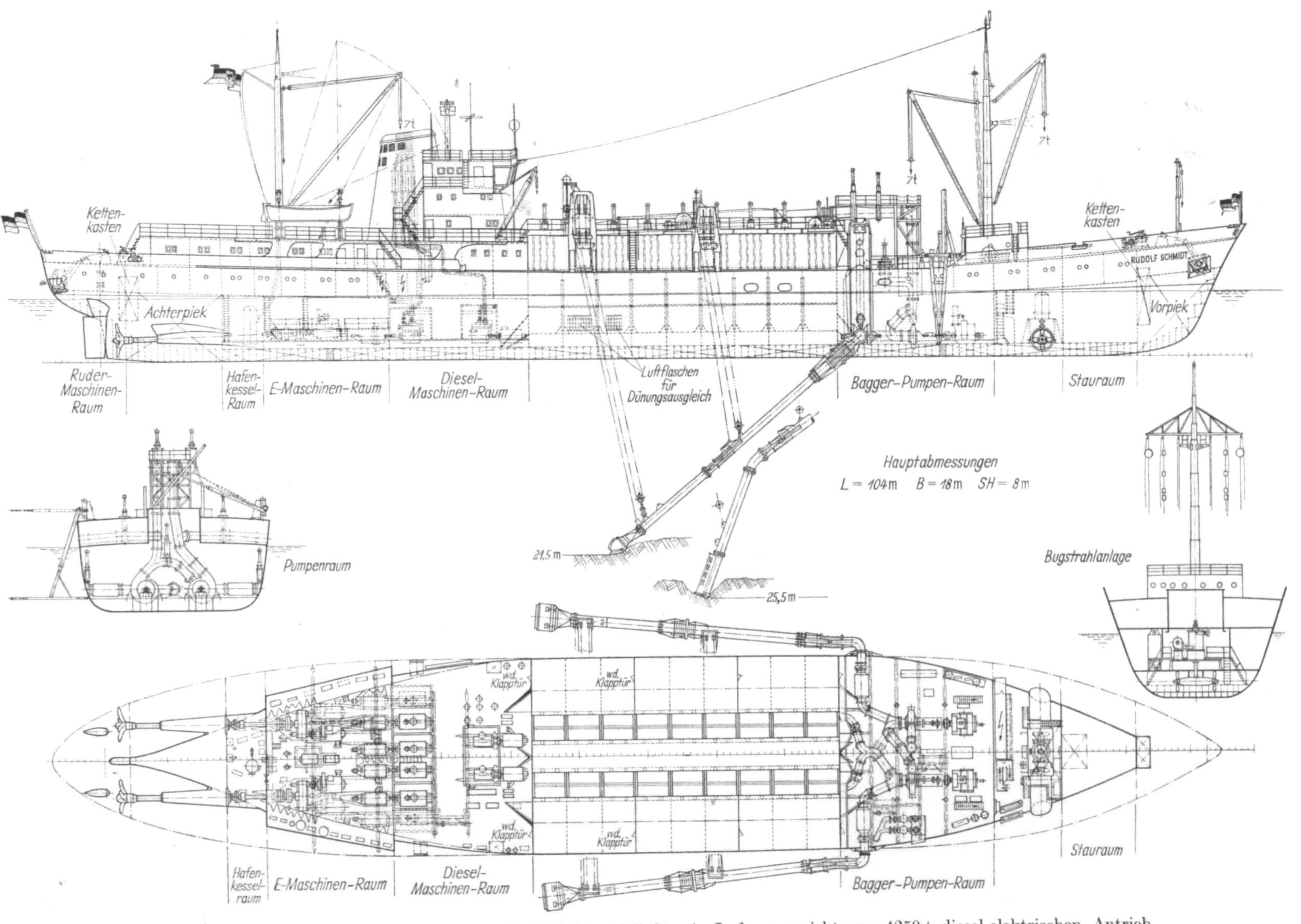

Abb. 324. Generalplan des Hoppersaugers „Rudolf Schmidt" für ein Ladungsgewicht von 4250 t diesel-elektrischen Antrieb

motoren und die Baggerpumpenmotoren. Abb. 325 ist ein Lichtbild der Bugstrahl-anlage.

Die beiden Baggerpumpen liegen vor dem Laderaum und werden durch Elektro-motore von 675 kW bei einer Nenndrehzahl von 245 U/min unmittelbar angetrieben.

Abb. 325
Ansicht der Bugstrahlanlage mit 2 Propellern von 1760 mm
Durchmesser bei gegenläufiger Drehung und 10 t Querschub

Abb. 326 zeigt eine Pumpe im Querschnitt und Längsschnitt. Sie hat einen Kreiseldurchmesser von 1630 mm, wodurch sich zum Saugrohrdurchmesser von 850 mm das sehr geringe Verhältnis 1,92 : 1 ergibt. Das erfordert starke Abschrägung und besondere Formgebung für die 5 Schaufeln. Das geräumige Gehäuse erweitert sich in Schneckenform und hat den Druckrohrauslauf schräg nach oben.

Die Saugarme haben mit 850 mm eine größere Lichtweite als „Comber" mit 760 mm und „Markham" mit 585 mm. Sie sind nach dem System IHC Holland gelenkig mit 2 Schlauch-stücken ausgebildet. Zum Aus-fahren werden die Saugarme aus ihren Lagerstühlen gehoben, unter Neigung der Halteausleger seitlich in die Stellung außerhalb der Schiffswand gebracht und dann

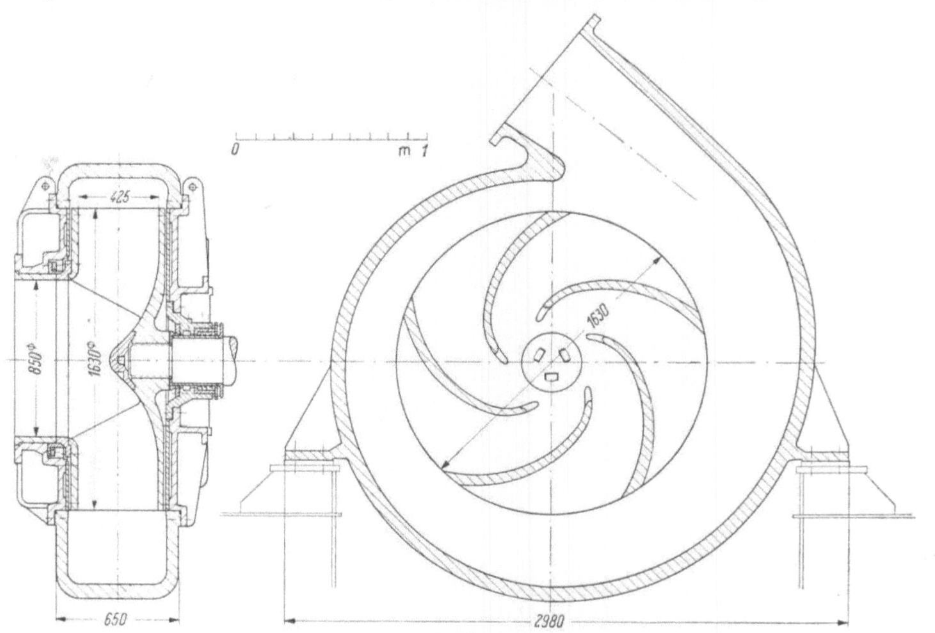

Abb. 326. Baggerpumpe des Hoppersaugers „Rudolf Schmidt" mit einteiligem Spiralgehäuse bei 850 mm
Saugrohranschluß und fünfflügligem Kreisel mit 1630 mm Dmr.

abgesenkt. Dabei müssen sie zunächst etwa waagerecht bleiben, bis die den Ellbogen tragende Gleitplatte an der Einlauföffnung des Saugrohrs im unteren Teil der Schiffs-wand, die Abb. 327 zeigt, angekommen und durch Keilstücke an diese angedrückt ist. Dann wird der Saugarm nach unten unter Beibehaltung der Strecklage geneigt, bis auf etwa 40° gegen die Horizontale bei der größten Baggertiefe von 21,5 m. Hier-

für hat, wie Abb. 328 erkennen läßt, die Winde, deren Seil am Saugkopf angreift, eine Doppeltrommel von verschiedenem Durchmesser, wobei das Seil beim Absenken zunächst von der kleinen Trommel mit geringer Geschwindigkeit abläuft und dann von der größeren schneller. Beim Aufholen der Saugarme wird der Vorgang in umgekehrter Richtung durchlaufen und dauert bis zum Ablegen an Deck etwa $4^{1}/_{2}$ Minuten. Dabei ist noch bei den beiden Hubseilen, die am Saugkopf und in der Mitte des Saugarms angreifen, je ein Dünungsausgleicher eingeschaltet, den Abb. 329 schematisch gezeichnet erkennen läßt. Danach läuft das von der losen Seilrolle am Saugkopf kommende Seil mit seinem linken Ende zur Seiltrommel der Saugrohrwinde. Das rechte Ende geht in die Höhe über eine Seilrolle, die auf dem Kolbenende eines Öldruckzylinders sitzt, nach unten zu seinem Befestigungspunkt. Der Ölraum des Zylinders hat Verbindung mit den Ölfüllungen von mehreren Flaschen, in deren Oberteil sich Druckluft befindet. Geht in der Dünung das Schiff und damit der Ölzylinder nach oben, so nimmt er seinen Kolben nicht mit, da ihn das Gewicht des Saugkopfs festhält und das Öl aus dem unteren Teil des Zylinders in die Flaschen geht, wobei hier der Ölspiegel ansteigt und die Luft über ihm zusammendrückt. Geht jetzt das Schiff und damit der Ölzylinder wieder nach unten, so drückt die Luft in den Flaschen das Öl wieder in den Zylinder zurück, so daß der Kolben mit seiner Kopfrolle oben und der Saugkopf am Boden bleibt. Durch Einstellung von Öldruck und Ölmenge kann man die Elastizität verändern, welche der einer Feder von 1,25 m Hub entspricht. Die Höhenlage der Schiffsseite kann sich um das doppelte Maß, also um 2,5 m gegen den Grund verändern, ohne daß der Saugkopf sich vom Grunde abhebt. Ein zweiter Dünungsausgleicher hält auch das mittlere Schlauchstück in seiner Lage, so daß der Saugarm gestreckt bleibt.

Der Saugkopf, den Abb. 330 zeigt, liegt zwischen Californiatype und Koraltype

Abb. 327. Einlauföffnung des zur Baggerpumpe führenden Saugrohrs, gegen welche die Gleitplatte mit Drehellbogen durch Keilstücke angedrückt wird
Aufnahme IHC Holland

Abb. 328. Ausleger für das am mittleren Schlauchstück des Saugarms angreifende Hubseil mit davorliegender Trommel mit 2 Durchmessern
Aufnahme IHC Holland

insofern, als sein Hauptteil gegen den Saugarm fest bleibt, während ein beweglicher, segmentartiger Visierteil mit angesetzten, gewichtsbelasteten Kufen sich an den Boden anlegt und unerwünschten Wasserzutritt verhindert. Der Saugkopf hat eine Breite von 2285 mm, die das 2,7 fache der Saugrohrweite ist, und eine Bruchbolzensicherung, wenn auch das Festhaken wegen fehlender Abkrümmung selten vorkommt. Man kann außerdem mit einem Stechkopf bis auf eine Saugtiefe von 25,5 m gehen, wobei das Unterende des Saugrohres um 70° gegen die Horizontale geneigt und durch ein Mantelblech mit großen Löchern gegen Verstopfung gesichert ist.

Abb. 331 zeigt einen Schnitt durch den Laderaum und läßt oben die beiden Beladerinnen erkennen, die mit Gefälle von vorn nach hinten gehen. Sie sind teilweise offen und an ihrem Ende fächerförmig erweitert. Jede Rinne hat an der Unterseite 5 Beladeklappen, die hydraulisch eingestellt werden können. Das Überlaufwehr, das in der Höhe um 2,5 m verändert werden kann, liegt wieder am vorderen Laderaumende, so daß ein weiter Weg für Beruhigung und Absetzen von Feststoffen gegeben ist. Für die Entleerung des Laderaums sind je 9 Doppelklappenpaare in 2 Reihen angeordnet, die durch senkrecht stehende Öldruckzylinder betätigt werden. Dabei geht mit den Kolben zunächst eine am unteren Ende geführte Stange ab, die nur eine senkrechte Bewegung macht. Erst unter der Führung gehen 4 Stangen nach den Ecken der Doppelklappen, so daß nur diese eine Querbewegung in der Ladung beim Öffnen zu machen haben.

Die Abbildung läßt auch die Laderaumabsaugeinrichtung erkennen, bei der die Oberklappen hier über Ketten auch von Öldruckzylindern betätigt werden. Wie man sieht, hat man für die doppelten Hauptklappen nur einen Kanal, der infolgedessen einseitig liegt. Bei Absaugen der Ladung können die beiden Baggerpumpen in Reihe geschaltet werden und dabei ein Druck von etwa 5 kg/cm² erreicht werden. Die an Land gehende Leitung hat eine Weite von 800 mm.

Der Völligkeitsgrad der Verdrängung liegt für dieses Schiff mit 0,731 sehr niedrig. Das wird durch die schnelläufige und in viele Einheiten aufgeteilte Maschinenanlage möglich gemacht.

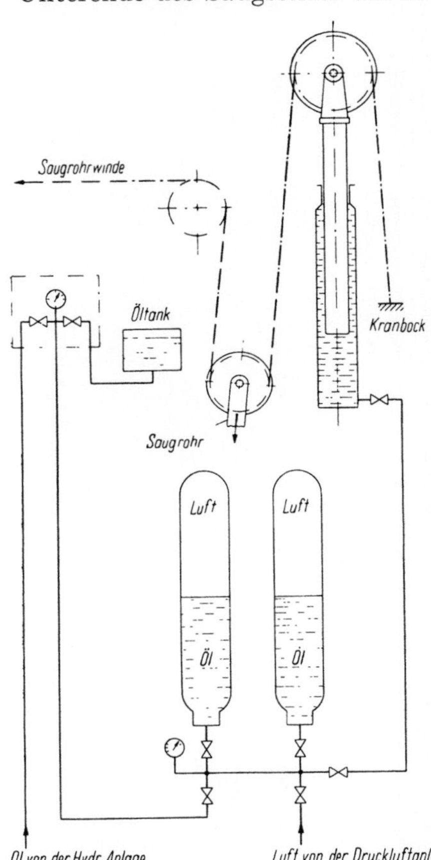

Abb. 329. Schematische Darstellung der Dünungsausgleicher, welche die Saugköpfe unabhängig von den Schiffsbewegungen auf dem Grunde halten

Die Konstruktionsgeschwindigkeit wurde bei den Probefahrten etwas überschritten und 12,6 Knoten mit dem beladenen Bagger bei unbegrenzter Wassertiefe erreicht. Die Propulsionsleistung betrug dabei 2900 PS und die Verdrängung 8250 t bei einem Tiefgang von 5,9 m.

Auffallend ist der Unterschied gegen „Markham", bei dem für eine Konstruktionsgeschwindigkeit von 12,5 Knoten eine Fahrmaschinenleistung von fast doppelter Höhe angesetzt ist. Auch hier kann aber, wenn diese Leistung tatsächlich entwickelt wird, in neuwertigem Zustand bei tiefem Wasser wahrscheinlich eine höhere Geschwindigkeit erreicht werden. Im übrigen war für die Schmidt-Klasse eine Steigerung der Geschwindigkeit auf 14 Knoten vorgesehen mit Erhöhung der Wellenleistung auf 5400 PS, die bisher nicht verwirklicht wurde. Mit der Antriebsleistung von 2900 PS wurde in *leerem* Zustand nach Auspumpen des Restwassers aus dem Laderaum eine Geschwin-

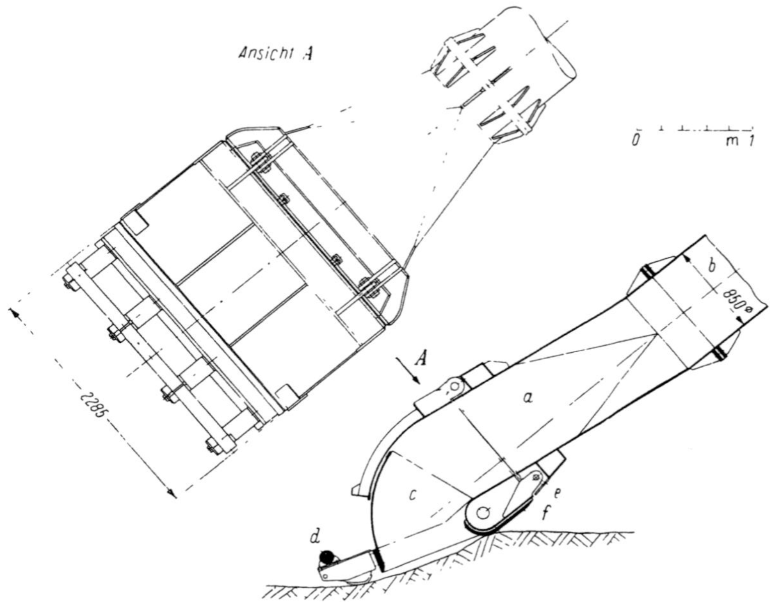

Abb. 330. Saugkopf von „Rudolf Schmidt" mit segmentförmigem beweglichem Visierteil, der sich selbsttätig an den Gewässergrund anlegt

a Saugkopf; *b* Saugarm; *c* Visierteil; *8* Rundeisenbeschwerung; *e* Bruchbolzen; *f* Schleißplatte

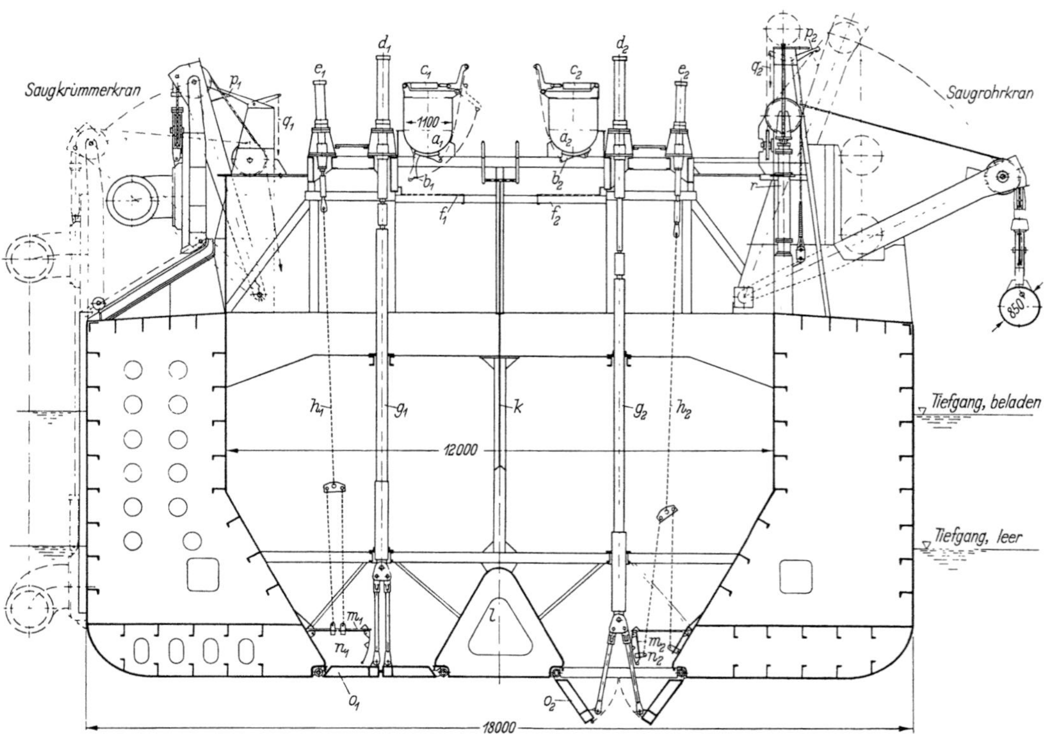

Abb. 331. Schnitt durch den Laderaum von „Rudolf Schmidt" mit 2 Beladerinnen sowie Doppelklappen beiderseits des Mittelkielschweins

a Beladerinnen; *b* Beladeklappen; *c* Hydr. Zylinder für Beladeklappen; *d* Desgl. für Bodenklappen; *e* Desgl. für Oberklappen; *f* Lochbleche; *g* Gestänge für Bodenklappen; *h* Ketten für Oberklappen; *k* Mittellängsträger; *l* Mittellängssattel; *m* Oberklappen; *n* Absaugekanäle; *o* Bodenklappen; *p* Einrastung; *q* Drahtzug; *r* Dünungskompensator

digkeit von 13,5 Knoten erreicht, wobei die Verdrängung 4500 t, der Tiefgang vorn 2,6 m, hinten 4,4 m und im Mittel 3,5 m betrug. Ferner wurde noch mit 2900 PS gefahren, wenn beide Saugrohre in waagerechter Stellung 2 m unter dem Wasserspiegel

Abb. 332. Kommandobrücke von „Rudolf Schmidt" mit angrenzendem Kartenraum und Funkraum

lagen. Dabei ging die Geschwindigkeit auf 10,25 Knoten herunter, was erneut die starke Widerstandszunahme erkennen läßt.

Die Brücke liegt hinter dem Laderaum, geht von einer Schiffsseite zur anderen

Abb. 333. Luftaufnahme des Hoppersaugers „Rudolf Schmidt" mit 2100/2800 m³ Laderaumfassungsvermögen in unbeladenem Zustand. (Freigegeben mit SH-3-71, Kiel 1961)

durch und gibt guten Überblick über alle Vorgänge. Abb. 332 läßt erkennen, welche zahlreichen Einrichtungen hier vorhanden sind.

Das Meßrohrstück für die Altoanlage, welche die Durchflußgeschwindigkeit anzeigt, ist in die beiden Saugleitungen unmittelbar nach ihrem Eintritt in den Schiffskörper eingebaut. Abb. 333 ist eine Luftaufnahme von „Rudolf Schmidt".

Fast gleichzeitig mit „Rudolf Schmidt" wurde bei der LMG an dem vor einigen Jahren in Frankreich gebauten „Paul Solente" eine Grundreparatur und ein Umbau vorgenommen. Das Schiff erhielt den Namen „Ramsis" und hat mit den Hauptabmessungen $104{,}5 \times 16{,}5 \times 8{,}5$ und einem Ladungsgewicht von 3800 t etwa die gleiche Größe wie die vorangehend beschriebenen. Die bisherige Energieerzeugungsanlage bestand aus 3 Dieselgeneratoren und wurde ersetzt durch 4 Zweitaktmotoren, Fabrikat General Motors, von 1710 PS bei 800 U/min. Jeder von ihnen treibt einen Hauptgenerator von 1080 kW unmittelbar und einen aufgesetzten Bordnetzgenerator von 150 kW über Riemen mit 1500 U/min an. Die beiden Propellermotore haben je 2700 PS und treiben ihre Wellen unmittelbar mit 230 U/min an. Die beiden Baggerpumpen liegen vor dem Laderaum und werden durch ihre Motoren von je 750 PS bei einer Nenndrehzahl von 265 U/min ebenfalls unmittelbar angetrieben. Die Geschwindigkeit wird mit $13^{1}/_{4}$ Knoten angegeben.

Die Saugarme sind in gleicher Weise wie bei ,,Schmidt'' gelenkig mit zwei armierten Gummischlauchstücken ausgebildet und haben auch ähnliche Saugköpfe. Statt der elektrisch angetriebenen Hebeeinrichtung ist hier eine hydraulische verwendet worden. Es sind 3 Hubzylinder vorhanden, deren Kolbenstangen am oberen Ende Seilrollen tragen, die zusammen mit darüberliegenden, festsitzenden Seilrollen einen Flaschenzug bilden, der umgekehrt wie sonst den kurzen Hub des Kolbens in den erforderlichen längeren Seilweg übersetzt. Drei Radialkolbenpumpen stehen im Maschinenraum und werden von einem Elektromotor angetrieben. Durch ölhydraulische Steuerorgane wird die Ölmenge für die Hubzylinder so geregelt, daß der richtige Bewegungsvorgang beim Absenken und Anheben der Saugarme erreicht wird. Durch eine Tastvorrichtung am Seilflaschenzug mit ölhydraulischem Steuerkolben wird auch ein Dünungsausgleich erreicht.

Fast gleichzeitig mit den vorangehend beschriebenen, für Behördendienst bestimmten Schiffen wurde von der IHC Holland ein Hoppersauger ähnlicher Größe für einen privaten Auftraggeber fertiggestellt. Schon bei der Beschreibung des ,,Batavus'' wurde erwähnt, daß die holländische Wasserstraßenverwaltung sich nicht mit eigenen Geräten belastet, sondern alle anfallenden Aufgaben durch Unternehmer ausführen läßt. So kommt es, daß diese hier auch Hoppersauger besitzen, was in anderen Ländern nur vereinzelt der Fall ist. Der private Unternehmer ist gezwungen, bei Hoppersaugern auf Einfachheit und Zweckmäßigkeit den größten Wert zu legen.

Der nachstehend beschriebene Bagger wurde 1960 bei der IHC Holland als HAM 305 gebaut, erhielt aber später den Namen ,,Mersey''. Seine Schiffskörperabmessungen sind $94{,}5/88 \times 16 \times 7{,}3$ und das Produkt $L\,B\,H$ damit nur etwa $^{2}/_{3}$ von ,,Schmidt''. ,,Mersey'' kann 2500 m³ Ladung der Dichte 1,6 und 2160 m³ der Dichte 1,85 aufnehmen, was ein Ladungsgewicht von 4000 t ergibt und damit etwa das gleiche ist wie bei ,,Schmidt''. Die Zuladung besteht aus 125 t Kraftstoff, 5 t Schmieröl, 30 t Frischwasser, 20 t Bemannung und Proviant, je 20 t für Kühlwasser und Reserveteile und 10 t Öl und Wasser in den Maschinen und Leitungen. Das sind zusammen 230 t gegen 750 t bei ,,Schmidt''. Der Konstruktionstiefgang ist dem von ,,Schmidt'' mit 5,9 etwa gleich und mit $\delta = 0{,}78$ ergibt sich eine Verdrängung von $88 \cdot 16 \cdot 5{,}9 \cdot 0{,}78 = 6500$ t.

Das Verhältnis des Ladungsgewichtes zur Verdrängung liegt mit $\dfrac{4000}{6500} = 0{,}615$ hoch.

Das Verhältnis des Tiefgangs zur Seitenhöhe ist bei ,,Mersey'' $\dfrac{5{,}9}{7{,}3} = 0{,}81$, was etwa der allgemeine Durchschnittswert beim Hoppersauger ist, gegen $\dfrac{5{,}9}{8} = 0{,}74$ bei ,,Schmidt''. Wenn man diesen bis auf einen Tiefgang von $0{,}81 \cdot 8 = 6{,}5$ m abladen würde, könnte er ein höheres Ladungsgewicht aufnehmen.

Die sehr einfache und übersichtliche Maschinenanlage zeigt Abb. 334. Sie grenzt bis an die Hinterkante des Laderaums, welche etwa 31 m vor dem hinteren Lot liegt. Dabei liegen alle Maschinen in diesem Teil und vor dem Laderaum nur Wohnräume. Bei ,,Schmidt'' liegt die Hinterkante des Laderaums etwa 40 m vor dem hinteren Lot, und es kommt noch der Teil vor dem Laderaum mit den Baggerpumpen hinzu, so daß insgesamt die Maschinenanlage wesentlich mehr Grundfläche beansprucht. Im Maschinenraum von „Mersey" stehen nebeneinander 3 Zweitaktdieselmotoren der Bauart Smit-Bolnes. Die beiden äußeren haben 10 Zylinder mit einem Leistungsvermögen von 1250 PS bei 275 U/min und drehen die beiden nach hinten gehenden Propellerwellen, wobei das Schiff eine Konstruktionsgeschwindigkeit von 10 Knoten = 18,5 km/h hat. Diese Motoren wiegen etwa 40 000 kg pro Einheit, also 32 kg pro PS gegen nur 4,25 kg pro PS der schnell laufenden Maybachmotoren. Sie treiben aber die Propellerwellen unmittelbar an, während bei „Schmidt" der Generator, die Schallisolierung, der Fahrmotor und dessen Untersetzungsgetriebe hinzukommen.

Der in der Mitte stehende dritte Motor mit 9 Zylindern hat bei der gleichen Drehzahl von 275 U/min ein Leistungsvermögen von 1125 PS und dreht die nach vorn gehende Welle der Baggerpumpe.

Es ist nur *ein* nach hinten gehender Saugarm von 900 mm Lichtweite und 16 mm Wanddicke vorhanden. Die Bauart mit 2 Gummischlauchstücken und die Hubein-

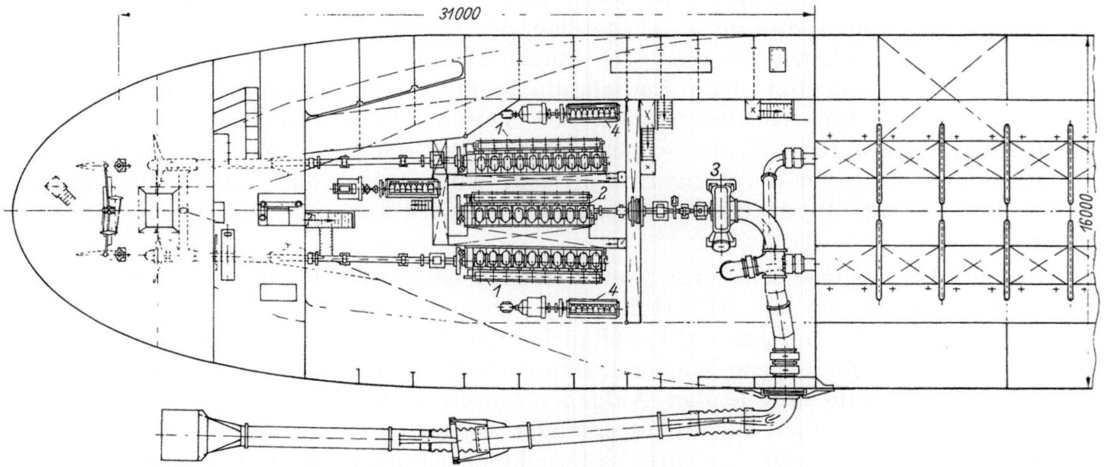

Abb. 334. Maschinenraum des Hoppersaugers „Mersey" mit 4000 t Ladefähigkeit und 3 Dieselmotoren für direkten Antrieb von Propellern und Baggerpumpe

1 Fahrmotoren 1275 PS; *2* Baggerpumpenmotor 1125 PS; *3* Baggerpumpe; *4* Dieselgeneratoren 200 PS

richtung ist die gleiche wie bei „Schmidt" und auch der Saugkopf ist ähnlich. Sein Auflagepunkt liegt bei der größten Baggertiefe von 20 m etwa 10 m vor den Rudern. Damit vermindert er die Steuerfähigkeit des Schiffes, aber man hat das Wendemoment der Fahrmotoren wie bei „Durepaire" dadurch erhöht, daß man die Wellen nach vorn auseinander laufen läßt. Die Smit-Bolnes-Motoren lassen sich einfach und ohne großen Luftverbrauch umsteuern. Es brauchen nämlich nicht die Nockenrollen abgehoben und die Nockenwelle verschoben werden, sondern es wird nur der Brennstoff in den Nachbarzylinder geleitet. Dadurch ist die Umsteuerung von der Brücke aus fast ebenso einfach wie bei Elektroantrieb. Würde man eine Bugstrahlanlage hinzunehmen, so könnte man die Wendigkeit des Schiffes noch erhöhen.

Die Druckleitung der Baggerpumpe mit einem Durchmesser von 900 mm geht nach oben und gabelt sich in 2 Beladerohre von 800 mm Weite mit Öffnungen auf der Unterseite und Trichtererweiterung an ihren Enden. Der Überlauf besteht aus einer Öffnung im Setzbord von 8,25 m Breite. Seine Höhe kann so eingestellt werden, daß das Fassungsvermögen des Laderaums zwischen 2500 und 2160 m³ liegt.

Zur Entleerung dienen 2 Reihen von je 12 Klappen, deren Ketten an einen hydraulisch bewegten Schiebebalken angesetzt sind. Eine Einrichtung für Bodenabsaugen ist nicht vorhanden, aber man kann das bei Öffnung der Klappen eingedrungene Wasser durch 2 Leitungen von 550 mm Dmr., die vom unteren Teil des Laderaums nach der Baggerpumpe führen, entfernen.

Im Maschinenraum stehen außer den Zweitakthauptmotoren noch 3 MAN Viertaktdieselmotore von je 200 PS bei 750 U/min, welche Gleichstromgeneratoren von je 125 kW bei 220 Volt antreiben, und ein Notaggregat mit einem Dieselmotor von 10 PS.

Infolge eines höheren Völligkeitsgrades und höher liegendem Verhältnis von Tiefgang zur Seitenhöhe sowie Beschränkung der Zuladung ist das Ladungsgewicht das 0,615fache der Verdrängung. Die Maschinenanlage ist geschlossen hinter dem Laderaum angeordnet, was durch die völligere Ausbildung des Hinterschiffs erreicht ist. Sie ist sehr einfach und übersichtlich und durch Fortfall der elektrischen Übertragung weniger störanfällig. Ein Behördenbagger arbeitet meist in der Nähe von Werften und Werkstätten und kann jederzeit Spezialisten für die Behebung von Störungen an der elektrischen Anlage heranziehen. Dagegen muß ein Unternehmerbagger vielfach an entlegenen Plätzen arbeiten, wo diese Voraussetzungen nicht gegeben sind und Klimaeinflüsse zusätzliche Erschwerungen bringen. Dann ist der Fortfall des Elektroantriebes für die Hauptmotoren und die Beschränkung auf die Hilfsmaschinen von großer Bedeutung. Die Kosten von ,,Mersey'' liegen erheblich unter denen von ,,Schmidt'' und der amerikanischen Schiffe, was für einen Privatunternehmer von Bedeutung ist.

Etwas größer als die vorangehend beschriebenen Schiffe ist der für die Jangtsemündung vor Shanghai gebaute ,,Chien-She'', der seit 1935 dort in Tätigkeit ist. Er wurde nach internationaler Ausschreibung unter Zugrundelegung einer Bauvorschrift, an welcher der englische Ingenieur CHATLEY maßgebend beteiligt war, der Firma Schichau in Elbing und Danzig in Auftrag gegeben. Der Schiffskörper hat eine Länge von 113,7 m über alles und 109,7 m zwischen den Loten, 18,3 m Breite auf Spanten und 8,1 m Seitenhöhe. Der Laderaum hat ein Fassungsvermögen von 3200 m³ (2800 m³ bis zur Decksebene). Mit einem Ladungsgewicht von 4570 t, entsprechend einer Dichte von 1,43, soll der Tiefgang 5,5 m sein. Die größte Baggertiefe hat den für ein Schiff dieser Größe mäßigen Wert von 13,7 m.

Vier Zylinderkessel von je 320 m² Heizfläche mit 14 atü Dampfdruck, Überhitzung und künstlichem Zug, sind hinter dem Laderaum aufgestellt. Dahinter liegt der Raum für die beiden Fahrmaschinen von je 1500 PS$_i$ bei 3facher Expansion. Sie treiben mit einer Drehzahl von 120 U/min die Propeller von 3450 mm Dmr. und 3300 mm Steigung und geben dem Schiff in beladenem Zustand eine Geschwindigkeit von $10^1/_4$ Knoten = 19 km/h.

Die Baggerpumpe aus Stahlguß mit einem halboffenen Kreisel von 2580 mm Dmr. der in Abb. 48 gezeigt wurde, steht in dem Maschinenraum vor dem Laderaum und wird durch eine den Fahrmaschinen gleiche Dampfmaschine mit einer Drehzahl von 120 bis 150 U/min angetrieben. Das Saugrohr von 1100 mm Weite ist in eine Saugleiter eingebaut, sie sich im Mittelschlitz befindet.

Abb. 335 läßt die Anordnung mit dem abgekrümmten Saugkopf von etwa 2500 mm Breite erkennen. Er wird hier durch ein Parallelogrammgestänge bei allen Baggertiefen relativ zum Gewässergrund in der gleichen Stellung gehalten, wobei die über dem Saugrohr liegende Stange gleichzeitig als Spülwasserzuleitungsrohr dient. Die sehr glatte Führung der Saugleitung zur Pumpe ist bemerkenswert.

Die Beladeeinrichtung und Entladeeinrichtung sind der damaligen Zeit entsprechend normal ausgeführt. Man hat 2 Reihen von je 5 Doppelklappen mit Holzauflage, also insgesamt 20 Klappen, deren Ketten an einen hydraulisch betätigten Schiebebalken herangeführt sind. Jede Klappe hat eine Öffnung von $2,15 \cdot 2,55 = 5,5$ m², womit die Öffnungsfläche $20 \cdot 5,5 = 110$ m² und damit das $\frac{1}{4,5}$fache der Laderaumoberfläche von 490 m² ist. Die Entleerung dauert bei Schlamm weniger als 2 Minuten und bei Sand etwa 5 Minuten. Auch eine Absaugevorrichtung für die Ladung nach dem System Frühling ist vorhanden.

Die Besatzung des Schiffes besteht aus 77 Mann und setzt sich zusammen aus:
1 Kapitän, 1 Baggermeister, 3 Offiziere, 1 Funker, 3 Ingenieure, 8 chinesische Vorarbeiter, 35 Heizer und Schmierer sowie 35 Matrosen, Köche, Stewards usw.

CHATLEY berichtet im Jahre 1939 über Erfahrungen mit dem Schiff. Danach gelang es, den Lößschlamm des Jangtse aus der 50 km vor der Mündung in See gelegenen Ablagerungsstelle (Abb. 5), wo er eine Dichte von 1,65 bis 1,9 hatte, mit wenig Wasserzusatz pumpfähig zu machen, so daß die Dichte im Laderaum 1,5 bis 1,6 wurde und damit höher lag als sie bei der Konstruktion angenommen wurde. Die Fahrrinne hat bei 20 km Länge eine Sohlenbreite von 180 m und soll auf 12 m Tiefe gehalten werden. Gezeitenströmungen bis zu 11 km/h in einem Winkel zur Baggerachse bis zu 45° er-

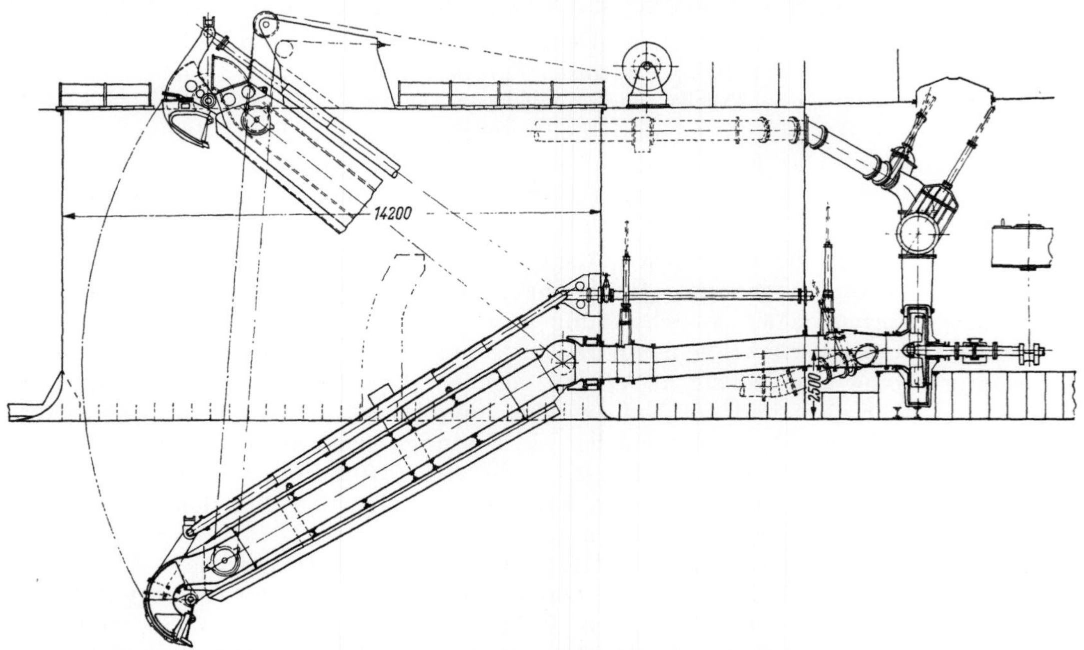

Abb. 335. Saugleiter des Hoppersaugers „Chien-She“ mit Saugrohr von 1100 mm Lichtweite, abgekrümmtem
Frühling-Saugkopf und Parallelogrammgestänge für Schneidwinkeleinhaltung

schweren die Baggerung, während der geringe Weg von etwa 3,5 km bis zur Klappstelle günstig ist. Da Nachtarbeit vermieden wird und häufig wegen schwerer See und Nebel nicht gearbeitet werden kann, kommt man nur auf etwa 2000 Arbeitsstunden im Jahr, wobei im Abtrag gemessen 4 Millionen m³ geleistet werden. Da eine Laderaumfüllung 1900 m³ an der Entnahmestelle entspricht, hat man $\frac{4000000}{1900} = 2100$ Umläufe, so daß ein Umlauf nur $\frac{2000}{2100} = 57$ Minuten dauert. Das war möglich, weil der Laderaum in 15 Minuten gefüllt wurde. Mit Beginn des Überlaufs wurde mit Pumpen aufgehört, wobei 1900 m³ Abtragsboden und 625 m³ zusätzliches Wasser im Laderaum waren. Das sind 2525 m³ an Mischung, welche mit einer Dichte von 1,6 das Ladungsgewicht von 4000 t und den zulässigen Tiefgang von 5,5 m erreichen ließen. Ohne Überlauf ging der Bagger in Fahrt und konnte mit seiner Geschwindigkeit von 18,5 km/h die Hinfahrt und Rückfahrt von zusammen 7 km rechnerisch in 23 Minuten durchlaufen, so daß für Klappen, Manövrieren usw. 57 − (15 + 23) = 19 Minuten zur Verfügung standen. Die Umlauftätigkeit ist äußerst intensiv, was immer Vorbedingung für ein günstiges Ergebnis ist.

Nach CHATLEY war der Erfolg des abgekrümmten Saugkopfs beim Lößschlamm gut, jedoch weit weniger beim Feinsand, der zu einem geringen Teil auch angetroffen wurde. Obwohl man durch Herabsetzung der Breite, Einbau von Abschlußblechen usw. sich dieser Bodenart anzupassen versuchte, konnten nur Konzentrationen von 15 % erreicht werden. Dabei mußte mit Überlauf gearbeitet werden und eine Füllung des Laderaums bis zur Erreichung des vollen Ladungsgewichtes dauerte viel länger.

Da man in Zukunft für Shanghai mit 10 Millionen m³ pro Jahr an zu baggernder Menge rechnete, wurde 1938 ein zweites Schiff mit Namen „Fu-Shing" bei Schichau bestellt. Die Schiffskörperabmessungen wurden auf $122 \times 19 \times 8,7$ und der Nenninhalt des Laderaums auf 3400 m³ erhöht. Es erhielt 4 Wasserrohrkessel von je 370 m² Heizfläche für Heißdampf von 15,8 atü und 3 Maschinen von je 2250 PS$_i$ Leistungsvermögen mit Erhöhung der Fahrgeschwindigkeit auf 11,5 Knoten = 21,4 km/h. Die Klappen ersetzte man hier durch Lysterventile und verbesserte auch sonst noch einiges. Das Schiff kam aber wegen des Kriegsausbruchs nicht mehr nach Shanghai und sank ab. Es wurde wieder gehoben und ist inzwischen in den Besitz von Sowjetrußland übergegangen.

Als neuer Vertreter dieser Baggergattung ist der von der LMG im Jahre 1956 für Indonesien gelieferte „Sumatra II" anzusehen. Die Abmessungen sind $101 \times 19 \times 8$, das Fassungsvermögen des Laderaums beträgt 3000 m³ und das Ladungsgewicht 4250 t. Er hat diesel-elektrischen Antrieb mit 10 Knoten Konstruktionsgeschwindigkeit. Zur Energieerzeugung dienen 3 Dieselmotoren MAN, Type G 7 V 40/60 mit Aufladung und 1350 PS bei 300 U/min, wovon einer in Reserve bleiben kann. Sie sind gekuppelt mit Gleichstromgeneratoren von je 850 kW und 565 Volt und dahinterliegenden Bordnetzgeneratoren von je 200 kW und 220 Volt. Außerdem ist noch ein Hilfsgenerator mit einem Dieselmotor von 600 PS bei 750 U/min, ein Hafengenerator mit einem Dieselmotor von 175 PS und ein Notaggregat mit 24 PS vorhanden.

Die Konstantstromschaltung ist angewandt, und die beiden Fahrmotoren von je 1125 PS arbeiten mit Untersetzungsgetrieben 7,7 : 1 auf die Schraubenwellen. Der Baggerpumpendoppelmotor von 2500 PS ist mit ihnen in Reihe geschaltet. Die Baggerpumpe wird mit einer Nenndrehzahl von 350 U/min unmittelbar angetrieben und gibt einen Förderstrom von 18 000 m³/h bei etwa 16 m Förderhöhe. Das Saugrohr von 1100 mm Weite liegt auch hier mit seiner Saugrohrleiter im Mittelschlitz und gibt eine sehr glatte Zufuhr zur Pumpe. Der Überlauf geht durch Trichter ab, die in den Mittelschlitz entwässern.

Als letzte Großgeräte sollen „Essayons" und „Zulia" behandelt werden, wobei auch der schon erwähnte „Leviathan" diese Größenordnung hat.

„Essayons" wurde als größter Hoppersauger des C. of E. im Jahre 1949 gebaut. Er ist für Arbeiten im Bezirk New York bestimmt, wo jährlich etwa 7 Millionen m³ zu baggern sind, um den Hafen mit der Zufahrtsrinne des Ambrose Channels auf der erforderlichen Tiefe zu halten. Viele Geräte sind im Lauf der Jahrzehnte an dieser Stelle in Tätigkeit gewesen, an der die Bedingungen sehr schwere sind. Die Baggerstelle liegt im Seegebiet, und die Entfernung zur Klappstelle geht bis auf 50 km. Die Bodenarten sind sehr verschieden, und fest gelagerter Feinsand wird vorwiegend angetroffen. Zuletzt war hier „Goethals" tätig, mit einem Laderauminhalt von 4800 m³ und einer Geschwindigkeit von 11 Knoten. Man ging bei „Essayons" mit den Abmessungen $160 \times 22 \times 12,3$ auf ein Fassungsvermögen von 6120 m³ und wollte auch die Geschwindigkeit wesentlich erhöhen. Man hatte 16,5 Knoten in beladenem Zustand in Aussicht genommen, aber es zeigte sich auch hier, daß beim Hoppersauger immer Grenzen gegeben sind. Die nachstehende Zahlentabelle gibt die Ergebnisse der Modellversuche und der Probefahrten.

Man entnimmt daraus, daß mit 8100 PS Propulsionsleistung bei tiefem Wasser in beladenem Zustand bei den Modellversuchen 15 Knoten und bei der Probefahrt 14,4 Knoten erreicht wurden. Unbeladen waren es 15,15 und 15,05 Knoten. Dabei verschwand der Flachwassereinfluß erst bei 21 m Tiefe, während bei 15 m Tiefe und 8,25 m Tiefgang des Schiffes der Propellerschub und damit der Leistungsbedarf für die volle Geschwindigkeit um 43% höher lag und die Geschwindigkeit bei gleicher Propulsionsleistung um 1,4 Knoten zurückging.

Rechnet man die Fahrentfernung mit 32 Seemeilen $\sim$ 60 km, so würde die Fahrzeit für den Hinweg in beladenem Zustand bei einer Geschwindigkeit von 16 Knoten

Vergleich der Ergebnisse der Modellversuche und der Probefahrten von „Essayons"

		Modellversuch	Probefahrt
Unbeladen bei tiefem Wasser	Größte Wellenleistung in PS	8085	8085
	Drehzahl der Propeller in U/min	106	107,1
	Geschwindigkeit in Knoten	15,15	15,05
Beladen in tiefem Wasser mit angehobenen Saugarmen	Größte Wellenleistung in PS	8104	8104
	Drehzahl der Propeller in U/min	103,5	103,7
	Geschwindigkeit in Knoten	15,0	14,4

2 Stunden = 120 Minuten betragen. Bei 14,5 Knoten sind es 132 Minuten. Dieser geringe Gewinn von 12 Minuten wird mit einem erheblichen Aufwand an Maschinenleistung erreicht.

Das Schiff hat Dampfantrieb mit einem Druck von 31 kg/cm^2 und 130° Überhitzung. Die beiden Hauptturbinen haben ein Leistungsvermögen von je 3800 kW, wobei der

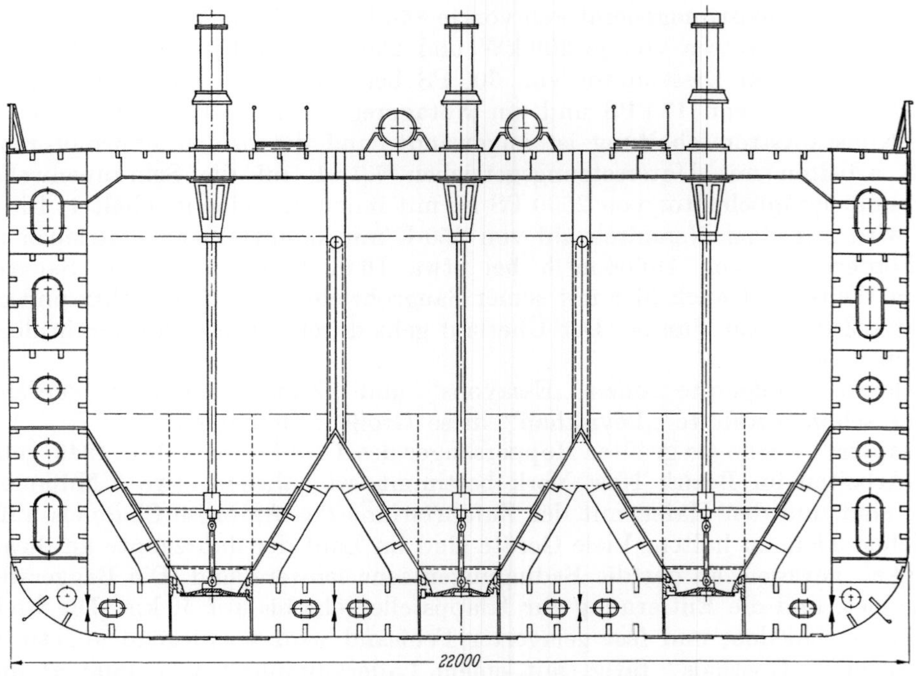

Abb. 336. Laderaumquerschnitt von „Essayons", des größten Hoppersaugers vom C. of E. mit einem Fassungsvermögen von 6120 m^3 in 3 Reihen von Ladungsbehältern

Dampfverbrauch mit 4,45 kg pro kW und Stunde angegeben wird. Die beiden Fahrmotoren leisten je 4000 PS und die beiden Baggerpumpenmotoren je 1850 PS. Der Querschnitt durch den Laderaum, gemäß Abb. 336, läßt erkennen, daß 3 Reihen von Ladungsbehältern vorhanden sind, die Klappen hoch liegen und kleinen Querschnitt haben. Insgesamt sind 24 Stück von 1,36 m Breite und 1,6 m Länge vorhanden, so daß der Öffnungsquerschnitt 24 · 2,18 = 52,3 m^2 beträgt. Hiervon ist die Laderaumoberfläche mit 1010 m^2 das 18,4fache. Aus Festigkeitsgründen befindet sich über dem

Laderaum ein Deck, was die Beobachtung erschwert. Der Pumpenraum liegt nicht vor dem Laderaum, der 55 m lang ist, sondern zwischen den Behältern, um die Verteilung zu erleichtern. Jede Pumpe liefert 3280 l/sek und somit beide zusammen pro Minute etwa 400 m³, so daß die Füllung des Laderaums mit Wasser $\frac{6120}{400} \sim 15$ Minuten erfordert.

Wegen der 3 Behälterreihen konnte man den Überlauf nicht unmittelbar seitwärts ableiten, sondern ordnete an den Querschotten Tröge an, die ihn nach der Seite gehen lassen. Dabei war nur eine Schiffsseite hierfür vorgesehen, während die andere wegen Entnahme des Kondensatorkühlwassers nicht verunreinigt werden sollte. Die Oberkanten der beiden Längsschotten lagen zunächst tiefer als die Überlaufkanten. Bei der Erprobung kam, ohne daß es wegen des darüberliegenden Decks gesehen werden konnte, mehr Boden auf die Steuerbordseite, so daß eine Schlagseite entstand, die sich durch Querfluß über die Längsschotten schnell vergrößerte und bis 12° ging. Man mußte mit dem Pumpen aufhören und die Ladung abwerfen. Um dies für die Zukunft zu vermeiden, mußten die Längsschotten erhöht werden, wodurch ein Überlauf über ihre Oberkanten nicht mehr möglich war und auch die freie Wasserfläche unterteilt wurde. Dies waren nicht die einzigen Schwierigkeiten, die sich bei der Größe des Schiffes anfänglich herausstellten und behoben werden mußten.

Noch etwas größer als „Essayons" ist der im Jahre 1960 fertiggestellte Spezialbagger „Zulia", der für Arbeiten im Bereiche des Maracaibosees in Venezuela bestimmt ist. Dies ist eine Wasserfläche, die durch eine natürliche Rinne von etwa 80 km Länge mit dem Golf von Venezuela verbunden ist, mit einem Gezeitenhub von 1,2 m und Gezeitenströmungen bis zu 6 km/h. Ein ausgedehntes Ölfeld liegt unter dem See und in seiner Nachbarschaft, und alles hier geförderte Öl muß den Raffinerien zugeführt werden, die nordwärts vor der Einfahrt liegen. Es konnten ursprünglich nur kleine Tanker verwendet werden, was sehr unwirtschaftlich war. Man nahm zunächst Bagger des C. of E. in Miete, und eine Ölgesellschaft erprobte auch ein eigenes Gerät, wonach Tanker von 28000 t die Fahrrinne benutzen konnten. Das genügte aber nicht auf die Dauer, da man Tanker für 85000 t verwenden will und dafür eine Fahrwassertiefe von 14,5 bis 15 m braucht. Um die Rinne in einer Länge von 35 km bei genügender Breite auf diese Tiefe zu bringen und zu halten, kommt nur ein Bagger von außergewöhnlicher Leistungsfähigkeit in Frage.

„Zulia" ist nach amerikanischen Entwürfen auf einer japanischen Werft gebaut und hat 167 m Länge über alles, 29 m Breite auf Spanten und 12,2 m Seitenhöhe. Das Produkt $L\,B\,H$ ist mit 59000 m³ das 1,35fache von „Essayons" und das 2fache von „Leviathan". Der Laderaum hat ein Fassungsvermögen von 6500 m³, und nach Füllung mit Mud und Silt beträgt der Tiefgang 8,1 m, entsprechend einer Verdrängung von 16000 t.

Der Bagger kann aber nicht nur seinen Laderaum füllen und im Umlaufverfahren arbeiten, sondern besitzt einen langen, schwenkbaren Ausleger in Fachwerkbauart, der ein Rohr von 1450 mm Dmr. trägt. Hiermit kann er das gepumpte Material außerhalb der Fahrrinne auswerfen und dabei kontinuierlich arbeiten.

Vier Saugarme von 910 mm Lichtweite mit Saugköpfen sind vorhanden, wovon die beiden äußeren seitlich außerhalb der Schiffswand sitzen und die übliche Bauart mit gleitendem Drehellbogen und einem Kugelgelenk haben. Die beiden inneren sind in Leitern eingebaut, die in Schlitzen gelagert sind. Die Saugköpfe legen sich wie Tatzen auf den Grund, wobei eine größte Saugtiefe von 18 m erreichbar ist.

Die 4 Saugrohrleitungen sind an 4 Baggerpumpen herangeführt, die vor dem Laderaum angeordnet sind. Ihre Druckleitungen vereinigen sich zu der Leitung von 1450 mm Dmr., die in der beschriebenen Weise in den Auswurfbaum eingeführt ist. Außerdem zweigen von ihr die beiden Beladerohre von je 1150 mm Weite ab, die über die 24 Ladungsbehälter geführt sind.

Tabelle 18. *Zahlentabelle mit Daten von großen*

		A	B	C	D
	Name des Hoppersaugers	Comber	Markham	R. Schmidt	Ramsis
2	Baujahr	1947	1960	1960	1960
	Länge über alles in m	107	103,5	113	112,2
4	Länge zwischen den Loten in m	100	96,5	104	104,5
5	Breite auf Spanten in m	18,3	18,9	18	16,5
6	Seitenhöhe mittschiffs in m	9,15	8,55	8,0	8,5
7	Produkt $L\,B\,H$ in m³	16750	15600	15000	14700
8	Laderaumvolumen in m³	2300	2070	2100/2800	2600
9	Ladungsgewicht in t	4600	4140	4200	3800
10	Tiefgang, beladen, in m	6,75	5,8	5,9	6,0
11	Verdrängung in m³	9250	7900	8325	7880
12	Anzahl und Anordnung der Saugarme	Zwei gelenkige Saugarme auf jeder Schiffsseite			
13	Saugarmweite in mm	2×760	2×585	2×850	2×700
14	Größte Saugtiefe in m	19	13,3	21,5	16
15	Angaben über die Erzeugung der Energie und die Maschinenanlage	2 Wasserrohrkessel je 17300 kg Dampf 31,5 atü 2 Turbinen je 3000 kW mit je 3 Generatoren	2 Hauptdieselmotoren je 4250 PS Reservegenerator 350 kW Notgenerator 150 kW	4 Hauptdieselgeneratoren je 1200 PS 2 Bordnetzgeneratoren je 600 PS Hafengenerator 230 PS Notgenerator 57 PS	4 Hauptdiesel je 1710 PS 4 Hauptgeneratoren 1080 kW 4 Bordnetzgeneratoren je 150 kW, Hilfsgenerator 180 kW Hafengenerator 80 kW
16	Propulsionsleistung in PS	2×3000	4×1325	2×1500	2×2700
17	Geschwindigkeit, beladen, in Knoten	12,6	12,5	12	13,25
18	Leistung der Pumpmotoren in PS	2×1150	2×1000	2×920	2×750
19	Installierte Maschinenleistung in PS	8150	9180	6230	7200
20	Bauwerft	Corps of Engineers	Corps of Engineers	IHC Holland und LMG	Frankreich und LMG

Der Bagger hat Dampfantrieb mit 3 Wasserrohrkesseln, System Foster Wheeler, die hinter dem Laderaum angeordnet sind und Dampf von 32 kg/cm² und 400° Temperatur erzeugen. Die beiden Propeller werden durch Turbinen von je 5500 PS über Untersetzungsgetriebe gedreht und geben dem Schiff in beladenem Zustand eine Geschwindigkeit von 13 Knoten. Im Baggerpumpenraum vor den Ladungsbehältern stehen 2 Turbinen von je 6000 PS, die über Untersetzungsgetriebe 2 Zwischenwellen drehen, von denen je 2 Ketten nach den Wellen der Baggerpumpen gehen, so daß auf jede eine Antriebsleistung von 3000 PS kommt.

3 Turbogeneratoren von je 1250 kW für 440 Volt Wechselstrom, die im Maschinenraum stehen, erzeugen elektrische Energie. Damit werden die verschiedenen Winden beliefert, die zum Heben der Saugarme, Schwenken des Auslegers usw. dienen. Außerdem ist eine ausgedehnte hydraulische Anlage vorhanden, für Betätigung der Klappen und der verschiedenen Schieber, ferner Bremsung des Auswurfauslegers usw.

Hoppersaugern über 2000 m³ Laderaumvolumen

E	F	G	H	I	K	
Mersey	Sumatra II	Chien-She	Fu-Shing	Essayons	Zulia	1
1960	1956	1935	1938	1949	1960	2
94,5	107	113,7	127	165	167	3
88	101	109,7	122	160	160	4
16	19	18,3	19	22	29	5
7,3	8	8,1	8,7	12,3	12,2	6
10300	15300	16250	20200	43300	59000	7
2500	3000	3200	3400	6120	6500	8
4000	4250	4570	5400	12000	12000	9
5,85	5,7	5,5	5,7	8,55	8,1	10
6500	8820	8600	10350	22000	27000	11
Ein gelenkiger Seitensaugarm	Saugrohrleiter im Mittelschlitz			Zwei gelenkige Seitenarme	4 Saugarme 2 außen 2 in Schlitzen	12
1×900	1×1100	1×1100	1×1100	2×920	4×910	13
20	15	13,7	13,7	18,3	18	14
2 Dieselmotoren je 1250 PS 1 Dieselmotor 1125 PS 3 Hilfsgeneratoren je 200 PS 1 Notaggregat 10 PS	3 Hauptdieselgeneratoren je 1350 PS 1 Hilfsgenerator 600 PS 1 Hafengenerator 175 PS 1 Notaggregat 24 PS	4 Zylinderkessel je 320 m² Heizfläche 14 atü 3 Dampfmaschinen 3facher Expansion	4 Wasserrohrkessel je 370 m² Heizfläche 15,8 atü 3 Dampfmaschinen 3facher Expansion	2 Dampfturbinen je 3800 kW mit je 3 Generatoren für Propeller, Pumpen, Bordnetz	3 Wasserrohrkessel 32 atü, 400° 2 Propellerturbinen je 5500 PS 2 Pumpenturbinen 6000 PS 3 Generatoren je 1250 kW	15
2×1250	2×1125	2×1500 PS$_i$	2×2250 PS$_i$	2×4000	2×5500	16
10	10	10,25	11,5	14,5	13	17
1×1125	1×2500	1×1500	1×2250	2×1850	2×6000 4 Pumpen	18
4235	4850	4000	5500	11000	23000	19
IHC Holland	LMG	Schichau	Schichau	Corps of Engineers	Japan	20

Die Klappen haben die Bauart, die in Abb. 289 gezeigt wurde und auch bei Markham angewandt ist. Sie sitzen in der schrägen Laderaumwand und werden durch ein Gestänge von außen unter Einschaltung einer Blattfeder an ihre Gummidichtungen angedrückt. Dabei wird eine durch die Laderaumwand gehende Welle mit einer auf ihr sitzenden Kurbel durch die Pleuelstange eines Öldruckzylinders um 80° gedreht, wodurch unter Kniehebelwirkung der Andruck erzeugt wird.

Die Besatzung des Fahrzeugs besteht aus 96 Mann. Bemerkenswert ist noch die schnelle Fertigstellung des Riesenschiffs mit seiner umfangreichen Spezialmaschinenanlage. Der Kiel wurde im April 1959 gelegt, der Stapellauf war Anfang Oktober und die Fertigstellung und Ablieferung noch im Dezember des gleichen Jahres. Im Februar 1960 nahm das Schiff seine Arbeit im Dienste der Wasserstraßenverwaltung von Venezuela im Maracaibosee auf.

Es wurde noch ein zweiter Bagger dieser Art gebaut, jedoch mit Energieerzeugung durch Dieselmotoren. Abb. 337 zeigt ihn beim Arbeiten auf dem Maracaibosee mit seinem seitwärts stehenden Ausleger. Die auf ihm liegende Rohrleitung mit ihrem Auswurfstrahl ist gut zu erkennen.

Die Daten der in diesem Abschnitt beschriebenen zehn großen Hoppersauger sind in der Zahlentab. 18 zusammengestellt.

Abb. 337. Arbeiten eines großen Hoppersaugers mit langem Auswurfarm zur Herstellung einer Fahrrinne auf dem Maracaibo-See in Venezuela

4. Einfluß der Bodenart auf Betrieb und Wirtschaftlichkeit des Hoppersaugers
Zahlentabelle mit Abmessungen und Daten

In der Einleitung zum Kapitel I wurde gesagt, daß nach der Jahrhundertwende eine Hochkonjunktur für Hoppersauger, veranlaßt durch die Erfindung des FRÜHLINGschen Schleppsaugkopfs, bestand. Sie hat sich jetzt erneuert, und der Hoppersauger dürfte, wenn man nach dem Wert rechnet, neben dem Schneidkopfsauger bei den europäischen Werften an der Spitze stehen. Das kommt daher, daß die damals gebauten Bagger jetzt vielfach durch neue ersetzt werden, und die Entwicklungsländer infolge der Verschiffung von Gütern aller Art, insbesondere aber der Erdöle, ihre Seehäfen und deren Einfahrten vertiefen müssen. Der Tanker wird mit steigender Größe wirtschaftlicher und findet dabei kaum eine Grenze, wie sie bei Frachtschiffen und Fahrgastschiffen gegeben ist. Vor den Einfahrten von vielen Seehäfen liegen Barren von abgelagertem Sand oder Schluff, die von Flüssen oder von Gezeitenströmungen des Meeres herrühren. Die dabei verbleibende Wassertiefe war früher ausreichend, genügt aber bei der immer weiter steigenden Größe der Schiffe nicht mehr.

Die Baggerstellen liegen dann meist im Seegebiet, wo man mit bewegtem Wasser rechnen muß. Nicht nur bei schlechtem Wetter, welches das Baggern ohnehin unmöglich macht, sondern auch bei gutem Wetter können wegen der Dünungswellen stationär arbeitende Baggergeräte kaum angesetzt werden. Der Eimerbagger normaler Bauart muß bei einer Wellenhöhe von etwa 0,3 m aufhören, weil dann der Unterturas zu stark auf den Grund schlägt und außerdem die Schuten nicht mehr neben ihm liegen können. Zwar ist es denkbar, daß man die Eimerleiter ähnlich mit elastischen Gliedern ausrüstet wie die Saugarme und durch Änderung der Beladeeinrichtung das dichte Nebeneinanderliegen von Bagger und Schute sowie das Zerschlagen der Scheuerleisten vermeidet, aber bisher ist in dieser Hinsicht kaum etwas erreicht worden.

Der Schneidkopfsauger ist etwas weniger empfindlich, aber bei einer Wellenhöhe von etwa 0,6 m muß auch er aufhören, wobei das Aufschlagen des Schneidkopfs und Schwierigkeiten bei der Schwimmrohrleitung die Ursache sind.

Dagegen kann der Hoppersauger, der im Fahren saugt, infolge der Ausgestaltung seiner nach hinten gehenden Saugarme mit nachgiebigen Zwischenstücken und Dünungsdämpfern bei Wellenhöhen bis etwa 3 m noch arbeiten. Um ihn aber richtig anzusetzen, müssen eingehende bautechnische und bodenmechanische sowie auch seemännische Untersuchungen vorangegangen sein. Man muß wissen, wie die zu beseitigenden Bodenablagerungen zustande kommen, damit die nachfolgenden Unterhaltungsarbeiten nicht uferlos werden. Es besteht die Gefahr, daß der verklappte Boden aus den Klappstellen, welche die Natur als Vertiefungen gelassen hat, wieder herausgewaschen und an unerwünschter Stelle abgelagert wird, womit der Erfolg der Baggerung durch natürliche Umkehrung des Vorganges wieder vernichtet wird. Man muß auch beim Arbeiten im Seegebiet immer mit Ausfallzeiten durch Nebel, Schlechtwetter, Stürme, darunter in manchen Gebieten mit Hurrikanen u. dgl. rechnen. Dazu kommen noch Reparaturen, so daß man im Jahr meist nur eine Arbeitszeit von 9 Monaten mit etwa 200 Arbeitstagen erreicht. Dabei muß Dockgelegenheit in nicht allzu großer Entfernung gegeben sein, da Reparaturen an den Klappen und sonstigen Unterwasserteilen des Schiffskörpers dies notwendig machen.

Durch die nachgiebigen Saugarme wird beim Fahrsauger erreicht, daß die Saugköpfe auf dem Grunde bleiben und das Schiff unabhängig von ihnen seine Bewegungen macht. Dann folgt aber der Saugkopf den Unebenheiten und den verschiedenen Härten des Bodens, und es wird keine ebene Fläche in bestimmter Tiefe wie beim Eimerbagger hergestellt. Auch das Aneinandersetzen von einer Furche an die andere, wie beim Schneidkopfsauger, ist kaum möglich. Man ist auf den Ausgleich durch Wasserbewegung angewiesen und nähert sich damit wieder dem Verholsauger. Dieser hat den Vorteil, daß er sein Saugrohr mit Sicherheit an die gewünschte Stelle bringt, wenn auch auf der anderen Seite die Störung der Schiffahrt durch seine Ankerketten ein Nachteil ist.

Bei der Vielzahl der Formen des Hoppersaugers, welche die vorangegangenen Ausführungsbeispiele erkennen ließen, ist es besonders schwer, die richtige Auswahl zu treffen. Die Ertragsleistung ist beim selbstfahrenden Saugbagger mit eigenem Laderaum das Produkt aus der Zahl der Umläufe und der Menge des bei jedem Umlauf an der richtigen Stelle abgetragenen Bodens, welcher dem Laderauminhalt durchaus nicht gleichgesetzt werden kann. Während bei mechanischer Baggerung die Auflockerung begrenzt ist, können bei der Saugbaggerung durch Hinzukommen des Wassers weit größere Unterschiede auftreten.

Die Vermehrung der Zahl der Umläufe durch Verminderung der Umlaufzeit ist ein wirksames Mittel. Dabei soll vor allem der auf das Fahren verwendete Anteil gering sein; denn ein Bagger soll mehr baggern als fahren. Eine Erhöhung der Fahrgeschwindigkeit macht sich nur bei sehr langen Fahrwegen bemerkbar und auch dann nur, wenn sie erheblich ist. Das ist aber beim Hoppersauger wegen seiner Schiffsform, seiner Anhänge und vor allem wegen des Flachwassereinflusses kaum zu erreichen. Eine starke Maschinenanlage, welche dazu erforderlich ist, ist in der Herstellung und im Betrieb teuer und für die Baggereinrichtung hinderlich. Schnelle Beladung bei gutem Kornabsatz, Vermeidung des Überlaufverlustes, ferner schnelle Entladung sowie beschleunigte Durchführung der erforderlichen Manöver sind wirksamere Mittel.

Geringe Förderweiten sind bei allen Arten von Baggergeräten erstrebenswert, und das gilt auch für den Hoppersauger. Bei beschränkter Laderaumgröße ist dies mitunter dadurch zu erreichen, daß das Schiff mit seinem geringen Tiefgang an nähergelegene Klappstellen herankommen kann. Wenn damit ein Verklappen der Ladung in See vermieden wird, ist dies als ein besonderer Vorteil anzusehen. Im übrigen braucht man kleine Fahrzeuge als Pilotenbagger, damit sie die Tiefe für das Ansetzen von größeren schaffen und später auch neben diesen weiterarbeiten.

Wenn auch der große Hoppersauger den Vorteil hat, daß die Personalkosten und sonstigen Betriebskosten nicht proportional zur Schiffsgröße wachsen, so kann dies durch lange Fahrwege wieder aufgehoben werden. Denn dann wird die gesamte Umlaufzeit doch wieder lang im Verhältnis zur Nutzzeit, als welche die Zeit des Vollsaugens anzusehen ist.

Die Zeit für die Beladung ist von der Bodenart abhängig, deren Einfluß beim Hoppersauger ganz besonders stark ist. Er erstreckt sich auf die Wirksamkeit der Saugköpfe, das Absetzen der Feststoffe im Laderaum, die Überlaufverluste und die Zeitdauer des Verklappens oder Leerspülers. Es sollen zunächst *die feinkörnigen* Bodenarten, wie Mud, Silt, Schlick u. dgl. untersucht werden, bei denen nur bis zum Einsetzen des Überlaufs gepumpt wird. Dabei sei, um runde Zahlen zu bekommen, ein Laderaum von 1000 m³ Inhalt angenommen, aus dem das Wasser abgepumpt ist. Der Laderaum hat eine Oberfläche von 250 m², wofür der maximale Förderstrom der Baggerpumpe mit 2500 l/sek = 150 m³/min anzusetzen ist. Bei Gemischförderung sinkt diese Menge, so daß nur 125 m³/min angenommen werden und der Laderaum in $\frac{1000}{125} = 8$ Minuten gefüllt wird. Wenn es sich um ein Gemisch mit einer Konzentration von 20 % an feinen Körnern handelt, so würden diese nach Absetzen im unteren Teil des Laderaums ein Volumen von 200 m³ einnehmen und 800 m³ Wasser darüber stehen. Nimmt man die Bodendichte mit 1,8 an, so ist die Gemischdichte $\frac{200 \cdot 1,8 + 800 \cdot 1}{1000} = 1,16$.

Man wendet beim C. of E. für diese Bodenarten das System der ökonomischen Beladung an, bei dem nach Einsetzen des Überlaufs zunächst weitergepumpt wird. Dabei tritt ein weiteres Absetzen ein, zumal außer feinen Schluffkörnern meist auch gröbere Sandkörner vorhanden sind. Man kann die Menge des abgesetzten Materials durch Peilstäbe, die am unteren Ende Platten haben, feststellen und pumpt so lange, wie die Zunahme in einem erträglichen Verhältnis zur aufgewandten Zeit steht. Dann bestimmt man durch Probenentnahme die Dichte der über dem abgesetzten Boden stehenden Mischung, schließt daraus auf den Feststoffgehalt und addiert diesen zu der abgesetzten Menge. In Sonderfällen setzt man das Pumpen weiter fort, wenn eine Strömung die Körner davonträgt und sie außerhalb des Fahrwassers absetzt. Man hat dann die *Aufrührbaggerung*, die aber nur selten zulässig ist.

Bei solchem Boden ist es sehr schwierig, vom Laderauminhalt auf die Menge zu schließen, die in situ wirklich abgebaggert ist, und der Erfolg ist äußerst unsicher. Wenn die Arbeitsstelle nicht im Seegebiet liegt, ist der Einsatz eines mechanisch wirkenden Gerätes sicherer. Ein Eimerbagger bringt einen derartigen Boden fast ohne Wasserzusatz nach oben, und dieser bleibt auch im Laderaum der Schute fest, so daß dann beim Fahren kein unnötiges Wasser mitgeführt wird. Das Leersaugen von Schuten mit Schluffüllung erfordert auch nur ganz geringen Wasserzusatz. Beim Hoppersauger tritt dagegen eine weitere Verschlechterung ein, wenn das Restwasser nicht ausgepumpt wird. Es verdünnt dann die Ladung noch weiter und macht die Berechnung der abgebaggerten Menge noch unsicherer. Bei langen Fahrwegen wird infolge des Mitschleppens von viel Wasser nur eine geringe Nutzlast befördert.

Mittelsand ist wie auch sonst beim Saugverfahren für den Hoppersauger ein günstiges Material, bei dem man mit zweckmäßig ausgebildeten Saugköpfen einen Kornbrei mit einer Konzentration bis zu 50 % entsprechend einem wahren Feststoffgehalt von etwa 25 % und sogar noch mehr erreichen kann. Nimmt man wieder einen Laderaum von 1000 m³ Fassungsvermögen bei abgepumptem Restwasser an, so füllt er sich in 8 Minuten mit 500 m³ Boden und 500 m³ zusätzlichem Wasser. Um diese Wassermenge durch Boden zu verdrängen, müssen noch 1000 m³ Gemisch hinzugepumpt werden, was wieder 8 Minuten dauert. Man hat dann in 16 Minuten eine Ladung von 1000 m³. Dabei ist deren Dichte etwa gleich der in situ, so daß auch die Mengen ungefähr gleich sind. Es kann eine mäßige Auflockerung, in Sonderfällen aber auch eine Verdichtung eingetreten sein. In der Praxis liegt die Dichte zwischen 1,8 und 2,2, wobei die Grenzwerte selten sind.

Hat man nicht die hohe Konzentration von 50 %, sondern nur 20 %, so sind nach 8 Minuten Pumpzeit bei Einsetzen des Überlaufs 200 m³ Boden und 800 m³ Wasser im Laderaum. Man muß noch 4000 m³ Gemisch pumpen, um 20 % davon als Boden zu erhalten, was unter Verdrängung der Wassermenge nach 32 Minuten zusätzlicher Pumpzeit, also 40 Minuten nach Beginn des Pumpens, eine vollkommene Bodenfüllung ergibt. Dabei sind insgesamt 5000 m³ an Gemisch gepumpt worden, wovon 1000 m³ an Boden im Laderaum blieben, während 4000 m³ an Wasser als Überlauf abgingen.

Grobsand ist auch kein schlechter Boden für den Hoppersauger, jedoch macht sich schon die Verschleißwirkung unangenehm bemerkbar. Größer ist diese noch beim *Kies*, bei dem die Ungleichförmigkeit und die Steine eine weitere Erschwernis bringen. Mit den Baggern des C. of E. müssen alle Bodenarten gebaggert werden, darunter auch feste bindige und felsartige Böden. Bei Fels, wozu der häufig vorkommende Koral gehört, muß allerdings eine Lockerung durch Meißeln oder Sprengen vorangegangen sein.

Man wird jedoch, wenn es irgend möglich ist, in solchen Fällen lieber mechanische Bagger, insbesondere den Löffelbagger, ansetzen. Dieser kann, da er auf Pfählen steht, auch bei Seegang arbeiten, wenn man dafür sorgt, daß die Schute nicht gegen ihn anschlägt.

Ein besonders schwieriges und unsicheres Material ist auch beim Hoppersauger der *Feinsand*. Er liegt in seiner Korngröße zwischen dem Staubsand (Löß) und dem Mittelsand, hat aber dabei die Eigenschaft, daß er sehr fest gepackt liegt und die Überführung in einen Kornbrei schwer gelingt. Der Saugkopf dringt nur unvollkommen in ihn ein und es bleibt viel freier Querschnitt für Wassereintritt ohne Bodenmitnahme. Bei „Chien-She" war der Erfolg bei diesem Material nicht annähernd so gut wie bei dem Lößschlamm, und es konnten Konzentrationen von 20 % nur selten erreicht werden.

Legt man diese zu Grunde, so ist der Vorgang bei der Laderaumfüllung bis zum Einsetzen des Überlaufs der gleiche wie beim Mittelsand, d. h., es befindet sich in dem Laderaum von 1000 m³ Fassungsvermögen, wenn das Restwasser abgepumpt war, nach einer Pumpzeit von 8 Minuten, eine Bodenmenge, die nach Absetzen 200 m³ ergeben würde, während 800 m³ Wasser darüber stehen. Die Körner schweben aber noch, und wenn jetzt der Überlauf einsetzt, gehen sie z. T. mit. Wenn man durch Auffangen mit Meßgläsern im Überlauf einen Bodenanteil von 5 % feststellt, so bleiben von der gepumpten Mischung jetzt statt 20 % nur 20 − 5 = 15 % zurück, so daß für die restlichen 800 m³, die noch in den Laderaum zu bringen sind, an Stelle von 4000 m³ noch 5320 m³ zu pumpen sind, die einen Bodenanteil von 20 % = 1065 m³ enthalten. Davon setzen sich 800 m³ unter Verdrängung des Wassers im Laderaum ab, während 265 m³ mit dem Überlauf ins Außenwasser gehen. Das sind 26,5 % der nutzbar zurückbehaltenen Ladungsmenge, und man erkennt, daß der so gering erscheinende Bodenanteil im Überlauf von 5 % eine sehr nachteilige Wirkung hat. Besonders ungünstig ist es, wenn sich diese Menge in der Fahrrinne wieder absetzt und kostspielige Nachbaggerungen erfordert.

Es kommt aber noch hinzu, daß der Bodenanteil im Überlauf mit Füllung des Laderaums größer wird, weil die Körner immer weniger Raum und Zeit zum Absetzen finden. Es gibt infolgedessen auch hier eine ökonomische Beladung, d. h. eine Grenze, bis zu der man nur mit dem Pumpen gehen soll. Man hört besser bei einer Füllung von 850 m³ nach einer Stunde auf, als daß man für eine geringe Steigerung noch eine unverhältnismäßig hohe weitere Pumpzeit aufwendet.

Die vorangegangenen Berechnungen werden durch das Diagramm Abb. 338 veranschaulicht, in dem als Abszisse die Pumpzeit in Minuten und als Ordinate die im Laderaum mit Porenwasser verbleibende Bodenmenge in m³ aufgetragen ist. Für die Materialien, die mit 20 % Konzentration gepumpt werden, ergibt sich in *A* der Punkt, in dem nach 8 Minuten 200 m³ an Boden im Laderaum sind. Wenn bei gleicher Konzentration mit Überlauf, der nur Wasser enthält, weitergepumpt wird, hat man in *B* nach 40 Minuten Pumpzeit den Punkt der vollständigen Füllung mit 1000 m³ Boden. Bei 5 % Überlaufverlust kommt man dagegen nach *C* in 50 Minuten und bei steigendem Überlaufverlust in der gleichen Zeit nach *D*, wo die Füllung nur 800 m³ beträgt. Nach *E* kommt man bei großem Überlaufverlust, wenn man nach 30 Minuten Pumpzeit aufhört und sich mit einer Füllung von 300 m³ begnügt (ökonomische Beladung).

Hat man Lößschlamm mit 70% Konzentration, so kommt man nach 8 Minuten in den Punkt F, wo man 700 m³ im Laderaum hat und dann mit Pumpen aufhört, ehe der Überlauf einsetzt. Hat man schließlich Mittelsand mit der hohen Konzentration von 50%, so pumpt man nach 8 Minuten weiter mit Überlauf und erreicht im Punkt G nach 16 Minuten eine volle Füllung von 1000 m³.

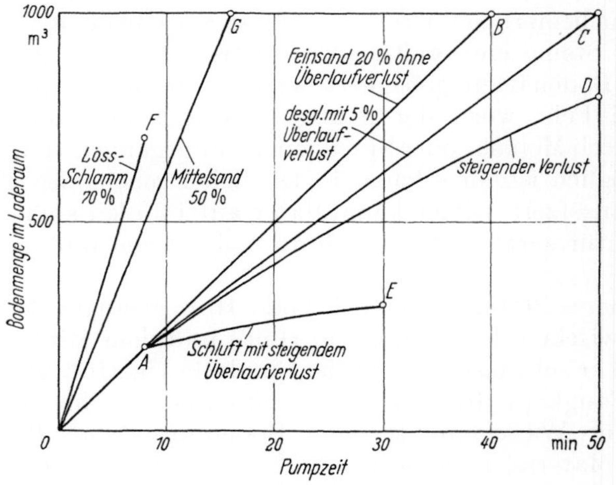

Wie sich die unterschiedlichen Füllungsmengen und Füllzeiten auf die Ertragsleistung im ganzen auswirken, hängt davon ab, wie lange der übrige Umlauf dauert. Nimmt man hierfür 60 Minuten an und addiert die Pumpzeiten dazu, so erhält man die Gesamtumlaufzeit und unter Berücksichtigung der Füllung die Ertragsleistung in m³/h. Dies läßt die Zahlentab. 19 erkennen. Für die Punkte A bis G des Diagramms sind hier in Spalte 1 die Materialarten und die Art der Beladung angegeben. Spalte 2 gibt die erreichte Bodenmenge in m³, Spalte 3 die Pumpzeit in Minuten und Spalte 4 die erreichte Ladungsdichte an. Wenn man zu der Pumpzeit 60 Minuten addiert, erhält man

Abb. 338. Anwachsen der Bodenmenge in einem Laderaum von 1000 m³ Fassungsvermögen in Abhängigkeit von der Pumpzeit bei verschiedenen Bodenarten

in Spalte 5 die Umlaufzeit in Minuten. Schließlich ergibt sich in Spalte 6 die Ertragsleistung an effektiv gebaggertem Boden pro Stunde. Man sieht, daß diese bei Mittelsand mit 50% Konzentration mit 790 m³/h am höchsten ist, während danach der Löß mit 620 m³/h und dann der Mittelsand bei 20% Konzentration mit 600 m³/h kommen. Feinsand bei 5% Überlaufverlust ergibt 545 m³/h und bei steigendem Überlaufverlust 435 m³/h, während man bei Schluff nur auf 200 m³/h und 180 m³/h kommt. Wenn die Umlaufzeit kürzer wird, werden die kurzen Pumpzeiten, die ohne Überlauf erreicht werden, wirksamer. Hat man beispielsweise nur 30 Minuten für den sonstigen

Tabelle 19. *Ertragsleistungen pro Stunde und Ladungsdichten bei verschiedenen Bodenarten für eine Fahrzeit von 60 Minuten zusätzlich zur Saugzeit. Laderaumvolumen 1000 m³*

	1	2	3	4	5	6
	Bodenart	Menge im Laderaum m³	Pumpzeit min	Dichte der Ladung	Pumpzeit + 60 Minuten = Umlaufzeit min	Ertragsleistung m³/h
A	Schluff, 20% Konzentration. Pumpen bis Überlaufbeginn	200	8	1,16	68	180
B	Mittelsand, 20%. Pumpen bis Füllung ohne Überlaufverlust	1000	40	1,8	100	600
C	Feinsand, 20%. Pumpen bis Füllung bei 5% Überlaufverlust	1000	50	1,8	110	545
D	Feinsand, 20%. Pumpen mit steigendem Überlaufverlust	800	50	1,68	110	435
E	Schluff, 20%. Pumpen bis Grenze der Wirtschaftlichkeit	300	30	1,24	90	200
F	Lößschlamm, 70%. Pumpen bis Überlaufbeginn	700	8	1,56	68	620
G	Mittelsand, 50%. Pumpen bis Füllung ohne Überlaufverlust	1000	16	1,8	76	790

Umlauf, so hat man bei Löß nur eine Gesamtumlaufzeit von 38 Minuten und erhält $\frac{700}{38} \cdot 60 = 1100$ m³/h, während es bei Mittelsand von 50 % nur $\frac{1000}{70} \cdot 60 = 860$ m³/h sind.

Man verwendet neuerdings bei Hoppersaugern vielfach selbstschreibende Tiefgangsanzeiger. Bei ihnen wird der Tiefgang durch den Druck festgestellt, den Luft bei Austritt aus einem Rohr in Schiffsbodentiefe zu überwinden hat, wobei der diesem Druck proportionale Tiefgang auf einen Papierstreifen aufgetragen wird. Nach Vornahme einer Korrektur für Krängung und Trimmung, die auch laufend aufgezeichnet werden, erhält man schließlich den mittleren Tiefgang und damit das Ladungsgewicht nach Abzug des Schiffsgewichtes.

Für den als Beispiel angenommenen Hoppersauger mit 1000 m³ Laderauminhalt ist in Abb. 339 ein solches Diagramm schematisch gezeichnet. Man kommt bei voller Füllung und einer Dichte von 1,8 auf ein Ladungsgewicht von 1800 t und hat dabei einen Tiefgang von 4,5 m. Nimmt man den Leertiefgang mit 2,5 m an, so erhält man für Mittelsand mit 20 % Konzentration bei einer Gesamtumlaufzeit von 100 Minuten die im oberen Teil von Abb. 339 eingezeichnete Tiefgangslinie. Bei Löß mit 70 % Konzentration kommt man bei 1000 m³ Laderauminhalt und einem Ladungsgewicht von 1560 t nur auf einen Tiefgang von 4,1 m und bei einer Umlaufzeit von 68 Minuten auf die Tiefgangslinie im unteren Teil. Auch für die übrigen

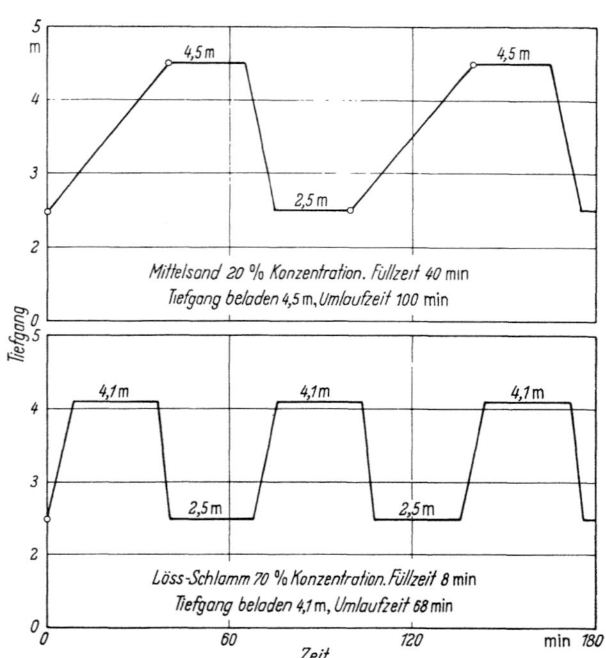

Abb. 339. Diagramm für die Tiefgänge eines Hoppersaugers während des Umlaufes in Abhängigkeit von der Zeit bei verschiedenen Bodenarten

Bodenarten lassen sich die entsprechenden Kurven aufzeichnen, aus denen man die Einzelheiten beim Füllungsvorgang, die Zeiten für das Fahren, die Entleerung usw. erkennen kann.

Auch die Entleerung ist von Einfluß auf die Umlaufzeit, besonders wenn der Klappenquerschnitt im Vergleich zur Laderaumoberfläche klein ist und dann die Entleerung bei manchen Bodenarten lange dauert. Das Verhalten der einzelnen Bodenarten hierbei wurde im Kapitel I behandelt. Wird die Ladung nicht verstürzt, sondern abgesaugt und an Land gespült, so ist hierfür eine Zeit erforderlich, welche etwa der Pumpzeit gleich ist, jedoch je nach Bodenart, Wasserzusatz und Förderweite darunter oder darüber liegen kann.

Das Diagramm zeigt den Tiefgang an, aus dem sich das Ladungsgewicht berechnen läßt. Wie dabei das Verhältnis der Laderaumfüllung zur in situ entnommenen Bodenmenge ist, kann man nicht ohne weiteres daraus entnehmen. Man erkennt aber, daß bei Löß zwar nicht das volle Ladungsgewicht von 1800 t, aber mit 1560 t und kurzer Umlaufzeit ein sehr guter Stundenertrag, bezogen auf die effektiv abgebaggerte Menge, erreicht wird.

Die unterschiedlichen Ladungsdichten sind eine Erschwernis für die Festsetzung der Hauptabmessungen eines Hoppersaugers.

Die nachfolgende Zahlentabelle enthält für die Baggerung im Bereich von New York die tatsächlich festgestellten Werte bei den verschiedenen Materialarten. Die letzte Spalte gibt dabei an, wieviel % der Gesamtmenge auf die Materialart der jeweiligen Dichte entfällt.

Wenn hiernach ein Bagger in seiner Tragfähigkeit für eine Ladungsdichte von 2 bemessen wird, was beim C. of E. jetzt als Regel gilt, so ist er damit nur etwa in der Hälfte seiner Tätigkeit ausgenutzt. Es ist aber andererseits nur selten möglich, sich auf die niedrige Dichte von 1,4 zu beschränken, die bei Unterhaltungsarbeiten vielfach auftritt.

Die meisten Bagger kommen an verschiedene Materialarten heran, und die Beispiele der holländischen Unternehmerbagger zeigten, daß man hier mit Dichten zwischen 1,4 und 1,8 rechnet. Man versucht durch Veränderung der Überlaufhöhe die Anpassung zu erreichen. Bei großer Dichte der Ladung nimmt man dann einen großen Tiefgang mit wenig Freibord in Kauf oder begnügt sich mit einer Teilladung. Die Verstellung der Überlaufhöhe ist aber, wie aus

Art des Materials	Dichte	Anteil
Feines Schluffmaterial	1,2 bis 1,4	40%
Schluff mit Ton und Sand . .	1,35 bis 1,6	20%
Mittelsand, Grobsand, Kies. .	1,76 bis 1,92	30%
Feiner Sand	2,0	10%

Kapitel I zu entnehmen war, nicht einfach und stellt wieder besondere Aufgaben. Alles in allem ergibt sich, daß der Hoppersauger manchmal schlecht ausgenutzt ist, und das Ladungsgewicht im Verhältnis zur Verdrängung niedrig liegt. Das wirkt sich wieder besonders ungünstig bei langen Fahrwegen aus, die man, wenn irgend möglich, vermeiden sollte.

Am Schluß dieses Kapitels wird mit Tab. 20 eine Zahlentabelle gebracht, welche für Hoppersauger bei laufend ansteigender Größe die wichtigsten technischen Daten enthält. Dabei bilden die im Kapitel I gegebenen Durchschnittswerte und ausgeführte Geräte die Grundlage. Bei ihnen sind Zufälligkeiten ausgeschaltet und die Zahlenreihen systematisch aufgebaut.

Für das Gewicht der Ladung sind 5 Stufen in Zeile 1 mit 900, 1350, 2000, 3000 und 4500 t angenommen. Bei einer Ladungsdichte von 1,8 ergibt sich dann das Laderaumvolumen in Zeile 2. Die Verdrängung in Zeile 3 ist mit dem doppelten Wert des Ladungsgewichtes angesetzt und hierfür die Hauptabmessungen sowie die Tiefgänge berechnet. Die Zuladung in Zeile 9 ist mit 10% des Ladungsgewichtes angesetzt, so daß die Summe der Gewichte von Schiff, Ladung und Zuladung gleich der Verdrängung wird. Die Geschwindigkeit in Zeile 12 gilt für eine FROUDE-Zahl von 0,2. Die Propulsionsleistung in Zeile 13 ist aus ihr und den Schiffsabmessungen berechnet. Für die Baggerpumpe ist die Antriebsleistung nach den in Kapitel I gebrachten Werten angenommen. Mit einem Zuschlag von 15% für Hilfsaggregate ergibt sich schließlich die installierte Maschinenleistung in der letzten Zeile.

Die Werte der Zahlentab. 20 können nur einen Anhalt geben, der aber doch bei der Projektierung von Hoppersaugern von Wert sein wird.

Tabelle 20. *Allgemeine Zahlentabelle mit berechneten Durchschnittsdaten von Hoppersaugern mit einem Laderaumfassungsvermögen von 500 bis 2500 m³*

		A	B	C	D	E
1	Gewicht der Ladung in t	900	1350	2000	3000	4500
2	Laderaumvolumen in m³	500	750	1110	1670	2500
3	Verdrängung, beladen, in t	1800	2700	4000	6000	9000
4	Länge zwischen Loten in m	61	69,5	79,5	91	104
5	Breite auf Spanten in m	10,4	11,9	13,6	15,6	17,8
6	Seitenhöhe in m	4,6	5,25	6	6,9	7,9
7	Produkt $L\,B\,H$ in m³	2930	4350	6510	9820	14600
8	Schiffsgewicht in t	810	1215	1800	2700	4050
9	Zuladung in t etwa	90	135	200	300	450
10	Tiefgang, beladen, in m	3,5	4,0	4,6	5,25	6,0
11	Tiefgang, leer, in m	2,1	2,4	2,8	3,1	3,6
12	Geschwindigkeit, beladen, in Knoten . .	9,5	10,2	10,8	11,6	12,4
13	Propulsionsleistung in PS	665	1050	1880	2720	4300
14	Leistung für Pumpen in PS	535	735	1020	1415	1960
15	Installierte Maschinenleistung in PS . .	1300	2000	3200	4600	7000

Namen- und Sachverzeichnis